0	Einführung	1
1	**Grundlagen der Statik**	**4**
2	Ebenes zentrales Kräftesystem	5
3	Ebenes allgemeines Kräftesystem	8
4	Schwerpunkt	19
5	Ebene Tragwerke	30
6	Räumliches Kräftesystem	75
7	Einflußlinien durch wandernde Lasten	92
8	Reibungskräfte zwischen festen Körpern	102
9	**Grundlagen der Festigkeitslehre**	**111**
10	Zug- und Druckbeanspruchung	128
11	Abscherbeanspruchung	134
12	Biegebeanspruchung	136
13	Schubbeanspruchung infolge Querkraft	165
14	Torsionsbeanspruchung	178
15	Zusammengesetzte Beanspruchung	189
16	Dauerschwingfestigkeit	202
17	Knickbeanspruchung	219
18	Statisch unbestimmte Systeme	227
19	**Kinematik des Massenpunktes**	**256**
20	Kinematik des Starren Körpers	332
21	**Dynamik des Massenpunktes**	**358**
22	Dynamik der Systeme von Massenpunkten	397
23	Dynamik des Starren Körpers	419
	Sachwortverzeichnis	

Taschenbuch
der
Technischen Mechanik

Taschenbuch der Technischen Mechanik

Statik · Festigkeitslehre · Kinematik · Dynamik

von
Heinz Birnbaum
und
Norbert Denkmann

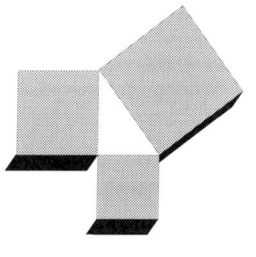

Verlag Harri Deutsch

Beide Autoren, Dipl.-Ing. *Heinz Birnbaum* und Dipl.-Phys. *Norbert Denkmann*, verfügen über jahrzehntelange Erfahrung in der Ingenieurausbildung für dieses Fachgebiet.

Die Deutsche Bibliothek - CIP-Einheitsaufnahme

Birnbaum, Heinz:
Taschenbuch der Technischen Mechanik : Statik - Festigkeitslehre - Kinematik - Dynamik / von Heinz Birnbaum und Norbert Denkmann. - Thun ; Frankfurt/Main : Deutsch, 1997
  ISBN 3-8171-1521-0
NE: Denkmann, Norbert :

ISBN 3-8171-1521-0

Dieses Werk ist urheberrechtlich geschützt.
Alle Rechte, auch die der Übersetzung, des Nachdrucks und der Vervielfältigung des Buches - oder von Teilen daraus - sind vorbehalten.
Kein Teil des Werkes darf ohne schriftliche Genehmigung des Verlages in irgendeiner Form (Fotokopie, Mikrofilm oder ein anderes Verfahren), auch nicht für Zwecke der Unterrichtsgestaltung, reproduziert oder unter Verwendung elektronischer Systeme verarbeitet werden. Zuwiderhandlungen unterliegen den Strafbestimmungen des Urheberrechtsgesetzes.
Der Inhalt dieses Werkes wurde sorgfältig erarbeitet. Dennoch übernehmen Autoren, Herausgeber und Verlag für die Richtigkeit von Angaben, Hinweisen und Ratschlägen sowie für eventuelle Druckfehler keine Haftung.

1. Auflage 1997
© Verlag Harri Deutsch, Frankfurt am Main, Thun, 1997
Druck: Clausen & Bosse, Leck
Belichtung: E. Gathof Belichtungsservice & Layoutfotosatz GmbH, Frankfurt/Main
Printed in Germany

Vorwort

Dieses Taschenbuch der Technischen Mechanik enthält das Grundwissen für Studierende der Ingenieurwissenschaften und in der Praxis tätige Techniker und Ingenieure. Der Stoff ist klassisch in die Kapitel Statik, Festigkeitslehre, Kinematik und Dynamik gegliedert. Er ist in übersichtlicher und leitfadenartiger Form dargestellt, mit Tafeln und Tabellen ergänzt und durch Bilder und Beispiele illustriert. Behandelt werden nicht nur Gesetze, sondern auch Lösungsmethoden für typische Problemstellungen. Neben analytischen werden häufig auch graphische Methoden angegeben. Wichtige Gleichungen sind umrandet, bedeutende Textpassagen werden durch einen Markierungsbalken hervorgehoben.

Die erforderlichen mathematischen Hilfsmittel in den einzelnen Kapiteln sind unterschiedlich. Wo es möglich ist, erfolgt die Stoffdarbietung mittels Elementarmathematik. Bei räumlichen Problemen findet häufig die Vektorrechnung Anwendung. An vielen Stellen werden Differential- und Integralrechnung oder gar gewöhnliche Differentialgleichungen verwendet, um Gesetze darzustellen. Auch von der Matrizenrechnung wird Gebrauch gemacht.

In den ersten Abschnitten der Statik reichen für die Kräftegeometrie in der Ebene elementare mathematische Kenntnisse aus. Für räumliche Kräftesysteme wird dagegen die vektorielle Darstellung bevorzugt.

Die Festigkeitslehre gestattet die Ermittlung von Spannungen und Verformungen am Bauteil, indem die Statik des starren Körpers mit der Elastizitätstheorie am deformierbaren Körper kombiniert wird. Der Übergang zum Modell des elastischen Körpers ist auch bei der Berechnung unbekannter Größen in statisch unbestimmten Systemen notwendig.

Die Kinematik behandelt sowohl Bewegungen von Massenpunkten als auch Bewegungen starrer Körper. Integriert ist die Kinematik harmonischer Schwingungnen von Massenpunkten. Skalare und vektorielle Beschreibung wechseln einander ab. Differential- und Integralrechnung werden durchgängig angewendet. Definitionen spezieller Bewegungen haben oft die Form von gewöhnlichen Differentialgleichungen.

Die Dynamik umfaßt Bewegungen des einzelnen Massenpunktes, der Systeme von Massenpunkten und des starren Körpers. Eingeschlossen ist die Dynamik harmonischer Schwingungen von Massenpunkten. Die überwiegende Anzahl von Gleichungen ist vektorieller Art. Grundlegende Gleichungen sind vektorielle Differentialgleichungen oder Systeme von solchen.

Alle Gleichungen sind in Gestalt von Größengleichungen, gelegentlich auch als zugeschnittene Größengleichungen geschrieben. In Beispielen werden ausschließlich SI-Einheiten verwendet.

Inhaltsverzeichnis

0 Einführung   1
  0.1 Größen und Einheiten   1
  0.2 Modelle   2
  0.3 Gleichungen   2
  0.4 Tabellenköpfe und Achsenbeschriftung   3
  0.5 Einheitenanalyse   3

Statik starrer Körper   4

1 Grundlagen der Statik   4

2 Ebenes zentrales Kräftesystem   5
  2.1 Kräfteparallelogramm   5
  2.2 Zerlegung einer Kraft in orthogonale Komponenten   5
  2.3 Resultierende mehrerer Kräfte   6
    2.3.1 Graphische Lösung   6
    2.3.2 Rechnerische Lösung   6
  2.4 Gleichgewicht von Kräften   7

3 Ebenes allgemeines Kräftesystem   8
  3.1 Statisches Moment und Momentensatz   8
  3.2 Kräftepaar und Moment des Kräftepaares   8
  3.3 Parallelverschiebung einer Kraft   9
  3.4 Zusammensetzung von Kräften   9
    3.4.1 Seileckverfahren   9
    3.4.2 Analytische Ermittlung der Resultierenden   11
    3.4.3 Zusammensetzung zweier paralleler Kräfte   11
  3.5 Zerlegung einer Kraft   12
    3.5.1 Zerlegung in zwei parallel gerichtete Kräfte   12
    3.5.2 Zerlegung einer Kraft in drei Komponenten   13
  3.6 Gleichgewicht im ebenen Kräftesystem   16
    3.6.1 Graphisch mit Seileck und Krafteck   16
    3.6.2 Analytische Gleichgewichtsbedingungen   17
    3.6.3 Drei und vier Kräfte   17

4 Schwerpunkt   19
  4.1 Schwerpunkt homogener Körper   19
  4.2 Schwerpunkt ebener Flächen   22
  4.3 Schwerpunkt ebener Linien   24
  4.4 GULDINsche Regeln   26
  4.5 Gleichgewichtslagen   27

5 Ebene Tragwerke   30
  5.1 Modellbildung   30
    5.1.1 Krafteeinteilung   30
    5.1.2 Lager und Verbindungselemente   32
    5.1.3 Idealisierungen nach geometrischer Form   34
    5.1.4 Statische Bestimmtheit   34
  5.2 Gerader Träger   38
    5.2.1 Stützgrößen   38
    5.2.2 Schnittgrößen Längskraft, Querkraft und Biegemoment   40

5.3		Abgewinkelter Träger mit Verzweigung	45
5.4		Gerberträger	48
5.5		Dreigelenkbogen	51
5.6		Fachwerke	55
	5.6.1	Modellbildung und Aufbau	55
	5.6.2	Fachwerke mit einfachem Aufbau	56
	5.6.3	Grundecke	62
5.7		Seile und Ketten	64
	5.7.1	Einzelkräfte an Punktketten und Seilen	64
	5.7.2	Linienlast an Ketten und Seilen	68
	5.7.3	Seile und Ketten mit geringem Durchhang	70
5.8		Hänge- und Sprengwerke	72

6 Räumliches Kräftesystem — 75

6.1		Zentrales Kräftesystem	75
	6.1.1	Resultierende eines Kräftebüschels	75
	6.1.2	Zerlegung einer Kraft im Raum	76
	6.1.3	Gleichgewicht im zentralen Kräftesystem	79
6.2		Allgemeines Kräftesystem	80
	6.2.1	Statisches Moment	80
	6.2.2	Kräftezusammensetzung im Raum	81
	6.2.3	Gleichgewicht beliebiger Kräfte im Raum	84
6.3		Lagerung räumlicher Tragwerke	85
6.4		Bestimmung der Stützkräfte	86
6.5		Schnittreaktionen	87

7 Einflußlinien durch wandernde Lasten — 92

7.1		Einflußlinien für den Träger auf zwei Stützen	92
	7.1.1	Einflußlinien der Stützkräfte	92
	7.1.2	Einflußlinie der Querkraft	93
	7.1.3	Einflußlinie des Biegemomentes	94
7.2		Einflußlinien für den Träger mit Kragarmen	96
7.3		Einflußlinien für Fachwerke	98

8 Reibungskräfte zwischen festen Körpern — 102

8.1		Haft- und Gleitreibung	102
	8.1.1	COULOMBsches Reibungsgesetz	102
	8.1.2	Reibung in Führungen	103
	8.1.3	Reibung auf der schiefen Ebene	104
	8.1.4	Reibung am Keil	107
8.2		Seilreibung	108
8.3		Rollreibung	109
	8.3.1	Rollwiderstand	109
	8.3.2	Fahrwiderstand	110

Festigkeitslehre — 111

9 Grundlagen der Festigkeitslehre — 111

9.1	Aufgaben und Methoden	111
9.2	Grundbeanspruchungsarten	111
9.3	Einachsiger oder linearer Spannungszustand	112
9.4	Zweiachsiger oder ebener Spannungszustand	113
	9.4.1 Zugeordnete Schubspannungen	113
	9.4.2 Spannungen an geneigten Schnittflächen	114

		9.4.3	Hauptspannungen	115
		9.4.4	Der Spannungskreis von MOHR	116
	9.5		Dreiachsiger oder räumlicher Spannungszustand	118
	9.6		Verformungsgrößen	119
	9.7		Elastizitätsgesetz	121
		9.7.1	HOOKEsches Gesetz für den einachsigen Spannungszustand	121
		9.7.2	HOOKEsches Gesetz bei Schub	121
		9.7.3	Verallgemeinertes HOOKEsches Gesetz	122
		9.7.4	Ebener Verzerrungszustand	122
		9.7.5	Der Zusammenhang zwischen den Konstanten E, G und ν	122
	9.8		Formänderungsarbeit	124
	9.9		Werkstoffkenngrößen und zulässige Spannungen	125

10 Zug- und Druckbeanspruchung — 128

- 10.1 Einfacher Zug und Druck — 128
- 10.2 Einfluß des Eigengewichtes — 129
  - 10.2.1 Stäbe mit konstantem Querschnitt — 129
  - 10.2.2 Stäbe konstanter Spannung — 130
- 10.3 Spannungen infolge Temperaturänderungen — 130
- 10.4 Zugspannungen in dünnwandigen Behältern — 131
- 10.5 Pressungen — 132
  - 10.5.1 Flächenpressung — 132
  - 10.5.2 HERTZsche Pressung — 133

11 Abscherbeanspruchung — 134

12 Biegebeanspruchung — 136

- 12.1 Flächenträgheitsmomente — 136
  - 12.1.1 Definitionen — 136
  - 12.1.2 Parallelverschiebung der Koordinatenachsen durch den Flächenschwerpunkt — 136
  - 12.1.3 Drehung des Koordinatensystems — 139
  - 12.1.4 Hauptträgheitsmomente — 140
  - 12.1.5 Der Trägheitskreis von MOHR-LAND — 142
  - 12.1.6 Trägheitsmomente zusammengesetzter Querschnitte — 142
  - 12.1.7 Graphische Ermittlung von Trägheitsmomenten — 144
- 12.2 Biegespannung bei reiner und gerader Biegung — 145
  - 12.2.1 Spannungsverteilung bei reiner Biegung — 145
  - 12.2.2 Gerade Biegung — 146
- 12.3 Schiefe Biegung — 148
  - 12.3.1 Allgemeiner Fall — 148
  - 12.3.2 Sonderfälle — 151
  - 12.3.3 Graphische Ermittlung der neutralen Achse — 153
- 12.4 Formänderung bei Biegung — 154
  - 12.4.1 Die Gleichung der elastischen Linie — 154
  - 12.4.2 Formänderungsarbeit bei Biegung — 159
  - 12.4.3 Verformung nach CASTIGLIANO — 160
  - 12.4.4 Graphische Ermittlung der Durchbiegung — 161

13 Schubbeanspruchung infolge Querkraft — 165

- 13.1 Schubspannungen in einfachen Vollquerschnitten — 165
  - 13.1.1 Die mittlere Schubspannung — 165
  - 13.1.2 Näherungsweise Schubspannungsverteilung — 165

13.2	Schub in dünnwandigen Profilen		168
	13.2.1	Offene Profile	168
	13.2.2	Der Schubmittelpunkt	170
	13.2.3	Geschlossene Profile	171
13.3	Schub in kurzen hohen Biegeträgern		172
13.4	Schubbeanspruchung von Verbindungselementen		173
	13.4.1	Genieteter Träger	173
	13.4.2	Geschweißter Träger	175
13.5	Verformung infolge Schub		176

14 Torsionsbeanspruchung — 178

14.1	Torsionsstäbe mit Kreis- und Kreisringquerschnitt		178
	14.1.1	Torsionsspannungsverteilung im Querschnitt	178
	14.1.2	Verformung und Formänderungsarbeit	180
14.2	Torsion nichtkreisförmiger Vollprofile		181
	14.2.1	Spannungsfunktion und hydrodynamisches Analogon	181
	14.2.2	Rechteckquerschnitt	182
	14.2.3	Ellipsen-, Dreikant- und Sechskantquerschnitt	184
14.3	Torsionsbeanspruchung dünnwandiger Profile		184
	14.3.1	Einfach geschlossene Querschnitte	184
	14.3.2	Offene Querschnitte	187

15 Zusammengesetzte Beanspruchungen — 189

15.1	Exzentrischer Zug oder Druck		189
	15.1.1	Spannungsverteilung im Querschnitt	189
	15.1.2	Der Querschnittskern	193
	15.1.3	Formänderung	194
15.2	Überlagerung von Tangentialspannungen		196
15.3	Beanspruchung durch Normal- und Tangentialspannungen		197
	15.3.1	Festigkeitshypothesen	197
	15.3.2	Biegung und Torsion	199

16 Dauerschwingfestigkeit — 202

16.1	Dauerbruch		202
16.2	Dauerfestigkeit der Werkstoffprobe		202
	16.2.1	Begriffe und Ermittlung der Dauerfestigkeit	202
	16.2.2	Dauerfestigkeitsschaubilder der Werkstoffe	203
16.3	Gestaltfestigkeit		206
	16.3.1	Einflußgrößen auf die Bauteildauerfestigkeit	206
	16.3.2	Größeneinflußfaktoren und Kerbwirkungszahl	206
	16.3.3	Formzahl und Kerbwirkungszahl	210
	16.3.4	Weitere Einflußgrößen	211
	16.3.5	Bauteil-Dauerfestigkeitsschaubilder	213
16.4	Dauerfestigkeitsnachweis		214
	16.4.1	Berechnungsablauf	214
	16.4.2	Sicherheitsnachweise	216

17 Knickbeanspruchung — 219

17.1	Stabilitätsprobleme	219
17.2	Elastische Knickung nach EULER	221
17.3	Unelastische Knickung nach Tetmajer	223
17.4	Omega- und Traglastverfahren	224

18 Statisch unbestimmte Systeme 227
- 18.1 Einfach statisch unbestimmt gelagerter Träger 227
  - 18.1.1 Gleichung der elastischen Linie 227
  - 18.1.2 Satz des CASTIGLIANO 228
  - 18.1.3 Kraftgrößenverfahren 229
- 18.2 Zweifach statisch unbestimmt gelagerter Träger 233
- 18.3 Statisch unbestimmtes Fachwerk 237
  - 18.3.1 Einfache statische Unbestimmtheit 238
  - 18.3.2 Mehrfache statische Unbestimmtheit 241
- 18.4 Statisch unbestimmter Rahmen 243
  - 18.4.1 Zweigelenkrahmen 244
  - 18.4.2 Zweigelenkbogen 246
  - 18.4.3 Eingespannter Rahmen 248
  - 18.4.4 Geschlossener Rahmen 253

Kinematik 256

19 Kinematik des Massenpunktes 256
- 19.1 Grundlagen 256
  - 19.1.1 Bezugssystem 256
  - 19.1.2 Zeitskala 256
- 19.2 Geradlinige Bewegungen 256
  - 19.2.1 Geschwindigkeit und Beschleunigung 257
    - 19.2.1.1 Geschwindigkeit 257
    - 19.2.1.2 Beschleunigung 257
  - 19.2.2 Spezielle geradlinige Bewegungen 258
    - 19.2.2.1 Gleichförmige geradlinige Bewegung 258
    - 19.2.2.2 Gleichmäßig beschleunigte geradlinige Bewegung . . 258
    - 19.2.2.3 Freier Fall und vertikaler Wurf 261
  - 19.2.3 Kinematische Grundaufgaben 262
    - 19.2.3.1 Grundfälle 262
    - 19.2.3.2 Rückführbare Fälle 264
  - 19.2.4 Beispiele ungleichmäßig beschleunigter Bewegungen 264
    - 19.2.4.1 Harmonische Schwingung 264
    - 19.2.4.2 Anharmonische Schwingung 267
    - 19.2.4.3 Freier Fall und vertikaler Wurf mit geschwindigkeitsproportionalem Widerstand 270
- 19.3 Kreisförmige Bewegungen 271
  - 19.3.1 Winkel, Winkelgeschwindigkeit und -beschleunigung 271
    - 19.3.1.1 Winkel 271
    - 19.3.1.2 Winkelgeschwindigkeit 272
    - 19.3.1.3 Winkelbeschleunigung 272
    - 19.3.1.4 Bahn- und Winkelgrößen 273
  - 19.3.2 Zentripetalbeschleunigung 273
  - 19.3.3 Bemerkungen 273
  - 19.3.4 Spezielle Kreisbewegungen 274
    - 19.3.4.1 Gleichförmige Kreisbewegung 274
    - 19.3.4.2 Gleichmäßig beschleunigte Kreisbewegung 274
  - 19.3.5 Kinematische Grundaufgaben der Kreisbewegung 276
    - 19.3.5.1 Bewegung mit der Winkelbeschleunigung $\alpha = -k \cdot \omega, (k > 0)$ 276

	19.3.5.2 Harmonische Kreisbewegung	276
	19.3.5.3 Anharmonische Kreisbewegung (kreisförmige Schwingung)	278
19.4	Überlagerung von Bewegungen	281
	19.4.1 Geschwindigkeit und Beschleunigung als Vektoren	281
	19.4.1.1 Ortsvektor	281
	19.4.1.2 Vektorielle Geschwindigkeit	282
	19.4.1.3 Vektorielle Beschleunigung	282
	19.4.2 Winkelgeschwindigkeit und -beschleunigung als Vektoren	282
	19.4.2.1 Vektorieller Winkel	282
	19.4.2.2 Vektorielle Winkelgeschwindigkeit	283
	19.4.2.3 Vektorielle Winkelbeschleunigung	283
	19.4.3 Überlagerung geradliniger Bewegungen	284
	19.4.3.1 Überlagerungsgesetz	284
	19.4.3.2 Schräger Wurf ohne Bewegungswiderstand	287
	19.4.4 Überlagerung geradliniger und kreisförmiger Bewegungen	290
	19.4.4.1 Überlagerungsgesetz	290
	19.4.4.2 Beispiele	290
	19.4.5 Überlagerung von Kreisbewegungen	293
	19.4.5.1 Überlagerungsgesetz	293
	19.4.5.2 Beispiele	294
	19.4.6 Allgemeine Relativbewegung	298
	19.4.6.1 Definitionen	298
	19.4.6.2 Folgerungen	299
19.5	Geschwindigkeits- und Beschleunigungskomponenten in speziellen Koordinatensystemen	303
	19.5.1 Ebene Koordinaten	303
	19.5.2 Räumliche Koordinaten	303
	19.5.2.1 Räumliche kartesische Koordinaten und Zylinderkoordinaten	303
	19.5.2.2 Kugelkoordinaten (sphärische Polarkoordinaten)	304
19.6	Elemente der Raumkurventheorie	305
	19.6.1 Tangente, Hauptnormale und Binormale	305
	19.6.2 Krümmung, Windung, Bogenlänge und FRENETsche Formeln	306
19.7	Spezielle Bewegungen	307
	19.7.1 Schräger Wurf nach oben mit Luftwiderstand	307
	19.7.1.1 Lineares Widerstandsgesetz	307
	19.7.1.2 Quadratisches Widerstandsgesetz	308
	19.7.2 Freie gedämpfte Schwingungen	312
	19.7.2.1 Geradlinige Schwingungen mit STOKESscher Dämpfung	312
	19.7.2.2 Kreisförmige Schwingungen mit STOKESscher Dämpfung	321
	19.7.2.3 Geradlinige Schwingungen mit COULOMBscher Dämpfung	322
	19.7.3 Erzwungene gedämpfte Schwingungen	325
	19.7.3.1 Geradlinige Schwingungen mit harmonischer äußerer Erregung und STOKESscher Dämpfung	325
	19.7.3.2 Geradlinige Schwingungen mit harmonischer innerer Erregung und STOKESscher Dämpfung	329

20 Kinematik des starren Körpers — 332

- 20.1 Grundlagen und Klassifikation — 332
  - 20.1.1 Grundlagen — 332
    - 20.1.1.1 Lagebeschreibung — 332
    - 20.1.1.2 Freiheitsgrad — 333
  - 20.1.2 Klassifikation — 334
- 20.2 Ebene Bewegungen starrer Körper — 335
  - 20.2.1 Allgemeines — 335
  - 20.2.2 Analytische Beschreibung — 335
  - 20.2.3 Geschwindigkeitspol — 337
    - 20.2.3.1 Definition — 337
    - 20.2.3.2 Folgerungen — 337
  - 20.2.4 Beschleunigungspol — 345
    - 20.2.4.1 Allgemeines — 345
    - 20.2.4.2 Definition — 346
    - 20.2.4.3 Folgerungen — 346
- 20.3 Räumliche Bewegungen starrer Körper — 351
  - 20.3.1 Grundsätzliches — 351
    - 20.3.1.1 Definition und Überblick — 351
    - 20.3.1.2 Schiebung, Drehung und Verrückung — 351
    - 20.3.1.3 Analytische Beschreibung räumlicher Bewegungen — 352
  - 20.3.2 Spezielle räumliche Bewegungen — 353
    - 20.3.2.1 Geradlinige Translation und Rotation um eine Achse konstanter Richtung — 353
    - 20.3.2.2 Schraubbewegung — 354
    - 20.3.2.3 Rotation um eine rotierende Achse (Kreiselbewegung) — 356

Dynamik — 358

21 Dynamik des Massenpunktes — 358

- 21.1 Geradlinige Bewegungen — 358
  - 21.1.1 Grundlagen — 358
    - 21.1.1.1 Masse und Kraft — 358
    - 21.1.1.2 NEWTONsche Axiome — 358
    - 21.1.1.3 D'ALEMBERT-Kraft — 360
    - 21.1.1.4 Impuls, Kraftstoß und Impulssatz — 361
  - 21.1.2 Kraftarten — 361
    - 21.1.2.1 Gravitationskraft, Gewicht und Potential — 361
    - 21.1.2.2 Reibungskräfte — 363
    - 21.1.2.3 Elastische Kräfte — 367
  - 21.1.3 Arbeit, Energie und Leistung — 370
    - 21.1.3.1 Arbeit und Arbeitssatz — 370
    - 21.1.3.2 Potentielle Energie und Energiesatz — 372
    - 21.1.3.3 Leistung — 376
- 21.2 Ebene Bewegungen — 378
  - 21.2.1 Eingeprägte Kräfte und Zwangskräfte — 378
    - 21.2.1.1 Eingeprägte Kräfte — 378
    - 21.2.1.2 Zwangskräfte — 378
    - 21.2.1.3 LAGRANGEsche Gleichungen erster Art — 379
    - 21.2.1.4 Bemerkungen — 381
  - 21.2.2 Kreisförmige Bewegungen — 381

			21.2.2.1 Zentripetalkraft	381

                21.2.2.1 Zentripetalkraft 381
                21.2.2.2 Dynamische Analogien zu geradlinigen Bewegungen 382
                21.2.2.3 Elastische Drehmomente 386
          21.2.3 Planetenbewegung 388
   21.3 Trägheitskräfte 392
          21.3.1 Definition 392
          21.3.2 Arten von Trägheitskräften 392

22 Dynamik der Systeme von Massenpunkten   397
   22.1 Äußere und innere Kräfte 397
   22.2 Grundannahmen 397
   22.3 Freie und gebundene Systeme 398
   22.4 Impuls- und Schwerpunktsatz 400
   22.5 Drehimpulssatz 403
   22.6 Massenträgheitsmoment, Deviationsmoment und Trägheitstensor . . . 404
   22.7 Trägheitsellipsoid 406
   22.8 Arbeitssatz und Energiesatz 411
   22.9 LAGRANGEsche Gleichungen zweiter Art 413

23 Dynamik des starren Körpers   419
   23.1 Translation 419
          23.1.1 Massenmittelpunkt oder Schwerpunkt 419
          23.1.2 Impuls- und Schwerpunktsatz 421
          23.1.3 Translationsenergie, Arbeitssatz und Energiesatz 422
   23.2 Rotation um eine raumfeste Achse 423
          23.2.1 Massenträgheitsmoment 423
          23.2.2 Drehimpulssatz 427
                23.2.2.1 Allgemeines 427
                23.2.2.2 Lagerreaktionen 427
                23.2.2.3 Drehimpulssatz 428
                23.2.2.4 D'ALEMBERTsches Drehmoment 431
          23.2.3 Rotationsenergie, Arbeit und Leistung 432
                23.2.3.1 Rotationsenergie 432
                23.2.3.2 Arbeit und Leistung 432
          23.2.4 Drehschwingungen 434
          23.2.5 Analogien 435
   23.3 Allgemeine Bewegung des starren Körpers 439
          23.3.1 Impulssatz und Schwerpunktsatz 439
          23.3.2 Drehimpuls und Trägheitstensor 440
          23.3.3 Kinetische Energie 442
          23.3.4 Drehimpulssatz 449
          23.3.5 EULERsche Gleichungen 450

Sachwortverzeichnis   452

0 Einführung

0.1 Größen und Einheiten

Zur Beschreibung der in der Technischen Mechanik auftretenden Ursachen und Wirkungen dienen physikalische **Größen**.

Jede Größe G ist das Produkt eines Zahlenwertes (einer Maßzahl) $\{G\}$ und einer Einheit $[G]$:

$$G = \{G\} \cdot [G] \qquad (0.1)$$

Von den **Basisgrößen** und **Basiseinheiten** des Internationalen Einheitensystems – SI –[1]) werden benötigt

Basisgröße	Symbol	SI-Basiseinheit	Abk.
Masse	m	Kilogramm	kg
Länge	s	Meter	m
Zeit	t	Sekunde	s
Temperatur	T	Kelvin	K

SI-Einheiten abgeleiteter Größen sind Produkte von Potenzen der SI-Basiseinheiten mit ganzzahligen Exponenten und einem Zahlenfaktor gleich Eins. **SI-fremde Einheiten** haben einen Zahlenfaktor ungleich Eins.

☐ Krafteinheiten: $[F] = $ N $= 1$ kg m s^{-2} (Newton, SI-Einheit)

$[F] = $ kp $= 9{,}81$ kg m s^{-2} (Kilopond[2]), SI-fremd)

Zeiteinheit: $[t] = $ min $= 60$ s (Minute, SI-fremd, zulässig)

Viele SI-Einheiten dürfen **Vorsätze** tragen, die Potenzen von 10 bedeuten:

m	$= 10^{-3}$ (Milli)	k	$= 10^{3}$ (Kilo)
μ	$= 10^{-6}$ (Mikro)	M	$= 10^{6}$ (Mega)
n	$= 10^{-9}$ (Nano)	G	$= 10^{9}$ (Giga)
p	$= 10^{-12}$ (Piko)	T	$= 10^{12}$ (Tera)
f	$= 10^{-15}$ (Femto)	P	$= 10^{15}$ (Peta)
a	$= 10^{-18}$ (Atto)	E	$= 10^{18}$ (Exa)

Gebräuchlich sind auch:

d $= 10^{-1}$ (Dezi) da $= 10^{1}$ (Deka)

c $= 10^{-2}$ (Zenti) h $= 10^{2}$ (Hekto)

Ist eine Einheit mit einem Vorsatz und einem Exponenten versehen, so bezieht sich der Exponent auch auf den Vorsatz. Deshalb ist z. B. mm$^2 = 10^{-6}$ m^2.

---

[1]) Système International d' Unités von 1960
[2]) Nicht mehr zulässig

0.2 Modelle

Modelle sind Idealisierungen der Realität zum Zwecke der Vereinfachung. Der **Massenpunkt** ist das Modell eines realen Körpers, dessen räumliche Ausdehnung auf einen Punkt geschwunden ist, so daß er punktförmig von endlicher Masse ist. Beim Modell des **starren Körpers** tritt bei Beanspruchungen des Körpers keine Gestaltsänderung ein, der Abstand aller Körperpunkte voneinander bleibt unverändert. Beim **elastischen Körper** ist der Körper (innerhalb gewisser Grenzen) verformbar, wobei die Verformung der Verformungsursache proportional ist.

0.3 Gleichungen

In den zu bevorzugenden **Größengleichungen** sind sämtliche (kursiv gesetzten) Symbole aus Zahlenwert und Einheit nach (0.1) bestehende Größen. Sie gelten stets unabhängig von der Wahl einer SI- oder SI-fremden Einheit für eine Größe. Werden nur SI-Einheiten verwendet, ergibt sich die zu berechnende Größe automatisch in ihrer SI-Einheit. Bei Einsatz SI-fremder Einheiten werden dagegen Einheitenumrechnungen erforderlich.

Zugeschnittene Größengleichungen sind Gleichungen, in denen sowohl Symbole für Größen als auch Abkürzungen für Einheiten auftreten. Bei häufig wiederkehrenden Rechnungen mit in bestimmten Einheiten gegebenen Größen kann die in einer gewünschten Einheit zu berechnende Größe ohne Einheitenumrechnungen ermittelt werden.

Zahlenwertgleichungen ergeben sich wegen (0.1) aus zugeschnittenen Größengleichungen. Da nur noch Zahlenwerte auftreten, ist eine Legende erforderlich, aus der die Zuordnung von Zahlenwert und Einheit ersichtlich ist.

□ Die Leistung P eines rotierenden starren Körpers ergibt sich aus Drehmoment M und Drehzahl n zu

$$P = 2\pi M n \tag{1}$$

(1) ist Größengleichung, und bei Verwendung der SI-Einheiten $[M] = \text{Nm}$, $[n] = \text{s}^{-1}$ ergibt sich für P die SI-Einheit $[P] = \text{Nm s}^{-1} = \text{W}$. Liegt die Drehzahl in der SI-fremden Einheit $\min^{-1}$ vor und soll die Leistung in kW ermittelt werden, entsteht bei Division von (1) durch die Einheitengleichung (2)

$$1 \text{ kW} = 6 \cdot 10^4 \text{ Nm min}^{-1} \tag{2}$$

die zugeschnittene Größengleichung (3)

$$\frac{P}{\text{kW}} = \frac{\pi}{3 \cdot 10^4} \cdot \frac{M}{\text{Nm}} \cdot \frac{n}{\min^{-1}} \tag{3}$$

Anwendung von (0.1) auf (3) ergibt die Zahlenwertgleichung

$$\{P\} = \frac{\pi}{3 \cdot 10^4} \{M\} \cdot \{n\}, \qquad \begin{array}{c|c|c} P & M & n \\ \hline \text{kW} & \text{Nm} & \min^{-1} \end{array} \tag{4}$$

Oft werden inkorrekt die geschweiften Klammern in (4) weggelassen.

0.4 Tabellenköpfe und Achsenbeschriftung

Wenn in Tabellen reine Maßzahlen $\{G\}$ eingetragen werden, müssen die Tabellenköpfe $G/[G]$ oder G in $[G]$ als Überschrift haben. In Gebrauch sind auch Tabellenüberschriften der Gestalt $z \cdot G/[G]$ oder G in $z \cdot [G]$, wobei z eine reine Zahl ungleich Null ist. Auch das ist korrekt. Wenn z eine Potenz von Zehn mit ganzem Exponenten ist, sollte dies besser mit dem entsprechenden Einheitenvorsatz in $[G]$ ausgedrückt werden.

Damit die Skalenstriche von Achsen in Diagrammen mit reinen Maßzahlen $\{G\}$ beschriftet werden können, sollten die Achsen mit $G/[G]$ oder mit G in $[G]$ bezeichnet werden. Wie bei den Tabellenüberschriften sind auch Achsenbezeichnungen wie $z \cdot G/[G]$ und G in $z \cdot [G]$ zulässig.

Wird z. B. aus einer Tabelle oder aus einem Diagramm ein Zahlenwert z_0 abgelesen, so folgt aus $z \cdot G/[G] = z_0$ die Größe

$$G = \frac{z_0}{z}[G]. \tag{0.2}$$

☐ In der 2. Spalte der Kopfzeile von Tabelle 9.1 könnte auch $E/\mathrm{kN}\,\mathrm{mm}^{-2}$ stehen. Mit $z_0 = 210$, $z = 1$ und $[E] = \mathrm{kN/mm}^2$ befindet sich dann nach (0.2) in der 2. Spalte die Größe $E = 210\ \mathrm{kN/mm}^2$.

0.5 Einheitenanalyse

Um nachzuweisen, daß eine Formel (Größengleichung oder Ungleichung zwischen Größen) *falsch* ist, wird häufig die sogenannte **Einheitenanalyse** durchgeführt: Für alle Größenarten werden lediglich ihre SI-Einheiten eingesetzt. Die Formel ist dann sicher **falsch**, wenn

- zusammengehörige Summanden unterschiedliche Einheiten haben oder
- Wurzeln aus den Einheiten nicht gezogen werden können oder
- die Einheiten in Argumenten transzendenter Funktionen sich nicht wegheben oder
- beide Gleichungs-/Ungleichungsseiten unterschiedliche Einheiten aufweisen

Der Leser beachte, daß mit der Einheitenanalyse nur nachgewiesen werden kann, daß eine Gleichung **falsch**, nicht aber, daß sie richtig ist. Eine widerspruchsfreie Einheitenanalyse ist für die Richtigkeit einer Formel keine hinreichende, sondern nur eine notwendige Bedingung.

☐ Die Formel (13.8) ist die Gleichung für eine Schubspannung. Mit den Einheiten der Größen auf der rechten Seite $[F_\mathrm{Q}] = \mathrm{N}$, $[S_x] = \mathrm{m}^3$, $[t] = \mathrm{m}$, $[I_x] = \mathrm{m}^4$ ergibt sich als Einheit der rechten Seite $\dfrac{\mathrm{N} \cdot \mathrm{m}^3}{\mathrm{m} \cdot \mathrm{m}^4} = \dfrac{\mathrm{N}}{\mathrm{m}^2}$, was als notwendige Bedingung die Dimension einer Spannung ist.

STATIK STARRER KÖRPER

1 Grundlagen der Statik

Gegenstand der **Statik** ist das Gleichgewicht aller wirkenden Kräfte auf ein Bauteil der Technik, das keine Beschleunigung erfährt, sich also in Ruhe oder geradlinig gleichförmiger Bewegung befindet.

Gleichgewicht am ruhenden Körper liegt vor, wenn sämtliche an ihm auftretende Kräfte seine Bewegung verhindern.

Der **starre Körper** ist die Idealisierung eines durch Krafteinwirkung beanspruchten realen Bauteils, an dem keine Formänderungen eintreten (Erstarrungsprinzip).

> Die **Kraft** $\vec{F}$ ist eine vektorielle Größe, die bestimmt wird durch den **Betrag** $F = |\vec{F}|$, die Lage ihrer **Wirkungslinie** w und den **Richtungssinn** entlang der Wirkungslinie.

Einheit von $\vec{F}$ ist das *Newton*: $1 \text{ N} = 1 \text{ kg m s}^{-2}$. Graphisch erfolgt die Darstellung von $\vec{F}$ über einen *Kraftpfeil* auf w, dessen Pfeilspitze den Richtungssinn und dessen Länge $\langle F \rangle$ den Betrag ergeben (s. Bild 1.1).

$\vec{F}$ darf in der Statik starrer Körper entlang w verschoben werden (linienflüchtig gebundener Vektor).

Der **Kraftmaßstab** M_F ist der Quotient aus $\langle F \rangle$ und F:

$$M_F = \langle F \rangle / F. \tag{1.1}$$

Bild 1.1

☐ $M_F = 5 \text{ cm}/1 \text{ kN} = 5 \cdot 10^{-3} \text{ cm/N} \Leftrightarrow 1 \text{ cm} \mathrel{\hat{=}} 200 \text{ N}$.

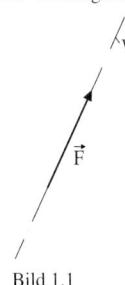

2 Ebenes zentrales Kräftesystem

Die Wirkungslinien aller Kräfte liegen in einer Ebene und haben einen gemeinsamen Schnittpunkt. Es liegt ein **Kräftebüschel** vor.

2.1 Kräfteparallelogramm

Zwei Kräfte $\vec{F}_1$ und $\vec{F}_2$ lassen sich über die Parallelogrammkonstruktion (s. Bild 2.1) zu einer **Resultierenden** $\vec{F}_R$ zusammenfassen. Die Wirkung von $\vec{F}_R$ am starren Körper ist äquivalent der Summe der Wirkungen von $\vec{F}_1$ und $\vec{F}_2$. Mit der Vektoraddition übereinstimmend gilt

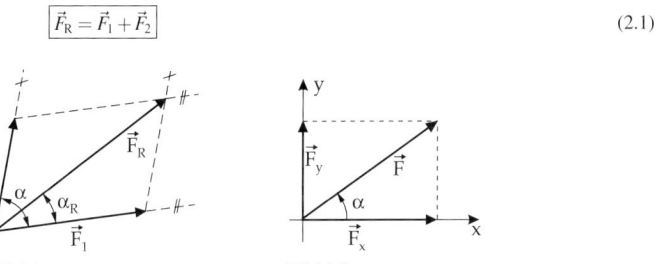

$$\vec{F}_R = \vec{F}_1 + \vec{F}_2 \tag{2.1}$$

Bild 2.1

Bild 2.2

Aus gegebenen F_1, F_2 und α bzw. F_x und F_y lassen sich F_R und α_R bzw. F_R und α mittels Cosinussatz und Sinussatz (s. Bild 2.1) bzw. Pythagoras und Definition des Tangens (s. Bild 2.2) berechnen:

$$F_R = \sqrt{F_1^2 + F_2^2 + 2F_1 F_2 \cos\alpha} \tag{2.2}$$

$$\sin\alpha_R = \frac{F_2}{F_R}\sin\alpha \tag{2.3}$$

$$F_R = \sqrt{F_x^2 + F_y^2} \tag{2.2*}$$

$$\tan\alpha = \frac{F_y}{F_x} \tag{2.3*}$$

2.2 Zerlegung einer Kraft in orthogonale Komponenten

$\vec{F}$ kann durch die **vektoriellen Komponenten** $\vec{F}_x$ und $\vec{F}_y$ dargestellt werden, wobei die Zerlegung parallel zur x-Achse und y-Achse im rechtwinkligen Koordinatensystem geschieht (s. Bild 2.2). Die Beträge der Komponenten

$$F_x = |\vec{F}_x| = F\cos\alpha, \qquad F_y = |\vec{F}_y| = F\sin\alpha \tag{2.4}$$

sind die **skalaren Komponenten** von $\vec{F}$. Für sie gilt

$$F = \sqrt{F_x^2 + F_y^2} \tag{2.5}$$

2.3 Resultierende mehrerer Kräfte

2.3.1 Graphische Lösung

Eine Möglichkeit zur Ermittlung der Resultierenden ist die wiederholte Anwendung der Parallelogrammkonstruktion wie in Bild 2.3 für die Resultierende von drei Kräften. Hier werden die ersten beiden Kräfte $\vec{F}_1$ und $\vec{F}_2$ zu $\vec{F}_{R1}$, danach diese mit der dritten Kraft $\vec{F}_3$ zu $\vec{F}_R$ zusammengefaßt (Reihenfolge beliebig).

Übersichtlicher und gebräuchlicher ist das Arbeiten mit **Lageplan** (Bild 2.4a) und **Kräfteplan** (Bild 2.4b).

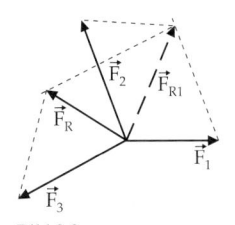

Bild 2.3

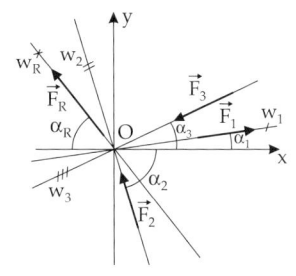

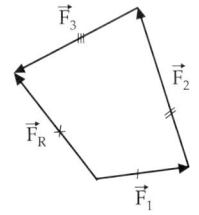

Bild 2.4a   Bild 2.4b

Ablauf:

1. Im Lageplan w_1, w_2 und w_3 mit dem gemeinsamen Schnittpunkt O zeichnen. Hier sind die spitzen Schnittwinkel mit der x-Achse gegeben. Richtungssinn der Kräfte markieren.
2. Nach Festlegung des Kräftemaßstabes M_F im Kräfteplan die Kräfte parallel zu den Wirkungslinien im Lageplan aufeinanderfolgend zeichnen (Reihenfolge beliebig).
3. $\vec{F}_R$ ist der Kraftpfeil vom Anfangspunkt zum Endpunkt des Kräftezuges.
4. Messen der Länge $\langle F_R \rangle$ und Ermittlung von F_R mittels (1.1).
5. w_R durch Parallelverschiebung im Lageplan einzeichnen, auf ihr $\vec{F}_R$ eintragen und α_R messen.

2.3.2 Rechnerische Lösung

$$F_{Rx} = \sum_{i=1}^{3} F_{ix} \qquad (2.6) \qquad F_{Ry} = \sum_{i=1}^{3} F_{iy} \qquad (2.7)$$

$$F_R = \sqrt{F_{Rx}^2 + F_{Ry}^2} \qquad (2.8) \qquad \tan \alpha_R = \frac{F_{Ry}}{F_{Rx}} \qquad (2.9)$$

Die skalaren Komponenten F_{ix} bzw. F_{iy} ergeben sich aus (2.4) und ihre Vorzeichen aus dem Lageplan, wenn die α_i als spitze Winkel zur x-Achse gegeben sind.

2.4 Gleichgewicht von Kräften

Gleichgewicht einer zentralen Kräftegruppe liegt vor, wenn die Kräfte sich in der Summe ihrer Wirkungen aufheben, d. h. die Resultierende verschwindet:

$$\vec{F}_R = \vec{F}_1 + \vec{F}_2 + \ldots + \vec{F}_n = \vec{0} \qquad (2.10)$$

Damit verschwinden auch die Komponenten der Resultierenden, und die rechnerischen Gleichgewichtsbedingungen lauten[1])

$$\sum_{i=1}^{n} F_{ix} = 0 \qquad (2.11) \qquad \sum_{i=1}^{n} F_{iy} = 0 \qquad (2.12)$$

Speziell befinden sich im Gleichgewicht

- zwei Kräfte, wenn sie eine gemeinsame Wirkungslinie, gleiche Beträge und entgegengesetzten Richtungssinn haben (s. Bild 2.5).
- drei Kräfte, wenn der Resultierenden zweier Kräfte die dritte entgegengerichtet, von gleichem Betrag ist und auf der Wirkungslinie der Resultierenden liegt.

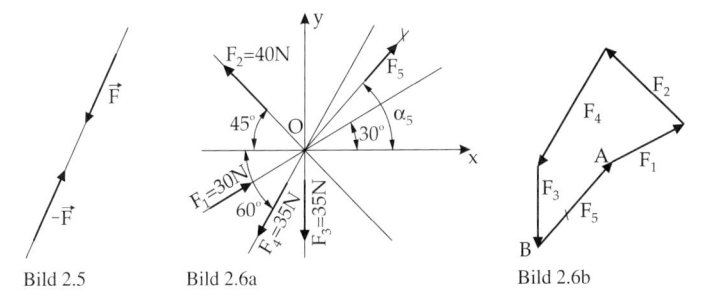

Bild 2.5   Bild 2.6a   Bild 2.6b

Geometrisch ist bei Gleichgewicht das Kräftepolygon im Kräfteplan geschlossen (s. Bild 2.6b).

☐ Vier Kräfte sind gegeben (s. Bild 2.6a). Zu ermitteln ist die fünfte Kraft des Kräftebüschels, damit ein Gleichgewichtssystem vorliegt. Die graphische Lösung beginnt nach Wahl des Maßstabs[2]) $M_F = 0,1$ cm/N mit dem Kräfteplan (s. Bild 2.6b) im Punkt A. Der Kräftezug der vier gegebenen Kräfte endet in B. $\overline{BA}$ ist die gesuchte Kraft $\langle F_5 \rangle$ und somit $F_5 = \langle F_5 \rangle / M_F = 44$ N. Die Parallele durch O im Lageplan ergibt als Meßergebnis $\alpha_5 = 52°$ zur x-Achse.

---

[1])Statt (2.11) bzw. (2.12) wird auch symbolisch → bzw. ↑ geschrieben. Die Pfeile kennzeichnen die als positiv festgelegte Richtung.
[2])Im Bild 2.6b ist der angegebene Kraftmaßstab *nicht* verwirklicht.

3 Ebenes allgemeines Kräftesystem

Das allgemeine Kräftesystem der Ebene ist dadurch charakterisiert, daß nicht sämtliche Wirkungslinien der Kräfte einen gemeinsamen Schnittpunkt haben. Während sich in 2.3 die Kräfte eines Kräftebüschels äquivalent auf eine Einzelkraft, die Resultierende, reduzieren lassen, ist das nicht mehr in jedem Falle in einem allgemeinen Kräftesystem möglich. Eine zweite vektorielle Grundgröße, das statische Moment, tritt hinzu.

3.1 Statisches Moment und Momentensatz

Das **statische Moment** $\vec{M}_A$ einer Kraft $\vec{F}$, bezogen auf den Punkt A der Ebene (s. Bild 3.1) ist eine vektorielle Größe[1] vom Betrag $M_A = |\vec{M}_A| = F \cdot a$, dessen Vorzeichen sich aus der Drehrichtung von $\vec{F}$ um A ergibt.

Der Abstand a der Wirkungslinie w vom Bezugspunkt A wird **Hebelarm** genannt. Im allgemeinen erhält ein Moment das positive Vorzeichen, wenn die Drehrichtung von $\vec{F}$ um A im Gegenuhrzeigersinn vorliegt. Üblich ist auch, den positiven Drehsinn durch Angabe eines Drehpfeils festzulegen. $M_A = 0$, falls $a = 0$, d. h. bei Durchgang der Wirkungslinie w durch den Bezugspunkt A.

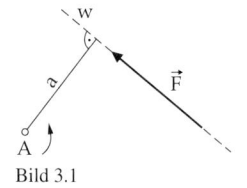

Bild 3.1

Momentensatz:

Das Moment der Resultierenden $\vec{F}_R$ ist gleich der Summe der Momente ihrer Komponenten, bezogen auf den gleichen Punkt A:

$$F_R a_R = \sum_{i=1}^{n} F_i a_i \qquad (3.1)$$

3.2 Kräftepaar und Moment des Kräftepaares

Zwei entgegengesetzt gerichtete Kräfte mit parallelen Wirkungslinien und gleichen Beträgen bilden ein **Kräftepaar** (s. Bild 3.2). Obwohl die Resultierende beider Kräfte gleich Null ist, bewirkt das Kräftepaar die **Drehung** eines frei beweglichen Körpers.

---

[1] Definition von $\vec{M}$ als vektorielles Produkt, vgl. 6.2.1.

Der Betrag des Moments eines Kräftepaares ist
unabhängig vom Bezugspunkt

$$M = Fa; \qquad (3.2)$$

denn nach Anwendung von (3.1) mit Bezug auf
einen beliebigen Punkt A ergibt sich (s. Bild 3.2)

$$\sum M_A = F(a+x) - Fx = Fa = M$$

Kräftepaare können äquivalent beliebig in der
Ebene verschoben oder verdreht werden, sofern
ihr Moment konstant bleibt.

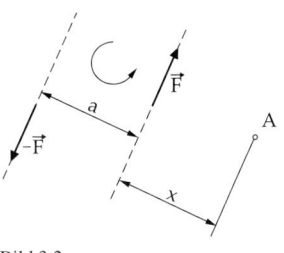

Bild 3.2

3.3 Parallelverschiebung einer Kraft

Durch Hinzufügen eines Kräftepaares ist es möglich, eine Kraft $\vec{F}$ parallel zu ihrer Wirkungslinie zu verschieben. Im Bild 3.3a ist $\vec{F}$ längs w_1 gegeben und soll parallel im Abstand v in die Wirkungslinie w_2 verschoben werden.

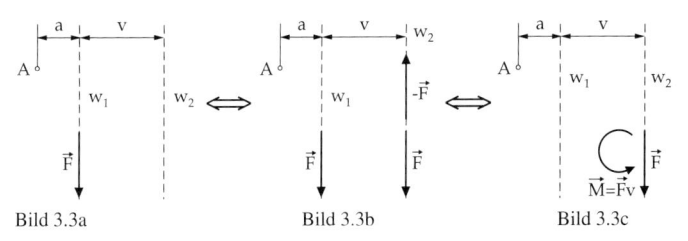

Bild 3.3a   Bild 3.3b   Bild 3.3c

Zur Vermeidung einer Veränderung des statischen Moments $-Fa$, bezogen auf einen
beliebigen Punkt A, werden F und $-F$ auf w_2 mit der Resultierenden Null hinzugefügt
(s. Bild 3.3b). F auf w_1 und $-F$ auf w_2 bilden ein Kräftepaar mit dem positiven Moment
Fv. F auf w_2 und $M = Fv$ in Bild 3.3c sind somit äquivalent zu $\vec{F}$ in Bild 3.3a. Das
bei Parallelverschiebung kompensierende Moment $M = Fv$ wird **Versetzungsmoment**
genannt. Aus Bild 3.3a erkennt man, daß $M_A = -Fa$ ist. Im Bild 3.3c wird gleichfalls
$M_A = -F(a+v) + M = -F(a+v) + Fv = -Fa$.

3.4 Zusammensetzung von Kräften

3.4.1 Seileckverfahren

Ablauf:

1. Im Lageplan werden nach Festlegung eines Längenmaßstabes die Wirkungslinien mit Richtungssinn aller Kräfte gezeichnet.
2. Wahl eines Kräftemaßstabes M_F. Kräfte $F_1, F_2, \ldots, F_n$ maßstäblich aneinander antragen.
3. Das Krafteck wird geschlossen mit gegensinnigem Schlußpfeil als Resultierende.

4. Wahl eines Pols außerhalb des Kraftecks und Ziehen der Polstrahlen $0, 1, 2, \ldots, n$ als Verbindungen des Pols mit den Anfangs- bzw. Endpunkten der n Kräftepfeile.
5. Wahl eines Anfangspunktes A_1 auf w_1 für das Seileck.
   - Seilstrahl $1'$ parallel zum Polstrahl 1 durch A_1 bis zum Schnittpunkt A_2 mit w_2 zeichnen.
   - Durch A_2 Parallele $2'$ zu 2 bis zum Schnittpunkt A_3 mit w_3 zeichnen usw.
   Der Schnittpunkt A_{n+1} des Seilstrahls n' von A_n aus mit $0'$ von A_1 aus ist ein Punkt von w_R. Damit ist die Lage von $\vec{F}_R$ ermittelt.
6. Richtung und Betrag von $\vec{F}_R$ ergeben sich aus dem Kräfteplan, die Lage von $\vec{F}_R$ aus dem Lageplan.

Einem Dreieck im Kräfteplan, gebildet aus einer Kraft und zwei Polstrahlen, entspricht im Lageplan ein Schnittpunkt der Wirkungslinie dieser Kraft mit den entsprechenden Seilstrahlen.

Sonderfälle:

1. Ist sowohl das Krafteck durch die n gegebenen Kräfte als auch das Seileck durch die n Seilstrahlen geschlossen, so bilden die n Kräfte ein Gleichgewichtssystem.
2. Ist das Krafteck geschlossen, aber das Seileck offen, d. h. parallele Seilstrahlen $0'$ und n', so liegt ein Kräftepaar vor.

Die Resultierende der Kräfte $F_1 = 3$ kN, $F_2 = 2$ kN, $F_3 = 4$ kN, $F_4 = 6$ kN am Träger mit $a = 1$ m, $\alpha_1 = 60°$, $\alpha_2 = \alpha_3 = 90°$ und $\alpha_4 = 30°$ ist mit dem Seileckverfahren zu ermitteln.

Lösung:

Nach Wahl der Maßstäbe (verkleinert dargestellt) $M = 1:100$ und $M_F = 1$ cm/2 kN erfolgen die Konstruktionen im Lageplan (Bild 3.4a) und im Kräfteplan (Bild 3.4b):

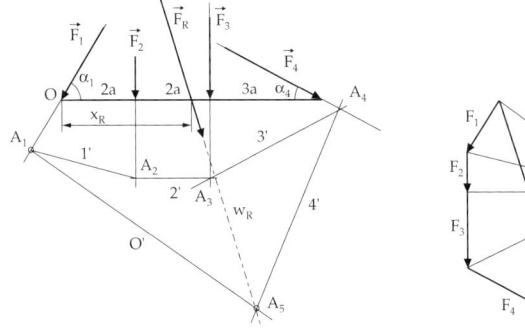

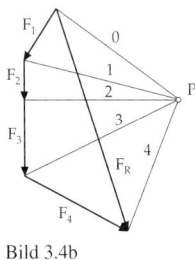

Bild 3.4a   Bild 3.4b

Der Pol P ist aus Genauigkeitsgründen so gewählt, daß 0 und 4 einander nahezu orthogonal schneiden. Meßergebnisse: $\langle F_R \rangle = 6$ cm $\Rightarrow F_R = \langle F_R \rangle / M_F = 12$ kN.
Lage von w_R vom linken Trägerende aus $\langle x_R \rangle = 3{,}5$ cm $\Rightarrow x_R = \langle x_R \rangle / M = 3{,}5$ m.

3.4.2 Analytische Ermittlung der Resultierenden

Nach Wahl eines rechtwinkligen Koordinatensystems und Zerlegung der gegebenen Kräfte in ihre Komponenten in Richtung der Koordinatenachsen lassen sich mit (2.6) bis (2.9) aus 2.3 F_{Rx}, F_{Ry}, F_R und der Richtungswinkel α_R berechnen. Mit dem auf O bezogenen resultierenden Moment aller Komponenten

$$M_R = \sum_{i=1}^{n} (F_{iy}x_i - F_{ix}y_i) \qquad (3.3)$$

und $(x_i; y_i)$ als Punkt auf der Wirkungslinie w_i von F_i ergibt sich die Gleichung der Wirkungslinie w_R von F_R zu

$$F_{Ry}x - F_{Rx}y = M_R \qquad (3.4)$$

☐ Das Beispiel des vorhergehenden Abschnitts soll analytisch gelöst werden, indem die x-Achse in den Träger nach rechts gerichtet, der Ursprung an das linke Trägerende und die y-Achse senkrecht zum Träger nach oben gerichtet gelegt werden.

Lösung:

$\rightarrow\ :\ F_{Rx} = -F_1 \cos\alpha_1 + F_4 \cos\alpha_4 = 3{,}70$ kN

$\uparrow\ :\ F_{Ry} = -F_1 \sin\alpha_1 - F_2 - F_3 - F_4 \sin\alpha_4 = -11{,}6$ kN

$\Rightarrow F_R = \sqrt{F_{Rx}^2 + F_{Ry}^2} = 12{,}2$ kN,

$\alpha_R = \arctan(F_{Ry}/F_{Rx}) = -72{,}3°$

$\circlearrowleft$ O : $M_O = F_2 \cdot 2a + F_3 \cdot 4a + F_{4y} \cdot 7a = M_R = F_{Rx}y - F_{Ry}x$

$\Rightarrow 41a = 11{,}6x + 3{,}70y$

$\Rightarrow y = -3{,}14x + 11{,}1a$ (Gleichung von w_R)

$\Rightarrow x_R = 3{,}53a = 3{,}53$ m (Nullstelle von w_R)

3.4.3 Zusammensetzung zweier paralleler Kräfte

Graphische Lösung mittels Seileckverfahren oder über ein Hilfskräftepaar $\vec{F}_H$ und $-\vec{F}_H$ in Bild 3.5a für gleichgerichtete (in Bild 3.5b für entgegengerichtete) Kräfte $\vec{F}_1$ und $\vec{F}_2$.

Analytisch folgt für $\vec{F}_1 \neq -\vec{F}_2$ (andernfalls liegt ein Kräftepaar vor) aus den Ähnlichkeitssätzen

$$F_R = F_1 \pm F_2 \qquad (3.5)$$
$$F_1 : F_2 = b : a \qquad (3.6)$$

wobei a und b aus Bild 3.5 zu entnehmen sind. In (3.5) gilt das obere (untere) Vorzeichen für gleich (entgegen) gerichtete Kräfte. Die Wirkungslinie w_R der Resultierenden F_R teilt den Abstand l der Kräfte $\vec{F}_1$ und $\vec{F}_2$ innen bzw. außen im umgekehrten Verhältnis der Beträge F_1 und F_2 der beiden Kräfte und liegt auf der Seite der größeren Kraft.

Bild 3.5a

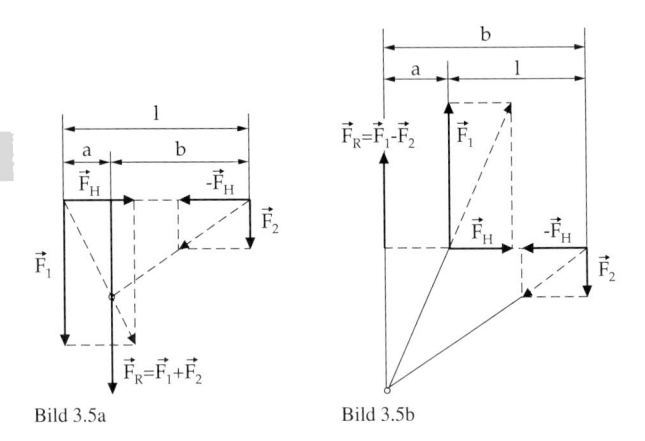

Bild 3.5b

3.5 Zerlegung einer Kraft

3.5.1 Zerlegung in zwei parallel gerichtete Kräfte

Es liegt die Umkehrung der Problemstellung von 3.4.3 vor. An die Stelle von $\vec{F}_R$ tritt die gegebene Kraft $\vec{F}$. Das Problem ist mehrdeutig lösbar, solange nicht weitere Bedingungen gestellt werden (beispielsweise für a, b und l oder das Verhältnis $F_1 : F_2$); denn (3.5), (3.6) und $l = a + b$ bzw. $a = l + b$ bzw. $b = l + a$ sind nur drei Gleichungen für fünf Unbekannte.

☐ Die Kraft $F = 2$ kN ist derart in $\vec{F}_1$ und $\vec{F}_2$ zu zerlegen, daß die Wirkungslinien w_1 und w_2 im Abstand $a = 1,5$ m bzw. $b = 4,5$ m von w auf der gleichen Seite von $\vec{F}$ liegen.

Lösung:

In Bild 3.6 ist die graphische Lösung für $M = 1 : 100$ und $M_F = 1$ cm/kN angegeben (verkleinert dargestellt).

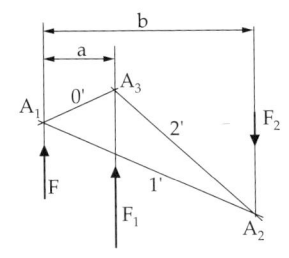

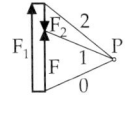

Bild 3.6

3.5 Zerlegung einer Kraft

Analytisch ergeben (3.5) und (3.6)
$$F = F_1 - F_2 \Rightarrow F_1 = F + F_2$$
$$F_1 : F_2 = b : a \Rightarrow F_1 = 3F_2$$
woraus $F_1 = 3$ kN und $F_2 = 1$ kN folgt.

3.5.2 Zerlegung einer Kraft in drei Komponenten

Die Zerlegung einer Kraft $\vec{F}$ (Wirkungslinie w) in drei Kräfte, deren Wirkungslinien w_1, w_2 und w_3 gegeben sind, ist eindeutig nur in zwei Fällen möglich:

1. Fall: w_1, w_2 und w_3 schneiden einander in drei verschiedenen Punkten.

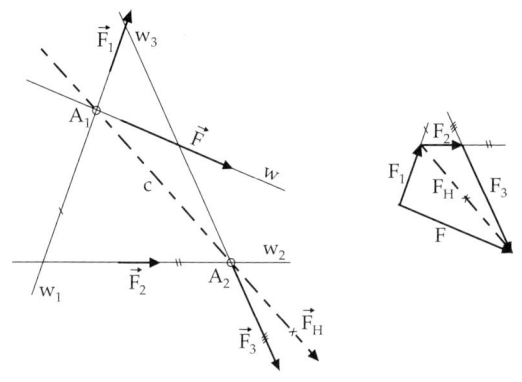

Bild 3.7

Die **graphische Lösung** erfolgt mit Hilfe der CULMANNschen Geraden c (Bild 3.7). Im Lageplan sind alle Wirkungslinien und F gegeben. c ist die Gerade durch die Schnittpunkte A_1 und A_2 verschiedener Wirkungslinienpaare (z. B. A_1 Schnittpunkt von w und w_1, A_2 Schnittpunkt von w_2 und w_3). Zuerst wird F in A_1 in Komponenten mit den Wirkungslinien w_1 und c zerlegt. Im Kräfteplan ergibt das Krafteck mit F, F_1 und der Hilfskraft F_H. Dann wird F_H in A_2 in Komponenten F_2 längs w_2 und F_3 längs w_3 zerlegt. Im Kräfteplan ergibt dies das Krafteck mit F_2, F_3 und F_H. Aus dem Kräftezug F_1, F_2, F_3 lassen sich die Beträge der Komponenten und ihr Richtungssinn ablesen und in den Lageplan übertragen.

Die **analytische Lösung** kann bei gegebenem F und bekannten Gleichungen aller Wirkungslinien aus (2.6), (2.7), (2.9) und (3.3) ermittelt werden. Zweckmäßiger ist jedoch, zunächst den Momentensatz mit dem Bezugspunkt A_2 anzuwenden, da dann sofort F_1 berechnet werden kann. F_2 und F_3 folgen danach aus (2.6) und (2.7).

☐ Die zu zerlegende Kraft $\vec{F}$ ist gegeben mit $F = 2$ kN, $\alpha = 30°$ und $W(0;2)$ als Punkt auf w im x,y-System (s. Bild 3.8). Die Wirkungslinien sind gegeben mit $\alpha_1 = \alpha_2 = 30°$, $\alpha_3 = 45°$, $W_1(0;0)$, $W_2(0;8)$, $W_3(4;0)$. Gesucht sind F_1, F_2, F_3.

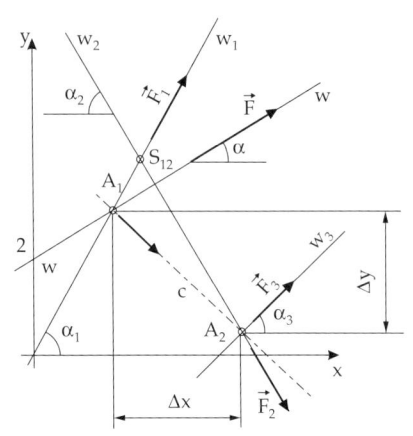

Bild 3.8

Lösung:

Die Wirkungslinien haben dann die Gleichungen

$$w: y = \frac{\sqrt{3}}{3}x + 2, \quad w_1: y = \sqrt{3}x, \quad w_2: y = -\sqrt{3}x + 8, \quad w_3: y = x - 4$$

Die Schnittpunkte von w und w_1 bzw. von w_2 und w_3 sind Punkte $A_1(x_1;y_1)$ und $A_2(x_2;y_2)$ der CULMANNschen Geraden c. Ihre Berechnung ergibt $x_1 = \sqrt{3}$, $y_1 = 3$, $x_2 = 6(\sqrt{3}-1)$ und $y_2 = 2(3\sqrt{3}-5)$. Die Hebelarme (Abstände von A_2) der Komponenten F_x und F_{1x} bzw. von F_y und F_{1y} sind $\Delta y = |y_2 - y_1| = 13 - 6\sqrt{3} = 2{,}61$ bzw. $\Delta x = |x_2 - x_1| = 5\sqrt{3} - 6 = 2{,}66$. Der Momentensatz (Bezugspunkt A_2) ergibt

$\circlearrowleft A_2:\ F_x \Delta y + F_y \Delta x = F_{1x} \Delta y + F_{1y} \Delta x \Rightarrow$

$\qquad F \Delta y \cos\alpha + F \Delta x \sin\alpha = F_1 \Delta y \cos\alpha_1 + F_1 \Delta x \sin\alpha_1 \Rightarrow$

$\qquad F_1 = F \dfrac{\Delta y \cos\alpha + \Delta x \sin\alpha}{\Delta y \cos\alpha_1 + \Delta x \sin\alpha_1} = 1{,}99\ \text{kN}$

(2.6) und (2.7) ergeben

$\rightarrow:\quad F_x = F_{1x} + F_{2x} + F_{3x} \Rightarrow$

$\qquad F \cos\alpha = F_1 \cos\alpha_1 + F_2 \cos\alpha_2 + F_3 \cos\alpha_3 \Rightarrow$

$\qquad F\sqrt{3} - F_1 = F_2 + F_3 \sqrt{2} \qquad\qquad\qquad\qquad\qquad\qquad\qquad\text{(I)}$

$\uparrow:\quad F_y = F_{1y} - F_{2y} + F_{3y} \Rightarrow$

$\qquad F \sin\alpha = F_1 \sin\alpha_1 - F_2 \sin\alpha_2 + F_3 \sin\alpha_3 \Rightarrow$

$\qquad F - F_1 \sqrt{3} = -F_2 \sqrt{3} + F_3 \sqrt{2} \qquad\qquad\qquad\qquad\qquad\text{(II)}$

(I), (II) $\Rightarrow$

$$F_2 = (F + F_1)\left(2 - \sqrt{3}\right) = 1{,}07\ \text{kN}$$

$$F_3 = F(\sqrt{6} - \sqrt{2}) - \frac{F_1}{2}\left(3\sqrt{2} - \sqrt{6}\right) = 0{,}29\ \text{kN}$$

3.5 Zerlegung einer Kraft

Sonderfall:

Verläuft die Wirkungslinie w durch einen der drei Schnittpunkte S_{12}, S_{13} oder S_{23} der Wirkungslinien w_1, w_2 und w_3, so wird diejenige Kraft gleich Null, deren Wirkungslinie nicht durch den betreffenden Punkt geht. Beispielsweise würde im vorangegangenen Beispiel $F_3 = 0$, wenn die Wirkungslinie w durch $S_{12} \equiv A_1$ verliefe.

2. Fall: Genau zwei der drei Wirkungslinien w_1, w_2 und w_3 sind parallel

Die **graphische Lösung** kann wie im 1. Fall mit Hilfe der CULMANNschen Gerade erfolgen. c verläuft durch A_1 (Schnittpunkt von w und w_1, s. Bild 3.9) parallel zu w_2 und w_3 (A_2 ist der unendlich ferne Schnittpunkt von w_2 und w_3). Im Kräfteplan wird zuerst $\vec{F}$ in $\vec{F}_1$ und $\vec{F}_H$ zerlegt. Anschließend wird $\vec{F}_H$ z. B. nach Seileckverfahren in $\vec{F}_2$ und $\vec{F}_3$ zerlegt. (vgl. 3.5.1).

Analytische Lösung: Die unbekannten Kräfte F_1, F_2 und F_3 lassen sich aus dem Gleichungssystem berechnen, das aus (2.6), (2.7) und (3.6) entsteht. Zweckmäßiger ist es jedoch, den Momentensatz mit dem Bezugspunkt S_{12} bzw. dem Bezugspunkt S_{13} anzuwenden, da dann die Momente jeweils zweier unbekannter Kräfte F_1 und F_2 bzw. F_1 und F_3 gleich Null sind, so daß F_3 bzw. F_2 einfach berechnet werden kann. Die dritte Kraft F_1 folgt dann aus (2.6), (2.7) und (2.8). Unterstellt ist, daß w_2 und w_3 parallel sind.

☐ Neben der Kraft $F = 100$ N sind von den Wirkungslinien die Winkel $\alpha_1 = 30°$, $\alpha_2 = \alpha_3 = 45°$ und die Schnittpunkte $S_{12}(0,333; 0,667)$, $S_{13}(2,000; 4,000)$ und $S_3(2,536; 3,464)$ gegeben (s. Bild 3.9). Gesucht sind F_1, F_2, F_3 und α_1.

Lösung:

Die für die rechtwinkligen Komponenten der Kräfte erforderlichen Abstände sind

$$|x_{13} - x_3| = 0,536 = \Delta x_1 = |y_{13} - y_3| = \Delta y_1$$

$$|x_{13} - x_{12}| = 1,667 = \Delta x_2 = \frac{1}{2}|y_{13} - y_{12}| = \frac{1}{2}\Delta y_2$$

$$|x_{12} - x_3| = 2,203 = \Delta x_3, \quad |y_{12} - y_3| = 2,797 = \Delta y_3$$

α_1 ergibt sich aus S_{12} und S_{13} zu $\alpha_1 = \arctan \dfrac{y_{13} - y_{12}}{x_{13} - x_{12}} = \arctan 2 \approx 63,4°$.

Momentensatz $\Rightarrow$

$\circlearrowleft S_{13}$: $F \Delta y_1 \cos\alpha + F \Delta x_1 \sin\alpha = F_2 \Delta y_2 \cos\alpha_2 + F_2 \Delta x_2 \sin\alpha_2 \Rightarrow$

$$F_2 = F \frac{\Delta x_1 (\cos\alpha + \sin\alpha)}{3 \Delta x_2 \sin\alpha_2} = 21 \text{ N}$$

$\circlearrowleft S_{12}$: $F \Delta x_3 \sin\alpha - F \Delta y_3 \cos\alpha = -F_3 \Delta x_2 \sin\alpha_3 - F_3 \Delta y_2 \cos\alpha_3 \Rightarrow$

$$F_3 = F \frac{(\Delta y_3 \cos\alpha - \Delta x_3 \sin\alpha)}{(\Delta x_2 + \Delta y_2) \sin\alpha_3} = 37 \text{ N}$$

F_1 wird aus (2.6) berechnet:

$\uparrow$: $F \cos\alpha = F_1 \cos\alpha_1 + F_2 \cos\alpha_2 + F_3 \cos\alpha_3 \Rightarrow$

$$F_1 = \frac{F \cos\alpha - (F_2 + F_3) \cos\alpha_2}{\cos\alpha_1} = 102 \text{ N}$$

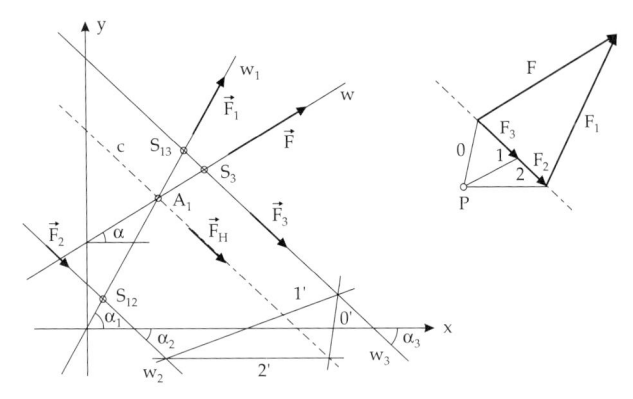

Bild 3.9

Sonderfall:

Verläuft die Wirkungslinie w parallel zu den beiden anderen parallelen Wirkungslinien w_2 und w_3, so wird die dritte nicht parallel verlaufende Kraft F_1 gleich Null.

3.6 Gleichgewicht im ebenen Kräftesystem

3.6.1 Graphisch mit Seileck und Krafteck

Stehen n Kräfte im Gleichgewicht, dann müssen sowohl die resultierende Kraft $\vec{F} = \vec{0}$ als auch das resultierende Moment $\vec{M}_R = \vec{0}$ sein.

Graphisch müssen daher das Krafteck und auch das Seileck geschlossen sein.

Für Pol- bzw. Seilstrahlen gilt dann $0 \equiv n$ bzw. $0' \equiv n'$ (für $n = 5$ s. Bild 3.5).

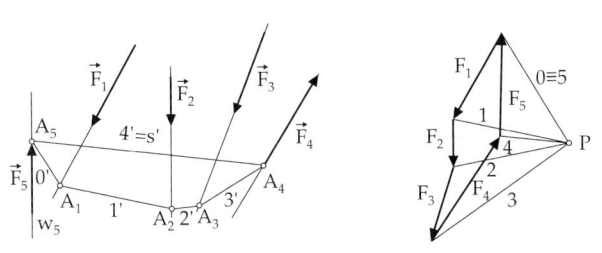

Bild 3.10

Sind in Bild 3.10 von $\vec{F}_4$ nur ein Punkt A_4 der Wirkungslinie w_4 und von $\vec{F}_5$ nur die Wirkungslinie w_5 bekannt, so beginnt die Konstruktion im Krafteck mit den Kräften F_1, F_2, F_3 und den Polstrahlen $0 \equiv 5$, 1, 2 und 3. Dann folgt die Konstruktion des Seilecks, beginnend mit $3'$ durch A_4 und A_5 als Schnittpunkt von $0' \equiv 5'$ mit w_5.

4′ folgt im Seileck zuletzt als $\overline{A_5 A_4}$ und wird auch Schlußlinie s′ genannt. Der Polstrahl 4 ≡ s ergibt schließlich im Schnitt mit der Parallelen zu w_5 den letzten Punkt im geschlossenen Krafteck.

3.6.2 Analytische Gleichgewichtsbedingungen

Außer (2.11) und (2.12) in 2.4. muß noch (3.3) in 3.4.2. mit $M_R = 0$ erfüllt sein. Daher lauten die **Gleichgewichtsbedingungen** bei Zerlegung der Kräfte in ihre rechtwinkligen Komponenten

$$\boxed{\sum_{i=1}^{n} F_{ix} = 0} \quad (2.11) \qquad \boxed{\sum_{i=1}^{n} F_{iy} = 0} \quad (2.12)$$

$$\boxed{\sum_{i=1}^{n} M_{iA} = \sum_{i=1}^{n} (F_{iy} x_i - F_{ix} y_i) = 0} \quad (3.7)$$

Für die linken Seiten obiger Gleichungen werden auch die Symbole →, ↑ und ↻A verwendet, die gleichzeitig den festgelegten positiven Sinn erkennen lassen. A ist ein beliebiger Momentbezugspunkt der Ebene und x_i bzw. y_i sind die Abstände der Komponenten F_{iy} bzw. F_{ix} von A. Anstelle (2.11) und (2.12) kann auch (3.7) auf zwei weitere Punkte B und C bezogen angewendet werden, wobei A, B und C nicht auf einer gemeinsamen Geraden liegen dürfen.

3.6.3 Drei und vier Kräfte

1. Fall: Drei Kräfte mit nicht parallelen Wirkungslinien

Da sich zwei nicht parallele Kräfte nach dem Parallelogrammsatz zu einer Resultierenden zusammenfassen lassen, muß bei Gleichgewicht die dritte Kraft als Gegenkraft in die Wirkungslinie der Resultierenden fallen. Somit gilt:

| Drei Kräfte sind im Gleichgewicht, wenn sich die drei Wirkungslinien in einem Punkt schneiden und das Krafteck geschlossen ist.

2. Fall: Vier Kräfte mit maximal je zwei parallelen Wirkungslinien

Die Resultierenden je zweier nicht paralleler Kräfte müssen bei Gleichgewicht gleich große Gegenkräfte sein, deren Wirkungslinie die CULMANNsche Gerade c ist.

☐ Gegeben seien $\vec{F}_1$ und die Wirkungslinien dreier weiterer Kräfte, mit denen $\vec{F}_1$ im Gleichgewicht ist. Gesucht sind F_2, F_3 und F_4.

Lösung:

Im Bild 3.11 ist die graphische Lösung angegeben, in der zuerst im Lageplan die CULMANNsche Gerade c als Verbindung von A_1 und A_2 entsteht. Im Kräfteplan kann das Krafteck mit F_1, F_2 und F_H geschlossen werden. Mit F_3, F_4 und $-F_H$ folgt das zweite Krafteck, so daß sich im Lageplan Richtungssinn und Lage der gesuchten Kräfte eintragen lassen.

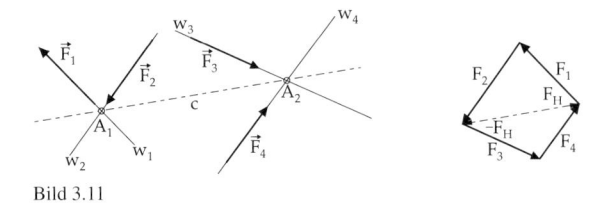

Bild 3.11

4 Schwerpunkt

4.1 Schwerpunkt homogener Körper

Bei einem Körper, der an einem Faden aufgehängt ist, fällt die Resultierende der Gewichtskräfte aller Massenteilchen des Körpers in die Fadenachse, die **Schwereachse** genannt wird. Zu jeder anderen Aufhängung gehört i. allg. eine andere Schwereachse. **Der Schwerpunkt des Körpers ist der Schnittpunkt der Schwereachsen.** (Daß alle Schwereachsen einander in einem Punkt schneiden, ist eine Folge des Momentensatzes. Der Beweis soll hier nicht geführt werden.) In ihm greift die Gewichtskraft des Körpers als Einzelkraft an. Symmetrieachsen des Körpers sind Schwereachsen. Die Koordinaten des Schwerpunktes $S(x_S; y_S; z_S)$ lassen sich wegen $m = \rho V$ mit $\rho = \text{const}$, worin m, ρ und V Masse, Dichte und Volumen des Körpers bezeichnen, nach dem Momentensatz aus

$$\begin{aligned}
mgx_S &= \rho g \int\limits_{(V)} x\,\mathrm{d}V \Leftrightarrow x_S = \frac{1}{V} \int\limits_{(V)} x\,\mathrm{d}V \\
mgy_S &= \rho g \int\limits_{(V)} y\,\mathrm{d}V \Leftrightarrow y_S = \frac{1}{V} \int\limits_{(V)} y\,\mathrm{d}V \\
mgz_S &= \rho g \int\limits_{(V)} z\,\mathrm{d}V \Leftrightarrow z_S = \frac{1}{V} \int\limits_{(V)} z\,\mathrm{d}V
\end{aligned} \qquad (4.1)$$

berechnen. In (4.1) bedeutet (V) den Bereich, über den sich der Körper erstreckt. g bezeichnet die Fallbeschleunigung. Die Bereichsintegrale in (4.1) sind die statischen Momente (Momente erster Ordnung) des Volumens, bezogen auf die Koordinatenachsen. Bei konstanter Dichte stimmen Volumenmittelpunkt, Massenmittelpunkt und Schwerpunkt überein.

Läßt sich ein Körper in n Teilkörper mit bekannten Schwerpunktskoordinaten x_{Si}, y_{Si}, z_{Si} und bekannten Volumina $V_i (i = 1, 2, \ldots, n)$ zerlegen, so gilt

$$\begin{aligned}
x_S &= \frac{1}{V} \sum_{i=1}^{n} x_{Si} V_i; \quad y_S = \frac{1}{V} \sum_{i=1}^{n} y_{Si} V_i; \quad z_S = \frac{1}{V} \sum_{i=1}^{n} z_{Si} V_i; \\
V &= \sum_{i=1}^{n} V_i
\end{aligned} \qquad (4.2)$$

In (4.2) gehen Hohlräume mit negativem V_i (im Zähler *und* im Nenner) ein.

Graphisch lassen sich die Schwerpunktkoordinaten mit dem Seileckverfahren ermitteln, wobei wegen $F_G = mg \sim V$ die Volumina wie Kräfte behandelt werden können (s. Bild 4.2).

In der Tafel 4.1 sind die Schwerpunktslagen einiger Körper angegeben.

Tafel 4.1 Körperschwerpunkte

Pyramide und Pyramidenstumpf (gerade oder schief)	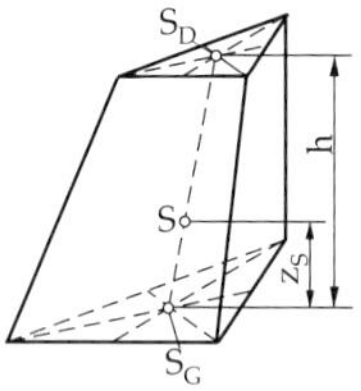	Pyramidenstumpf $\Rightarrow$ $$z_S = \frac{h(A_G + 2\sqrt{A_G A_D} + 3A_D)}{4(A_G + \sqrt{A_G A_D} + A_D)}$$ A_G: Grundfläche A_D: Deckfläche S_G, S_D: Schwerpunkte von A_G, A_D S liegt auf $\overline{S_G S_D}$ Pyramide $(A_D = 0) \Rightarrow z_S = \dfrac{h}{4}$
Kegel, Kegelstumpf und Zylinder (gerade oder schief)	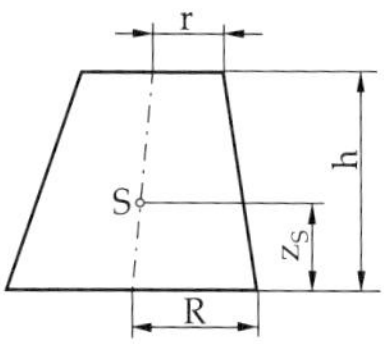	Kegelstumpf $\Rightarrow$ $$z_S = \frac{h(R^2 + 2Rr + 3r^2)}{4(R^2 + Rr + r^2)}$$ r Radius des Deckkreises, R Radius des Grundkreises Kegel $(r = 0) \Rightarrow z_S = \dfrac{h}{4}$ Zylinder $(R = r) \Rightarrow z_S = \dfrac{h}{2}$
Gerader Keil	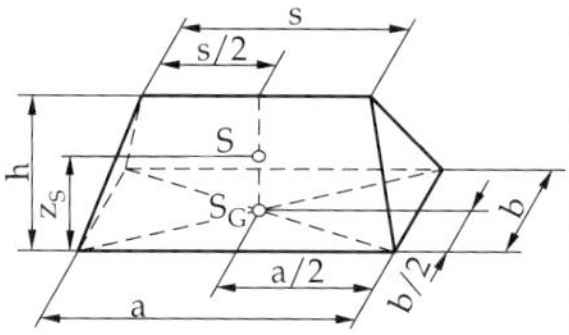	$$z_S = \frac{h(a+s)}{2(2a+s)}$$ S_G: Schwerpunkt der Grundfläche S: Körperschwerpunkt S liegt auf dem Lot auf die Grundfläche durch S_G
Kugelabschnitt und Halbkugel	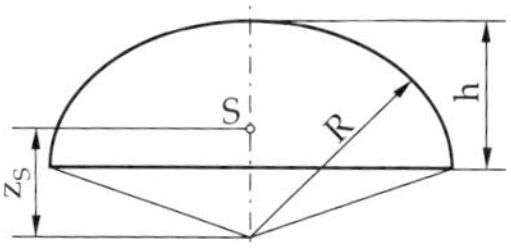	Kugelabschnitt: $$z_S = \frac{3(2R-h)^2}{4(3R-h)}$$ Halbkugel: $h = R \Rightarrow z_S = \dfrac{3R}{8}$
Rotationsparaboloid	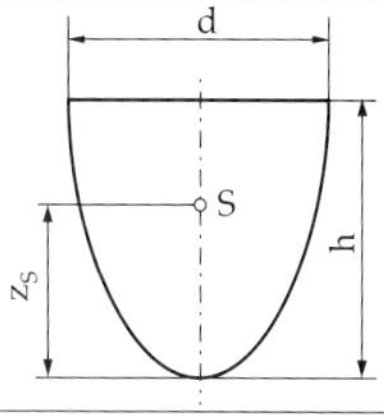	$$z_S = \frac{2h}{3}$$

4.1 Schwerpunkt homogener Körper

Für den im Bild 4.1 dargestellten Körper mit $B = 2b = 0,6$ m; $H = 1,1$ m; $h = 0,4$ m; $l = 1,0$ m und $\alpha = 45°$ sind die Koordinaten des Schwerpunktes zu berechnen.

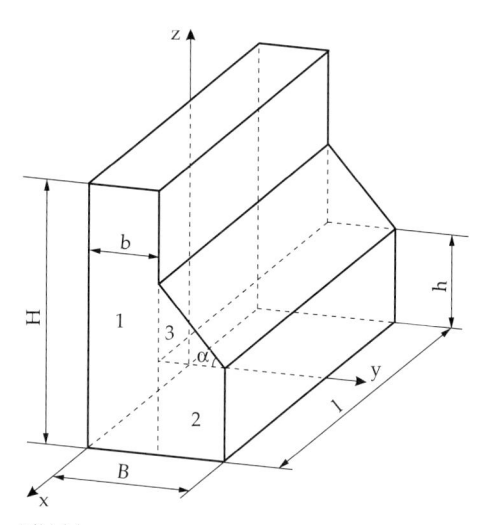

Bild 4.1

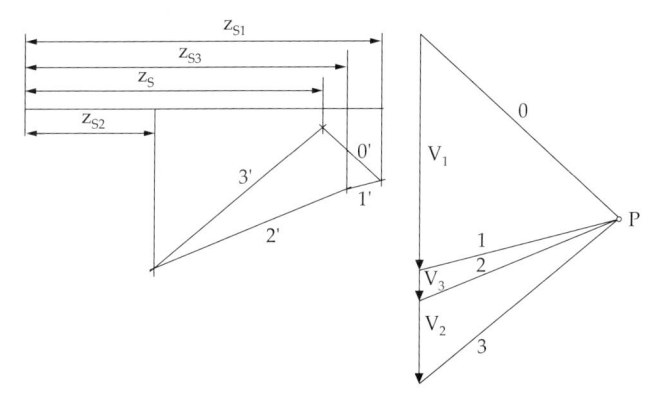

Bild 4.2

Lösung:

Das Koordinatensystem wird so gewählt, daß die y-Achse aus Symmetriegründen die Länge l halbiert. Damit wird $x_S = 0$. S liegt also in der y,z-Ebene. Der Körper wird in die Quader 1 und 2 und das Dreikantprisma 3 zerlegt. Für die Teilkörper gilt:

i	V_i/m^3	y_{Si}/m	z_{Si}/m
1	$bHl = 0{,}33$	$b/2 = 0{,}15$	$H/2 = 0{,}55$
2	$bhl = 0{,}12$	$3b/2 = 0{,}45$	$h/2 = 0{,}20$
3	$b^2l/2 = 0{,}045$	$4b/3 = 0{,}40$	$h+b/3 = 0{,}50$

Damit liefert (4.2)

$$y_S = \frac{\frac{1}{2}b^2hl + \frac{3}{2}b^2hl + \frac{2}{3}b^3l}{bHl + bhl + \frac{1}{2}b^2l} = \frac{b(3H+9h+4b)}{3(2H+2h+b)} = 0{,}25 \text{ m}$$

$$z_S = \frac{\frac{1}{2}bH^2l + \frac{1}{2}bh^2l + \frac{1}{2}b^2hl + \frac{1}{6}b^3l}{bHl + bhl + \frac{1}{2}b^2l} = \frac{3(H^2+h^2+bh)+b^2}{3(2H+2h+b)} = 0{,}46 \text{ m}$$

Die graphische Ermittlung von z_S ist im Bild 4.2 (verkleinert) dargestellt. Dabei wurden $M = 1:5$ und $M_V = 2 \text{ cm}/0{,}1 \text{ m}^3$ gewählt. Ableseergebnis: $\langle z_S \rangle = 9{,}3$ cm
$\Rightarrow z_S = \langle z_S \rangle / M = 46$ cm.

4.2 Schwerpunkt ebener Flächen

Liegt die Fläche in der x,y-Ebene, so werden die Schwerpunktkoordinaten x_S und y_S analog zu (4.1) mittels der Formeln

$$x_S = \frac{M_y}{A} = \frac{1}{A}\int_{(A)} x\,dA, \qquad y_S = \frac{M_x}{A} = \frac{1}{A}\int_{(A)} y\,dA \qquad (4.3)$$

(s. Bild 4.3) berechnet. (A) bezeichnet in (4.3) den Bereich, über den sich die Fläche erstreckt, A bezeichnet den Flächeninhalt dieser Fläche. (4.3) basiert auf dem Momentensatz. Die Bereichsintegrale M_x bzw. M_y in (4.3) sind die statischen Momente (Momente erster Ordnung) der Fläche. Der Index von M gibt die Bezugsachse an. Es gilt

$M_x = 0 \Leftrightarrow x$-Achse verläuft durch S,

$M_y = 0 \Leftrightarrow y$-Achse verläuft durch S

Läßt sich die Fläche in n Teilflächen mit den Schwerpunktkoordinaten x_{Si} und y_{Si} und den Flächeninhalt A_i zerlegen, so gilt in Analogie zu (4.2)

$$x_S = \frac{1}{A}\sum_{i=1}^n x_{Si}A_i; \qquad y_S = \frac{1}{A}\sum_{i=1}^n y_{Si}A_i; \qquad A = \sum_{i=1}^n A_i \qquad (4.4)$$

In (4.4) gehen Aussparungen mit negativem A_i (im Zähler und im Nenner) ein. Nach günstiger Wahl des Koordinatensystems ist eine tabellarische Rechnung zweckmäßig (s. Beispiel). Für häufig auftretende Flächen sind die Schwerpunktslagen in Tafel 4.2 zusammengestellt.

Tafel 4.2 Flächenschwerpunkte

Dreieck	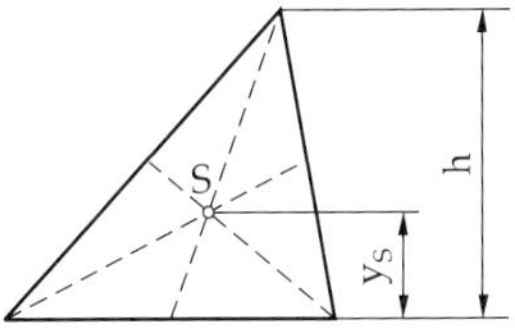	S teilt die Seitenhalbierenden im Verhältnis 2 : 1 $$y_S = \frac{h}{3}$$
Trapez	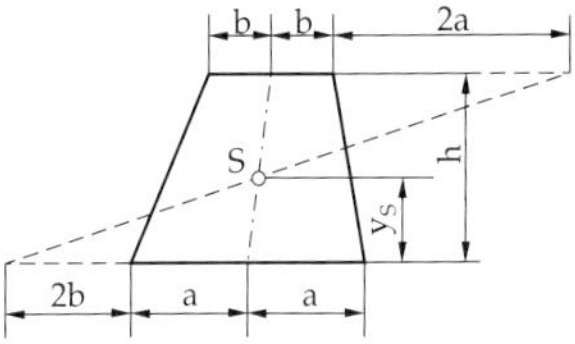	$$y_S = \frac{h(a+2b)}{3(a+b)}$$
Kreissektor, Viertelkreis, Halbkreis und Kreisabschnitt	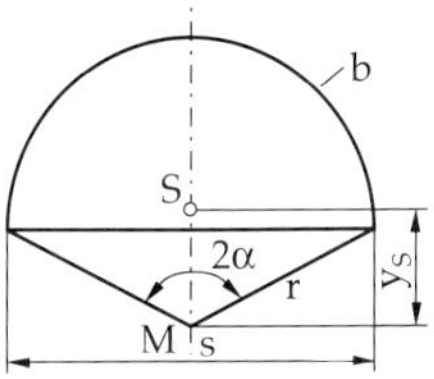	Kreissektor: $$y_S = \frac{2r\sin\alpha}{3\alpha} = \frac{2rs}{3b}$$ Viertelkreis: $$\alpha = \frac{\pi}{4} \Rightarrow y_S = \frac{4r\sqrt{2}}{3\pi}$$ Halbkreis: $$\alpha = \frac{\pi}{2} \Rightarrow y_S = \frac{4r}{3\pi}$$ Kreisabschnitt: $$y_S = \frac{4r\sin^3\alpha}{3(2\alpha - \sin 2\alpha)} = \frac{s^3}{12A}$$ $$A = \frac{r^2}{2}(2\alpha - \sin 2\alpha)$$
Parabelfläche	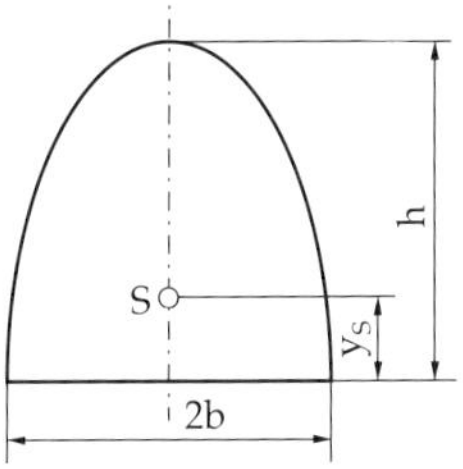	$$y_S = \frac{2h}{5}$$

Für die trapezförmige Platte mit Bohrung im Bild 4.4 ist die Lage des Schwerpunktes zu berechnen, wenn $a = 100$ mm.

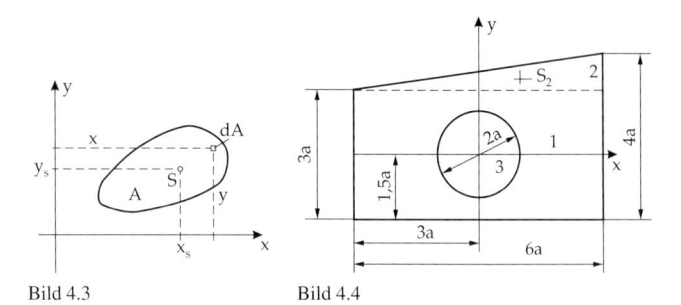

Bild 4.3

Bild 4.4

Lösung:

Günstig sind die Zerlegung in Rechteck, Dreieck und Kreis und die Anordnung des Koordinatensystems derart, daß der Ursprung im Kreismittelpunkt liegt und die Koordinatenachsen parallel zu den Rechteckseiten verlaufen, da dann vier statische Momente gleich Null werden:

i	A_i	x_{Si}	y_{Si}	$x_{Si}A_i$	$y_{Si}A_i$
1	$18a^2$	0	0	0	0
2	$6a^2$	$2a$	$11a/6$	$12a^3$	$11a^3$
3	$-\pi a^2$	0	0	0	0
$\sum$	$(24-\pi)a^2$			$12a^3$	$11a^3$

$A = (24-\pi)a^2,$

$$x_S = \frac{12a}{24-\pi} = 0,58a = 58 \text{ mm}, \qquad y_S = \frac{11a}{24-\pi} = 0,53a = 53 \text{ mm}$$

4.3 Schwerpunkt ebener Linien

Analog zu (4.3) ergeben sich für den Schwerpunkt S ebener Linien in der x,y-Ebene der Länge s (s. Bild 4.5) aus dem Momentensatz

$$x_S = \frac{1}{s}\int_{(s)} x\,\mathrm{d}s, \qquad y_S = \frac{1}{s}\int_{(s)} y\,\mathrm{d}s \tag{4.5}$$

(s) bezeichnet den Bereich, über den sich die Linie erstreckt. Bei Zerlegung der Linie in n Teillinien der Länge s_i mit den Schwerpunktskoordinaten x_{Si} und y_{Si} ($i = 1, 2, \ldots, n$) analog zu (4.4) werden

$$x_S = \frac{1}{s}\sum_{i=1}^{n} x_{Si}s_i, \qquad y_S = \frac{1}{s}\sum_{i=1}^{n} y_{Si}s_i, \qquad s = \sum_{i=1}^{n} s_i \tag{4.6}$$

4.3 Schwerpunkt ebener Linien

☐ **1.** Der Schwerpunkt eines Kreisbogens mit dem Radius r und dem Zentriwinkel 2α liegt auf der Symmetrieachse. Wird das Koordinatensystem so gelegt, daß der Ursprung im Mittelpunkt des Kreisbogens, die y-Achse Symmetrieachse des Bogens ist und die x-Achse senkrecht zur y-Achse verläuft, so ist $x_S = 0$ (s. Bild 4.6).

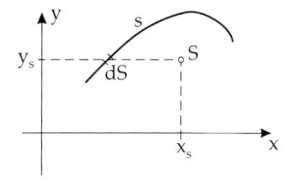

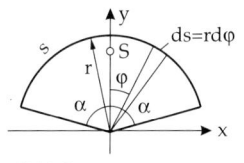

Bild 4.5   Bild 4.6

Mit $s = 2\alpha r$, $y = r\cos\varphi$ und $ds = r\,d\varphi$ ergibt (4.5)

$$y_S = \frac{1}{2r\alpha}\int_{-\alpha}^{\alpha} r^2 \cos\varphi\,d\varphi = \frac{r^2}{r\alpha}\int_0^{\alpha} \cos\varphi\,d\varphi = \frac{r}{\alpha}\sin\alpha$$

Speziell für den Halbkreisbogen ($\alpha = \pi/2$) bzw. für den Viertelkreisbogen ($\alpha = \pi/4$) folgt

$$x_S = 0, \quad y_S = \frac{2r}{\pi} \approx 0{,}6366r \quad \text{bzw.} \quad x_S = 0, \quad y_S = \frac{2r\sqrt{2}}{\pi} \approx 0{,}9003r$$

2. Für das Teil in Bild 4.7 ist der Schwerpunkt der Kontur analytisch zu ermitteln.

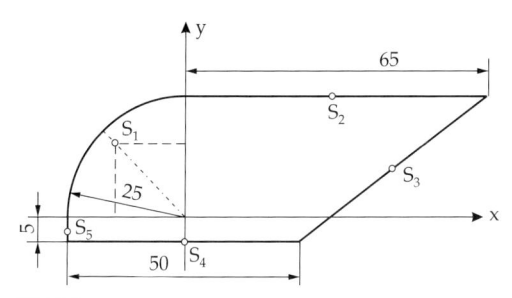

Bild 4.7

Lösung:

Die Schwerpunkte der Strecken sind die Streckenmitten. Der Ursprung des Koordinatensystems wird in den Mittelpunkt des Viertelkreisbogens gelegt. Aus Beispiel 1 ergibt sich

$$y_{S1} = -x_{S1} = \frac{2r\sqrt{2}}{\pi}\cos\frac{\pi}{4} = \frac{2r}{\pi}$$

Weiterhin gilt

i	s_i/mm	x_{Si}/mm	y_{Si}/mm	$x_{Si}s_i$/mm²	$y_{Si}s_i$/mm²
1	39,3	−15,9	15,9	−625	625
2	65,0	32,5	25,0	2113	1625
3	50,0	45,0	10,0	2250	500
4	50,0	0,0	−5,0	0	−250
5	5,0	−25,0	−2,5	−125	−13
$\sum$	209,3			3613	2487

Daraus ergibt sich

$$x_S = \frac{3613 \text{ mm}^2}{209,3 \text{ mm}} = 17,3 \text{ mm}, \qquad y_S = \frac{2487 \text{ mm}^2}{209,3 \text{ mm}} = 11,9 \text{ mm}$$

4.4 GULDINsche Regeln

Erste GULDINsche Regel:

Wenn eine ebene Kurve (s. Bild 4.5) der Länge s um die x- bzw. die y-Achse rotiert, erzeugt sie eine Rotationsfläche mit dem Flächeninhalt A_x bzw. A_y:

$$A_x = 2\pi \int_{(s)} y \, ds, \qquad A_y = 2\pi \int_{(s)} x \, ds \qquad (*)$$

(s) bezeichnet den Bereich, über den sich die Linie erstreckt. Vorausgesetzt wird, daß die Integranden der Kurvenintegrale $(*)$ in (s) nicht negativ sind. Die Schwerpunktskoordinaten der Linie erfüllen dann die Gleichungen

$$x_S = \frac{A_y}{2\pi s}, \qquad y_S = \frac{A_x}{2\pi s} \qquad (4.7)$$

Zweite GULDINsche Regel:

Wenn eine ebene Fläche mit dem Flächeninhalt A um die x- bzw. die y-Achse rotiert, erzeugt sie einen Rotationskörper mit dem Volumen V_x bzw. V_y:

$$V_x = \pi \int_{(A)} y \, dA, \qquad V_y = \pi \int_{(A)} x \, dA \qquad (**)$$

(A) bezeichnet den Bereich, über den sich die Fläche erstreckt. Vorausgesetzt wird, daß die Integranden der Bereichsintegrale $(**)$ in (A) nicht negativ sind. Die Schwerpunktskoordinaten der Fläche erfüllen dann die Gleichungen

$$x_S = \frac{V_y}{2\pi A}, \qquad y_S = \frac{V_x}{2\pi A} \qquad (4.8)$$

1. Ein Viertelkreisbogen (s. Bild 4.8) erzeugt bei Rotation um die Koordinatenachsen jeweils eine Halbkugelfläche mit dem Flächeninhalt $A = 2\pi r^2$. Da seine Bogenlänge $s = \frac{1}{2}\pi r$ ist, ergibt (4.7) für die Schwerpunktskoordinaten des Viertelkreisbogens $x_S = y_S = 2r/\pi$.

2. Eine Viertelkreisfläche (s. Bild 4.8) erzeugt bei Rotation um die Koordinatenachsen jeweils eine Halbkugel mit dem Volumen $V = \frac{2}{3}\pi r^3$. Da der Viertelkreis-Flächeninhalt $A = \frac{1}{4}\pi r^2$ ist, ergibt (4.8) für die Schwerpunktskoordinaten der Viertelkreisfläche $x_S^* = y_S^* = 4r/3\pi$.

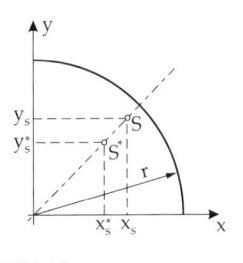

Bild 4.8

4.5 Gleichgewichtslagen

Ein ruhender starrer Körper befindet sich dann und nur dann in einer Gleichgewichtslage, wenn sowohl die Resultierende aller auf ihn wirkenden Kräfte als auch die Resultierende aller auf ihn wirkenden statischen Momente der Kräfte (bezogen auf einen beliebigen Punkt) gleich dem Nullvektor ist[1]. Gleichgewichtslagen sind stationäre Punkte der potentiellen Energie, d. h. Punkte, in denen die ersten partiellen Ableitungen $\partial W_p/\partial q_i$ der potentiellen Energie W_p nach den Lagekoordinaten q_i ($i = 1, 2, \ldots, 6$) gleich Null sind (Die Lagekoordinaten[2] sind Längen oder/und Winkel.) Dabei ist vorausgesetzt, daß die Kräfte konstant oder derart ortsabhängig (Kraftfelder) sind, daß für sie ein Potential existiert, dem Körper also eine potentielle Energie $W_p(q_1, q_2, q_3, q_4, q_5, q_6)$ zugeordnet werden kann. Die Gleichgewichtslage heißt **stabil** (**labil** oder **instabil**), wenn in ihr die potentielle Energie ein lokales Minimum (Maximum) annimmt. Stabile (labile oder instabile) Gleichgewichtslagen sind dadurch gekennzeichnet, daß der starre Körper nach einer „kleinen" Verrückung wieder in die Gleichgewichtslage zurückkehrt (*nicht wieder in die Gleichgewichtslage zurückkehrt, sondern sich noch weiter von ihr entfernt*). Die Gleichungen $\partial W_p/\partial q_i = 0$ werden auch dann erfüllt, wenn $W_p = $ const ist (indifferente Gleichgewichtslage) oder wenn W_p an der Stelle $(q_1, q_2, q_3, q_4, q_5, q_6)$ einen Sattelpunkt hat. Bei beliebig großen Verrückungen aus einer indifferenten Gleichgewichtslage ändert sich die Lage des starren Körpers nach der Verrückung *nicht*. Sattelpunkte der Hyperfläche $W_p = f(\vec{q}\,)$ mit dem Vektor $\vec{q} = (q_1, q_2, q_3, q_4, q_5, q_6)$ sind bei der Untersuchung von Gleichgewichtslagen ohne Bedeutung. Angemerkt sei, daß bei Vorliegen von $n < 6$ sogenannter zweiseitiger Zwangsbedingungen (das sind Gleichungen zwischen den Lagekoordinaten q_i), d. h., bei Einschränkungen der Bewegungsfreiheit des starren Körpers, die Funktion $W_p = f(\vec{q}\,)$ explizit von weniger als sechs[3] Lagekoordinaten q_i abhängt. Die Anzahl der voneinander unabhängigen Koordinaten in W_p ist gleich dem *Freiheitsgrad* $f = 6 - n \geq 1$.

---

[1] Beim Massenpunkt in Gleichgewichtslage entfällt die zweite Bedingung.

[2] Beim Massenpunkt in Gleichgewichtslage hängt W_p von nur 3 Koordinaten ab.

[3] Für einen Massenpunkt sind $n < 3$ Zwangsbedingungen bei Gleichgewichtsbetrachtungen sinnvoll. W_p hängt dann explizit von weniger als drei Lagekoordinaten ab. Der Freiheitsgrad f ist mindestens gleich 1.

1. Ein reibungsfrei um eine horizontale Achse A drehbarer starrer Körper (s. Bild 4.9) befindet sich in

- *stabiler* Gleichgewichtslage, wenn sein Schwerpunkt S vertikal *unter* A liegt (s. Bild 4.9a)
- *labiler* Gleichgewichtslage, wenn sein Schwerpunkt S vertikal *über* A liegt (s. Bild 4.9b)
- *indifferenter* Gleichgewichtslage, wenn sein Schwerpunkt S *auf* der Achse A liegt (s. Bild 4.9c)

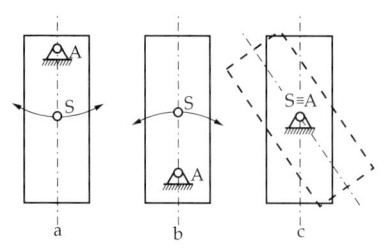

Bild 4.9

Seine potentielle Energie $W_p = mgh$ (h als Höhe von S über dessen tiefstmöglicher Lage) ist im ersten Fall minimal, im zweiten maximal und im dritten konstant.

2. Ein frei beweglicher Massenpunkt der Masse m befindet sich auf den Verbindungsgeraden zweier Massenpunkte m_1 und m_2 ($m_2 < m_1$) im Abstand R (s. Bild 4.10) und wird von diesen nach dem Newtonschen Gravitationsgesetz (21.8) angezogen. In welcher Entfernung r von m_1 befindet sich m im Gleichgewicht und welcher Art ist dies? Nach (21.16a) ist an der Stelle r das Potential

$$V = -\frac{\gamma m m_1}{r} - \frac{\gamma m m_2}{R-r}$$

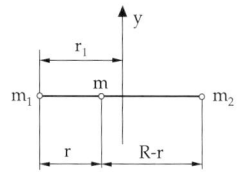

Bild 4.10

Aus der für die Gleichgewichtslage notwendigen Bedingung $\partial V/\partial r = 0$ folgt für r die Gleichung

$$r^2 - \frac{2Rm_1}{m_1 - m_2}r + \frac{R^2 m_1}{m_1 - m_2} = 0$$

mit der Lösung

$$r_1 = R\frac{m_1 - \sqrt{m_1 m_2}}{m_1 - m_2}$$

4.5 Gleichgewichtslagen

Die andere Lösung r_2 hat keinen Sinn. Wegen
$$\frac{\partial^2 V(r_1)}{\partial r^2} = -2\gamma m \left[\frac{m_1}{r_1^3} + \frac{m_2}{(R-r_1)^3}\right] < 0$$

hat V an der Stelle r_1 ein relatives Maximum. Daher ist die Gleichgewichtslage $r = r_1$ gegenüber Verrückungen in der Verbindungsgeraden von m_1 und m_2 labil. Analog läßt sich dazu zeigen, daß die Gleichgewichtslage $y = 0$ gegenüber Verrückungen in y-Richtung stabil ist (s. Bild 4.10). Als Funktion von r und y hat das Potential
$$V = V(r,y) = -\gamma m \left(\frac{m_1}{\sqrt{r^2+y^2}} + \frac{m_2}{\sqrt{(R-r)^2+y^2}}\right)$$

an der Stelle $r = r_1$, $y = 0$ einen Sattelpunkt.

3. Ein homogener Halbzylinder (Masse m, Radius r) ruht im höchsten Punkt eines Halbzylinders vom Radius $R (R > r)$. Wie groß darf r höchstens sein, damit stabiles Gleichgewicht herrscht?

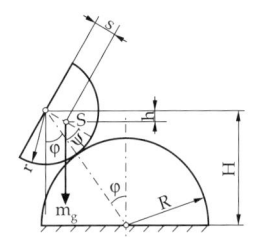

Bild 4.11

Im Bild 4.11 ist der Halbzylinder um $\varphi + \psi$ aus seiner Ruhelage ausgelenkt. Wobei reines Rollen vorausgesetzt wird ($r\psi = R\varphi$). Sein Schwerpunkt S hat einen Abstand $s = \dfrac{4r}{3\pi}$ vom Mittelpunkt (s. Tafel 4.2) und in dieser Lage eine Höhe
$$H - h = (R+r)\cos\varphi - \frac{4r}{3\pi}\cos\frac{R+r}{r}\varphi$$

Daher beträgt die potentielle Energie
$$W_p = mg(H-h) = mg\left[(R+r)\cos\varphi - \frac{4r}{3\pi}\cos\frac{R+r}{r}\varphi\right]$$

Aus der notwendigen Bedingung für das Vorliegen eines Minimums folgt wegen
$$\frac{dW_p}{d\varphi} = -mg(R+r)\left(\sin\varphi - \frac{4}{3\pi}\sin\frac{R+r}{r}\varphi\right) = 0$$

$\varphi = 0$, und wegen der hinreichenden Bedingung für Minima
$$\frac{d^2W_p}{d\varphi^2} = -mg(R+r)\left(\cos\varphi - \frac{4(R+r)}{3\pi r}\cos\frac{R+r}{r}\varphi\right) > 0$$

gilt
$$1 - \frac{4(R+r)}{3\pi r} < 0 \Rightarrow r < \frac{4}{3\pi - 4}R.$$

5 Ebene Tragwerke

Unbeweglich miteinander verbundene starre Körper bilden ein **Tragwerk**, das über Lager mit der Umgebung (Fundament) fest verbunden ist. Das einfachste Tragwerk besteht aus einem Bauteil (z. B. ein Balken).

5.1 Modellbildung

Sowohl die Analyse als auch die Synthese eines Tragwerkes erfordern eine **Modellbildung** unter Weglassung unwesentlicher Größen und Eigenschaften, die auf das Ergebnis von vernachlässigbarem Einfluß sind. Durch Idealisierungen (z. B. starrer Körper, punktförmigen Kraftangriff) wird ein statisches Problem überschaubarer und mit einfachem Verfahren lösbar gestaltet. Die Untersuchung oder Dimensionierung eines Bauteiles erfordern zuerst Kenntnisse über die einwirkenden Kräfte. Um diese gewissermaßen sichtbar zu machen, wird das Teil durch **Freischneiden** von allen Bindungen an benachbarte Körper befreit. An den Schnittstellen werden dafür die Kräfte gesetzt, die von den gelösten Teilen auf das Bauteil wirken und dies im Gleichgewicht halten.

5.1.1 Kräfteeinteilung

Äußere und **innere Kräfte**:

Zu den äußeren Kräften auf ein Tragwerk gehören

- **eingeprägte** Kräfte oder **Lasten** (Verkehrslast, Schneelast, Eigengewicht) von Körpern, die nicht zum Tragwerk gehören,
- **Auflager-** oder **Stützkräfte**[1], die als Zwangskräfte an den freigeschnittenen Lagern auf das Tragwerk wirken und mit den eingeprägten Kräften das System im Gleichgewicht halten.

Zu den inneren Kräften zählen die **Schnittgrößen** (vgl. 5.2.2), die an beliebigen Schnittstellen innerhalb des Tragwerkes paarweise auftreten.

Vom Kraftangriff her sind zwei Arten zu unterscheiden

- **Einzelkraft** $\vec{F}$ mit punktförmigem Angriff am Tragwerk, wenn die Einwirkungsfläche klein gegenüber der Längsausdehnung ist. Sämtliche Einzelkräfte, eingeprägte Kräfte als **Punktlasten** bezeichnet, liegen in der Tragwerksebene, auch **Lastebene** genannt.
- **Streckenlast** $\vec{q}(x)$ als Linienkraft (Kraft je Längeneinheit) mit konstanter oder veränderlicher Intensität $q(x)$ über einen bestimmten Bauteilabschnitt. $\vec{q}(x)$ wirkt senkrecht zur Bauteillängsachse und ist (bei fehlenden Pfeilspitzen) auf diese zu gerichtet.

Für Gleichgewichtsbetrachtungen wird die Streckenlast über die Länge l durch die Resultierende $\vec{F}_q$ im Schwerpunkt S der Intensitätsfläche ersetzt (s. Bild 5.1)

---

[1] Auch Auflagerreaktionen genannt

5.1 Modellbildung

$$F_q = \int_0^l q(x)\,dx \quad \text{und} \quad x_S = \frac{1}{F_q}\int_0^l x q(x)\,dx \tag{5.1}$$

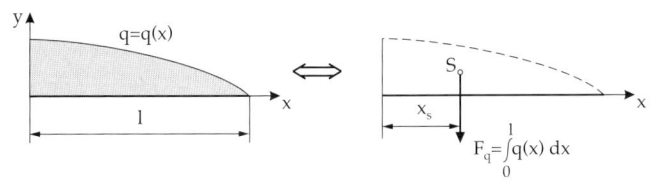

Bild 5.1

Bild 5.2 zeigt $\vec{F}_q = \vec{F}_G$ als Eigengewicht eines Bauteils mit konstantem Querschnitt und konstanter Materialdichte.

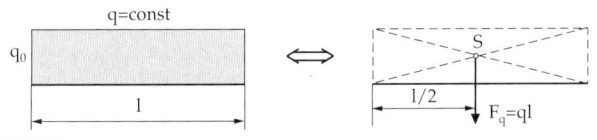

Bild 5.2

Speziell bei trapezförmiger Streckenlast (s. Bild 5.3) ergibt sich

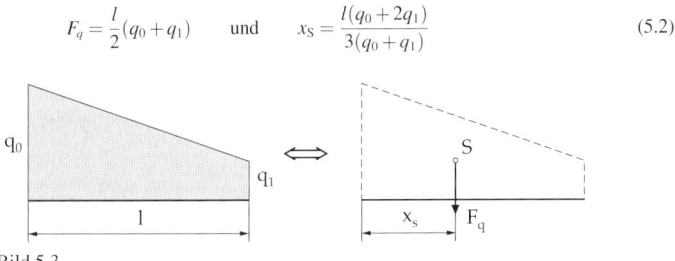

$$F_q = \frac{l}{2}(q_0 + q_1) \quad \text{und} \quad x_S = \frac{l(q_0 + 2q_1)}{3(q_0 + q_1)} \tag{5.2}$$

Bild 5.3

Falls die Gleichung für $q(x)$ nicht gegeben ist, kann der Verlauf durch einen Streckenzug über n Intervalle der Länge l_k angenähert werden (s. Bild 5.4). Analog (5.2) gilt

$$F_k = \frac{l_k}{2}(q_{k-1} + q_k) \quad \text{und} \quad s_k = \frac{l_k(q_{k-1} + 2q_k)}{3(q_{k-1} + q_k)} \tag{5.3}$$

Die Berechnung der Schwerpunktsabstände s_k in (5.3) kann erspart werden, wenn die F_k und F_{k+1} benachbarter Intervalle in die Intervallgrenzen oder Stützstellen zerlegt und dort zu F_k^* zusammengefaßt werden. Die F_k^* ergeben sich aus der Anwendung von (3.5) und (3.6), wobei F_0^* bzw. F_n^* nur jeweils aus einer Zerlegungskomponente von F_1 bzw. F_n entstehen. Somit entstehen (s. Bild 5.5) mit $k = 1, 2, \ldots, n_1$

$$F_k^* = \frac{l_k}{6}(q_{k-1} + 2q_k) + \frac{l_{k+1}}{6}(2q_k + q_{k+1})$$
$$F_0^* = \frac{l_1}{6}(2q_0 + q_1), \qquad F_n^* = \frac{l_n}{6}(q_{n-1} + 2q_n)$$
(5.4)

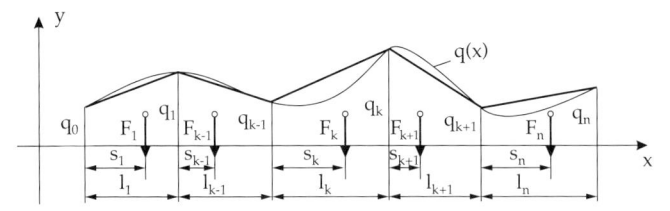

Bild 5.4

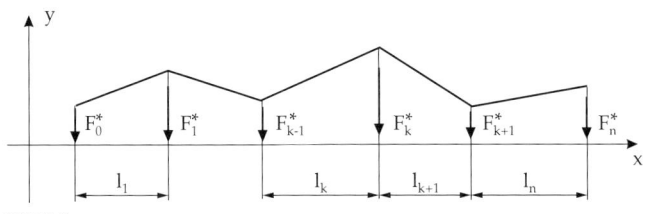

Bild 5.5

5.1.2 Lager und Verbindungselemente

Ein in der Ebene frei beweglicher Körper hat den **Freiheitsgrad** $f = 3$ (eine Rotation um eine zur Ebene senkrechte Achse und zwei Translationen in Richtung beider Koordinatenachsen). Jede Verbindung eines Bauteiles mit dem Fundament oder anderen Teilen des Systems bindet mindestens einen Freiheitsgrad und maximal sämtliche drei Freiheitsgrade. Danach gibt es drei Klassen von Lagerungen.

1. Einwertige Lager

Gebunden wird ein translatorischer Freiheitsgrad. Hauptvertreter ist das **Loslager** oder **Rollenlager** (s. Bild 5.6).

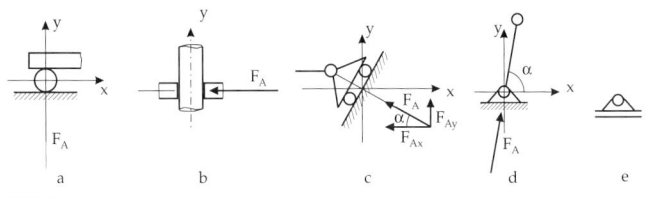

Bild 5.6

5.1 Modellbildung

In Bild 5.6a wird die Bewegung in Richtung der y-Achse, in Bild 5.6b in Richtung der x-Achse und in Bild 5.6c senkrecht zur Rollenbahn verhindert. Es kann jeweils die Stützkraft $\vec{F}_A$ mit bekannter Wirkungslinie übertragen werden. Gleichwertig ist der mit zwei Drehgelenken versehene Stützstab oder die **Pendelstütze**, die nur eine Kraft in Richtung der Stabachse aufnehmen kann (s. Bild 5.6d). Das Symbol des einwertigen Lagers ist in Bild 5.6e dargestellt.

2. Zweiwertige Lager

Beide Translationen werden durch das **Festlager** oder ein **festes Drehgelenk** verhindert (s. Bild 5.7).

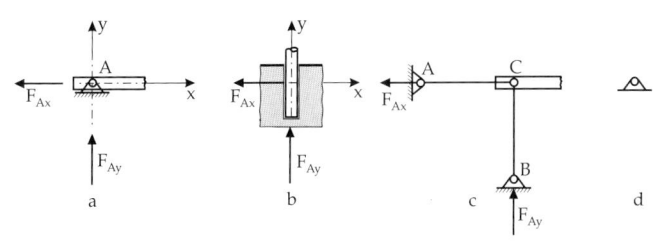

Bild 5.7

Von der Auflagerkraft $\vec{F}_A$ ist nur ein Punkt A der Wirkungslinie bekannt, Betrag und Richtung ergeben sich aus F_{Ax} und F_{Ay} (s. Bild 5.7a).

Gleichwertig ist das Spurlager im Bild 5.7b, das nur eine Drehung um die y-Achse zuläßt.

Das Festlager kann durch zwei nichtparallele Pendelstützen ersetzt werden (Bild 5.7c). Das Symbol des Festlagers ist in Bild 5.7d dargestellt.

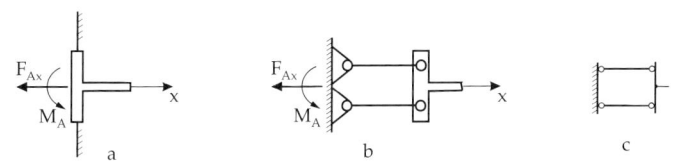

Bild 5.8

Lager, die eine Translation und die Rotation verhindern, sind in den Bildern 5.8 und 5.9 dargestellt. Diese Lager können keine Querkräfte in Richtung der y-Achse bzw. keine Längskräfte in Richtung der x-Achse aufnehmen. Die entsprechenden Symbole siehe Bilder 5.8c bzw. 5.9c.

3. Dreiwertige Lager

Sämtliche drei Freiheitsgrade werden gebunden. Typisch dafür ist die **Einspannung** mit den möglichen Reaktionen $\vec{F}_{Ax}$, $\vec{F}_{Ay}$ und $\vec{M}_A$ (s. Bild 5.10). Gleichwertig sind drei gelenkig gelagerte Stützstäbe, deren Stabachsen nicht sämtlich parallel verlaufen oder nicht nur einen gemeinsamen Schnittpunkt haben dürfen (s. Bild 5.10b). Symbol der Einspannung s. Bild 5.10c.

Bild 5.9

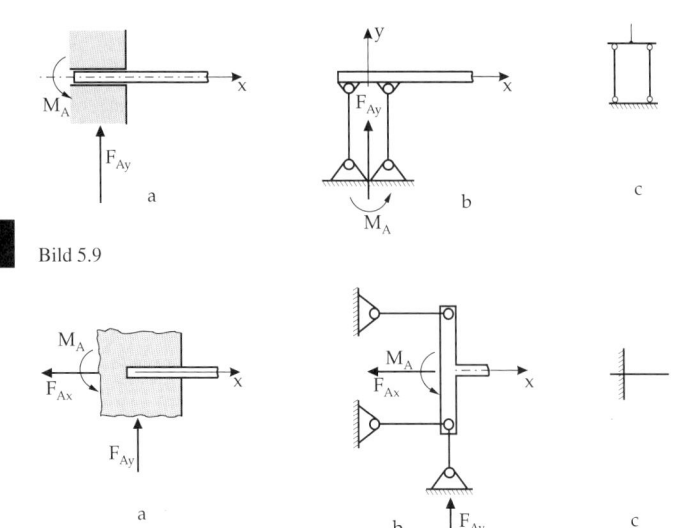

Bild 5.10

5.1.3 Idealisierungen nach geometrischer Form

Von der Geometrie her werden zwei Klassen von Tragwerken unterschieden, deren weitere Unterteilung aus der möglichen Beanspruchung erfolgt.

1. **Linientragwerke** mit wesentlich größerer Länge gegenüber Breite und Höhe. Dazu gehören
   - **Seile**, **Ketten**, **Riemen** zur Übertragung nur von Zugkräften,
   - **gelenkig angeschlossene Stäbe** (Teile von Stab- oder Fachwerken) mit Übertragung von Zug- und Druckkräften,
   - **Träger**, **Balken**, **Rahmen**, **Wellen** zur Übertragung beliebiger Kräfte und Momente.
2. **Flächentragwerke** mit wesentlich kleinerer Dicke gegenüber Länge und Breite. Dazu gehören
   - **Scheiben** zur Übertragung von Kräften, deren Wirkungslinien in der Scheibenebene liegen (auch Stabsysteme),
   - **Platten** mit Wirkung der Kräfte senkrecht zur Plattenebene,
   - **Schalen** als gewölbte Flächen geringerer Dicke zur Übertragung beliebiger Kräfte.

5.1.4 Statische Bestimmtheit

Ein ebenes Tragwerk ist genau dann äußerlich statisch bestimmt bzw. statisch bestimmt gelagert, wenn sich die Auflagerreaktionen aus den eingeprägten Kräften und Momenten eindeutig aus den Gleichgewichtsbedingungen ermitteln lassen.

5.1 Modellbildung

Für die Anzahl t der unbekannten Auflagerreaktionen ist wegen der drei Gleichgewichtsbedingungen (2.11), (2.12) und (3.7) für die äußerliche statische Unbestimmtheit $t = 3$ notwendig. Falls $t > 3$, ist das Tragwerk äußerlich statisch unbestimmt.

| Das Tragwerk ist insgesamt genau dann statisch bestimmt, wenn jedes seiner freigeschnittenen Teile für sich im Gleichgewicht ist.

Das Freischneiden der Teile erfordert Schnitte durch die Verbindungselemente zwischen den Teilen und bei geschlossenen biegesteifen Rahmen solche Schnitte, daß dadurch offene Stabzüge entstehen.

Wird das Tragwerk mit t Stützgrößen in n Teile zerlegt, wobei g_1 einwertige, g_2 zweiwertige und g_3 dreiwertige Verbindungselemente geschnitten werden, ist für die statische Bestimmtheit notwendig, daß

$$\boxed{f = 3n - t - g_1 - 2g_2 - 3g_3 = 0} \tag{5.5a}$$

Das Abzählkriterium (5.5) ist nicht hinreichend, da es keine Aussagen über die Lage eingeprägter Kräfte und Momente und über die Tragwerksgeometrie erfaßt. Hinreichend ist bei n Tragwerksteilen die eindeutige Lösbarkeit des aus $3n$ Gleichungen bestehenden linearen Gleichungssystems

$$\boldsymbol{Ax} = \boldsymbol{f} \tag{5.5b}$$

In (5.5b) ist $\boldsymbol{A}$ die von Abmessungen abhängige Koeffizientenmatrix, $\boldsymbol{x}$ die einspaltige Matrix der $3n$ unbekannten Stütz- und Schnittgrößen und $\boldsymbol{f}$ die einspaltige Matrix der eingeprägten Größen.

(5.5b) ist genau dann eindeutig lösbar und damit das Tragwerk statisch bestimmt, wenn

$$\rho(\boldsymbol{A}) = \rho(\boldsymbol{A}, \boldsymbol{f}) = 3n \tag{5.5c}$$

$\rho(\boldsymbol{A})$ ist der Rang der Matrix $\boldsymbol{A}$ und $\rho(\boldsymbol{A}, \boldsymbol{f})$ der Rang der um die Spaltenmatrix $\boldsymbol{f}$ erweiterten Koeffizientenmatrix $\boldsymbol{A}$. Wird nach (5.5a)

$f < 0 \Rightarrow$ $|f|$-fache statische Unbestimmtheit mit dem Unbestimmtheitsgrad $|f|$ (vgl. Abschnitt 18),

$f > 0 \Rightarrow$ das System ist ein beweglicher Mechanismus (vgl. Kinematik und Dynamik starrer Körper).

☐ **1.** Für das Tragwerk in Bild 5.11a (vgl. 5.4) sind die eingeprägten Kräfte F_1, F_2 und F_3 gegeben. Freischneiden von den Lagern ergibt 4 unbekannte Stützkräfte F_{Ax}, F_{Ay}, F_B und F_C und somit $t = 4$. Der Träger ist äußerlich statisch unbestimmt. Daher ist der Schnitt durch G erforderlich, so daß $n = 2$ Teile entstehen und die unbekannten Gelenkschnittkräfte F_{Gx} und F_{Gy} auf insgesamt 6 Unbekannte führen (s. Bild 5.11b).

Die Gleichgewichtsbedingungen im

Teil 1

$\uparrow \ : F_{Ay} + F_B - F_{Gy} - F_1 = 0 \quad (1)$

$\curvearrowleft A : F_B \cdot 2a - F_{Gy} \cdot 3a - F_1 a = 0 \quad (2)$

$\rightarrow : F_{Ax} + F_{Gx} = 0 \quad (5)$

Teil 2

$\uparrow \ : F_{Gy} + F_C - F_3 = 0 \quad (3)$

$\curvearrowleft G : F_C \cdot 2a - F_3 a = 0 \quad (4)$

$\leftarrow : F_{Gx} - F_2 = 0 \quad (6)$

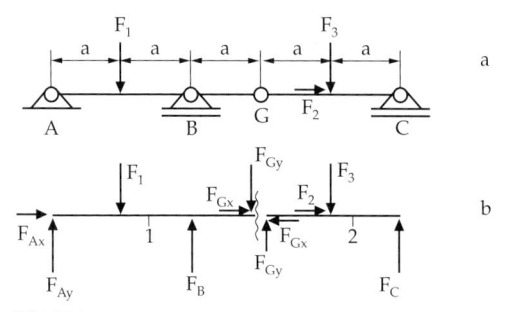

Bild 5.11

Bei Reihenfolge der Gleichungen in der angegebenen Numerierung wird das Gleichungssystem (5.5b)

$$\boldsymbol{A} \cdot \boldsymbol{x} = \begin{pmatrix} 1 & 1 & -1 & 0 & 0 & 0 \\ 0 & 2 & -3 & 0 & 0 & 0 \\ 0 & 0 & 1 & 1 & 0 & 0 \\ 0 & 0 & 0 & 2 & 0 & 0 \\ 0 & 0 & 0 & 0 & 1 & 1 \\ 0 & 0 & 0 & 0 & 0 & 1 \end{pmatrix} \cdot \begin{pmatrix} F_{Ay} \\ F_B \\ F_{Gy} \\ F_C \\ F_{Ax} \\ F_{Gx} \end{pmatrix} = \begin{pmatrix} F_1 \\ F_1 \\ F_3 \\ F_3 \\ 0 \\ F_2 \end{pmatrix} = \boldsymbol{f}$$

Sofort ablesbar ist $\rho(\boldsymbol{A}) = \rho(\boldsymbol{A}, \boldsymbol{f}) = 6 = 2n$. Damit ist das Gleichungssystem eindeutig lösbar und das Tragwerk statisch bestimmt. Von unten nach oben ergeben sich aus dem gestaffelten System

$$F_{Gx} = -F_{Ax} = F_2, \qquad F_C = F_{Gy} = \frac{1}{2}F_3, \qquad F_B = \frac{1}{2}F_1 + \frac{3}{4}F_3,$$

$$F_{Ay} = \frac{1}{2}F_1 - \frac{1}{4}F_3$$

2. Das Fachwerk (s. Bild 5.12) enthält $n = 7$ gelenkig miteinander verbundene Stäbe. Zu beachten ist, die Gelenke III und IV sind zweifache Gelenke und V ein dreifaches Gelenk (die Stäbe 2, 6 und 7 sind unabhängig voneinander gegenüber Stab 1 drehbar).

Somit wird $g_2 = 2 + 2 \cdot 2 + 1 \cdot 3 = 9$ und mit $t = 3 \Rightarrow f = 21 - 3 - 18 = 0$. Tatsächlich liegt statische Bestimmtheit vor (vgl. Beispiel in 5.6.2).

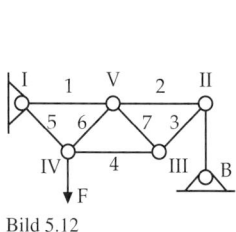

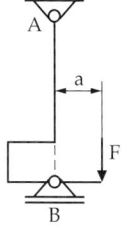

Bild 5.12

Bild 5.13

5.1 Modellbildung

3. Das Bauteil in Bild 5.13 erfüllt mit $n = 1, t = 3, g_1 = g_2 = g_3 = 0$ die notwendige Bedingung (5.5a) für statische Bestimmtheit, da $f = 3 - 3 = 0$. Aber die 3. Gleichung im System

$\uparrow \quad : F_{Ay} + F_B - F = 0$

$\rightarrow \quad : F_{Ax} = 0$

$\curvearrowleft A \quad : Fa = 0$

enthält wegen $F \neq 0 \wedge a \neq 0$ einen Widerspruch. Damit liegt keine statische Bestimmtheit vor.

4. Das Viergelenksystem (s. Bild 5.14) zerfällt nach Schneiden in $n = 4$ Teile mit $t = g_2 = 4$, $g_1 = g_3 = 0$. Die notwendige Bedingung (5.5a) wird daher wegen $f = 3 \cdot 4 - 4 - 2 \cdot 4$ erfüllt. Anschaulich ist aber das System beweglich (Parallelkurbelgetriebe) und damit nicht statisch bestimmt. Für die Funktion des Mechanismus kann wegen der beiden Festlager der Stab 4 entfallen. Damit würde (5.5a) zur Aussage $f = 3 \cdot 3 - 4 - 2 \cdot 2 = 1$ führen.

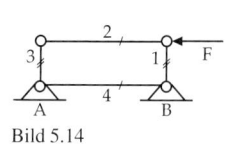

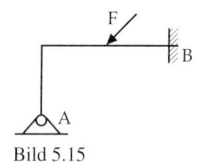

Bild 5.14　　　　　　　　　　Bild 5.15

5. (5.5a) ergibt für das Rahmentragwerk in Bild 5.15 wegen $n = 1, t = 5, g_1 = g_2 = g_3 = 0$ den Freiheitsgrad $f = 3 - 5 = -2$, was zweifache statische Unbestimmtheit bedeutet. Wegen der äußerlichen statischen Unbestimmtheit lassen sich aus den 3 Gleichgewichtsbedingungen die 5 Stützgrößen nicht ermitteln.

6. Das in 5.16a dargestellte Tragwerk $\left(0 < \alpha < \dfrac{\pi}{2}\right)$ ist wegen $t = 5$ äußerlich zweifach statisch unbestimmt gelagert. Der Schnitt durch die einwertige Verbindung G ergibt mit $n = 2, g_1 = 1, g_2 = g_3 = 0$ (s. Bild 5.16b) $f = 3 \cdot 2 - 5 - 1 = 0$.

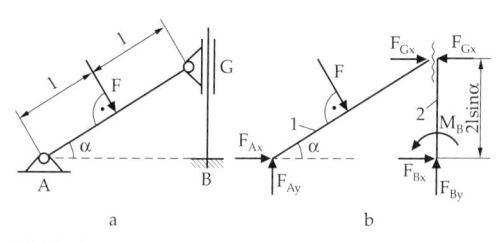

a　　　　　　　　　　b

Bild 5.16

Die Gleichungssysteme für

Teil 1

$\rightarrow \quad : F_{Ax} + F_{Gx} + F \sin\alpha = 0$

$\uparrow \quad : F_{Ay} - F \cos\alpha = 0$

$\curvearrowleft A \quad : 2F_{Gx} l \sin\alpha + Fl = 0$

Teil 2

$\rightarrow \quad : F_{Bx} - F_{Gx} = 0$

$\uparrow \quad : F_{By} = 0$

$\curvearrowright B \quad : 2F_{Gx} l \sin\alpha + M_B = 0$

sind eindeutig lösbar, und damit ist das Tragwerk statisch bestimmt. Die Auflagerreaktionen sind

$$F_{Ax} = F\left(\frac{1}{2\sin\alpha} - \sin\alpha\right), \qquad F_{Ay} = F\cos\alpha,$$

$$F_{Bx} = -\frac{F}{2\sin\alpha}, \qquad F_{By} = 0, \qquad F_{Gx} = F_{Bx}$$

7. Der geschlossene Rahmen im Bild 5.17 ist wegen $t = 3$ statisch bestimmt gelagert, so daß sich die Stützkräfte mit Hilfe der Gleichgewichtsbedingungen aus den eingeprägten Lasten ermitteln lassen. Aber zur Dimensionierung des Rahmens lassen sich die erforderlichen Schnittgrößen nicht berechnen. Dazu ist es notwendig, den Rahmen durch mindestens zwei Schnitte in $n = 2$ offene Stabteile zu zerlegen. Mit $t = 3$, $g_3 = 2$, $g_1 = g_2 = 0 \Rightarrow f = 3 \cdot 2 - 3 - 3 \cdot 2 = -3$, d. h., es liegt dreifache statische Unbestimmtheit vor (vgl. Abschnitt 18).

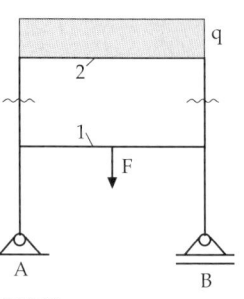

Bild 5.17

5.2 Gerader Träger

5.2.1 Stützgrößen

Im Modell werden die Schwereachse des Trägers in seiner Längsrichtung, die Symbole für die Lager und Einzelkräfte bzw. Streckenlasten (senkrecht auf die Trägerlängsachse wirkend) dargestellt.

Durch Freischneiden wird der Träger von den Lagern gelöst und deren Reaktionen auf den Träger durch die unbekannten Auflagerkräfte ersetzt. Bei statisch bestimmter Lagerung lassen sich die Komponenten der Auflagerkräfte aus den drei Gleichgewichtsbedingungen berechnen bzw. die Auflagerkräfte nach Betrag, Lage und Richtung durch das Seileckverfahren graphisch ermitteln.

☐ **1.** Vom Träger (Bild 5.18) mit Kragarm und Pendelstütze sind die Auflagerreaktionen analytisch und graphisch zu bestimmen, wenn $F = 4$ kN, $q = 1,25$ kN/m, $\alpha = 60°$, $\beta = 45°$ und $a = 1$ m gegeben sind.

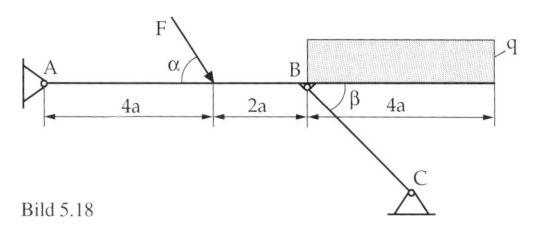

Bild 5.18

5.2 Gerader Träger

Analytische Lösung:

Ersatz der Streckenlast durch $F_q = 4aq = 5$ kN im Abstand $2a$ links vom rechten Trägerende (Bild 5.19).

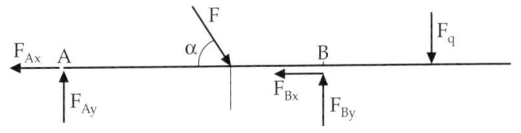

Bild 5.19

Annahme von F_{Ax} und F_{Ay} im Kraftangriffspunkt A und von F_{Bx} und F_{By} als Komponenten von F_B in Richtung der Pendelstützachse.

Wegen

$$F_{By} = F_{Bx} \tan\beta \quad \text{und} \quad \tan\beta = 1 \Rightarrow F_{By} = F_{Bx} \tag{1}$$

Als erste Gleichgewichtsbedingung empfiehlt sich der Momentenansatz um B, da die entstehende Gleichung nur eine Unbekannte enthält, die sofort ausgerechnet werden kann:

$$\circlearrowleft B: \; F_{Ay} \cdot 6a - F_y \cdot 2a + F_q \cdot 2a = 0$$
$$\Rightarrow \; F_{Ay} = \frac{1}{3}(F \sin\alpha - F_q) = -0{,}51 \text{ kN} \tag{2}$$

Das negative Vorzeichen bedeutet, daß F_{Ay} nicht, wie in Bild 5.19 angenommen, in Richtung der positiven, sondern in Richtung der negativen y-Achse wirkt. Die Annahme ist konsequent beizubehalten.

$$\uparrow: \; F_{By} + F_{Ay} - F_y - F_q = 0$$
$$\Rightarrow \; F_{By} = F \sin\alpha + F_q - F_{Ay} = 8{,}98 \text{ kN} = F_{Bx} \tag{3}$$
$$\leftarrow: \; F_{Ax} + F_{Bx} - F_x = 0$$

Wegen (1) folgt

$$F_{Ax} = F \cos\alpha - F_{By} = -6{,}98 \text{ kN}$$

Graphische Lösung (verkleinert dargestellt): Die Anwendung des Seileckverfahrens beginnt im Lageplan mit M = 1 : 100 und den Wirkungslinien von F, F_q und F_B (Bild 5.20).

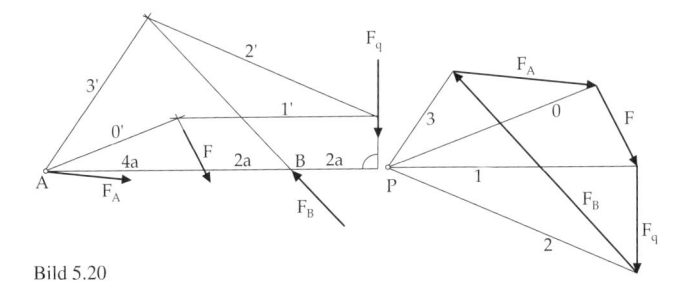

Bild 5.20

Nach Wahl von $M_F = 0.5 \dfrac{\text{cm}}{\text{kN}}$ folgen im Kräfteplan F, F_q und nach Polwahl die Polstrahlen 0, 1 und 2. Die Fortsetzung im Lageplan beginnt mit Seilstrahl $0'$ durch A, da von $\vec{F}_A$ nur A als Punkt der Wirkungslinie bekannt ist. Es folgen die Seilstrahlen $1'$ und $2'$. Der Schnittpunkt von $2'$ mit der Wirkungslinie von F_B ist ein Punkt von $3'$, so daß sich in A das Seileck schließt. Die Parallele 3 im Kräfteplan schließt das Krafteck mit F_B und schließlich F_A ab. Aus $\langle F_A \rangle = 3,5$ cm und $\langle F_B \rangle = 6,3$ cm ergeben sich mit M_F $F_A = 7$ kN, $F_B = 12,6$ kN.

2. Am einseitig eingespannten Träger der Länge $l = 4$ m wirken die dreiecksförmige Streckenlast mit $q_0 = 25$ N/cm und $F = 1$ kN unter $\alpha = 60°$. Zu ermitteln sind die Auflagerreaktionen (Bild 5.21).

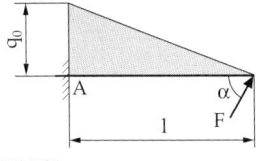

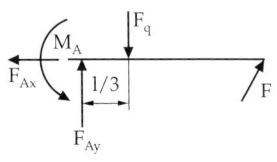

Bild 5.21 Bild 5.22

Die Einspannung ist dreiwertig (vgl. 5.1.2), daher muß beim Freischneiden außer F_{Ax} und F_{Ay} das Einspannmoment M_A als dritte unbekannte Auflagerreaktion angesetzt werden (Bild 5.22). Die Ersatzkraft für die Streckenlast ergibt sich aus der Dreiecksfläche $F_q = \dfrac{1}{2} l q_0 = 5$ kN. F_q greift im Schwerpunktsabstand $\dfrac{1}{3} l$ von der Einspannstelle aus an.

$\leftarrow : F_{Ax} - F \cos\alpha = 0 \qquad \Rightarrow F_{Ax} = 0,5$ kN

$\uparrow : F_{Ay} + F \sin\alpha - F_q = 0 \qquad \Rightarrow F_{Ay} = 4,1$ kN

$\curvearrowleft A : M_A - F_q \cdot \dfrac{l}{3} + Fl \sin\alpha = 0 \Rightarrow M_A = 3,2$ kN m

5.2.2 Schnittgrößen Längskraft, Querkraft und Biegemoment

Wird ein Träger, an einer beliebigen Stelle geschnitten, so müssen dort die getrennten inneren Bindungskräfte durch die **Schnittreaktionen** ersetzt werden, damit am abgetrennten Tragwerksteil wieder Gleichgewicht herrscht. Die Schnittstelle ist dreiwertig und die Schnittreaktionen sind

- die **Längs-** oder **Normalkraft** $\vec{F}_L$ in Richtung Längsachse
- die **Querkraft** $\vec{F}_Q$ in vertikaler Richtung und
- das **Biegemoment** $\vec{M}_b$ um die horizontale y-Achse an der Schnittstelle (s. Bild 5.23).

Für die Schnittgrößen gilt folgende Vorzeichenfestlegung am linken abgetrennten Trägerteil oder am linken Schnittufer (Bild 5.23):

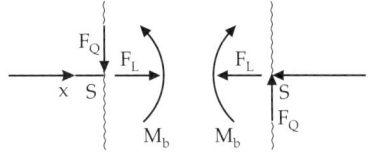

Bild 5.23

5.2 Gerader Träger

- positive Längskraft in Richtung der positiven x-Achse (Zugkraft),
- positive Querkraft vertikal nach unten, wobei die Unterseite die Biegezugfaser des Trägers ist,
- positives Biegemoment bei Drehsinn im mathematisch positiven Sinn.

Am rechten Schnittufer werden die Schnittreaktionen auf Grund des Wechselwirkungsgesetzes entgegengesetzt orientiert, damit sie sich bei Zusammenfügung der getrennten Teile wieder gegenseitig aufheben.

Die Berechnung der drei Schnittreaktionen erfolgt mittels der drei Gleichgewichtsbedingungen in 3.6.2. Die Beträge der Schnittreaktionen sind abhängig von der Abszisse x der Schnittstelle. Da die Verläufe von $F_L(x)$, $F_Q(x)$ und $M_b(x)$ Knick- oder Sprungstellen aufweisen können, ist der Träger in Abschnitte aufzuteilen, wobei die Abschnittsgrenzen durch eingeprägte Einzelkräfte, Momente, Beginn und Ende von Streckenlasten, Trägerknick- oder Trägerverzweigungsstellen bestimmt werden.

Die Verläufe von $F_L(x)$, $F_Q(x)$ und $M_b(x)$ werden jeweils im Längs-, Querkraft- und Biegemomentendiagramm graphisch dargestellt. Dabei sind die positiven Achsen für F_L und F_Q nach oben und die positive Achse für M_b nach unten gerichtet.

Für die Verläufe der Schnittreaktionen in Abhängigkeit von den Auflagerreaktionen, den eingeprägten Kräften und Momenten gelten die folgenden Gesetzmäßigkeiten.

1. **Nur angreifende Einzelkräfte in Richtung Trägerlängsachse:**
   Die Horizontalkomponenten in Trägerlängsachse führen zu konstantem F_L-Verlauf zwischen den Angriffspunkten und zu Sprungstellen an den Kraftangriffsstellen. Auf den F_Q- und M_b-Verlauf sind sie ohne Einfluß.
2. **Nur vertikal wirkende Einzelkräfte:**
   Am Angriffspunkt der Vertikalkomponente ergibt sich ein Sprung im F_Q-Verlauf um den Betrag dieser Komponente und im M_b-Verlauf ein Knick. Im Intervall ist $F_Q(x) = $ const und der $M_b(x)$-Verlauf linear.
$$\frac{dM_b(x)}{dx} = \pm F_Q(x) \tag{5.6}$$
   Das untere Vorzeichen gilt, wenn im Abschnitt die x-Achse von rechts nach links verläuft.
   Auf den F_L-Verlauf sind Vertikalkräfte ohne Einfluß.
3. **Nur eingeleitete Momente M_y:**
   An der Einleitstelle ergibt sich im M_b-Verlauf ein Sprung um M_y bei linearem M_b-Verlauf im Intervall. Auf den F_L- und F_Q-Verlauf ist das Moment ohne Einfluß.
4. **Nur wirkende konstante Streckenlast:**
   Im Intervall $q_0 = $ const ist der F_Q-Verlauf linear und der M_b-Verlauf eine quadratische Funktion. An der Nullstelle des F_Q-Verlaufs ergibt sich ein relativer Extremwert für M_b.
   Es gilt (5.6) und mit gleicher Vorzeichenfestlegung
$$\frac{dF_Q(x)}{dx} = \mp q(x) \tag{5.7}$$

☐ **1.** Die Verläufe der Schnittreaktionen für den im Bild 5.24a dargestellten Träger mit $\alpha = 60°$, $\beta = 45°$, F und a sind graphisch darzustellen.

Nach Freimachen und Komponentenzerlegung ergibt sich das Modell in Bild 5.24b.

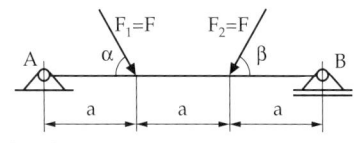

Bild 5.24a

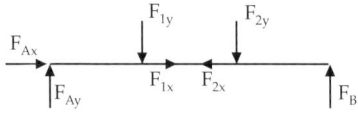

Bild 5.24b

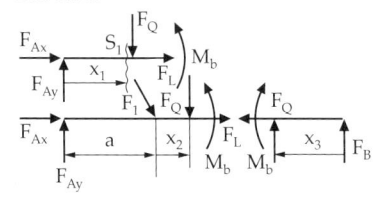

Bild 5.24c

Die Auflagerreaktionen folgen aus

$$\circlearrowleft A : F_B \cdot 3a - Fa\sqrt{2} - \frac{Fa}{2}\sqrt{3} = 0 \Rightarrow F_B = 0{,}76F$$

$$\uparrow \; : F_{Ay} + F_B - \frac{F}{2}\sqrt{3} - \frac{F}{2}\sqrt{2} = 0 \Rightarrow F_{Ay} = 0{,}81F$$

$$\rightarrow \; : F_{Ax} + \frac{F}{2} - \frac{F}{2}\sqrt{2} = 0 \qquad\qquad \Rightarrow F_{Ax} = 0{,}21F$$

Die erforderliche Aufteilung in drei Abschnitte, wobei x_3 von rechts nach links laufend gewählt wurde, ist in Bild 5.24c ersichtlich. Anwendung der Gleichgewichtsbedingungen im

1. Abschnitt:

$$\rightarrow \; : F_L(x_1) + F_{Ax} = 0 \quad \Rightarrow F_L(x_1) = -0{,}21F = \text{const}$$

$$\downarrow \; : F_Q(x_1) - F_{Ay} = 0 \quad \Rightarrow F_Q(x_1) = 0{,}81F = \text{const}$$

$$\circlearrowleft S_1 : M_b(x_1) - F_{Ay} x_1 = 0 \Rightarrow M_b(x_1) = 0{,}81 F x_1$$

$$M_b(0) = 0, \qquad\qquad M_b(a) = 0{,}81 Fa$$

2. Abschnitt:

$$\rightarrow \; : F_L(x_2) + F_{Ax} + \frac{F}{2} = 0 \qquad\qquad \Rightarrow F_L(x_2) = -0{,}71F = \text{const}$$

$$\downarrow \; : F_Q(x_2) - F_{Ay} + \frac{F}{2}\sqrt{3} = 0 \qquad\qquad \Rightarrow F_Q(x_2) = -0{,}05F = \text{const}$$

$$\circlearrowleft S_2 : M_b(x_2) + \frac{F}{2}\sqrt{3} x_2 - F_{Ay}(a + x_2) = 0 \Rightarrow$$

$$M_b(x_2) = 0{,}81Fa - 0{,}05F x_2, \qquad M_b(a) = 0{,}76 Fa$$

5.2 Gerader Träger

3. Abschnitt (zur Kontrollrechnung):

$\leftarrow\ : F_L(x_3) = 0$

$\uparrow\ : F_Q(x_3) + F_B = 0 \Rightarrow F_Q(x_3) = -F_B = -0{,}76F = \text{const}$

$\circlearrowleft S_3 : M_b(x_3) - F_B x_3 = 0 \Rightarrow M_b(x_3) = 0{,}76 F x_3$

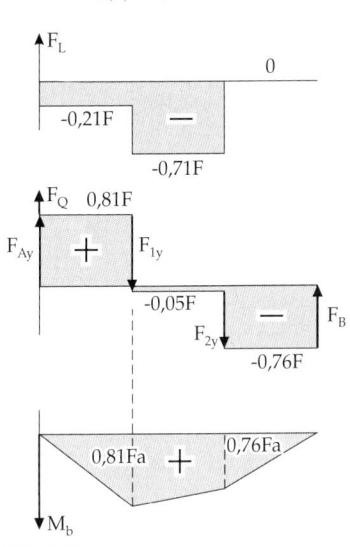

$\qquad M_b(a) = 0{,}76 F a$

Bild 5.24d

Die Diagramme für den F_L-, F_Q- und M_b-Verlauf sind in Bild 5.24d dargestellt. Im F_Q-Verlauf sind die Sprünge im Betrag der angreifenden Vertikalkomponenten an den Sprungstellen kenntlich gemacht. $M_{b_{max}} = 0{,}81 F a$ tritt an der Stelle des Nulldurchganges von F_Q auf.

2. Der Träger (Welle) in Bild 5.25a wird durch $\vec{F}$ mit der Exzentrizität b zur Trägerachse beansprucht. Im freigeschnittenen System (Bild 5.25b) wurde $\vec{F}$ in die Trägerachse verschoben und das Versetzungsmoment $\vec{M} = \vec{F}b$ (vgl. 3.3) angesetzt.

Die Auflagerreaktionen ergeben sich zu

$$F_{Ax} = F, \qquad F_{Ay} = F_B = \frac{b}{3a} F$$

Die zwei Schnitte links und rechts von der Momenteneinleitungsstelle C ergeben die Abschnitte zur Ermittlung der Schnittreaktionen (Bild 5.25c).

1. Abschnitt:

$\leftarrow\ : F_L(x_1) - F = 0 \qquad \Rightarrow F_L(x_1) = F = \text{const}$

$\downarrow\ : F_Q(x_1) + F_{Ay} = 0 \qquad \Rightarrow F_Q(x_1) = -\dfrac{b}{3a} F = \text{const}$

$$\circlearrowleft S_1 : M_b(x_1) + F_{Ay}x_1 = 0 \Rightarrow M_b(x_1) = -\frac{b}{3a}Fx_1$$

$$M_b(2a) = -\frac{2b}{3}F$$

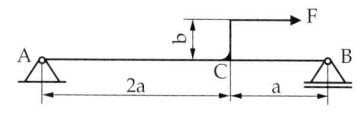

Bild 5.25a

Bild 5.25b

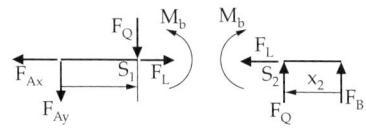

Bild 5.25c

2. Abschnitt:

$$\leftarrow\ : F_L(x_2) = 0$$

$$\uparrow\ : F_Q(x_2) + F_B = 0 \quad \Rightarrow F_Q(x_2) = -\frac{b}{3a}F = \text{const}$$

$$\circlearrowleft S_2 : M_b(x_2) - F_B x_2 = 0 \Rightarrow M_b(x_2) = \frac{b}{3a}Fx_2$$

$$M_b(a) = \frac{b}{3}F$$

Die Diagramme im Bild 5.25d zeigen anschaulich die Zugbeanspruchung im Abschnitt $\overline{AC}$, keinen Einfluß des Momentes auf den Querkraftverlauf und den Sprung um den Betrag bF im Momentenverlauf an der Stelle C. Die Schnittreaktionen im Exzentrizitätsabschnitt b wurden vernachlässigt.

3. Die Ermittlung der Schnittgrößen für den Freiträger in Bild 5.26a erspart die Berechnung der Auflagerreaktionen, wenn das Teil am rechten Schnittufer (Bild 5.26b) herangezogen wird.

Es tritt keine Längskraft auf. Mit $q(x) = \frac{q_0}{l}x$ folgt der Biegemomentenverlauf aus

$$\circlearrowleft S: M_b(x) + q(x) \cdot \frac{x}{2} \cdot \frac{x}{3} = 0 \Rightarrow M_b(x) = -\frac{q_0}{6l}x^3$$

Der Querkraftverlauf kann daraus durch Differentiation nach (5.6) bestimmt werden.

$$\frac{dM_b(x)}{dx} = -F_Q(x) = -\frac{q_0}{2l}x^2 \Rightarrow F_Q(x) = \frac{q_0}{2l}x^2$$

Bild 5.25d

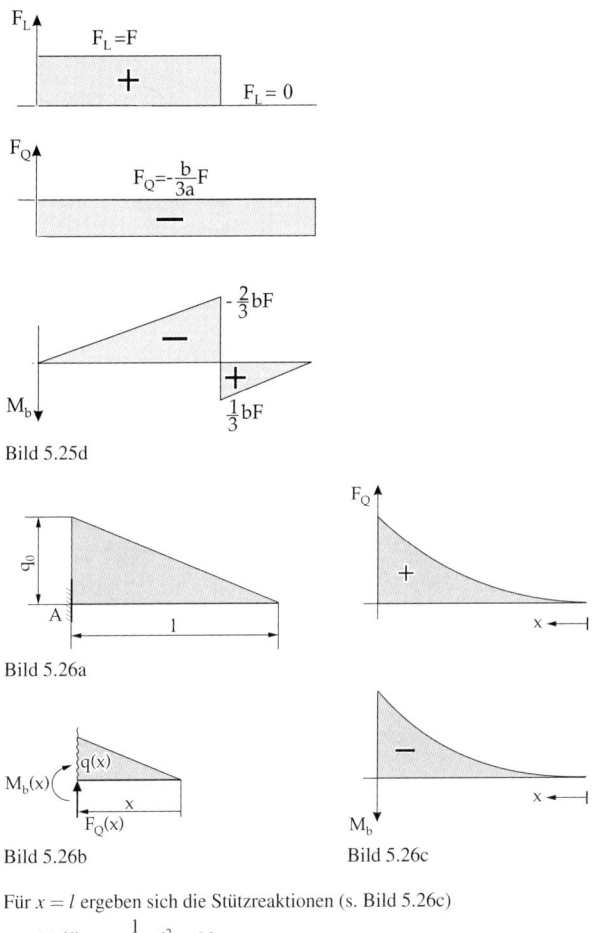

Bild 5.26a

Bild 5.26b

Bild 5.26c

Für $x = l$ ergeben sich die Stützreaktionen (s. Bild 5.26c)

$$M_b(l) = -\frac{1}{6}q_0 l^2 = M_A$$

$$F_Q(l) = \frac{1}{2}q_0 l = F_A$$

5.3 Abgewinkelter Träger mit Verzweigung

Träger mit Knick- und Verzweigungsstellen (wie in Bild 5.27) werden als **Rahmen** bezeichnet. Die geraden Trägerteile gelten an den Knick- und Verzweigungsstellen als biegesteif verbunden. Bei der Ermittlung der Schnittgrößen sind auch diese Stellen als Abschnittsgrenzen zu berücksichtigen.

Für den in Bild 5.27 dargestellten Rahmen mit $4qa = F$ sind Längskraft-, Querkraft- und Biegemomentenverlauf zu ermitteln.

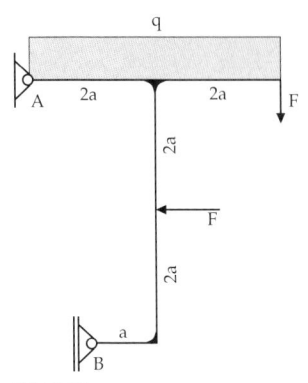

Bild 5.27

Die Stützkräfte:

$\curvearrowleft A : F_B \cdot 4a - F \cdot 2a - F \cdot 4a - F \cdot 2a = 0 \Rightarrow F_B = 2F$

$\leftarrow \; : F_{Ax} + F - F_B = 0 \qquad\qquad\qquad \Rightarrow F_{Ax} = F$

$\uparrow \; : F_{Ay} - F - F = 0 \qquad\qquad\qquad\quad \Rightarrow F_{Ay} = 2F$

Die eingeleiteten Kräfte und biegesteifen Verbindungen erfordern die Aufteilung des Systems in fünf Abschnitte (s. Bild 5.28). In jedem Abschnitt werden die drei Gleichgewichtsbedingungen angewendet, wobei das Biegemoment jeweils auf die Schnittstelle bezogen wird.

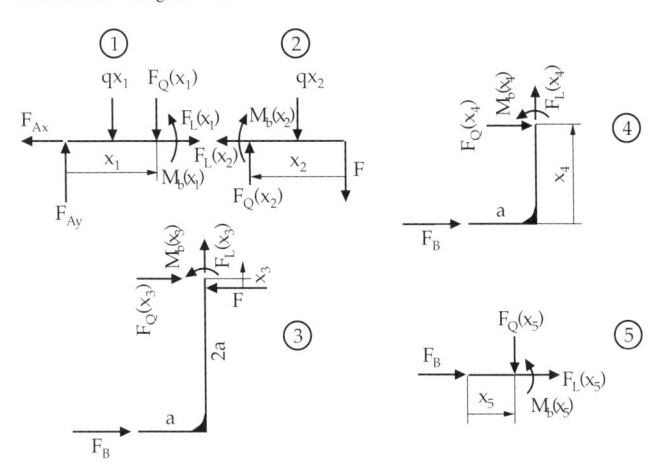

Bild 5.28

5.3 Abgewinkelter Träger mit Verzweigung

Abschnitt ①: $0 \leq x_1 \leq 2a$

$\rightarrow : F_L(x_1) - F_{Ax} = 0 \qquad \Rightarrow F_L(x_1) = F = \text{const}$

$\downarrow : F_Q(x_1) + qx_1 - F_{Ay} = 0 \qquad \Rightarrow F_Q(x_1) = F\left(2 - \dfrac{x_1}{4a}\right)$

$\curvearrowleft : M_b(x_1) - F_{Ay}(x_1) + \dfrac{q}{2}x_1^2 = 0 \Rightarrow M_b(x_1) = F\left(2x_1 - \dfrac{x_1^2}{8a}\right)$

An den Abschnittsgrenzen wird

$F_Q(0) = 2F; \qquad M_b(0) = 0$
$F_Q(2a) = 1,5F; \qquad M_b(2a) = 3,5Fa$

Abschnitt ②: $0 \leq x_2 \leq 2a$

keine Längskraft $\qquad \Rightarrow F_L(x_2) = 0 = \text{const}$

$\uparrow : F_Q(x_2) - F - qx_2 = 0 \qquad \Rightarrow F_Q(x_2) = F\left(1 + \dfrac{x_2}{4a}\right)$

$\curvearrowright : M_b(x_2) + Fx_2 + \dfrac{q}{2}x_2^2 = 0 \Rightarrow M_b(x_2) = -F\left(x_2 + \dfrac{x_2^2}{8a}\right)$

An den Abschnittsgrenzen wird

$F_Q(0) = F; \qquad M_b(0) = 0$
$F_Q(2a) = 1,5F; \qquad M_b(2a) = -2,5Fa$

Abschnitt ③: $0 \leq x_3 \leq 2a$

keine Längskraft $\qquad\qquad \Rightarrow F_L(x_3) = 0 = \text{const}$

$\downarrow : F_Q(x_3) - F - F_B = 0 \qquad\qquad \Rightarrow F_Q(x_3) = -F = \text{const}$

$\curvearrowleft : M_b(x_3) + F_B(2a + x_3) - Fx_3 = 0 \Rightarrow M_b(x_3) = -F(x_3 + 4a)$

$M_b(0) = -4Fa, \qquad M_b(2a) = -6Fa$

Abschnitt ④: $0 \leq x_4 \leq 2a$

keine Längskraft $\qquad \Rightarrow F_L(x_4) = 0 = \text{const}$

$\downarrow : F_Q(x_4) + F_B = 0 \qquad \Rightarrow F_Q(x_4) = -2F = \text{const}$

$\curvearrowleft : M_b(x_4) + F_B x_4 = 0 \qquad \Rightarrow M_b(x_4) = -2Fx_4$

$M_b(0) = 0, \qquad M_b(2a) = -4Fa$

Abschnitt ⑤: $0 \leq x_5 \leq a$

$\rightarrow : F_L(x_5) + F_B = 0 \qquad \Rightarrow F_L(x_5) = -2F = \text{const}$

keine Querkraft, kein Biegemoment $\Rightarrow F_Q(x_5) = M_b(x_5) = 0$

Die Diagramme für F_L, F_Q und M_b sind in Bild 5.29 dargestellt.

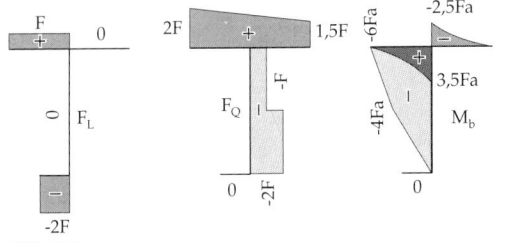

Bild 5.29

5.4 Gerberträger

Wird an einem statisch bestimmt gelagerten Träger (Bild 5.30) zur Vermeidung großer Biegemomente ein drittes Loslager C zur Stützung angebracht (Bild 5.30b), entsteht ein einfach statisch unbestimmtes System. Einbau eines Gelenkes G (Bild 5.30c) führt zur statischen Bestimmtheit (vgl. 1. Beispiel in 5.1.4).

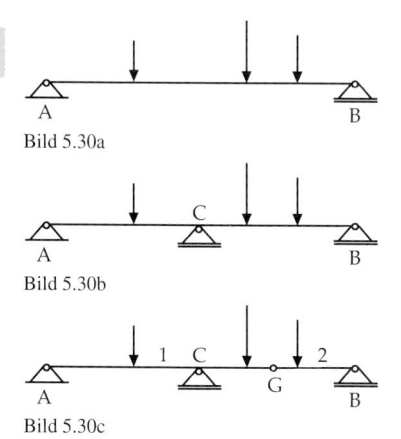

Bild 5.30a

Bild 5.30b

Bild 5.30c

| Mit Gelenken versehene, statisch bestimmte und geradlinig durchlaufende Träger werden Gerberträger genannt.

Notwendig für die statische Bestimmtheit ist bei einem Festlager und n Loslagern der Einbau von $n-1$ Gelenken. Hinreichend sind maximal zwei Gelenke zwischen zwei Lagern und maximal zwei Lager am Teilsystem.

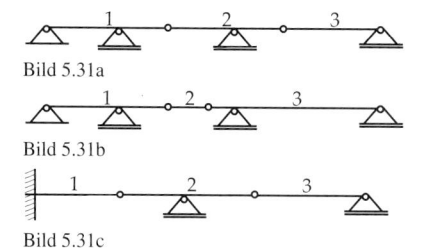

Bild 5.31a

Bild 5.31b

Bild 5.31c

Mögliche Ausführungen mit zwei Gelenken sind im Bild 5.31 dargestellt. Je nach Anzahl der Lager am Teilsystem wird unterschieden in **Grundträger** (z. B. Trägerteil 1 in Bild 5.31a), **Schleppträger** (z. B. Trägerteile 2 und 3 in Bild 5.31c) und eingehängte oder **Koppelträger** (Teil 2 in Bild 5.31b).

Die Berechnung der Auflagerreaktionen und Gelenkkräfte wird an den statisch bestimmten Teilsystemen, die durch Schnitte an den Gelenken entstehen, durchgeführt. Horizon-

5.4 Gerberträger

talkräfte in der Trägerlängsachse können zuerst am Gesamtträger erfaßt werden, da bei einem Festlager bzw. einer Einspannung diese Kräfte nur an diesem Lager aufgenommen werden können.

Die graphische Ermittlung der Auflagerreaktionen, Gelenkkräfte und Schnittgrößen wird mit dem Seileckverfahren durchgeführt. Dabei ist zu beachten, daß die zweiwertigen Gelenke G keine Biegemomente übertragen können, d. h. $M_b = 0$ in G (vgl. Beispiel).

☐ Am Gerberträger des Bildes 5.32 wirken $F_1 = 20$ kN, $F_2 = 10$ kN, $F_3 = 28{,}3$ kN unter $\alpha = 45°$. Wenn $a = 1$ m, sind die Stützkräfte F_A, F_B und F_C, die Gelenkkraft F_G und die Schnittgrößen F_L, F_Q und M_b zu ermitteln.

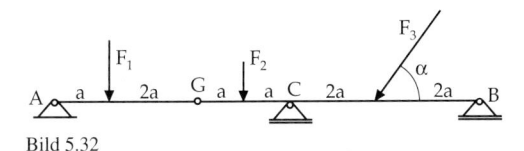

Bild 5.32

Analytische Lösung:

Am freigeschnittenen Gesamtsystem (Bild 5.33a) wird zuerst F_{Ax} bestimmt.

$\rightarrow : F_{Ax} - F_3 \cos\alpha = 0 \Rightarrow F_{Ax} = 20$ kN

Am Schleppträger mit dem Festlager A entsteht mit den Schnittkräften F_{Gx} und F_{Gy} ein statisch bestimmtes Teilsystem 1 (Bild 5.33b) mit $F_{Gx} = F_{Ax}$ und

$\circlearrowleft G : F_{Ay} \cdot 3a - F_1 \cdot 2a = 0 \Rightarrow F_{Ay} = 13{,}3$ kN

$\uparrow \ : F_{Gy} + F_{Ay} - F_1 = 0 \quad \Rightarrow F_{Gy} = 6{,}7$ kN

Am Grundträger des Teilsystems 2 (Bild 5.33c) müssen die Schnittkräfte F_{Gx} und F_{Gy} mit entgegengesetztem Richtungssinn angesetzt werden, damit sie sich als innere Kräfte beim Zusammenfügen zum Gesamtsystem wieder gegenseitig aufheben.

$\circlearrowleft B : F_C \cdot 4a - F_{Gy} \cdot 6a - F_2 \cdot 5a - F_{3y} \cdot 2a = 0 \Rightarrow F_C = 32{,}5$ kN

$\uparrow \ : F_B + F_C - F_{Gy} - F_2 - F_{3y} = 0 \quad\quad \Rightarrow F_B = 4{,}2$ kN

Längskraftverlauf: $F_L = -20$ kN $=$ const von A bis Kraftangriffspunkt von F_3 (Bild 5.33d).

Querkraftverlauf: Sprungstellen an den Kraftangriffspunkten vertikaler Kräfte (Bild 5.33e).

Biegemomentenverlauf: Die relativen Extremwerte des Momentenverlaufs sind in kN m in Bild 5.33f angegeben.

Graphische Lösung:

Es wird das Seileckverfahren (vgl. 3.6.1) angewendet. Nach Darstellung der gegebenen Kräfte, der Polstrahlen $0\ldots3$ und parallel der Seilstrahlen $0'\ldots3'$ wird das Seileck im Lageplan über die Seilstrahlen $5'$ und $4'$ geschlossen (Bild 5.34). $5'$ verläuft durch A und D (als Schnittpunkt von $1'$ mit Wirkungslinie von F_G, da dort $M_{bG} = 0$ sein muß). $4'$ schließt das Seileck in E (als Schnittpunkt von $5'$ mit

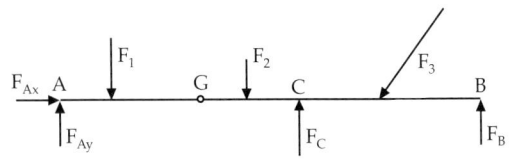

Bild 5.33a

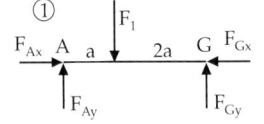

①
F_{Ax} A ⟶ a ↓F_1 2a G ⟵F_{Gx}
↑F_{Ay} ↑F_{Gy}

Bild 5.33b

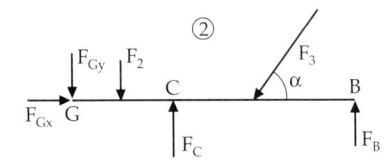

②
↓F_{Gy} ↓F_2 ↘F_3 α
F_{Gx}⟶ G   C   B
           ↑F_C ↑F_B

Bild 5.33c

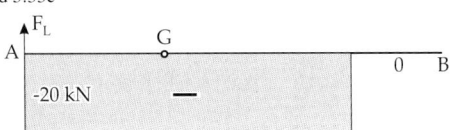

↑F_L
A ———— G ———————— 0 B
  −20 kN   −

Bild 5.33d

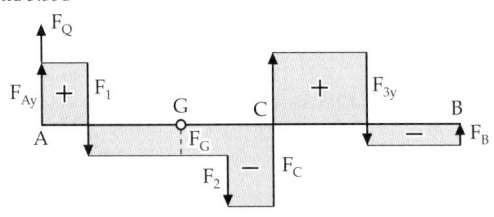

↑F_Q
F_{Ay} + F_1 G   C + F_{3y}
A ————————•——————————————— B
           F_G −   ↑F_B
       F_2 − F_C

Bild 5.33e

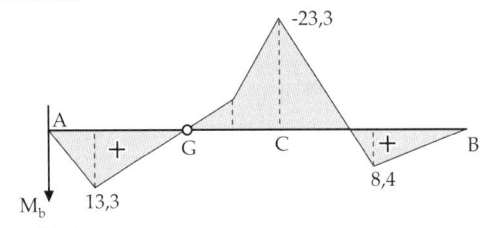

                  −23,3
A   G   C   B
   +   +
      13,3   8,4
↓M_b

Bild 5.33f

der Wirkungslinie von F_C). Durch Übertragung von 4 und 5 in den Kräfteplan wird das Krafteck mit F_B, F_C und F_{Ay} geschlossen. Die inneren Gelenkkräfte F_G liegen zwischen den Polstrahlen 1 und 5.

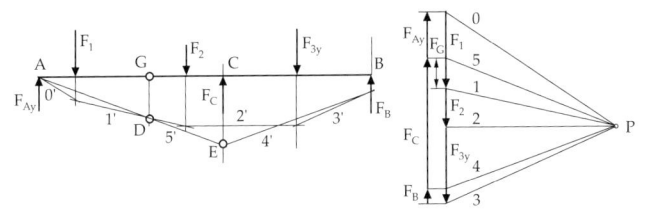

Bild 5.34

5.5 Dreigelenkbogen

Der Dreigelenkbogen oder Dreigelenkträger hat lediglich ein Verbundgelenk, das nicht in einer Geraden mit den beiden Festlagern liegt (s. Bild 5.35).

Wird das Tragwerk in G geschnitten, entstehen zwei Teilsysteme. Für die Ermittlung der vier unbekannten Auflagerreaktionen und der zwei Gelenkkraftkomponenten stehen im Prinzip am Gesamtsystem und beiden Teilsystemen neun Gleichgewichtsbedingungen zur Verfügung.

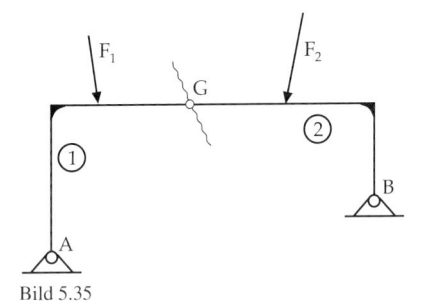

Bild 5.35

Die graphische Ermittlung der Stützreaktionen und der Gelenkkraft geschieht in zwei Etappen. Zuerst werden die am rechten Teil 2 eingeprägten Kräfte weggelassen, d. h. $F_2 = 0$ gesetzt (Bild 5.36). Da am freigeschnittenen Teil 2 nur am Gelenk $\vec{F}_{G1}$ und am Festlager B die Stützkraft $\vec{F}_{B1}$ angreifen, müssen diese im Gleichgewicht sein, also ihre Wirkungslinie in die Gerade durch G und B fallen. Der Schnittpunkt mit der Wirkungslinie von $\vec{F}_1$ ($\vec{F}_1$ kann auch als Resultierende mehrerer an Teil 1 angreifenden Kräfte angesehen werden) ist der gemeinsame Schnittpunkt der Wirkungslinien der drei Kräfte $\vec{F}_{A1}$, $\vec{F}_1$ und $\vec{F}_{B1}$ im Gesamtsystem.

Das Krafteck kann gezeichnet werden und ist in Bild 5.37b rechts oben dargestellt. Im zweiten Schritt wird am linken Teil $F_1 = 0$ gesetzt und analog $\vec{F}_{A2}$ und $\vec{F}_{B2}$ ermittelt.

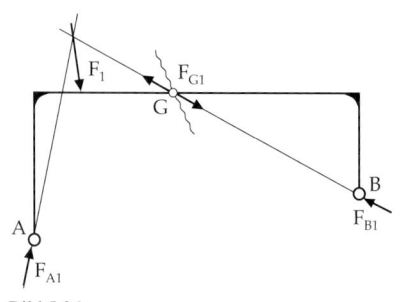

Bild 5.36

In Bild 5.37a ist der Lageplan dargestellt und im Kräfteplan Bild 5.37 wurde $\vec{F}_2$ an $\vec{F}_1$ angeschlossen.

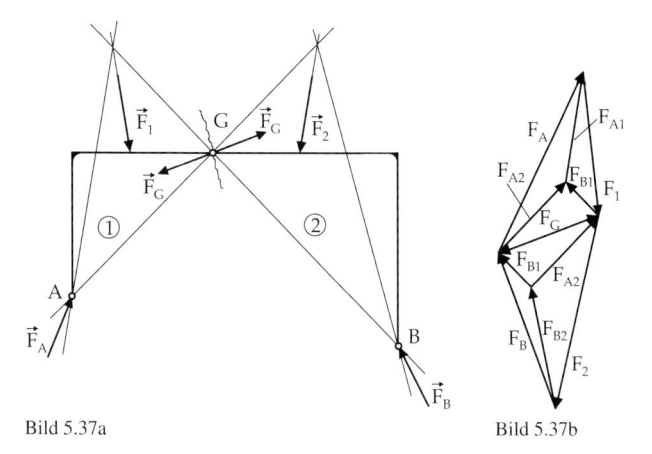

Bild 5.37a   Bild 5.37b

Durch Parallelverschiebung von $\vec{F}_{B1}$ und $\vec{F}_{A2}$ kann das Krafteck mit $\vec{F}_A$ und $\vec{F}_B$ geschlossen werden, da nach dem Überlagerungsprinzip

$$\vec{F}_A = \vec{F}_{A1} + \vec{F}_{A2} \qquad \text{und} \qquad \vec{F}_B = \vec{F}_{B1} + \vec{F}_{B2} \tag{5.8}$$

Im Teil 1 muß gelten

$$\vec{F}_A + \vec{F}_1 + \vec{F}_G = \vec{0}$$

Damit muß $\vec{F}_G$ im Kräfteplan das Krafteck schließen. Aus dem Kräfteplan wird ersichtlich

$$\vec{F}_G = \vec{F}_{B1} - \vec{F}_{A2} \tag{5.9}$$

5.5 Dreigelenkbogen

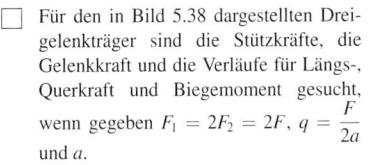

Für den in Bild 5.38 dargestellten Dreigelenkträger sind die Stützkräfte, die Gelenkkraft und die Verläufe für Längs-, Querkraft und Biegemoment gesucht, wenn gegeben $F_1 = 2F_2 = 2F$, $q = \dfrac{F}{2a}$ und a.

In Bild 5.39a wurde das Gesamtsystem und in Bild 5.39b der rechte Teil 2 freigeschnitten und die Stützreaktionen und Gelenkkraftkomponenten angenommen. F_1 im Gelenk G angreifend wurde auf beide Teile je zur Hälfte aufgeteilt (die Aufteilung kann beliebig geschehen).

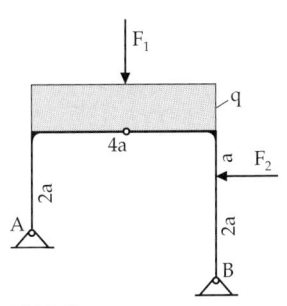

Bild 5.38

Die Stützkräfte:

Bild 5.39a $\circlearrowleft$ A: $F_{By} \cdot 4a - F_{Bx}a + F_2 a - F_q \cdot 2a - F_1 \cdot 2a = 0$

$$4F_{By} - F_{Bx} = 7F \qquad (1)$$

Bild 5.39b $\circlearrowleft$ G: $F_{By} \cdot 2a - F_{Bx} \cdot 3a - F_2 a - \dfrac{1}{2} F_q a = 0$

$$2F_{By} - 3F_{Bx} = 2F \qquad (2)$$

Aus (1) und (2) folgen $F_{Bx} = 0,6F$, $F_{By} = 1,9F$

Bild 5.39a $\uparrow$: $F_{Ay} + F_{By} - F_q - F_1 = 0 \quad \Rightarrow F_{Ay} = 2,1F$

$\rightarrow$: $F_{Ax} - F_{Bx} - F_2 = 0 \qquad \Rightarrow F_{Ax} = 1,6F$

Bild 5.39b $\downarrow$: $F_{Gy} + \dfrac{1}{2}F_1 + \dfrac{1}{2}F_q - F_{By} = 0 \Rightarrow F_{Gy} = -0,1F$

$\rightarrow$: $F_{Gx} - F_2 - F_{Bx} = 0 \qquad \Rightarrow F_{Gx} = 1,6F$

Die Abschnittseinteilung für die Schnittgrößenermittlung sind in Bild 5.39c durchgeführt. Es ergeben sich

i	$F_L(x_i)$	$F_Q(x_i)$	$M_b(x_i)$
1	$-2,1F$	$-1,6F$	$1,6F x_1$
2	$-1,6F$	$\left(2,1 - \dfrac{1}{2a}x_2\right)F$	$\left(-3,2a + 2,1x_2 - \dfrac{1}{4a}x_2^2\right)F$
3	$-1,9F$	$0,6F$	$0,6F x_3$
4	$-1,9F$	$1,6F$	$(1,2a + 1,6x_4)F$
5	$-1,6F$	$\left(-1,9 + \dfrac{1}{2a}x_5\right)F$	$\left(-2,8a + 1,9x_5 - \dfrac{1}{4a}x_5^2\right)F$

Die Verläufe sind in den Bildern 5.40a, b, c dargestellt.

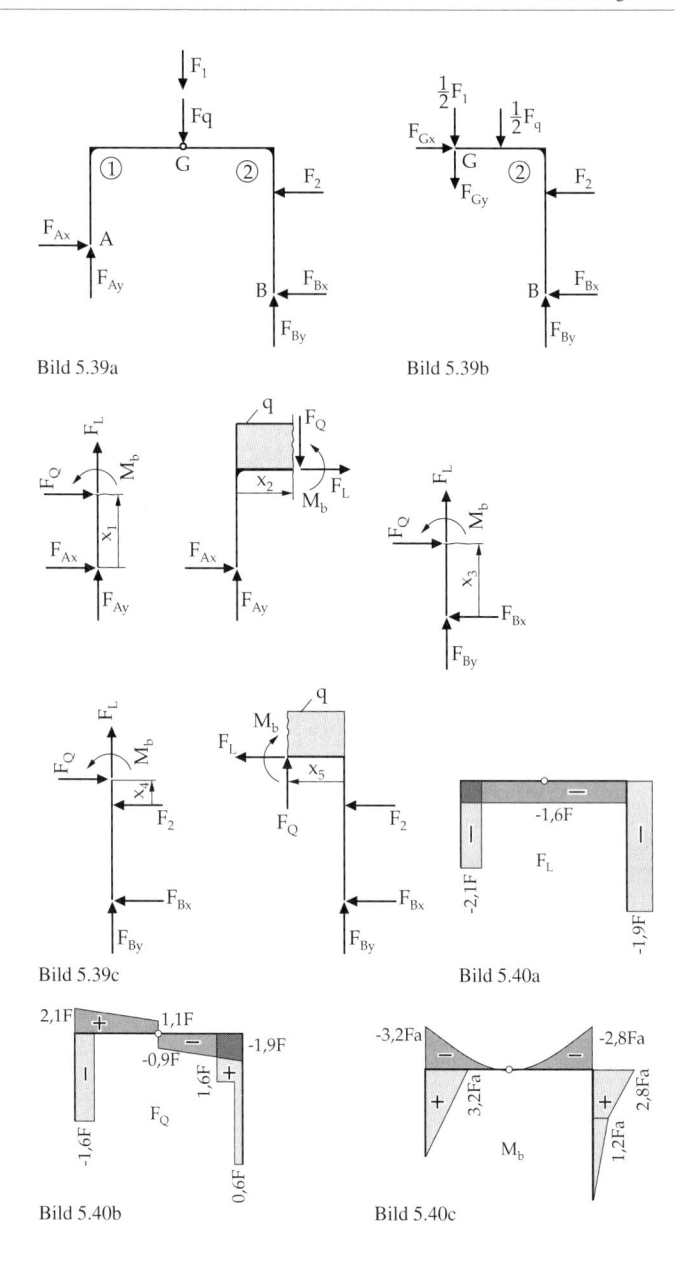

Bild 5.39a

Bild 5.39b

Bild 5.39c

Bild 5.40a

Bild 5.40b

Bild 5.40c

5.6 Fachwerke

5.6.1 Modellbildung und Aufbau

Die Vereinfachungen und Idealisierungen in der Fachwerksstatik ergeben bei entsprechender Beachtung in Konstruktion und Fertigung ein hinreichend genaues Modell des realen Fachwerkes. **Im Modell ist das Fachwerk ein starres und statisch bestimmtes Stabtragwerk mit folgenden Annahmen**:
- die geraden Stäbe nehmen nur Zug- oder Druckkräfte in der Stabachse auf,
- die Verbindungselemente der Stäbe sind reibungsfreie Gelenke, sog. **Knoten**,
- sämtliche Kräfte greifen ausschließlich an Knoten an.

Für äußerlich statisch bestimmt gelagerte Fachwerke mit s Stäben und k Knoten geht (5.5) über in

$$\boxed{f = s - 2k + 3 = 0} \tag{5.10}$$

als notwendige Bedingung für die innerliche statische Bestimmtheit des Fachwerks.

Das einfachste Fachwerk wird durch das Stabdreieck der Stäbe 1, 2 und 3 (Bild 5.41) gebildet. Werden an zwei Knoten zwei weitere Stäbe 4 und 5 angeschlossen und so weiter fortgefahren, entstehen statisch bestimmte Fachwerke, für die (5.10) auch hinreichend ist. Werden zwei statisch bestimmte Fachwerke durch drei Stäbe zu einem Fachwerk zusammengeschlossen, dürfen die drei Verbindungsstäbe nicht sämtlich parallel verlaufen noch sich ihre Achsen in einem Punkt schneiden, da sonst keine statische Bestimmtheit vorliegt.

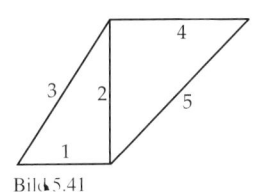

Bild 5.41

Einteilung der Fachwerke
- nach der Gurtform in parallele, geknickte oder gekrümmte Gurtträger, z. B. Halbparabelträger (Bild 5.42d).
- nach der inneren geometrischen Gliederung in Strebenfachwerk (Bild 5.42a), Ständer- oder Pfostenfachwerk mit fallenden und steigenden Diagonalen (Bild 5.42b), K-Fachwerk (Bild 5.42c), Rautenfachwerk u. a.,

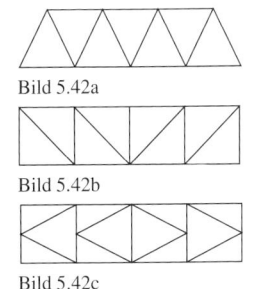

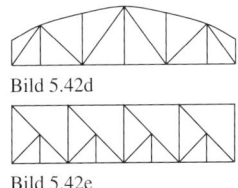

Bild 5.42a

Bild 5.42b

Bild 5.42c

Bild 5.42d

Bild 5.42e

- in Fachwerke mit Nebenfachwerk (Bild 5.42e) z. B. zur Vermeidung langer Druckstäbe,
- in Fachwerke mit einfachem Aufbau, d. h. mit mindestens einem Knoten, an dem nur zwei Stäbe angeschlossen sind, und in solche mit nicht einfachem Aufbau, sog. **Grundecke**, die keinen Knoten mit weniger als drei Stäben enthalten.

5.6.2 Fachwerke mit einfachem Aufbau

Im Fachwerk mit n Stäben und m Knoten werden die Stabkräfte als Schnittkräfte mit S_i ($i = 1, 2, \ldots, n$) und Knotenpunkte mit k_i ($i = 1, 2, \ldots, n$) bezeichnet. Die unbekannten Stabkräfte werden generell als Zugkräfte (vom Knoten weggerichtet) angesetzt. Wird $S_i < 0$, so liegt ein Druckstab vor. Zur Ermittlung der Stabkräfte gibt es mehrere Verfahren.

1. Knotenrundschnitt-Verfahren

Mit einem Schnitt rund um den Knoten k_j dürfen maximal zwei Stäbe mit unbekannter Stabkraft geschnitten werden, was bei einfachen Fachwerken stets möglich ist. Auf das am Knoten entstehende zentrale Kräftesystem können dann die zwei Gleichgewichtsbedingungen (2.11) und (2.12) angewendet werden. Werden am Knoten k_j die bekannten Stabkräfte zu F_R zusammengefaßt, ergeben sich bei bekannten Winkeln die beiden unbekannten Stabkräfte S_i und S_{i+1} aus (s. Bild 5.43)

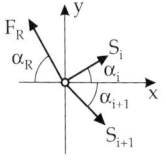

Bild 5.43

$$\rightarrow \,: S_i \cos\alpha_i + S_{i+1} \cos\alpha_{i+1} - F_R \cos\alpha_R = 0 \tag{5.11}$$

$$\uparrow \,: S_i \sin\alpha_i - S_{i+1} \sin\alpha_{i+1} + F_R \sin\alpha_R = 0 \tag{5.12}$$

Mit dem *Knotenrundschnitt-Verfahren* lassen sich die *Nullstäbe* mit $S_i = 0$ erkennen, wenn F_R und S_{i+1} fluchten, d. h. $\alpha_{i+1} = \alpha_R$ in Bild 5.43.

2. RITTERsches Schnittverfahren

Das gesamte Fachwerk ist durch einen Schnitt so in zwei Teile zu trennen, daß maximal drei Stäbe mit unbekannter Stabkraft geschnitten werden. An einem Teil werden die drei Gleichgewichtsbedingungen für das allgemeine Kräftesystem angesetzt. Die an diesem Teil angreifende Auflagerreaktion muß vorher ermittelt werden. Durch Momentenansatz auf einen Knoten bezogen, dem zwei der geschnittenen Stäbe angeschlossen sind, läßt sich sofort die Stabkraft des dritten geschnittenen Stabes berechnen.

☐ Für das Fachwerk in Bild 5.44 sind die Stabkräfte der Stäbe 1, 2, 3, 4 und 6 zu berechnen, wenn F und a gegeben.

Da $4F$ vertikal gerichtet ist, ergeben sich $F_A = 3F$ und $F_B = F$. Rundschnitt um k_1 (s. Bild 5.45a):

$$\rightarrow \,: S_1 + S_5 \cos\alpha_5 = 0 \Rightarrow S_1 = -S_5 \frac{\sqrt{2}}{2} \tag{1}$$

$$\downarrow \,: S_5 \sin\alpha_5 - F_A = 0 \Rightarrow S_5 = \frac{6F}{\sqrt{2}} \tag{2}$$

(2) in (1) eingesetzt:

$S_1 = -3F$ (Stab 1 ist Druckstab)

5.6 Fachwerke

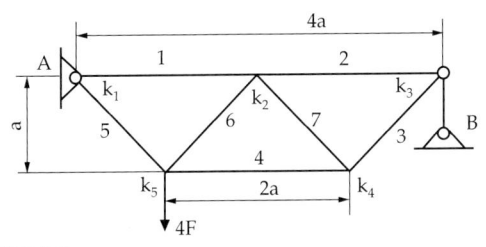

Bild 5.44

Rundschnitt um k_3 (s. Bild 5.45b):

$$\leftarrow : S_2 + S_3 \cos\alpha_3 = 0 \Rightarrow S_2 = -S_3 \frac{\sqrt{2}}{2} \quad (3)$$

$$\downarrow : S_3 \sin\alpha_3 - F_B = 0 \Rightarrow S_3 = \frac{2F}{\sqrt{2}} = F\sqrt{2} \quad (4)$$

(4) in (3) eingesetzt:

$S_2 = -F$ (der Obergurt 1 und 2 erfährt Druck)

Rundschnitt um k_5 (s. Bild 5.45c):

$$\rightarrow : S_4 + S_6 \cos\alpha_6 - S_5 \cos\alpha_5 = 0 \Rightarrow S_4 + S_6 \frac{\sqrt{2}}{2} = 3F \quad (5)$$

$$\uparrow : S_6 \sin\alpha_6 + S_5 \sin\alpha_5 - 4F = 0 \Rightarrow S_6 = F\sqrt{2} \quad (6)$$

(6) in (5) eingesetzt:

$S_4 = 2F$

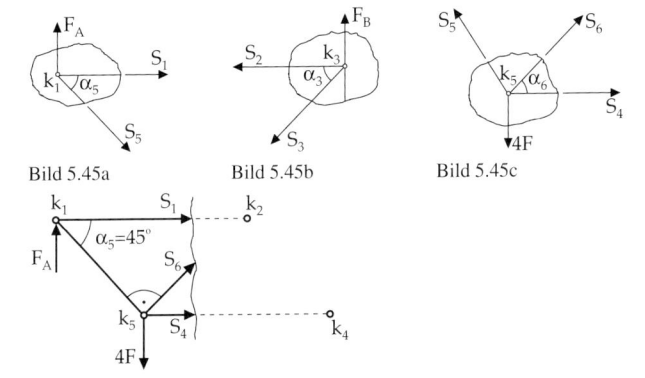

Bild 5.45a   Bild 5.45b   Bild 5.45c

Bild 5.45d

Mit dem Ritterschen Schnitt durch die Stäbe 1, 6 und 4 (s. Bild 5.45d) und Verwendung des linken Fachwerkteils ergibt sich

$$\circlearrowleft_{k_5} : S_1 a + F_A a = 0 \qquad \Rightarrow S_1 = -3F$$

$\circlearrowleft k_2 : S_4 a - F_A \cdot 2a + 4Fa = 0 \Rightarrow S_4 = 2F$

$\circlearrowleft k_1 : S_6 a\sqrt{2} + S_4 a - 4Fa = 0 \Rightarrow S_6 = F\sqrt{2}$

Ritterscher Schnitt durch die Stäbe 2 und 3 und Verwendung des rechten Fachwerkteils erbringt S_2 und S_3.

$\circlearrowleft k_4 : S_2 a + F_B a = 0 \qquad \Rightarrow S_2 = -F$

$\circlearrowleft k_2 : S_3 a\sqrt{2} - F_B \cdot 2a = 0 \Rightarrow S_3 = F\sqrt{2}$

3. Cremonaplan

Im Cremonaplan werden die Stabkräfte graphisch ermittelt, indem die in jedem Knotenpunkt im Gleichgewicht stehenden Kräfte zu einem geschlossenen Krafteck zusammengefügt werden. Dabei dürfen maximal nur zwei Kräfte betragsmäßig unbekannt sein. Jede Stabkraft gehört (mit entgegengesetztem Richtungssinn) zwei Kraftecken an, die so gekoppelt werden, daß jede Kraft nur einmal erscheint. Das erfordert die Einhaltung der Reihenfolge aller Kräfte am Knoten und am Fachwerk in gleichbleibendem Umlaufsinn. Ist ein Krafteck geschlossen, werden im Lageplan am betreffenden Knoten der Richtungssinn der ehemals unbekannten Stabkräfte in dem Lageplan eingetragen. Das letzte Krafteck dient der Kontrolle.

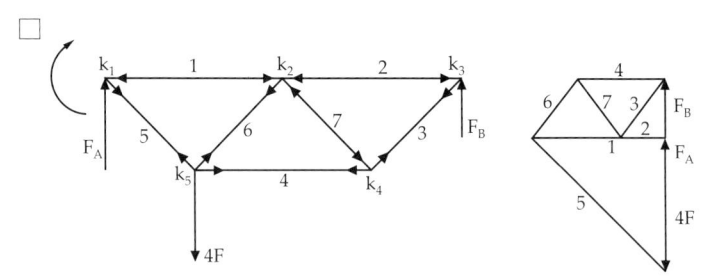

Bild 5.46

In Bild 5.46 ist der Cremonaplan des vorangehenden Beispiels dargestellt. Die Kräfte folgen im Rechtssinn aufeinander. Nach graphischer Ermittlung von $\vec{F}_A$ und $\vec{F}_B$ wird in k_1 begonnen und das erste Krafteck in der Folge F_A, S_1 und S_5 gezeichnet. Der sich aus $\vec{F}_A$ ergebende Richtungssinn für $\vec{S}_1$ und $\vec{S}_5$ wird im Lageplan an k_1 und entgegengesetzt an k_2 und k_5 festgehalten. Am Knoten k_5 kann das Verfahren fortgesetzt werden. Aus den gemessenen Strecken im Kräfteplan ergeben sich unter Berücksichtigung von M_F die Beträge und aus dem Lageplan die Vorzeichen der Stabkräfte:

i	1	2	3	4	5	6	7
S_i/F	-3	-1	$1{,}4$	2	$4{,}2$	$1{,}4$	$-1{,}4$

4. Stabkraftformeln an gebräuchlichen Fachwerken

Die kombinierte Anwendung des Knotenrund- und Fachwerkschnittes ermöglicht das Entwickeln von Formeln zur Berechnung einer beliebigen Stabkraft. Die folgenden

Formeln setzen voraus:

- nur vertikal nach unten gerichtete angreifende Kräfte F_i
- Q_k ist die Resultierende aller am geschnittenen Fachwerk angreifenden äußeren Kräfte und positiv nach oben am linken Fachwerksteil gerichtet, d. h.

$$Q_k = F_A - \sum_{i=0}^{k-1} F_i \qquad (5.13)$$

- M_k ist das resultierende Moment aller äußeren Kräfte, auf den Knoten k bezogen und positiv, wenn das Moment am linken Fachwerksteil im Rechtssinn wirkt, d. h.

$$M_k = (F_A - F_0)l_0 - \sum_{i=1}^{k-1} F_i l_i \qquad (5.14)$$

- die Stabkraft des k-ten Stabes wird mit O_k, U_k, D_k bzw. V_k bezeichnet, wenn er Obergurt-, Untergurt-, Diagonal- bzw. Vertikalstab ist.

Strebenfachwerk (Bild 5.47):

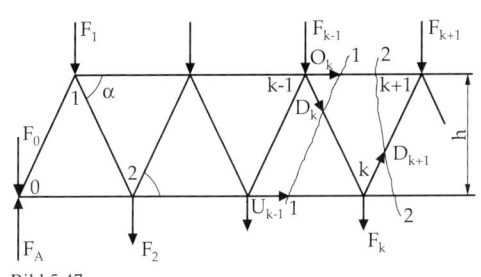

Bild 5.47

Schnitt 1-1

$$\circlearrowright k-1: \ -U_{k-1}h + M_{k-1} = 0 \Rightarrow U_{k-1} = \frac{M_{k-1}}{h} \qquad (5.15a)$$

$$\circlearrowright k \quad : \ O_k h + M_k = 0 \quad \Rightarrow O_k = -\frac{M_k}{h} \qquad (5.15b)$$

$$\uparrow \quad : \ -D_k \sin\alpha + Q_k = 0 \Rightarrow D_k = \frac{Q_k}{\sin\alpha} \qquad (5.15c)$$

Schnitt 2-2

$$\uparrow : D_{k+1}\sin\alpha + Q_{k+1} = 0 \Rightarrow D_{k+1} = -\frac{Q_{k+1}}{\sin\alpha} \qquad (5.15d)$$

Ständerfachwerk mit fallenden Diagonalen (Bild 5.48):

Schnitt 1-1

$$\circlearrowright k^u : O_k h + M_k^u = 0 \quad \Rightarrow O_k = -\frac{M_k^u}{h} \qquad (5.16a)$$

$$\circlearrowright k^o : -U_{k+1}h + M_k^o = 0 \Rightarrow U_{k+1} = \frac{M_k^o}{h} \qquad (5.16b)$$

$$\uparrow \quad : V_k + Q_k - F_k^u = 0 \ \Rightarrow V_k = F_k^u - Q_k \qquad (5.16c)$$

Schnitt 2-2

$$\uparrow : -D_k \sin\alpha + Q_k = 0 \Rightarrow D_k = \frac{Q_k}{\sin\alpha} \qquad (5.16d)$$

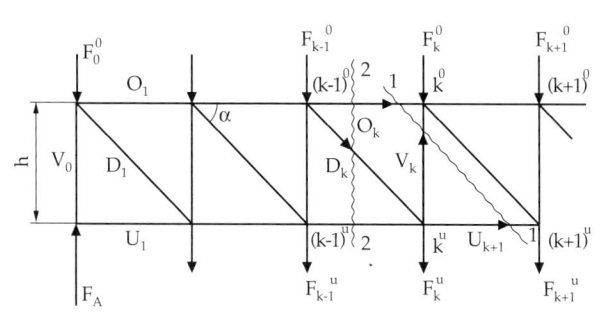

Bild 5.48

Ständerfachwerk mit steigenden Diagonalen (Bild 5.49):

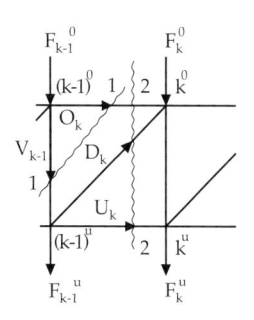

Bild 5.49

Schnitt 1-1

$$\circlearrowleft (k-1)_u : O_k h + M^u_{k-1} = 0 \qquad \Rightarrow O_k = -\frac{M^u_{k-1}}{h} \qquad (5.17a)$$

$$\uparrow \quad : -V_{k-1} + Q_{k-1} - F^o_{k-1} = 0 \Rightarrow V_{k-1} = Q_{k-1} - F^o_{k-1} \qquad (5.17b)$$

Schnitt 2-2

$$\circlearrowleft k^o : -U_k h + M^o_k = 0 \Rightarrow U_k = \frac{M^o_k}{h} \qquad (5.17c)$$

$$\uparrow \; : D_k \sin\alpha + Q_k = 0 \Rightarrow D_k = -\frac{Q_k}{\sin\alpha} \qquad (5.17d)$$

K-Fachwerk (Bild 5.50):

Schnitt 1-1

$$\circlearrowleft (k-1)_u : O_k h + M^u_{k-1} = 0 \quad \Rightarrow O_k = -\frac{M^u_{k-1}}{h} \qquad (5.18a)$$

$$\circlearrowleft (k-1)^o : -U_k h + M^o_{k-1} = 0 \Rightarrow U_k = \frac{M^o_{k-1}}{h} \qquad (5.18b)$$

Rundschnitt 2 um $(k-1)^m$

$$\uparrow : D^o_k \cos\alpha + D^u_k \cos\alpha = 0 \Rightarrow D^o_k = -D^u_k$$

5.6 Fachwerke

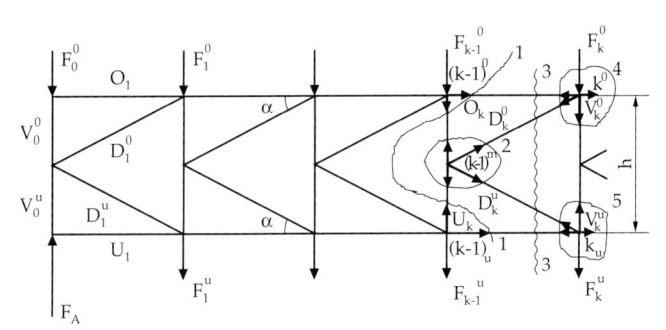

Bild 5.50

Schnitt 3-3

$$\uparrow: D_k^o \sin\alpha - D_k^u \sin\alpha + Q_k = 0 \Rightarrow D_k^o = -\frac{Q_k}{2\sin\alpha} \qquad (5.18c)$$

$$D_k^u = \frac{Q_k}{2\sin\alpha} \qquad (5.18d)$$

Rundschnitt 4 um k^o

$$\uparrow: -V_k^o - D_k^o \sin\alpha - F_k^o = 0 \Rightarrow V_k^o = \frac{Q_k}{2} - F_k^o \qquad (5.18e)$$

Rundschnitt 5 um k_u

$$\uparrow: V_k^u + D_k^u \sin\alpha - F_k^u = 0 \Rightarrow V_k^u = F_k^u - \frac{Q_k}{2} \qquad (5.18f)$$

☐ **1.** Das Strebenfachwerk in Bild 5.51 ist belastet mit $F_1 = F_7 = F$, $F_3 = F_5 = 2F$, $F_2 = F_6 = 3F$ und $F_4 = 4F$. Mit (5.15) sind die Stabkräfte zu ermitteln.

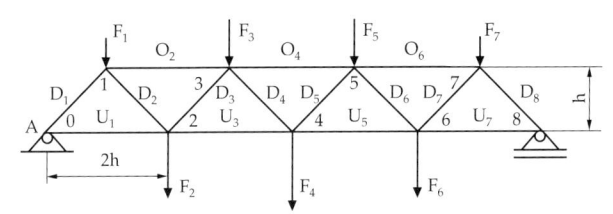

Bild 5.51

Wegen der Symmetrie ist $F_A = F_B = 8F$ und nur bis Fachwerkmitte zu rechnen.

i	M_i	Q_i	U_i	O_i	D_i
1	$8Fh$	$8F$	$8F$	-	$-11,3F$
2	$15Fh$	$7F$	-	$-15F$	$9,9F$
3	$19Fh$	$4F$	$19F$	-	$-5,7F$
4	$21Fh$	$2F$	-	$-21F$	$2,8F$

2. Die Stabkräfte für das K-Fachwerk in Bild 5.52 sind zu berechnen.

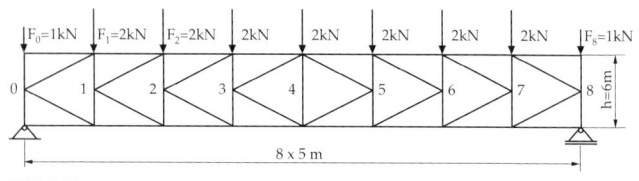

Bild 5.52

Aus Symmetriegründen braucht nur am linken Fachwerkteil bis Knoten 4 gerechnet zu werden.

$$F_A = \frac{1}{2}\sum F_i = 8 \text{ kN}$$

i	Q_i/kN	M_i/kN m	U_i/kN	O_i/kN	D_i^o/kN	D_i^u/kN	V_i^o/kN	V_i^u/kN	V_i/kN
0	-	-	-	-	-	-	-1	-8	-
1	7	35	0	$-5{,}8$	$-6{,}8$	$6{,}8$	$1{,}5$	$-3{,}5$	-
2	5	60	10	-10	$-4{,}9$	$4{,}9$	$0{,}5$	$-2{,}5$	-
3	3	75	$12{,}5$	$-12{,}5$	$-2{,}9$	$2{,}9$	$-0{,}5$	$-1{,}5$	-
4	1	80	$13{,}3$	$-13{,}3$	$-1{,}0$	$1{,}0$	-	-	-1

V_4 wird durch Rundschnitt am Knoten $4°$ ermittelt, wobei wegen Symmetrie $D_4^o = D_5^o$ zu beachten ist.

5.6.3 Grundecke

Da in **Grundecken** an jedem Knoten mindestens drei Stäbe angeschlossen sind, kann nirgends graphisch mit dem Cremonaplan eine Stabkraftermittlung einsetzen. Es muß dann an einem Knoten mit drei Stäben eine Stabkraft berechnet werden, wenn das Fachwerk sich in geeigneter Weise schneiden läßt.

Stabvertauschung von HENNEBERG:

Es wird an einem Knoten mit drei Stäben ein Stab herausgenommen, wenn dort eine gegebene oder bekannte Kraft angreift. Der herausgenommene Stab wird an anderer Stelle im Fachwerk als **Ersatzstab** E so eingesetzt, daß die statische Bestimmtheit erhalten bleibt. Auf das so entstandene einfache Fachwerk wird der Cremonaplan angewendet. Es ergeben sich die Stabkräfte T_i und T_E mit $T_j = 0$, wenn der Stab j ausgetauscht wurde. In einem zweiten Cremonaplan wird eine Stabkraft U_j für den Stab j angenommen, um die Stabkräfte U_i und U_E zu ermitteln (äußere Kräfte dürfen nicht ein zweites Mal auftreten). Die gesuchten Stabkräfte ergeben sich zu

$$S_i = T_i + U_i \cdot x \quad \text{mit} \quad x = -\frac{T_E}{U_E} \quad (5.19)$$

☐ Das Fachwerk in Bild 5.53a wird zum einfachen Fachwerk, wenn Stab 11 herausgelöst wird ($T_{11} = 0$) und als Stab E zwischen den Knoten D und F eingesetzt wird. Mit der Auflagerreaktion F_A beginnt der Cremonaplan im Lager A (Bild 5.53b). Im

5.6 Fachwerke

zweiten Cremonaplan wird (für den vermuteten Zugstab) $U_{11} = 10$ kN angenommen und in A (ohne F_A) begonnen (Bild 5.53c). Nach (5.19) ergibt sich

$$x = -\frac{30}{-25} = 1,2$$

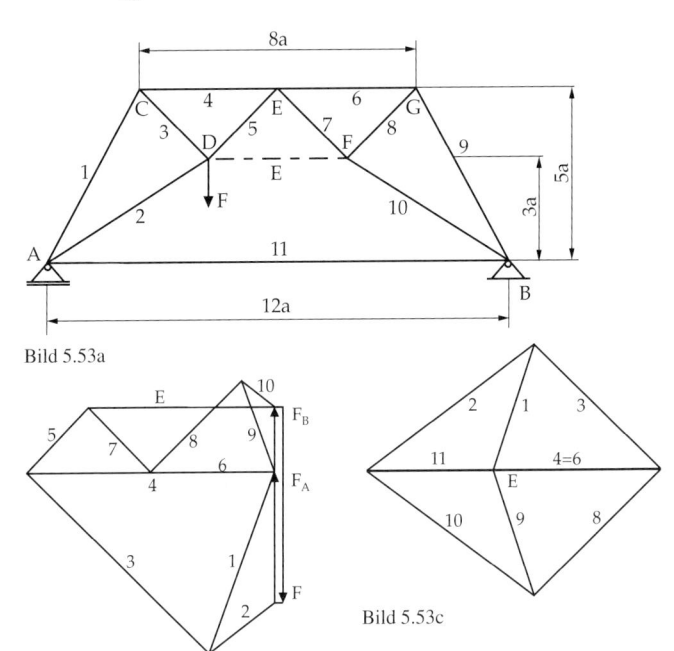

Bild 5.53a

Bild 5.53b

Bild 5.53c

Die Tabelle enthält die graphisch ermittelten Kräfte.

i	1	2	3	4	5	6	7	8	9	10	11	E
T_i/kN	−31	14	40	−40	14	−20	−14	20	−15	7	0	30
U_i/kN	12	−18	−15	15	0	15	0	−15	12	−18	10	−25
S_i/kN	−17	−8	22	−22	14	−2	−14	2	−2	14	12	0

Verfahren des unbestimmten Maßstabes:

An einem Knoten mit drei Stäben wird eine Stabkraft U_j^* angenommen und von dem entsprechenden Knoten aus der Cremonaplan für die Stabkräfte U_i^* so aufgebaut, daß sich die angreifende Kraft F^* als Schlußzug ergibt. Die wahren Stabkräfte S_i ergeben sich analog (5.19) aus

$$S_i = U_i^* \cdot x \qquad \text{mit} \qquad x = \frac{F}{F^*} \tag{5.20}$$

In Bild 5.53a kann z. B. U_8^* gewählt werden und der Cremonaplan über die Knoten G, F, E usw. bis zum letzten Knoten D, an dem F angreift, gezeichnet werden.

Greifen mehrere Kräfte am Fachwerk an, muß das Verfahren für jede Kraft gesondert durchgeführt und das Ergebnis durch Überlagerung ermittelt werden.

5.7 Seile und Ketten

5.7.1 Einzelkräfte an Punktketten und Seilen

Werden $n+1$ Stäbe des Mechanismus mit dem Freiheitsgrad $f = n-1$ in Bild 5.54 an den n Gelenken mit n Kräften belastet, nimmt das System eine Gleichgewichtslage an, die als **Seileck** bezeichnet wird.

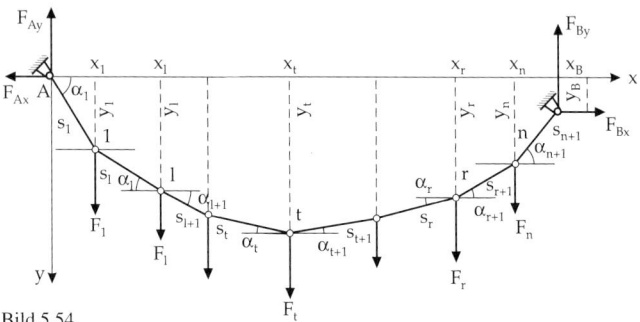

Bild 5.54

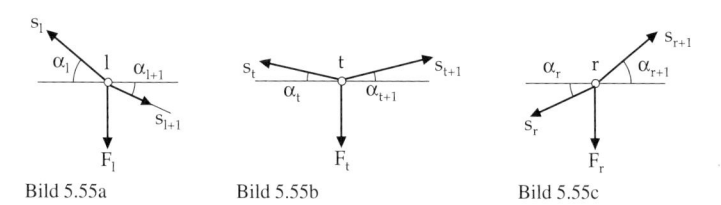

Bild 5.55a Bild 5.55b Bild 5.55c

Ein gleiches System liegt vor, wenn statt der Stäbe ein biegeschlaffes Seil in den entsprechenden Punkten durch Kräfte belastet wird. Sind die Kräfte F_i ($i = 1, 2, \ldots, n$) und die Abstände ihrer vertikalen Wirkungslinien gegeben, stehen für die Berechnung der Stützkräfte, der Stab- bzw. Seilkräfte, der Winkel und fehlender Koordinaten die folgenden Gleichungen zur Verfügung:

- am freigeschnittenen Gesamtsystem

$$\rightarrow\ : F_{Bx} - F_{Ax} = 0 \qquad \Rightarrow F_{Ax} = F_{Bx} \tag{5.21a}$$

$$\uparrow\ : F_{Ay} + F_{By} - \sum_{i=1}^{n} F_i = 0 \qquad \Rightarrow F_{Ay} + F_{By} = \sum_{i=1}^{n} F_i \tag{5.21b}$$

$$\circlearrowleft B : F_{Ay} x_B - F_{Ax} y_B - \sum_{i=1}^{n} F_i x_i = 0 \tag{5.21c}$$

5.7 Seile und Ketten

- am linken Teilsystem bei Schnitt durch beliebigen Stab s_{k+1} ($k = 0, 1, \ldots, n$)

$$\circlearrowleft_k : F_{Ay}x_k - F_{Ax}y_k - \sum_{i=1}^{k-1} F_i x_i = 0 \tag{5.22a}$$

$$\rightarrow : S_{k+1}\cos\alpha_{k+1} - F_{Ax} = 0 \Rightarrow S_{k+1}\cos\alpha_{k+1} = F_{Ax} = F_{Bx} = H \tag{5.22b}$$

- bei Rundschnitt um einen Knotenpunkt an einem Gelenk l links vom tiefsten Knoten t (Bild 5.55a)

$$\uparrow : S_l \sin\alpha_l - S_{l+1}\sin\alpha_{l+1} - F_l = 0 \tag{5.23a}$$

an einem Gelenk r rechts von t (Bild 5.55c)

$$\uparrow : S_{r+1}\sin\alpha_{r+1} - S_r\sin\alpha_r - F_r = 0 \tag{5.23b}$$

am tiefsten Gelenk t (Bild 5.55b)

$$\uparrow : S_t \sin\alpha_t + S_{t+1}\sin\alpha_{t+1} - F_t = 0 \tag{5.23c}$$

Wegen (5.22b) ergeben sich aus (5.23)

$$F_l = H(\tan\alpha_l - \tan\alpha_{l+1}) \tag{5.24a}$$

$$F_r = H(\tan\alpha_{r+1} - \tan\alpha_r) \tag{5.24b}$$

$$F_t = H(\tan\alpha_t + \tan\alpha_{t+1}) \tag{5.24c}$$

zur Ordinatenberechnung der Gelenke l links von t

$$y_k - y_{k-1} = (x_k - x_{k-1})\tan\alpha_k, \qquad k \leqq t \tag{5.25a}$$

und der Gelenke r rechts von t

$$y_{r-1} - y_r = (x_r - x_{r-1})\tan\alpha_r \tag{5.25b}$$

Die Berechnung fehlender Größen in der Gleichgewichtslage bei gegebenen Kräften F_i und dem Abstand ihrer Wirkungslinien vom Lagergelenk A ist nur möglich, wenn zusätzlich bekannt sind

- die Lage des festen Gelenkes B und ein weiterer Punkt C der Punktkette (Beispiel 1),
- die Lage des Gelenkes B und eines beliebigen Stabes durch seinen Neigungswinkel α (Beispiel 2) oder
- die Neigungswinkel α zweier Stäbe (Beispiel 3).

1. Bekannt sind die 3 Kräfte, der Abstand der Wirkungslinien und die Lage des tiefsten Gelenkes 2 mit $x_2 = 5a$ und $y_2 = 3a$ (Bild 5.56).

Stützkräfte: (5.21c) bzw. (5.22a) ergeben

$$\circlearrowleft B : F_{Ay} \cdot 9a + F_{Ax} \cdot 2a - F_1 \cdot 7a - F_2 \cdot 4a - F_3 = 0$$

$$\circlearrowleft 2 : F_{Ay} \cdot 5a - F_{Ax} \cdot 3a - F_1 \cdot 3a = 0$$

und somit $F_{Ax} = 2,19$ kN, $F_{Ay} = 2,51$ kN.

Aus (5.21b) folgt $F_{By} = \sum_{i=1}^{3} F_i - F_{Ay} = 3,49$ kN und wegen (5.22b) $F_{Bx} = F_{Ax} = H = 2,19$ kN.

Lage der Stäbe: $\vec{F}_A = -\vec{S}_1$ am Lager A ergibt

$$\tan\alpha_1 = \frac{F_{Ay}}{F_{Ax}} = 1,15 \qquad \Rightarrow \alpha_1 = 48,9°$$

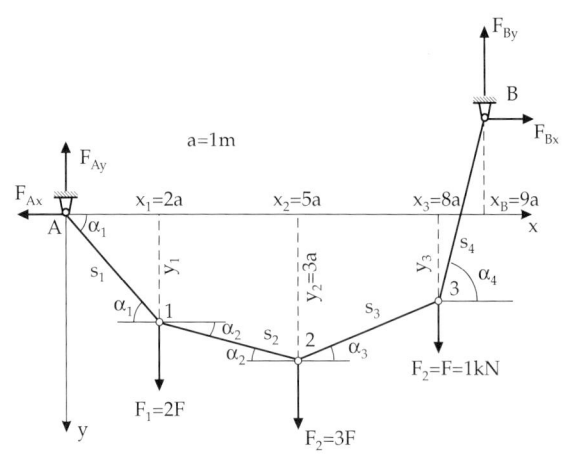

Bild 5.56

$$y_1 = x_1 \tan\alpha_1 = 2,30a = 2,30 \text{ m}$$
$$y_2 - y_1 = (x_2 - x_1)\tan\alpha_2 \qquad \Rightarrow \tan\alpha_2 = 0,23, \quad \alpha_2 = 13,1°$$
$$\tan\alpha_4 = \frac{F_{By}}{F_{Bx}} = 1,59 \qquad \Rightarrow \alpha_4 = 57,9°$$
$$y_3 - y_B = (x_B - x_3)\tan\alpha_4 \qquad \Rightarrow y_3 = -2a + 1,59a = -0,41a$$

Stabkräfte: Aus (5.22b) folgt $S_i = \dfrac{H}{\cos\alpha_i}$ und somit

$$S_1 = 3,33 \text{ kN}, \quad S_2 = 2,25 \text{ kN}, \quad S_3 = 3,32 \text{ kN} \quad \text{und} \quad S_4 = 4,12 \text{ kN}$$

2. Gegeben sind Lager A und B, $F_1 = F_3 = F = 1$ kN, $F_2 = 3F$, $F_4 = F$, $a = 1$ m und horizontale Lage des Stabes s_3 bzw. $\alpha_3 = 0°$ (Bild 5.57).

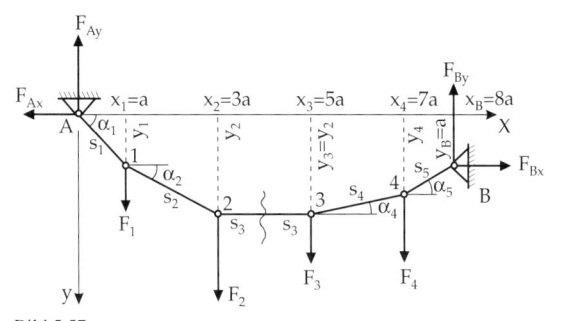

Bild 5.57

Stützkräfte: im linken System nach Schnitt durch s_3 bzw. s_4 wird unter Verwendung

5.7 Seile und Ketten

von (5.22a)

$\circlearrowleft 2: F_{Ax}y_2 - F_{Ay}x_2 + F_1(x_2 - x_1) = 0$

$\circlearrowleft 3: F_{Ax}y_3 - F_{Ay}x_3 + F_1(x_3 - x_1) + F_2(x_3 - x_2) = 0$

und wegen $y_2 = y_3$

$$\begin{array}{r} F_{Ax}y_2 - F_{Ay} \cdot 3a + \;\,2Fa = 0 \\ \underline{F_{Ax}y_2 - F_{Ay} \cdot 5a + 10Fa = 0} \\ 2F_{Ay} - \;\;8F \;\;= 0 \;\Rightarrow\; F_{Ay} = 4F = 4\,\text{kN} \end{array} \bigg| \;-$$

(5.21b) liefert

$F_{By} = F_1 + F_2 + F_3 + F_4 - F_{Ay} = 3F = 3\,\text{kN}$

Im linken System nach Schnitt durch s_3

$\leftarrow : F_{Ax} - S_3 = 0$

$\circlearrowleft A: S_3 y_2 - F_2 \cdot 3a - F_1 a = 0 \Rightarrow S_3 y_2 = 10Fa$

Im rechten System

$\circlearrowleft B: S_3(y_2 - a) - F_3 \cdot 3a - F_4 a = 0 \Rightarrow S_3 y_2 = 5Fa + S_3 a$

Gleichsetzung der beiden Momentengleichungen ergibt

$S_3 = 5F = F_{Ax} = F_{Bx} = 5\,\text{kN}$

Lage der Stäbe: $\tan \alpha_1 = \dfrac{F_{Ay}}{F_{Ax}} \Rightarrow \alpha_1 = 38,7°$

$y_1 \;\;\;\; = x_1 \tan \alpha_1 = 0,8a = 0,8\,\text{m}$

$y_2 \;\;\;\; = y_3 = \dfrac{10Fa}{S_3} = 2a = 2,0\,\text{m}$

$\tan \alpha_2 \,= \dfrac{y_2 - y_1}{x_2 - x_1} = 0,6 \qquad\qquad \Rightarrow \alpha_2 = 31,0°$

$\tan \alpha_5 \,= \dfrac{F_{By}}{F_{Bx}} = 0,6 \qquad\qquad\;\; \Rightarrow \alpha_5 = 31,0°$

$y_4 - y_B = (x_B - x_4)\tan \alpha_5 \qquad \Rightarrow y_4 = 1,6a = 1,6\,\text{m}$

$\tan \alpha_4 \,= \dfrac{y_3 - y_4}{x_4 - x_3} = 0,2 \qquad\qquad \Rightarrow \alpha_4 = 11,3°$

Stabkräfte: Aus (5.22b) folgen

$S_1 = 6,40\,\text{kN}, \quad S_2 = S_5 = 5,83\,\text{kN}, \quad S_3 = 5,00\,\text{kN}, \quad S_4 = 5,10\,\text{kN}$

3. Gegeben sind $F_1 = 2F$, $F_2 = 3F$, $F_3 = F = 1\,\text{kN}$, $\alpha_1 = 45°$, $\alpha_4 = 60°$ (Bild 5.58)

Stützkräfte: Aus (5.21b) folgt

$F_{Ay} + F_{By} = F_1 + F_2 + F_3 = 6F$

Wegen $\alpha_1 = 45°$ bzw. $\alpha_4 = 60° \Rightarrow F_{Ay} = F_{Ax} = F_{Bx}$ bzw. $F_{By} = F_{Bx}\sqrt{3}$ und somit

$F_{Ax} = F_{Ay} = F_{Bx} = H = \dfrac{6F}{1 + \sqrt{3}} = 2,20\,\text{kN}$

$F_{By} = 3F(3 - \sqrt{3}) = 3,80\,\text{kN}$

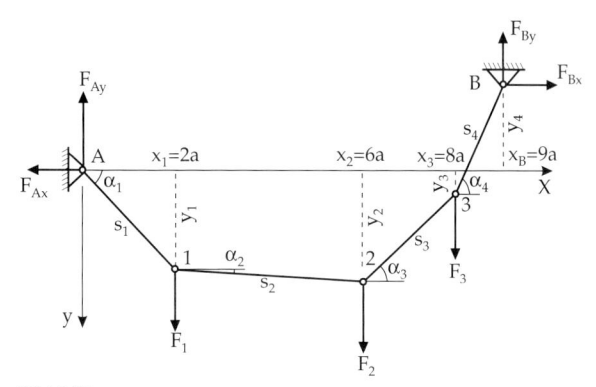

Bild 5.58

Die Lage der Stäbe folgen aus (5.22a) und (5.25) und die Stabkräfte aus (5.22b) mit den Ergebnissen

i	$y_i/$m	α_i	$S_i/$kN
1	2,00	45,0°	3,11
2	2,36	5,1°	2,21
3	−0,20	51,9°	3,56
4	−1,93	60,0°	4,39

5.7.2 Linienlast an Ketten und Seilen

Seile und Ketten sind im Idealfall vollkommen biegsam, undehnbar und können nur Zugkräfte übertragen. Infolge des Eigengewichtes $q =$ const nimmt das Seil eine Gleichgewichtslage zwischen den Lagern A und B an, die **Kettenlinie** genannt wird (Bild 5.59).

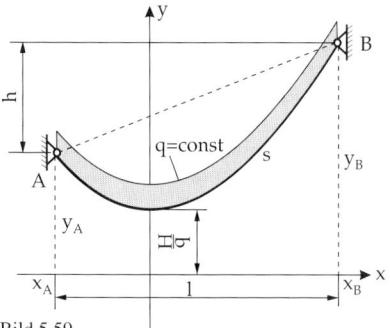

Bild 5.59

5.7 Seile und Ketten

Am herausgeschnittenen Linienelement ds greifen tangential die Seilkräfte S und $S + dS$ und vertikal das Eigengewicht $q\,ds$ an (Bild 5.60). Mit den Horizontal- und Vertikalkomponenten der Seilkräfte lauten die Gleichgewichtsbedingungen

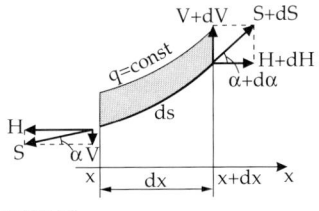

Bild 5.60

$$\rightarrow : H + dH - H = 0 \quad \Rightarrow dH = 0 \tag{5.26a}$$
$$\uparrow \ : V + dV - V - q\,ds = 0 \Rightarrow dV = q\,ds \tag{5.26b}$$

Die Integration von (5.26a) ergibt übereinstimmend mit (5.22b) in 3.7.1

$$H = \text{const} \tag{5.27}$$

Aus Bild 5.60 ist ersichtlich

$$V = H \tan\alpha = H y' \Rightarrow dV = H y'' dx \tag{5.28}$$

Mit dem Linienelement $ds = \sqrt{1 + y'^2}\,dx$ in (5.26b) und Gleichsetzung mit (5.28) ergibt sich die Differentialgleichung 2. Ordnung

$$q\sqrt{1+y'^2} = H y'' \tag{5.29}$$

Die Lösung von (5.29) unter den Bedingungen des Minimums auf der y-Achse mit $y_{\min} = \dfrac{H}{q}$ liefert die **Gleichung der Kettenlinie**

$$y = \frac{H}{q} \cosh \frac{qx}{H} \tag{5.30}$$

Die Seilkraft S ergibt sich wegen

$$S = \sqrt{H^2 + V^2} = H\sqrt{1 + \left(\frac{V}{H}\right)^2} = H\sqrt{1 + y'^2} \quad \text{und} \tag{5.31}$$

$$y' = \sinh \frac{qx}{H} \quad \text{zu} \tag{5.32}$$

$$S = H \cosh \frac{qx}{H} \tag{5.33}$$

Sofern $x_B > |x_A|$ wie in Bild 5.59, wird am Lager B die maximale Seilkraft

$$S_{\max} = H \cosh \frac{qx_B}{H} \tag{5.34}$$

Der Höhenunterschied h der Lagerpunkte wird

$$h = y_B - y_A = \frac{H}{q}\left(\cosh \frac{qx_B}{H} - \cosh \frac{qx_A}{H}\right) \tag{5.35}$$

Die Seillänge $s = \displaystyle\int\limits_{x_A}^{x_B} \sqrt{1 + y'^2}\,dx$ ergibt sich zu

$$s = \frac{H}{q}\left(\sinh \frac{qx_B}{H} + \sinh \frac{-qx_A}{H}\right) \tag{5.36}$$

☐ Mit einem Seil von $q = 30$ N/m Eigengewicht sollen $l = 800$ m bei einer Höhendifferenz $h = 20$ m überspannt werden. Welche Horizontalkraft H tritt ein, und welche Länge s hat das Seil, wenn die Seilkraft $S_{max} = 48$ kN nicht überschritten werden darf?

Mit $x_A = x_B - l$ und (5.34) entsteht aus (5.35)

$$h = \frac{H}{q}\left[\frac{S_{max}}{H} - \frac{S_{max}}{H}\cosh\frac{ql}{H} + \sinh\frac{qx_B}{H}\sinh\frac{ql}{H}\right]$$

$$\frac{h}{l} = \frac{S_{max}}{ql}\left(1 - \cosh\frac{ql}{H}\right) + \frac{H}{ql}\sinh\frac{ql}{H}\sqrt{\left(\frac{S_{max}}{H}\right)^2 - 1}$$

und mit $z = \dfrac{ql}{H}$

$$\frac{h}{l} + \frac{S_{max}}{ql}(\cosh z - 1) = \frac{1}{z}\sinh z\sqrt{z^2\left(\frac{S_{max}}{ql}\right)^2 - 1}$$

Nach Einsetzen der gegebenen Größen und weiterem Umformen entsteht die transzendente Gleichung

$$\frac{1}{z^2}\sinh^2 z - 7{,}000\cosh z + 7{,}901 = 0$$

mit den nach dem Newtonschen Näherungsverfahren berechneten zwei reellen Lösungen

$$z_1 = 0{,}521 \quad \text{und} \quad z_2 = 6{,}501$$

Die zugeordneten Horizontalkräfte sind damit

$$H_1 = 46{,}1 \text{ kN} \quad \text{und} \quad H_2 = 3{,}69 \text{ kN}$$

Aus (5.34) ergeben sich

$$x_B = 440 \text{ m}, \quad x_A = -360 \text{ m}$$

und aus (5.36) die Seillängen

$$s_1 = 808 \text{ m} \quad \text{und} \quad s_2 = 3340 \text{ m}$$

als Grenzen des Seillängenintervalls, in dem S_{max} nicht überschritten wird.

5.7.3 Seile und Ketten mit geringem Durchhang

Für straff gespannte Tragwerke, d. h., $s \approx \sqrt{l^2 + h^2}$ (Bild 5.61), kann näherungsweise

$$y' = \frac{h}{l} = \text{const}$$

angesetzt werden. (5.29) geht dann über in

$$q\sqrt{1 + \left(\frac{h}{l}\right)^2} = Hy'' \quad (5.37)$$

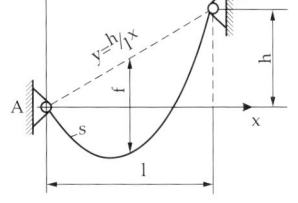

Bild 5.61

5.7 Seile und Ketten

Zweifache Integration mit den Randbedingungen $y(0) = 0$ und $y(l) = h$ ergibt die Gleichung der Seilkurve als quadratische Parabel

$$y = \frac{q}{2Hl}\sqrt{l^2+h^2}\left(x^2-lx\right) + \frac{h}{l}x \tag{5.38}$$

mit

$$y' = \frac{q}{2Hl}\sqrt{l^2+h^2}(2x-l) + \frac{h}{l} \tag{5.39}$$

Die Seilkraft wird nach (5.31) mit $K = \dfrac{q}{2Hl}\sqrt{l^2+h^2}$

$$S = H\sqrt{1 + \left[K(2x-l) + \frac{h}{l}\right]^2} \tag{5.40}$$

Wenn $y'(l) > |y'(0)|$, tritt

$$S_{\max} = H\sqrt{1 + \left(Kl + \frac{h}{l}\right)^2} \tag{5.41}$$

am Lager B auf.

Aus (5.41) folgt bei bekanntem $S_{\max}$ die konstante Horizontalkomponente

$$H = \frac{l}{2\sqrt{l^2+h^2}}\left(\sqrt{4S_{\max}^2 - (ql)^2} - qh\right) \tag{5.42}$$

Die Berechnung der Seillänge $s = \displaystyle\int_0^l \sqrt{1+y'^2}\,dx$ ist möglich über die Substitution $y' = \sinh u$, so daß

$$s = \frac{1}{4K}\left[u + \sinh u \cosh u\right]_{u_1}^{u_2} \tag{5.43}$$

mit

$$u_1 = \operatorname{arsinh}\left(\frac{h}{l} - Kl\right), \qquad u_2 = \operatorname{arsinh}\left(\frac{h}{l} + Kl\right)$$

Weniger Aufwand liefert die Reihenentwicklung von $\sqrt{1+y'^2}$ bis zum 2. Glied, wonach

$$s = l\left[1 + \frac{1}{24}\left(\frac{ql}{H}\right)^2 + \frac{1}{2}\left(\frac{h}{l}\right)^2\right] \tag{5.44}$$

(5.44) reicht als Näherungslösung aus, da das Seil starr angenommen wurde und die vernachlässigte Dehnung den Horizontalzug herabsetzt.

Der größte Durchhang f, auf $y = \dfrac{h}{l}x$ bezogen, ist

$$f = \frac{ql^2}{8H} \tag{5.45}$$

an der Stelle $x = \dfrac{1}{2}l$.

Bei dem geringen Durchhang der kurzen Seillänge ($f:l = 0,06$) im Beispiel in 5.7.2 ergeben sich nach (5.42) und (5.44) mit wesentlich weniger Aufwand $H = 46,2$ kN und $s = 809$ m in guter Übereinstimmung.

5.8 Hänge- und Sprengwerke

Hängewerke (s. Bild 5.62), **Sprengwerke**, **überspannte** und **unterspannte Träger** (s. Bild 5.65a) sind statisch bestimmte Tragwerke, die aus einer Kombination von biegesteifen Gelenkträgern und Stabwerken bestehen. Beim Hänge- bzw. Sprengwerk haben Träger und Stabwerk getrennte Auflager, während beim unter- bzw. überspannten Träger die Stabwerke am Träger angelenkt sind.

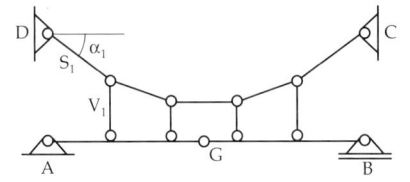

Bild 5.62

Für die Berechnung der Auflagerreaktionen und Stabkräfte gelten die Beziehungen (5.21) und (5.24).

1. Das Hängewerk in Bild 5.63 ist mit $q = 5$ kN/m = const belastet und $a = 1$ m.

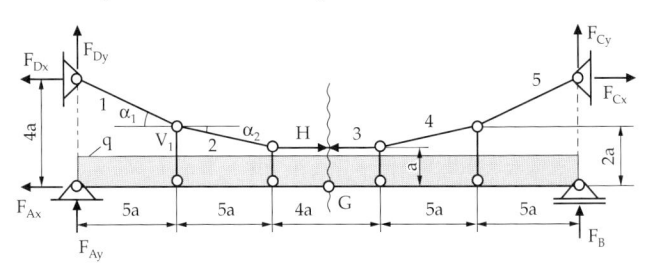

Bild 5.63

Da die Vertikalstreben keine Horizontalkräfte übertragen können, ist $F_{Ax} = 0$.

Aus (5.22b) folgt $F_{Cx} = F_{Dx} = H$ und wegen der Symmetrie $F_{Cy} = F_{Dy} = H \tan \alpha_1 = 0{,}4H$. Am Gesamtsystem ergibt

↻B: $F_{Ay} \cdot 24a + F_{Dy} \cdot 24a - F_{Dx} \cdot 4a + F_{Cx} \cdot 4a - 24qa \cdot 12a = 0 \Rightarrow$
$24F_{Ay} + 9{,}6H - 288qa = 0$ (1)

am linken Teilsystem ergibt

↻G: $F_{Ay} \cdot 12a + F_{Dy} \cdot 12a - F_{Dx} \cdot 4a - 12qa \cdot 6a + Ha = 0 \Rightarrow$
$12F_{Ay} + 1{,}8H - 72qa = 0$ (2)

Aus (1) und (2) folgen

$H\ \ = 24qa = 120$ kN
$F_{Ay} = F_{By} = 2{,}4qa = 12$ kN
$F_{Cy} = F_{Dy} = 9{,}6qa = 48$ kN

5.8 Hänge- und Sprengwerke

Die Stabkräfte sind nach (5.22b)

$$S_1 = H\sqrt{1+\tan^2\alpha_1} = 120\sqrt{\frac{29}{25}} \text{ kN} = 129 \text{ kN} = S_5$$

$$S_2 = H\sqrt{1+\tan^2\alpha_2} = 120\sqrt{\frac{26}{25}} \text{ kN} = 122 \text{ kN} = S_4$$

$$S_3 = H = 120 \text{ kN}$$

Die Vertikalkräfte sind nach (5.24a)

$$V_1 = H(\tan\alpha_1 - \tan\alpha_2) = \frac{1}{5}H = 24 \text{ kN} = V_4$$

$$V_2 = H(\tan\alpha_2 - \tan\alpha_3) = \frac{1}{5}H = 24 \text{ kN} = V_3$$

Der Querkraftverlauf am Gelenkträger (s. Bild 5.64a) ist antimetrisch und enthält die Sprungstellen an den Angriffspunkten der Vertikalstäbe. Der Biegemomentenverlauf (s. Bild 5.64b) ist symmetrisch zum Gelenk G und stückweise parabelförmig.

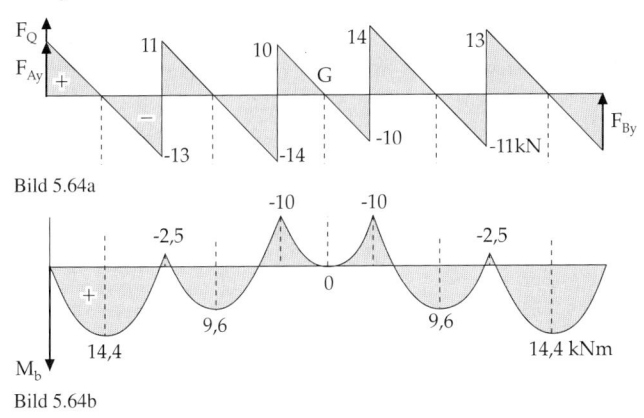

Bild 5.64a

Bild 5.64b

2. Am unterspannten Träger in Bild 5.65a sind die Stützkräfte, die Gelenkkraft und die Stabkräfte zu berechnen, wenn $F = 5$ kN und $a = 1$ m.

Am in den Auflagern A und B freigeschnittenen System ergeben sich F_A und F_B aus

$\leftarrow \;: F_{Ax} = 0$

$\curvearrowleft B: F_{Ay} \cdot 11a - 2F \cdot 7a - F \cdot 4a = 0 \Rightarrow F_{Ay} = \frac{18}{11}F = 8,18 \text{ kN}$

$\uparrow \;: F_B + F_{Ay} - 3F = 0 \qquad \Rightarrow F_B = \frac{15}{11}F = 6,82 \text{ kN}$

Nach Schnitt durch G und Stab 3 ergeben sich im linken Teilsystem (s. Bild 5.65b)

$\curvearrowleft G: S_3 \cdot 2a + 2F \cdot \frac{3}{2}a - F_{Ay} \cdot \frac{11}{2}a = 0 \Rightarrow S_3 = 3F = 15 \text{ kN}$

$\downarrow \;: F_{Gy} + 2F - F_{Ay} = 0 \qquad \Rightarrow F_{Gy} = -\frac{4}{11}F = -1,82 \text{ kN}$

$\leftarrow \;: F_{Gx} + F_{Ax} - S_3 = 0 \qquad \Rightarrow F_{Gx} = S_3 = 15 \text{ kN}$

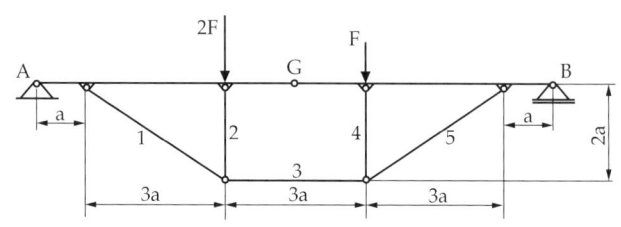

Bild 5.65a

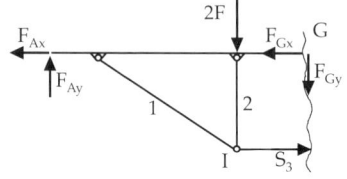

Bild 5.65b

Rundschnitt am Knoten I

$\leftarrow\ :S_1\cos\alpha_1 - S_3 = 0 \Rightarrow S_1 = \dfrac{S_3}{3}\sqrt{13} = 18,0\ \text{kN}$

$\uparrow\ :S_2 + S_1\sin\alpha_1 = 0 \Rightarrow S_2 = -\dfrac{13}{6}S_3 = 32,5\ \text{kN}$

Am rechten Teilsystem folgen analog $S_4 = S_2$ und $S_5 = S_1$.

6 Räumliches Kräftesystem

6.1 Zentrales Kräftesystem

6.1.1 Resultierende eines Kräftebüschels

Mit dem Ursprung des rechtwinkligen räumlichen Koordinatensystems im Angriffspunkt kann die Kraft $\vec{F}$ als Summe ihrer **vektoriellen Komponenten** $\vec{F}_x$, $\vec{F}_y$ und $\vec{F}_z$ dargestellt werden (s. Bild 6.1):

$$\vec{F} = \vec{F}_x + \vec{F}_y + \vec{F}_z = F_x \vec{e}_x + F_y \vec{e}_y + F_z \vec{e}_z \quad (6.1)$$

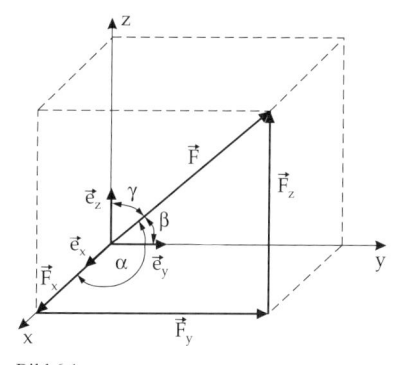

Bild 6.1

Für die mit den positiven Koordinatenachsen gleichsinnigen **Einheitsvektoren** gilt

$$|\vec{e}_x| = |\vec{e}_y| = |\vec{e}_z| = 1 \quad (6.2)$$

Die **skalaren Komponenten** von $\vec{F}$ sind

$$F_x = F \cos\alpha, \qquad F_y = F \cos\beta, \qquad F_z = F \cos\gamma \quad (6.3)$$

mit $\alpha = \sphericalangle(\vec{F}, \vec{e}_x)$, $\beta = \sphericalangle(\vec{F}, \vec{e}_y)$, $\gamma = \sphericalangle(\vec{F}, \vec{e}_z)$ und

$$\cos^2\alpha + \cos^2\beta + \cos^2\gamma = 1 \quad (6.4)$$

$$|\vec{F}| = F = \sqrt{F_x^2 + F_y^2 + F_z^2} \quad (6.5)$$

Die Resultierende $\vec{F}_R$ eines räumlichen Kräftebüschels von n Kräften ist

$$\vec{F}_R = \sum_{i=1}^{n} \vec{F}_i = \sum_{i=1}^{n} \left(\vec{F}_{ix} + \vec{F}_{iy} + \vec{F}_{iz} \right) \quad (6.6)$$

mit den skalaren Komponenten

$$F_{Rx} = \sum_{i=1}^{n} F_{ix}, \qquad F_{Ry} = \sum_{i=1}^{n} F_{iy}, \qquad F_{Rz} = \sum_{i=1}^{n} F_{iz} \qquad (6.7)$$

und den die Lage bestimmenden Richtungscosinus

$$\cos\alpha_R = \frac{F_{Rx}}{F_R}, \qquad \cos\beta_R = \frac{F_{Ry}}{F_R}, \qquad \cos\gamma_R = \frac{F_{Rz}}{F_R} \qquad (6.8)$$

☐ Von drei Kräften eines Büschels sind die Beträge und ihre Richtungswinkel gegeben. Gesucht ist die Resultierende $\vec{F}_R$, ihr Betrag und ihre Lage. Die letzten drei Spalten der Tabelle enthalten die skalaren Komponenten nach (6.3). Die Spaltensummen sind die skalaren Komponenten (6.7) von $\vec{F}_R$.

i	F_i/N	α_i	β_i	γ_i	F_{ix}/N	F_{iy}/N	F_{iz}/N
1	800	120°	60°	45°	-400	400	566
2	600	60°	135°	60°	300	-424	300
3	500	90°	60°	150°	0	250	-433
				$\sum$	-100	226	433

Nach (6.1), (6.5) und (6.8) ergeben sich

$\vec{F}_R \ = (-100\vec{e}_x + 226\vec{e}_y + 433\vec{e}_z) \text{ N}$

$F_R \ = \sqrt{(-100)^2 + 226^2 + 433^2} \text{ N} = 499 \text{ N}$

$\alpha_R \ = 102°, \qquad \beta_R = 63°, \qquad \gamma_R = 30°$

6.1.2 Zerlegung einer Kraft im Raum

Jede Kraft $\vec{F}$ im Raum läßt sich in ihrem Angriffspunkt A analog (6.1) in drei Kräfte $\vec{F}_1$, $\vec{F}_2$ und $\vec{F}_3$ äquivalent zulegen, wenn deren nicht in einer Ebene liegenden Wirkungslinien gegeben sind.

Liegt speziell die Wirkungslinie w von $\vec{F}$ in einer Ebene mit zwei Wirkungslinien w_1 und w_2 ihrer vektoriellen Komponenten $\vec{F}_1$ und $\vec{F}_2$, so ist die dritte Komponente $\vec{F}_3 = \vec{0}$, d. h. vom Betrag Null.

Rechnerisch ergibt sich aus

$$\vec{F} = \vec{F}_1 + \vec{F}_2 + \vec{F}_3$$

mit (6.3) und (6.7) das Gleichungssystem

$$\begin{aligned} F_1\cos\alpha_1 + F_2\cos\alpha_2 + F_3\cos\alpha_3 &= F_x \\ F_1\cos\beta_1 + F_2\cos\beta_2 + F_3\cos\beta_3 &= F_y \\ F_1\cos\gamma_1 + F_2\cos\gamma_2 + F_3\cos\gamma_3 &= F_z \end{aligned} \qquad (6.9)$$

Ist die Gleichung einer durch A verlaufenden Wirkungslinie w_i (s. Bild 6.2a)

$\vec{r}(t) = \vec{r}_A + \vec{a}_i t$

6.1 Zentrales Kräftesystem

so ergeben sich die Richtungscosinus in (6.9) aus dem Richtungsvektor $\vec{a}_i$ von w_i analog (6.8) zu
$$\cos\alpha_i = \frac{a_{ix}}{a_i}, \qquad \cos\beta_i = \frac{a_{iy}}{a_i}, \qquad \cos\gamma_i = \frac{a_{iz}}{a_i}$$

Graphisch erfolgt die Zerlegung im Grund- und Aufriß des Lageplanes (s. Bild 6.2b) und Kräfteplanes (s. Bild 6.2c).

Ablauf: Nach Darstellung der gegebenen Größen erfolgt die Zerlegung von $\vec{F}$ in zwei Schritten mit Hilfe der Culmannschen Geraden c als Schnittgerade der beiden Ebenen, die w und w_1 bzw. w_2 und w_3 enthalten. Im Grundriß ergibt sich der Durchstoßpunkt C' von c' über die Durchstoßpunkte D', D'_1, D'_2 und D'_3 der vier Wirkungslinien. Mit c' läßt sich im Grundriß des Kräfteplanes (s. Bild 6.2c) die Zerlegung von $\vec{F}'$ durchführen. Die wahren Beträge F_i ergeben sich als Hypotenusen aus den Katheten $\vec{F}'_i$ und h_i im Grundriß des Kräfteplanes.

☐ Die in A(0;2;4) angreifende Kraft $\vec{F} = (4\vec{e}_x - \vec{e}_y - 4\vec{e}_z)$ kN ist in drei Kräfte zu zerlegen, wenn die Richtungsvektoren ihrer Wirkungslinien durch A mit $\vec{a}_1 = 3\vec{e}_x - 2\vec{e}_y - 2\vec{e}_z$, $\vec{a}_2 = 4\vec{e}_x + 0,5\vec{e}_y - 2\vec{e}_z$ und $\vec{a}_3 = 1,5\vec{e}_x + 2\vec{e}_y - 2\vec{e}_z$ gegeben sind.

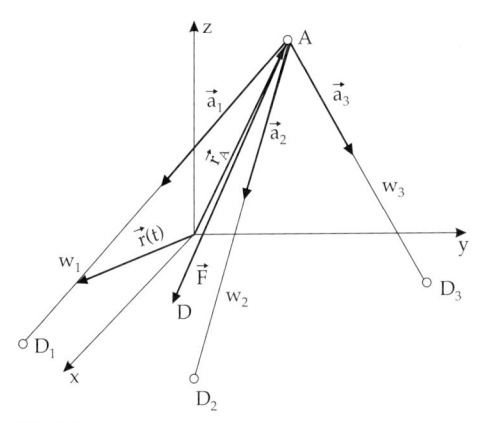

Bild 6.2a

Rechnerische Lösung:

Mit $a_1 = \sqrt{17}$; $a_2 = 4,5$; $a_3 = \sqrt{10,25}$ ergeben sich

$\cos\alpha_1 = 0,7276,\qquad \cos\beta_1 = -0,4851,\qquad \cos\gamma_1 = -0,4851$
$\cos\alpha_2 = 0,8889,\qquad \cos\beta_2 = 0,1111,\qquad \cos\gamma_2 = -0,4444$
$\cos\alpha_3 = 0,4685,\qquad \cos\beta_3 = 0,6247,\qquad \cos\gamma_3 = -0,6247$

und das Gleichungssystem (6.9)

$$\begin{aligned}
0,7276F_1 + 0,8889F_2 + 0,4685F_3 &= 4 \text{ kN} \\
-0,4851F_1 + 0,1111F_2 + 0,6247F_3 &= -1 \text{ kN} \\
-0,4851F_1 - 0,4444F_2 - 0,6247F_3 &= -4 \text{ kN}
\end{aligned}$$

mit der Lösung $F_1 = 5,85$ kN, $F_2 = -2,03$ kN, $F_3 = 3,30$ kN. Da sämtliche $\vec{a}_i$ auf die x,y-Ebene hin gerichtet sind, hat $\vec{F}_2$ die entgegengesetzte Richtung (s. Bild 6.2a).

Die graphische Lösung ist in den Bildern 6.2b und 6.2c dargestellt.

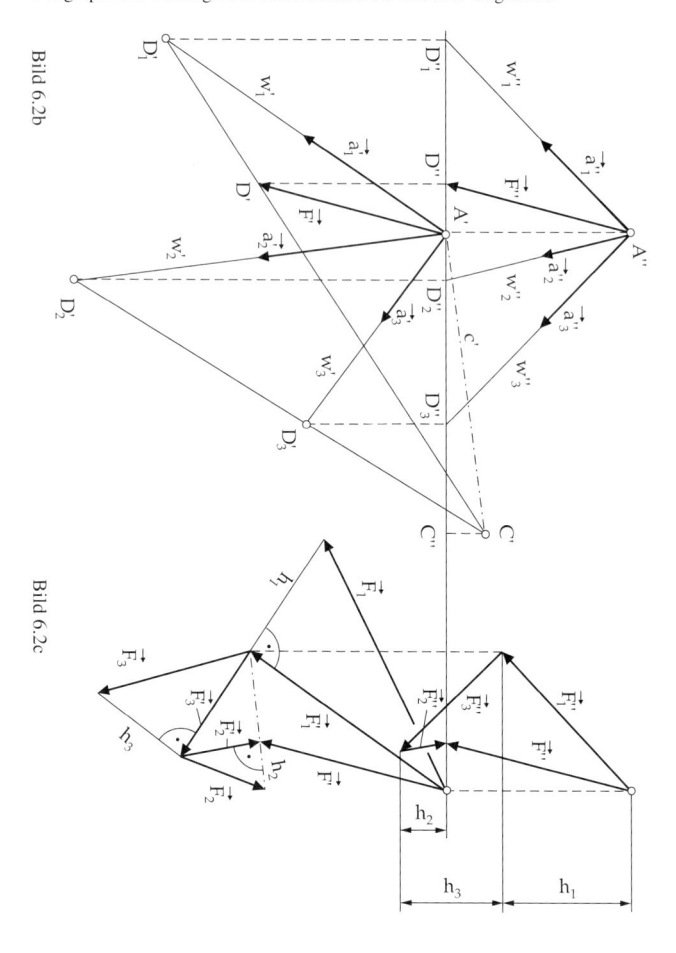

Bild 6.2b

Bild 6.2c

6.1.3 Gleichgewicht im zentralen Kräftesystem

Die n Kräfte eines Kräftebüschels stehen im Gleichgewicht, wenn ihre Resultierende der Nullvektor ist.

Da die Komponenten des Nullvektors wiederum Null sein müssen, lauten die Gleichgewichtsbedingungen

$$\sum_{i=1}^{n} F_{ix} = F_1 \cos \alpha_1 + F_2 \cos \alpha_2 + \ldots + F_n \cos \alpha_n = 0$$

$$\sum_{i=1}^{n} F_{iy} = F_1 \cos \beta_1 + F_2 \cos \beta_2 + \ldots + F_n \cos \beta_n = 0 \qquad (6.10)$$

$$\sum_{i=1}^{n} F_{iz} = F_1 \cos \gamma_1 + F_2 \cos \gamma_2 + \ldots + F_n \cos \gamma_n = 0$$

Gegenüber dem ebenen Kräftebüschel im Abschnitt 2.4 steht somit eine dritte Gleichgewichtsbedingung zur Verfügung, so daß (6.10) drei unbekannte Kräfte zur Berechnung enthalten kann.

Das Bockgerüst in Bild 6.3 der Höhe $4a$ wird in S mit $\vec{F} = (-6\vec{e}_x + 3\vec{e}_y + 4\vec{e}_z)$ kN belastet. Die Fußpunkte der drei Stützstäbe bilden ein gleichseitiges Dreieck mit A$(-4a;0;4a)$, B$(2a;-2a\sqrt{3};4a)$ und C$(2a;2a\sqrt{3};4a)$. Gesucht sind die Stützkräfte $\vec{F}_1$, $\vec{F}_2$ und $\vec{F}_3$, die mit $\vec{F}$ im Gleichgewicht stehen.

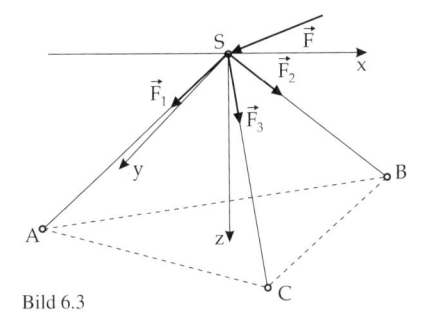

Bild 6.3

Der Richtungssinn der unbekannten Stützkräfte wird mit dem Richtungssinn der Ortsvektoren $\vec{r}_A$, $\vec{r}_B$ und $\vec{r}_C$ festgelegt, d. h., es werden Zugstäbe angenommen. Mit $r_A = r_B = r_C = 4a\sqrt{2}$ ergeben sich die Richtungscosinus

i	$\cos \alpha_i$	$\cos \beta_i$	$\cos \gamma_i$
1	$-\dfrac{4a}{4a\sqrt{2}} = -\dfrac{1}{\sqrt{2}}$	0	$\dfrac{4a}{4a\sqrt{2}} = \dfrac{1}{\sqrt{2}}$
2	$\dfrac{2a}{4a\sqrt{2}} = \dfrac{1}{2\sqrt{2}}$	$-\dfrac{2a\sqrt{3}}{4a\sqrt{2}} = -\dfrac{\sqrt{6}}{4}$	$\dfrac{1}{\sqrt{2}}$
3	$\dfrac{2a}{4a\sqrt{2}} = \dfrac{1}{2\sqrt{2}}$	$\dfrac{2a\sqrt{3}}{4a\sqrt{2}} = \dfrac{\sqrt{6}}{4}$	$\dfrac{1}{\sqrt{2}}$

Das Gleichungssystem (6.10) wird dann

$$-\frac{1}{\sqrt{2}}F_1 + \frac{1}{2\sqrt{2}}F_2 + \frac{1}{2\sqrt{2}}F_3 - 6 \text{ kN} = 0$$

$$-\frac{\sqrt{6}}{4}F_2 + \frac{\sqrt{6}}{4}F_3 + 3 \text{ kN} = 0$$

$$\frac{1}{\sqrt{2}}(F_1 + F_2 + F_3) + 4 \text{ kN} = 0$$

und hat die Lösung

$$F_1 = -7,54 \text{ kN}, \qquad F_2 = 3,39 \text{ kN}, \qquad F_3 = -1,51 \text{ kN}$$

Die Stäbe 1 und 3 sind somit Druckstäbe.

6.2 Allgemeines Kräftesystem

6.2.1 Statisches Moment

Das statische Moment $\vec{M}$ einer Kraft $\vec{F}$, die im Punkt A des Raumes mit dem Ortsvektor $\vec{r}$ angreift, ist ein freier Vektor

$$\boxed{\vec{M} = \vec{r} \times \vec{F}} \tag{6.11}$$

Sein Betrag ist die Maßzahl des Flächeninhaltes des von $\vec{r}$ und $\vec{F}$ aufgespannten Parallelogrammes (s. Bild 6.4)

$$\boxed{|\vec{M}| = M = |\vec{r}| \cdot |\vec{F}| \sin \varphi = aF} \tag{6.12}$$

$\vec{M}$ steht senkrecht auf $\vec{r}$ und $\vec{F}$, und der Richtungssinn ergibt sich daraus, daß $\vec{r}$, $\vec{F}$ und $\vec{M}$ in dieser Reihenfolge ein Rechtssystem bilden.

Graphisch ist der Richtungssinn durch die zwei Pfeilspitzen gekennzeichnet. Der Drehsinn folgt aus der Schraubenregel der rechten Hand (s. Bild 6.4).

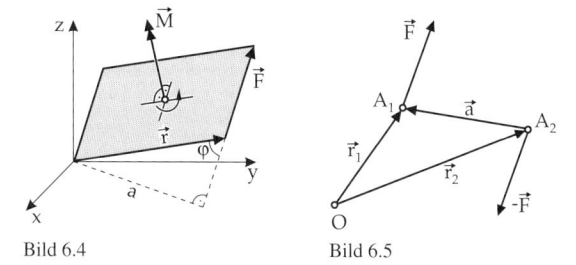

Bild 6.4   Bild 6.5

Die vektoriellen Komponenten von $\vec{M}$ folgen aus

$$\vec{M} = \begin{vmatrix} \vec{e}_x & \vec{e}_y & \vec{e}_z \\ r_x & r_y & r_z \\ F_x & F_y & F_z \end{vmatrix} \tag{6.13}$$

und sind
$$\begin{aligned}\vec{M}_x &= \vec{e}_x(r_y F_z - r_z F_y)\\ \vec{M}_y &= \vec{e}_y(r_z F_x - r_x F_z)\\ \vec{M}_z &= \vec{e}_z(r_x F_y - r_y F_x)\end{aligned} \tag{6.14}$$

Das Moment eines Kräftepaares ist

$$\boxed{\vec{M} = \vec{a} \times \vec{F}} \tag{6.15}$$

mit $\vec{a} = \overrightarrow{A_2 A_1}$ als Verbindungsvektor beider Kraftangriffspunkte und damit unabhängig von der Lage des Koordinatenursprunges (s. Bild 6.5).

$\vec{M}$ ist ein freier Vektor, der beliebig in seiner Wirkungslinie und auch parallel dazu verschoben (aber nicht gedreht) werden kann.

6.2.2 Kräftezusammensetzung im Raum

Sollen n beliebige Kräfte $\vec{F}_i$, die im Raum in den Punkten A_i angreifen, zu einer Resultierenden und einem resultierenden Moment zusammengesetzt werden, die der gegebenen Kräfteschar äquivalent sind, müssen zwei Schritte nacheinander ausgeführt werden:

1. Reduzierung der Kräfteschar auf einen beliebigen Punkt O bezogen, wobei die **Resultierende $\vec{F}_{RO}$ und das resultierende Moment $\vec{M}_{RO}$ unterschiedliche Richtungen** annehmen und danach
2. Ermittlung eines solchen Bezugspunktes K, auf den bezogen die **Resultierende $\vec{F}_{RK}$ und das resultierende Moment $\vec{M}_{RK}$ parallel gerichtet** sind und eine sog. **Dyname** oder **Kraftschraube** bilden. Aus der Kraftschraube ist die Gesamtwirkung einer Kräfteschar besonders anschaulich zu erkennen, da die **Zentralkraft $\vec{F}_{RK}$** ein Bauteil in Richtung der **Zentralachse** als Wirkungslinie von $\vec{F}_{RK}$ verschieben und das **Zentralmoment $\vec{M}_{RK}$** das Teil um die Zentralachse drehen will.

1. Reduzierung der Kräfteschar auf O:

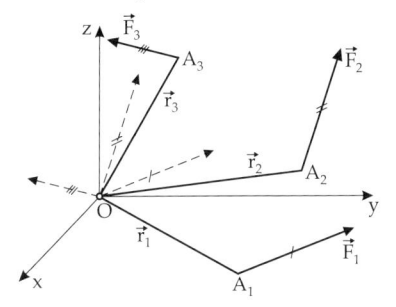

Bild 6.6

Die Kraftangriffspunkte A_i seien durch die Ortsvektoren $\vec{r}_i$ gegeben (s. Bild 6.6). Jede Kraft $\vec{F}_i$ wird durch Parallelverschiebung so versetzt, daß ihre Wirkungslinie durch O verläuft. Damit entsteht ein äquivalentes System von Kräftepaaren mit einem Kräftebüschel in O und der Resultierenden $\vec{F}_{RO}$ gemäß Gleichung (6.6) und den Versetzungsmomenten $\vec{M}_{iO} = \vec{r}_i \times \vec{F}_i$. Die $\vec{M}_{iO}$ wurden zum resultierenden Moment

$$\vec{M}_{RO} = \sum_{i=1}^{n} \vec{M}_{iO} = \sum_{i=1}^{n} \left(\vec{r}_i \times \vec{F}_i \right) \tag{6.16}$$

zusammengesetzt. $\vec{M}_{RO}$ ist abhängig von der Wahl des Bezugspunktes O.

2. Reduzierung auf eine Kraftschraube:

Sind die Vektoren $\vec{F}_{RO}$ und $\vec{M}_{RO}$ nicht parallel, wird $\vec{M}_{RO}$ in der von $\vec{M}_{RO}$ und $\vec{F}_{RO}$ aufgespannten Ebene in die Komponenten $\vec{M}_{Rt} \| \vec{F}_{RO}$ und $\vec{M}_{Rn} \perp \vec{F}_{RO}$ zerlegt (s. Bild 6.7). Damit wird

$$\vec{M}_{Rn} = \vec{M}_{RO} - \vec{M}_{Rt} \tag{6.17}$$

mit

$$\vec{M}_{Rt} = \frac{\vec{F}_{RO}}{F_{RO}} \cdot M_{RO} \cos \alpha = \vec{F}_{RO} \frac{\vec{M}_{RO} \cdot \vec{F}_{RO}}{F_{RO}^2} = \vec{M}_{RK} \tag{6.18}$$

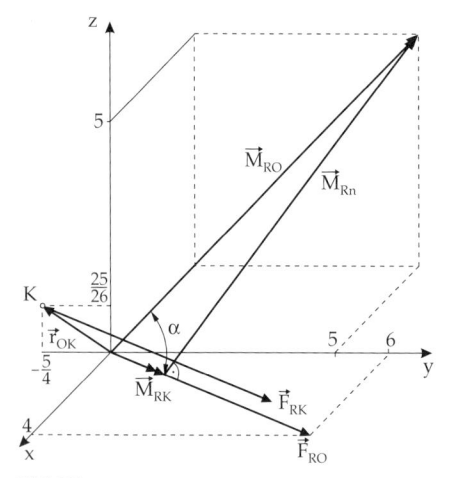

Bild 6.7

$\vec{M}_{Rn}$ wird als das Versetzungsmoment angesehen, das bei der Parallelverschiebung von $\vec{F}_{RK}$ von der unbekannten Wirkungslinie durch K nach der durch O entsteht, d. h.

$$\vec{M}_{Rn} = \vec{r}_{OK} \times \vec{F}_{RK} \tag{6.19}$$

Gleichsetzung der Komponenten von (6.17) und (6.19) unter Beachtung von $|\vec{F}_{RO}| = |\vec{F}_{RK}|$, x, y und z als Komponenten von $\vec{r}_{OK}$ und (6.18) führt auf das Gleichungssystem

$$\begin{aligned} yF_{ROz} - zF_{ROy} &= M_{ROx} - M_{Rtx} \\ zF_{ROx} - xF_{ROz} &= M_{ROy} - M_{Rty} \\ xF_{ROy} - yF_{ROx} &= M_{ROz} - M_{Rtz} \end{aligned} \tag{6.20}$$

6.2 Allgemeines Kräftesystem

Aus (6.20) lassen sich $x = x(t)$, $y = y(t)$, $z = z(t)$ als Parameterdarstellung der Zentralachse ermitteln, auf der K zweckmäßig gewählt werden kann (vgl. 1. Beispiel).

Es entsteht kein Zentralmoment, d. h. $\vec{M}_{RK} = \vec{0}$, wenn die Kräfteschar ein beliebiges ebenes Kräftesystem, ein Kräftebüschel im Raum oder ein Kräftesystem paralleler Kräfte im Raum ist (vgl. 2. Beispiel). $\vec{F}_{RK}$ wird in diesen Fällen **totale Resultierende** genannt. Nur dann gilt der Momentensatz (3.1).

1. Drei mit ihren Ortsvektoren der Angriffspunkte gegebenen Kräfte

$$\vec{F}_1 = 2\vec{e}_x + \vec{e}_y - 2\vec{e}_z, \qquad \vec{r}_1 = 2\vec{e}_x + 2\vec{e}_y - \vec{e}_z$$
$$\vec{F}_2 = -\vec{e}_x + 2\vec{e}_y + 3\vec{e}_z, \qquad \vec{r}_2 = \vec{e}_x + 2\vec{e}_y + \vec{e}_z$$
$$\vec{F}_3 = 3\vec{e}_x + 3\vec{e}_y - \vec{e}_z, \qquad \vec{r}_3 = \vec{e}_x + 2\vec{e}_z$$

(Kräfte in kN, Längen in m) sollen auf eine Dyname reduziert werden. Nach (6.6)

$$\vec{F}_{RO} = \begin{pmatrix} 2 \\ 1 \\ -2 \end{pmatrix} + \begin{pmatrix} -1 \\ 2 \\ 3 \end{pmatrix} + \begin{pmatrix} 3 \\ 3 \\ -1 \end{pmatrix} = \begin{pmatrix} 4 \\ 6 \\ 0 \end{pmatrix} \qquad \text{und} \qquad F_{RO} = \sqrt{52}$$

Nach (6.14) und (6.16) ergibt sich

$$\vec{M}_{RO} = \begin{pmatrix} -3 \\ 2 \\ -2 \end{pmatrix} + \begin{pmatrix} 4 \\ -4 \\ 4 \end{pmatrix} + \begin{pmatrix} -6 \\ 7 \\ 3 \end{pmatrix} = \begin{pmatrix} -5 \\ 5 \\ 5 \end{pmatrix} \qquad \text{und} \quad M_{RO} = \sqrt{75}$$

(6.18) ergibt

$$\vec{M}_{Rt} = \vec{M}_{RK} = \begin{pmatrix} 4 \\ 6 \\ 0 \end{pmatrix} \cdot \frac{10}{52} = \begin{pmatrix} 2 \\ 3 \\ 0 \end{pmatrix} \cdot \frac{5}{13} \Rightarrow \text{mit (6.17) und (6.19)}$$

$$\vec{M}_{Rn} = \begin{pmatrix} -15 \\ 10 \\ 13 \end{pmatrix} \cdot \frac{5}{13} = \begin{pmatrix} -6z \\ 4z \\ 6x - 4y \end{pmatrix}$$

$$\left. \begin{array}{l} -\dfrac{75}{13} = -6z \\[4pt] \dfrac{50}{13} = 4z \end{array} \right\} \Rightarrow z = \dfrac{25}{26}$$

$$5 = 6x - 4y \quad \Rightarrow y = \frac{3}{2}x - \frac{5}{4}$$

oder in Parameterdarstellung die Zentralachse

$$x = \frac{2}{3}t, \qquad y = t - \frac{5}{4}, \qquad z = \frac{25}{26}$$

Wird K auf der Zentralachse als Durchstoßpunkt durch die y,z-Ebene gewählt, sind seine Koordinaten für $t = 0$: $(0; -1,25; 0,96)$. Die Kraftschraube besteht aus $\vec{F}_{RK} = 4\vec{e}_x + 6\vec{e}_y$ und $\vec{M}_{RK} = \dfrac{10}{13}\vec{e}_x + \dfrac{15}{13}\vec{e}_y$.

2. Zusammensetzung der drei im Raum parallelen Kräfte $\vec{F}_1 = -5\vec{e}_z$, $\vec{F}_2 = -6\vec{e}_z$, $\vec{F}_3 = 4\vec{e}_z$ mit den Ortsvektoren der Kraftangriffspunkte $\vec{r}_1 = -\vec{e}_x + \vec{e}_y$, $\vec{r}_2 = 2\vec{e}_x - \vec{e}_y + \vec{e}_z$, $\vec{r}_3 = 2\vec{e}_x + 2\vec{e}_y - \vec{e}_z$.

Die Resultierende wird nach (6.6) $\vec{F}_{RO} = -7\vec{e}_z$

Das resultierende Moment nach (6.16)

$$\vec{M}_{RO} = \begin{pmatrix} -5 \\ -5 \\ 0 \end{pmatrix} + \begin{pmatrix} 6 \\ 12 \\ 0 \end{pmatrix} + \begin{pmatrix} 8 \\ -8 \\ 0 \end{pmatrix} = 9\vec{e}_x - \vec{e}_y \text{ und damit wird}$$

$\vec{M}_{Rt} = \vec{M}_{RK} = \vec{0}$ bzw. $\vec{M}_{Rn} = \vec{M}_{RO}$

Aus (6.20) folgt

$$-7y - 0z = 9$$
$$0z + 7x = -1$$

und damit die Parameterdarstellung der Zentralachse $x = -\frac{1}{7}, y = -\frac{9}{7}, z \in R$, d. h., die Zentralachse ist eine Parallele zur z-Achse, welche die x,y-Ebene in $\left(-\frac{1}{7}; -\frac{9}{7}\right)$ durchstößt. Auf ihr liegt die totale Resultierende $\vec{F}_{RK} = -7\vec{e}_z$.

6.2.3 Gleichgewicht beliebiger Kräfte im Raum

Eine Schar von n beliebigen Kräften $\vec{F}_i$, die in den Raumpunkten A$_i$ angreifen, befindet sich im Gleichgewicht, wenn sowohl die Resultierende $\vec{F}_R$ als auch das resultierende Moment $\vec{M}_{RP}$, auf einen beliebigen Punkt P bezogen, zum Nullvektor werden.

Mit $\vec{r}_O = x_O\vec{e}_x + y_O\vec{e}_y + z_O\vec{e}_z$ bzw. $\vec{r}_i = x_i\vec{e}_x + y_i\vec{e}_y + z_i\vec{e}_z$ als Ortsvektor von P bzw. A$_i$ heißt das

$$\sum_{i=1}^{n} \vec{F}_i = \vec{F}_R = \vec{0} \tag{6.21}$$

$$\sum_{i=1}^{n} \vec{M}_i = \vec{M}_{RP} = \sum_{i=1}^{n} (\vec{r}_i - \vec{r}_O) \times \vec{F}_i = \vec{0} \tag{6.22}$$

Jeder dieser beiden Vektorgleichungen entspricht ein System skalarer Bedingungsgleichungen:

$$\sum_{i=1}^{n} F_{ix} = 0 \tag{6.21a}$$

$$\sum_{i=1}^{n} F_{iy} = 0 \tag{6.21b}$$

$$\sum_{i=1}^{n} F_{iz} = 0 \tag{6.21c}$$

$$\sum_{i=1}^{n} \left[(y_i - y_O) F_{iz} - (z_i - z_O) F_{iy}\right] = 0 \tag{6.22a}$$

$$\sum_{i=1}^{n} \left[(z_i - z_O) F_{ix} - (x_i - x_O) F_{iz}\right] = 0 \tag{6.22b}$$

$$\sum_{i=1}^{n} \left[(x_i - x_O) F_{iy} - (y_i - y_O) F_{ix}\right] = 0 \tag{6.22c}$$

Aus den sechs Gleichungen lassen sich sechs unbekannte Kräfte berechnen, sofern von deren Wirkungslinien nicht mehr als drei parallel verlaufen, durch einen Punkt gehen oder in einer Ebene liegen.

6.3 Lagerung räumlicher Tragwerke

Ein im Raum frei beweglicher Körper hat den Freiheitsgrad $f = 6$, drei translatorische und drei rotatorische Freiheitsgrade auf die Achsen des räumlichen Koordinatensystems bezogen. Zu seiner starren Bindung an einen anderen Körper sind sechs Stützstäbe erforderlich. Die ersten drei im Gelenk A angeschlossenen Stäbe (s. Bild 6.8a) verhindern die Translationen in Richtung der drei Achsen, während um diese Achsen die Rotation stattfinden kann.

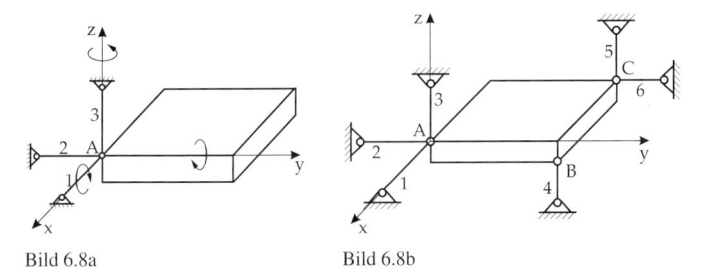

Bild 6.8a   Bild 6.8b

Ein in B angeschlossener Stab 4 (s. Bild 6.8b) blockiert die Drehung um die x-Achse, und die in C angeschlossenen Stäbe 5 bzw. 6 die Drehung um die y- bzw. z-Achse.

Der dreistäbigen Lagerung in Bild 6.8a ist das **feste Gelenklager** als Kugelgelenk (s. Bild 6.9a) mit $f = 3$ äquivalent. Das Symbol im Modell stimmt mit dem des festen Drehgelenkes in der Ebene überein (s. Bild 6.9b).

Bild 6.9a   Bild 6.9b

Räumliche Loslager enthalten neben dem Kugelgelenk noch Kugeln ($f = 5$) bzw. Walzen ($f = 4$) in der Laufebene. Im Falle $f = 5$ wird das Symbol des ebenen Loslagers (s. Bild 5.6e) verwendet. Bei zweiwertigen Lagern mit $f = 4$ (s. Bild 6.10) sind im Symbol die Richtungen der möglichen Stützkräfte einzutragen.

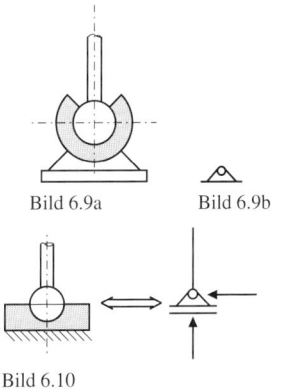

Bild 6.10

Die **räumliche Einspannung** ist sechswertig ($f = 0$) mit dem gleichen Symbol wie bei ebenen Systemen (s. Bild 5.10c). Bei teilweisen Einspannungen müssen die möglichen Reaktionen zusätzlich angegeben werden.

6.4 Bestimmung der Stützkräfte

Bei statisch bestimmter Lagerung lassen sich die unbekannten Stützreaktionen aus den Gleichungen (6.21) und (6.22) berechnen. Am freigeschnittenen Modell kann der Richtungssinn der Stützkräfte beliebig festgelegt werden. Ergibt sich am Ende eine negative skalare Komponente, so ist ihr Richtungssinn der Festlegung entgegengesetzt.

☐ Für die in Bild 6.11a durch $\vec{F}_1$ und $\vec{F}_2$ belastete Platte sind die Stützkräfte des Horizontalstabes 1, der Vertikalstäbe 2 und 3 und des Festlagers A zu berechnen, wenn $\vec{F}_1 = -2F\vec{e}_z$, $\vec{F}_2 = F(\vec{e}_x - \vec{e}_y - \vec{e}_z)$, $F = 10$ kN und die Plattendicke $a/8$ beträgt.

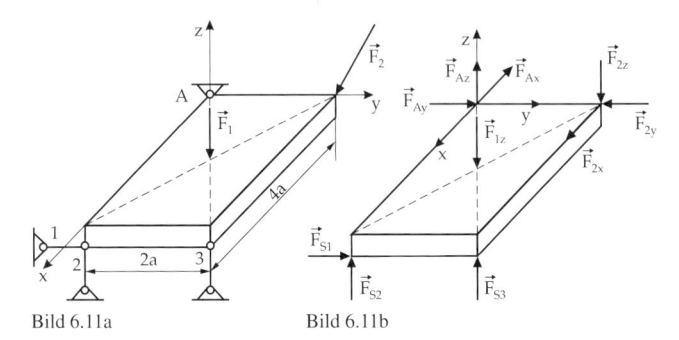

Bild 6.11a   Bild 6.11b

In Bild 6.11b wurde jeweils für jede unbekannte Stützkraft der Richtungssinn festgelegt und damit die Pendelstützen als Druckstäbe angenommen. Die gegebenen Kräfte wurden in ihre Komponenten zerlegt und mit den Gleichungen aus (6.21) und (6.22) begonnen, die nur eine Unbekannte enthalten.

$\nearrow \quad : F_{Ax} - F_{2x} = 0 \qquad\qquad\qquad \Rightarrow F_{Ax} = F_{2x} = F$

$\uparrow z \quad : F_{S1} 4a - F_{2x} 2a = 0 \qquad\qquad \Rightarrow F_{S1} = \dfrac{1}{2} F_{2x} = \dfrac{F}{2}$

$\rightarrow \quad : F_{Ay} + F_{S1} - F_{2y} = 0 \qquad\qquad \Rightarrow F_{Ay} = F - \dfrac{F}{2} = \dfrac{F}{2}$

$\swarrow x : F_{S3} 2a + F_{S1}\dfrac{a}{8} - F_{1z} a - F_{2z} 2a = 0 \Rightarrow F_{S3} = F + F - \dfrac{F}{32} = \dfrac{63}{32} F$

$\twoheadrightarrow y : -F_{S2} 4a - F_{S3} 4a + F_{1z} 2a = 0 \quad \Rightarrow F_{S2} = F - \dfrac{63}{32} F = -\dfrac{31}{32} F$

$\uparrow \quad : F_{Az} + F_{S2} + F_{S3} - F_{1z} - F_{2z} = 0 \Rightarrow F_{Az} = 3F + \dfrac{31}{32} F - \dfrac{63}{32} F = 2F$

$F_{S1} = 5$ kN, $\quad F_{S2} = -9{,}7$ kN (Zugstab!), $\quad F_{S3} = 19{,}7$ kN,
$F_A = 22{,}9$ kN

6.5 Schnittreaktionen

Die in 5.2.2 definierten Schnittgrößen werden für räumliche Tragwerke erweitert und sind (s. Bild 6.12)

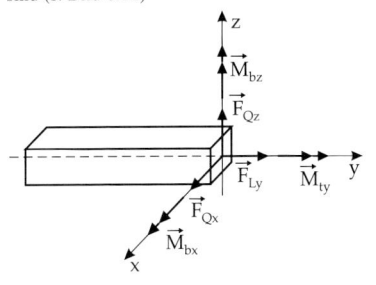

Bild 6.12

- die **Längs-** oder **Normalkraft** $\vec{F}_{Ly}$ in Richtung der Längsachse des Bauteils,
- die **Querkräfte** $\vec{F}_{Qx}$ und $\vec{F}_{Qz}$ in Richtung der Querschnittsachsen,
- das **Torsionsmoment** $\vec{M}_{ty}$ um die Längsachse und
- die **Biegemomente** $\vec{M}_{bx}$ und $\vec{M}_{bz}$ um die Querschnittsachsen.

Für die sechs Schnittgrößen ist die Vorzeichenfestlegung in Bild 6.12 ersichtlich. Am linken Schnittufer sind die Schnittgrößen positiv, wenn sie mit dem positiven Richtungssinn der Achsen des räumlichen Rechtssystems übereinstimmen. Am rechten Schnittufer sind sie entgegengesetzt orientiert.

Die Berechnung der Schnittgrößen erfolgt über die Gleichgewichtsbedingungen am abgetrennten Bauteil. Die Verläufe in Abhängigkeit von der laufenden Trägerkoordinate werden graphisch dargestellt (vgl. 5.2.2) und positive Torsionsmomente nach oben abgetragen.

☐ **1.** Das in A fest eingespannte Tragwerk (s. Bild 6.13) wird belastet mit $\vec{F}_1 = 2F(\vec{e}_y + \vec{e}_z)$, $\vec{F}_2 = -2F\vec{e}_x$ und $\vec{F}_3 = -F\vec{e}_z$. Die Ortsvektoren der Angriffspunkte sind $\vec{r}_1 = 2a\vec{e}_x$, $\vec{r}_2 = a(4\vec{e}_x + 3\vec{e}_z)$ und $\vec{r}_3 = a(4\vec{e}_x - 2\vec{e}_y + 3\vec{e}_z)$. Wie verlaufen die Schnittgrößen in den vier Abschnitten, wenn $F = 100$ N und $a = 0,2$ m?

Die Berechnung der sechs Auflagerreaktionen in A wird vermieden, indem abschnittsweise vom Kraftangriffspunkt der dritten Kraft in Richtung A vorgegangen wird. Die Gleichgewichtsbedingungen werden jeweils am Teil rechts vom Schnitt angewendet.

1. Abschnitt: $0 \leq y_1 \leq 2a$ (s. Bild 6.14a)

$$F_{Qz}(y_1) + F_3 = 0 \quad \Rightarrow F_{Qz}(y_1) = -F = \text{const}$$
$$M_{bx}(y_1) - F_3 y_1 = 0 \quad \Rightarrow M_{bx}(y_1) = Fy_1 \Rightarrow M_{bx}(2a) = 2Fa$$

alle anderen Schnittgrößen sind Null.

2. Abschnitt: $0 \leq z_2 \leq 3a$ (s. Bild 6.14b)

$$F_{Qx}(z_2) + F_2 = 0 \quad \Rightarrow F_{Qx}(z_2) = -2F = \text{const}$$
$$F_{Qy}(z_2) = 0$$

Bild 6.13

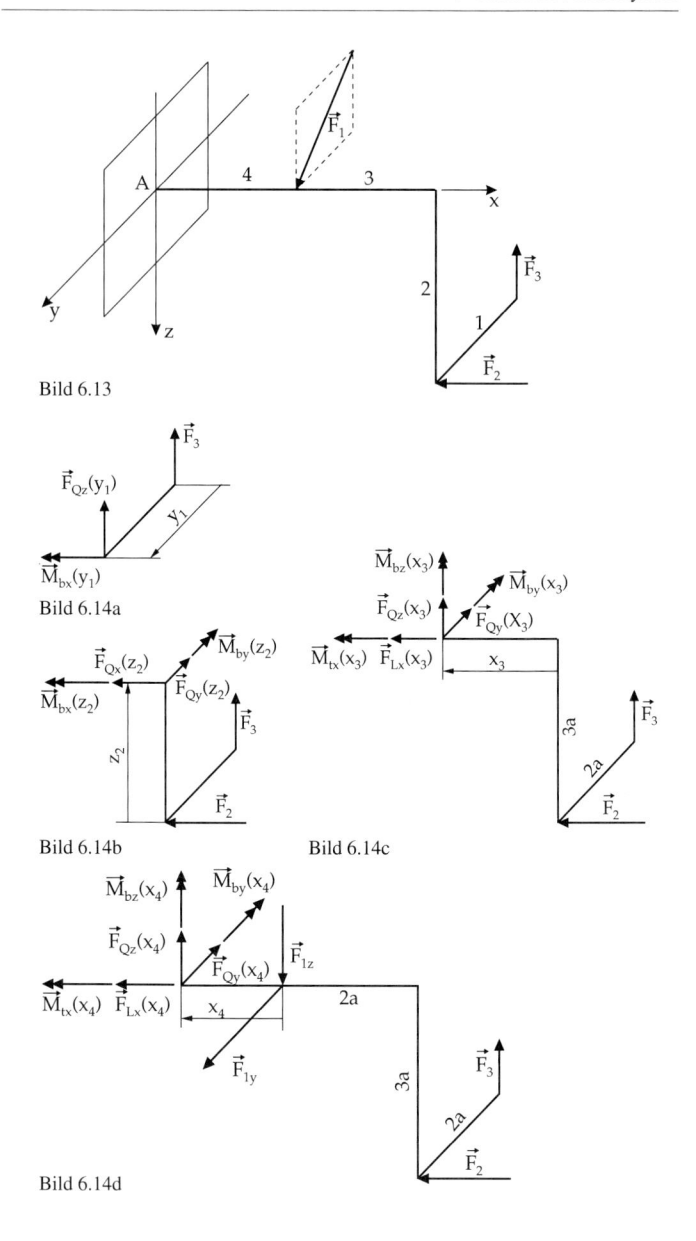

Bild 6.14a

Bild 6.14b

Bild 6.14c

Bild 6.14d

6.5 Schnittreaktionen

$$F_{Lz}(z_2) + F_3 = 0 \quad \Rightarrow F_{Lz}(z_2) = -F = \text{const}$$
$$M_{bx}(z_2) - F_3 \cdot 2a = 0 \Rightarrow M_{bx}(z_2) = 2Fa = \text{const}$$
$$M_{by}(z_2) + F_2 z_2 = 0 \quad \Rightarrow M_{by}(z_2) = -2Fz_2 \Rightarrow M_{by}(3a) = -6Fa$$
$$M_{tz}(z_2) = 0$$

3. Abschnitt: $0 \leq x_3 \leq 2a$ (s. Bild 6.14c)

$$F_{Lx}(x_3) + F_2 = 0 \quad \Rightarrow F_{Lx}(x_3) = -2F = \text{const}$$
$$F_{Qy}(x_3) = 0$$
$$F_{Qz}(x_3) + F_3 = 0 \quad \Rightarrow F_{Qz}(x_3) = -F = \text{const}$$
$$M_{tx}(x_3) - 2aF_3 = 0 \quad \Rightarrow M_{tx}(x_3) = 2Fa = \text{const}$$
$$M_{by}(x_3) + 3aF_2 - F_3 x_3 = 0 \Rightarrow M_{by}(x_3) = F(x_3 - 6a) \Rightarrow M_{by}(2a) = -4Fa$$
$$M_{bz}(x_3) = 0$$

4. Abschnitt: $0 \leq x_4 \leq 2a$ (s. Bild 6.14d)

$$F_{Lx}(x_4) + F_2 = 0 \qquad\qquad \Rightarrow F_{Lx}(x_4) = -2F = \text{const}$$
$$F_{Qy}(x_4) - F_{1y} = 0 \qquad\qquad \Rightarrow F_{Qy}(x_4) = 2F = \text{const}$$
$$F_{Qz}(x_4) - F_{1z} + F_3 = 0 \qquad \Rightarrow F_{Qz}(x_4) = F = \text{const}$$
$$M_{tx}(x_4) - 2aF_3 = 0 \qquad\qquad \Rightarrow M_{tx}(x_4) = 2Fa = \text{const}$$
$$M_{by}(x_4) + F_{1z}x_4 - F_3(2a+x_4) + F_2 \cdot 3a = 0 \Rightarrow M_{by}(x_4) = -F(x_4+4a)$$
$$\qquad\qquad\qquad\qquad\qquad\qquad\qquad\qquad \Rightarrow M_{by}(2a) = -6Fa$$
$$M_{bz}(x_4) - F_{1y}x_4 = 0 \qquad\qquad \Rightarrow M_{bz}(x_4) = 2Fx_4$$
$$\qquad\qquad\qquad\qquad\qquad\qquad \Rightarrow M_{bz}(2a) = 4Fa$$

Längskraft-, Querkraft-, Biegemomenten- und Torsionsmomentenverlauf sind in den Bildern 6.15a …d dargestellt.

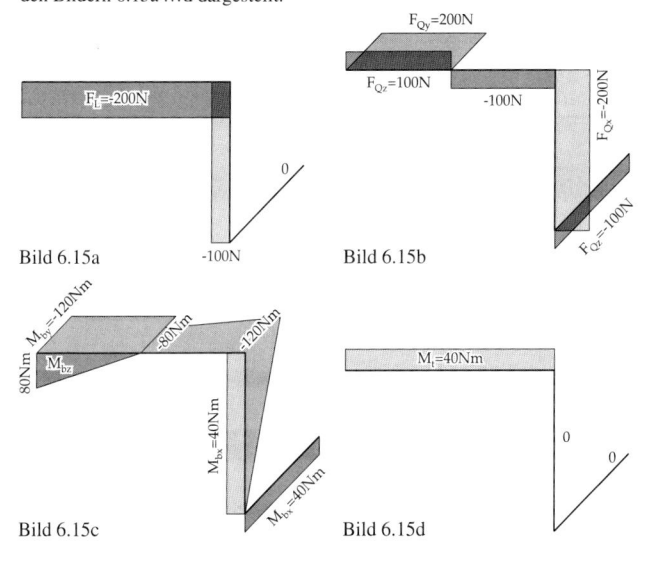

Bild 6.15a

Bild 6.15b

Bild 6.15c

Bild 6.15d

2. Die Welle der Handwinde (s. Bild 6.16) wird mit der Handkraft $F_H = 250$ N mit $\omega =$ const gedreht. Welchen Betrag hat die auf das Zahnrad wirkende Kraft F, und an welcher Stelle wirken auf die Welle extreme Momente? $\alpha = 20°$, $a = 60$ mm.

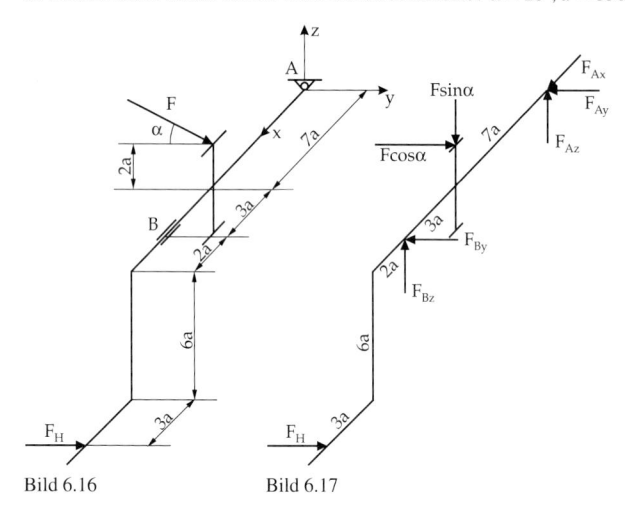

Bild 6.16   Bild 6.17

Die Stützkräfte an der freigeschnittenen Welle (s. Bild 6.17) und die Zahnkraft F ergeben sich aus den sechs Gleichgewichtsbedingungen zu

$F_{Ax} = 0$, $F_{Ay} = 100$ N, $F_{Az} = 82$ N
$F = 798$ N, $F_{By} = 900$ N, $F_{Bz} = 191$ N

Die Momentenverläufe für die drei Wellenabschnitte:

1. Abschnitt: $0 \leq x_1 \leq 7a$ (s. Bild 6.18a)

   ↗ : $M_{tx} = 0$

   ← : $M_{by}(x_1) = F_{Az} x_1 \Rightarrow M_{by}(0) = 0$, $M_{by}(7a) = 34$ Nm

   ↓ : $M_{bz}(x_1) = F_{Ay} x_1 \Rightarrow M_{bz}(0)$, $M_{bz}(7a) = 42$ Nm

2. Abschnitt: $0 \leq x_2 \leq 3a$ (s. Bild 6.18b)

   ↗ : $M_{tx} = -2aF \cos\alpha = -90$ Nm = const

   ← : $M_{by}(x_2) = F_{Az}(7a + x_2) - F x_2 \sin\alpha = 34$ Nm $- 190 x_2$ N
   $\Rightarrow M_{by}(3a) = 0$

   ↓ : $M_{bz}(x_2) = -F x_2 \cos\alpha + F_{Ay}(7a + x_2) = 42$ Nm $- 650 x_2$ N
   $\Rightarrow M_{bz}(3a) = -117$ Nm

3. Abschnitt: $0 \leq x_3 \leq 2a$ (s. Bild 6.18c)

   ↙ : $M_{tx} = -F_H \cdot 6a = -90$ Nm = const

   → : $M_{by} = 0$

   ↑ : $M_{bz}(x_3) = -F_H(3a + x_3) = -(45$ Nm $+ 250 x_3$ N$)$
   $\Rightarrow M_{bz}(0) = -45$ Nm, $M_{bz}(2a) = -75$ Nm

6.5 Schnittreaktionen

Die graphische Darstellung der Momentenverläufe enthalten die Bilder 6.19a, b, c.
Am Lager B tritt das absolut größte Biegemoment $|M_{bz}| = 117$ Nm mit dem Torsionsmoment $|M_t| = 90$ Nm auf.

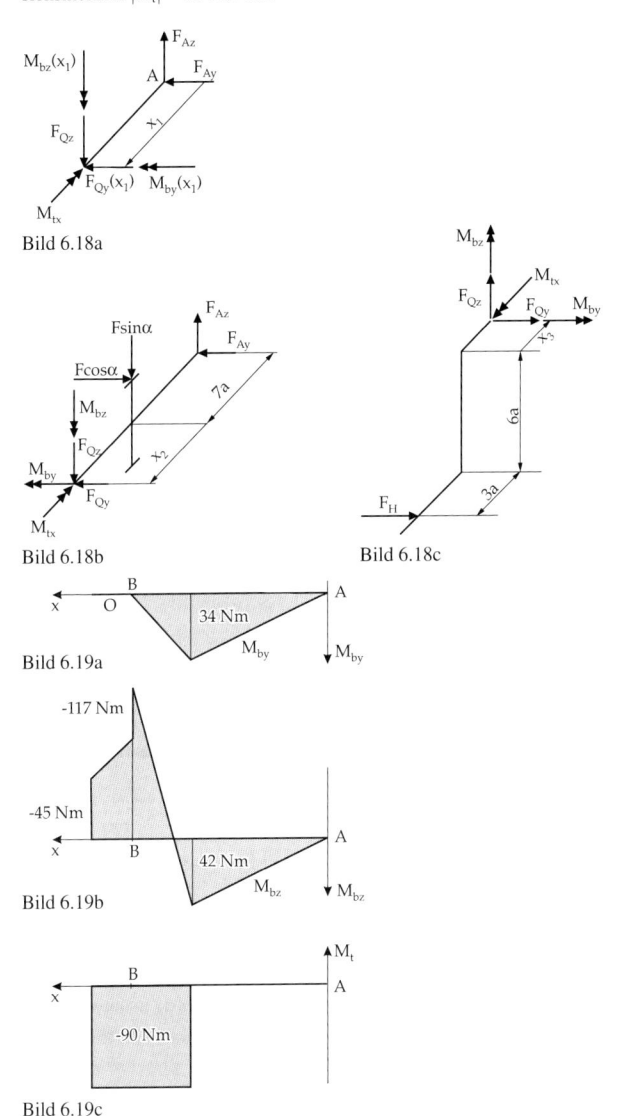

Bild 6.18a

Bild 6.18b

Bild 6.18c

Bild 6.19a

Bild 6.19b

Bild 6.19c

7 Einflußlinien durch wandernde Lasten

Bewegte Lasten auf Tragwerken führen zu ortsveränderlichen Angriffspunkten ihrer vertikal wirkenden Kräfte. Damit sind die Beträge der Stützkräfte und Schnittreaktionen an einer bestimmten Stelle k von der Laststellung abhängig. Die Wirkung $W_k(x)$ der bewegten Last F auf die Reaktion im Schnitt an der Stelle $x = x_k$ wird **Einflußfunktion** genannt:

$$W_k(x) = \eta_k(x) F \tag{7.1}$$

Dabei ist

$$\boxed{\eta = \eta_k(x)} \tag{7.2}$$

die Gleichung der Einflußlinie für die Reaktion an der Stelle k in Abhängigkeit von der Einheitslast an der Stelle x.

7.1 Einflußlinien für den Träger auf zwei Stützen

7.1.1 Einflußlinien der Stützkräfte

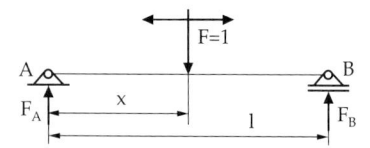

Bild 7.1

Am freigeschnittenen Träger ergibt sich für die Stützkraft F_A, wenn sich F im Lastbereich $0 \leq x \leq l$ bewegt (s. Bild 7.1),

$$\circlearrowright B: F_A l - F(l-x) = 0 \Rightarrow F_A = \left(1 - \frac{x}{l}\right) F$$

und somit für $F = 1$ die sog. **A-Linie** als Einflußlinie für F_A:

$$\eta_A = \left(1 - \frac{x}{l}\right) \tag{7.3}$$

Die A-Linie ist eine lineare Funktion und in Bild 7.2a graphisch dargestellt.

Bild 7.2a   Bild 7.2b

7.1 Einflußlinien für den Träger auf zwei Stützen

Analog folgt aus

$$\circlearrowleft A: F_B l - Fx = 0$$

die **B-Linie** als Einflußlinie der Stützkraft F_B zu

$$\eta_B = \frac{x}{l} \tag{7.4}$$

(7.4) ist in Bild 7.2b graphisch dargestellt.

Für mehrere bewegte Lasten (F_1, F_2 und F_3 in Bild 7.3) ergibt sich F_A in der momentanen Stellung der Lasten

$$F_A = \eta_{A1} F_1 + \eta_{A2} F_2 + \eta_{A3} F_3 \tag{7.5}$$

Dabei sind η_{A1}, η_{A2} und η_{A3} die den Kraftangriffspunkten zugeordneten Ordinaten der A-Linie.

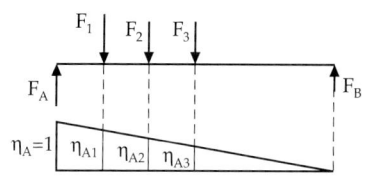

Bild 7.3

7.1.2 Einflußlinie der Querkraft

Zur Ermittlung der Einflußlinie für die Querkraft F_Q an der Stelle k des Trägers müssen an der Schnittstelle k die Stellungen der bewegten Last $F = 1$ links von k und rechts von k untersucht werden. Für F im Intervall $0 \leq x \leq x_k$ wird nach Bild 7.4a

$$\downarrow : F_Q = F_A - F = \left[\left(1 - \frac{x}{l}\right) - 1\right] F = -F_B$$

und somit die Gleichung der **Einflußlinie für die Querkraft**

$$\eta = -\frac{x}{l} = -\eta_B, \qquad 0 \leq x \leq x_k \tag{7.6a}$$

Für $x_k \leq x \leq l$ folgt analog

$$\uparrow : F_Q = F - F_B = \left(1 - \frac{x}{l}\right) F = F_A$$

und somit

$$\eta = 1 - \frac{x}{l} = \eta_A, \qquad x_k \leq x \leq l \tag{7.6b}$$

an der Stelle k wechselt die Querkraft sprunghaft das Vorzeichen. Die Stelle k heißt **Lastscheide**. Die Einflußlinie ist in Bild 7.4b dargestellt.

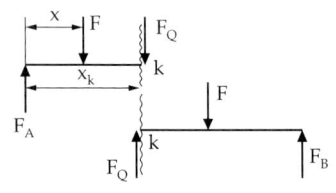

Bild 7.4a

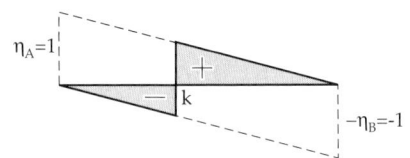

Bild 7.4b

7.1.3 Einflußlinie des Biegemomentes

Die Ermittlung der **Einflußlinie für das Biegemoment** an der beliebigen Stelle k des Trägers erfordert die Ansätze für das Momentengleichgewicht mit F sowohl links als auch rechts vom Schnitt an der Stelle k (s. Bild 7.5a).

Für das Intervall $0 \leq x \leq x_k$ gilt

$$\circlearrowright k: \quad M_b = F_A x_k - F(x_k - x) = \left[\left(1 - \frac{x}{l}\right) x_k - x_k + x\right] F$$

$$M_b = \frac{x}{l}(l - x_k) F = \eta_B (l - x_k) F$$

und somit für die Einflußlinie

$$\eta = (l - x_k)\eta_B, \qquad 0 \leq x \leq x_k \tag{7.7a}$$

Für die Laststellung in $x_k \leq x \leq l$ gilt

$$\circlearrowleft k: M_b = F_B(l - x_k) - F(x - x_k) = \left(1 - \frac{x}{l}\right) x_k F$$

und somit

$$\eta = x_k \eta_A, \qquad x_k \leq x \leq l \tag{7.7b}$$

Für $x = x_k$ (F ist momentan über k) ergibt sich

$$\eta_{\max} = \frac{x_k}{l}(l - x_k) \tag{7.7c}$$

Die einfache Konstruktion der Einflußlinie ist im Bild 7.5b ersichtlich.

7.1 Einflußlinien für den Träger auf zwei Stützen

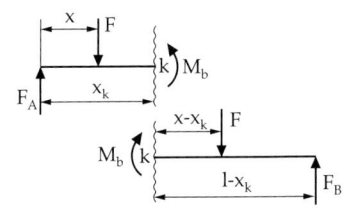

Bild 7.5a

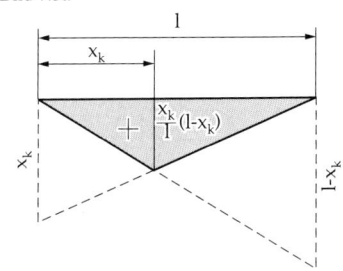

Bild 7.5b

Ungünstige Laststellung mit $M_{b\,max}$ bei zwei bewegten Lasten in konstantem Abstand, z. B. Laufkatze:

Es sei $F_1 > F_2$ und $a = \text{const}$ (s. Bild 7.6). Mit

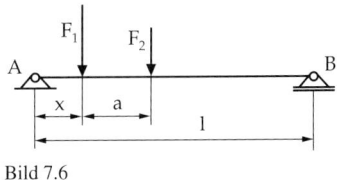

Bild 7.6

$$F_A = \frac{1}{l}[F_1(l-x) + F_2(l-x-a)]$$

wird das Biegemoment an der Stelle x

$$M_b(x) = \frac{x}{l}[F_1(l-x) + F_2(l-x-a)]$$

und notwendig für $M_{b\,max}$

$$\frac{dM_b(x)}{dx} = \frac{1}{l}[F_1(l-2x) + F_2(l-a-2x)] = 0$$

und

$$x_{max} = \frac{F_1 l - F_2(a-l)}{2(F_1 + F_2)}$$

Mit $F_R = F_1 + F_2$ und den Abständen a_1 bzw. a_2 zwischen F_1 bzw. F_2 und F_R wird

$$x_{max} = \frac{F_R l - F_2 a}{2F_R} = \frac{1}{2}\left(l - a\frac{F_2}{F_R}\right) = \frac{1}{2}(l - a_1)$$

In dieser ungünstigen Laststellung halbiert die Trägermitte den Abstand der Wirkungslinien von F_1 und F_R (s. Bild 7.7), und es wird

$$M_{b\max} = \frac{(l-a_1)^2}{4l}(F_1+F_2)$$

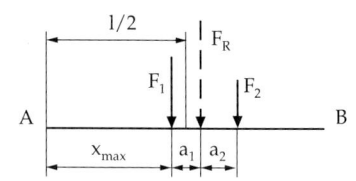

Bild 7.7

Für den Fall $F_1 = F_2 = F$ und $a_1 = \dfrac{a}{2}$ wird

$$M_{b\max} = \frac{F}{2l}\left(l - \frac{a}{2}\right)^2$$

an den Stellen $x = \dfrac{l}{2} \pm \dfrac{a}{4}$

7.2 Einflußlinien für den Träger mit Kragarmen

A-Linie: Am freigeschnittenen Träger (s. Bild 7.8a) ergibt sich die Einflußlinie für F_A aus

$$\circlearrowleft B : F_A l - F(l+a-x) = 0 \Rightarrow F_A = \frac{l+a-x}{l} F$$

und somit

$$\eta_A = 1 - \frac{x}{l} + \frac{a}{l} \tag{7.8}$$

Damit liegt zwischen den Lagern A und B Übereinstimmung mit (7.3) vor. Die A-Linie in Bild 7.2a wird knicklos über beide Kragenden verlängert (s. Bild 7.8b).

B-Linie: Der Momentenansatz auf A bezogen ergibt

$$\eta_B = \frac{x}{l} - \frac{a}{l} \tag{7.9}$$

Die B-Linie ist in Bild 7.8c dargestellt.

F_Q-Linie: Liegt die Stelle k zwischen den Lagern A und B, ergibt sich die Einflußlinie für die Querkraft wie in 7.1.2 aus der stückweisen A- und B-Linie mit Verlängerung bis an die auskragenden Enden des Trägers (s. Bild 7.9a). Liegt k auf dem Kragarm, so wird $\eta = -1 = $ const vom Trägerende bis zur Stelle k, wenn k links von A liegt (s. Bild 7.9b). Liegt k rechts von B, wird $\eta = 1 = $ const vom Trägerende bis k, und für alle anderen Laststellungen ist $\eta = 0$ (s. Bild 7.9c).

M_b-Linie: Liegt k zwischen A und B, stimmt der Verlauf der Einflußlinie über l mit der in Bild 7.5b überein. Über beide Kragenden sind beide Äste lediglich zu verlängern (s. Bild 7.10a). Die Gleichungen lauten

$$\eta = \frac{a+l-x_k}{l}(x-a), \qquad 0 \leqq x \leqq x_k \tag{7.10a}$$

7.2 Einflußlinien für den Träger mit Kragarmen

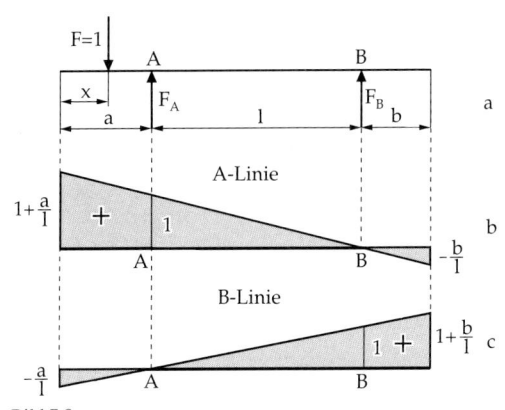

Bild 7.8

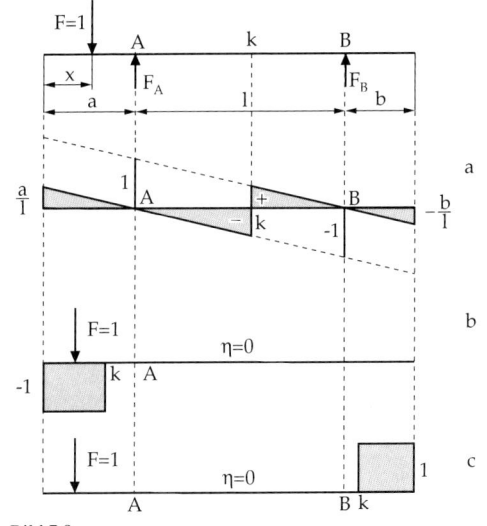

Bild 7.9

$$\eta = \frac{a - x_k}{l}(x - a) + x_k - a, \qquad x_k \leqq x \leqq a + b + l \tag{7.10b}$$

Liegt k auf einem der auskragenden Teile, verläuft die Einflußlinie linear vom Kragende bis zur Stelle k und von dort ist $\eta = 0$ über den restlichen Trägerbereich (s. Bilder 7.10b, c).

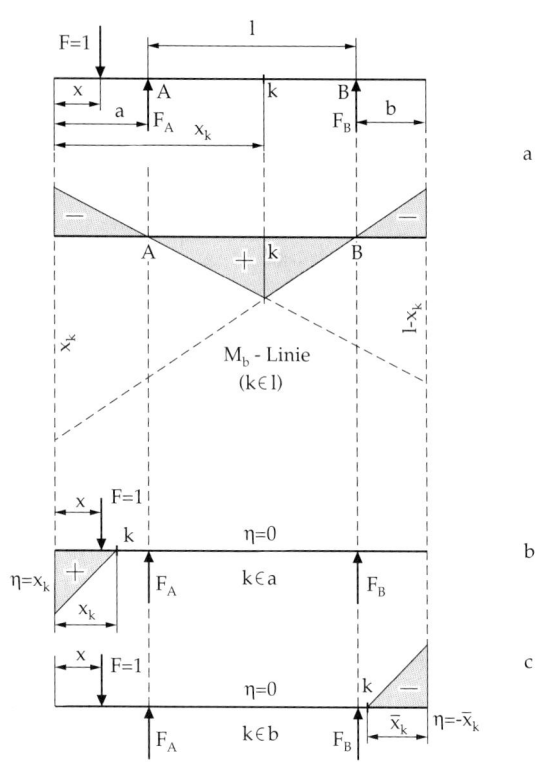

Bild 7.10

7.3 Einflußlinien für Fachwerke

Die Ermittlung der Einflußlinien nach der statischen Methode beruht auf den aus den Gleichgewichtsbedingungen hergeleiteten Formeln (5.18) bis (5.21) für die Stabkräfte in 5.6.2 infolge ruhender Lasten. Der zweckmäßigste Ansatz für eine Gleichgewichtsbedingung hängt vom Aufbau des Fachwerkes ab. Meist führt für die Einflußlinien von Ober- und Untergurten der Momentenansatz zum Ziel. Extremes η entsteht an dem Knotenpunkt, auf den das Moment bezogen wird.

Bei Diagonalstäben ist der Ansatz des Gleichgewichtes der Vertikalkomponenten vorteilhaft. Die Einflußlinien haben Knickstellen am Anfang und Ende des Feldes, dem der Diagonalstab angehört.

Bei Vertikalstäben führt meist der Rundschnitt am Knoten zum Ziel. Die Knickstellenlage der Einflußlinie ist davon abhängig, ob die Last auf dem Ober- oder Untergurt wandert. Beim Ständerfachwerk liegt die Knickstrecke der Einflußlinie im Feld links vom

7.3 Einflußlinien für Fachwerke

Vertikalstab, wenn der Lastgurt oben liegt, und rechts vom Vertikalstab, wenn die Last im Untergurt eingetragen wird.

☐ Die Einflußlinien für die Stabkräfte U_4, O_4, D_4, V_3 und D_2 am Ständerfachwerk des Bildes 7.11 sind zu entwickeln, wenn die wandernde Last auf dem Untergurt eingetragen wird.

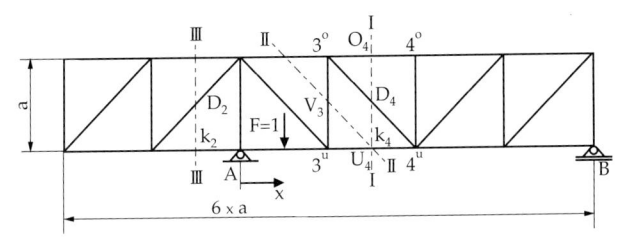

Bild 7.11

Für die A- bzw. B-Linie gilt nach (7.3) bzw. (7.4)

$$\eta_A = 1 - \frac{x}{4a} \quad \text{bzw.} \quad \eta_B = \frac{x}{4a}, \quad -2a \leq x \leq 4a$$

1. Einflußlinie für U_4:

$F = 1$ links von k_4 (Schnitt I–I)

$\circlearrowleft 3^o: U_4 a + F(a-x) - F_A a = 0 \Rightarrow$

$$\eta = \frac{3x}{4a}, \quad -2a \leq x \leq a$$

$F = 1$ rechts von k_4

$\circlearrowright 3^o: U_4 a + F(x-a) - F_B \cdot 3a = 0 \Rightarrow$

$$\eta = 1 - \frac{x}{4a}, \quad a \leq x \leq 4a$$

$$\eta_{max} = \eta(a) = \frac{3}{4} \text{ am Knoten 3 (s. Bild 7.12a)}$$

2. Einflußlinie für O_4:

Last links von k_4 (Schnitt I–I)

$\circlearrowright 4^u: O_4 a - F(2a-x) + F_A \cdot 2a = 0 \Rightarrow$

$$\eta = -\frac{x}{2a}, \quad -2a \leq x \leq 2a$$

Last rechts von k_4

$\circlearrowright 4^u: O_4 a - F(x-2a) + F_B \cdot 2a = 0 \Rightarrow$

$$\eta = \frac{x}{2a} - 2, \quad 2a \leq x \leq 4a$$

$$\eta_{min} = \eta(2a) = -1 \text{ am Knoten 4 (s. Bild 7.12b)}$$

3. Einflußlinie für D_4:

$F = 1$ links von k_4 (Schnitt I–I)

$\downarrow: D_4 \sin 45° + F - F_A = 0 \Rightarrow$

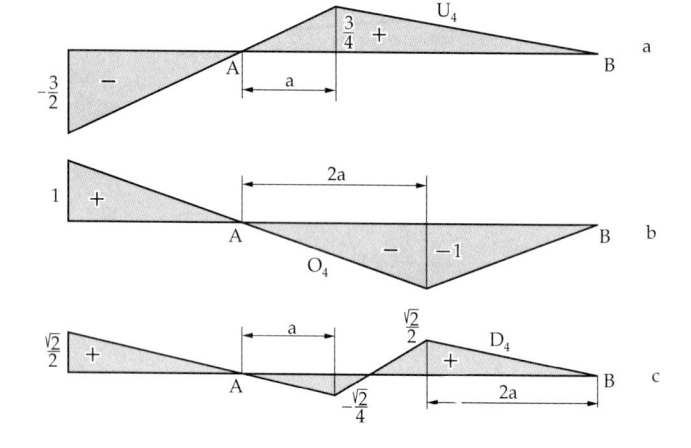

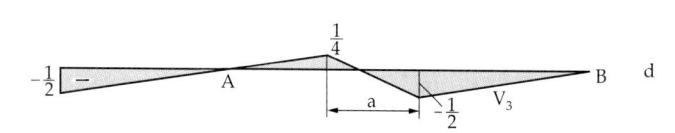

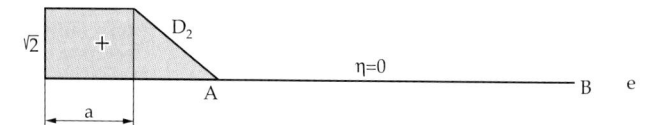

Bild 7.12

$$\eta = -\frac{x\sqrt{2}}{4a}, \qquad -2a \leqq x_1 \leqq a$$

$$\eta_{\min} = \eta(a) = -\frac{\sqrt{2}}{4}$$

$F = 1$ rechts von k_4

$\uparrow: D_4 \sin 45° - F + F_B = 0 \Rightarrow$

$$\eta = \sqrt{2}\left(1 - \frac{x}{4a}\right), \qquad 2a \leqq x \leqq 4a$$

$$\eta_{\max} = \eta(2a) = \frac{\sqrt{2}}{2} \text{ (s. Bild 7.12c)}$$

4. Einflußlinie für V_3 (Schnitt II–II):

$\uparrow: V_3 - F + F_A = 0 \Rightarrow$

$$\eta = \frac{x}{4a}, \qquad -2a \leqq x \leqq a$$

$$\eta_{\max} = \eta_a = \frac{1}{4}$$

$\downarrow: V_3 + F - F_B = 0 \Rightarrow$

$$\eta = \frac{x}{4a} - 1, \qquad 2a \leqq x \leqq 4a$$

$\eta_{\min} = \eta(2a) = -\dfrac{1}{2}$ und Knickstrecke im Feld 4 (s. Bild 7.12d).

5. Einflußlinie für D_2:

Last links von k_2 (Schnitt III–III)

$\uparrow: D_2 \sin 45° - F = 0 \Rightarrow \eta = \sqrt{2}, \qquad -2a \leqq x \leqq -a$

Last rechts von k_2

$\downarrow: D_2 \sin 45° + F - F_A - F_B = 0 \Rightarrow \eta = 0, \qquad 0 \leq x \leq 4a$

und damit Knickstrecke im Feld 2 (s. Bild 7.12e).

8 Reibungskräfte zwischen festen Körpern

8.1 Haft- und Gleitreibung

8.1.1 COULOMBsches Reibungsgesetz

Wird die auf den ruhenden Körper in Bild 8.1 wirkende Kraft F von Null an gesteigert, bleibt bis zu einem bestimmten Betrag der Körper in Ruhelage, da sich tangential zur Berührungsfläche ein F entgegengesetzter Haftungswiderstand – die **Haftreibungskraft** – F_R aufbaut. Nach COULOMB gilt

$$F_R \leqq \mu_0 F_N \tag{8.1}$$

F_N ist die in der Normalen auf den Körper wirkende Stützreaktion. Im **Haftreibungskoeffizient** μ_0 ist die Abhängigkeit von der Oberflächenrauheit und der Trockenheit oder Schmierung zwischen den Berührungsflächen zusammengefaßt.

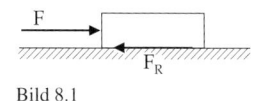

Bild 8.1

(8.1) gilt für ebene Berührungsflächen und für punktförmige Berührung.

Der **Haftreibungswinkel** ρ_0 ist μ_0 durch

$$\tan \rho_0 = \mu_0 \tag{8.2}$$

zugeordnet. Er ist der halbe Öffnungswinkel des **Reibungskegels** (s. Bild 8.2). Solange die Resultierende von F_N und F_R in den Bereich des Kegels fällt, bleibt der Körper in Ruhe, wenn F parallel zur Ebene auf ihn einwirkt.

Wird $F > \mu_0 F_N$, beginnt der Körper zu gleiten, und die bei $v = $ const auftretende **Gleitreibungskraft** wird kleiner als der Haftreibungswiderstand vor Bewegungsbeginn. Analog (8.1) und (8.2) wird

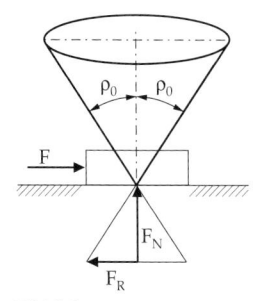

Bild 8.2

$$\boxed{F_R = \mu F_N} \quad \text{mit} \quad \mu = \tan \rho < \mu_0 \tag{8.3}$$

Der **Gleitreibungskoeffizient** μ ist nicht nur von der Oberflächenrauheit und der Schmierung abhängig, sondern ändert sich auch mit höheren Geschwindigkeiten, Normalkräften und Temperaturen. Für genauere Berechnungen muß μ experimentell ermittelt werden und kann von den Näherungswerten in Tabelle 8.1 erheblich abweichen.

8.1 Haft- und Gleitreibung

Tabelle 8.1 – Reibungskoeffizienten

Werkstoffe	μ_0 trocken	μ_0 gefettet	μ trocken	μ gefettet
Stahl – Stahl	0,15	0,1	0,1	0,01
Stahl – GG oder Bz	0,2	0,1	0,16	0,01
Holz – Holz	0,5	0,2	0,3	0,08
Holz – Metall	0,7	0,1	0,5	0,08
Bremsbelag – Stahl			0,5	0,4
Gummi – Asphalt	0,7	0,45	0,5	0,3

8.1.2 Reibung in Führungen

Das Gleitstück mit Konsolarm umschließt die Führungssäule in Bild 8.3. Bei welchem Abstand a wird ein Abgleiten verhindert, wenn μ_0 und l bekannt sind?

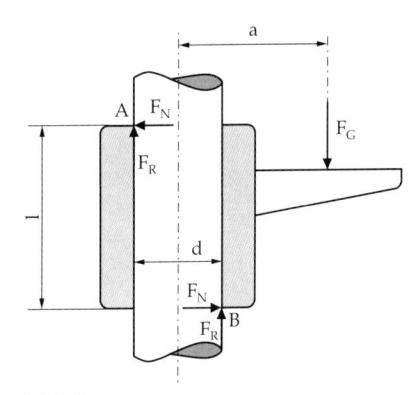

Bild 8.3

F_G greift außerhalb des Gleitstückschwerpunktes an. Damit wird infolge des Spiels das Gleitstück in A und B an die Führungssäule gedrückt, so daß sich dort die Stützreaktionen F_N als Kräftepaar ergeben.

Analytisch ergibt sich im Grenzfalle nach (8.1) am freigeschnittenen Gleitstück

$\uparrow \;\; : \; F_R + F_R - F_G = 0 \Rightarrow F_G = 2F_R = 2F_N\mu_0$

$\circlearrowleft A : \; F_G\left(a_{min} + \dfrac{d}{2}\right) - F_R d - F_N l = 0$

und somit

$$a_{min} = \frac{l}{2\mu_0} = \frac{l}{2\tan\rho_0} \tag{8.4}$$

Damit ist a nur von der Gleitstücklänge l und dem Haftreibungskoeffizienten μ_0 abhängig. Wegen $\mu < \mu_0$ ist für Selbsthemmung $a > a_{min}$ zu wählen.

Die graphische Lösung basiert darauf, daß die Wirkungslinien der Resultierenden aus F_N und F_R nicht außerhalb beider Reibungskegel liegen dürfen. Durch Antragen von ρ_0 an die Wirkungslinien von F_N in A und B entsteht der in Bild 8.4 schraffierte Bereich, in dem bei Selbsthemmung die Wirkungslinie von F_G verlaufen muß. a_{min} ist der Abstand des Schnittpunktes C von der Symmetrieachse der Führungssäule.

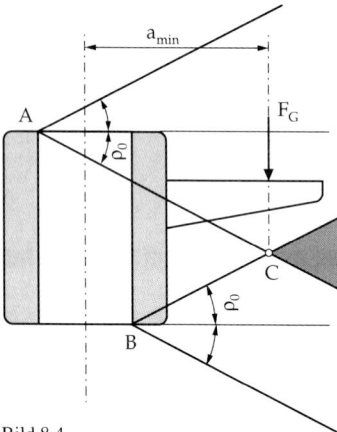

Bild 8.4

☐ Für Stahl auf Stahl – trocken – und $l = 60$ mm ergibt sich aus Tabelle 8.1 nach (8.4)
$$a > \frac{60 \text{ mm}}{2 \cdot 0,15} = 200 \text{ mm}$$

für Selbsthemmung.

8.1.3 Reibung auf der schiefen Ebene

Wird der sich auf der schiefen Ebene in Ruhe befindliche Körper freigemacht (s. Bild 8.5), wirken drei Kräfte auf ihn,

- das Gewicht $\vec{F}_G$
- die Stützkraft $\vec{F}_N$ und
- die Haftreibungskraft $\vec{F}_R$.

Die beiden Komponenten von $\vec{F}_G$ sind die

- **Hangabtriebskraft** $\vec{F}_{Gx} = \vec{F}_G \sin \alpha$ und die
- Druckkraft auf die schiefe Ebene $\vec{F}_{Gy} = \vec{F}_G \cos \alpha = -\vec{F}_N$.

Es herrscht **Selbsthemmung**, d. h., ein Abgleiten des Körpers wird verhindert, wenn
$$F_G \sin \alpha \leqq F_R = F_G \cos \alpha \tan \rho_0 \Rightarrow$$
$$\alpha \leqq \rho_0 \tag{8.5}$$

8.1 Haft- und Gleitreibung

Graphisch verläuft für $\alpha < \rho$ die Resultierende von F_N und F_R innerhalb des Reibungskegels und im Grenzfall des Haftens ($\alpha = \rho$) in der Mantellinie (s. Bild 8.5).

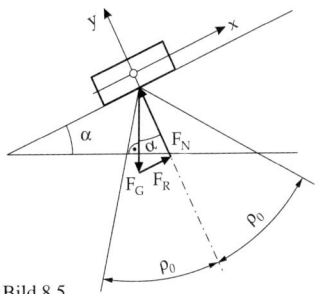

Bild 8.5

Aufwärtsbewegung eines Körpers mit $v = $ const durch $\vec{F}$ unter $\beta < 90° - \alpha$ (s. Bild 8.6):

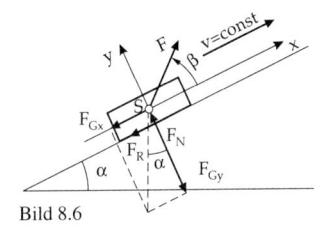

Bild 8.6

Analytisch werden $\vec{F}_G$ und $\vec{F}$ in ihre rechtwinkligen Komponenten zerlegt, und die Gleichgewichtsbedingungen parallel zu den Achsen ergeben

$$F_N + F\sin\beta - F_G\cos\alpha = 0 \Rightarrow F_N = F_G\cos\alpha - F\sin\beta \tag{1}$$

$$F\cos\beta - F_G\sin\alpha - F_R = 0 \tag{2}$$

Mit (8.3) wird aus (1)

$$F_R = F_N\mu = (F_G\cos\alpha - F\sin\beta)\mu \tag{3}$$

und in (2) eingesetzt

$$\boxed{F = F_G\frac{\sin\alpha + \mu\cos\alpha}{\mu\sin\beta + \cos\beta} = F_G\frac{\sin(\alpha+\rho)}{\cos(\beta-\rho)}} \tag{8.6}$$

$(-90° < \beta - \rho < 90°)$

Graphisch muß sich das Krafteck der vier im Gleichgewicht befindlichen Kräfte schließen (s. Bild 8.7). Dabei werden an $\vec{F}_G$ in S bzw. T die Winkel $\alpha + \rho$ bzw. $90° - (\alpha + \beta)$ angetragen. $\overrightarrow{US}$ liegt als Resultierende von $\vec{F}_N$ und $\vec{F}_R$ auf der CULMANNschen Geraden (vgl. 3.6.3). Nach Antragen von ρ wird das Krafteck mit $\vec{F}_N$ und $\vec{F}_R$ geschlossen.

(8.6) wird im $\triangle$STU mit Hilfe des Sinussatzes bestätigt.

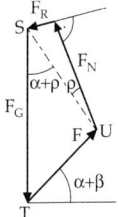

Bild 8.7

Abwärtsbewegung:

$\vec{F}_R$ ist nach oben gerichtet. Damit wechselt in (2) und (3) F_R das Vorzeichen, so daß

$$F = F_G \frac{\sin\alpha - \mu\cos\alpha}{\cos\beta - \mu\sin\beta} = F_G \frac{\sin(\alpha-\rho)}{\cos(\beta+\rho)} \tag{8.7}$$

Falls in (8.7)

$$\alpha < \rho \Rightarrow F < 0, \quad \text{d. h., } F \text{ wirkt abwärts}$$

Spezialfälle von (8.6) bzw. (8.7)

β	α	$v = \text{const}$ aufwärts		$v = \text{const}$ abwärts	
$\beta = 0°$	$\alpha < 90°$	$F = F_G \dfrac{\sin(\alpha+\rho)}{\cos\rho}$	(8.6a)	$F = F_G \dfrac{\sin(\alpha-\rho)}{\cos\rho}$	(8.7a)
	$\alpha > \rho$	$F > 0$		$F > 0$	
	$\alpha = \rho$	$F = 2F_G \sin\rho$		$F = 0$	
	$\alpha < \rho$	$F > 0$		$F < 0$	
$\beta = -\alpha$	$\alpha + \rho < 90°$	$F = F_G \tan(\alpha+\rho)$	(8.6b)	$F = F_G \tan(\alpha-\rho)$	(8.7b)
	$\alpha \geqq \rho$	$F > 0$		$F \geqq 0$	
	$\alpha < \rho$	$F > 0$		$F < 0$	

☐ Eine Last von $F_G = 40$ kN ist mit einer Schraubenwinde zu heben. Die Spindel hat ein Flachgewinde mit $d_2 = 36$ mm, $P = 7$ mm (s. Bild 8.8). Zwischen Spindel und Mutter sei $\mu = 0,11$. Welche Kraft ist zum Heben und Senken der Last erforderlich?

Die Abwicklung des Gewindeganges ist eine schiefe Ebene mit dem mittleren Steigungswinkel

$$\alpha = \arctan\frac{P}{\pi d_2} = 3,54°$$
$$\rho = \arctan\mu = 6,28°$$

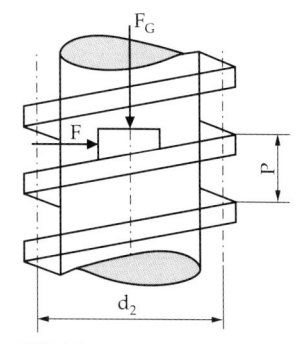

Bild 8.8

Damit ergibt sich für gleichförmiges Heben die Kraft nach (8.6b)

$$F = F_G \tan(\alpha+\rho) = 6,9 \text{ kN}$$

und für gleichförmiges Absenken nach (8.7b)

$$F = F_G \tan(\alpha-\rho) = -1,9 \text{ kN}$$

Wegen $F < 0$ ist F abwärts gerichtet, da die Selbsthemmung überwunden werden muß.

8.1.4 Reibung am Keil

Die Last F_G (s. Bild 8.9a) soll mit der Kraft F über das Keilgetriebe gehoben werden. α_1 bzw. α_2 sind die Keilwinkel gegenüber dem Gestell 1 bzw. dem Druckstück 3. Die Reibungskoeffizienten sind μ_1 zwischen Teil 1 und 2, μ_2 zwischen Teil 2 und 3 und μ_3 zwischen Teil 1 und 3. In den Bildern 8.9b bzw. 8.9c sind links die Lagepläne der an den freigeschnittenen Teilen 3 bzw. 2 angreifenden Kräfte dargestellt. Werden jeweils Normal- und Reibungskräfte zu ihren Resultierenden F_{31}, F_{32}, F_{23} und F_{21} zusammengefaßt, stehen in den Kraftecken (s. Bild 8.9b bzw. 8.9c rechts) jeweils drei Kräfte im Gleichgewicht.

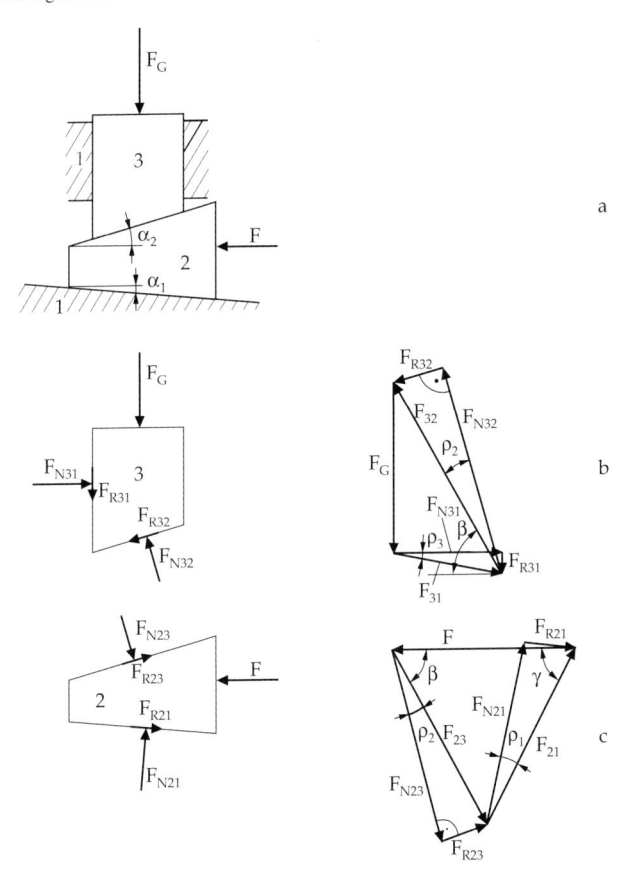

Bild 8.9

Mit $\beta = 90° - (\alpha_2 + \rho_2)$, $\gamma = 90° - (\alpha_1 + \rho_1)$ und $F_{32} = F_{23}$ folgt aus den Gleichgewichtsbedingungen am

Teil 2

$\leftarrow : F - F_{23}\cos\beta - F_{21}\cos\gamma = 0 \Rightarrow$
$$F = F_{23}\sin(\alpha_2 + \rho_2) + F_{21}\sin(\alpha_1 + \rho_1) \tag{1}$$

$\uparrow : F_{21}\cos(\alpha_1 + \rho_1) - F_{23}\cos(\alpha_2 + \rho_2) = 0 \Rightarrow$
$$F_{21} = F_{23}\frac{\cos(\alpha_2 + \rho_2)}{\cos(\alpha_1 + \rho_1)} \tag{2}$$

Teil 3

$\downarrow : F_G + F_{31}\sin\rho_3 - F_{32}\sin\beta = 0 \Rightarrow$
$$F_G = F_{32}\cos(\alpha_2 + \rho_2) - F_{31}\sin\rho_3 \tag{3}$$

$\rightarrow : F_{31}\cos\rho_3 - F_{32}\cos\beta = 0 \Rightarrow$
$$F_{31} = F_{32}\frac{\sin(\alpha_2 + \rho_2)}{\cos\rho_3} \tag{4}$$

Nach Einsetzen von (2) in (1) und (4) in (3) ergibt sich
$$\frac{F}{F_G} = \frac{\sin(\alpha_2 + \rho_2) + \cos(\alpha_2 + \rho_2)\tan(\alpha_1 + \rho_1)}{\cos(\alpha_2 + \rho_2) - \sin(\alpha_2 + \rho_2)\tan\rho_3}$$

und nach Division durch $\cos(\alpha_2 + \rho_2)$
$$F = F_G \frac{\tan(\alpha_1 + \rho_1) + \tan(\alpha_2 + \rho_2)}{1 - \tan(\alpha_2 + \rho_2)\tan\rho_3} \tag{8.8}$$

8.2 Seilreibung

Beim Heben der Masse m mit dem über den Bogen $r\alpha$ aufliegenden Seil muß der **Seilreibungswiderstand** F_R, der entgegen der Bewegungsrichtung wirkt, überwunden werden (s. Bild 8.10). Für die Seilkräfte $v = \text{const}$ gilt daher

$$F_{S1} > F_{S2} \text{ bzw. } F_{S1} = F_R + F_{S2}$$

Nach EYTELWEIN ergibt sich

$$F_{S1} = F_{S2}\,e^{\mu\alpha} \tag{8.9}$$

und damit

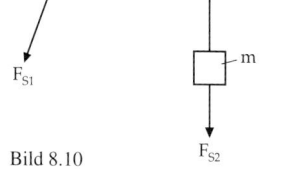

Bild 8.10

$$\boxed{F_R = F_{S1} - F_{S2} = F_{S2}(e^{\mu\alpha} - 1) = F_{S1}\frac{e^{\mu\alpha} - 1}{e^{\mu\alpha}}} \tag{8.10}$$

(8.10) gilt auch für Treibscheiben, Riementriebe und Bandbremsen, also bei bewegter Scheibe.

☐ Mit der Bandbremse (s. Bild 8.11) soll mit $F = 150$ N am Hebel ein Bremsvorgang eingeleitet werden, wenn $\mu = 0,3$, $\alpha = 225°$, $d = 300$ mm, $l = 600$ mm und $l_1 = 120$ mm.

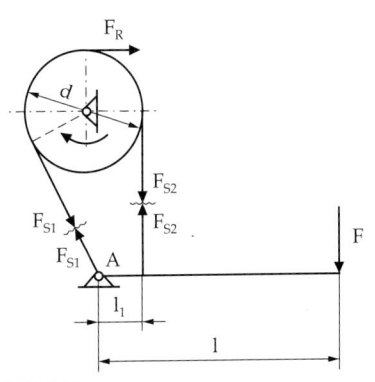

Bild 8.11

Am freigeschnittenen Hebel ergibt sich die Zugkraft F_{S2} am rechten Bandende aus

$$\circlearrowleft_A: \; Fl - F_{S2}l_1 = 0 \Rightarrow F_{S2} = \frac{Fl}{l_1} = 750 \text{ N}$$

Am Band wird nach (8.9) mit $\mu\alpha = 3{,}93$

$$F_{S1} = F_{S2}\,e^{\mu\alpha} = 2{,}44 \text{ kN}$$

Die Bremskraft am Scheibenumfang wird nach (8.10)

$$F_R = F_{S2}(e^{\mu\alpha} - 1) = 1{,}69 \text{ kN}$$

und das Bremsmoment

$$M_B = F_R \frac{d}{2} = 253 \text{ Nm}$$

8.3 Rollreibung

8.3.1 Rollwiderstand

Der **Rollwiderstand** F_R eines Rades, einer Walze oder einer Kugel ist kleiner als der Gleitreibungswiderstand. Beim Rollen (s. Bild 8.12) tritt in Abhängigkeit vom Material, Rollradius r, Gewicht F_G und Geschwindigkeit eine kleine Verformung der Oberfläche längs $\widehat{AB}$ ein. Aus den Gleichgewichtsbedingungen

$$\uparrow \;:\; F_N - F_G = 0$$
$$\rightarrow \;:\; F - F_R = 0$$
$$\circlearrowleft_C: \; F_R r - F_N f = 0$$

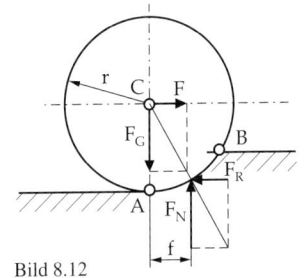

Bild 8.12

ergibt sich

$$F_R = F_G \frac{f}{r} \qquad (8.11)$$

Damit rollen große Räder oder Kugeln leichter als kleine. f ist der **Hebelarm der Rollreibung**, der experimentell zu bestimmen ist. Richtwerte sind für

- Gummi auf Asphalt: $f = (0,04 \ldots 0,1)$ cm
- Stahl gehärtet auf Walzstahl: $f = (0,005 \ldots 0,01)$ cm
- Stahl gehärtet auf gehärteten Laufringen: $f = (0,0005 \ldots 0,001)$ cm

8.3.2 Fahrwiderstand

Im **Fahrwiderstand** F_W werden bei Fahrzeugen der Rollwiderstand F_R und der Reibungswiderstand zwischen Zapfen und Lager zusammengefaßt. Ist F_Q die Belastung eines Rades und μ der Zapfenreibungskoeffizient zwischen Zapfen mit Radius r_Z und Lager, so wird

$$F_W = \frac{F_Q}{r}(f + \mu r_Z) \qquad (8.12)$$

Richtwerte sind für

- Gleitlagerung: $\mu = 0,08$
- Wälzlagerung: $\mu = 0,0015$

FESTIGKEITSLEHRE

9 Grundlagen der Festigkeitslehre

9.1 Aufgaben und Methoden

Die Aufgabe besteht darin, die Bauteile technischer Konstruktionen so zu bemessen, daß sie einerseits die auftretenden Beanspruchungen ohne Bruch und unzulässige Verformungen ertragen und andererseits durch wirtschaftlichen Materialeinsatz nicht überdimensioniert werden.

Die Berechnungsverfahren der elementaren technischen Festigkeitslehre erfordern folgende Vereinfachungen und Idealisierungen:

1. Die Bauteile werden als feste und elastisch verformbare Körper angenommen.
2. Die für die Festigkeit maßgeblichen inneren Kräfte, die als Schnittreaktionen (s. 5.2.2 der Statik) auf die eingeleiteten Belastungen auftreten, werden über die Gleichgewichtsbedingungen am starren (unverformten) Bauteil ermittelt. Die geringen Verformungen werden dabei vernachlässigt (Theorie 1. Ordnung). Diese Vereinfachung führt bei Stabilitätsproblemen (s. 17.1) nicht zum Ziel. Die Gleichgewichtsbedingungen müssen am verformten Teil angesetzt werden (Theorie 2. Ordnung).
3. Krafteinleitungseinflüsse klingen im Bauteil rasch ab, und die an der Schnittstelle ermittelte innere Kraft beansprucht alle Materialteilchen des Querschnittes in gleichem Maße (Prinzip von DE SAINT-VENANT). Kenngröße dafür ist die **Spannung** als Kraft je Flächeneinheit.
4. Die Verformungen sind sehr klein gegenüber den Bauteilabmessungen, gehen bei Entlastung wieder völlig zurück, und zwischen Spannung und zugeordneter Verformung besteht lineare Abhängigkeit (Grundgesetz der Elastizitätslehre).
5. Die Tragwerke sind überwiegend von prismatischer Gestalt, von homogenem Material und isotropischem Verhalten in allen Beanspruchungsrichtungen.

9.2 Grundbeanspruchungsarten

Die in der Praxis auftretenden vielfältigen und komplizierten Beanspruchungen lassen sich auf die in Tafel 9.1 dargestellten einfachen Fälle reduzieren. In den Spannungsbezeichnungen gibt der Index die elementare Beanspruchungsart an.

Tafel 9.1 – Grundbeanspruchungsarten

Spannungsart	Bild	Art der Verformung	Art der Zerstörung
Zug σ_z		Dehnung und Querkontraktion	Zerreißen
Druck σ_d		Stauchung und Querdehnung	Bruch durch Zerquetschen oder Zerknicken
Flächenpressung p		Stauchung	Zerdrücken
Biegung σ_b		Durchbiegen mit Verlängerung bzw. Verkürzung jenseits der Stabachse	Zerbrechen
Schub τ_s		Verschieben des Prismas zwischen den Wirkungslinien	Zerbrechen oder Abscheren, falls $a \to 0$
Abscheren τ_a		Verschieben	Abscheren oder Schneiden
Torsion τ_t		Verdrehen, Verdrillen	Abdrehen

9.3 Einachsiger oder linearer Spannungszustand

Wird der in Bild 9.1 mit F auf Zug belastete Stab senkrecht zur x-Achse als Stabachse geschnitten, steht die Längskraft $F_L = F$ senkrecht auf der Schnittfläche. Wegen der gleichmäßigen Verteilung von F_L auf alle Flächenteilchen des Querschnittes A ergibt sich die **Normalspannung**

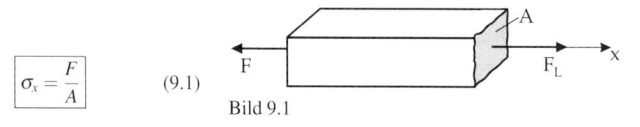

$$\sigma_x = \frac{F}{A} \qquad (9.1)$$

Bild 9.1

Der Index x gibt die Richtung des Spannungsvektors an. $\sigma_x \gtreqless 0$, wenn $F_L \gtreqless 0$.

Erfolgt der Schnitt unter dem Winkel φ (s. Bild 9.2), so wird $F_L = F$ in die zwei Komponenten F_n in Richtung der Schnittflächennormalen und F_t tangential zur Schnittfläche zerlegt. Mit $A(\varphi) = \dfrac{A}{\cos \varphi}$ ergeben sich die Normalspannung

Bild 9.2

$$\sigma(\varphi) = \frac{F}{A} \cos^2 \varphi = \sigma_x \cos^2 \varphi \tag{9.2a}$$

und die **Tangential-** oder **Schubspannung**

$$\tau(\varphi) = \frac{F}{A} \sin \varphi \cos \varphi = \sigma_x \sin \varphi \cos \varphi \tag{9.2b}$$

Wird in den Gleichungen (9.2) der doppelte Winkel 2φ eingeführt, werden

$$\sigma(\varphi) = \frac{1}{2}\sigma_x(1 + \cos 2\varphi)$$

$$\tau(\varphi) = \frac{1}{2}\sigma_x \sin 2\varphi$$

Quadriert und addiert, ergibt sich die Gleichung des **Mohrschen Spannungskreises**

Bild 9.3

$$\left[\sigma(\varphi) - \frac{\sigma_x}{2}\right]^2 + \tau(\varphi)^2 = \left(\frac{\sigma_x}{2}\right)^2 \tag{9.3}$$

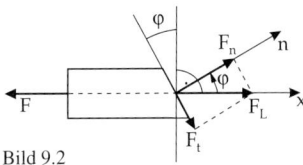

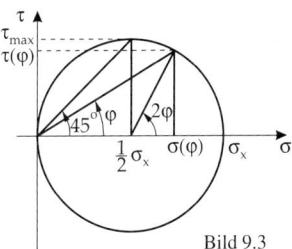

mit $M\left(\dfrac{1}{2}\sigma_x; 0\right)$ und $r = \dfrac{1}{2}|\sigma_x|$ im σ, τ-System (s. Bild 9.3).

Für $\varphi = 0° \Rightarrow \sigma_{max} = \sigma_x$ und $\tau = 0$,

$\varphi = 45° \Rightarrow \sigma = \dfrac{1}{2}\sigma_x$ und $\tau_{max} = \dfrac{1}{2}\sigma_x$

9.4 Zweiachsiger oder ebener Spannungszustand

9.4.1 Zugeordnete Schubspannungen

Sämtliche Schnittkräfte und Spannungen liegen in der x, y-Ebene (dünne Scheibe der Dicke dz). An einem durch parallele und senkrechte Schnitte herausgeschnittenen Element $dV = dx\,dy\,dz$ (s. Bild 9.4) können an jeder Schnittfläche Normal- und Schubspannungen auftreten.

Am rechten bzw. oberen Schnitt sind Spannungszunahmen dσ bzw. dτ berücksichtigt. Bei τ gibt der erste Index die Normalenrichtung der Schnittfläche und der zweite die Richtung der Schubspannung an.

$\circlearrowleft S:\ (2\tau_{yx} + d\tau_{yx})\,dx\,dz\dfrac{dy}{2} - (2\tau_{xy} + d\tau_{xy})\,dy\,dz\dfrac{dx}{2} = 0$

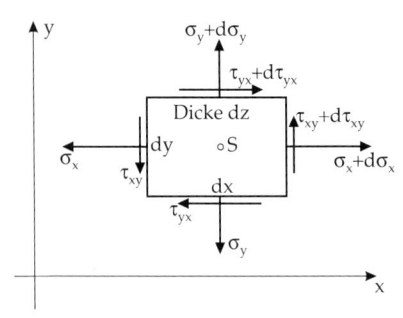

Bild 9.4

Bei Anwendung von $df(x) = \dfrac{\partial f(x)}{\partial x} dx$ auf die Schubspannungszuwüchse und Division durch dV wird

$$\tau_{yx} - \tau_{xy} = \frac{1}{2}\left(\frac{\partial \tau_{xy}}{\partial x} dx - \frac{\partial \tau_{yx}}{\partial y} dy\right)$$

und für $dx \to 0$ und $dy \to 0$

$$\boxed{\tau_{xy} = \tau_{yx}} \quad (9.4)$$

(9.4) ist der Satz von der **Gleichheit zugeordneter Schubspannungen**, wonach Schubspannungen in zwei zueinander senkrechten Schnittflächen paarweise gleich sind und zur Schnittkante der Schnittflächen hin – oder von ihr weggerichtet sind.

9.4.2 Spannungen an geneigten Schnittflächen

Wird ein ebenes Element (Dicke dz) unter dem Winkel φ geschnitten (s. Bild 9.5), entstehen die Schnittflächen $dA = ds\,dz$, $dA \sin\varphi = dx\,dz$ und $dA \cos\varphi = dy\,dz$. Aus dem Kräftegleichgewicht am Element ergibt sich

$\nearrow:\ dA(\sigma_u - \sigma_y \sin^2\varphi - \sigma_x \cos^2\varphi - \tau_{xy}\sin\varphi\cos\varphi - \tau_{yx}\cos\varphi\sin\varphi) = 0$

und mit (9.4) und Übergang zu 2φ

$$\sigma_u = \frac{1}{2}\sigma_y(1 - \cos 2\varphi) + \frac{1}{2}\sigma_x(1 + \cos 2\varphi) + \tau_{xy}\sin 2\varphi$$

$$\boxed{\sigma_u = \frac{1}{2}(\sigma_x + \sigma_y) + \frac{1}{2}(\sigma_x - \sigma_y)\cos 2\varphi + \tau_{xy}\sin 2\varphi} \quad (9.5a)$$

$\nwarrow:\ dA(\tau_{uv} + \sigma_x \cos\varphi\sin\varphi - \sigma_y \sin\varphi\cos\varphi - \tau_{xy}\cos^2\varphi + \tau_{yx}\sin^2\varphi) = 0$

$$\boxed{\tau_{uv} = -\frac{1}{2}(\sigma_x - \sigma_y)\sin 2\varphi + \tau_{xy}\cos 2\varphi} \quad (9.5b)$$

Werden in (9.5) die Winkel durch $\varphi + \dfrac{\pi}{2}$ ersetzt, ergeben sich

$$\sigma_v = \frac{1}{2}(\sigma_x + \sigma_y) - \frac{1}{2}(\sigma_x - \sigma_y)\cos 2\varphi - \tau_{xy}\sin 2\varphi \quad (9.6a)$$

$$\tau_{vu} = -\tau_{uv} \quad (9.6b)$$

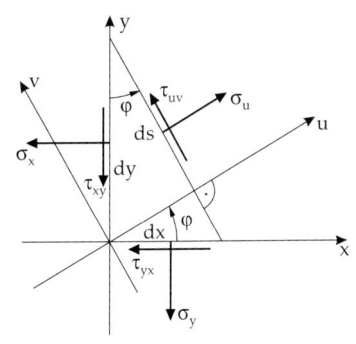

9.4 Zweiachsiger oder ebener Spannungszustand

Bild 9.5

Die Addition von (9.5a) und (9.6a) zeigt

$$\sigma_u + \sigma_v = \sigma_x + \sigma_y \tag{9.7}$$

Damit ist die Summe der Normalspannungen in senkrecht aufeinander stehenden Schnittflächen unabhängig vom Schnittwinkel φ.

9.4.3 Hauptspannungen

Die Extremwerte der Normal- bzw. Schubspannung werden **Hauptspannungen** bzw. **Hauptschubspannungen** genannt. Aus

$$\frac{d\sigma_u}{d\varphi} = -(\sigma_x - \sigma_y)\sin 2\varphi + 2\tau_{xy}\cos 2\varphi = 2\tau_{uv} = 0 \tag{9.8a}$$

ergeben sich die zugehörigen Schnittwinkel φ_1 und $\varphi_1 + \dfrac{\pi}{2}$ aus

$$\tan 2\varphi_1 = \frac{2\tau_{xy}}{\sigma_x - \sigma_y} \tag{9.8b}$$

wegen $\tan 2\varphi = \tan 2\left(\varphi + \dfrac{\pi}{2}\right)$.

φ_1 und $\varphi_1 + \dfrac{\pi}{2}$ in (9.5a) eingesetzt, ergeben die Hauptspannungen

$$\sigma_{1,2} = \frac{1}{2}(\sigma_x + \sigma_y) \pm \frac{1}{2}(\sigma_x - \sigma_y)\cos 2\varphi_1 \pm \tau_{xy}\sin 2\varphi_1 \tag{9.9a}$$

Die Hauptschubspannungen ergeben sich analog aus

$$\frac{d\tau_{uv}}{d\varphi} = 0$$

mit den Schnittwinkeln φ_2 und $\varphi_2 + \dfrac{\pi}{2}$ aus

$$\tan 2\varphi_2 = -\frac{\sigma_x - \sigma_y}{2\tau_{xy}} \tag{9.8c}$$

zu
$$\tau_{1,2} = \mp \frac{1}{2}(\sigma_x - \sigma_y)\sin 2\varphi_2 \pm \tau_{xy}\cos 2\varphi_2 \tag{9.9b}$$

Werden in den Gleichungen (9.9) die Winkelfunktionen durch die Tangensfunktion ersetzt und (9.8b) bzw. (9.8c) angewendet, wird

$$\boxed{\sigma_{1,2} = \frac{1}{2}(\sigma_x + \sigma_y) \pm \frac{1}{2}\sqrt{(\sigma_x - \sigma_y)^2 + 4\tau_{xy}^2}} \tag{9.10a}$$

$$\boxed{\tau_{1,2} = \pm \frac{1}{2}\sqrt{(\sigma_x - \sigma_y)^2 + 4\tau_{xy}^2}} \tag{9.10b}$$

Nach (9.8a) ist $\tau_{uv} = 0$, d. h., **an Hauptspannungsflächen treten keine Schubspannungen auf**.

Aus (9.8b) und (9.8c) folgt

$$\varphi_2 = \varphi_1 \pm \frac{\pi}{4} \tag{9.11}$$

Damit halbiert die Hauptschubspannungsfläche den rechten Winkel zwischen den Hauptspannungsflächen.

9.4.4 Der Spannungskreis von MOHR

Die Gleichungen (9.5) quadriert und addiert ergeben die Kreisgleichung

$$\boxed{\left(\sigma_u - \frac{\sigma_x + \sigma_y}{2}\right)^2 + \tau_{uv}^2 = \left(\frac{\sigma_x - \sigma_y}{2}\right)^2 + \tau_{xy}^2} \tag{9.12}$$

Bei gegebenen σ_x, σ_y und τ_{xy} läßt sich der Kreis maßstäblich konstruieren. Die Spannungsvorzeichen sind zu beachten. Der positive Richtungssinn ist in Bild 9.5 ersichtlich. $\langle \tau_{xy} \rangle = \overline{AB}$, $\langle r \rangle = \overline{MB}$. Die Nullstellen C bzw. D ergeben $\langle \sigma_1 \rangle = \langle \sigma_{max} \rangle$ bzw. $\langle \sigma_2 \rangle = \langle \sigma_{min} \rangle$. Die Richtungen von σ_1 bzw. σ_2 sind die von $\overline{DB}$ bzw. $\overline{CB}$ (s. Bild 9.6).

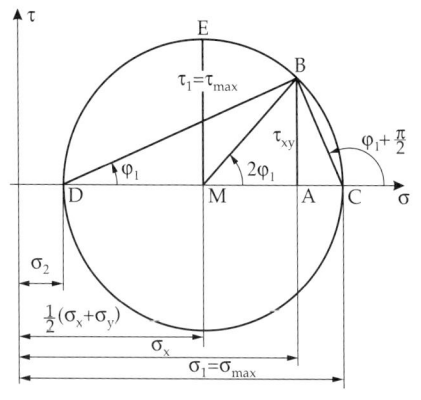

Bild 9.6

9.4 Zweiachsiger oder ebener Spannungszustand

Bei gegebenen Hauptspannungen σ_1 und σ_2 treten an den Hauptspannungsflächen keine Schubspannungen auf (s. Bild 9.7), und die Gleichungen (9.5) gehen über in

$$\sigma_u = \frac{1}{2}(\sigma_1 + \sigma_2) + \frac{1}{2}(\sigma_1 - \sigma_2)\cos 2\alpha \qquad (9.13a)$$

$$\tau_{uv} = -\frac{1}{2}(\sigma_1 - \sigma_2)\sin 2\alpha \qquad (9.13b)$$

Die Kreisgleichung wird somit

$$\boxed{\left(\sigma_u - \frac{\sigma_1 + \sigma_2}{2}\right)^2 + \tau_{uv}^2 = \left(\frac{\sigma_1 - \sigma_2}{2}\right)^2} \qquad (9.14)$$

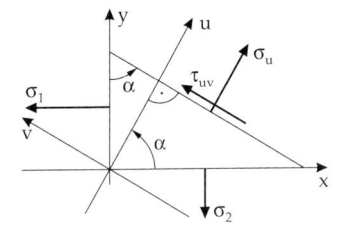

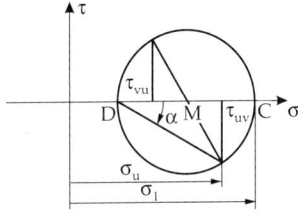

Bild 9.7 \qquad Bild 9.8

Nach der Konstruktion in Bild 9.8 lassen sich die Schnittspannungen σ_u und τ_{uv} einer um α gegenüber der σ_1-Richtung geneigten Schnittfläche ermitteln.

☐ **1.** Gesucht sind die Hauptspannungen und Hauptschubspannungen und deren Richtungen, wenn $\sigma_x = 3\sigma_y = 60$ N/mm² und $\tau_{xy} = 23$ N/mm².

$\sigma_{1,2} = \left(40 \pm 0{,}5\sqrt{40^2 + 4 \cdot 23^2}\right)$ N/mm²

$\sigma_1 = 70{,}5$ N/mm², \qquad $\sigma_2 = 9{,}5$ N/mm²

$\tau_{1,2} = \pm 0{,}5\sqrt{40^2 + 4 \cdot 23^2}$ N/mm² $= \pm 30{,}5$ N/mm²

$\tan 2\varphi_1 = \dfrac{46}{40} \Rightarrow \varphi_1 = 24{,}5°$

$\tan 2\varphi_2 = -\dfrac{40}{46} \Rightarrow \varphi_2 = -20{,}5°$

2. Welche Normal- und Schubspannungen ergeben sich bei beliebig geneigter Schnittebene, wenn $\sigma_1 = \sigma_2 = \sigma$?

Aus den Gleichungen (9.13) ergibt sich (unabhängig von α)

$\sigma_u = \sigma, \qquad \tau_{uv} = 0$

Damit treten an sämtlichen beliebigen Schnitten keine Schubspannungen auf.

3. Falls $\sigma_1 = \sigma$, $\sigma_2 = -\sigma$ und $\alpha = 45°$ folgt nach (9.13)

$\sigma_u = \sigma \cos 2\alpha = 0$

$\tau_{uv} = -\sigma \sin 2\alpha = -\sigma = \tau_{min}$

$\tau_{vu} = -\tau_{uv} = \sigma = \tau_{max}$

Graphisch fällt der Mittelpunkt des Spannungskreises in den Koordinatenursprung.

9.5 Dreiachsiger oder räumlicher Spannungszustand

An den Schnittflächen eines aus dem Körper herausgeschnittenen Elementes $dx\,dy\,dz$ können jeweils drei Schnittspannungen auftreten. In Bild 9.9 sind nur die Spannungen in den drei Ebenen des Koordinatensystems eingezeichnet. In den Ebenen $x + dx = $ const, $y + dy = $ const und $z + dz = $ const sind die Spannungen gegenüber denen in parallelen Schnittflächen entgegengesetzt gerichtet und enthalten die Spannungszuwüchse.

Analog zu 9.4.1 gilt der Satz von der Gleichheit zugeordneter Schubspannungen, so daß

$$\boxed{\tau_{xy} = \tau_{yx}, \quad \tau_{yz} = \tau_{zy}, \quad \tau_{zx} = \tau_{xz}} \tag{9.15}$$

und damit sechs Spannungsvektoren im räumlichen Spannungszustand auftreten.

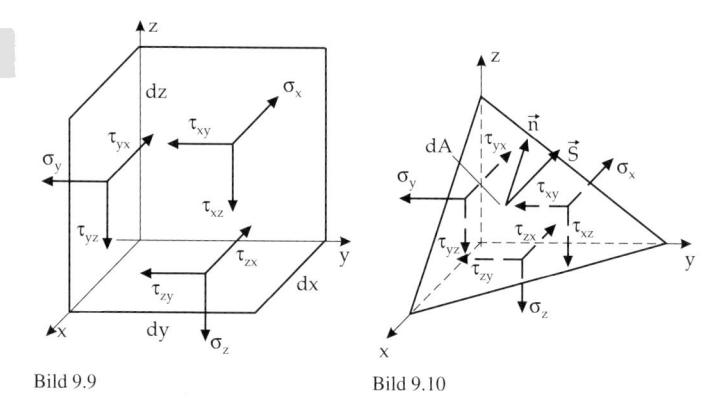

Bild 9.9 \qquad\qquad Bild 9.10

Ein Schrägschnitt des Elementes durch eine Ebene mit dem Einheitsnormalenvektor $\vec{n}$, dessen Komponenten

$$n_x = \cos\alpha, \qquad n_y = \cos\beta, \qquad n_z = \cos\gamma$$

die Neigungen gegenüber den Koordinatenachsen enthalten, erzeugt die Schnittfläche dA mit der resultierenden Schnittspannung $\vec{S}$ (s. Bild 9.10) und deren Komponenten S_x, S_y und S_z. Die Gleichgewichtsbedingungen ergeben

$$\begin{aligned} S_x &= \sigma_x \cos\alpha + \tau_{yx}\cos\beta + \tau_{zx}\cos\gamma \\ S_y &= \tau_{xy}\cos\alpha + \sigma_y\cos\beta + \tau_{zy}\cos\gamma \\ S_z &= \tau_{xz}\cos\alpha + \tau_{yz}\cos\beta + \sigma_z\cos\gamma \end{aligned} \tag{9.16}$$

Es existieren drei senkrecht aufeinander stehende Hauptspannungsflächen mit extremalen Normalspannungen und verschwindenden Schubspannungen. Die Hauptspannungen $\sigma_1 > \sigma_2 > \sigma_3$ sind die Lösungen der Gleichung 3. Grades

$$\begin{aligned} &\sigma^3 - (\sigma_x + \sigma_y + \sigma_z)\sigma^2 + (\sigma_x\sigma_y + \sigma_y\sigma_z + \sigma_z\sigma_x - \tau_{xy}^2 - \tau_{yz}^2 - \tau_{zx}^2)\sigma \\ &- \sigma_x\sigma_y\sigma_z + \sigma_x\tau_{yz}^2 + \sigma_y\tau_{zx}^2 + \sigma_z\tau_{xy}^2 - 2\tau_{xy}\tau_{yz}\tau_{zx} = 0 \end{aligned} \tag{9.17a}$$

Die drei Hauptschubspannungen, deren Flächen die Winkel zwischen den Hauptspannungsflächen halbieren, sind

$$\tau_1 = \frac{\sigma_2 - \sigma_3}{2}$$
$$\tau_2 = \frac{\sigma_1 - \sigma_3}{2} = \tau_{max} \qquad (9.17b)$$
$$\tau_3 = \frac{\sigma_1 - \sigma_2}{2}$$

Die Hauptspannungsrichtungen ergeben sich aus zwei Gleichungen von (9.16), wenn dort

$$S_x = \sigma_{1,2,3} \cos\alpha, \qquad S_y = \sigma_{1,2,3}\cos\beta \quad \text{und} \quad S_z = \sigma_{1,2,3}\cos\gamma$$

gesetzt wird, da

$$\cos^2\alpha + \cos^2\beta + \cos^2\gamma = 1$$

Bei gegebenen Hauptspannungen und den Winkeln α, β und γ zwischen σ_1, σ_2, σ_3 und der Flächennormalen $\vec{n}$ lassen sich mit den Spannungskreisen von MOHR σ und τ eines beliebig geneigten Flächenelementes ermitteln.

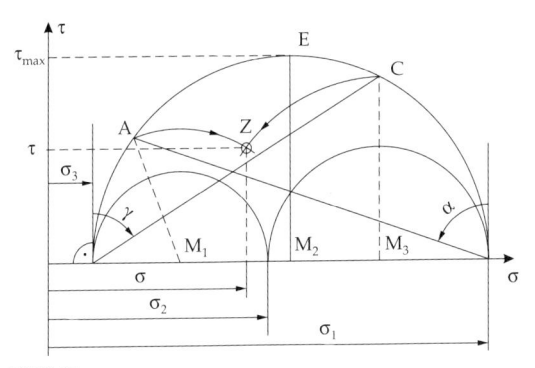

Bild 9.11

In Bild 9.11 sind der Hauptkreis um M_2 und die Nebenkreise um M_1 und M_3 dargestellt. Die freien Schenkel von α bzw. γ schneiden den Hauptkreis in A bzw. C. Die Kreise um M_1 mit $r_1 = \overline{M_1A}$ und M_3 mit $r_3 = \overline{MC}$ schneiden sich in Z, dessen Koordinaten die gesuchten Schnittspannungen σ und τ angeben.

9.6 Verformungsgrößen

Ein im unbelasteten Zustand rechteckiges Element $dx\,dy$ kann sich durch Belastungen oder Temperatureinfluß so verformen, daß für die Eckpunkte A, B und C **Verschiebungen** in die Lagen A', B' und C' eintreten (s. Bild 9.12). Die entstehenden **Verzerrungen** setzen sich zusammen aus

- **Dehnung** ε als Seitenverlängerung, bezogen auf die ursprüngliche Länge, und
- **Gleitung** γ als Winkeländerung des ursprünglichen rechten Winkels.

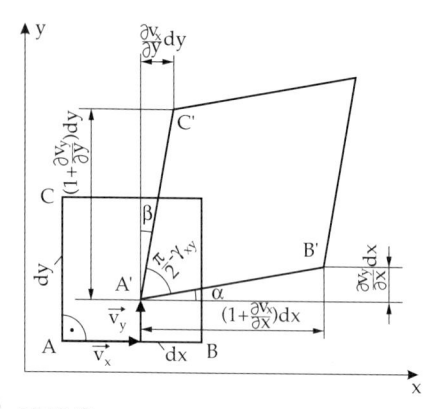

Bild 9.12

Mit $\overrightarrow{AB} = dx\vec{e}_x$, $\overrightarrow{AC} = dy\vec{e}_y$ und dem Verschiebungsvektor $\overrightarrow{AA'} = v_x\vec{e}_x + v_y\vec{e}_y$ ergeben sich

$$\overrightarrow{A'B'} = dx\left(1 + \frac{\partial v_x}{\partial x}\right)\vec{e}_x + dx\frac{\partial v_y}{\partial x}\vec{e}_y \tag{9.18a}$$

$$\overrightarrow{A'C'} = dy\frac{\partial v_x}{\partial y}\vec{e}_x + dy\left(1 + \frac{\partial v_y}{\partial y}\right)\vec{e}_y \tag{9.18b}$$

Dabei ist $\frac{\partial v_x}{\partial x}dx$ die Verlängerung von $\overline{AB}$ in Richtung der x-Achse. Erweitert auf ein räumliches Koordinatensystem ergeben sich die Dehnungen

$$\varepsilon_x = \frac{\partial v_x}{\partial x}, \qquad \varepsilon_y = \frac{\partial v_y}{\partial y}, \qquad \varepsilon_z = \frac{\partial v_z}{\partial z} \tag{9.19}$$

Wegen $\overline{A'B'} \approx \overline{AB}$ und $\sin\alpha \approx \alpha$ wird

$$\sin\alpha = \alpha = \frac{\partial v_y}{\partial x}$$

und analog

$$\sin\beta = \beta = \frac{\partial v_x}{\partial y}$$

Damit wird $\gamma_{xy} = \alpha + \beta$, und in Erweiterung auf die x,z- und y,z-Ebene ergeben sich die Gleitungskomponenten

$$\gamma_{xy} = \frac{\partial v_y}{\partial x} + \frac{\partial v_x}{\partial y}, \quad \gamma_{xz} = \frac{\partial v_z}{\partial x} + \frac{\partial v_x}{\partial z}, \quad \gamma_{yz} = \frac{\partial v_z}{\partial y} + \frac{\partial v_y}{\partial z} \tag{9.20}$$

Wird ein Volumenelement $dV = dx\,dy\,dz$ durch Verlängerung der Kanten um $\varepsilon_x dx$, $\varepsilon_y dy$ und $\varepsilon_z dz$ auf das Volumenelement

$$dV' = dx(1+\varepsilon_x)\,dy(1+\varepsilon_y)\,dz(1+\varepsilon_z)$$

gedehnt, so wird bei Vernachlässigung der Dehnungsprodukte

$$dV' = dx\,dy\,dz(1 + \varepsilon_x + \varepsilon_y + \varepsilon_z)$$

und die **Volumendehnung**

$$e = \frac{dV' - dV}{dV} = \varepsilon_x + \varepsilon_y + \varepsilon_z \qquad (9.21)$$

9.7 Elastizitätsgesetz

9.7.1 HOOKEsches Gesetz für den einachsigen Spannungszustand

Ein auf Zug beanspruchter Stab aus elastischem Material und konstantem Querschnitt (s. Bild 9.13) dehnt sich in Richtung der Stabachse. **Die Dehnung ist der Spannung proportional**:

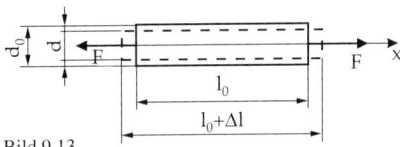

$$\sigma = E\varepsilon \qquad (9.22)$$

Bild 9.13

Der Proportionalitätsfaktor E ist der **Elastizitätsmodul** (s. Tabelle 9.1). (9.22) gilt strenggenommen nur für Stahl. Bei Aluminium, Grauguß, Beton z. B. nehmen die Dehnungen stärker zu, was aber im Bereich kleiner Dehnung vernachlässigt wird.

Aus (9.22) läßt sich die **Verlängerung** durch die Zugkraft F berechnen:

$$\Delta l = \frac{F l_0}{E A} \qquad (9.22a)$$

Mit der Verlängerung in Richtung der Stabachse tritt gleichzeitig eine Verkürzung in den Richtungen der y- und z-Achse ein. Diese Formänderung wird **Querdehnung** oder **Querkontraktion** $\varepsilon_q = \varepsilon_y = \varepsilon_z$ genannt. ε_q und ε sind proportional mit dem Proportionalitätsfaktor ν als **Querkontraktionszahl** (s. Tab. 9.1)

$$\varepsilon_q = -\nu\varepsilon = -\nu\frac{\sigma}{E} = \frac{d - d_0}{d_0} \qquad (9.23)$$

Damit ist der einachsigen Beanspruchung eine dreiachsige Dehnung zugeordnet.

9.7.2 HOOKEsches Gesetz bei Schub

Bei reiner Schubspannung besteht die Verzerrung um aus der zu τ proportionalen Gleitung γ:

$$\tau = G\gamma \qquad (9.24)$$

G ist der **Schub-** oder **Gleitmodul** (s. Tab. 9.1), wobei $G \approx 0{,}4E$ gilt.

9.7.3 Verallgemeinertes HOOKEsches Gesetz

Es wird der Zusammenhang zwischen den Verzerrungsgrößen, den möglichen Spannungen des räumlichen Spannungszustandes und einer Temperaturerhöhung um ΔT während der Belastung dargestellt. α ist der **Wärmeausdehnungskoeffizient** (s. Tab. 9.1).

$$\varepsilon_x = \frac{1}{E}[\sigma_x - \nu(\sigma_y + \sigma_z)] + \alpha\Delta T$$
$$\varepsilon_y = \frac{1}{E}[\sigma_y - \nu(\sigma_x + \sigma_z)] + \alpha\Delta T \qquad (9.25)$$
$$\varepsilon_z = \frac{1}{E}[\sigma_z - \nu(\sigma_x + \sigma_y)] + \alpha\Delta T$$
$$\gamma_{xy} = \frac{\tau_{xy}}{G}, \quad \gamma_{xz} = \frac{\tau_{xz}}{G}, \quad \gamma_{yz} = \frac{\tau_{yz}}{G}$$

In (9.25) ist bei ebenem Spannungszustand $\sigma_z = \tau_{xz} = \tau_{yz} = 0$ zu setzen.

Die Auflösung nach den Normalspannungen in (9.25) ergibt mit (9.21)

$$\sigma_x = \frac{E}{1+\nu}\left(\varepsilon_x + \frac{\nu}{1-2\nu}e\right) - \frac{E}{1-2\nu}\alpha\Delta T$$
$$\sigma_y = \frac{E}{1+\nu}\left(\varepsilon_y + \frac{\nu}{1-2\nu}e\right) - \frac{E}{1-2\nu}\alpha\Delta T \qquad (9.26)$$
$$\sigma_z = \frac{E}{1+\nu}\left(\varepsilon_z + \frac{\nu}{1-2\nu}e\right) - \frac{E}{1-2\nu}\alpha\Delta T$$

9.7.4 Ebener Verzerrungszustand

Verzerrungen ε_x, ε_y und γ_{xy} treten nur in der x,y-Ebene auf. Damit werden in (9.25) $\varepsilon_z = \gamma_{xz} = \gamma_{yz} = 0$. Mit $\Delta T = 0$ und $\sigma_z = \nu(\sigma_x + \sigma_y)$ aus $\varepsilon_z = 0$ ergeben sich

$$\varepsilon_x = \frac{1+\nu}{E}[(1-\nu)\sigma_x - \nu\sigma_y]$$
$$\varepsilon_y = \frac{1+\nu}{E}[(1-\nu)\sigma_y - \nu\sigma_x] \qquad (9.27)$$
$$\gamma_{xy} = \frac{\tau_{xy}}{G}$$

9.7.5 Der Zusammenhang zwischen den Konstanten E, G und ν

Die quadratische Scheibe (s. Bild 9.14) wird mit den Hauptspannungen $\sigma_1 = \sigma_x = \sigma$ und $\sigma_2 = \sigma_y = -\sigma$ beansprucht.

Nach (9.27) wird

$$\varepsilon_x = -\varepsilon_y = \frac{1+\nu}{E}\sigma = \varepsilon \qquad (9.28)$$

9.7 Elastizitätsgesetz

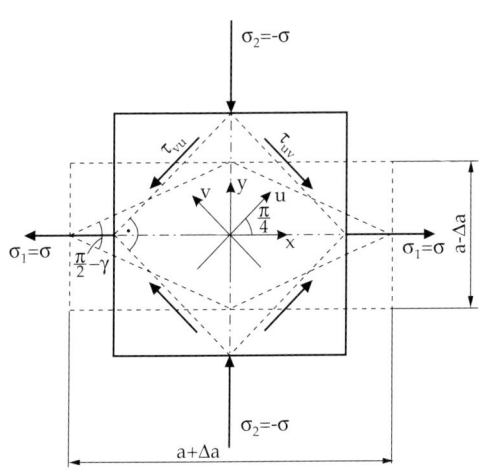

Bild 9.14

und $\gamma_{xy} = 0$, da $\tau_{xy} = 0$ an Hauptspannungsflächen. Im um $\alpha = \dfrac{\pi}{4}$ gedrehten u,v-System tritt nur Schub auf (vgl. 3. Beispiel in 9.4.4), und zwar

$$\tau_{vu} = -\tau_{uv} = \sigma = \tau \Rightarrow$$
$$\gamma = \frac{\tau}{G} = \frac{\sigma}{G} \tag{9.29}$$

Für den Winkel $\dfrac{1}{2}\left(\dfrac{\pi}{2} - \gamma\right)$ ergibt sich

$$\tan\left(\frac{\pi}{4} - \frac{\gamma}{2}\right) = \frac{\frac{1}{2}(a - \Delta a)}{\frac{1}{2}(a + \Delta a)} = \frac{1 - \varepsilon}{1 + \varepsilon}$$

und wegen $\tan\dfrac{\gamma}{2} = \dfrac{\gamma}{2}$

$$\tan\left(\frac{\pi}{4} - \frac{\gamma}{2}\right) = \frac{1 - \dfrac{\gamma}{2}}{1 + \dfrac{\gamma}{2}}$$

Aus den letzten beiden Gleichungen folgt

$$\varepsilon = \frac{\gamma}{2}$$

und (9.29) geht über in

$$\varepsilon = \frac{\sigma}{2G}$$

Damit geht aus (9.28) hervor

$$\boxed{G = \frac{E}{2(1 + \nu)}} \tag{9.30}$$

Tabelle 9.1 – Verformungskennwerte

Werkstoff	E in kN/mm^2	G in kN/mm^2	ν	α in 1/K
Stahl	210	80	0,3	$11 \cdot 10^{-6}$
Aluminium	70	27	0,34	$23 \cdot 10^{-6}$
Kupfer	125	48	0,35	$16 \cdot 10^{-6}$
Messing	100	38		$18 \cdot 10^{-6}$
Gußeisen GG-20	100	38	0,3	$10 \cdot 10^{-6}$
GGG-50	175	70	0,25	$9 \cdot 10^{-6}$
Stahlguß	210	80	0,3	$11 \cdot 10^{-6}$
Beton B 15	26	11	0,2	$10 \cdot 10^{-6}$
B 35	34	14		
Nadelholz	10	1		$4 \cdot 10^{-6}$ $\parallel$ $25 \cdot 10^{-6}$ $\perp$ zur Faser

9.8 Formänderungsarbeit

Einem Bauteil wird Energie W_a zugeführt, wenn die eingeleiteten Kräfte und Momente Verformungen erzeugen. Die zugeführte äußere Energie wird im Inneren durch die sich aufbauenden Spannungskräfte als **Formänderungsenergie** W_i gespeichert.

Unter den Voraussetzungen

- quasistatischen Einleitens der Lasten von Null aus ohne kinetischen Energieanteil,
- keiner Temperaturänderungen durch Wärmeenergieanteile und
- elastischen Verhaltens des Werkstoffes mit geringen Verformungen, gilt für die **Formänderungsarbeit** W_F

$$W_F = W_a = W_i \tag{9.31}$$

Formänderungsarbeit bei einachsigem Zug:

Bei Kraftaufbringung von Null an wird nach (9.22a)

$$F(x) = \frac{EA}{l_0} x$$

und die Formänderungsarbeit längs der Stabachse x wird (s. Bild 9.15)

$$W_F = \int_0^{\Delta l} \frac{EA}{l_0} x \, dx = \frac{1}{2} F \Delta l \tag{9.32}$$

als Inhalt der Dreiecksfläche.

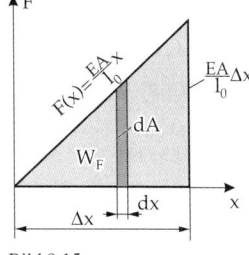

Bild 9.15

Wird (9.32) durch $V_0 = A l_0$ dividiert, entsteht die auf das Ausgangsvolumen bezogene **spezifische Formänderungsarbeit**

$$W_F^* = \frac{W_F}{V_0} = \frac{1}{2} \sigma \varepsilon = \frac{E}{2} \varepsilon^2 = \frac{1}{2E} \sigma^2 \tag{9.33}$$

Formänderungsarbeit bei reinem Schub:

Analog zu (9.33) wird

$$W_F^* = \frac{1}{2}\tau\gamma = \frac{G}{2}\gamma^2 = \frac{\tau^2}{2G} \tag{9.34}$$

Formänderungsarbeit bei räumlichem Spannungszustand:

Die sechs möglichen Spannungskräfte σdA und τdA (vgl. 9.5) führen zu sechs Formänderungsenergien, die sich überlagern lassen, so daß

$$W_F^* = \frac{1}{2}(\sigma_x\varepsilon_x + \sigma_y\varepsilon_y + \sigma_z\varepsilon_z + \tau_{xy}\gamma_{xy} + \tau_{yz}\gamma_{yz} + \tau_{zx}\gamma_{zx}) \tag{9.35}$$

Mit (9.25) und unter Weglassung der Terme $\alpha\Delta T$ (vgl. Voraussetzungen) kann W_F^* in Abhängigkeit von den Spannungen oder den Verzerrungen dargestellt werden.

$$\boxed{\begin{aligned}W_F^*(\sigma,\tau) &= \frac{1}{2E}\left[(1+\gamma)(\sigma_x^2+\sigma_y^2+\sigma_z^2) - \nu(\sigma_x+\sigma_y+\sigma_z)^2\right] \\ &\quad + \frac{1}{2G}(\tau_{xy}^2+\tau_{yz}^2+\tau_{zx}^2)\end{aligned}} \tag{9.35a}$$

$$\boxed{\begin{aligned}W_F^*(\varepsilon,\gamma) &= G\left[\varepsilon_x^2+\varepsilon_y^2+\varepsilon_z^2 + \frac{\nu}{1-2\nu}(\varepsilon_x+\varepsilon_y+\varepsilon_z)^2\right. \\ &\quad \left. + \frac{1}{2}(\gamma_{xy}^2+\gamma_{yz}^2+\gamma_{zx}^2)\right]\end{aligned}} \tag{9.35b}$$

9.9 Werkstoffkenngrößen und zulässige Spannungen

Das σ,ε-Diagramm eines auf Zug beanspruchten Probestabes aus weichem Stahl (s. Bild 9.16) zeigt wesentliche **Festigkeitskennwerte**.

σ_P: Spannung an der **Proportionalitätsgrenze** P, bis zu der genau $\sigma \sim \varepsilon$ und $\tan\alpha = E$ gilt.

σ_E: Spannung an der **Elastizitätsgrenze** E, an der nach Entlastung die verbleibende Restdehnung noch $0,01\,\%$ betragen darf. Praktisch gilt $\sigma_E = \sigma_P$, daher wird bis zu dieser Grenze mit $E = \text{const}$ gerechnet.

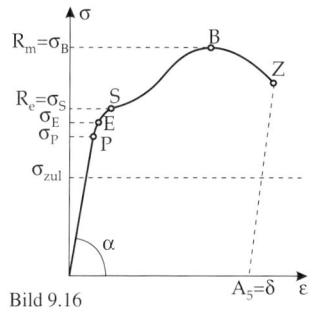

Bild 9.16

$R_e = \sigma_S = \sigma_F$: Spannung an der **Streck-** oder **Fließgrenze** S. Im Bereich E...S verhält sich der Stahl elastisch-plastisch. Nach der Streckgrenze S nehmen die Dehnungen ohne Spannungserhöhung zu, der Stab verformt sich plastisch, und danach tritt wieder eine Verfestigung bis B ein.

$R_{p0,2}$: Spannung an der **0,2-Dehngrenze** mit $0,2\,\%$ verbleibender Restdehnung für Werkstoffe mit nicht ausgeprägter Streckgrenze.

$R_m = \sigma_B$: **Bruchspannung** oder **Zugfestigkeit** mit $\sigma_{\max}$ auf den Anfangsquerschnitt bezogen im Punkt B. Nach Querschnittseinschnürung erfolgt in Z der **Bruch** mit der **Bruchdehnung** $A_5 = \delta$ als verbleibende Dehnung für Probestäbe mit $l_0 : d_0 = 5$.

Im Druckbereich ($\sigma < 0$) ist bei Stählen die **Stauchung** der Spannung proportional, so daß
$$\varepsilon = \frac{\sigma}{E} < 0$$
Die Festigkeitskennwerte für Zug- und Druckbeanspruchung stimmen bei Stahl überein (s. Tabelle 9.2). Hingegen gilt für das Verhältnis der Druckbruchspannung zur Zugfestigkeit bei Gußeisen

$$\sigma_{dB} : \sigma_B = 3\ldots 4$$

und bei Beton

$$\sigma_{dB} : \sigma_B = 10\ldots 25$$

Im **Dauerschwingversuch** nach DIN 50100 werden Probestäbe mit Spannungsausschlägen σ_A um eine Mittelspannung σ_m pulsierend beansprucht (s. Abschn. 16 Dauerfestigkeit). Als Sonderfälle der **Dauerschwingfestigkeit** werden nach BACH drei Beanspruchungs- oder **Lastfälle** unterschieden.

Lastfall 1:
Ruhende (statische) Belastung mit $|\sigma| =$ const und $\sigma_a = 0$ (s. Bild 9.17a).

Lastfall 2:
Schwellende Beanspruchung mit $\sigma_u = 0$, falls $\sigma_m > 0$ bzw. $\sigma_o = 0$, falls $\sigma_m < 0$. Die zugehörigen Ober- bzw. Unterspannungen $|\sigma_u|$, die ein Bauteil zeitlich unbegrenzt erträgt, wird **Schwellfestigkeit** σ_{Sch} genannt (s. Bild 9.17b).

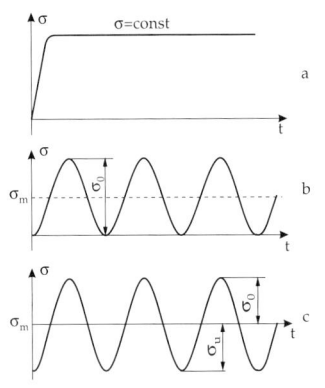

Bild 9.17

Lastfall 3:
Wechselnde Beanspruchung mit $\sigma_m = 0$ und $\sigma_o = |\sigma_u|$ mit der **Wechselfestigkeit** $\sigma_W = \pm \sigma_o$ (s. Bild 9.17c).

Zulässige Spannungen liegen stets unter den bezogenen Festigkeitskennwerten (s. Bild 9.16). Der **Sicherheitsfaktor** $v > 1$ gibt das Verhältnis des Festigkeitskennwertes zur zulässigen Spannung an. Beispielsweise ist die **Sicherheit gegenüber Bruch**

$$\boxed{v_B = \frac{R_m}{\sigma_{zul}} = \frac{\sigma_B}{\sigma_{zul}}} \tag{9.36a}$$

9.9 Werkstoffkenngrößen und zulässige Spannungen

oder die gegen **unzulässige Verformung**

$$v_S = \frac{R_e}{\sigma_{zul}} = \frac{R_{p0,2}}{\sigma_{zul}} = \frac{\sigma_s}{\sigma_{zul}} \tag{9.36b}$$

Im allgemeinen sind die Sicherheitsfaktoren zu erhöhen, wenn

- keine exakten Werkstoffkennwerte vorliegen,
- die Bauteilgestalt wesentlich von der des Probekörpers abweicht,
- bei Überschlagsrechnungen Beanspruchungsarten unberücksichtigt bleiben,
- gleichmäßige Spannungsverteilung im Querschnitt oder Homogenität und Isotropie des Materials nicht vorhanden sind,
- Alterungs- und Materialermüdungsvorgänge zu erwarten sind und
- Gefahr für Menschenleben vorliegt.

In vielen Branchen der Technik sind die zulässigen Spannungen bzw. Sicherheitsfaktoren durch Vorschriften festgelegt. So ist z. B. im Stahlbau (DIN 18800) für den Hauptlastfall H und St 52 die zulässige Spannung für Zug und Biegezug und Druck und Biegedruck mit $\sigma_{zul} = 240$ N/mm^2 festgelegt. Da nach DIN 17100 für St 52 $R_m = (490\ldots 630)$ N/mm^2 und $R_e = (315\ldots 355)$ N/mm^2, ergeben sich

$$2 < v_B < 2{,}6 \quad \text{und} \quad 1{,}3 < v_S < 1{,}5.$$

Die Sicherheitsfaktoren werden bei Gußeisen, Beton und Holz im allgemeinen höher als bei Stahl angesetzt. Tab. 9.2 enthält für einige ausgewählte metallische Werkstoffe Festigkeitskennwerte für Zugfestigkeit, Spannung an der Streckgrenze, Schwell- und Wechselfestigkeit.

Tabelle 9.2 – Festigkeitswerte in N/mm^2

Werkstoff	Zug-Druck R_e			Biegung		Torsion	
	R_m	$R_{p0,2}$	σ_{zdW}	σ_{bF}	σ_{bW}	τ_{tF}	τ_{tW}
St 37 ⎫	360	235	140	260	180	140	100
St 50 ⎬ Baustähle	490	295	180	370	240	190	140
St 60 ⎭	590	335	220	430	280	220	160
C45	740	470	300	610	370	310	220
25CrMo4	880	690	350	790	440	390	260
C10[1]	490	290	190	390	200	200	140
C15[1]	590	340	220	470	280	240	170
16MnCr5[1]	870	660	310	770	390	390	230
GG-15[2]	145		40		80		60
GGG-50	490	350	150	490	210	200	130
GS-45	450	230	180	300	180	130	100
AlCuMg1[3]	370	265	120	300	120	200	70
CuZn30	300	110	60	130	90	80	50

[1] blindgehärtet
[2] $\sigma_{dB} = 480$ N/mm^2
[3] ausgehärtet

10 Zug- und Druckbeanspruchung

10.1 Einfacher Zug und Druck

Die Spannungsgleichung (9.1) setzt voraus, daß die Wirkungslinie der Zug- oder Druckkraft in die Stabachse fällt. Je nach der Unbekannten ergeben sich drei Grundaufgaben:

1. Spannungsnachweis

$$\sigma_{vorh} = \frac{F}{A} \leqq \sigma_{zul}{}^{1)} \tag{10.1a}$$

2. Dimensionierung

$$A_{erf} = \frac{F}{\sigma_{zul}} \tag{10.1b}$$

3. Belastbarkeit

$$F_{zul} = A_{vorh}\sigma_{zul} \tag{10.1c}$$

Bei Druckbeanspruchung ist Knickungsrechnung (vgl. 17) erforderlich, sofern die Bauteile keine kurze und gedrungene Gestalt aufweisen. Im Lastfall 1 gilt für **Grauguß**

$$\sigma_{dzul} \approx 2,5\sigma_{zzul}$$

und für **Stahlguß**

$$\sigma_{dzul} \approx 1,1\sigma_{zzul}$$

□ Für die Fertigung vorgespannten Betons B 35 (s. Bild 10.1) mit dem Gesamtquerschnitt $A = 9600$ mm² werden 4 Spanndrähte mit je $A_S = 25$ mm² und Ausgangslänge $l_{0S} = 2000$ mm mit $\sigma_{vS} = 800$ N/mm² vorgespannt. Die Verlängerung der Spannstähle wird nach (9.22a)

$$\Delta l_{vS} = \frac{\sigma_{vS} \cdot l_{0S}}{E_S} = \frac{800 \cdot 2000}{210 \cdot 10^3}\text{ mm} = 7,62\text{ mm}$$

Nach Erhärten des Betons und Lösung der Verankerung der Spannstähle wirkt die Vorspannkraft

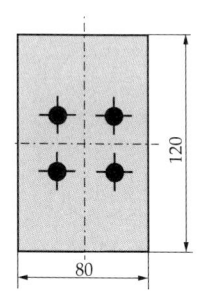

$$F_{vS} = 800\text{ N/mm}^2 \cdot 100\text{ mm}^2 = 80\text{ kN}$$

Bild 10.1

als Druckkraft auf den Beton mit der Stauchung um

$$\Delta l_B = \frac{F_{vS}l_{0S}}{E_B A_B} = \frac{80 \cdot 10^3 \cdot 2000}{34 \cdot 10^3 \cdot 9500}\text{ mm} = 0,50\text{ mm}$$

Damit geht die Verlängerung auf

$$\Delta l_{vS} - \Delta l_B = 7,12\text{ mm}$$

---

[1] Bei Druck $\sigma_{zul} = \sigma_{dzul} > 0$ als Betrag der negativen Normalspannung

zurück, und die Druckkraft in den Spannstählen sinkt auf
$$F_S = \frac{E_S A_S (\Delta l_{vS} - \Delta l_B)}{l_{0S}} = \frac{210 \cdot 10^3 \cdot 10^2 \cdot 7{,}12}{2000} \text{ N} = 74{,}8 \text{ kN}$$
Die Druckspannung im Beton wird somit
$$\sigma_{dB} = \frac{74{,}8 \cdot 10^3}{9{,}5 \cdot 10^3} \text{ N/mm}^2 = 7{,}9 \text{ N/mm}^2$$

10.2 Einfluß des Eigengewichtes

10.2.1 Stäbe mit konstantem Querschnitt

Der eingespannte und vertikal angeordnete Stab (s. Bild 10.2) wird mit F und dem Eigengewicht F_G belastet. Für die Längskraft an der Schnittstelle x ergibt sich wegen $A = \text{const}$
$$F_L(x) = F + \rho g A x \Rightarrow \sigma(x) = \frac{F}{A} + \rho g x$$
und an der Einspannstelle $x = l$
$$\boxed{\sigma_{max} = \frac{F}{A} + \rho g l} \tag{10.2}$$
Bei großen Längen kann das Material schon allein infolge des Eigengewichtes zu Bruch gehen. Die **Reißlänge** l_R geht mit $F = 0$ und $\sigma_{max} = R_m$ aus (9.37) hervor
$$l_R = \frac{R_m}{\rho g} \tag{10.2a}$$

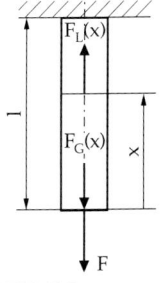

Bild 10.2

Die Dehnung wird nach (9.19) und (9.22)
$$\varepsilon_x = \frac{dv_x}{dx} = \frac{1}{E} \sigma(x) = \frac{1}{E} \left(\frac{F}{A} + \rho g x \right)$$
Wird integriert und die Randbedingung $v_x = 0$ an der Stelle $x = 0$ berücksichtigt, ergibt sich die Verschiebung
$$v_x = \frac{1}{E} \left(\frac{F}{A} x + \frac{\rho g}{2} x^2 \right)$$
Für $x = l$ wird
$$\boxed{v_{x_{max}} = \Delta l = \frac{Fl}{EA} + \frac{\rho g l^2}{2E}} \tag{10.3}$$

☐ Ein Drahtseil nach DIN 655 besteht aus $n = 222$ Einzeldrähten mit $d = 1{,}5$ mm Durchmesser, hat eine Masse von $m = 3{,}72$ kg/m und eine Zugfestigkeit $\sigma_B = 1{,}6$ kN/mm^2. Wie groß ist die Sicherheit v_B gegen Bruch und die Seilverlängerung Δl, wenn die Seillänge 800 m und die Nutzlast $F = 50$ kN beträgt? ($E = 210$ kN/mm^2)

Nach (10.2) wird

$$\sigma_{max} = \frac{5 \cdot 10^4 \, \text{N} \cdot 4}{222 \cdot 1,5^2 \pi \, \text{mm}^2} + \frac{3,72 \, \text{kg} \cdot 4 \cdot 800 \, \text{m} \cdot 9,81 \, \text{m}}{\text{m} \cdot 222 \cdot 1,5^2 \pi \, \text{mm}^2 \, \text{s}^2}$$

$$\sigma_{max} = (127 + 74) \, \text{N/mm}^2 = 201 \, \text{N/mm}^2$$

$$v_B = \frac{\sigma_B}{\sigma_{max}} = \frac{1600}{201} = 8$$

Nach (10.3) wird

$$\Delta l = \left(\frac{50 \cdot 800 \cdot 10^3}{210 \cdot 392} + \frac{3,72 \cdot 9,81 \cdot 800 \cdot 10^3}{2 \cdot 210 \cdot 392} \right) \, \text{mm}$$

$$\Delta l = (486 + 177) \, \text{mm} = 0,66 \, \text{m}$$

10.2.2 Stäbe konstanter Spannung

Soll die Spannung in jedem Querschnitt konstant sein, muß infolge des Eigengewichtes $A(x)$ mit x zunehmen (s. Bild 10.3). Für den Querschnitt an der Stelle x gilt

$$A(x) = \frac{F + F_G(x)}{\sigma}$$

und an der Stelle $x + dx$

$$A(x) + dA = \frac{F + F_G(x) + dF_G}{\sigma}$$

Aus beiden Gleichungen ergibt sich der Querschnittszuwachs

$$dA = \frac{1}{\sigma} dF_G = \frac{1}{\sigma} \rho g A(x) \, dx \Rightarrow \frac{dA}{A(x)} = \frac{\rho g}{\sigma} dx$$

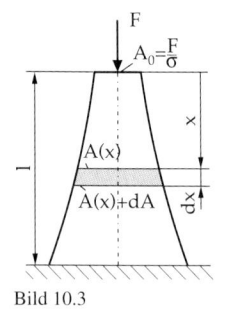

Bild 10.3

Die Integration und Randbedingung $A(x) = A_0$ an der Stelle $x = 0$ führt auf

$$\ln A(x) = \frac{\rho g}{\sigma} x + \ln A_0$$

und somit verändert sich der Querschnitt nach der Exponentialfunktion

$$\boxed{A(x) = A_0 \exp \frac{\rho g}{\sigma} x = \frac{F}{\sigma} \exp \frac{\rho g}{\sigma} x} \qquad (10.4)$$

10.3 Spannungen infolge Temperaturänderungen

Die Dehnung eines Stabes in Richtung der Stabachse infolge einer wirkenden Spannung σ und einer Temperaturerhöhung um ΔT ist nach (9.25)

$$\varepsilon = \frac{\sigma}{E} + \alpha \Delta T \qquad (9.25a)$$

Spannungen infolge Temperaturänderungen können nur dann auftreten, wenn die Ausdehnung des Materials behindert wird.

☐ Nach spiel- und spannungsfreier Montage des Stahlbolzens 1 und der Messingbuchse 2 (s. Bild 10.4) erhöht sich die Temperatur im Bolzen um $\Delta T_1 = 20$ K und in der Buchse um $\Delta T_2 = 50$ K. Die Querschnitte sind $A_1 = 113 \, \text{mm}^2$ und

$A_2 = 298$ mm². Aus Tabelle 9.1 werden $E_1 = 210$ kN/mm², $E_2 = 100$ kN/mm², $\alpha_1 = 11 \cdot 10^{-6}$ 1/K und $\alpha_2 = 18 \cdot 10^{-6}$ 1/K entnommen.

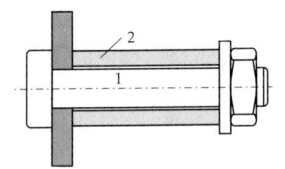

Bild 10.4

Wegen $\alpha_2 \Delta T_2 > \alpha_1 \Delta T_1$ würde ohne Behinderung die Buchse 2 die größere Wärmedehnung erfahren. Das ist im System nicht möglich, so daß

$$\varepsilon_1 = \varepsilon_2$$

und 1 elastisch gedehnt und 2 gestaucht wird. Aus Gleichgewichtsgründen gilt

$$F_1 + F_2 = 0$$

Mit (9.25a) gilt für die Dehnungen

$$\frac{F_1}{E_1 A_1} + \alpha_1 \Delta T_1 = \frac{F_2}{E_2 A_2} + \alpha_2 \Delta T_2$$

und mit $F_2 = -F_1$

$$F_1 = \frac{\alpha_2 \Delta T_2 - \alpha_1 \Delta T_2}{\dfrac{1}{A_1 E_1} + \dfrac{1}{A_2 E_2}} = 8{,}98 \text{ kN} = -F_2$$

Damit wird die Zugspannung im Bolzen

$$\sigma_1 = \frac{F_1}{A_1} = 79 \text{ N/mm}^2$$

und die Druckspannung in der Buchse

$$\sigma_2 = \frac{F_2}{A_2} = \frac{-F_1}{A_2} = -30 \cdot \text{ N/mm}^2$$

10.4 Zugspannungen in dünnwandigen Behältern

In geschlossenen dünnwandigen Behältern in zylindrischer Form (Kessel, Rohre) mit dem Innendruck p, Durchmesser d und Wanddicke s wirkt in Richtung der Behälterlängsachse die Axialkraft

$$F = \frac{p d^2 \pi}{4}$$

Im Kreisringquerschnitt (s. Bild 10.5a)

$$A = d \pi s$$

entsteht dadurch die Längsnormalspannung

$$\boxed{\sigma_x = \frac{F}{A} = \frac{pd}{4s}}$$

Bild 10.5a Bild 10.5b

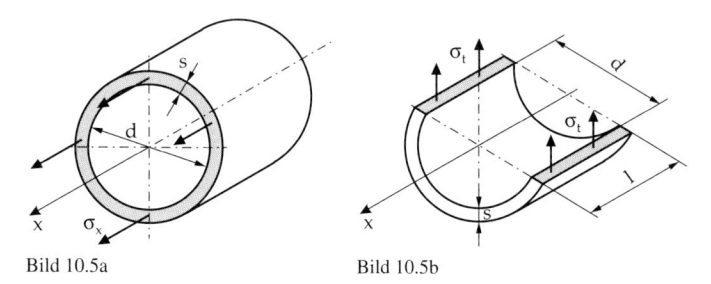

In der die x-Achse enthaltende Längsschnittebene (s. Bild 10.5b) wirkt auf die Projektion der Halbzylinderfläche die Kraft

$$F = pdl$$

Im Längsquerschnitt des Materials

$$A = 2ls$$

ergibt sich die tangentiale Normalspannung

$$\sigma_t = \frac{pd}{2s} \tag{10.5}$$

Wegen $\sigma_t = 2\sigma_x$ ist (10.5) für die Dimensionierung zylinderförmiger Behälter maßgebend.

10.5 Pressungen

10.5.1 Flächenpressung

Flächenpressung p ist die Druckbeanspruchung in den Berührungsflächen zweier Bauteile und der Quotient aus der Normalkraft und gepreßter Fläche.

Bei ebenen Berührungsflächen ohne Gleitvorgang ist $p_{zul} \approx (0{,}7\ldots 0{,}9)\sigma_{dzul}$ und mit Gleiten in Abhängigkeit von Schmierung, Oberfläche, Spannungsverteilung u. a. $p_{zul} \approx (1\ldots 25)$ N/mm².

Sind beide Flächen in gleichem Sinne gekrümmt (Zapfen in Lagerschale), liegt keine gleichmäßige Spannungsverteilung vor. Zum angenäherten Ausgleich wird rechnerisch die Projektion der Berührungsfläche ld zugrunde gelegt (s. Bild 10.6).

Bei Nietverbindungen ist die Druckspannung zwischen mit Preßpassung gefügtem Nietschaft und Material die **Lochleibungsspannung** σ_l. Gerechnet wird im Maschinenbau mit $\sigma_{lzul} \approx 1{,}6\sigma_{lzul}$ und im Stahlbau mit $\sigma_{lzul} = 2\sigma_{dzul}$.

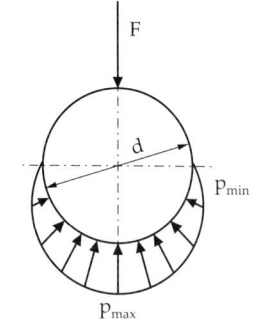

Bild 10.6

10.5.2 HERTZsche Pressung

Bei linien- oder punktförmiger Berührung zweier Körper im unbelasteten Zustand treten bei Lasteinleitung rechteckige bzw. kreisförmige Abplattungen ein. Vorausgesetzt, daß nur Normalkräfte auf ideal-elastisches Material mit kleinen Verformungen wirken, ergeben sich bei dieser **HERTZschen Pressung** die Druckspannungsspitzen p_{max} in der Mitte der Eindruckfläche (s. Bild 10.7). Mit

$$r = \frac{r_1 r_2}{r_1 + r_2} \text{ bzw.}$$
$$r = r_1, \text{ falls } r_2 = \infty \text{ (Ebene)}$$
$$E = 2\frac{E_1 E_2}{E_1 + E_2}$$

und l als Zylinderlänge ergeben sich bei

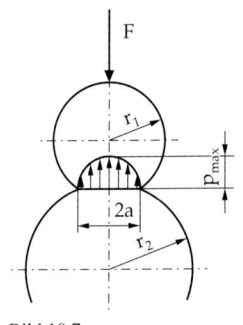

Bild 10.7

1. Zylinder auf Zylinder bzw. Zylinder auf Ebene

$$\boxed{p_{max} = \sqrt{\frac{FE}{2\pi r(1-\nu^2)}} = 0{,}418\sqrt{\frac{FE}{rl}}}$$

$$\boxed{a = \sqrt{\frac{8(1-\nu^2)Fr}{\pi E l}} = 1{,}52\sqrt{\frac{Fr}{El}}}$$

(10.6a)

2. Kugel auf Kugel bzw. Kugel auf Ebene

$$\boxed{p_{max} = \sqrt[3]{\frac{1{,}5EF^2}{\pi^2 r^2(1-\nu^2)^2}} = 0{,}388\sqrt[3]{\frac{FE^2}{r^2}}}$$

$$\boxed{a = \sqrt[3]{\frac{1{,}5(1-\nu^2)Fr}{E}} = 1{,}11\sqrt[3]{\frac{Fr}{E}}}$$

(10.6b)

Für den Hauptlastfall H gilt im Stahlbau z. B.

$p_{zul} = 500 \text{ N/mm}^2$ für GG-15
$p_{zul} = 850 \text{ N/mm}^2$ für GS-52

11 Abscherbeanspruchung

Scher- oder **Abscherbeanspruchung** liegt theoretisch nur dann vor, wenn Scherkraft und ihre Reaktion in eine Wirkungslinie fallen (s. Tafel 9.1).

| Die Abscherspannung ist die im Querschnitt gleichmäßig verteilt angenommene Tangentialspannung

$$\tau_a = \frac{F}{A} \qquad (11.1)$$

Praktisch haben die Wirkungslinien einen geringen Abstand a, der beim Trennen durch Schneiden wegen des erforderlichen Schneidspaltes oder bei kurzem Bolzen und Nietschaft durch die Materialdicke entsteht. Preßsitz vorausgesetzt, wird die Biegebeanspruchung vernachlässigt.

Beim Trennen durch Schnittwerkzeuge muß die **Abscherfestigkeit** τ_{aB} überwunden werden. Für Metalle besteht der Richtwert

$$\tau_{aB} \approx 0{,}8 R_m \qquad (11.2)$$

Analog gilt (11.2) für die zulässigen Abscherspannungen, sofern das nicht z. B. im Kran- oder Stahlhochbau durch Vorschriften geregelt ist.

☐ **1.** Für die zweischnittige ($m = 2$ Scherebenen) Nietverbindung (s. Bild 11.1) sind $F = 50$ kN, $s_1 = s_2 = 6$ mm, $s_3 = 8$ mm, $b_1 = b_2 = 50$ mm, $b_3 = 60$ mm und $d_N = 15$ mm (Durchmesser eines geschlagenen Nietes) gegeben. Anzahl der Niete $n = 2$.

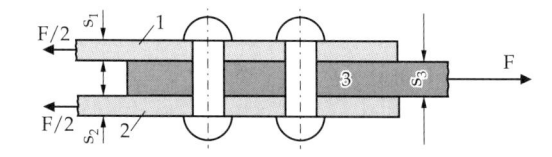

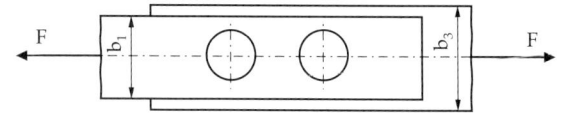

Bild 11.1

Es sind die Spannungsnachweise für Abscheren, Lochleibung und Zug zu führen, wenn $\sigma_{zul} = 140 \ \frac{N}{mm^2}$, $\tau_{azul} = 0{,}8 \sigma_{zul}$ und $\sigma_{lzul} = 2\sigma_{zul}$.

$$\tau_a = \frac{4F}{n \cdot m \cdot d_N^2 \pi} = \frac{4 \cdot 50 \cdot 10^3 \ N}{2 \cdot 2 \cdot 15^2 \pi \ mm^2} = 71 \ \frac{N}{mm^2} < \tau_{azul} = 112 \ \frac{N}{mm^2}$$

Am Flachstahl 3 wegen $s_3 < s_1 + s_2$

$$\sigma_l = \frac{F}{n \cdot d_N \cdot s_3} = \frac{50 \cdot 10^3 \text{ N}}{2 \cdot 15 \cdot 8 \text{ mm}^2} = 208 \, \frac{\text{N}}{\text{mm}^2} < \sigma_{lzul} = 280 \, \frac{\text{N}}{\text{mm}^2}$$

$$\sigma_z = \frac{F}{(b_3 - d_N)s_3} = \frac{50 \cdot 10^3 \text{ N}}{45 \cdot 8 \text{ mm}^2} = 139 \, \frac{\text{N}}{\text{mm}^2} < \sigma_{zul} = 140 \, \frac{\text{N}}{\text{mm}^2}$$

Am Flachstahl 1 bzw. 2

$$\sigma_z = \frac{F}{2(b_1 - d_N)s_1} = \frac{50 \cdot 10^3 \text{ N}}{2 \cdot 35 \cdot 6 \text{ mm}^2} = 119 \, \frac{\text{N}}{\text{mm}^2} < \sigma_{zul} = 140 \, \frac{\text{N}}{\text{mm}^2}$$

2. Welche Schnittkraft ist erforderlich, um das Blechteil in Bild 11.2 der Dicke 2 mm auszuschneiden, wenn die Abscherfestigkeit des Materials $\tau_{aB} = 400 \text{ N/mm}^2$?

$$F_{erf} = \tau_{aB} \cdot s \cdot U = 400 \cdot 2(40 + 2 \cdot 30 + 20\pi) \text{ N}$$
$$= 130 \text{ kN}$$

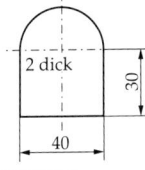

Bild 11.2

12 Biegebeanspruchung

12.1 Flächenträgheitsmomente

12.1.1 Definitionen

Flächenträgheitsmomente sind geometrische Querschnittskenngrößen mit quadratischen Abständen der Flächenelemente von den Koordinatenachsen (Momente 2. Ordnung). Zu unterscheiden sind (s. Bild 12.1):

Axiale oder **äquatoriale Flächenträgheitsmomente**

$$I_x = \int_{(A)} y^2 \, dA \tag{12.1a}$$

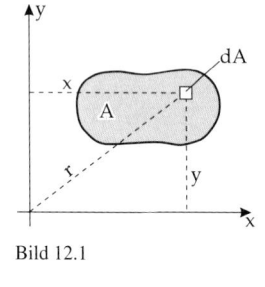

$$I_y = \int_{(A)} x^2 \, dA \tag{12.1b}$$

Bild 12.1

Zentrifugal- oder **Deviationsmomente**

$$I_{xy} = I_{yx} = -\int_{(A)} xy \, dA \tag{12.1c}$$

Polare Flächenträgheitsmomente

$$I_p = \int_{(A)} r^2 \, dA = \int_{(A)} \left(x^2 + y^2\right) dA = I_x + I_y \tag{12.1d}$$

Trägheitsradien als geometrische Mittel der Flächenträgheitsmomente I_x, I_y, I_p und der Fläche A

$$i_x = \sqrt{I_x/A} \qquad i_y = \sqrt{I_y/A} \qquad i_p = \sqrt{I_p/A} \tag{12.2}$$

12.1.2 Parallelverschiebung der Koordinatenachsen durch den Flächenschwerpunkt

Ist das den Schwerpunkt S enthaltende x,y-System gegenüber dem u,v-System um u_S bzw. v_S parallel verschoben (s. Bild 12.2), wird nach (12.1a)

$$I_u = \int_{(A)} (y+v_S)^2 \, dA = \int_{(A)} y^2 \, dA + 2v_S \int_{(A)} y \, dA + v_S^2 \int_{(A)} dA$$

12.1 Flächenträgheitsmomente

Analoges gilt nach (12.1b) bzw. (12.1c) für I_v bzw. I_{uv}. Da das mittlere Integral verschwindet (statisches Moment bezüglich der Schwereachse), ergibt sich der **Satz von STEINER**

$$I_u = I_x + v_S^2 A$$
$$I_v = I_y + u_S^2 A \qquad (12.3)$$
$$I_{uv} = I_{xy} - u_S v_S A$$

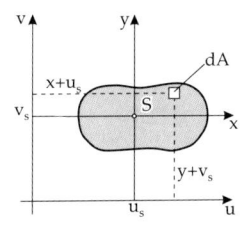

Bild 12.2

Damit ist bei zueinander parallelen Achsen das kleinste aller axialen Flächenträgheitsmomente dasjenige, das sich auf die Schwereachse bezieht.

Ist eine Schwereachse gleichzeitig Symmetrieachse, so wird

$$I_{xy} = I_{yx} = 0$$
$$I_{uv} = I_{vu} = -u_S v_S A \qquad (12.4)$$

☐ **1.** Für die Rechteckfläche (s. Bild 12.3) ergeben sich

$$I_x = \int_{-h/2}^{h/2} y^2 b\, dy = 2b \int_0^{h/2} y^2\, dy = \frac{1}{12} bh^3$$

$$I_{xy} = 0$$

$$I_u = I_x + \left(\frac{h}{2}\right)^2 A = \frac{1}{3} bh^3$$

$$I_{uv} = -\frac{b}{2} \cdot \frac{h}{2} \cdot bh = -\frac{1}{4} b^2 h^2$$

$$I_y = \frac{1}{12} hb^3$$

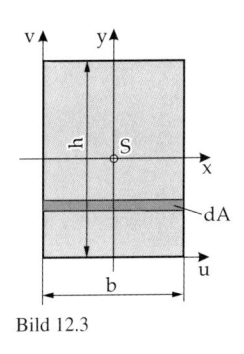

$$I_v = \frac{1}{3} hb^3$$

Bild 12.3

2. Für die Kreisfläche (s. Bild 12.4) wird mit

$$dA = 2\pi \rho\, d\rho$$

$$I_p = \int_0^r 2\pi \rho^3\, d\rho = \frac{\pi r^4}{2} = \frac{\pi d^4}{32}$$

und aus Symmetriegründen

$$I_x = I_y = \frac{1}{2} I_p = \frac{\pi d^4}{64}$$

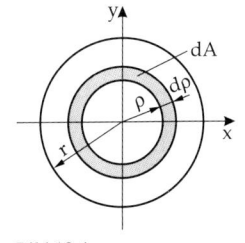

Bild 12.4

Die Trägheitsmomente weiterer elementarer Flächen sind der Tafel 12.1 zu entnehmen.

Tafel 12.1 – Flächenträgheitsmomente

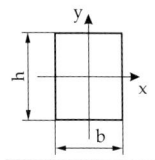

$$J_x = \frac{1}{12}bh^3$$
$$J_y = \frac{1}{12}b^3h$$
$$J_{xy} = 0$$

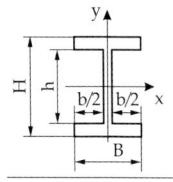

$$J_x = \frac{1}{12}\left(BH^3 - bh^3\right)$$
$$J_y = \frac{1}{12}\left[B^3(H-h) + (B-b)^3h\right]$$
$$J_{xy} = 0$$

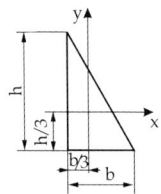

$$J_x = \frac{1}{36}bh^3$$
$$J_y = \frac{1}{36}b^3h$$
$$J_{xy} = \frac{1}{72}b^2h^2$$

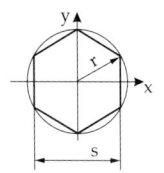

$$J_x = J_y = \frac{5\sqrt{3}}{16}r^4 = \frac{5\sqrt{3}}{144}s^4$$
$$s = r\sqrt{3}$$

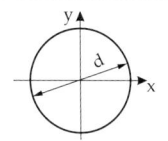

$$J_x = J_y = \frac{\pi d^4}{64}$$
$$J_p = \frac{\pi d^4}{32} \approx 0{,}1d^4$$

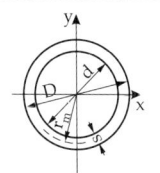

$$J_x = J_y = \frac{\pi}{64}(D^4 - d^4)$$
für kleines s:
$$J_x = J_y = \pi s r_m^3$$

Tafel 12.1 – Flächenträgheitsmomente (Fortsetzung)

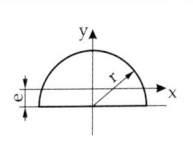

Halbkreis	$J_x = \left(\dfrac{\pi}{8} - \dfrac{8}{9\pi}\right) r^4$ $J_y = \dfrac{\pi}{8} r^4$ $e = \dfrac{4r}{3\pi}$
Viertelkreis	$J_x = J_y = \left(\dfrac{\pi}{16} - \dfrac{4}{9\pi}\right) r^4$ $J_{xy} = \left(\dfrac{1}{8} - \dfrac{4}{9\pi}\right) r^4$ $e = \dfrac{4r}{3\pi}$
Ellipse	$J_x = \dfrac{\pi}{4} a^3 b$ $J_y = \dfrac{\pi}{4} ab^3$ $J_{xy} = 0$ $A = \pi ab$
Parabel $y = a\left(1 - \dfrac{x^2}{b^2}\right)$	$J_x = \dfrac{16}{175} a^3 b$ $J_y = \dfrac{4}{15} ab^3$ $e = \dfrac{2}{5} a$

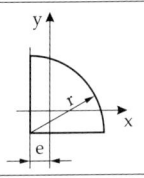

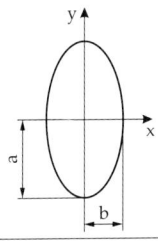

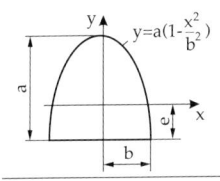

12.1.3 Drehung des Koordinatensystems

Mit den aus Bild 12.5 hervorgehenden Koordinatentransformationen

$\xi = x\cos\varphi + y\sin\varphi$

$\eta = -x\sin\varphi + y\cos\varphi$

und den Definitionen (12.1) ergeben sich

$$I_\xi = \int_{(A)} \eta^2 \, dA = I_x \cos^2\varphi + I_y \sin^2\varphi + 2I_{xy} \sin\varphi\cos\varphi$$

$$I_\eta = \int_{(A)} \xi^2 \, dA = I_x \sin^2\varphi + I_y \cos^2\varphi - 2I_{xy} \sin\varphi\cos\varphi$$

$$I_{\xi\eta} = -\int_{(A)} \xi\eta \, dA = -I_x \sin\varphi\cos\varphi + I_y \sin\varphi\cos\varphi + (\cos^2\varphi - \sin^2\varphi) I_{xy}$$

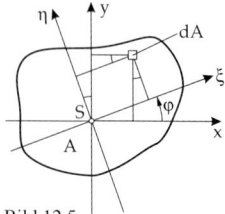

Bild 12.5

Unter Verwendung des doppelten Winkels 2φ gehen die Gleichungen über in

$$\begin{aligned}
I_\xi &= \frac{1}{2}(I_x + I_y) + \frac{1}{2}(I_x - I_y)\cos 2\varphi + I_{xy}\sin 2\varphi \\
I_\eta &= \frac{1}{2}(I_x + I_y) - \frac{1}{2}(I_x - I_y)\cos 2\varphi - I_{xy}\sin 2\varphi \\
I_{\xi\eta} &= -\frac{1}{2}(I_x - I_y)\sin 2\varphi + I_{xy}\cos 2\varphi
\end{aligned} \qquad (12.5)$$

Die Addition der ersten beiden Gleichungen von (12.5) ergibt

$$\boxed{I_\xi + I_\eta = I_x + I_y} \qquad (12.6)$$

Damit ist die **Summe der Trägheitsmomente gegenüber einer Drehung des Koordinatensystems invariant**.

Aus (12.5) folgt eine weitere von der Drehung unabhängige Beziehung

$$\boxed{I_\xi I_\eta - I_{\xi\eta}^2 = I_x I_y - I_{xy}^2} \qquad (12.7)$$

12.1.4 Hauptträgheitsmomente

Die Extremwerte von I_ξ und I_η ergeben sich aus

$$\frac{dI_\xi}{d\varphi} = \frac{dI_\eta}{d\varphi} = \mp(I_x - I_y)\sin 2\varphi \pm 2I_{xy}\cos 2\varphi = 0$$

$$\tan 2\varphi = \frac{2I_{xy}}{I_x - I_y} \qquad (12.8)$$

Für die beiden Lösungen φ_0 und $\varphi_0 + \frac{\pi}{2}$ von (12.8) nehmen I_ξ und I_η Extremwerte an und werden **Hauptträgheitsmomente** I_1 und I_2 genannt, so daß

$$\begin{aligned}
I_1 &= \frac{1}{2}(I_x + I_y) + \frac{1}{2}(I_x - I_y)\cos 2\varphi_0 + I_{xy}\sin 2\varphi_0 \\
I_2 &= \frac{1}{2}(I_x + I_y) - \frac{1}{2}(I_x - I_y)\sin 2\varphi_0 + I_{xy}\cos 2\varphi_0
\end{aligned} \qquad (12.9)$$

Die φ_0 und $\varphi_0 + \frac{\pi}{2}$ zugeordneten Achsen sind die **Hauptträgheitsachsen**.

Für $\varphi = \varphi_0$ verschwindet das Zentrifugalmoment, d. h.

$$I_{12} = 0 \qquad (12.10)$$

Mit (12.6) und (12.7) auf $I_\xi = I_1$ und $I_\eta = I_2$ angewendet wird (12.9)

$$\boxed{I_{1,2} = \frac{1}{2}\left(I_x + I_y \pm \sqrt{(I_x - I_y)^2 + 4I_{xy}^2}\right)} \qquad (12.11)$$

12.1 Flächenträgheitsmomente

☐ Von dem Dreieck in Bild 12.6 sind die Flächenträgheitsmomente auf das u,v-System, das durch den Schwerpunkt S parallel verlaufende x,y-System bezogen, die Hauptträgheitsmomente und Lagen der Hauptträgheitsachsen zu bestimmen.

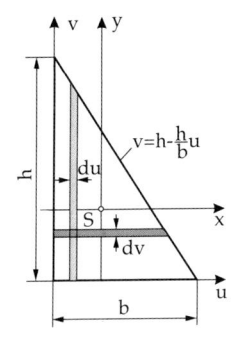

Bild 12.6

$$I_u = \int\limits_{(A)} v^2 \, dA = \int\limits_0^h \left(bv^2 - \frac{b}{h}v^3\right) dv = \frac{1}{12}bh^3$$

$$I_v = \int\limits_{(A)} u^2 \, dA = \int\limits_0^b \left(hu^2 - \frac{h}{b}u^3\right) du = \frac{1}{12}b^3h$$

$$I_{uv} = -\int\limits_{(A)} uv \, dA = -\int\limits_0^b \left[\int\limits_{v=0}^{v(u)} uv \, dv\right] du = -\frac{1}{24}b^2h^2$$

$$I_x = I_u - v_S^2 A = \frac{1}{12}bh^3 - \frac{h^2}{9} \cdot \frac{bh}{2} = \frac{1}{36}bh^3$$

$$I_y = I_v - u_S^2 A = \frac{1}{12}b^3h - \frac{b^2}{9} \cdot \frac{bh}{2} = \frac{1}{36}b^3h$$

$$I_{xy} = I_{uv} + u_S v_S A = -\frac{1}{24}b^2h^2 + \frac{bh}{9} \cdot \frac{bh}{2} = \frac{1}{72}b^2h^2$$

$$\tan 2\varphi_0 = \frac{2I_{xy}}{I_x - I_y} = \frac{b^2h^2}{bh^3 - b^3h} = \frac{bh}{h^2 - b^2} \Rightarrow$$

$$\varphi_0 = \frac{1}{2} \arctan \frac{bh}{h^2 - b^2}$$

$$I_{1,2} = \frac{1}{2}\left[\frac{bh^3 + b^3h}{36} \pm \sqrt{\left(\frac{bh^3 - b^3h}{36}\right)^2 + 4\left(\frac{b^2h^2}{72}\right)^2}\right]$$

$$I_{1,2} = \frac{bh}{72}\left[b^2 + h^2 \pm \sqrt{b^4 + h^4 - b^2h^2}\right]$$

12.1.5 Der Trägheitskreis von MOHR-LAND

Sind im x,y-System I_x, I_y und I_{xy} gegeben, so wird maßstäblich (s. Bild 12.7) auf der y-Achse $I_x = \overline{OA}$, $I_y = \overline{AB}$ abgetragen. Der Kreis um M hat als Durchmesser die Invarianten $I_x + I_y = I_1 + I_2 = I_\xi + I_\eta$. Das in A errichtete Lot ist $\overline{AT} = I_{xy} > 0$. T ist der sog. Trägheitspunkt. Auf dem Durchmesser $\overline{CD}$ durch T sind die Hauptträgheitsmomente $I_1 = \overline{CT}$ und $I_2 = \overline{TD}$ abzulesen. $\overline{OC}$ und $\overline{OD}$ sind die Hauptträgheitsachsen 1 und 2. Für jeden beliebigen Winkel φ lassen sich $\overline{EG} = I_\xi$, $\overline{GF} = I_\eta$ und $\overline{TG} = I_{\xi\eta}$ ablesen. Im Bild 12.7 wird $I_{\xi\eta} < 0$, da G gegenüber A auf der anderen Seite von $\overline{CD}$ liegt.

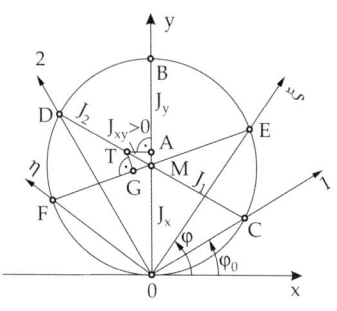

Bild 12.7

☐ $I_x = 5,3$ cm^4, $I_y = 3$ cm^4, $I_{xy} = 2$ cm^4 ergibt $I_1 = 6,5$ cm^4, $I_2 = 1,8$ cm^4 und $I_{12} = 0$.
$\varphi_0 = 30°$ als Winkel zwischen Hauptträgheits- und x-Achse (s. Bild 12.7).

12.1.6 Trägheitsmomente zusammengesetzter Querschnitte

Läßt sich die Querschnittsfläche in Teilflächen mit bekannten Trägheitsmomenten zerlegen, wird das Gesamtträgheitsmoment um eine Achse aus der Summe der Einzelträgheitsmomente bezüglich dieser Achse berechnet. Die Trägheitsmomente einfacher Flächen sind in Tafel 12.1 enthalten und für Walzprofile den Tabellenwerken zu entnehmen.

Ist die x-Achse Schwereachse der Gesamtfläche und $\Delta y_i = |y_S - y_i|$ der Abstand der Schwereachse der Einzelfläche A_i von der x-Achse, wird das Trägheitsmoment der Gesamtfläche

$$I_x = \sum_{i=1}^{n}\left[I_{xi} + A_i(\Delta y_i)^2\right] \qquad (12.12)$$

☐ **1.** Der Querschnitt in Bild 12.8 kann aus zwei zusammengesetzten Rechteckflächen oder als Differenz zweier Quadrate aufgefaßt werden. Wird die zweite Variante angewendet, ergeben sich

$$A = A_1 - A_2 = 64a^2 - 49a^2 = 15a^2$$

12.1 Flächenträgheitsmomente

das auf die u-Achse bezogene statische Moment

$$M_u = 64 \cdot 4a^3 - 49 \cdot 4,5a^3 = 35,5a^3$$

und die Lage des Schwerpunktes S mit

$$v_S = \frac{M_u}{A} = \frac{35,5}{15}a = 2,367a = u_S$$

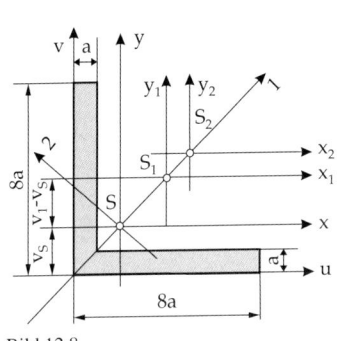

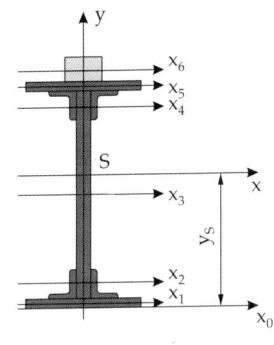

Bild 12.8

Bild 12.9

Mit den Trägheitsmomenten beider Quadrate

$$I_{x1} = I_{y1} = \frac{8^4}{12}a^4, \qquad I_{x2} = I_{y2} = \frac{7^4}{12}a^4, \qquad I_{xy1} = I_{xy2} = 0$$

wird nach dem STEINERschen Satz (12.3)

$$I_x = I_y = \frac{1}{12}(8^4 - 7^4)a^4 + 1,63^2 \cdot 64a^4 - 2,13^2 \cdot 49a^4 = 89a^4$$

$$I_{xy} = I_{xy1} - (v_1 - v_S)^2 A_1 - \left[I_{xy2} - (v_2 - v_S)^2 A_2\right]$$

$$I_{xy} = -(v_1 - v_S)^2 A_1 + (v_2 - v_S)^2 A_2 = (-171 + 223)a^4 = 52a^4$$

Die Hauptträgheitsmomente werden infolge $I_x = I_y$

$$I_{1,2} = I_x \pm I_{xy}$$

$$I_1 = 141a^4, \quad I_2 = 37a^4$$

Wegen $I_x - I_y = 0 \Rightarrow$

$$\varphi_0 = 45°$$

2. Der Querschnitt in Bild 12.9 setzt sich aus den zwei Flanschen 160×10, dem Steg 220×8, den vier Winkelprofilen ∟ 60×6 (DIN 1028) und dem Schienenprofil 40×50 zusammen. Es ist I_x, auf die Schwereachse bezogen, zu ermitteln.

Aus DIN 1028 ist für ein gleichschenkliges Winkelprofil zu entnehmen: $A = 6,91$ cm^2, $I_x = I_y = 22,8$ cm^4 und der Schwerpunktsabstand von jedem Schenkel $e = 1,69$ cm. Da jeweils zwei Winkelprofile zusammengefaßt werden können, entstehen sechs Teilflächen A_i mit den Einzelschwereachsen x_i, deren Abstände von der x-Achse jeweils $\Delta y_i = |y_S - y_i|$ sind. Die Berechnung erfolgt tabellarisch.

i	$A_i/$ cm²	$y_i/$ cm	$M_{x0} = A_i y_i$	$\Delta y_i/$ cm	$A_i(\Delta y_i)^2$	$I_{xi}/$ cm⁴
1	16,0	0,5	8,0	14,4	3309	1,3
2	13,8	2,7	37,2	12,2	2054	45,6
3	17,6	12,0	211,2	2,9	146	709,9
4	13,8	21,3	294,5	6,4	571	45,6
5	16,0	23,5	376,0	8,6	1189	1,3
6	20,0	26,0	520,0	11,1	2473	26,7
$\sum$	97,2		1446,9		9742	830,4

$$y_S = \frac{1447}{97,2} \text{ cm} = 14,9 \text{ cm}$$

$$I_x = \sum I_{xi} + \sum A_i (\Delta y_i)^2 = 10570 \text{ cm}^4$$

12.1.7 Graphische Ermittlung von Trägheitsmomenten

Für unregelmäßige und rechnerisch schwer erfaßbare Querschnitte kann das graphische Verfahren von MOHR zur Bestimmung von Flächenträgheitsmomenten angewendet werden.

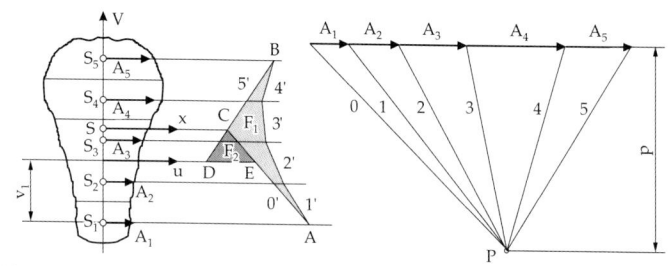

Bild 12.10

Im Bild 12.10 ist das Verfahren für I_u bzw. I_x ersichtlich. Der Querschnitt A ist dabei in schmale Streifen A_i parallel zur u-Achse zu unterteilen. Ist v_i der Abstand des Schwerpunktes S_i von der u-Achse, so wird unter Vernachlässigung der kleinen Eigenträgheitsmomente I_{xi}

$$I_u \approx \sum_{i=1}^{n} A_i v_1^2$$

Die A_i werden als vektorielle Größen maßstäblich in einem Flächenplan gezeichnet und nach Wahl des Polabstandes p die Polstrahlen $0 \ldots n$ gezogen. Im Lageplan entsteht parallel das Seileck, das in C durch $0'$ und n' geschlossen wird. C gibt mit v_S die Schwerpunktslage des Gesamtschwerpunktes S an. I_u ist dann dem Flächeninhalt $F_1 + F_2$ der vom Linienzug A, B, C, D, E eingeschlossenen Fläche proportional. Das auf die Schwereachse bezogene Trägheitsmoment I_x ist der Fläche F_1 proportional. Mit den

Maßstäben $M = \dfrac{\langle u \rangle}{u} = \dfrac{\langle v \rangle}{v}$ und $M_A = \dfrac{\langle A \rangle}{A}$ wird

$$I_u \approx \frac{(F_1 + F_2) \cdot 2p}{M^2 \cdot M_A}$$
$$I_x = \frac{F_1 \cdot 2p}{M^2 \cdot M_A} \tag{12.13}$$

In analoger Weise können durch schmale Streifen zu beliebigen Achsen die entsprechenden axialen Trägheitsmomente graphisch ermittelt werden. Zentrifugalmomente können über den MOHRschen Trägheitskreis ermittelt werden (s. Bild 12.7). Sind z. B. graphisch bereits I_x, I_y und I_ξ bestimmt, wird T als Schnittpunkt der in A und G errichteten Lote gefunden, so daß sich I_{xy} und $I_{\xi\eta}$ ablesen lassen.

12.2 Biegespannung bei reiner und gerader Biegung

12.2.1 Spannungsverteilung bei reiner Biegung

▌ Reine Biegebeanspruchung liegt bei konstantem Biegemomentenverlauf vor.

Damit sind die Querschnitte querkraftfrei. Außerdem tritt keine Längskraft auf. Mit der in 9.1 genannten Idealisierung der Linearität zwischen Spannung und Verformung steht die Hypothese von BERNOULLI im Einklang, wonach ebene Querschnitte bei der Verformung eben und senkrecht zur Balkenachse bleiben (s. Bild 12.11).

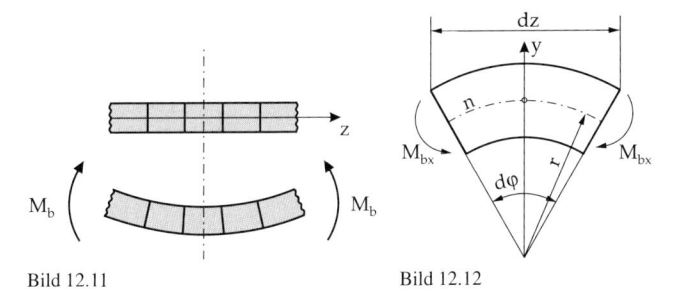

Bild 12.11   Bild 12.12

Die oberen Schichten werden gedehnt, die unteren gestaucht. Die dazwischen liegende dehnungsfreie Schicht ist die **neutrale Achse** n des Querschnittes. Die Schichten liegen konzentrisch um den Krümmungsmittelpunkt, damit sind die Randquerschnitte des Balkenelementes in Bild 12.12 um $d\varphi$ verdreht. Die Verlängerung dl einer Schicht im Abstand y von n ist

$$dl = (r+y)\,d\varphi - r\,d\varphi$$

und damit die Dehnung im Abstand y

$$\varepsilon(y) = \frac{y}{r} \tag{12.14}$$

In dieser Schicht wird mit (1.22) die Spannung

$$\sigma_z = E\frac{y}{r} \tag{12.15}$$

In jedem Element dA des Querschnittes erzeugt das Biegemoment die Kraft

$$\sigma_z \, dA = \frac{E}{r} y \, dA$$

in Richtung der z-Achse (s. Bild 12.13), so daß

$$F_L = \frac{E}{r} \int_{(A)} y \, dA = 0$$

$$M_{by} = \frac{E}{r} \int_{(A)} xy \, dA = 0 \tag{12.16}$$

$$M_{bx} = \frac{E}{r} \int_{(A)} y^2 \, dA$$

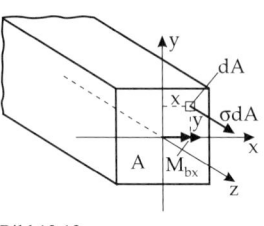

Bild 12.13

Wegen $\dfrac{E}{r} \neq 0$ folgt aus den ersten beiden Gleichungen von (12.16)

- die x-Achse ist Schwereachse,
- x- und y-Achse sind Hauptträgheitsachsen.

Mit (12.1a) und (12.15) ergibt sich aus der dritten Gleichung das

Spannungsverteilungsgesetz für den Querschnitt

$$\boxed{\sigma_z = \frac{M_{bx}}{I_x} y} \tag{12.17}$$

Die Biegespannungen sind damit linear veränderliche Normalspannungen, in den gedehnten Schichten als Zugspannungen, in den gestauchten als Druckspannungen (s. Bild 12.14).

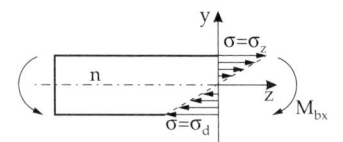

Bild 12.14

12.2.2 Gerade Biegung

Bei gerader Biegung schneidet die Lastebene den Querschnitt in einer Hauptträgheitsachse (s. Bild 12.15).

12.2 Biegespannung bei reiner und gerader Biegung

Wenn der Querschnitt klein gegenüber der Länge oder keine dünnwandigen Profile vorliegen, können die vorhandenen Querkräfte und die damit verbundenen Schubspannungen vernachlässigt werden. Als **Biegespannung** im engeren Sinne gilt

$$\sigma_b = \max |\sigma_z|$$
$$= \frac{|M_{bx}|}{I_x} \max |y| \qquad (12.18)$$

mit dem **Randfaserabstand**

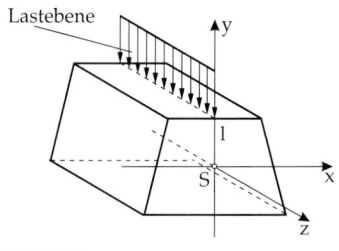

Bild 12.15

$$\max |y| = e_y \qquad (12.19)$$

Wird das **Widerstandsmoment** W_x bezüglich der x-Achse

$$W_x = \frac{I_x}{e_y} \qquad (12.20)$$

eingeführt, ergibt sich die Biegespannung

$$\boxed{\sigma_b = \frac{|M_{bx}|}{W_x}} \qquad (12.21)$$

Sind die Randfaserabstände von der Schwereachse verschieden, d. h. $e_{y1} > e_{y2}$, werden die Widerstandsmomente

$$W_{x\min} = \frac{I_x}{e_{y1}} \qquad (12.20a)$$

und

$$W_{x\max} = \frac{I_x}{e_{y2}} \qquad (12.20b)$$

unterschieden, mit denen insbesondere bei Material mit unterschiedlicher Empfindlichkeit auf Zug und Druck die extremen Biegezug- und Biegedruckspannungen ermittelt werden können.

☐ **1.** Mit welcher vertikalen Einzelkraft kann ein Kranbahnträger mit dem Profil aus dem 2. Beispiel in 12.1.6 belastet werden, wenn der Stützenabstand $l = 10$ m beträgt und $\sigma_{bzul} = 140$ N/mm²?

Mit (12.21) wird

$$\sigma_{bmax} = \frac{M_{bmax}}{W_{x\min}} \leq \sigma_{bzul}$$

M_{bmax} ergibt sich, wenn F in der Mitte des Stützenabstandes wirkt, zu

$$M_{bmax} = F \cdot \frac{l}{4}$$

Somit wird die zulässige Last

$$F \leq \frac{4\sigma_{bzul} \cdot W_{x\min}}{l} = \frac{4\sigma_{bzul} \cdot I_x}{l \cdot e_{y1}}$$

$$F \leq \frac{4 \cdot 140 \text{ N} \cdot 1{,}057 \cdot 10^8 \text{ mm}^4}{10^4 \cdot 1{,}49 \cdot 10^2 \text{ mm}^4} = 39 \text{ kN}$$

2. Wie muß die Höhe h des Rechteckquerschnittes am eingespannten Träger (s. Bild 12.16a) verändert werden, wenn in jedem Querschnitt $A(z)$ konstante Biegespannung σ_{bzul} auftreten soll?

Der Biegemomentenverlauf ist linear

$$M_b(z) = F|z-l|$$

Das Widerstandsmoment an der Stelle z ist

$$W_x = \frac{b}{6}h^2(z)$$

Mit (12.21) wird somit

$$\sigma_{bzul} = \frac{6F|z-l|}{bh^2(z)} \Rightarrow h(z) = \sqrt{\frac{6F|z-l|}{b\sigma_{bzul}}}$$

Das ist ein parabelförmiger Verlauf mit

$$h_{max} = \sqrt{\frac{6Fl}{b\sigma_{bzul}}}$$

an der Einspannstelle (s. Bild 12.16b).

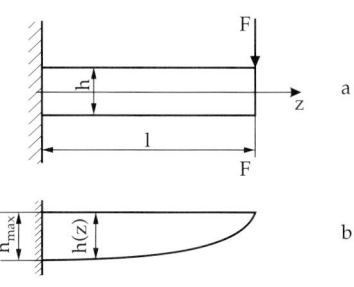

Bild 12.16

12.3 Schiefe Biegung

12.3.1 Allgemeiner Fall

Bei schiefer Biegung ist der Biegemomentenvektor $\vec{M}_b$ in der Querschnittsebene beliebig gerichtet, und die durch den Schwerpunkt S verlaufenden Koordinatenachsen sind keine Hauptträgheitsachsen.

12.3 Schiefe Biegung

Die Lastebenenspur l verläuft durch S. Querkräfte werden vernachlässigt. Der Querschnitt ist längskraftfrei (s. Bild 12.17). Das Biegemoment erzeugt Normalspannungen σ_z in den Flächenelementen dA des Querschnittes mit linearer Spannungsverteilung nach dem Ansatz

$$\sigma_z(x,y) = a + bx + cy \quad (*)$$

Wegen $F_L(z) = 0$ wird

$$F_L(z) = \int\limits_{(A)} \sigma_z \, dA = 0$$

$(*)$ eingesetzt, ergibt

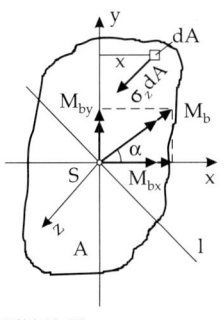

$$aA + b\int\limits_{(A)} x \, dA + c\int\limits_{(A)} y \, dA = 0$$

Bild 12.17

Beide Integrale verschwinden als statische Momente bezüglich der Schwereachsen, so daß wegen $A \neq 0$

$$a = 0$$

Für die Komponenten M_{bx} und M_{by} (positiv in Richtung der positiven Koordinatenachsen) kann nach Bild 12.17

$$M_{bx} = \int\limits_{(A)} y\sigma_z \, dA$$

$$M_{by} = -\int\limits_{(A)} x\sigma_z \, dA$$

gesetzt werden, so daß mit (12.22) und $a = 0$

$$M_{bx} = b\int\limits_{(A)} xy \, dA + c\int\limits_{(A)} y^2 \, dA = -bI_{xy} + cI_x$$

$$M_{by} = -b\int\limits_{(A)} x^2 \, dA + c\int\limits_{(A)} xy \, dA = -bI_y + cI_{xy}$$

Aus den letzten beiden Gleichungen lassen sich die Koeffizienten b und c ermitteln, so daß die **Spannungsverteilung**

$$\boxed{\sigma_z(x,y) = \frac{M_{bx}I_{xy} - M_{by}I_x}{I_xI_y - I_{xy}^2}x + \frac{M_{bx}I_y - M_{by}I_{xy}}{I_xI_y - I_{xy}^2}y} \quad (12.22)$$

Die Gleichung der durch S verlaufenden neutralen Achse n folgt aus (12.22) mit $\sigma_z(x,y) = 0$ zu

$$\boxed{y = \frac{M_{by}I_x - M_{bx}I_{xy}}{M_{bx}I_y - M_{by}I_{xy}}x} \quad (12.23)$$

☐ Im Querschnitt (s. Bild 12.18) mit $a = 10$ mm wirkt $M_b = 800$ Nm unter $\alpha = 20°$. Gesucht ist die Spannungsverteilung über den Querschnitt, die Lage von n und die Stelle maximaler Normalspannung $\max|\sigma_z|$.

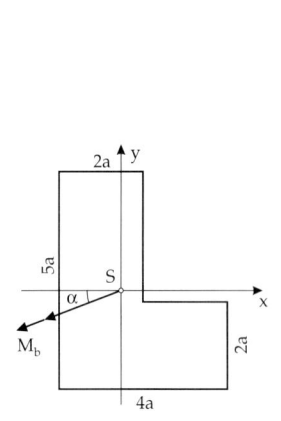

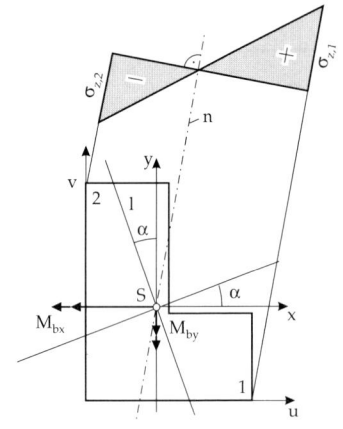

Bild 12.18

Bild 12.19

Zuerst ist über das u,v-System (s. Bild 12.19) die Lage von $S(u_S;v_S)$ zu ermitteln:

$A = (8+6)a^2 = 14a^2$

$M_u = \left(10 \cdot \dfrac{5}{2} + 4\right) a^3 = 29a^3$

$M_v = (8 \cdot 2 + 6) a^3 = 22a^3$

$u_S = \dfrac{M_v}{A} = \dfrac{11}{7}a = 1,57a$

$v_S = \dfrac{M_u}{A} = \dfrac{29}{14}a = 2,07a$

Die Trägheitsmomente werden

$I_u = \dfrac{1}{3}\left(2 \cdot 5^3 + 2 \cdot 2^3\right) a^4 = \dfrac{266}{3}a^4$

$I_v = \dfrac{1}{3}\left(3 \cdot 2^3 + 2 \cdot 4^3\right) a^4 = \dfrac{152}{3}a^4$

$I_{uv} = -\left(8 \cdot 2 + 6 \cdot \dfrac{5}{2}\right) a^4 = -31a^4$

Nach dem STEINERschen Satz (12.3) folgen

$I_x = \left(\dfrac{266}{3} - 14 \cdot \dfrac{29^2}{14^2}\right) a^4 = 206a^4$

$I_y = \left(\dfrac{152}{3} - 14 \cdot \dfrac{11^2}{7^2}\right) a^4 = 16,0a^4$

$I_{xy} = \left(-31 + 14 \cdot \dfrac{11}{7} \cdot \dfrac{29}{14}\right) a^4 = 14,6a^4$

Da die Momentenvektoren in Richtung der negativen Achsen weisen, wird

$M_{bx} = -M_b \cos\alpha = -752$ Nm

$M_{by} = -M_b \sin\alpha = -274$ Nm

12.3 Schiefe Biegung

In (12.22) bzw. (12.23) eingesetzt, ergibt sich die Spannungsverteilung

$$\sigma_z(x,y) = (1,48x - 0,261y) \text{ N/mm}^3$$

bzw. die Gleichung der neutralen Achse n

$$y = 5,70x$$

An der Querschnittsstelle 1 mit $x = 24,3$ mm und $y = -20,7$ mm (maximaler Abstand von n) wird

$$\sigma_{z,1} = 41 \text{ N/mm}^2 = \max|\sigma_z|$$

Mit diesem Spannungswert und der Lage von n läßt sich das Normalspannungsdiagramm für σ_z in Abhängigkeit vom Abstand zur neutralen Achse graphisch darstellen und die maximale Druckspannung $\sigma_{z,2} = -31$ N/mm^2 an der Stelle 2 ablesen (s. Bild 12.19).

12.3.2 Sonderfälle

1. $\alpha = 0$ bzw. $M_{by} = 0$ und $M_{bx} = M_b$:

(12.22) bzw. (12.23) gehen über in

$$\sigma_z(x,y) = \frac{M_b}{I_x I_y - I_{xy}^2} (I_{xy} \cdot x + I_y \cdot y) \tag{12.22a}$$

$$y = -\frac{I_{xy}}{I_y} x \tag{12.23a}$$

☐ Mit der y-Achse als Spur der Lastebene wirkt auf den Dreieckquerschnitt (s. Bild 12.20) das Moment $M_{bx} = -800$ Nm.

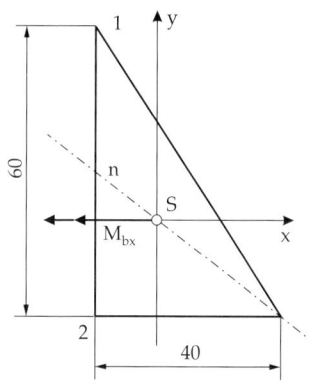

Bild 12.20

Die Trägheitsmomente (vgl. Tafel 12.1) betragen

$$I_x = \frac{1}{36} b h^3 = 24 \cdot 10^4 \text{ mm}^4$$

$$I_y = \frac{1}{36}b^3h = 10,7 \cdot 10^4 \text{ mm}^4$$

$$I_{xy} = \frac{1}{72}b^2h^2 = 8,0 \cdot 10^4 \text{ mm}^4$$

(12.22a) bzw. (12.23a) ergeben die Spannungsverteilung über den Querschnitt

$$\sigma_z(x,y) = \frac{-8 \cdot 10}{(24 \cdot 10,7 - 64)}(8x + 10,7y) \text{ N/mm}^3$$

$$\sigma_z(x,y) = (-3,32x - 4,44y) \text{ N/mm}^3$$

bzw. die Gleichung der neutralen Achse

$$y = -\frac{8}{10,7}x = -0,75x$$

Die extremen Normalspannungen treten an den Stellen 1 (Druck) und 2 (Zug) auf, da an diesen Stellen gleiche und maximale Abstände von n auftreten.

$$\sigma_{z1,2} = \mp 133 \text{ N/mm}^2$$

für $x = -13,3$ mm, $y = 40$ mm an der Stelle 1 und
$x = -13,3$ mm, $y = -20$ mm an der Stelle 2.

2. x- und y-Achse sind Hauptträgheitsachsen:

Dieser Sonderfall liegt vor, wenn der Querschnitt wenigstens eine Symmetrieachse aufweist. Wegen $I_{xy} = 0$ folgen aus (12.22) bzw. (12.23)

$$\sigma_z(x,y) = \frac{M_{bx}}{I_x}y - \frac{M_{by}}{I_y}x \qquad (12.22\text{b})$$

$$y = \frac{M_{by}I_x}{M_{bx}I_y}x = \tan\alpha \frac{I_x}{I_y}x \qquad (12.23\text{b})$$

☐ Ein einseitig eingespannter Träger aus hochstegigem T 60 nach DIN 1024 wird am Ende der Länge $l = 1$ m mit $F = 600$ N unter $\alpha = 30°$ gegenüber der y-Achse belastet (s.Bild 12.21). Es ist der Spannungsnachweis zu führen, wenn $\sigma_{bzul} = 140$ N/mm².

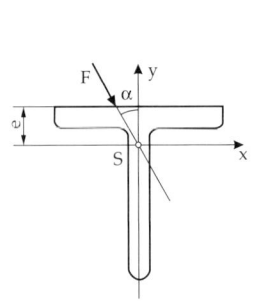

Bild 12.21 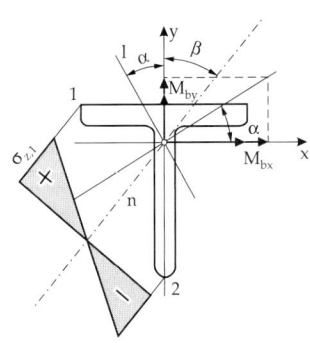   Bild 12.22

12.3 Schiefe Biegung

Das maximale Biegemoment tritt an der Einspannstelle mit $M_b = 600$ Nm auf. Die Spur der Wirkungsebene von M_b steht senkrecht auf l, so daß (s. Bild 12.22)

$M_{bx} = M_b \cos \alpha = 520$ Nm

$M_{by} = M_b \sin \alpha = 300$ Nm

Mit $I_x = 23,8$ cm^4, $I_y = 12,2$ cm^4 und $e = 1,66$ cm ergeben sich nach (12.22b) bzw. (12.23b)

$\sigma_z(x,y) = (2,18y - 2,46x)$ N/mm^3

bzw. für die neutrale Achse n

$y = 1,13x$

Damit ist n um $\beta = 41,6°$ gegenüber der y-Achse geneigt. Die Stelle 1 des Querschnittes hat den größten Abstand von n, so daß dort für $x = -30$ mm, $y = 16,6$ mm

$\sigma_{z,1} = (2,18 \cdot 16,6 + 2,46 \cdot 30)$ N/mm^2 = 110 N/mm^2

Am unteren Stegrand wird für $x = 0$ und $y = -43,4$ mm

$\sigma_{z,2} = -95$ N/mm^2

Damit ist

$\sigma_{z,1} = \sigma_{bmax} = 110$ N/mm^2 < $\sigma_{bzul} = 140$ N/mm^2

12.3.3 Graphische Ermittlung der neutralen Achse

Bei gegebenen M_b, α, I_x, I_y und I_{xy} läßt sich mit dem MOHRschen Trägheitskreis die Lage der neutralen Achse n graphisch ermitteln (s. Bild 12.23). Die maßstäbliche Darstellung von I_x, I_y und I_{xy} erfolgt wie in 12.1.7. Die Spur l der Lastebene (senkrecht auf $\vec{M}_b$ in O) schneidet den Trägheitskreis in H. Die Verlängerung $\overline{HT}$ schneidet den Kreis in N. Die neutrale Achse n ist die Gerade durch O und N.

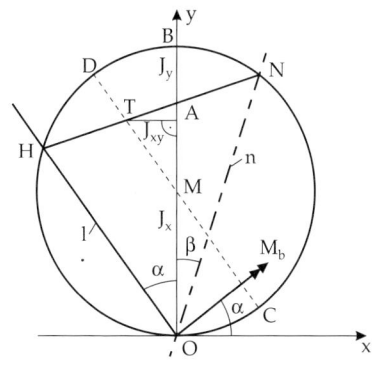

Bild 12.23

In den Sonderfällen von 12.3.2 fällt im Falle $I_{xy} = 0$ T mit A zusammen und im Falle $\alpha = 0$ wird die y-Achse zur Spur l mit $H \equiv B$.

Im allgemeinen Falle der schiefen Biegung können auch mit $\overline{CT}$ und $\overline{TD}$ die Hauptträgheitsmomente I_1 und I_2 ermittelt und die Spannungsverteilung im Querschnitt nach (12.22b) berechnet werden, indem dort $I_x = I_1$ und $I_y = I_2$ gesetzt werden.

12.4 Formänderung bei Biegung

12.4.1 Die Gleichung der elastischen Linie

Vorausgesetzt wird gerade Biegung, wobei die z-Achse die Längsachse des unverformten Trägers durch den Schwerpunkt des Querschnittes ist.

Gleichsetzen von (12.15) und (12.18) ergibt

$$\frac{1}{r} = \frac{M_{bx}}{EI_x} \tag{12.24}$$

Für die **Krümmung** gilt

$$k(z) = \frac{1}{r} = \frac{y''}{\sqrt{(1+y'^2)^3}}$$

Wegen der im elastischen Bereich auftretenden sehr kleinen Krümmungen wird $y'^2 \longrightarrow 0$, so daß

$$k(z) = \frac{1}{r} = y'' \tag{12.25}$$

Mit (12.25) geht (12.24) über in

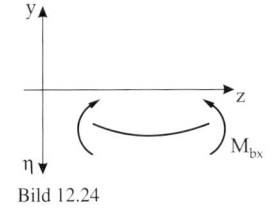

$$y'' = \frac{M_{bx}}{EI_x}$$

Bild 12.24

Wird die **Durchbiegung** η in Richtung der negativen y-Achse positiv angenommen, wird (s. Bild 12.24) wegen $y = -\eta$

$$\boxed{\eta'' = -\frac{M_{bx}}{EI_x} = -\frac{M_b}{EI}} \tag{12.26}$$

(12.26) ist die Differentialgleichung 2. Ordnung der **elastischen Linie** $\eta = f(z)$. Das Vorzeichen von $M_b = M_b(z)$ am unverformten Träger ergibt sich aus der Festlegung in 5.2.2 des Statikteiles.

Die Integration von (12.26) ergibt den **Biegewinkel**

$$\boxed{\eta' = f'(z) = \tan \varphi = \varphi} \tag{12.27}$$

Die Gleichung der elastischen Linie $\eta = f(z)$ ergibt sich aus nochmaliger Integration von (12.27), wobei die zwei auftretenden Integrationskonstanten aus den Randbedingungen heraus bestimmt werden müssen.

Falls $M_b(z)$ oder $I(z)$ Knick- oder Sprungstellen aufweisen, muß abschnittsweise integriert werden. Tafel 12.2 enthält für konstante **Biegesteifigkeit** EI = const die Gleichun-

12.4 Formänderung bei Biegung

gen von Biegewinkel und elastische Linie für einige Belastungsgrundfälle. Liegt mehrfache Belastung vor, kann mit Hilfe der Tafel für jede Einzelbelastung η und η' bestimmt werden und anschließend durch lineare Überlagerung eine Zusammenfassung zu den gesuchten Verformungsgrößen erfolgen (vgl. 2. Beispiel).

Tafel 12.2 – Elastische Linien

Nr.	Belastungsfall	elastische Linie $\eta = f(z)$	Biegewinkel $\eta' = f'(z)$
1	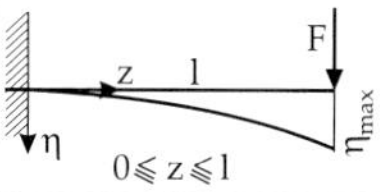 F am Ende, $0 \leqslant z \leqslant l$	$\eta = \dfrac{F}{6EI}(3lz^2 - z^3)$ $\eta_{max} = \dfrac{Fl^3}{3EI}$	$\eta' = \dfrac{F}{2EI}(2lz - z^2)$ $z = l: \eta'_{max} = \dfrac{Fl^2}{2EI}$
2	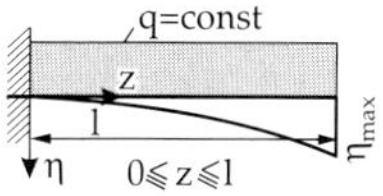 $q = $ const, $0 \leqslant z \leqslant l$	$\eta = \dfrac{q}{24EI}(z^4 - 4lz^3 + 6l^2z)$ $\eta_{max} = \dfrac{ql^4}{8EI}$	$\eta' = \dfrac{q}{6EI}(z^3 - 3lz^2 + 3l^2z)$ $z = l: \eta'_{max} = \dfrac{ql^3}{6EI}$
3	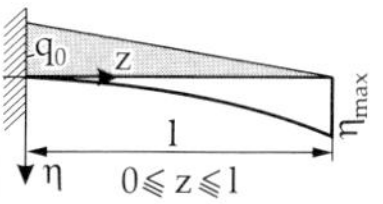 q_0 Dreieckslast, $0 \leqslant z \leqslant l$	$\eta = \dfrac{q_0}{120EIl}(z^5 - 5l^4z + 4l^5)$ $\eta_{max} = \dfrac{q_0 l^4}{30EI}$	$\eta' = \dfrac{q_0}{24EIl}(z^4 - l^4)$ $z = l: \eta'_{max} = \dfrac{q_0 l^3}{24EI}$
4	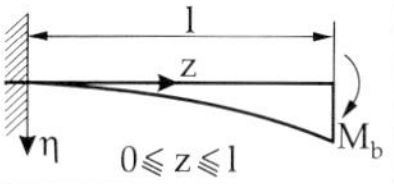 M_b am Ende, $0 \leqslant z \leqslant l$	$\eta = \dfrac{M_b}{2EI}z^2$ $\eta_{max} = \dfrac{M_b l^2}{2EI}$	$\eta' = \dfrac{M}{EI}z$ $z = l: \eta'_{max} = \dfrac{Ml}{EI}$
5	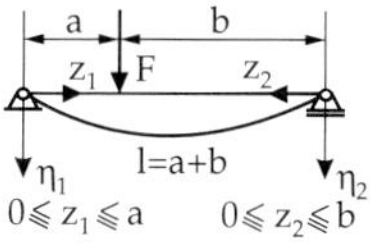 F bei a, b; $l = a+b$ $0 \leqslant z_1 \leqslant a$, $0 \leqslant z_2 \leqslant b$	$\eta_1 = \dfrac{Fb}{6EIl}[(l^2 - b^2)z_1 - z_1^3]$ $\eta_2 = \dfrac{Fa}{6EIl}[(l^2 - a^2)z_2 - z_2^3]$ $\eta_1(a) = \eta_2(b) = \dfrac{Fa^2 b^2}{3EIl}$	$\eta'_1 = \dfrac{Fb}{6EIl}(l^2 - b^2 - 3z_1^2)$ $\eta'_2 = \dfrac{Fa}{6EIl}(l^2 - a^2 - 3z_2^2)$
5a	$a > b$	$z_1 = a\sqrt{\dfrac{l+b}{3a}}:$ $\eta_{max} = \dfrac{Fa^2 b^2 (l+b)}{9EIbl}\sqrt{\dfrac{l+b}{3a}}$	$z_1 = 0:$ $\eta'_{max} = \dfrac{Fb}{6EIl}(l^2 - b^2)$
5b	$a < b$	$z_2 = b\sqrt{\dfrac{l+a}{3b}}:$ $\eta_{max} = \dfrac{Fa^2 b^2 (l+a)}{9EIal}\sqrt{\dfrac{l+a}{3b}}$	$z_2 = 0:$ $\eta'_{max} = \dfrac{Fa}{6EIl}(l^2 - a^2)$
5c	$a = b$ $z = z_1 = z_2$ $0 \leqslant z \leqslant \dfrac{1}{2}l$	$\eta = \dfrac{F}{48EI}(3l^2 z - 4z^3)$ $z = \dfrac{1}{2}l: \eta_{max} = \dfrac{Fl^3}{48EI}$	$\eta' = \dfrac{F}{16EI}(l^2 - 4z^2)$ $\eta'_{max} = \dfrac{Fl^2}{16EI}$

Tafel 12.2 – Elastische Linien (Fortsezung)

Nr.	Belastungsfall	elastische Linie $\eta = f(z)$	Biegewinkel $\eta' = f'(z)$
6	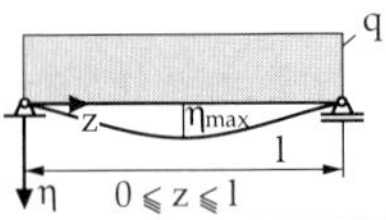 gleichmäßig verteilte Last q, $0 \leq z \leq l$	$\eta = \dfrac{q}{24EI}(l^3 z - 2lz^3 + z^4)$ $z = \dfrac{1}{2}l:\; \eta_{max} = \dfrac{5ql^4}{384EI}$	$\eta' = \dfrac{q}{24EI}(l^3 - 6lz^2 + 4z^3)$ $z_1 = 0:\; \eta'_{max} = \dfrac{ql^3}{24EI}$
7	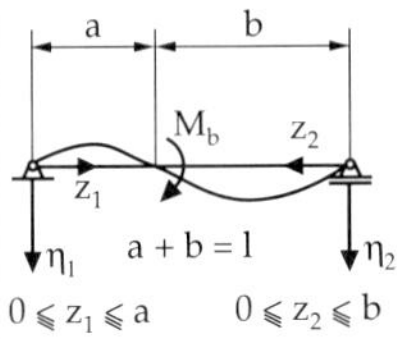 Moment M_b, $a+b=l$, $0 \leq z_1 \leq a$, $0 \leq z_2 \leq b$	$\eta_1 = -\dfrac{M_b}{6EIl}\left[(l^2 - 3b^2)z_1 - z_1^3\right]$ $\eta_2 = \dfrac{M_b}{6EIl}\left[(l^2 - 3a^2)z_2 - z_2^3\right]$ $z_1 = \sqrt{\dfrac{l^2 - 3b^2}{3}}:$ $\eta_{1min} =$ $\dfrac{-M_b(l^2 - 3b^2)}{9EIl}\sqrt{\dfrac{l^2 - 3b^2}{3}}$ $z_2 = \sqrt{\dfrac{l^2 - 3a^2}{3}}:$ $\eta_{2max} =$ $\dfrac{M_b(l^2 - 3a^2)}{9EIl}\sqrt{\dfrac{l^2 - 3a^2}{3}}$	$\eta'_1 = -\dfrac{M_b}{6EIl}(l^2 - 3b^2 - 3z_1^2)$ $\eta'_2 = \dfrac{M_b}{6EIl}(l^2 - 3a^2 - 3z_2^2)$ $\eta'_1(0) = \dfrac{-M_b(l^2 - 3b^2)}{6EIl}$ $\eta'_2(0) = \dfrac{M_b(l^2 - 3a^2)}{6EIl}$
8	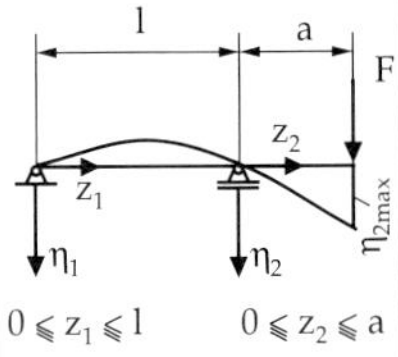 Kragträger mit Einzellast F am Ende, $0 \leq z_1 \leq l$, $0 \leq z_2 \leq a$	$\eta_1 = \dfrac{Fa}{6EIl}(z_1^3 - l^2 z_1)$ $\eta_2 = \dfrac{F}{6EI}(2alz_2 + 3az_2^2 - z_2^3)$ $z_1 = \dfrac{l}{3}\sqrt{3}:$ $\eta_{1min} = -\dfrac{Fal^2}{9\sqrt{3}EI}$ $\eta_{2max} = \dfrac{Fa^2(l+a)}{3EI}$	$\eta'_1 = \dfrac{Fa}{6EIl}(3z_1^2 - l^2)$ $\eta'_2 = \dfrac{F}{6EI}(2al + 6az_2 - 3z_2^2)$ $\eta'_1(0) = -\dfrac{Fal}{6EI}$ $\eta'_2(a) = \dfrac{Fa}{6EI}(2l + 3a)$ $= \eta'_{max}$
9	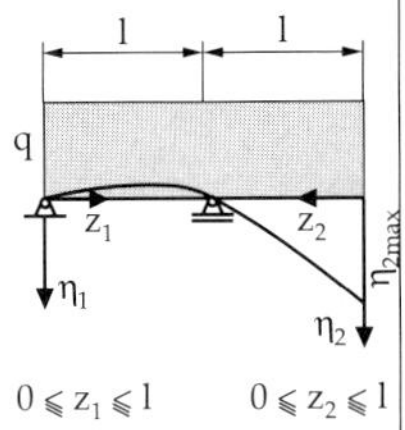 Kragträger mit Streckenlast q, $0 \leq z_1 \leq l$, $0 \leq z_2 \leq l$	$\eta_1 = \dfrac{q}{24EI}(z_1^4 - l^3 z_1)$ $\eta_2 = \dfrac{q}{24EI}(z_2^4 - 7l^3 z_2 + 6l^4)$ $z_1 = \dfrac{l}{2}\sqrt[3]{2}:$ $\eta_{1min} = -\dfrac{ql^4\sqrt[3]{2}}{64EI}$ $\eta_{2max} = \dfrac{ql^4}{4EI}$	$\eta'_1 = \dfrac{q}{24EI}(4z_1^3 - l^3)$ $\eta'_2 = \dfrac{q}{24EI}(4z_2^3 - 7l^3)$ $\eta'_1(l) = |\eta'_2(l)| = \dfrac{ql^3}{8EI}$

☐ **1.** Gesucht sind die Gleichungen der elastischen Linie, maximale Durchbiegung η_{max}, η an der Kraftangriffsstelle und die Trägerneigung φ_A am Festlager A, wenn $F = 3$ kN, $a = 2$ m, $l = 6$ m und der Träger aus $\mathrm{I}\,160$ nach DIN 1025 besteht (s. Bild 12.25a).

12.4 Formänderung bei Biegung

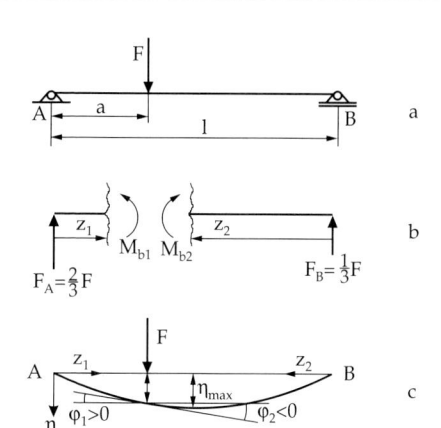

Bild 12.25

Es ist

$$E \cdot I_x = 2{,}1 \cdot 10^5 \cdot 9{,}35 \cdot 10^6 \text{ Nmm}^2 = 19{,}6 \cdot 10^5 \text{ Nm}^2 = \text{const}$$

Da der M_b-Verlauf eine Knickstelle am Kraftangriffspunkt aufweist, muß in zwei Abschnitte aufgeteilt werden (s. Bild 12.25b). Für die Biegemomente ergibt sich

$$M_{b1} = \frac{2}{3}Fz_1, \quad 0 \leq z_1 \leq a = \frac{1}{3}l$$

$$M_{b2} = \frac{1}{3}Fz_2, \quad 0 \leq z_2 \leq b = \frac{2}{3}l$$

Gemäß (12.26) ergeben sich die Differentialgleichungen

$$\eta_1'' = -\frac{2F}{3EI_x}z_1 = 2Kz_1 \qquad \eta_2'' = -\frac{F}{3EI_x}z_2 = Kz_2$$

mit $K = -\dfrac{F}{3EI_x} = \text{const}$

Die Integrationen führen auf

$$\eta_1' = Kz_1^2 + C_1 \qquad \eta_2' = \frac{K}{2}z_2^2 + C_2$$

$$\eta_1 = \frac{K}{3}z_1^3 + C_1 z_1 + C_3 \qquad \eta_2 = \frac{K}{6}z_2^3 + C_2 z_2 + C_4$$

Die vier Integrationskonstanten ergeben sich daraus, daß an den Lagern keine Durchbiegung vorhanden ist und die elastische Linie ohne Knick oder Sprung durch die Abschnittsgrenzen verläuft (s. Bild 12.25c).

$$\eta_1(z_1 = 0) = 0$$
$$\eta_2(z_2 = 0) = 0$$
$$\eta_1(z_1 = a) = \eta_2(z_2 = b)$$
$$\eta_1'(z_1 = a) = -\eta_2'(z_2 = b)$$

Die ersten beiden Randbedingungen liefern $C_3 = C_4 = 0$. Die letzten beiden ergeben für C_1 und C_2 das Gleichungssystem

$$\frac{K}{3}a^3 + C_1 a = \frac{K}{6}b^3 + C_2 b$$

$$Ka^2 + C_1 = -\frac{K}{2}b^2 - C_2$$

mit den Lösungen

$$C_1 = -\frac{5}{27}Kl^2, \qquad C_2 = -\frac{4}{27}Kl^2$$

Damit ergeben sich die Biegewinkel

$$\eta_1' = \frac{F}{81 EI_x}(5l^2 - 27z_1^2), \qquad \eta_2' = \frac{F}{162 EI_x}(8l^2 - 27z_2^2)$$

und als elastische Linie

$$\eta_1 = \frac{F}{81 EI_x}(5l^2 z_1 - 9z_1^3), \qquad \eta_2 = \frac{F}{162 EI_x}(8l^2 z_2 - 9z_2^3)$$

η_{max} liegt im 2. Abschnitt, da dort $\eta_2' = 0$ und somit

$8l^2 - 27z_2^2 = 0 \Rightarrow$

$z_2 = \frac{2l}{9}\sqrt{6} = 3,27$ m   als Stelle maximaler Durchbiegung

$$\eta_{max} = \eta_{2max} = \frac{16 F l^3 \sqrt{6}}{3^7 EI_x} = 5,9 \text{ mm}$$

Die Durchbiegung an der Kraftangriffsstelle wird

$$\eta_1(z_1 = a) = \eta_2(z_2 = b) = \frac{4F l^3}{3^5 EI_x} = 5,4 \text{ mm}$$

Der maximale Biegewinkel tritt am Lager A auf und wird

$$\varphi_A = \eta_1'(z_1 = 0) = \frac{5 F l^2}{81 EI_x} = 3,4 \cdot 10^{-3} = 0,2°$$

2. Der Stahlträger (s. Bild 12.26a) mit $EI_x = 2 \cdot 10^5$ Nm^2 = const ist mit der Streckenlast $q = 2$ kN/m und am Kragarmende mit der Einzelkraft $F = 3$ kN belastet. Welche Durchbiegungen ergeben sich in der Mitte M zwischen den Lagern und am Trägerende C, wenn $a = 1$ m?

Aus Tafel 12.2 werden die Grundfälle 6. und 8. überlagert.

1. Lastfall (Index 1) nur infolge Streckenlast (s. Bild 12.26b):

$$\eta_{M1} = \frac{4q(2a)^4}{384 EI_x} = \frac{4 \cdot 2 \cdot 10^3 \cdot 16}{384 \cdot 2 \cdot 10^5} 10^3 \text{ mm} = 1,7 \text{ mm}$$

Da der Kragarm keine Verformung infolge q erfährt, verläuft die elastische Linie geradlinig mit dem Anstieg unter dem Biegewinkel φ_{B1}.

$$\varphi_{B1} = \eta_{B1}' = -\eta_{A1}' = -\frac{q(2a)^3}{24 EI_x} = -\frac{2 \cdot 10^3 \cdot 8}{24 \cdot 2 \cdot 10^5} = -3,3 \cdot 10^{-3}$$

$$\eta_{C1} = \varphi_{B1} \cdot a = -3,3 \cdot 10^{-3} \cdot 10^3 \text{ mm} = -3,3 \text{ mm}$$

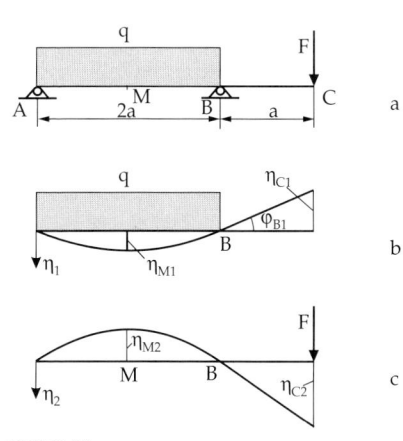

Bild 12.26

2. Lastfall (Index 2) nur infolge Einzelkraft (s. Bild 12.26c):

$$\eta_{M2} = \frac{Fa}{6EI_x 2a}(a^3 - 4a^3) = \frac{-3 \cdot 10^3 \cdot 3 \cdot 10^3}{6 \cdot 2 \cdot 10^5 \cdot 2} \text{ mm} = -3,8 \text{ mm}$$

$$\eta_{C2} = \frac{Fa^2 \cdot 3a}{3EI_x} = \frac{3 \cdot 10^3 \cdot 3 \cdot 10^3}{3 \cdot 2 \cdot 10^5} \text{ mm} = 15 \text{ mm}$$

Überlagerung beider Fälle:

$$\eta_M = \eta_{M1} + \eta_{M2} = (1,7 - 3,8) \text{ mm} = -2,1 \text{ mm}$$

$$\eta_C = \eta_{C1} + \eta_{C2} = (-3,3 + 15) \text{ mm} = 11,7 \text{ mm} = \eta_{max}$$

12.4.2 Formänderungsarbeit bei Biegung

Bei gerader Biegung (Normalspannungen nur in Richtung der Längsachse) ist die spezifische Formänderungsarbeit W_F^* mit (9.33) und (12.18)

$$W_F^* = \frac{\sigma_z^2}{2E} = \frac{M_{bx}^2}{2EI_x^2} y^2 \qquad (12.28)$$

Für ein Volumenelement dV des Balkens (s. Bild 12.27) wird die Formänderungsarbeit

$$dW_F = W_F^* \, dV = \frac{M_{bx}^2}{2EI_x^2} y^2 \, dA \, dz$$

$EI_x = $ const vorausgesetzt, ergibt sich für die Balkenlänge l bei veränderlichem $M_{bx} = M_{bx}(z)$

$$W_F = \frac{1}{2EI_x^2} \int_0^l M_{bx}^2 \left\{ \int_{e_1}^{e_2} y^2 \, dA \right\} dz$$

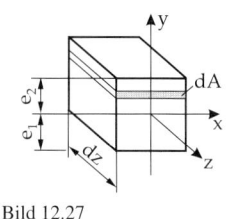

Bild 12.27

und mit der Definition (12.1a)

$$W_\text{F} = \frac{1}{2EI_x} \int_0^l M_{\text{b}x}^2 \, dz \tag{12.29}$$

☐ Die im Träger des 1. Beispiels in 12.4.1 als potentielle Energie gespeicherte Formänderungsarbeit ist nach (12.29)

$$W_\text{F} = \frac{1}{2EI_x} \left\{ \int_0^a \frac{4}{9} F^2 z_1^2 \, dz_1 + \int_0^{2a} \frac{1}{9} F^2 z_2^2 \, dz_2 \right\}$$

$$W_\text{F} = \frac{2F^2 a^3}{9EI_x} = 8{,}2 \text{ Nm}$$

Bei partieller Differentiation nach der Last ergibt sich

$$\frac{\partial W_\text{F}}{\partial F} = \frac{4Fa^3}{9EI_x} = \frac{4Fl^3}{3^5 EI_x} = \eta_1(a)$$

als Durchbiegung an der Kraftangriffsstelle (vgl. 12.4.3).

12.4.3 Verformung nach CASTIGLIANO

Ist i die Stelle eines Trägers, an der die Kraft F_i bzw. das Moment M_i eingeleitet wird, so gilt nach dem **Satz von CASTIGLIANO** für die Durchbiegung bzw. den Biegewinkel im gleichen Richtungssinn der eingeleiteten Größen

$$\eta_i = \frac{\partial W_\text{F}}{\partial F_i}$$

bzw. \hfill (12.30)

$$\varphi_i = \eta_i' = \frac{\partial W_\text{F}}{\partial M_i}$$

Wegen beliebiger Reihenfolge von Integration und Differentiation und

$$\frac{\partial M_{\text{b}x}^2}{\partial F_i} = \frac{\partial M_{\text{b}x}^2}{\partial M_{\text{b}x}} \cdot \frac{\partial M_{\text{b}x}}{\partial F_i} = 2 M_{\text{b}x} \frac{\partial M_{\text{b}x}}{\partial F_i}$$

gehen die Gleichungen (12.30) mit (12.29) über in

$$\eta_i = \int_0^l \frac{M_{\text{b}x}}{EI_x} \cdot \frac{\partial M_{\text{b}x}}{\partial F_i} \, dz \tag{12.31a}$$

$$\varphi_i = \int_0^l \frac{M_{\text{b}x}}{EI_x} \cdot \frac{\partial M_{\text{b}x}}{\partial M_i} \, dz \tag{12.31b}$$

Falls der Biegemomentenverlauf über die Tragwerkslänge l Sprung- oder Knickstellen aufweist, muß abschnittsweise integriert und anschließend summiert werden. Wird an der Stelle i keine Kraft bzw. kein Moment eingeleitet, so sind dort Hilfsgrößen $F_\text{H} = 0$ bzw. $M_\text{H} = 0$ anzusetzen.

Das Verfahren erspart gegenüber dem in 12.4.1 Vorzeichenbetrachtungen bezüglich des Biegemomentes und Aufstellung von Randbedingungen.

12.4 Formänderung bei Biegung

Ein einseitig eingespannter Träger ist auf seiner Länge von $l = 1,5$ m mit $q = 100$ N/m belastet, und am Trägerende wird das Moment $M = 10$ Nm eingeleitet. Gesucht sind η_{max} und φ_{max} am Trägerende, wenn $EI = 10^4$ N/m²?

Wird z vom Trägerende in Richtung Einspannstelle angesetzt (s. Bild 12.28), kann das Schnittmoment ohne Berechnung der Auflagerreaktionen ermittelt werden. Zur Bestimmung von η_{max} wird die Hilfskraft $F_H = 0$ eingeführt. Das Biegemoment an der Stelle z wird

$$M_b(z) = -\left(\frac{q}{2}z^2 + F_H z + M\right)$$

und die partiellen Differentiationen ergeben

$$\frac{\partial M_b(z)}{\partial F_H} = -z \quad \text{und} \quad \frac{\partial M_b(z)}{\partial M} = -1$$

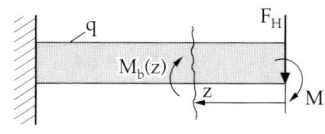

Bild 12.28

Die Gleichungen (12.31) ergeben

$$\eta_{max} = \frac{1}{EI}\int_0^l \left(\frac{q}{2}z^3 + Mz\right)\,dz = \frac{1}{EI}\left(\frac{ql^4}{8} + \frac{Ml^2}{2}\right) = 7,5 \text{ mm}$$

$$\varphi_{max} = \frac{1}{EI}\int_0^l \left(\frac{q}{2}z^2 + M\right)\,dz = \frac{1}{EI}\left(\frac{ql^3}{6} + Ml\right) = 0,007 = 0,4°$$

12.4.4 Graphische Ermittlung der Durchbiegung

Der Biegemomentenverlauf kann graphisch über die **Seileck-Krafteck-Konstruktion** erfolgen. Nach Wahl der Maßstäbe M für Längen, M_F für Kräfte und des Polabstandes p_1 läßt sich $\langle M_b \rangle$ an jeder Stelle als Ordinate zwischen zwei Seilstrahlen des geschlossenen Seilecks ablesen (s. Bild 12.29a). Das folgt aus der Ähnlichkeit entsprechender Flächen im Seil- und Krafteck, z. B. aus den schraffierten Dreiecken in Bild 12.29a:

$$\frac{\langle M_{b1}\rangle}{\langle 2a\rangle} = \frac{\langle F_A\rangle}{p_1} \Rightarrow$$

$$\langle M_{b1}\rangle = \frac{2\langle F_A\rangle\langle a\rangle}{p_1} = \frac{2F_A a M_F M}{p_1} = M_{b1} M_M$$

Mit dem Momentenmaßstab

$$M_M = \frac{M_F \cdot M}{p_1} \tag{12.32}$$

ergibt sich das Biegemoment

$$M_{\text{b}} = \frac{\langle M_{\text{b}} \rangle}{M_M} \tag{12.33}$$

Der Momentenverlauf $\langle M_{\text{b}}(z) \rangle$ erfolgt durch Abtragen der $\langle M_{\text{b}i} \rangle$ an den Stellen 1 und 2 (s. Bild 12.29b).

Wegen der Analogie aus 5.2.2 der Statik

$$M_{\text{b}}'' = -q$$

und

$$\eta'' = -\frac{M_{\text{b}}}{EI}$$

kann η ebenfalls aus dem Seileck-Krafteck-Verfahren bestimmt werden. Dabei wird η als „Moment" und $M_{\text{b}}/EI = \bar{q}$ als „Streckenlast" eines **Ersatzbalkens** aufgefaßt. Treten Sprungstellen für I auf, wird (s. Bild 12.29c)

$$\langle \bar{q} \rangle = \langle M_{\text{b}} \rangle I_{\max}/I$$

abschnittsweise von der z-Achse abgetragen. Die „Streckenlasten" A_i werden in ihren Schwerpunkten durch äquivalente „Einzelkräfte" $\langle K_i \rangle = \langle A_i \rangle = M_A A_i = \dfrac{M_K A_i}{M_{\bar{q}} M}$ zusammengefaßt. Mit

$$M_{\bar{q}} = M_M EI_{\max}$$

wird der Maßstab für die „Kraft" K

$$M_K = M_A \cdot M \cdot M_M EI_{\max} \tag{12.34}$$

und analog zu (12.32)

$$M_\eta = \frac{M_K \cdot M}{p_2} = \frac{M_A M^2 M_M EI_{\max}}{p_2}$$

und schließlich mit (12.32)

$$M_\eta = \frac{M^3 M_F M_A EI_{\max}}{p_1 p_2} \tag{12.35}$$

$\langle \eta \rangle$ läßt sich im Seileck (s. Bild 12.29d) als Ordinate zwischen Schlußstrahl S' und den anderen Seilstrahlen ablesen. S' ergibt sich aus $\eta(\text{A}) = \eta(\text{B}) = 0$. Die elastische Linie wird durch den Polygonzug in Bild 12.29e mit für die Praxis ausreichender Genauigkeit angenähert.

☐ Gegeben sind $F_1 = 4F$, $F_2 = 5F$, $F = 2$ kN, $a = 1{,}5$ m, $I_1 = I_3 = 5 \cdot 10^3$ cm^4, $I_2 = I_{\max} = 10^4$ cm^4 und $E = 2{,}1 \cdot 10^7$ N/cm^2. Zu ermitteln sind η_1 (an der Kraftangriffsstelle von F_1) und $\eta_{\max}$.

Gewählt werden: $M = 1:100$, $M_F = 1$ cm/$2F$ und $p_1 = 3$ cm. Es wird (s. Bild 12.29b) $M_{\text{b}} \leqq 0$ über die Trägerlänge. Die vier Abschnitte ergeben sich aus den Kraftangriffs- und I-Sprungstellen. Graphische Ergebnisse:

12.4 Formänderung bei Biegung

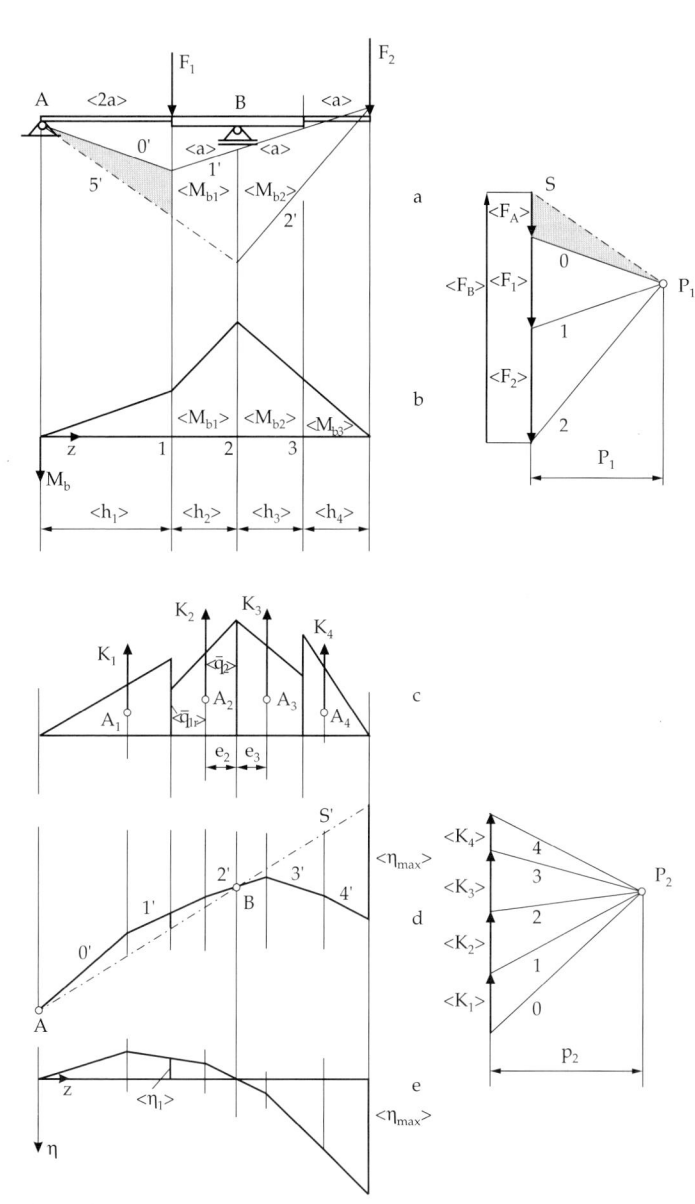

Bild 12.29

Stelle i	$\langle M_b \rangle$/cm	$\langle \overline{q}_i \rangle = \langle M_b \rangle \dfrac{I_{max}}{I}$	A_i/cm²
$1l$	1,0	1,7	2,6
$1r$	1,0	1,0	2,9
2	2,5	2,5	2,9
$3l$	1,3	1,3	1,7
$3r$	1,3	2,2	

Schwerpunktslage:

$$\langle e_2 \rangle = \frac{\langle h_2 \rangle}{3} \cdot \frac{\langle \overline{q}_2 \rangle + 2\langle \overline{q}_{1r} \rangle}{\langle \overline{q}_2 \rangle + \langle \overline{q}_{1r} \rangle} = 0,6 \text{ cm}$$

$$\langle e_3 \rangle = \frac{\langle h_3 \rangle}{3} \cdot \frac{\langle \overline{q}_2 \rangle + 2\langle \overline{q}_{3l} \rangle}{\langle \overline{q}_2 \rangle + \langle \overline{q}_{3l} \rangle} = 0,7 \text{ cm}$$

Gewählt werden: $M_A = \dfrac{\langle A \rangle}{A} = \dfrac{1 \text{ cm}}{2 \text{ cm}^2} = \dfrac{1}{2 \text{ cm}}$ und $p_2 = 3,5$ cm. Über das Krafteck mit den $\langle A_i \rangle = \langle K_i \rangle$ ergibt sich in Bild 12.29c das Seileck mit der Schlußlinie S', so daß $\langle \eta_A \rangle = \langle \eta_B \rangle = 0$. In Bild 12.29e wurden die $\langle \eta_i \rangle$ über der z-Achse aufgetragen. Mit

$$M_\eta = \frac{10^{-6} \text{ cm} \cdot 2,1 \cdot 10^7 \text{ N} \cdot 10^4 \text{ cm}^4}{4 \cdot 10^3 \text{ N} \cdot 2 \cdot 3 \cdot 3,5 \text{ cm}^5} = 2,5$$

werden

$$\eta_1 = \frac{\langle \eta_1 \rangle}{M_\eta} = \frac{-4 \text{ mm}}{2,5} = -2 \text{ mm}$$

$$\eta_{max} = \frac{\langle \eta_{max} \rangle}{M_\eta} = \frac{25 \text{ mm}}{2,5} = 10 \text{ mm}$$

13 Schubbeanspruchung infolge Querkraft

13.1 Schubspannungen in einfachen Vollquerschnitten

13.1.1 Die mittlere Schubspannung

Bei veränderlichem Biegemomentenverlauf $M_b(z)$ treten infolge der an der Schnittstelle auftretenden Querkraft F_Q **Schubspannungen** τ auf. Ihre Verteilung über den Querschnitt ist exakt nur mit der mathematisch aufwendigen Elastizitätstheorie zu erfassen. Da bei gewöhnlichen Biegeträgern mit $h > b$ und $l > 10h$ die Beträge der Biegespannungen gegenüber denen der Schubspannung dominieren, wird der Querkraftschub vernachlässigt (vgl. 12.2.2) oder der Schubspannungsnachweis getrennt von der Biegespannung näherungsweise geführt. Wird in einer ersten groben Näherung von gleichmäßiger Schubspannungsverteilung über den Querschnitt ausgegangen, ergibt sich in Übereinstimmung mit (11.1) die **mittlere Schubspannung**

$$\tau_m = \frac{F_Q}{A} \tag{13.1}$$

Ein eingespannter Träger mit $l = 1$ m und rechteckigem Vollquerschnitt wird am Ende mit $F = 5$ kN belastet. Für $h = 0,1 l = 100$ mm und $b = 60$ mm wird

$$\sigma_{bmax} = \frac{6 \cdot Fl}{bh^2} = 50 \text{ N/mm}^2$$

$$\tau_m = \frac{F_Q}{A} = \frac{F}{bh} = 0,8 \text{ N/mm}^2$$

Die mittlere Schubspannung kann also vernachlässigt werden.

13.1.2 Näherungsweise Schubspannungsverteilung

Vorausgesetzt wird

- F_Q wirkt in einer Hauptträgheitsachse (y-Achse),
- die Schubspannungen wirken parallel zu F_Q,
- τ ist unabhängig von x (möglichst $b \leq 0,5h$) und
- die Normalspannung $\sigma_z(y)$ folgt aus reiner Biegung.

Nach (9.15) sind die am Balkenelement auftretende Querschnittsschubspannung τ_{zy} und die Längsschubspannung τ_{yz} gleich, so daß

$$\tau_{zy} = \tau_{yz} = \tau$$

gesetzt werden kann.

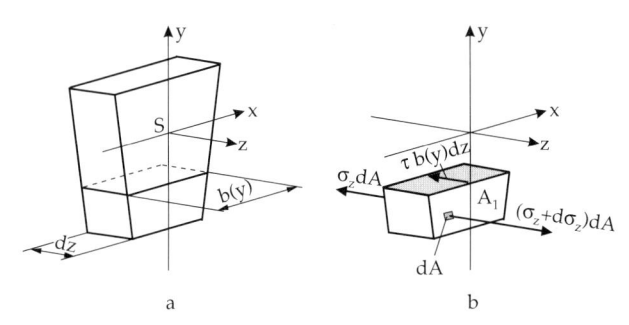

Bild 13.1

Wird aus dem Balkenelement der Länge dz (s. Bild 13.1a) eine Schicht von unten her abgeschnitten (s. Bild 13.1b), so ergibt das Kräftegleichgewicht in Richtung der Längsachse

$$\leftarrow : \int\limits_{(A_1)} \sigma_z \, dA + \tau b(y) \, dz - \int\limits_{(A_1)} (\sigma_z + d\sigma_z) \, dA = 0 \Rightarrow$$

$$\tau = \frac{1}{b(y)} \int\limits_{(A_1)} \frac{d\sigma_z}{dz} \, dA \qquad (13.2)$$

Mit (12.18) wird

$$\frac{d\sigma_z}{dz} = \frac{y}{I_x} \frac{dM_{bx}}{dz} = \frac{y F_Q}{I_x}$$

In (13.2) eingesetzt, entsteht die **Schubspannungsverteilung**

$$\boxed{\tau(y) = \frac{F_Q}{b(y) I_x} \int\limits_{(A_1)} y \, dA = \frac{F_Q S_x}{b(y) I_x}} \qquad (13.3)$$

S_x ist das statische Moment des Teilquerschnittes A_1 und I_x das Flächenträgheitsmoment des Gesamtquerschnittes A auf die x-Achse bezogen.

Ist der Querschnittsrand nicht parallel zur y-Achse, so treten am Rand resultierende Schubspannungen τ_r in tangentialer Richtung auf, von denen τ aus (13.3) lediglich die Vertikalkomponente τ_{zy} ist.

Für den **Rechteckquerschnitt** (s. Bild 13.2a) wird für den schraffierten Abschnitt A_1

$$S_x = \int\limits_y^{h/2} y \, dA = b \int\limits_y^{h/2} y \, dy = \frac{b}{2} \left(\frac{h^2}{4} - y^2 \right)$$

und damit nach (13.3)

$$\tau(y) = \frac{F_Q \cdot \frac{b}{2} \left(\frac{h^2}{4} - y^2 \right)}{6 \cdot \frac{1}{12} b h^3} = \frac{3 F_Q}{2 b h} \left[1 - \left(\frac{2y}{h} \right)^2 \right] \qquad (13.4)$$

13.1 Schubspannungen in einfachen Vollquerschnitten

Die Spannungsverteilung längs der y-Achse ist somit parabelförmig (s. Bild 13.2b) mit
$\tau_{min} = 0$ für $y = \pm h/2$ an den Randfasern und

$$\boxed{\tau_{max} = \frac{3F_Q}{2A} = \frac{3}{2}\tau_m} \qquad (13.5a)$$

für $y = 0$ in der neutralen Faser.

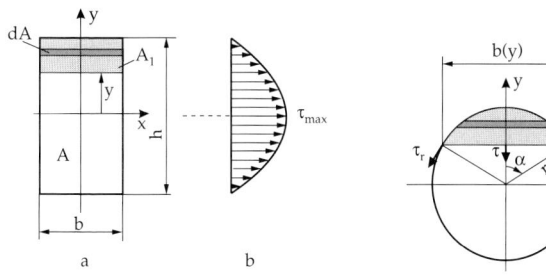

Bild 13.2

Bild 13.3

(13.5a) gilt näherungsweise für $b/h \leqq 0,5$. Bei zunehmender Breite wird

$$\boxed{\tau_{max} = k\frac{3F_Q}{2A}} \qquad (13.5b)$$

mit

b/h	1	2	4
k	1,13	1,4	2,0

Für den **Kreisquerschnitt** (s. Bild 13.3) wird für das schraffierte Segment (vgl. Tafel 4.2 der Statik) mit

$$y_S = \frac{2r\sin^3\alpha}{3(\alpha - \sin\alpha\cos\alpha)} \quad \text{und} \quad A_1 = r^2(\alpha - \sin\alpha\cos\alpha)$$

das statische Moment

$$S_x = \frac{2}{3}r^3\sin^3\alpha$$

und mit

$$I_x = \frac{\pi}{4}r^4, \qquad b = 2r\sin\alpha$$

$$\tau(y) = \frac{4F_Q\sin^2\alpha}{3\pi r^2} = \frac{4F_Q}{3A}\left[1 - \left(\frac{y}{r}\right)^2\right] \qquad (13.6)$$

Nach (13.6) ist die Spannungsverteilung längs der y-Achse parabelförmig mit

$\tau_{min} = 0$ für $y = \pm r$

$$\boxed{\tau_{max} = \frac{4F_Q}{3A}} \quad \text{für} \quad y = 0 \qquad (13.7)$$

Für die Randschubspannungen enthält (13.6) nur die Vertikalkomponenten τ_{zy}. Die Spannungsverteilung am Rand wird

$$\tau_r = \frac{\tau(y)}{\sin\alpha} = \frac{4F_Q}{3A}\sin\alpha = \frac{4F_Q}{3A}\sqrt{1 - \left(\frac{y}{r}\right)^2}$$

mit $\tau_{rmax} = \tau_{max}$, da für $y = 0$ die Horizontalkomponente τ_{zx} verschwindet.

13.2 Schub in dünnwandigen Profilen

13.2.1 Offene Profile

In dünnwandigen Profilen mit kleiner Wanddicke t gegenüber Profilbreite b und Profilhöhe h (s. Bild 13.4) kann die Schubspannungsverteilung über t als konstant angenommen werden. Damit hängt τ bzw. der **Schubfluß** $t\tau$ nur von der Wegkoordinate s längs der Symmetrielinie des Profils der Wanddicke t ab. Analog zu (13.2) ergibt das Kräftegleichgewicht am abgeschnittenen Element (s. Bild 13.5)

$$\tau t\,dz = \int_{(A_1)} d\sigma_z\,dA \Rightarrow$$

$$\boxed{\tau = \frac{F_Q \cdot S_x}{t \cdot I_x}} \tag{13.8}$$

Bild 13.4

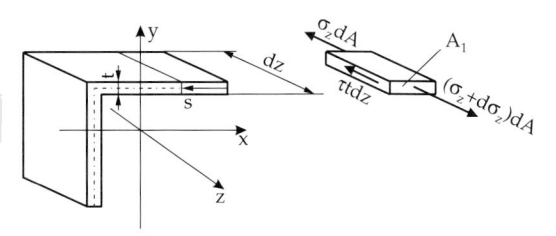

Bild 13.5

☐ **1.** Der Schubspannungsverlauf im I-Profil (s. Bild 13.6) kann aus Symmetriegründen für die halbe Flanschbreite und halbe Steghälfte erfolgen. Mit dem statischen Moment des Streifens der Länge s_1

$$S_x = \frac{1}{2} s_1 t_F (h - t_F)$$

wird im Flansch $0 \leq s_1 \leq \dfrac{b}{2}$

$$\tau(s_1) = \frac{F_Q(h - t_F)}{2I_x} s_1$$

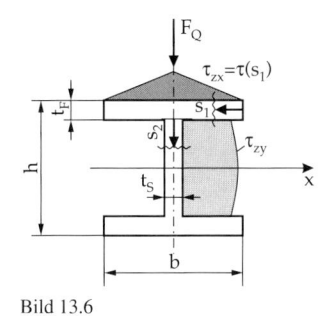

Bild 13.6

τ nimmt damit linear vom Rand aus nach der Flanschmitte zu, so daß in Flanschmitte

$$\tau = \frac{F_Q b(h - t_F)}{4I_x} = \tau_{Fmax} \tag{13.9}$$

13.2 Schub in dünnwandigen Profilen

Im Steg wird oberhalb des Schnittes bei s_2

$$S_x = \frac{1}{2}\left[bt_F(h-t_F) + t_S s_2(h-2t_F - s_2)\right]$$

und somit im Steg $0 \leq s_2 \leq \frac{h}{2} - t_F$

$$\tau(s_2) = \frac{F_Q}{2t_S I_x}\left[bt_F(h-t_F) + t_S s_2(h-2t_F - s_2)\right] \tag{13.10}$$

Die parabelförmige Verteilung nach (13.10) hat Minima am Steganfang und Stegende mit

$$\tau_{min} = \frac{F_Q b t_F(h-t_F)}{2t_S I_x} \tag{13.10a}$$

und das Maximum in der Stegmitte

$$\tau_{max} = \frac{F_Q}{2t_S I_x}\left[bt_F(h-t_F) + t_S \left(\frac{h}{2} - t_F\right)^2\right] \tag{13.10b}$$

Der Vergleich von (13.9) mit (13.10a) zeigt wegen $t_F > t_S$, daß die Querkraft im wesentlichen vom Steg aufgenommen wird.

Eine brauchbare und praktisch verwendete Näherung ergibt sich, wenn für die Schubspannung im Steg das Trägheitsmoment der Flansche (bei Vernachlässigung der Eigenträgheitsmomente)

$$I_x = \frac{1}{2}bt_F h^2$$

und das statische Moment eines Flansches (bei Vernachlässigung des geringen Steganteils)

$$S_x = bt_F \frac{h}{2}$$

in (13.8) eingesetzt wird. Dann wird

$$\tau = \frac{F_Q}{t_S h} = \frac{F_Q}{A_S} \tag{13.11}$$

2. Für den Schubspannungsverlauf im ⊏ - Profil (s. Bild 13.7) ergibt sich im oberen Flansch analog (13.9) mit $0 \leq s_1 \leq b$

$$\tau(s_1) = \frac{F_Q(h-t)}{2I_x}s_1 \tag{13.12}$$

und damit linearer Spannungsverlauf.

Im unteren Flansch tritt gleicher Spannungsverlauf mit entgegengesetztem Vorzeichen ($S_x < 0$) auf. Längs des Steges wird mit $0 \leq s_2 \leq h/2$

$$S_x = \frac{1}{2}bt(h-t) + \frac{1}{2}(s_2 - t)t(h-t-s_2)$$

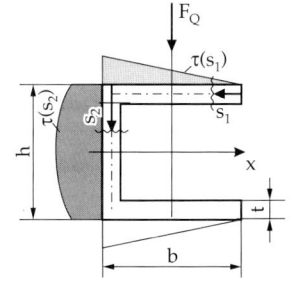

Bild 13.7

$$S_x = \frac{t}{2}\left[b(h-t) + (s_2-t)(h-t-s_2)\right]$$

der Spannungsverlauf eine quadratische Funktion von s_2

$$\tau(s_2) = \frac{F_Q}{2I_x}\left[(h-t)(b-t) + hs_2 - s_2^2\right] \tag{13.13}$$

Das Maximum ergibt sich in Stegmitte für $s_2 = h/2$ zu

$$\tau_{\max} = \frac{F_Q}{2I_x}\left[(h-t)(b-t) + \frac{h^2}{4}\right]$$

13.2.2 Der Schubmittelpunkt

Der Schubfluß im $\sqsubset$-Profil (s. Bild 13.8) erzeugt ein Torsionsmoment M_{tz} um die z-Achse, wenn F_Q in der Hauptträgheitsachse wirkt.

$$M_{tz} = 2F_x\bar{y} + F_y\bar{x}$$

Das Kräftegleichgewicht in Richtung der y-Achse ergibt

$$F_y = F_Q$$

und die Resultierende F_x aller $\tau_{zx}t\,ds$ im Flansch wird

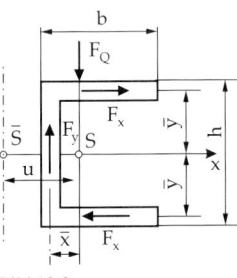

$$F_x = \int\limits_0^b \tau_{zx}t\,ds = \frac{F_Q}{I_x}\int\limits_0^b S_x(s)\,ds$$

Bild 13.8

Der **Schubmittelpunkt** $\bar{S}$ hat den Abstand u von der y-Achse, in dem F_Q wirken müßte, damit sich beide Torsionsmomente $F_Q \cdot u$ und M_{tz} aufheben. Aus

$$F_Q u = M_{tz} \Rightarrow$$

$$\boxed{u = \frac{2\bar{y}}{I_x}\int\limits_0^b S_x(s)\,ds + \bar{x}} \tag{13.14}$$

Für die Profile in den Bildern 13.9a, b, c wird $M_{tz} = 0$, und für das $\top$- bzw. $\llcorner$-Profil in Bild 13.9c bzw. 13.9d ist $\bar{S}$ jeweils der Schnittpunkt der Mittellinien.

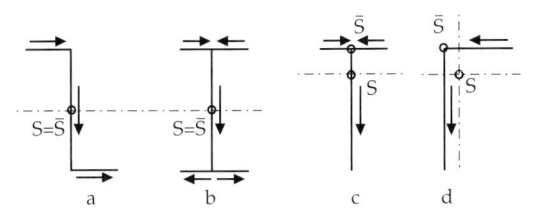

Bild 13.9

☐ Wo liegt der Schubmittelpunkt $\overline{S}$ für das Profil in Bild 13.8, wenn $t = 6$ mm, $h = 2b = 10t$ und F_Q in der y-Achse wirkt?

$$I_x = \left(\frac{8^3}{12} + \frac{10}{12} + \frac{405}{2}\right)t^4 = \frac{733}{3}t^4$$

$$\bar{x} = \frac{S_y}{A} = \frac{20t^3}{8t^2} = \frac{10}{9}t$$

$$\bar{y} = \frac{9}{2}t$$

$$\int_0^b S_x(s)\,ds = \frac{1}{2}(h-t)t\int_0^{5t} s\,ds = \frac{9}{4}t^2 \cdot 25t^2 = \frac{225}{4}t^4$$

In (13.14) eingesetzt, wird

$$u = \frac{9t \cdot 3 \cdot 225t^4}{733t^4 \cdot 4} + \frac{10}{9}t = 3,18t = 19 \text{ mm}$$

13.2.3 Geschlossene Profile

Die für den Leichtbau bevorzugten Profile sind der Rohrquerschnitt und das Kastenprofil. Wegen der Symmetrie bezüglich der Schwereachsen fallen Schwerpunkt und Schubmittelpunkt zusammen. Der Schubfluß wird an der y-Achse $t\tau = 0$.

Das **Kastenprofil** mit den Wanddicken t_1 und t_2 (s. Bild 13.10) und

$$I_x = \frac{h^2}{6}(ht_2 + 3bt_1)$$

hat im halben Obergurt ($0 \leq s_1 \leq b/2$) den Verlauf des statischen Momentes

$$S_x = \frac{1}{2}ht_1 s_1$$

Damit wird wie im 1. Beispiel von 13.2.1

$$\tau(s_1) = \frac{F_Q h}{2I_x} s_1$$

mit

$$\tau(0) = 0$$

$$\tau(b/2) = \frac{3F_Q b}{2h(ht_2 + 3bt_1)}$$

Bild 13.10

Im **Steg** wird mit

$$S_x = \frac{1}{4}\left(bht_1 + 2ht_2 s_2 - 2t_2 s_2^2\right)$$

$$\boxed{\tau(s_2) = \frac{F_Q}{4t_2 I_x}\left[bht_1 + 2ht_2 s_2 - 2t_2 s_2^2\right]}$$

und in der **neutralen Faser**

$$\boxed{\tau(h/2) = \frac{3F_Q(2bt_1 + ht_2)}{4h(3bt_1 + ht_2)} = \tau_{\max}} \qquad (13.15)$$

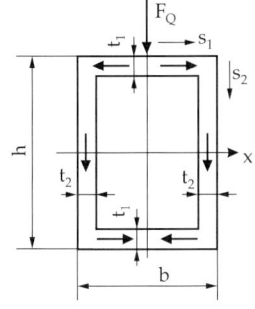

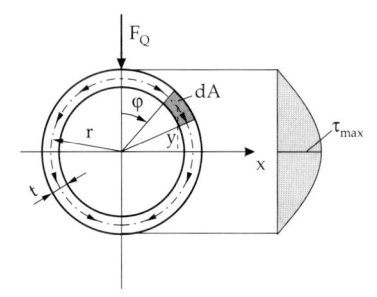

Bild 13.11

Für den **Rohrquerschnitt** (s. Bild 13.11) mit der Wanddicke t und dem mittleren Radius r wird nach Tafel 12.1

$$I_x = \pi r^3 t$$

Aus Symmetriegründen genügt es, den Ring im 1. Quadranten auf die Schubspannungsverteilung zu untersuchen. Mit dem statischen Moment eines Ringelementes

$$y\,dA = r\sin\varphi\,dA = r^2 t \sin\varphi\,d\varphi$$

wird

$$S_x = r^2 t \int_0^\varphi \sin\varphi\,d\varphi = r^2 t(1 - \cos\varphi)$$

und somit nach (13.8)

$$\tau(\varphi) = \frac{F_Q(1 - \cos\varphi)}{\pi r t}$$

mit $\tau(0) = 0$ und

$$\boxed{\tau(\pi/2) = \frac{F_Q}{\pi r t} = \frac{2F_Q}{A} = \tau_{max} = 2\tau_m} \qquad (13.16)$$

13.3 Schub in kurzen hohen Biegeträgern

Bei kurzen Trägerlängen nimmt der Einfluß der Schubspannung im Verhältnis zur Biegespannung zu. Bei einer bestimmten Stützweite werden σ_{bzul} und τ_{zul} voll ausgenutzt. Für einen Träger aus Stahl mit Rechteckprofil wird bei mittiger Belastung mit F

$$\sigma_{bmax} = \frac{6Fl}{4h^2 b} = \sigma_{bzul}$$

und nach (5.5) auf beiden Seiten der Trägermitte

$$\tau_{max} = \frac{3F}{4hb} = \tau_{zul} = 0{,}8\sigma_{bzul}$$

Aus beiden Gleichungen folgt

$$\frac{l}{h} = \frac{5}{8}$$

Damit dominiert für $l < \frac{5}{8}h$ die Schubspannung.

Obgleich eine der beiden Spannungen σ_b bzw. τ in der neutralen Faser bzw. in den Randfasern verschwindet, können sie in anderen Fasern Beträge annehmen, die bei getrennter Betrachtungsweise zu Fehlern führen können. Der Spannungsnachweis ist dann über die Vergleichsspannung zu führen.

☐ Der Konsolträger (s. Bild 13.12) aus $\mathrm{I}\,260$ und St 37 ist mit $F = 200$ kN im Abstand $l = 300$ mm belastet. Welche Spannungen ergeben sich an der Einspannstelle aus Biegung und Schub in Höhe der Stegoberkante?

Es sind $\sigma_{bzul} = 140$ N/mm², $\tau_{zul} = 112$ N/mm², $I_x = 5{,}74 \cdot 10^7$ mm⁴, $b = 113$ mm, $t_S = 9{,}4$ mm und $t_F = 14{,}1$ mm (DIN 1025).

An der Einspannstelle ergibt nach (12.18) am Übergang vom Flansch zum Steg die Normalspannung

$$\sigma_z = \frac{Fl}{I_x}\left(\frac{h}{2} - t_F\right) = 121 \text{ N/mm}^2 < \sigma_{bzul}$$

Die Schubspannung in dieser Faser wird nach (13.10a)

$$\tau = \frac{Fbt_F(h - t_F)}{2t_S \cdot I_x} = 73 \text{ N/mm}^2 < \tau_{zul}$$

Die maximalen Spannungen sind

$\sigma_{bmax} = 136$ N/mm² $< \sigma_{bzul}$

$\tau_{max} \;= 105$ N/mm² $< \tau_{zul}$

Bild 13.12

Obwohl sämtliche Einzelspannungen unter den zulässigen Werten liegen, ergibt die Vergleichsspannung nach der Gestaltänderungshypothese (vgl. 15.3)

$$\sigma_{v4} = \sqrt{\sigma_z^2 + 3\tau^2} = 175 \text{ N/mm}^2 > \sigma_{bzul}$$

Es muß daher das größere Profil $\mathrm{I}\,280$ nach DIN 1025 eingesetzt werden.

13.4 Schubbeanspruchung von Verbindungselementen

Bei größeren Stützweiten oder Lasten werden anstelle der nicht mehr ausreichenden Walzprofile zusammengesetzte Querschnitte verwendet. Verbindungselemente für Stegblech und Gurtplatten müssen bei Querkraftbiegung die Längsschubkräfte aufnehmen.

13.4.1 Genieteter Träger

Stegblech und Gurtplatten werden über Winkelprofile verbunden (s. Bild 13.13). Kopfniete (Index k) verbinden Gurt und Winkelprofile, Halsniete (Index h) Gurt und Winkelprofile mit dem Stegblech zum einheitlichen Querschnitt.

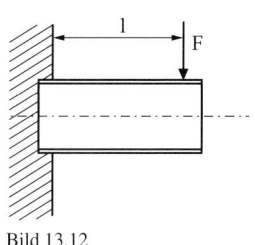

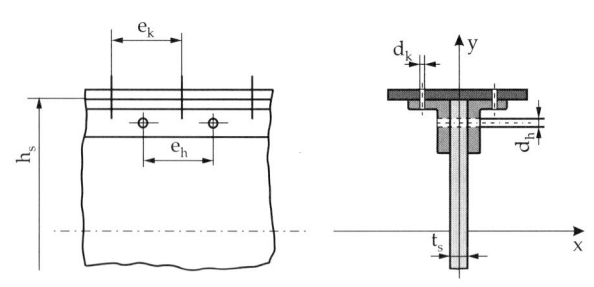

Bild 13.13

Ist e_h der Nietabstand zweier Halsniete, hat ein Niet die Längsschubkraft

$$F_z = \tau_S e_h \tag{13.17}$$

aufzunehmen. Da nach (13.8)

$$\tau = \frac{F_Q \cdot S_{xh}}{t_S \cdot I_x}$$

die Abscherspannung je Niet

$$\tau_a = \frac{4F_z}{m d_h^2 \pi} \leq \tau_{azul} \tag{13.18}$$

und die Lochleibung für den Steg

$$\sigma_l = \frac{F_z}{t_S \cdot d_h} \leq \sigma_{lzul} \tag{13.19}$$

ergibt sich für den **Halsnietabstand** e_h

$$\boxed{e_h \leq \frac{\pi m d_h^2 I_x \tau_{azul}}{4 F_Q S_{xh}}} \quad \text{bzw.} \quad \boxed{e_h \leq \frac{t_S d_h I_x \sigma_{lzul}}{F_Q S_{xk}}} \tag{13.20}$$

Analog gilt für den **Kopfnietabstand** e_k

$$\boxed{e_k \leq \frac{\pi m d_k^2 I_x \tau_{azul}}{4 F_Q S_{xk}}} \quad \text{bzw.} \quad \boxed{e_k \leq \frac{n t_W d_k I_x \sigma_{zul}}{F_Q S_{xk}}} \tag{13.21}$$

In (13.20) und (13.21) bedeuten

m: Anzahl der Scherebenen,
n: Anzahl der parallelen Nietreihen im Gurt,
S_{xh}: statisches Moment von Gurt und Winkelprofilen,
S_{xk}: statisches Moment der Gurtplatte,
I_x: Flächenträgheitsmoment des Gesamtprofils.

Für e_h bzw. e_k ist der kleinere Wert aus (13.20) bzw. (13.21) maßgebend. Üblich ist die Ausführung mit $e_k = e_h$ oder $e_k = 2e_h$.

☐ Ein genieteter Vollwandträger aus St 37 (s. Bild 13.13) besteht aus Steg 800×10, zwei Gurtblechen 250×10 und vier $\llcorner\ 100 \times 10$. Der den Blechdicken zugeordnete

13.4 Schubbeanspruchung von Verbindungselementen

Nietdurchmesser ist $d_h = d_k = 21$ mm, und die maximale Querkraft beträgt $F_Q = 750$ kN. Gesucht ist die Nietteilung.

$$S_{xk} = (25 - 2 \cdot 2,1) \cdot 40,5 \cdot 10^3 \text{ mm}^3 = 8,42 \cdot 10^5 \text{ mm}^3$$

$$S_{xh} = S_{xk} + (19,2 - 2 \cdot 2,1) \cdot 37,18 \cdot 10^3 \text{ mm}^3 = 19,6 \cdot 10^5 \text{ mm}^3$$

$$I_x = \left[\left(\frac{80^3}{12} - 2 \cdot 2,1 \cdot 34,5^2 \right) + 4(19,2 - 2 \cdot 2,1) \cdot 37,18^2 \right.$$
$$\left. + 2(25 - 4,2) \cdot 40,5^2 \right] 10^4 \text{ mm}^4 = 1,89 \cdot 10^9 \text{ mm}^4$$

Mit $m = n = 2$, $\sigma_{lzul} = 280$ N/mm^2 und $\tau_{azul} = 112$ N/mm^2 ergibt (13.20b)

$$e_h \leqq \frac{2,1 \cdot 1,89 \cdot 2,8 \cdot 10^{13}}{7,5 \cdot 1,96 \cdot 10^{11}} = 75,6 \text{ mm}$$

und (13.21a)

$$e_k \leqq \frac{\pi \cdot 2,1^2 \cdot 1,89 \cdot 1,12 \cdot 10^{13}}{2 \cdot 7,5 \cdot 8,42 \cdot 10^{10}} = 232 \text{ mm}$$

Diese jeweils kleineren Werte ergeben sich für e_h aus der Lochleibung, da die Halsnietung zweischnittig ist, und für e_k aus der Scherbeanspruchung, da die Kopfnietung einschnittig ist.

Gewählt werden $e_h = 75$ mm und $e_k = 2 \cdot e_h = 150$ mm. Die Nietanordnung kann nach Bild 13.14 erfolgen.

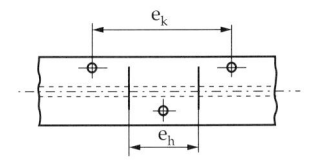

Bild 13.14

13.4.2 Geschweißter Träger

Gurtbleche mit einer Dicke unter 30 mm können unmittelbar über Kehlnähte mit dem Stegblech verbunden werden (s. Bild 13.15). Die Schweißnähte müssen die Längsschubkräfte bei Querkraftbiegung aufnehmen. Ist a die Dicke einer Naht, so ergibt sich die **Schubspannung** τ_{schw} in den Halsnähten nach (13.8) zu

$$\boxed{\tau_{schw} = \frac{F_Q \cdot S_x}{I_x \cdot 2a}} \quad (13.22)$$

Außerdem gehören die aus der Biegung auftretenden Normalspannungen gemäß (12.18)

$$\sigma_z = \frac{M_{bx}}{I_x} \cdot \frac{h}{2}$$

mit zum Gesamtspannungsnachweis.

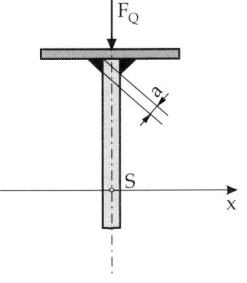

Bild 13.15

13.5 Verformung infolge Schub

Wird (13.3) in (9.34) eingesetzt, ergibt sich die **spezifische Formänderungsarbeit** infolge Schub zu

$$W_F^* = \frac{F_Q^2 S_x^2}{2Gb^2(y)I_x^2}$$

Die Formänderungsarbeit für ein Volumenelement

$$dV = dA\,dz$$

des Trägers wird somit

$$dW_F = \frac{F_Q^2 S_x^2}{2Gb^2(y)I_x^2}\,dA\,dz$$

Da F_Q nur von z abhängt und G = const vorausgesetzt wird, ergibt sich nach Erweiterung mit der Querschnittsfläche A

$$W_F = \int\limits_{(l)} \frac{F_Q^2}{2GA} \left(\int\limits_{(A)} \frac{A S_x^2}{b^2(y)I_x^2}\,dA \right) dz$$

Das innere Integral ist die von Querschnittsgrößen abhängige **Schubverteilungszahl** $\varkappa$

$$\boxed{\varkappa = \frac{A}{I_x^2} \int\limits_{(A)} \left(\frac{S_x}{b(y)} \right)^2 dA} \qquad (13.23)$$

Damit wird

$$\boxed{W_F = \frac{\varkappa}{2GA} \int_0^l F_Q^2\,dz} \qquad (13.24)$$

Die Integration von (13.23) ergibt für $\varkappa > 1$

am Rechteckquerschnitt: $\varkappa = \dfrac{6}{5}$

am Kreisquerschnitt: $\varkappa = \dfrac{10}{9}$

Die Durchbiegung η_{is} an der Stelle i infolge Querkraftschub wird nach dem Satz von Castigliano analog (12.31a)

$$\eta_{is} = \varkappa \int_0^l \frac{F_Q}{GA} \frac{\partial F_Q}{\partial F_i}\,dz \qquad (13.25)$$

Bei auf Biegung beanspruchten Trägern mit $l \leqq 10h$ liegt der Anteil von η_{is} an der Gesamtdurchbiegung

$$\eta_{ges} = \eta_i + \eta_{is}$$

in der Größenordnung von 1 % und kann daher vernachlässigt werden.

13.5 Verformung infolge Schub

☐ Ein festeingespannter Träger aus Baustahl mit rechteckigem Querschnitt und $l = 10h$ wird am Ende mit F belastet.

Aus der reinen Biegung wird nach Fall 1 in Tafel 12.2 am Trägerende i

$$\eta_i = \frac{Fl^3}{3EI_x} = \frac{4 \cdot 10^3 F}{Eb}$$

Wegen $F_Q = F = \text{const} \Rightarrow \dfrac{\partial F_Q}{\partial F_i} = 1$ und nach (13.25)

$$\eta_{is} = \frac{\varkappa F}{GA} \int_0^l \mathrm{d}z = \frac{\varkappa Fl}{Gbh} = \frac{10\varkappa F}{Gb}$$

Mit $\varkappa = \dfrac{6}{5}$ und $G = \dfrac{E}{2,6} = \dfrac{5}{13}E$ (vgl. 9.7.5) wird

$$\eta_{is} = \frac{156F}{5Eb}$$

Das Verhältnis $\eta_{is}/\eta_i = 0,0078$ beweist, daß bei $l = 10h$ der Anteil der Verformung durch Schub unter 1 % des Anteils der Biegeverformung liegt.

14 Torsionsbeanspruchung

14.1 Torsionsstäbe mit Kreis- und Kreisringquerschnitt

14.1.1 Torsionsspannungsverteilung im Querschnitt

Werden an beiden Enden eines Stabes der Länge l Momente $\vec{M}_t$ eingeleitet, deren Betrag gleich ist, die entgegengesetzt gerichtet sind und deren Vektoren in die Längsachse fallen, wird der Stab auf **reine Torsion** beansprucht (s. Tafel 9.1 unten). Das Torsionsmoment $\vec{M}_t$ tritt dann in jedem Querschnitt als Schnittmoment auf. Infolge M_t erfährt der Stab nach der Elastizitätstheorie eine Verformung in der Weise, daß sich die Querschnittsebenen wie starre Scheiben ohne Verwölbung gegeneinander verdrehen. Die relativen Lagen von Punkten einer Querschnittsebene bleiben dabei zueinander unverändert.

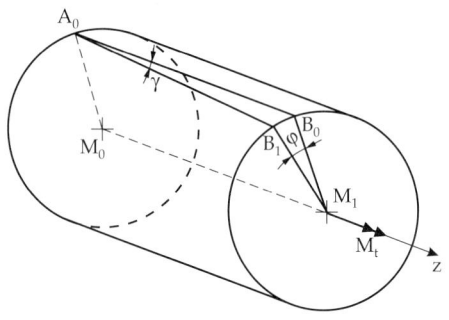

Bild 14.1

In Bild 14.1 des festeingespannten Stabes sei $\overline{A_0B_0}$ eine beliebige Mantellinie im unbeanspruchten Zustand und damit senkrecht auf den Querschnittsebenen stehend. Mit Einleitung von M_t wird $\overline{A_0B_0}$ in die Lage $\overline{A_0B_1}$ verdreht. $\gamma = \angle B_0 A_0 B_1$ verkleinert den rechten $\angle M_0 A_0 B_0$ und ist damit die Gleitung aus dem HOOKEschen Gesetz für Schub (vgl. 9.7.2). φ ist der **absolute Torsionswinkel** aller Punkte auf $\overline{M_1 B_1}$ und ϑ der auf die Längeneinheit bezogene **relative Torsionswinkel**, d. h.

$$\vartheta = \frac{\varphi}{l} \tag{14.1}$$

Wegen der kleinen Winkel kann

$$\widehat{B_0 B_1} = l\gamma = \rho\varphi \tag{14.2}$$

gesetzt werden. Mit (9.24) wird damit

$$\gamma = \vartheta\rho = \frac{\tau}{G} \tag{14.3}$$

14.1 Torsionsstäbe mit Kreis- und Kreisringquerschnitt

Die Summierung der Momente $\tau dA\rho$ aller Schubkräfte über den Querschnitt A (s. Bild 14.2) ist M_t äquivalent, daher

$$M_t = \int_{(A)} \tau \rho \, dA = \int_{(A)} G\vartheta\rho^2 \, dA = G\vartheta \int_{(A)} \rho^2 \, dA = G\vartheta I_p \tag{14.4}$$

I_p ist das in (12.1d) definierte polare Flächenträgheitsmoment

$$I_p = \frac{\pi r^4}{2} = \frac{\pi d^4}{32} \approx 0,1 d^4 \tag{14.5}$$

Aus (14.3) und (14.4) folgt die lineare **Spannungsverteilung über den Radius** $0 \leq \rho \leq r$ zu

$$\boxed{\tau = \frac{M_t}{I_p} \rho} \tag{14.6}$$

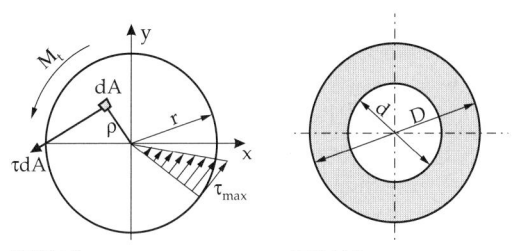

Bild 14.2   Bild 14.3

Punkte gleicher Spannung liegen auf konzentrischen Kreisen. $\tau_{min} = 0$ in der Stabachse, und die maximale Spannung am Rand ist die **Torsionsspannung** im engeren Sinne.

$$\boxed{\tau_{max} = \tau_t = \frac{M_t}{I_p} r = \frac{2M_t}{\pi r^3} = \frac{16 M_t}{\pi d^3} = \frac{M_t}{W_p}} \tag{14.7}$$

W_p ist das **polare Widerstandsmoment** des Kreisquerschnittes

$$W_p = \frac{I_p}{r} = \frac{\pi d^3}{16} \tag{14.8}$$

Für den **Kreisringquerschnitt** (s. Bild 14.3) ergibt sich analog (14.7) und mit dem **Höhlungsverhältnis**

$$a = \frac{d}{D} < 1$$

$$\boxed{\tau_{max} = \tau_t = \frac{16 M_t D}{\pi(D^4 - d^4)} = \frac{16 M_t}{\pi D^3 (1 - a^4)}} \tag{14.9}$$

Kreisringquerschnitte (Hohlwellen) bringen gegenüber Vollquerschnitten Gewichtsersparnis bei gleicher Beanspruchung.

☐ Vergleich eines Vollquerschnittes mit Durchmesser d_1 mit einem Hohlquerschnitt, wenn $d : D = 2 : 3$ und gleiche Torsionsbeanspruchung vorausgesetzt wird.

Vollquerschnitt (Index 1):
$$\tau_{t1} = \frac{16M_t}{\pi d_1^3}$$

Hohlquerschnitt mit $a = 2 : 3$ (Index 2):
$$\tau_{t2} = \frac{16M_t}{\pi D^3(1-0,67^4)} = \frac{16M_t}{\pi \cdot 0,80 D^3}$$

Gleichsetzung $\tau_{t1} = \tau_{t2}$ ergibt
$$d_1^3 = 0,80 D^3 \Rightarrow d_1 = 0,93 D$$

Die Querschnitte werden
$$A_1 = \frac{\pi d_1^2}{4}$$
$$A_2 = \frac{\pi D^2}{4}(1-a^2) = \frac{0,56 \pi D^2}{4}$$

und der Vergleich
$$\frac{A_2}{A_1} = \frac{0,56 D^2}{0,93^2 D^2} = 0,64$$

ergibt eine Gewichtsersparnis von 36 % bei Verwendung eines Hohlprofils.

14.1.2 Verformung und Formänderungsarbeit

Aus (14.4) ergibt sich der **relative Torsionswinkel** ϑ zu

$$\boxed{\vartheta = \frac{M_t}{G \cdot I_p}} \tag{14.10a}$$

und der **absolute Torsionswinkel** zu

$$\boxed{\varphi = \frac{M_t l}{G I_p}} \tag{14.10b}$$

Dabei wird in Analogie zur Biegesteifigkeit

$$GI_t = GI_p$$

als **Torsionssteifigkeit** bezeichnet, wobei für das **Torsionsträgheitsmoment** I_t

$$I_t = I_p \tag{14.11}$$

nur für Kreis- und Kreisringquerschnitte gilt.

Die spezifische Formänderungsarbeit bei Torsionsbeanspruchung folgt aus (9.34) und (14.6)

$$W_F^* = \frac{\tau^2}{2G} = \frac{M_t^2}{2 G I_p^2} \rho^2$$

Damit wird die Formänderungsarbeit für den Stab der Länge l

$$W_\mathrm{F} = \int\limits_{(V)} \frac{M_\mathrm{t}^2}{2GI_\mathrm{p}^2} \rho^2 \, \mathrm{d}V = \int\limits_0^l \frac{M_\mathrm{t}^2}{2GI_\mathrm{p}^2} \left(\int\limits_{(A)} \rho^2 \, \mathrm{d}A \right) \mathrm{d}z$$

$$\boxed{W_\mathrm{F} = \int\limits_0^l \frac{M_\mathrm{t}^2}{2GI_\mathrm{p}} \, \mathrm{d}z} \tag{14.12}$$

Falls in (14.12) $M_\mathrm{t} = \text{const} \Rightarrow$

$$W_\mathrm{F} = \frac{M_\mathrm{t}^2 l}{2GI_\mathrm{p}} = \frac{M_\mathrm{t}^2 l}{G \pi r^4} = \frac{\tau_\mathrm{t}^2 V}{4G} \tag{14.13}$$

In der Antriebstechnik des Maschinenbaues hat sich zur Vermeidung von Torsionsschwingungen und Laufgeräuschen ein zulässiger relativer Torsionswinkel von $\vartheta_\mathrm{zul} \leqq 0{,}3°/\text{m}$ bewährt.

☐ Eine Antriebswelle soll eine Leistung von $P = 6$ kW mit $n = 720 \text{ min}^{-1}$ übertragen. Welcher Wellendurchmesser muß bei Vollquerschnitt aus Stahl gewählt werden, wenn $\vartheta_\mathrm{zul} = 0{,}3°/\text{m}$? Wie groß wird dann die Torsionsspannung in der Welle?

$$M_\mathrm{t} = \frac{P}{\omega} = \frac{P}{2\pi n} = \frac{6 \cdot 10^3 \text{ W} \cdot 60 \text{ s}}{2\pi \cdot 720} = 79{,}6 \text{ Nm}$$

$G = 80 \cdot 10^3 \text{ N/mm}^2$ für Stahl

$$I_\mathrm{p} = \frac{\pi d^4}{32}$$

Mit (14.10a) wird

$$\vartheta = \frac{32 M_\mathrm{t}}{\pi G d^4} \Rightarrow$$

$$d \geqq \sqrt[4]{\frac{32 M_\mathrm{t}}{\pi G \vartheta_\mathrm{zul}}} = \sqrt[4]{\frac{32 \cdot 79{,}6 \cdot 10^3 \cdot 180 \cdot 10^3}{\pi \cdot 80 \cdot 10^3 \cdot 0{,}3\pi}} \text{ mm} = 37{,}3 \text{ mm}$$

Gewählt wird $d = 38$ mm. (14.7) ergibt dann

$$\tau_\mathrm{t} = \frac{16 M_\mathrm{t}}{\pi d^3} = \frac{16 \cdot 79{,}6 \cdot 10^3}{\pi \cdot 38^3} \frac{\text{N}}{\text{mm}^2} = 7{,}4 \text{ N/mm}^2$$

14.2 Torsion nichtkreisförmiger Vollprofile

14.2.1 Spannungsfunktion und hydrodynamisches Analogon

Bei nichtkreisförmigen Vollquerschnitten bleiben die Querschnitte infolge Torsion nicht mehr eben, sondern sie verwölben sich. Wird die Verwölbung nicht behindert, ergibt sich die Spannungsverteilung im Querschnitt aus der **Spannungsfunktion** $S(x,y)$ als Lösung der partiellen Differentialgleichung

$$\boxed{\frac{\partial^2 S}{\partial x^2} + \frac{\partial^2 S}{\partial y^2} = -2G\vartheta} \tag{14.14}$$

wobei

$$\tau_{zx} = -\frac{\partial S}{\partial y}, \qquad \tau_{zy} = \frac{\partial S}{\partial x} \qquad (14.15)$$

und als Randbedingung $S(x,y)$ am Querschnittsrand konstant ist.

Im allgemeinen ist (14.14) nicht geschlossen lösbar und muß durch Reihenentwicklungen numerisch gelöst werden. Für eine anschauliche Abschätzung der Spannungsverteilung eignet sich die Analogie einer stationären Flüssigkeitsströmung, die in einem Gefäß mit demselben Querschnitt des Torsionsstabes zirkuliert. Die Strömungslinien der Flüssigkeit entsprechen den Höhenlinien der Spannungsfunktion $S(x,y)$, und größerer Stromliniendichte an engen Abschnitten entsprechen größere Schubspannungen (s. Bilder 14.14a,b).

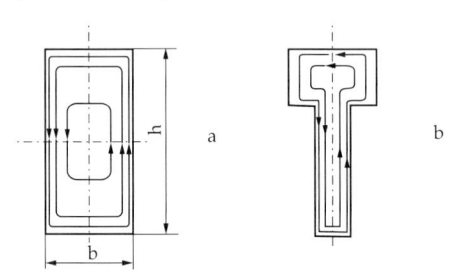

Bild 14.4

An die Stelle von I_p bzw. W_p beim Kreisquerschnitt tritt I_t bzw. W_t, so daß

$$\boxed{\tau_t = \frac{M_t}{W_t}} \qquad (14.16)$$

$$\boxed{\vartheta = \frac{M_t}{GI_t}} \qquad (14.17)$$

14.2.2 Rechteckquerschnitt

Anschaulich aus Bild 14.4a und als Lösung von (14.14) ergibt sich:

- Zunahme der Schubspannungen von innen nach außen, wobei in der Mitte und an den Ecken $\tau_t = 0$,
- Zunahme der Schubspannungen von den Rändern nach den Seitenmitten hin (s. Bild 14.5)
- maximale Spannung τ_{tmax} in der Mitte der langen Seite und
- Abhängigkeit der Spannungsbeträge vom Verhältnis

$$n = \frac{h}{b} \geqq 1$$

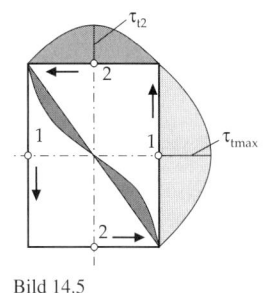

Bild 14.5

14.2 Torsion nichtkreisförmiger Vollprofile

Mit den Konstanten C_0, C_1, C_2 und C_3 der Tabelle 14.1 ergeben sich

das **Torsionsträgheitsmoment**

$$\boxed{I_\mathrm{t} = C_0 b^3 h = C_0 n b^4} \tag{14.18}$$

das **Torsionswiderstandsmoment**

$$\boxed{W_\mathrm{t} = C_1 b^2 h = C_1 n b^3} \tag{14.19}$$

das **Maximum der Torsionsspannung** an den Stellen 1 (s. Bild 14.5)

$$\boxed{\tau_\mathrm{tmax} = \tau_\mathrm{t1} = \frac{M_\mathrm{t}}{W_\mathrm{t}}} \tag{14.20}$$

die Torsionspannung in der Mitte 2 der kurzen Seiten

$$\boxed{\tau_\mathrm{t2} = C_2 \tau_\mathrm{tmax} = \frac{C_2 M_\mathrm{t}}{C_1 n b^3}} \tag{14.21}$$

und die **spezifische Formänderungsarbeit**

$$\boxed{W_\mathrm{F}^* = C_3 \frac{\tau_\mathrm{tmax}^2}{G} = \frac{M_\mathrm{t}^2}{2 G I_\mathrm{t} A}} \tag{14.22}$$

Tabelle 14.1

$n = \dfrac{h}{b}$	1	1,5	2	3	4	6	8	10	> 10
C_0	0,141	0,196	0,229	0,263	0,281	0,299	0,307	0,313	0,333
C_1	0,208	0,231	0,246	0,267	0,282	0,299	0,307	0,313	0,333
C_2	1,000	0,859	0,795	0,753	0,745	0,743	0,743	0,743	0,743
C_3	0,153	0,136	0,132	0,136	0,141	0,149	0,154	0,156	0,167

☐ Ein Stab mit Rechteckquerschnitt $h = 1,5b$ und der Länge $l = 800$ mm wird mit einem Torsionsmoment $M_\mathrm{t} = 400$ Nm beansprucht. Zu ermitteln sind die Querschnittsabmessungen, die Torsionsspannungen in den Seitenmitten, der Torsionswinkel und die Formänderungsenergie, wenn $\vartheta_\mathrm{zul} = 0,4°/\mathrm{m}$ und $G = 80$ kN/mm².

Mit (14.17) und (14.18) wird

$$b_\mathrm{erf} = \sqrt[4]{\frac{M_\mathrm{t}}{C_0 n G \vartheta_\mathrm{zul}}} = \sqrt[4]{\frac{4 \cdot 10^5 \cdot 180 \cdot 10^3}{0,196 \cdot 1,5 \cdot 8 \cdot 10^4 \cdot 0,4\pi}} \text{ mm} = 39,5 \text{ mm}$$

Gewählt wird $b = 40$ mm, $h = 60$ mm

τ_tmax in der Mitte von h nach (14.20)

$$\tau_\mathrm{tmax} = \frac{M_\mathrm{t}}{C_1 n b^3} = \frac{4 \cdot 10^5}{0,231 \cdot 1,5 \cdot 40^3} \text{ N/mm}^2 = 18 \text{ N/mm}^2$$

In der Mitte von b nach (14.21)

$$\tau_\mathrm{t2} = C_2 \tau_\mathrm{tmax} = 0,859 \cdot 18 \text{ N/mm}^2 = 15,5 \text{ N/mm}^2$$

$$\varphi = \vartheta \cdot l = 0,4°/\mathrm{m} \cdot 0,8 \text{ m} = 0,32°$$

Mit (14.22) wird
$$W_F = W_F^* \cdot V = \frac{M_t^2 l}{2GI_t} = \frac{16 \cdot 10^{10} \cdot 8 \cdot 10^2}{2 \cdot 8 \cdot 10^4 \cdot 0{,}196 \cdot 1{,}5 \cdot 40^4} \text{ Nmm}$$
$$W_F = 1{,}1 \text{ Nm}$$

14.2.3 Ellipsen-, Dreikant- und Sechskantquerschnitt

Bei elliptischen Querschnitten sind die Schublinien $\tau_t = $ const der Randellipse ähnliche Ellipsen mit gleichem Mittelpunkt, in dem $\tau_t = 0$. τ_{tmax} ergibt sich in den Scheiteln der kleinen Achse (s. Tafel 14.1).

An den Ecken der Querschnitte prismatischer Stäbe ist wie beim Rechteckquerschnitt $\tau_t = 0$, und τ_{tmax} tritt an den Seitenmitten auf (s. Tafel 14.1).

14.3 Torsionsbeanspruchung dünnwandiger Profile

14.3.1 Einfach geschlossene Querschnitte

Aus dem dünnwandigen Stab beliebigen Querschnittes und unterschiedlicher Wanddicke t (s. Bild 14.6a) wird durch zwei Schnitte ein Teil der Länge dz herausgeschnitten (s. Bild 14.6b). Wegen reiner Torsion ergibt das Kräftegleichgewicht in Richtung der Längsachse

$$\tau_1 t_1 \, dz - \tau_2 t_2 \, dz = 0 \Rightarrow \quad \tau_1 t_1 = \tau_2 t_2 = \overline{\tau t} = \text{const} \tag{14.23}$$

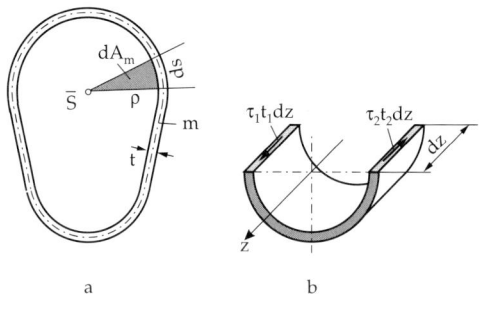

Bild 14.6

Das Torsionsmoment M_t ist die Summe der Momente aller Schnittkräfte $\overline{\tau t}\, ds$ längs der geschlossenen Mittellinie m

$$M_t = \oint \overline{\tau t} \rho \, ds \tag{14.24}$$

Mit dem Sektorelement
$$dA_m = \frac{1}{2} \rho \, ds$$

14.3 Torsionsbeanspruchung dünnwandiger Profile

Tafel 14.1

	I_t	W_t	τ_t
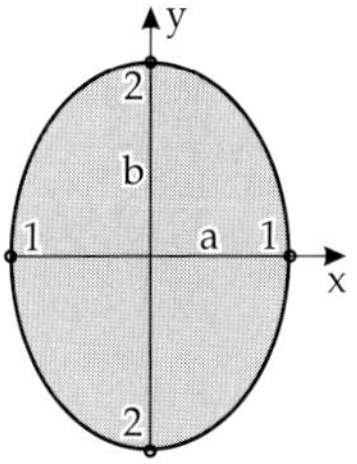 Ellipse	$\dfrac{b}{a} > 1$ $\dfrac{4\pi a^3 b^3}{a^2+b^2}$	$\dfrac{\pi a^2 b}{2}$	$\tau(x,y) = \sqrt{\tau_{zy}^2 + \tau_{zx}^2}$ $= \dfrac{2M_\mathrm{t}}{\pi a^3 b^3}\sqrt{b^4 x^2 + a^4 y^2}$ $\tau_{\mathrm{t}1} = \tau_{\mathrm{tmax}} = \dfrac{2M_\mathrm{t}}{\pi a^2 b}$ $\tau_{\mathrm{t}2} = \dfrac{2M_\mathrm{t}}{\pi a b^2}$
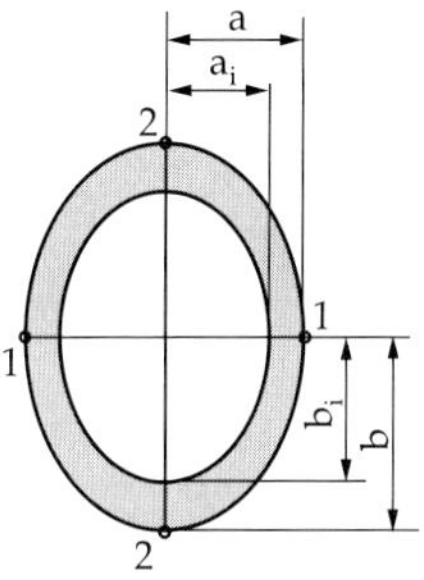 Hohlellipse	$\dfrac{b}{a} = \dfrac{b_\mathrm{i}}{a_\mathrm{i}} > 1$ $\dfrac{\pi b^3(a^4 - a_\mathrm{i}^4)}{a(a^2+b^2)}$	$\dfrac{\pi b(a^4 - a_\mathrm{i}^4)}{2a^2}$	$\tau_{\mathrm{t}1} = \tau_{\mathrm{tmax}} = \dfrac{2a^2 M_\mathrm{t}}{\pi b(a^4 - a_\mathrm{i}^4)}$ $\tau_{\mathrm{t}2} = \dfrac{2a^3 M_\mathrm{t}}{\pi b^2(a^4 - a_\mathrm{i}^4)}$
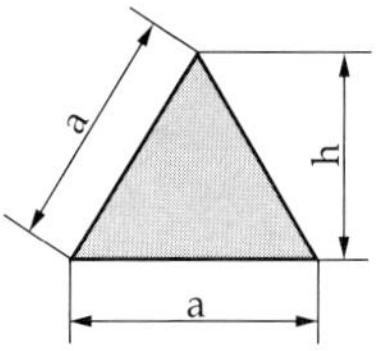 Gleichseitiges Dreieck	$\dfrac{a^4}{46{,}19}$ $\dfrac{h^4}{25{,}98} \approx \dfrac{h^4}{26}$	$\dfrac{a^3}{20}$ $\dfrac{h^3}{12{,}99} \approx \dfrac{h^3}{13}$	$\tau_{\mathrm{tmax}} = \dfrac{20 M_\mathrm{t}}{a^3} = \dfrac{13 M_\mathrm{t}}{h^3}$
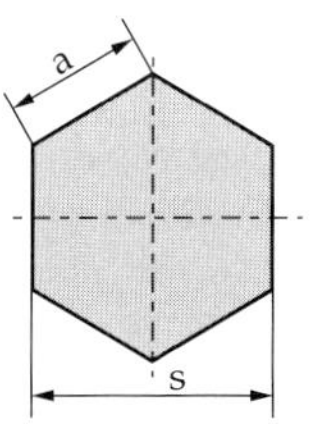 Regelmäßiges Sechseck	$0{,}1154 s^4$ $1{,}039 a^4$	$0{,}1889 s^3$ $0{,}9814 a^3$	$\tau_{\mathrm{tmax}} = \dfrac{5{,}29 M_\mathrm{t}}{s^3} = \dfrac{1{,}02 M_\mathrm{t}}{a^3}$

zwischen Schubmittelpunkt $\overline{S}$ und m und (14.23) wird

$$M_t = 2\tau t \oint dA_m = 2\tau t A_m \tag{14.25}$$

Die Torsionsspannung ergibt sich daraus aus der

1. BREDTsche Formel zu

$$\boxed{\tau_t = \frac{M_t}{2A_m t}} \tag{14.26}$$

A_m ist die von der Mittellinie m des Profils eingeschlossene Fläche.

Der relative Torsionswinkel ϑ ergibt sich aus (14.2) und Integration längs m

$$\vartheta \oint \rho\, ds = \oint \gamma\, ds = \oint \frac{\tau}{G}\, ds$$

Mit (14.25) und (14.26) folgt

$$\vartheta \cdot 2A_m = \frac{M_t}{2GA_m} \oint \frac{ds}{t}$$

und somit ϑ aus der **2. BREDTsche Formel**

$$\boxed{\vartheta = \frac{M_t}{4GA_m^2} \oint \frac{ds}{t} = \frac{M_t}{GI_t}} \tag{14.27}$$

mit dem Torsionsträgheitsmoment

$$I_t = \frac{4A_m^2}{\oint \dfrac{ds}{t}} \tag{14.28}$$

Aus der spezifischen Formänderungsarbeit (9.34)

$$W_F^* = \frac{\tau^2}{2G} = \frac{M_t^2}{2GW_t^2} \tag{14.29}$$

ergibt sich mit (14.27) und $dV = t l\, ds$ die absolute **Formänderungsarbeit** zu

$$\boxed{W_F = \frac{M_t^2 l}{8GA_m^2} \oint \frac{ds}{t}} \tag{14.30}$$

☐ **1.** Für welches Torsionsmoment ist das Kastenprofil (s. Bild 14.7) ausgelegt, und wie groß wird ϑ, wenn $h = 1,5b = 300$ mm, $t_1 = t_2 = 10$ mm, $t_3 = t_4 = 8$ mm, $G = 8 \cdot 10^4$ N/mm^2 und $\tau_{tzul} = 50$ N/mm^2?

Mit $A_m = bh$ und $\tau_i t_i = $ const folgt aus (14.26)

$$\tau_1 = \tau_2 = \frac{M_t}{2bht_1} = \frac{M_t}{2bht_2}$$

$$\tau_3 = \tau_4 = \frac{M_t}{2bht_3} = \frac{M_t}{2bht_4}$$

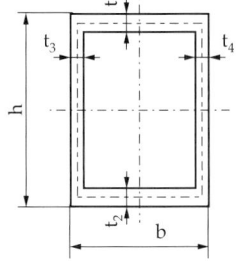

Bild 14.7

Wegen $t_1 = t_2 > t_3 = t_4 \Rightarrow \tau_3 = \tau_4 = \tau_{tmax} = \tau_{tzul}$, so daß

$M_t = 2\tau_{tzul}bht_3 = 10^2$ N/mm$^2 \cdot 48 \cdot 10^4$ mm^3

$M_t = 48 \cdot 10^3$ Nm

Mit

$$\oint \frac{ds}{t} = \frac{b}{t_1} + \frac{b}{t_2} + \frac{h}{t_3} + \frac{h}{t_4} = 2\left(\frac{b}{t_1} + \frac{h}{t_3}\right),$$

$A_m = bh = 6 \cdot 10^4$ mm^2

wird nach (14.27)

$$\vartheta = \frac{48 \cdot 10^6 \cdot 2(20 + 37,5) \cdot 180°}{4 \cdot 8 \cdot 10^4 \cdot 36 \cdot 10^8 \pi \cdot 10^{-3}\ \mathrm{m}} = 0,27°/\mathrm{m}$$

2. $M_t = 48 \cdot 10^3$ Nm wird in einen Rohrquerschnitt mit $r_m = 150$ mm und $t = 10$ mm eingeleitet. Wie groß wird τ_t?

Aus (14.26) ergibt sich

$$\tau_t = \frac{M_t}{2r_m^2 \pi t} = \frac{48 \cdot 10^6}{2 \cdot 2,25 \cdot 10^4 \pi \cdot 10}\ \mathrm{N/mm^2} = 34\ \mathrm{N/mm^2}$$

Mit (14.19) und $a = \dfrac{290}{310}$ wird in guter Übereinstimmung

$$\tau_t = \frac{16 M_t}{\pi D^3 (1 - a^4)} = \frac{16 \cdot 48 \cdot 10^6}{\pi \cdot 3,1^3 \cdot 10^6 \cdot 0,234}\ \mathrm{N/mm^2} = 35\ \mathrm{N/mm^2}$$

14.3.2 Offene Querschnitte

In offenen Profilen bestehen die Querschnitte aus schmalen Streifen mit $h \gg t$ (s. Bild 14.8). Die Streifen können auch gekrümmt sein, sofern der Krümmungsradius $\rho \gg t$. Die Schubspannungen haben auf beiden Seiten der Mittellinie entgegengesetzten Richtungssinn. Bei Vernachlässigung der Verhältnisse an den Profilenden kann eine konstante Spannungsfunktion S in Richtung der y-Achse angenommen werden. Damit geht (14.14) wegen $\partial S / \partial y = 0$ über in

$$\frac{\partial^2 S}{\partial x^2} = -2G\vartheta$$

Die Integration mit Berücksichtigung der Randbedingung

$$\frac{\partial S}{\partial x} = \tau_{zy} = 0 \quad \text{für} \quad x = 0$$

ergibt die lineare Spannungsverteilung

$$\frac{\partial S}{\partial x} = \tau_{zy} = -2G\vartheta x$$

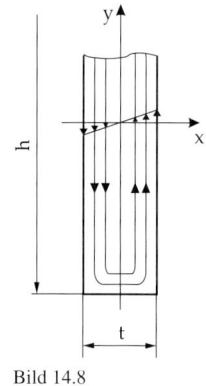

Bild 14.8

über die Streifenbreite $-t/2 \leqq x \leqq t/2$ und am Rand die maximale Spannung

$$\boxed{|\tau_{zy}| = \tau_{tmax} = G\vartheta t = \frac{M_t t}{I_t}} \tag{14.31}$$

Da nach (14.18) und Tabelle 14.1 für $h/t > 10$

$$I_\mathrm{t} = \frac{1}{3}ht^3 \qquad (14.32)$$

wird

$$\boxed{\tau_\mathrm{tmax} = \frac{3M_\mathrm{t}}{ht^2}} \qquad (14.33)$$

Bestehen die offenen Querschnitte aus abgewinkelten oder gekrümmten Streifen, tritt an die Stelle von h die Summe aller Mittellinienlängen l_i

$$h = \sum_{i=1}^{n} l_i \qquad (14.34)$$

Bei unterschiedlichen Breiten t_i ergibt sich nach (14.31)

$$\boxed{\tau_\mathrm{tmax} = \frac{3M_\mathrm{t} t_\mathrm{max}}{\sum\limits_{i=1}^{n} l_i t_i^3}} \qquad (14.35)$$

Aus (14.35) geht hervor, daß die maximale Spannung am Rand des Profilstreifens auftritt, der die größte Breite t_max hat. Offene dünnwandige Profile haben gegenüber geschlossenen Querschnitten eine um Größenordnung geringere Torsionssteifigkeit (vgl. geschlitztes Kastenprofil mit dem geschlossenen Profil aus 1. Beispiel von 14.3.1).

☐ Das Kastenprofil des 1. Beispiels in 14.3.1 wird durch Aufschlitzen des unteren Streifens zum offenen Querschnitt. Welches Torsionsmoment kann bei gleicher zulässiger Spannung $\tau_\mathrm{tzul} = 50$ N/mm^2 aufgenommen werden, wenn die Spaltbreite des Schlitzes vernachlässigt wird? In welchem Verhältnis stehen die Torsionssteifigkeiten beider Profile?

Mit $t_\mathrm{max} = t_1 = t_2 = 10$ mm und

$$\sum l_i t_i^3 = 2\left(ht_3^3 + bt_1^3\right) = 7{,}07 \cdot 10^5 \text{ mm}^4$$

ergibt sich aus (14.35)

$$M_\mathrm{t} = \frac{7{,}07 \cdot 10^5 \cdot 50}{3 \cdot 10} \text{ Nmm} = 1{,}18 \cdot 10^3 \text{ Nm}$$

Das geschlossene Profil kann also das 40fache Torsionsmoment aufnehmen.

Der Vergleich der Torsionsträgheitsmomente I_{t1} des geschlossenen und I_{t2} des offenen Profils

$$I_{t1} = \frac{4A_\mathrm{m}^2}{\oint \frac{ds}{dt}} = 1{,}25 \cdot 10^8 \text{ mm}^4$$

$$I_{t2} = \frac{1}{3}\sum l_i t_i^3 = 2{,}36 \cdot 10^5 \text{ mm}^4$$

ergibt eine ca. 500fache Torsionssteifigkeit des geschlossenen gegenüber dem offenen Profil.

15 Zusammengesetzte Beanspruchungen

Im allgemeinen erfährt ein Bauteil gleichzeitig mehrere Grundbeanspruchungsarten (vgl. Tafel 9.1). Die Anteile der einzelnen Beanspruchungsarten auf die Gesamtbeanspruchung und Formänderung sind unterschiedlich und abhängig von Abmessungen und Werkstoffeigenschaften. Für die Erfassung der Gesamtbeanspruchung ist zu beachten, ob sich nur Normalspannungen überlagern oder gleichzeitig sowohl Normalspannungen als auch Tangentialspannungen auftreten.

15.1 Exzentrischer Zug oder Druck

15.1.1 Spannungsverteilung im Querschnitt

Exzentrischer Zug oder Druck liegt vor, wenn gleichzeitig Normalspannungen infolge einer Längskraft F_L und aus einem Biegemoment M_b um eine beliebige Querschnittsachse auftreten.

Die im Punkt P angreifende Zugkraft $F > 0$ parallel zur Stabachse (s. Bild 15.1a) kann äquivalent nach 3.3 der Statik durch Parallelverschiebung um y_p in S angreifend und durch das Versetzungsmoment $M_{bx} = F y_p$ ersetzt werden (s. Bild 15.1b).

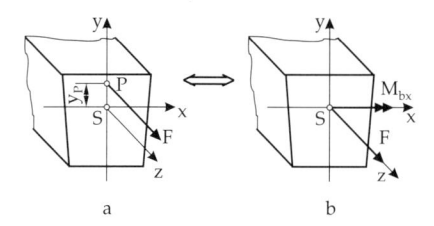

Bild 15.1

Infolge F ergibt sich die gleichmäßig auf den Querschnitt A verteilte Zugspannung

$$\sigma_z = \frac{F}{A}$$

und infolge M_{bx} die Normalspannungsverteilung nach (12.18)

$$\sigma_z(y) = \frac{M_{bx}}{I_x} y$$

Beide Normalspannungen lassen sich zur **exzentrischen Zugbeanspruchung**

$$\boxed{\sigma_z(y) = \frac{F}{A} + \frac{M_{bx}}{I_x} y = \frac{F}{A}\left(1 + \frac{y_p}{i_x^2} y\right)} \tag{15.1a}$$

überlagern. Bei exzentrischem Druck ist $F < 0$ zu setzen.

Die **neutrale Achse** n mit $\sigma_z(y) = 0$ hat die Gleichung

$$y = -\frac{FI_x}{M_{bx}A} = -\frac{i_x^2}{y_p} = \text{const} \tag{15.2a}$$

und verläuft parallel zur x-Achse. Die Spannungsspitzen bilden eine Ebene, deren Spur mit dem Querschnitt die neutrale Achse n ist (s. Bild 15.2).

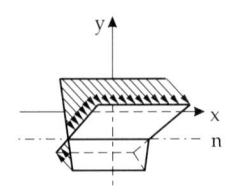

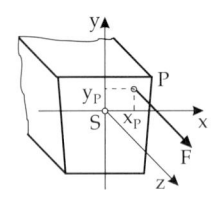

Bild 15.2

Bild 15.3

Hat allgemein der Kraftangriffspunkt von F die Koordinaten x_p, y_p (s. Bild 15.3) und sind die x- und y-Achse Hauptträgheitsachsen, so ergibt sich nach Parallelverschiebung von F in dem Schwerpunkt S

$$M_{bx} = Fy_p \quad \text{und} \quad M_{by} = -Fx_p$$

Damit wird die **Spannungsverteilung**

$$\sigma_z(x,y) = F\left(\frac{1}{A} + \frac{y_p}{I_x}y + \frac{x_p}{I_y}x\right) = \frac{F}{A}\left(1 + \frac{y_p}{i_x^2}y + \frac{x_p}{i_y^2}x\right) \tag{15.1}$$

eine lineare Funktion in x und y.

Die Lage von n folgt aus (15.1) für $\sigma_z(x,y) = 0$ in der Abschnittsform

$$\frac{x}{-i_y^2/x_p} + \frac{y}{-i_x^2/y_p} = 1 \tag{15.2}$$

mit den Abschnitten

$$x_0 = -\frac{i_y^2}{x_p} \quad \text{bzw.} \quad y_0 = -\frac{i_x^2}{y_p} \tag{15.3}$$

auf der x- bzw. y-Achse.

In Bild 15.4 ist n als Spur der Ebene (15.1) mit A dargestellt. Punkte P_i des Querschnittes mit gleichem Abstand von n sind Höhenlinien von (15.1) und haben gleiche Spannung σ_{zi}. Graphisch können die Spannungen auf einer Senkrechten zu n aufgetragen werden, wobei zwei Spannungen bekannt sind:

$$\sigma_z(x,y) = 0 \quad \text{auf} \quad n$$
$$\sigma_z(x_S, y_S) = \sigma_z(0;0) = \frac{F}{A} \quad \text{auf} \quad s \| n$$

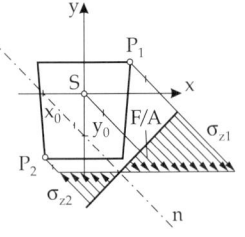

Bild 15.4

15.1 Exzentrischer Zug oder Druck

Aus Bild 15.4 ergibt sich, da P_1 den größten Abstand von n hat,

$\max |\sigma_z| = \sigma_{z\max} = \sigma_{z1} > 0$

$\sigma_{z\min} = \sigma_{z2} < 0$

Sind x- und y-Achse keine Hauptträgheitsachsen, muß anstelle (15.1) mit

$$\sigma_z(x,y) = \frac{F}{A} + \frac{M_{bx}I_{xy} - M_{by}I_x}{I_xI_y - I_{xy}^2}x + \frac{M_{bx}I_y - M_{by}I_{xy}}{I_xI_y - I_{xy}^2}y \tag{15.4}$$

gerechnet werden. Es können aber auch (vgl. 12.1) die Hauptträgheitsachsen ermittelt werden.

(15.1) bzw. (15.4) können auch auf schwach gekrümmte Stäbe (großer Krümmungsradius im Verhältnis zu den Querschnittsabmessungen) angewendet werden.

☐ **1.** Welche maximale Normalspannung ergibt sich für den Zughaken (s. Bild 15.5), wenn $h = 2b = 10$ mm, $c = 10$ mm und $F = 600$ N mittig auf b bezogen wirkt?

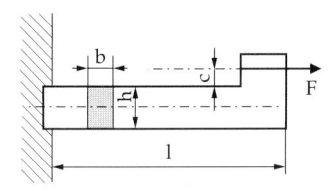

Bild 15.5

Mit $A = bh = 2b^2$, $I_x = \frac{1}{12}bh^3 = \frac{2}{3}b^4$ und $M_{bx} = F\left(\frac{h}{2} + c\right) = 3Fb$ wird nach (15.1a)

$$\sigma_z(y) = F\left(\frac{1}{2b^2} + \frac{9}{2b^3}y\right)$$

Für $y_{\max} = \frac{h}{2} = b$ wird

$$\sigma_{z\max} = \frac{5F}{b^2} = 120 \text{ N/mm}^2$$

in der oberen Zugfaser.

2. Die Säule mit dem Querschnitt in Bild 15.6 wird mit einer vertikalen Druckkraft $F = -700$ kN belastet. Gesucht sind Spannungsverteilung im Querschnitt, die Lage der neutralen Achse und maximale Druck- und Zugspannung.

Die Symmetrieachse ist Hauptträgheitsachse und wird zur y- bzw. v-Achse (s. Bild 15.7). Die Lage des Schwerpunktes S im u,v-System folgt aus

$$v_S = \frac{A_1v_1 + A_2v_2}{A_1 + A_2} = \frac{2 \cdot 3 \cdot 1{,}5 + 4 \cdot 2 \cdot 4}{2 \cdot 3 + 4 \cdot 2}10^2 \text{ mm} = 293 \text{ mm}$$

Die Flächenträgheitsmomente sind

$$I_x = \left(\frac{54}{12} + \frac{32}{12} + 6 \cdot 1{,}43^2 + 8 \cdot 1{,}07^2\right) \cdot 10^8 \text{ mm}^4$$

$$I_x = 28{,}6 \cdot 10^8 \text{ mm}^4$$

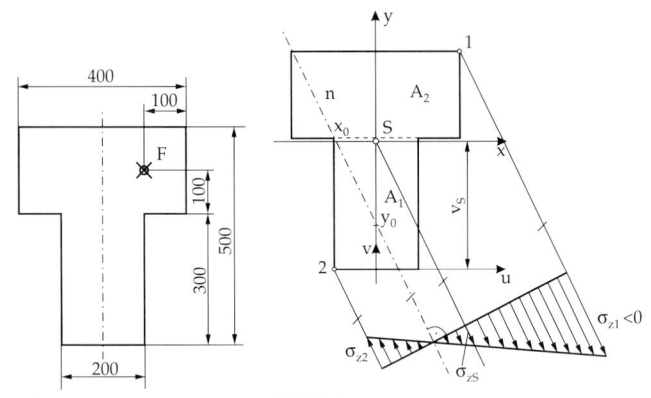

Bild 15.6   Bild 15.7

$$I_y = \left(\frac{24}{12} + \frac{128}{12}\right) 10^8 \text{ mm}^4 = 12,7 \cdot 10^8 \text{ mm}^4$$

Damit ergeben sich die Quadrate der Trägheitsradien

$$i_x^2 = \frac{I_x}{A} = 2,04 \cdot 10^4 \text{ mm}^2$$

$$i_y^2 = \frac{I_y}{A} = 0,91 \cdot 10^4 \text{ mm}^4$$

Die Abschnitte der neutralen Achse n nach (15.3) auf den Hauptträgheitsachsen

$$x_0 = -\frac{0,91 \cdot 10^4}{10^2} \text{ mm} = -91 \text{ mm}$$

$$y_0 = -\frac{2,04 \cdot 10^4}{1,07 \cdot 10^2} \text{ mm} = -191 \text{ mm}$$

Die Spannungsverteilung (15.1)

$$\sigma_z(x,y) = -5 \, \frac{\text{N}}{\text{mm}^2} \left(1 + \frac{1,07}{2,04} 10^{-2} y + \frac{10^{-2}}{0,91} x\right)$$

Maximale Druckspannung in 1

$$\sigma_{z1}(200;207) = -5(1 + 1,09 + 2,20) \text{ N/mm}^2 = -21,5 \text{ N/mm}^2$$

maximale Zugspannung in 2

$$\sigma_{z2}(-100;-293) = -5(1 - 1,54 - 1,10) \text{ N/mm}^2 = 8,2 \text{ N/mm}^2$$

Spannung in S

$$\sigma_{zS}(0;0) = -5 \text{ N/mm}^2$$

Der Spannungsverlauf ist graphisch in Bild 15.7 dargestellt.

15.1.2 Der Querschnittskern

Für einen gegebenen Querschnitt mit zugehörigen i_x und i_y ist die Lage der neutralen Achse n nach (15.2) nur von den Koordinaten x_p; y_p des Kraftangriffspunktes der zur z-Achse parallel gerichteten Kraft F abhängig. Schneidet n den Querschnitt nicht, so haben die Normalspannungen $\sigma_z(x,y)$ aller Punkte des Querschnittes gleiches Vorzeichen, d. h., es existieren entweder nur Zug- oder Druckspannungen. Der **Querschnittskern** ist der Bereich aller Kraftangriffspunkte mit zugeordneten neutralen Achsen, die den Querschnitt nicht schneiden und im Grenzfalle nur berühren. Der Querschnittskern enthält den Schwerpunkt S. Die Kenntnis des Querschnittskernes ist z. B. bei außermittiger Druckbeanspruchung von Beton oder Mauerwerk von Bedeutung, da diese Baustoffe keine Zugspannungen aufnehmen können.

Die Ermittlung des Querschnittskernes erfolgt über die **Kernpunkte** $K_i(x_{ki}; y_{ki})$ als Randpunkte der Kernfläche. Der Menge aller n_i, die den Querschnitt tangieren bzw. berühren und auf den Hauptträgheitsachsen die Abschnitte x_{0i} und y_{0i} erzeugen, werden die Kernpunkte K_i mit

$$x_{ki} = -\frac{i_y^2}{x_{0i}}; \qquad y_{ki} = -\frac{i_x^2}{y_{0i}} \tag{15.5}$$

zugeordnet. Die K_i sind dann die Eckpunkte des den Kern begrenzenden konvexen Vieleckes, sofern die n_i ein konvexes Vieleck einschließen.

Beim Rechteckquerschnitt (s. Bild 15.8) liegen die vier Rechteckseiten auf dem neutralen Achsen n_1 bis n_4. Mit

$$i_x^2 = \frac{h^2}{12}, \qquad i_y^2 = \frac{b^2}{12}$$

$$x_{01} = \infty, \qquad y_{01} = \frac{h}{2}$$

$$x_{02} = \frac{b}{2}, \qquad y_{02} = \infty$$

ergeben sich nach (15.5)

$$x_{k1} = 0; \qquad y_{k1} = -\frac{h}{6}$$

$$x_{k2} = -\frac{b}{6}; \qquad y_{k2} = 0$$

Aus Symmetriegründen ergibt sich

$$y_{k3} = -y_{k1} = \frac{h}{6}$$

$$x_{k4} = -x_{k2} = \frac{b}{6}$$

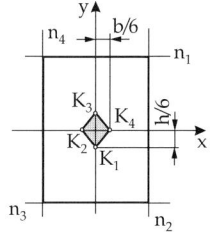

Bild 15.8

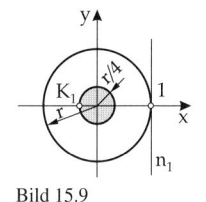

Bild 15.9

Für den Kreisquerschnitt (s. Bild 15.9) ist der Querschnittskern eine Kreisfläche, da die Menge aller n_i als Tangenten den Kreisaußenrand einschließen. Da

$$i_x^2 = i_y^2 = \frac{r^2}{4} \quad \text{und}$$

$$x_{01} = r, \qquad y_{01} = \infty$$

gilt für den Kernpunkt K_1

$$x_{k1} = -\frac{r}{4}, \qquad y_{k1} = 0$$

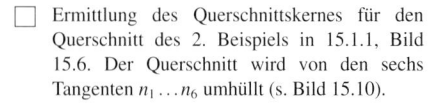

☐ Ermittlung des Querschnittskernes für den Querschnitt des 2. Beispiels in 15.1.1, Bild 15.6. Der Querschnitt wird von den sechs Tangenten $n_1 \ldots n_6$ umhüllt (s. Bild 15.10).

Die Kernpunkte K_i ergeben sich mit $i_x^2 = 2{,}04 \cdot 10^4$ mm^2 und $i_y^2 = 0{,}905 \cdot 10$ mm^2 aus folgender Tabelle mit (15.5)

i	$x_{0i}/$mm	$y_{0i}/$mm	$x_{ki}/$mm	$y_{ki}/$mm
1	∞	207	0	-99
2	-200	∞	45	0
3	-200	-600	45	34
4	∞	-293	0	70
5	200	-600	-45	34
6	200	∞	-45	0

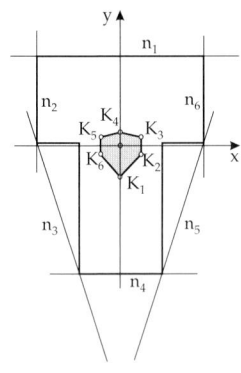

Bild 15.10

15.1.3 Formänderung

Die Verformung des exzentrisch beanspruchten Stabes ergibt sich aus der Biegung durch die Versetzungsmomente und aus der Längskraft. Da M_{bx} und M_{by} konstanten Momentenverlauf längs der Stabachse aufweisen, ist die Biegung querkraftfrei. Die Formänderungsarbeit W_F infolge Biege- und Längskraftbeanspruchung ergibt sich aus (12.29) und (9.33) zu

$$W_F = \frac{1}{2EI_x} \int_0^l M_{bx}^2 \, dz + \frac{1}{2EI_y} \int_0^l M_{by}^2 \, dz + \frac{1}{2EA} \int_0^l F_L^2 \, dz \tag{15.6}$$

Für die Verschiebung v_i einer Stabstelle i in Richtung einer Kraft infolge Biegung mit Längskraft gilt nach dem Satz von CASTIGLIANO ($E, I, A = $ const)

$$v_i = \frac{1}{EI_x} \int_0^l M_{bx} \frac{\partial M_{bx}}{\partial F} \, dz + \frac{1}{EI_y} \int_0^l M_{by} \frac{\partial M_{by}}{\partial F} \, dz + \frac{1}{EA} \int_0^l F_L \frac{\partial F_L}{\partial F} \, dz \tag{15.7}$$

☐ **1.** Ein Stab der Länge $l = 8y_p = 800$ mm wird exzentrisch mit $F = 100$ N auf Zug beansprucht (s. Bild 15.11a). Da $x_p = 0$, erfolgt nur Biegung um die zur Zeichenebene senkrechte x-Achse. Für den konstanten Querschnitt sind $A = 200$ mm^2 und $I_x = 7000$ mm^4 gegeben. Gesucht sind die Verschiebungen v_{By} und v_{Bz} des Punktes B und v_{Py} und v_{Pz} des Punktes P in vertikaler und horizontaler Richtung.

Für die Vertikalverschiebung von B und P wird $F_y = 0$, und für die Horizontalverschiebung von B wird $F_z = 0$ angesetzt (s. Bild 15.11b). An der Schnittstelle z ergeben sich

$M_{bx} = -F y_p - F_y z$
$F_L = F + F_z$

15.1 Exzentrischer Zug oder Druck

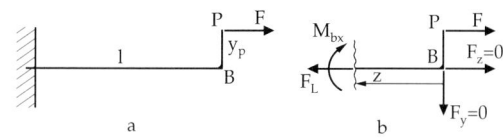

Bild 15.11

$$\frac{\partial M_{bx}}{\partial F} = -y_p, \quad \frac{\partial M_{bx}}{\partial F_y} = -z, \quad \frac{\partial M_{bx}}{\partial F_z} = 0$$

$$\frac{\partial F_L}{\partial F} = 1, \quad \frac{\partial F_L}{\partial F_y} = 0, \quad \frac{\partial F_L}{\partial F_z} = 1$$

Aus (15.7) ergeben sich

$$v_{By} = v_{Py} = \frac{1}{EI_x} \int_0^l F y_p \, dz = \frac{F y_p l^2}{2 E I_x} = 2{,}2 \text{ mm}$$

$$v_{Bz} = \frac{1}{EA} \int_0^l F \, dz = \frac{Fl}{EA} = 2 \cdot 10^{-3} \text{ mm}$$

$$v_{Pz} = \frac{1}{EI_x} \int_0^l F y_p^2 \, dz + \frac{1}{EA} \int_0^l F \, dz = \frac{F y_p^2 l}{EI_x} + \frac{Fl}{EA} = 0{,}55 \text{ mm}$$

v_{By} ergibt sich auch nach Tabelle 12.2, Nr. 4 und v_{Bz} nach (9.22a). v_{Bz} zeigt den geringen Anteil der Verformung infolge Längskraft.

2. Der Viertelkreisbogen aus Rundstahl mit $R = 15d = 480$ mm wird in B mit $F = 1$ kN vertikal belastet. Gesucht sind die Vertikalverschiebung v_{By} und die Horizontalverschiebung v_{Bx} des Kraftangriffspunkts B aus der Formänderung infolge Biegung (s. Bild 15.12a).

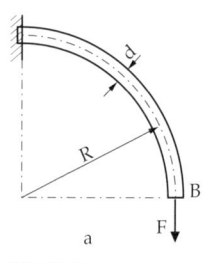

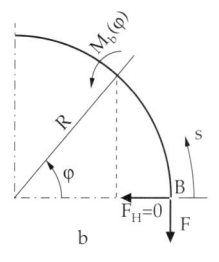

Bild 15.12

Wegen v_{Bx} wird $F_H = 0$ angesetzt (s. Bild 15.12b). Unter dem Winkel φ geschnitten, ergibt sich das Moment

$$M_b(\varphi) = FR(1 - \cos\varphi) + F_H R \sin\varphi$$

$$\frac{\partial M_b(\varphi)}{\partial F} = R(1 - \cos\varphi)$$

$$\frac{\partial M_b(\varphi)}{\partial F_H} = R \sin\varphi$$

Mit dem Bogenelement $ds = R\,d\varphi$ wird

$$v_{Bx} = \frac{1}{EI}\int_0^{\pi/2} FR(1-\cos\varphi)R\sin\varphi R\,d\varphi = \frac{FR^3}{EI}\int_0^{\pi/2}(\sin\varphi - \sin\varphi\cos\varphi)\,d\varphi$$

$$= \frac{FR^3}{EI}\left[-\cos\varphi - \frac{1}{2}\sin^2\varphi\right]_0^{\pi/2} = \frac{FR^3}{2EI}$$

$$v_{By} = \frac{1}{EI}\int_0^{\pi/2} FR(1-\cos\varphi)R(1-\cos\varphi)R\,d\varphi = \frac{FR^3}{EI}\int_0^{\pi/2}(1-\cos\varphi)^2\,d\varphi$$

$$= \frac{FR^3}{EI}\left[\varphi - 2\sin\varphi + \frac{\varphi}{2} + \frac{1}{4}\sin 2\varphi\right]_0^{\pi/2} = \frac{FR^3}{4EI}(3\pi - 8)$$

Mit $I = \dfrac{d^4\pi}{64}$ und $E = 2{,}1\cdot 10^5$ N/mm² ergeben sich

$$v_{Bx} = \frac{4{,}8^3 \cdot 64}{2 \cdot 2{,}1 \cdot 3{,}2^4 \cdot \pi}\text{ mm} = 5{,}1\text{ mm}$$

$$v_{By} = \frac{4{,}8^3 \cdot 64(3\pi - 8)}{4 \cdot 2{,}1 \cdot 3{,}2^4 \pi}\text{ mm} = 3{,}6\text{ mm}$$

15.2 Überlagerung von Tangentialspannungen

Gleichzeitiges Auftreten von Torsions- und Schubbeanspruchungen führt zu zusammengesetzten Tangentialspannungen. Aus den Abschnitten 13 und 14 geht hervor, daß beide Grundbeanspruchungsarten unterschiedliche Spannungsverteilungen über einen bestimmten Querschnitt aufweisen. Die an jeder Stelle des Querschnittes vorhandenen Komponenten der Schubspannung τ_s und der Torsionsspannung τ_t lassen sich nach dem Superpositionsprinzip zur Gesamtspannung τ zusammensetzen. Aus den Verteilungen beider Spannungen ergibt sich der Punkt i des Querschnittes mit der **maximalen Gesamtspannung** $\tau_{\max}$, so daß

$$\boxed{\tau_{\max} = \max(\tau_{si} + \tau_{ti})} \tag{15.8}$$

Für den Spannungsnachweis muß dann

$$\tau_{\max} \leqq \tau_{zul} \tag{15.9}$$

gelten.

☐ Das Rohr aus St 45 mit $D = 120$ mm und $t = 8$ mm (s. Bild 15.13) wird mit $F = 80$ kN schwellend belastet. Der Spannungsnachweis soll am Rohrende geführt werden, wenn $\tau_{zul} = 90$ N/mm².

Im Querschnitt an der Kraftangriffsstelle ist $M_b = 0$, daher tritt dort keine Biegebeanspruchung auf. Eine Parallelverschiebung von F um $D/2$ in die vertikale Symmetrieachse ergibt als Versetzungsmoment das Torsionsmoment M_t (s. Bild 15.14a) und die Querkraft $F_Q = F$ (s. Bild 15.14b). Nach der 1. Bredtschen Formel (14.26) wird an jeder Stelle des Querschnittes – insbesondere auch an den Punkten 1...4 –

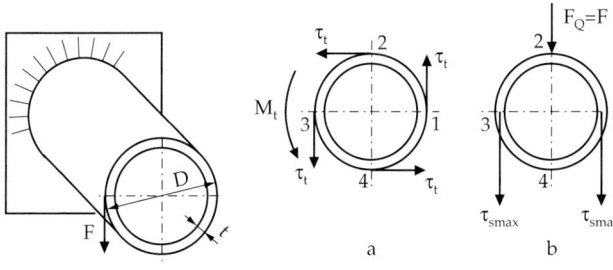

Bild 15.13   Bild 15.14

$$\tau_t = \frac{M_t}{2A_m t} = \frac{FD}{4r_m^2 \pi t} = 30 \text{ N/mm}^2$$

Die Schubspannungsverteilung ergibt nach (13.16)

$$\tau_{s2} = \tau_{s4} = \tau_{smin} = 0$$

$$\tau_{s1} = \tau_{s3} = \tau_{smax} = \frac{2F}{A} = 57 \text{ N/mm}^2$$

Die Überlagerungen ergeben in den Punkten 1...4

$$\tau_1 = \tau_{smax} - \tau_t = 27 \text{ N/mm}^2$$

$$\tau_2 = \tau_4 = \tau_t = 30 \text{ N/mm}^2$$

$$\tau_3 = \tau_{max} = \tau_{smax} + \tau_t = 87 \text{ N/mm}^2 < \tau_{zul} = 90 \text{ N/mm}^2$$

15.3 Beanspruchung durch Normal- und Tangentialspannungen

15.3.1 Festigkeitshypothesen

Die Werkstoffe sind unterschiedlich empfindlich gegenüber den einzelnen Grundbeanspruchungsarten. Treten gleichzeitig am Bauteil Normal- und Tangentialspannungen auf, liegt ein komplizierter mehrachsiger Spannungszustand vor, der über **Festigkeitshypothesen** auf einen vergleichbaren einachsigen zurückgeführt wird, da die Werkstoffkenngrößen überwiegend aus einachsiger Materialprüfung hervorgehen. Die Hypothesen unterscheiden sich in der Annahme einer Spannungs- oder Verformungsgröße, die für den Bruch oder die unzulässige Verformung dominierend verantwortlich ist. Dabei wird eine **Vergleichsspannung**[1] σ_v ermittelt, die nicht größer als die zulässige einachsige Normalspannung sein darf. Die bekanntesten vier Hypothesen werden zur Unterscheidung mit den Indizes 1 bis 4 belegt.

1. **Hauptspannungshypothese**: Bruchverantwortlich ist die größte Hauptspannung σ_1, so daß

$$\sigma_{v1} = \sigma_1 \quad \text{mit} \quad \sigma_1 > \sigma_2 > \sigma_3 \tag{15.10}$$

---

[1] Auch als reduzierte oder ideelle Spannung bezeichnet

Mit σ_1 aus (9.10a) ergibt sich für den ebenen Spannungszustand

$$\sigma_{v1} = \frac{1}{2}\left(\sigma_x + \sigma_y + \sqrt{(\sigma_x - \sigma_y)^2 + 4\tau_{xy}^2}\right) \tag{15.10a}$$

2. **Dehnungshypothese**: Verantwortlich ist die größte Dehnung

$$\varepsilon_1 = \frac{1}{E}[\sigma_1 - \nu(\sigma_2 + \sigma_3)]$$

in Richtung der maximalen Hauptspannung σ_1 und damit

$$\sigma_{v2} = \sigma_1 - \nu(\sigma_2 + \sigma_3) \tag{15.11}$$

oder mit (9.10a) für den ebenen Spannungszustand

$$\sigma_{v2} = \frac{1}{2}\left[(1-\nu)(\sigma_x + \sigma_y) + (1+\nu)\sqrt{(\sigma_x - \sigma_y)^2 + 4\tau_{xy}^2}\right] \tag{15.11a}$$

3. **Schubspannungshypothese**: Für die Gefährdung wird die größte Hauptschubspannung (9.17) angenommen. Da (vgl. 9.3) bei einachsigem Spannungszustand $\tau_{max} = \frac{1}{2}\sigma$, wird

$$\sigma_{v3} = \sigma_1 - \sigma_3 \tag{15.12}$$

und für den ebenen Spannungszustand wegen $\sigma_3 = 0$

$$\sigma_{v3} = 2\tau_1 = \sqrt{(\sigma_x - \sigma_y)^2 + 4\tau_{xy}^2} \tag{15.12a}$$

4. **Gestaltänderungshypothese**: Maßgeblich wird die größte **Gestaltänderungsarbeit** W_G^* als Anteil der spezifischen Formänderungsarbeit W_F^* angesehen. Wird in (9.35a) die Volumendehnung

$$e = \varepsilon_x + \varepsilon_y + \varepsilon_z = \frac{1}{E}(\sigma_x + \sigma_y + \sigma_z)$$

eliminiert, so entsteht unter Anwendung der Identität

$$\sigma_x^2 + \sigma_y^2 + \sigma_z^2 = \frac{1}{3}\left[(\sigma_x + \sigma_y + \sigma_z)^2 + (\sigma_x - \sigma_y)^2 + (\sigma_y - \sigma_z)^2 + (\sigma_z - \sigma_x)^2\right]$$

$$W_G^* = W_F^* - W_V^* \tag{15.13}$$

mit der **spezifischen Volumenänderunsenergie**

$$W_V^* = \frac{1-2\nu}{6E}(\sigma_x + \sigma_y + \sigma_z)^2 \tag{15.14}$$

und der **spezifischen Gestaltänderungsenergie**

$$W_G^* = \frac{1}{12G}\left[(\sigma_x - \sigma_y)^2 + (\sigma_y - \sigma_z)^2 + (\sigma_z - \sigma_x)^2 + 6(\tau_{xy}^2 + \tau_{yz}^2 + \tau_{zx}^2)\right] \tag{15.15}$$

Für den einachsigen Zug ($\sigma_y = \sigma_z = \tau_{xy} = \tau_{yz} = \tau_{zx} = 0$) wird

$$W_G^* = \frac{2\sigma_x^2}{12G} = \frac{2\sigma_{v4}^2}{12G}$$

und somit

$$\sigma_{v4} = \sqrt{\frac{1}{2}\left[(\sigma_x - \sigma_y)^2 + (\sigma_y - \sigma_z)^2 + (\sigma_z - \sigma_x)^2 + 6(\tau_{xy}^2 + \tau_{yz}^2 + \tau_{zx}^2)\right]}$$

$$\sigma_{v4} = \sqrt{\frac{1}{2}\left[(\sigma_1 - \sigma_2)^2 + (\sigma_2 - \sigma_3)^2 + (\sigma_3 - \sigma_1)^2\right]} \tag{15.16}$$

15.3 Beanspruchung durch Normal- und Tangentialspannungen

Für den ebenen Spannungszustand folgt aus (15.16)

$$\sigma_{v4} = \sqrt{\sigma_x^2 + \sigma_y^2 - \sigma_x \sigma_y + 3\tau_{xy}^2}$$ (15.16a)

Die Hypothesen sind nicht widerspruchsfrei. Die 1. und 2. Hypothese liefern bei sprödem Material mit Trennbruchfläche senkrecht zur größten Hauptspannungsrichtung annähernd genaue Ergebnisse. Die 3. und 4. Hypothese eignen sich für zähe Werkstoffe mit ausgeprägter Streckgrenze.

Mit dem **Anstrengungsverhältnis** α_0 als Koeffizient der Spannung τ erfolgte eine Verfeinerung der Festigkeitshypothesen und eine bessere Anpassung an praktische Erfahrungen. α_0 enthält den für jede Hypothese unterschiedlichen **Anpassungsfaktor** φ und den Einfluß der Lastfälle für die Normal- und Tangentialspannung, wobei σ_D und τ_D Dauerfestigkeitskenngrößen (s. Abschnitt 16) sind.

$$\alpha_0 = \frac{\sigma_D}{\varphi \tau_D} \approx \frac{\sigma_{zul}}{\varphi \tau_{zul}}$$ (15.17)

Hypothese	φ
1. Normalspannungshypothese	1
2. Dehnungshypothese	1,3
3. Schubspannungshypothese	2
4. Gestaltänderungshypothese	$\sqrt{3}$

15.3.2 Biegung und Torsion

Für die Entwurfsrechnung von Wellen hat sich die Gestaltänderungshypothese bewährt. Als Normalspannung wirkt die Biegespannung σ_b in Richtung der Wellenachse und als Tangentialspannung die Torsionsspannung τ_t, so daß bei Berücksichtigung des Anstrengungsverhältnisses α_0 (15.16a) übergeht in

$$\sigma_{v4} = \sigma_v = \sqrt{\sigma_b^2 + 3(\alpha_0 \tau_t)^2}$$ (15.16b)

Die Biegebeanspruchung ist wechselnd (Lastfall 3), da bei einer Wellenumdrehung jede Außenfaser periodisch auf Zug und Druck beansprucht wird. Bei gleichbleibendem Drehsinn bleibt der Richtungssinn von τ_t in der Außenschale erhalten, so daß bei Berücksichtigung von Leerlauf und Anlauf für τ_t Lastfall 2 angenommen wird.

Mit (12.21) und (14.7) und wegen $W = 2W_p$ wird

$$\sigma_v = \frac{1}{W}\sqrt{M_b^2 + \frac{3}{4}(\alpha_0 M_t)^2}$$ (15.16c)

Der Wurzelausdruck

$$M_v = \sqrt{M_b^2 + \frac{3}{4}(\alpha_0 M_t)^2}$$ (15.18a)

ist das **Vergleichsmoment**, so daß

$$\sigma_v = \frac{M_v}{W} \leq \sigma_{bzul}$$ (15.18)

für den Spannungsnachweis erfüllt sein muß.

Aus (15.18) ergibt sich wegen $W = \dfrac{\pi d^3}{32}$ für den Kreisquerschnitt der **erforderliche Wellendurchmesser**

$$d \geq \sqrt[3]{\dfrac{32 M_v}{\pi \sigma_{bzul}}} \approx \sqrt[3]{\dfrac{M_v}{0,1 \sigma_{bzul}}} \tag{15.19}$$

☐ Die Welle eines zweistufigen geradverzahnten Stirnradgetriebes (s. Bild 15.15) hat ein Drehmoment $M_t = 350$ Nm von Zahnrad 2 mit dem Teilkreisdurchmesser $d_{02} = 400$ mm auf Zahnrad 3 mit $d_{03} = 115$ mm zu übertragen. Wie groß müssen die erforderlichen Wellendurchmesser am Rad 2 und Lager B gewählt werden, wenn für St 60 $\sigma_{bzul} = 145$ N/mm², $a = 80$ mm und der Eingriffswinkel an der Zahnflanke $\alpha_0 = 20°$?

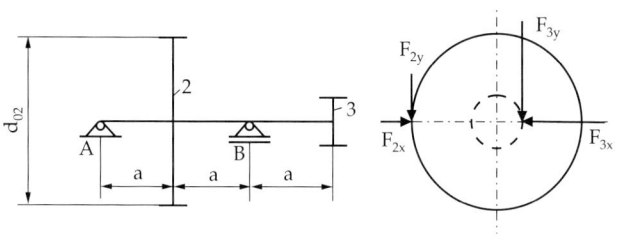

Bild 15.15

Der Torsionsmomentenverlauf ist zwischen den Rädern (s. Bild 15.16a)

$M_t = 350$ Nm $=$ const

Die Umfangskräfte F_{2y} von Rad 1 auf Rad 2 bzw. F_{3y} von Rad 4 auf Rad 3 an der freigeschnittenen Welle werden

$F_{2y} = \dfrac{2 M_t}{d_{02}} = 1,75$ kN,

$F_{3y} = \dfrac{2 M_t}{d_{03}} = 6,09$ kN

Die Radialkräfte F_{2x} bzw. F_{3x} werden

$F_{2x} = F_{2y} \tan \alpha_0 = 0,64$ kN,

$F_{3x} = F_{3y} \tan \alpha_0 = 2,22$ kN

Die Auflagerreaktionen in der x, z-Ebene

$F_{Ax} = \dfrac{1}{2}(F_{2x} + F_{3x}) = 1,43$ kN,

$F_{Bx} = F_{Ax} + F_{3x} - F_{2x} = 3,00$ kN

in der y, z-Ebene

$F_{Ay} = \dfrac{1}{2}(F_{3y} - F_{2y}) = 2,17$ kN,

$F_{By} = F_{Ay} + F_{2y} + F_{3y} = 10,01$ kN

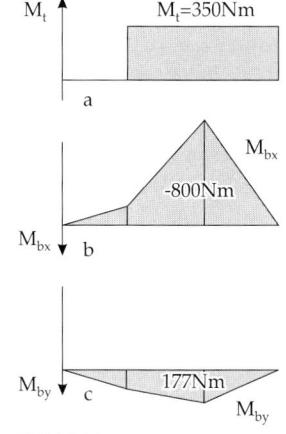

Bild 15.16

15.3 Beanspruchung durch Normal- und Tangentialspannungen

Am Rad 2 und Lager B ergibt der Biegemomentenverlauf (s. Bild 15.16.c) in der x,z-Ebene

$$M_{\text{by2}} = F_{\text{Ax}}a = 114 \text{ Nm}, \qquad M_{\text{byB}} = F_{3x}a = 177 \text{ Nm}$$

und in der y,z-Ebene (s. Bild 15.16b)

$$M_{\text{bx2}} = -F_{\text{Ay}}a = -174 \text{ Nm}, \qquad M_{\text{bxB}} = -F_{3y}a = -800 \text{ Nm}$$

Die resultierenden Biegemomente

$$M_{\text{b2}} = \sqrt{M_{\text{bx2}}^2 + M_{\text{by2}}^2} = 208 \text{ Nm}, \qquad M_{\text{bB}} = \sqrt{M_{\text{bxB}}^2 + M_{\text{byB}}^2} = 819 \text{ Nm}$$

Das Anstrengungsverhältnis α_0 (s. Tafel 9.2 für St 60)

$$\alpha_0 = \frac{\sigma_{\text{bW}}}{\sqrt{3}\,\tau_{\text{tSch}}} = \frac{280}{\sqrt{3} \cdot 220} = 0{,}73$$

Nach (15.18a) ergeben sich die Vergleichsmomente

$$M_{\text{v2}} = \sqrt{208^2 + \frac{3}{4}(0{,}73 \cdot 350)^2} \text{ Nm} = 304 \text{ Nm}$$

$$M_{\text{vB}} = \sqrt{819^2 + \frac{3}{4}(0{,}73 \cdot 350)^2} \text{ Nm} = 848 \text{ Nm}$$

Damit werden die Wellendurchmesser d bzw. D am Zahnrad 2 und am Lager B

$$d \geq \sqrt[3]{\frac{32 \cdot 304}{\pi \cdot 145}} \cdot 10 \text{ mm} = 28 \text{ mm}$$

$$D \geq \sqrt[3]{\frac{32 \cdot 848}{\pi \cdot 145}} \cdot 10 \text{ mm} = 39 \text{ mm}$$

Bei Beachtung vernachlässigter Kerbwirkungen durch Wellenabsätze und Paßfedernut werden gewählt:

$$d = 32 \text{ mm}, \qquad D = 40 \text{ mm}$$

16 Dauerschwingfestigkeit

16.1 Dauerbruch

Im Gegensatz zum **Gewaltbruch** durch einmalig sehr große Beanspruchung bis zur Bruchfestigkeit tritt der **Dauerbruch** bei Beanspruchung unterhalb der Streckgrenze verformungslos auf. Er entsteht als Folge pulsierender Beanspruchung mit regelmäßig oder unregelmäßig veränderlichen Kräften oder Momenten nach Betrag und Richtung. Die Bauteile erfahren im Laufe des Betriebes an gefährdeten Stellen zuerst mikroskopisch kleine Anrisse – meist an der Oberfläche –, die sich allmählich ohne Verformung als Kerbe und zunehmender Bruchfläche in das Innere des Querschnittes ausdehnen. Letztlich wird die verbleibende Restfläche des geschwächten Querschnittes durch Gewaltbruch zerstört. Die Bruchfläche zerfällt in den glatteren, teils blankgescheuerten und mit Rastlinien versehenen Dauerbruchanteil und in die gröbere und zerklüftete Gewaltbruchfläche. Die Analyse des gesamten Bruchbildes läßt Schlüsse auf die zum Dauerbruch führenden Ursachen zu. Diese können u. a. sein:

- abrupte Querschnittsänderungen durch Kerben (Bohrungen, Nuten, Wellenabsätze),
- Kraftangriffs- und Kraftumlenkungsstellen (Preßverbindungen, Kröpfungen),
- Oberflächenverletzungen (Korrosionsstellen, Montagekratzer),
- Gefügefehler infolge Wärmebehandlung, Umformvorgänge und Schweißung.

16.2 Dauerfestigkeit der Werkstoffprobe

16.2.1 Begriffe und Ermittlung der Dauerfestigkeit

Die ertragbare Dauerbeanspruchung eines Werkstoffes wird nach DIN 50100 an polierten Probestäben im **Dauerschwingversuch** ermittelt. Die Beanspruchungsarten sind Zug-Druck, Biegung und Torsion. Im Zug-Druck-Schwingungsversuch erfolgt die dynamische Beanspruchung nach der Spannungs-Zeit-Funktion

$$\sigma(t) = \sigma_m + \sigma_A \sin \omega t \qquad (16.1)$$

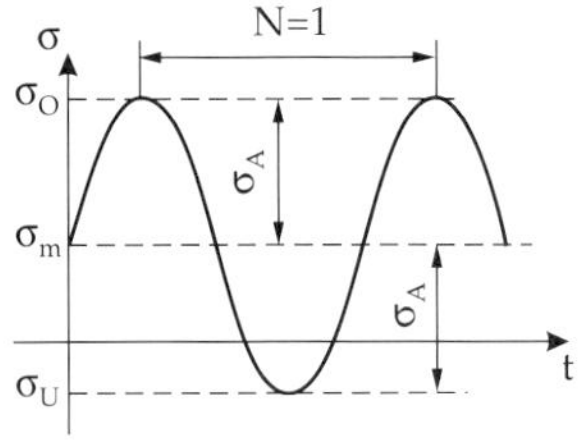

Bild 16.1

Der Einfluß der Schwingungsfrequenz auf die Dauerhaltbarkeit ist gering, wenn bei hohen Frequenzen ein Erwärmung der Probe durch Kühlung vermieden wird. In (16.1) bzw. Bild 16.1 bedeuten

Oberspannung σ_O: Maximum der Normalspannung[1]
                τ_O: Maximum der Torsionsspannung

---

[1] Werkstoffprobe mit Großbuchstaben als Indizes

16.2 Dauerfestigkeit der Werkstoffprobe

Unterspannung σ_U: Minimum der Normalspannung
τ_U: Minimum der Torsionsspannung

Spannungsverhältnis: $\varkappa = \sigma_U/\sigma_O = \tau_U/\tau_O$

Mittelspannung (Vorspannung): $\sigma_m = \dfrac{1}{2}(\sigma_O + \sigma_U)$

$$\tau_m = \frac{1}{2}(\tau_O + \tau_U)$$

Spannungsausschlag: $\sigma_A = \dfrac{1}{2}(\sigma_O - \sigma_U)$

$$\tau_A = \frac{1}{2}(\tau_O - \tau_U)$$

Dauerschwingfestigkeit oder kurz Dauerfestigkeit σ_D bzw. τ_D eines Probestabes ist der Spannungsausschlag σ_A bzw. τ_A auf eine Mittelspannung σ_m bzw. τ_m bezogen, den der Prüfling zeitlich unbegrenzt ertragen kann, ohne zu Bruch zu gehen:

$$\boxed{\sigma_D = \sigma_m \pm \sigma_A} \quad \text{bzw.} \quad \boxed{\tau_D = \tau_m \pm \tau_A} \tag{16.2}$$

Die Dauerfestigkeit wird im **Wöhlerversuch** ermittelt. Im Einstufen-Schwingversuch wird für jeden Probestab in einer ersten Serie σ_m und σ_A konstant gehalten. Der erste Stab wird mit σ_O nahe der Zugfestigkeit beansprucht, so daß er schon nach geringer Schwingspielzahl N zu Bruch geht. Für die folgenden Stäbe wird bei $\sigma_m = $ const der Spannungsausschlag σ_A so lange vermindert, bis bei $N \geqq 10^7$ für Stahl kein Bruch mehr eintritt. Die Ergebnisse dieser ersten Serie werden graphisch in der **Wöhlerkurve** mit σ_A in Abhängigkeit von N dargestellt (s. Bild 16.2). Die Kurve geht ab der Grenzschwingspielzahl N_G asymptotisch in das Intervall der Dauerfestigkeit über. Für $N < N_G$ entsteht das Intervall der **Zeitfestigkeit**, in dem der Spannungsausschlag nur eine bestimmte Zeit ertragen werden kann.

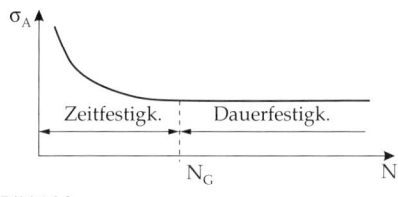

Bild 16.2

16.2.2 Dauerfestigkeitsschaubilder der Werkstoffe

Die Ergebnisse aus den Wöhlerkurven für unterschiedliche σ_m werden überwiegend im **Schleifendiagramm** nach SMITH anschaulich dargestellt.

Für einen bestimmten Werkstoff werden im Koordinatensystem auf der Abszisse die Mittelspannung und auf der Ordinate die zugehörigen Ober- und Unterspannungen bei gleichem Maßstab abgetragen. Die Winkelhalbierende $\sigma = \sigma_m$ bzw. $\tau = \tau_m$ halbiert die Schwingbreite $2\sigma_A$ bzw. $2\tau_A$. Die mit schwacher Krümmung verlaufenden Kurven werden mit hinreichender Genauigkeit durch geradlinige Teilstrecken ersetzt. Da die in den Dauerschwingversuchen ermittelten Werte streuen, werden die Grenzlinien in **Dauerfestigkeitsschaubildern** – DFS – auf die unteren Werte im Streubereich bezogen.

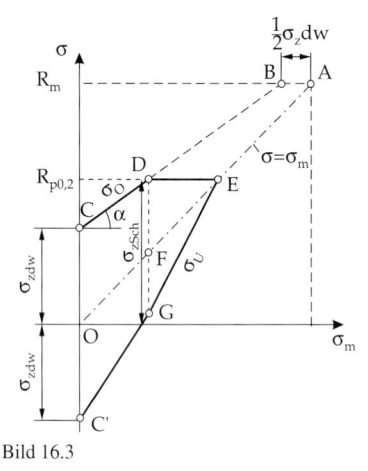

Bild 16.3

Sind R_m, $R_{p0,2}$ und σ_{zdW} bekannt, läßt sich das DFS für Zug-Druck konstruieren (s. Bild 16.3). Mit $B\left(R_m - \frac{1}{2}\sigma_{zdW}; R_m\right)$ und $C(0; \sigma_{zdW})$ ergibt sich die Gleichung für die Oberspannung

$$\sigma_O = \frac{2(R_m - \sigma_{zdW})}{2R_m - \sigma_{zdW}}\sigma_m + \sigma_{zdW} \tag{16.3}$$

Der Anstiegswinkel von (16.3) ist für Baustähle $\alpha \approx 35°$. $\overline{DE}$ schließt das DFS nach oben mit $\sigma_{p0,2}$ ab. Die senkrechte Strecke $\overline{DF}$ um sich selbst verlängert ergibt G. Der Streckenzug E, G, C' stellt dann die Unterspannung σ_U dar. Eine Weiterführung des DFS in den Bereich $\sigma_m < 0$ erfordert Kenntnisse über die Druckfließgrenze (Quetschgrenze) σ_{dF}.

Bei den DFS für Biegung bzw. Torsion sind in (16.3) die Wechselfestigkeiten und im DFS die Fließgrenzen für Biegung bzw. Torsion zu setzen.

In den Bildern 16.4 sind die DFS für drei Baustähle dargestellt. Die zur Konstruktion erforderlichen Werte sind der Tab. 9.2 entnommen. Die Probestäbe sind Rundstäbe mit $d_0 = 7{,}5$ mm, was bei Biegung und Torsion von Bedeutung ist, da mit zunehmendem Durchmesser die Dauerfestigkeit abnimmt. Die Biegewerte beziehen sich auf Umlaufbiegung.

Die Dauerfestigkeitswerte erhöhen sich durch Härteverfahren, Kaltverfestigung und bei tiefen Temperaturen.

Für spröde Werkstoffe mit nicht ausgeprägter Streckgrenze wird das DFS für Zug-Druck durch R_m und σ_{zdW} begrenzt, d. h. im Prinzip durch die Strecken $\overline{AC}$ und $\overline{AC'}$ in Bild 16.3. Typisch ist dafür das DFS für Grauguß GG-20 (s. Bild 16.5). Da $|\sigma_{dB}| \approx 3{,}5 R_m$, ist das DFS auch in den Druckbereich für $\sigma_m > 0$ erweitert. Die Probestäbe haben einen Durchmesser von ca. 20 mm.

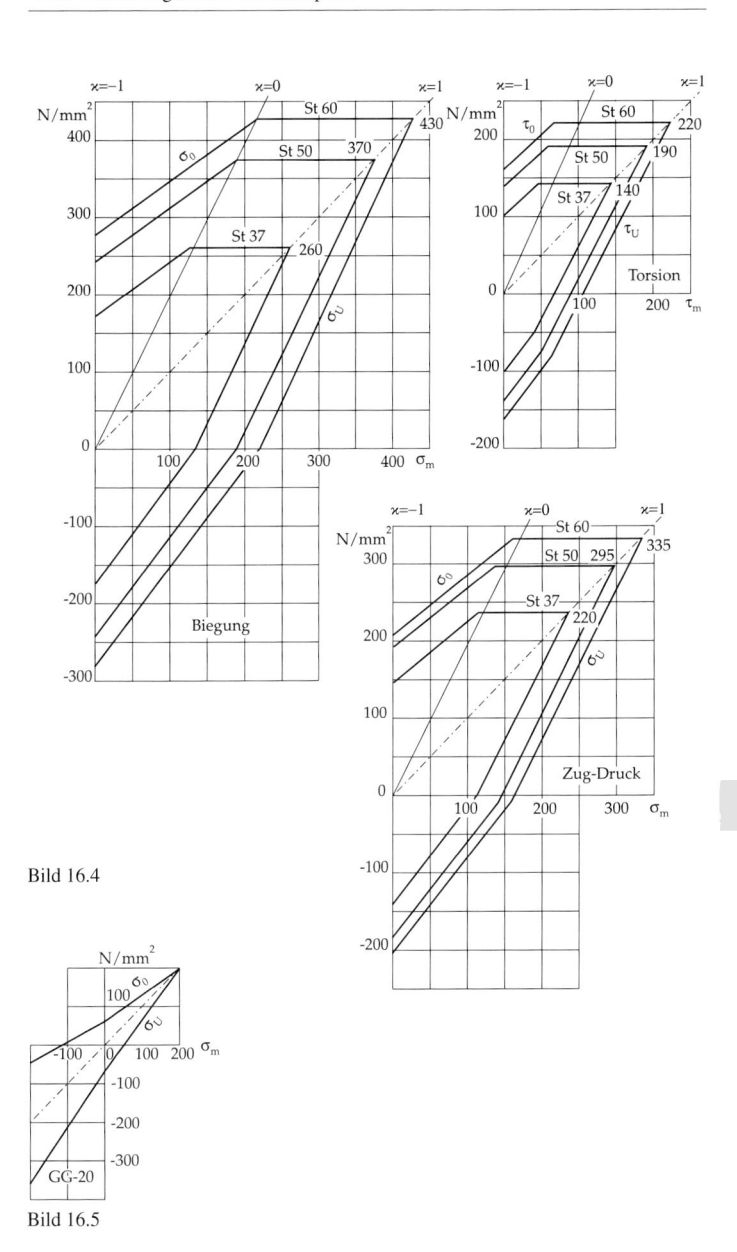

16.2 Dauerfestigkeit der Werkstoffprobe

Bild 16.4

Bild 16.5

Ablesebeispiele aus den DFS in den Bildern 16.4:

1. Die Biegewechselfestigkeit für St 60 ist Sonderfall der Biegedauerfestigkeit (Lastfall 3) mit $\sigma_m = 0$ und $\varkappa = -1$. Ablesung: $\sigma_O = 280$ N/mm² $= |\sigma_U|$, daher $\sigma_{bW} = \pm 280$ N/mm² oder $\sigma_{bD} = 0 \pm 280$ N/mm².

2. Die Zugschwellfestigkeit für St 50 (Lastfall 2) ist definiert mit $\sigma_U = \varkappa = 0$. Ablesung: $\sigma_O = R_{p0,2} = 295$ N/mm², daher $\sigma_{zSch} = 295$ N/mm² oder $\sigma_{zD} = (147,5 \pm 147,5)$ N/mm².

3. Gesucht ist die Dauerfestigkeit für Torsion und St 60, wenn $\tau_m = 50$ N/mm². Ablesung: $\tau_O = 202$ N/mm² und damit wird $\tau_D = (50 \pm 152)$ N/mm².

Die Berechnung von τ_O analog (16.3) ergibt übereinstimmend

$$\tau_O = \frac{2(R_m - \tau_{tW})}{2R_m - \tau_{tW}} + \tau_W = \left(\frac{2(570 - 160)}{2 \cdot 570 - 160} \cdot 50 + 160 \right) \text{ N/mm}^2$$
$$= 202 \text{ N/mm}^2$$

16.3 Gestaltfestigkeit

16.3.1 Einflußgrößen auf die Bauteildauerfestigkeit

Gestaltfestigkeit ist der Spannungsausschlag σ_{AK} bzw. τ_{AK} um eine Mittelspannung σ_m bzw. τ_m, der von einem Bauteil zeitlich unbegrenzt ertragen werden kann.

Die Abweichung eines Bauteiles vom Probestab in Größe, Form, Bearbeitungszustand und Oberflächenbeschaffenheit führt zu einer Reduzierung der am Probestab ermittelten Dauerfestigkeit.

Die **Wechselfestigkeit** σ_{WK} bzw. τ_{WK} für ein Bauteil ist

$$\sigma_{WK} = \frac{\sigma_W K_1}{K} \quad \text{bzw.} \quad \tau_{WK} = \frac{\tau_W K_1}{K} \tag{16.4}$$

σ_W, τ_W: Wechselfestigkeit des polierten Probestabes mit $d_0 = 7,5$ mm
K_1: technologischer Größeneinflußfaktor (s. 16.3.2)
K: **Gesamteinflußfaktor**

$$K = \left(K_G + \frac{1}{K_O} - 1 \right) \frac{1}{K_V \cdot a_i} \tag{16.5}$$

K_G: Gestalteinflußfaktor (s. 16.3.2)
K_O: Faktor der Oberflächenrauheit (s. 16.3.4)
K_V: Faktor der Oberflächenverfestigung (s. 16.3.4)
a_i: Anisotropiefaktor (s. 16.3.4)

16.3.2 Größeneinflußfaktoren und Kerbwirkungszahl

Zu unterscheiden sind drei Größeneinflußfaktoren.

Technologischer Einflußfaktor K_1 (unabhängig von der Beanspruchungsart) mit

$$\begin{aligned} &K_1 = 1 \text{ für Baustähle} \\ &K_1 = 1 - 0,19 \lg(d/7,5 \text{ mm}) \end{aligned} \tag{16.6}$$

16.3 Gestaltfestigkeit

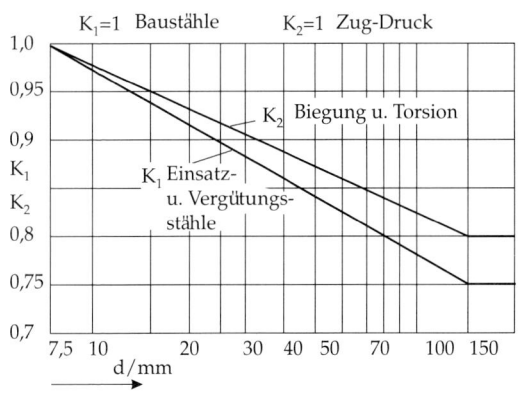

im Bereich $7{,}5\text{ mm} \leqq d \leqq 150\text{ mm}$ für Vergütungs- und Einsatzstähle (s. Bild 16.6).

Bild 16.6

Geometrischer Einflußfaktor K_2 (unabhängig von der Stahlsorte)

$$K_2 = 1 \text{ für Zug-Druck}$$
$$K_2 = 1 - 0{,}15 \lg(d/7{,}5\text{ mm}) \tag{16.7}$$

im Bereich $7{,}5\text{ mm} \leqq d \leqq 150\text{ mm}$ für Biegung oder Torsion (s. Bild 16.6).

Formzahlabhängiger Einflußfaktor K_3 (unabhängig von der Stahlsorte) zur Umrechnung der Kerbwirkungszahl vom Bezugsdurchmesser d_B der Probe auf den Durchmesser d des Bauteiles

$$K_3 = 1 - 0{,}15 \lg \alpha_K \cdot \lg(d/7{,}5\text{ mm}) \tag{16.8}$$

im Bereich $7{,}5\text{ mm} \leqq d \leqq 150\text{ mm}$ (s. Bild 16.7). Statt der Formzahl α_K kann $\beta_K(d_B)$ in (16.8) gesetzt werden.

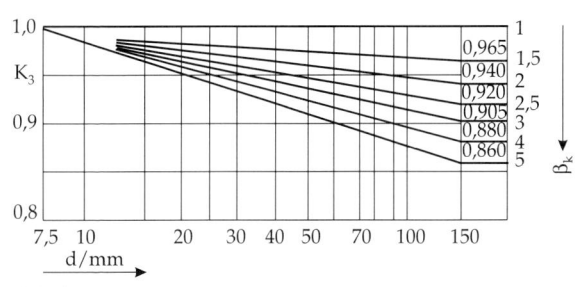

Bild 16.7

Die drei Größeneinflußfaktoren sind für $d \geqq 150\text{ mm}$ konstant (s. Bilder 16.6 und 16.7). Bei Abweichung des Bauteiles vom Kreisquerschnitt sind anstelle d die für die Beanspruchung maßgebende Dicke, Höhe oder Wandstärke zu setzen.

Die **Kerbwirkungszahl** β_K ist das Verhältnis der Dauerfestigkeit des glatten ungekerbten Probestabes zur Dauerfestigkeit des gekerbten Probestabes. Im Dauerversuch ermittelte Kerbwirkungszahlen $\beta_K(d_B)$ mit dem Bezugsdurchmesser sind auf den Bauteildurchmesser d mit

$$\beta_K = \beta_K(d) = \beta_K(d_B)\frac{K_3(d_B)}{K_3(d)} \tag{16.9}$$

umzurechnen.

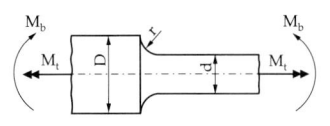

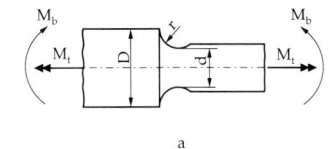

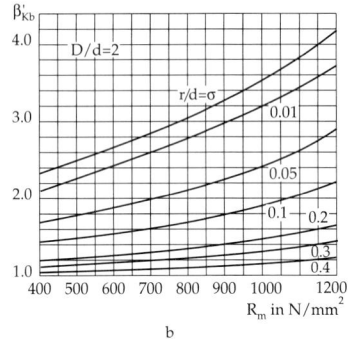

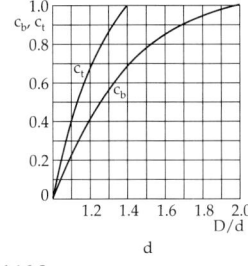

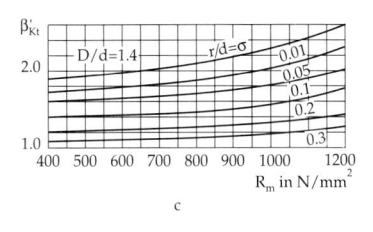

Bild 16.8

Der **Gestalteinflußfaktor** K_G ist

$$K_G = \frac{\beta_K(d)}{K_2(d)} \tag{16.10}$$

Für abgesetzte Rundstäbe (s. Bild 16.8a) mit dem Bezugsdurchmesser $d = d_B = 15$ mm und der Kerbenrauheit $R_{zB} = 10$ µm sind die $\beta'_{Kb}(d_B)$ bei Biegebeanspruchung und $D/d = 2$ (s. Bild 16.8b) und die $\beta'_{Kt}(d_B)$ bei Torsionsbeanspruchung und $D/d = 1,4$ (s. Bild 16.8c) in Abhängigkeit von R_m und r/d dargestellt. Über die Faktoren c_b bzw. c_t (s. Bild 16.8d) lassen sich für Stäbe mit $D/d < 2$ bzw. $D/d < 1,4$ die Kerbwirkungszahlen $\beta_{Kb}(d_B)$ bzw. $\beta_{Kt}(d_B)$ berechnen:

$$\beta_{Kb}(d_B) = 1 + c_b\ [\beta'_{Kb}(d_B) - 1] \tag{16.11a}$$
$$\beta_{Kt}(d_B) = 1 + c_t\ [\beta'_{Kt}(d_B) - 1] \tag{16.11b}$$

16.3 Gestaltfestigkeit

Für Längsnuten in Wellen (s. Bild 16.9a) mit Scheibenfräser (Form A) und Fingerfräser (Form B) sind die Kerbwirkungszahlen bei $d_B = 40$ mm und $R_{zB} = 10$ μm in Abhängigkeit von R_m in Bild 16.9b dargestellt.

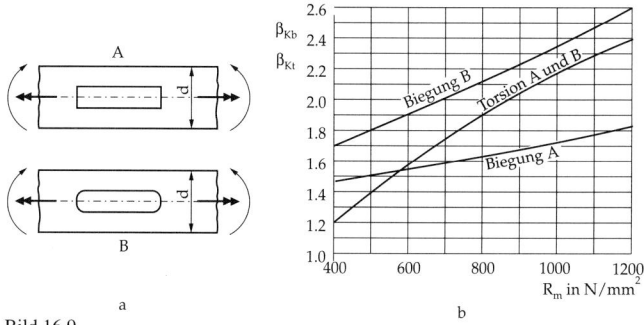

Bild 16.9

Die Kerbwirkungszahlen für Wellen mit Nabensitzen (s. Bild 16.10) sind der Tabelle 16.1 zu entnehmen.

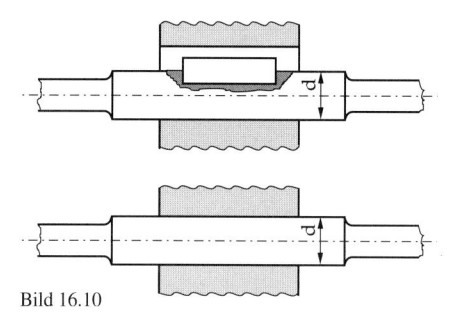

Bild 16.10

Wegen der verschiedenen Einflußgrößen auf die Kerbwirkungszahl ist deren Berechnung problematisch. Daher sind den in den Versuchen ermittelten Werten der Vorzug einzuräumen. Ein weitere Möglichkeit ist die Ermittlung von β_K über die einfacher zu bestimmende Formzahl α_K (s. 16.3.3).

Tabelle 16.1 – Kerbwirkungszahlen für Welle und Nabe

R_m in N/mm²	400	500	600	700	800	900	1000	1100	1200
$\beta_K(d_B)$	1,8	2,0	2,2	2,3	2,5	2,6	2,7	2,8	2,9
$\beta_{Kt}(d_B)$	1,2	1,3	1,4	1,5	1,6	1,7	1,8	1,8	1,9

$d = d_B = 40$ mm, $K_O = K_{Ot} = 1$

☐ **1.** Für eine auf Biegung beanspruchte abgesetzte Achse mit $D = 60$ mm, $d = 50$ mm und $r = 5$ mm aus 25CrMo4 ist der Gestalteinflußfaktor K_G zu ermitteln.

Mit $R_m = 880$ N/mm² (Tab. 9.2), $r/d = 0,1$ wird nach Bild 16.8b

$$\beta'_{Kb}(d_B) = 1,8$$

Aus Bild 16.8c wird $c_b = 0,43$ für $D/d = 1,2$ abgelesen.

$$\beta_{Kb}(d_B) = 1 + 0,43 \cdot (1,8 - 1) = 1,34 \tag{16.11a}$$

Aus Bild 16.7: $K_3(d_B) = 0,994$ und $K_3(d) = 0,984$, so daß

$$\beta_{Kb}(d) = 1,34 \cdot \frac{0,994}{0,984} = 1,35 \tag{16.9}$$

Wegen $K_2(d) = 0,876$ (Bild 16.6) wird

$$K_G = \frac{1,35}{0,876} = 1,54 \tag{16.10}$$

2. Eine Welle aus St 60 mit Paßfedernut Form B und $d = 60$ mm wird auf Torsion beansprucht. Gesucht wird K_G. Aus Bild 16.9b ergibt sich mit $R_m = 590$ N/mm² (Tab. 9.2)

$$\beta_{Kt}(d_B) = 1,53$$

(16.8) ergibt $K_3(d_B) = 0,99$, $K_3(d) = 0,97$ ⇒

$$\beta_{Kt}(d) = 1,56$$

(16.7) $K_2 = 0,865$ ⇒ $K_G = \dfrac{1,56}{0,865} = 1,8$

16.3.3 Formzahl und Kerbwirkungszahl

Die **Formzahl** α_K ist für eine bestimmte Beanspruchungsart nur von der Kerbengeometrie abhängig und wird durch statische Beanspruchung im elastischen Bereich experimentell bestimmt oder berechnet.

$$\alpha_K = \frac{\sigma_{max}}{\sigma_n} \tag{16.12}$$

σ_{max}: Spannungsspitze im gekerbten Querschnitt
σ_n: Nennspannung im gekerbten Querschnitt

Für Zug-Druck, Biegung und Torsion gilt

$$\alpha_{Kzd} > \alpha_{Kb} > \alpha_{Kt} \tag{16.13}$$

und

$$\alpha_K > \beta_K \tag{16.14}$$

Für Wellenabsätze (s. Bild 16.8a oben) läßt sich α_K für Biegung und Torsion aus

$$\begin{aligned}\frac{1}{\alpha_{Kb}-1} &= \sqrt{0,62\frac{r}{t} + 11,6\frac{r}{d}\left(1+2\frac{r}{d}\right)^2 + 0,2\left(\frac{r}{t}\right)^3 \frac{d}{D}} \\ \frac{1}{\alpha_{Kt}-1} &= \sqrt{3,4\frac{r}{t} + 38\frac{r}{d}\left(1+2\frac{r}{d}\right)^2 + \left(\frac{r}{t}\right)^2 \frac{d}{D}}\end{aligned} \tag{16.15}$$

berechnen.

16.3 Gestaltfestigkeit

Nach SIEBEL und STIELER läßt sich β_K aus der Formzahl α_K und der **Stützzahl** n berechnen:

$$\beta_K = \frac{\alpha_K}{n} \qquad (16.16)$$

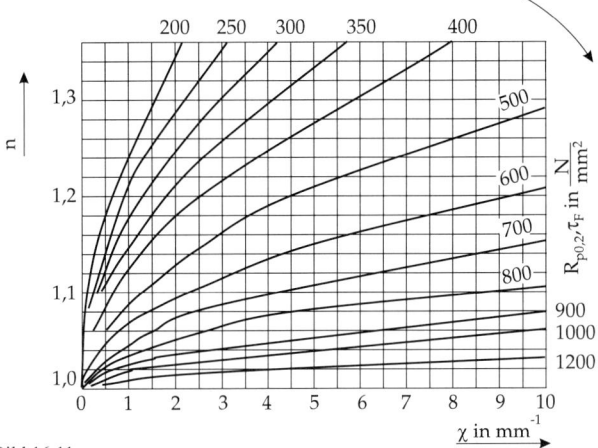

Bild 16.11

Dabei ist die Stützzahl n eine von der Werkstoffestigkeit und dem **bezogenen Spannungsgefälle** χ abhängige Größe in mm^{-1}.

$$\chi \approx \frac{c_1}{r} + \frac{c_2}{d} \qquad (16.17)$$

mit

$c_1 = 2$, $c_2 = 0$ für Zugstäbe mit Umlaufkerbe

$c_1 = c_2 = 2$ für Biegestäbe mit Umlaufkerbe

$c_1 = 1$, $c_2 = 2$ für Torsionsstäbe mit Umlauf- oder Längskerbe

Die Stützzahlen sind in Abhängigkeit von χ und $R_{p0.2}$ bzw. τ_F in Bild 16.11 dargestellt.

☐ Für die abgesetzte Achse aus dem 1. Beispiel in 16.3.2 ist β_K näherungsweise nach (16.16) zu ermitteln.

$\alpha_{Kb} = 1,6$ (16.16), $\chi \approx 0,44$ (16.17), $n = 1,03$ bei $R_{p0,2} = 700$ N/mm^2, $\beta_K(d) = \frac{1,64}{1,03} = 1,6$ ein ca. 15 % höherer Näherungswert und damit auf der sicheren Seite.

16.3.4 Weitere Einflußgrößen

Der Faktor K_O der **Oberflächenrauheit** für Zug-Druck und Biegung ergibt sich, falls $\beta_K(d)$ über $\beta_K(d_B)$ ermittelt wurde, zu

$$K_O = \frac{K_O(R_z)}{K_O(R_{zB})} \qquad (16.17)$$

mit
$$K_O(R_z) = 1 - 0,22 \cdot \lg(R_z/\mu m)(\lg 0,05 R_m \text{ mm}^2/\text{N} - 1) \quad (16.18)$$

Bei Torsionsbeanspruchung wird
$$K_{Ot} = 0,575 K_O + 0,425 \quad (16.19)$$

$K_O = K_{Ot} = 1$ bei Wellen mit Nabensitzen. Für Bauteile mit Walzhaut ist $R_z = 200$ μm zu setzen.

Der Faktor K_V der **Oberflächenverfestigung** berücksichtigt die wesentliche Festigkeitszunahme gekerbter Bauteile, wenn deren Oberflächen durch thermische, chemischthermische oder mechanische Verfahren behandelt werden. Richtwerte für gekerbte Proben in Abhängigkeit von Verfahren und Durchmesser enthält Tabelle 16.2.

Tabelle 16.2 – Einflußfaktor der Oberflächenverfestigung

Verfahren	Durchmesser der gekerbten Probe in mm	K_V[1)
Nitrieren	8…15	1,9…3,0
	30…40	1,3…2,0
Einsatz-härten	8…15	1,5…2,5
	30…40	1,2…2,0
Rollen	7…20	1,5…2,2
	30…40	1,3…1,8
Induktions- und Flammenhärten	7…20	1,6…2,8
	30…40	1,5…2,5

Der **Anisotropiefaktor** $a_i < 1$ ist zu berücksichtigen, wenn die Richtung der Normalspannung quer zur Walzrichtung des Bauteiles verlaufen. Für Torsionsbeanspruchung gilt stets $a_i = 1$. Richtwerte in Abhängigkeit von R_m enthält Tabelle 16.3.

Tabelle 16.3 – Anisotropiefaktor für Normalspannungen

R_m in N/mm²	< 600	600…900	900…1200	> 1200
a_i	0,90	0,86	0,83	0,8

Tangentialspannung: $a_i = 1$

☐ Gesucht ist die Biegewechselfestigkeit σ_{bWK} für die auf Biegung beanspruchte Achse des 1. Beispiels aus 16.3.2, wenn für die Achse $R_z = 20$ μm und $a_i = K_V = 1$.

(16.18): $K_O(R_z) = 0,816$, $K_O(R_{zB}) = 0,858 \Rightarrow K_O = \dfrac{0,816}{0,858} = 0,951$

(16.6): $K_1 = 1 - 0,19 \cdot \lg 50/7,5 = 0,843$

(16.5): $K = 1,6 + \dfrac{1}{0,951} - 1 = 1,65$

Damit wird nach (16.4) mit $\sigma_{bW} = 440$ N/mm² (s. Tab. 9.2)
$$\sigma_{bWK} = \frac{440 \cdot 0,843}{1,65} \text{ N/mm}^2 = 225 \text{ N/mm}^2$$

[1) Anhaltswerte

16.3.5 Bauteil-Dauerfestigkeitsschaubilder

Das DFS eines Bauteiles wird analog 16.2.2 durch R_m, die Bauteil-Wechselfestigkeit σ_{WK} bei Zug-Druck oder Biegung bzw. τ_{WK} bei Torsion und Streckgrenze σ'_S oder Fließgrenze σ'_{bF} bzw. τ'_F des Bauteiles bestimmt. Die Streck- bzw. Fließgrenzen gekerbter Bauteile werden aus denen der Werkstoffprobe über die **Größeneinflußfaktoren** K_{1F}, K_{2F} und der **Erhöhungsfaktor** γ ermittelt.

$$\begin{aligned} \text{Zug-Druck:} \quad & \sigma'_S = K_{1F} \cdot \gamma R_{p0,2} \\ \text{Biegung:} \quad & \sigma'_{bF} = K_{1F} K_{2F} \cdot \gamma \sigma_{bF} \\ \text{Torsion:} \quad & \tau'_F = K_{1F} K_{2F} \cdot \tau_F \end{aligned} \qquad (16.20)$$

Dabei gilt für Baustähle:

$$K_{1F} = 1 - 0,0384 \cdot \lg(d/7,5\ \text{mm})$$

Vergütungs- und Einsatzstähle:

$$K_{1F} = K_1 = 1 - 0,19 \cdot \lg(d/7,5\ \text{mm})$$

alle Stahlarten:

$$K_{2F} = 1 - 0,769 \left(1 - \frac{R_{p0,2}}{\sigma_{bF}}\right) \lg(d/7,5\ \text{mm})$$

Tabelle 16.4 enthält γ.

Tabelle 16.4 – Erhöhungsfaktor der Fließgrenze

Beanspruchung	β_K	γ
Zug-Druck mit $\sigma_m > 0$	$< 1,25$	$1,0$
und	$1,25\ldots 1,5$	$1,1$
Biegung	$1,5\ \ldots 2,0$	$1,2$
	$2,0\ \ldots 3,0$	$1,25$
	$> 3,0$	$1,3$
Zug-Druck mit $\sigma_m < 0$	beliebig	$1,25$
Torsion		1

Das Bauteil-DFS läßt sich in das der Werkstoffprobe einzeichnen (s. Bild 16.12). Meist sind die Linien σ_{OK} bzw. τ_{OK} der ertragbaren Bauteiloberspannungen gestaffelt nach den K-Werten bei Baustählen oder den K/K_1-Werten bei Vergütungs- und Einsatzstählen in der Literatur eingetragen.

Analog (16.3) gilt für die Gleichung der Oberspannungslinie σ_{OK}

$$\sigma_{OK} = \frac{2(R_m - \sigma_{WK})}{2R_m - \sigma_{WK}} \sigma_m + \sigma_{WK} \qquad (16.21)$$

Für die drei Beanspruchungsarten sind in (16.21) anstelle σ_{WK} die Bauteilwechselfestigkeiten σ_{zdWK}, σ_{bWK} bzw. τ_{WK} zu setzen.

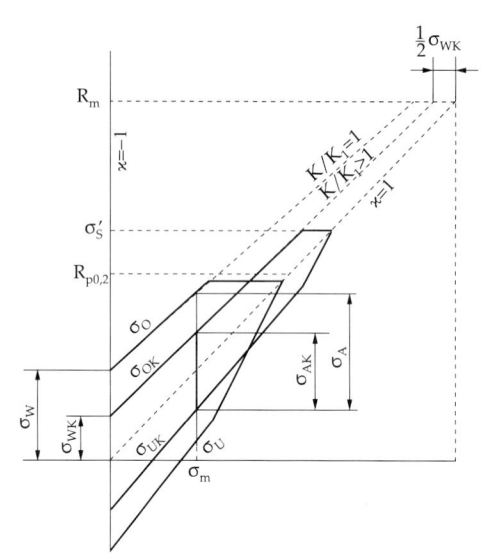

Bild 16.12

☐ Ein Bauteil aus St 50 mit $d = 20$ mm im Kerbgrund und $\beta_{Kb} = 1,8$ wird auf Biegung beansprucht. Wie hoch liegt die Biegefließgrenze?

Mit $R_m = 490$ N/mm^2, $R_{p0,2} = 295$ N/mm^2, $\sigma_{bF} = 370$ N/mm^2 für den Werkstoff (s. Tab. 9.2) wird

$K_{1F} = 1 - 0,0384 \cdot \lg 20/7,5 = 0,984$

$K_{2F} = 1 - 0,769 \left(1 - \dfrac{295}{370}\right) \lg 20/7,5 = 0,934$

$\gamma\ = 1,2$ (s. Tab. 16.4)

Somit ergibt sich die Bauteilflußgrenze für Biegung zu

$\sigma'_{bF} = 0,984 \cdot 0,934 \cdot 1,2 \cdot 370$ N/mm$^2 = 408$ N/mm^2

16.4 Dauerfestigkeitsnachweis

16.4.1 Berechnungsablauf

1. Ermittlung der auf das Bauteil einwirkenden Kräfte und Momente über einen repräsentativen Betriebsabschnitt (Belastungscharakteristik) und der Häufigkeit ausgewählter Belastungsstufen.

2. Wahl des Werkstoffes und Entwurfsberechnung der Hauptabmessungen mit dem Verfahren der elementaren Festigkeitslehre (meist nur mit einer dominierenden Beanspruchungsart). Berechnung der Nennspannungen an gefährdeten Stellen (Spannungsamplituden und Mittelspannungen für die Beanspruchungsarten).

16.4 Dauerfestigkeitsnachweis

3. Bei Überlagerung von Zug-Druck und Biegung ergibt dich der Nennspannungsausschlag

$$\sigma_a = \sigma_{zda} + \sigma_{ba} \qquad (16.22)$$

und bei Beanspruchung durch Normal- und Tangentialspannungen nach der Gestaltänderungshypothese

$$\sigma_{av} = \sqrt{\sigma_a^2 + \left(\frac{\sigma_{AKv}}{\tau_{AKv}}\tau_a\right)^2} \qquad (16.23)$$

In (16.23) sind die Amplituden σ_{AKv} und τ_{AKv} für den gekerbten Werkstoff auf die Vergleichsmittelspannungen σ_{mv} und τ_{mv} mit

$$\sigma_{mv} = \sqrt{\sigma_m^2 + \left(\frac{\sigma_{bF}}{\tau_F}\tau_m\right)^2} \quad \text{und} \quad \tau_{mv} = \frac{\tau_F}{\sigma_{bF}}\sigma_{mv} \qquad (16.24)$$

zu beziehen.

4. Falls $\sigma_a < \sigma_{AK}$ bzw. $\tau_a < \tau_{AK}$, ist eine Zunahme der Nennspannungsamplituden durch Überlastungen ohne Bauteilgefährdung bis σ_{OK} bzw. τ_{OK} möglich. Von Bedeutung sind drei Überlastungsfälle für $\sigma_a \to \sigma_{AK}$[1]:

Fall 1: $\sigma_m = $ const mit $\sigma_a \to \sigma_{AK1}$
Fall 2: $\varkappa = \sigma_u/\sigma_o = $ const mit $\sigma_a \to \sigma_{AK2}$
Fall 3: $\sigma_u = $ const mit $\sigma_a \to \sigma_{AK3}$

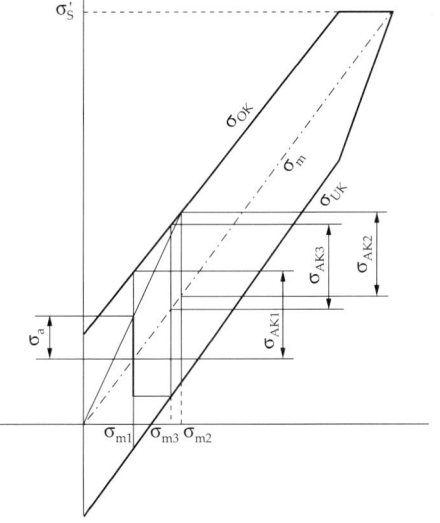

Bild 16.13

---
[1] Analog auch für $\tau_a \to \tau_{AK}$

Die graphische Ermittlung der drei Grenzfälle geht aus Bild 16.13 hervor. Für die Berechnung gilt

$$\sigma_{AK1} = \left(1 - \frac{\sigma_m}{2R_m - \sigma_{WK}}\right)\sigma_{WK}$$

$$\sigma_{AK2} = \frac{(2R_m - \sigma_{WK})(1-\varkappa)}{(2R_m - \sigma_{WK})(1-\varkappa) + \sigma_{WK}(1+\varkappa)}\sigma_{WK} \qquad (16.25)$$

$$\sigma_{AK3} = \frac{2R_m - \sigma_{WK} - \sigma_u}{2R_m}\sigma_{WK}$$

Bei Vergleichsspannung (16.23) tritt an die Stelle von $\varkappa$ bzw. σ_m

$$\varkappa_v = \frac{\sigma_{mv} - \sigma_a}{\sigma_{mv} + \sigma_a} \quad \text{bzw.} \quad \sigma_{mv} \qquad (16.26)$$

16.4.2 Sicherheitsnachweise

Eine **erforderliche Sicherheit** $v_{erf} > 1$ kann allgemein nicht vorgegeben werden (vgl. 9.9). Im Maschinenbau kann v_{erf} um so niedriger angesetzt werden, je genauer die Eingangsdaten vorliegen und je geringer die Häufigkeit für das Auftreten der Spannungsspitzen ist. Empfohlen wird

$$1{,}2 \leqq v_{erf} \leqq 2$$

Vorhandene Sicherheit v gegenüber unzulässigen Verformungen wird mit den Bauteilfließgrenzen nach (16.20) und bei zusammengesetzter Beanspruchung aus

$$\boxed{\frac{1}{v^2} = \left(\frac{\sigma_{zdO}}{\sigma'_S} + \frac{\sigma_{bO}}{\sigma'_{bF}}\right)^2 + \left(\frac{\tau_O}{\tau'_F}\right)^2} \qquad (16.27)$$

bestimmt.

Analog ergibt sich die vorhandene Sicherheit gegenüber Dauerbruch aus

$$\boxed{\frac{1}{v^2} = \left(\frac{\sigma_{zda}}{\sigma_{zdAK}} + \frac{\sigma_{ba}}{\sigma_{bAK}}\right)^2 + \left(\frac{\tau_a}{\tau_{AK}}\right)^2} \qquad (16.28)$$

unter Beachtung der Überlastungsfälle.

Bei Anwendung von (16.23) wird

$$\boxed{v = \frac{\sigma_{AKv}}{\sigma_{av}}} \qquad (16.29)$$

☐ **1.** Eine Welle aus 25CrMo4 mit Hohlkehle, $D = 60$ mm, $d = 50$ mm und $r = 5$ mm wird mit $\sigma_b = \pm 100$ N/mm² und $\tau_t = (60 \pm 50)$ N/mm² beansprucht. $R_z = 20$ μm, $a_i = K_V = 1$ und $v_{erf} = 1{,}5$. Gesucht ist die vorhandene Sicherheit gegenüber Dauerbruch.

Umlaufbiegung:

Aus 16.3.2 (1. Beispiel)

$\beta_{K_b} = 1{,}35$

$K_2 = 0{,}876$

16.4 Dauerfestigkeitsnachweis

$K_G = 1,54$

$K_O(R_z) = 0,816$; $K_O(R_{zB}) = 0,858$

$K_O = \dfrac{0,816}{0,858} = 0,951$

$K = 1,59$; $K_1 = 0,843$

$\sigma_{WK} = \dfrac{440 \cdot 0,843}{1,59}$ N/mm^2 = 233 N/mm^2

$\sigma_{mv} = \dfrac{790 \cdot 60}{390}$ N/mm^2 = 122 N/mm^2

$\sigma_{AK1v} = \left(1 - \dfrac{122}{2 \cdot 880 - 233}\right) \cdot 233$ N/mm^2 = 214 N/mm^2

Torsionsbeanspruchung:

$\beta'_{Kt}(d_B) = 1,29$; $c_t = 0,68$ (Bild 16.8)

$\beta_{Kt}(d_B) = 1,20$

$K_{3t}(d_B) = 0,996$; $K_{3t}(d) = 0,990$

$\beta_{Kt} = 1,21$

$K_{Gt} = 1,38$

$K_{Ot} = 0,575 \cdot 0,951 + 0,425 = 0,972$

$K_t = 1,41$

$\tau_{WK} = \dfrac{260 \cdot 0,483}{1,41}$ N/mm^2 = 155 N/mm^2

$\tau_{mv} = \dfrac{390 \cdot 122}{790}$ N/mm^2 = 60,2 N/mm^2

$\tau_{AKv} = \left(1 - \dfrac{60,2}{2 \cdot 880 - 155}\right) 155$ N/mm^2 = 149 N/mm^2

(16.23) $\sigma_{av} = \sqrt{100^2 + \left(\dfrac{214}{149} \cdot 50\right)^2}$ N/mm^2 = 123 N/mm^2

Sicherheit gegenüber Dauerbruch bei Überlastfall 1 mit $\sigma_{mv} = $ const:

$v = \dfrac{\sigma_{AK1v}}{\sigma_{av}} = \dfrac{214}{123} = 1,7 > v_{erf} = 1,5$

(16.26) $\varkappa_v = \dfrac{22}{222} = 0,0991$

$\sigma_{AK2v} = \dfrac{(2 \cdot 880 - 233) 0,901 \cdot 233}{(2 \cdot 880 - 233) 0,901 + 233 \cdot 1,099}$ N/mm^2 = 196 N/mm^2

Sicherheit gegenüber Dauerbruch bei Überlastfall 2 mit $\varkappa_v = $ const:

$v = \dfrac{\sigma_{AK2v}}{\sigma_{av}} = \dfrac{196}{123} = 1,6 > v_{erf} = 1,5$

Bauteilfließgrenzen: $K_{1F} = K_1 = 0,843$; $K_{2F} = 0,920$; $\gamma = 1,1$

$\sigma'_{bF} = 0,843 \cdot 0,920 \cdot 1,1 \cdot 790$ N/mm^2 = 674 N/mm^2

$\tau'_F = 0,843 \cdot 0,920 \cdot 390$ N/mm^2 = 302 N/mm^2

Sicherheit gegenüber unzulässiger Verformung:

$$\frac{1}{v^2} = \left(\frac{100}{674}\right)^2 + \left(\frac{110}{302}\right)^2 \Rightarrow v = 2,5 > v_{\text{erf}} = 1,5$$

2. Sicherheitsnachweis für die Paßfederverbindung der Welle mit dem Zahnrad 2 des Beispiels aus 15.3.2 (Bilder 15.15 und 15.16), wenn $a_i = K_V = 1$ und $v_{\text{erf}} = 1,5$.

Mit $M_b = M_{b2} = 208$ Nm, $M_t = 350$ Nm und $d = 32$ mm werden $\sigma_a = \sigma_O = 64,7$ N/mm², $\sigma_m = 0$, $\tau_t = \tau_m = 54,4$ N/mm², $\tau_a = 0$, $\sigma_{mv} = 109$ N/mm².

$\beta_K(d_B) = 2,2$ (Tab. 16.1), $K_3(d_B) = 0,963$; $K_3(d) = 0,968 \Rightarrow \beta_K = 2,19$

$K_O = 1$ (vgl. 16.3.4.), $K_1 = 1$ (Baustahl), $K_2 = 0,905 \Rightarrow K_G = K = 2,42$

$$\sigma_{\text{WK}} = \sigma_{\text{bW}}/K = 116 \text{ N/mm}^2$$

$$\sigma_{\text{AK1v}} = \left(1 - \frac{109}{1180 - 116}\right) \cdot 116 \text{ N/mm}^2 = 104 \text{ N/mm}^2$$

Vorhandene Sicherheit bei $\sigma_{mv} =$ const:

$$v = \frac{\sigma_{\text{AK1v}}}{\sigma_{av}} = \frac{104}{64,7} = 1,6 > v_{\text{erf}} = 1,5$$

17 Knickbeanspruchung

17.1 Stabilitätsprobleme

Stabilitätsprobleme liegen vor, wenn infolge Beanspruchung, Geometrie und Lagerung eines Bauteiles kein stabiles Gleichgewicht zwischen äußeren und inneren Kräften vorliegt. Kleine Störgrößen erzeugen **Instabilität**, und ab einer **kritischen Belastung** F_K und zugehöriger Spannung $\sigma_K < \sigma_{zul}$ weicht das Bauteil mit erheblicher Verformung in eine andere Gleichgewichtslage aus. Es wird dabei unzulässig verformt oder geht zu Bruch. Zu diesen Erscheinungen gehören

- **Knicken** (Biegeknicken) eines auf Druck beanspruchten schlanken Stabes durch seitliches Ausweichen, wenn die Druckkraft F den kritischen Wert F_K annimmt (s. Bild 17.1).
- **Drillknicken** eines dünnen geraden Stabes, der sich beim Torsionsmoment M_K zu einer Schraubenlinie verformt (s. Bild 17.2).

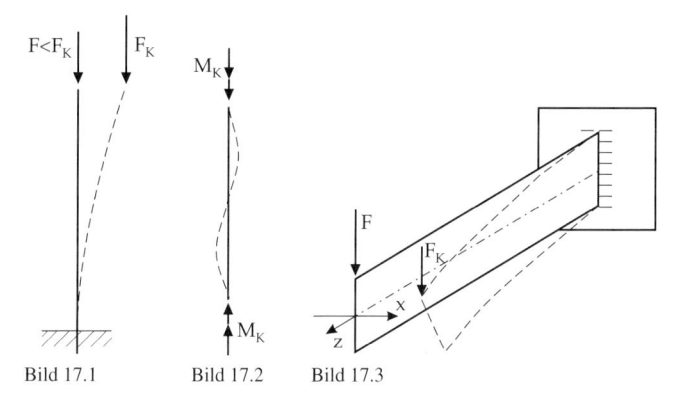

Bild 17.1 Bild 17.2 Bild 17.3

- **Kippen** (Biegedrillknicken) eines auf gerade Biegung beanspruchten Trägers (Achse des minimalen Trägheitsmomentes in der Lastebene) beim Erreichen von F_K durch seitliches Ausweichen in Richtung x-Achse und Verdrehung um die z-Achse (s. Bild 17.3).
- **Beulen** einer dünnen Platte, die in ihrer Ebene auf Druck beansprucht wird und bei kritischer Beanspruchung ausbeult (s. Bild 17.4).

Die Berechnung der kritischen Größen F_K bzw. M_K muß durch Ansatz der Gleichgewichtsbedingungen am verformten Bauteil unter Voraussetzung kleiner Verformungen erfolgen (Theorie 2. Ordnung).

☐ Ermittlung von F_K am geraden und zentrisch beanspruchten Druckstab nach Bild 17.1. Vorausgesetzt wird eine kleine Auslenkung η_0 des Stabendes infolge Unvermeidlichkeit exakter mittiger Druckkraft oder eines idealgeraden Stabes. Gleichge-

Bild 17.4   Bild 17.5

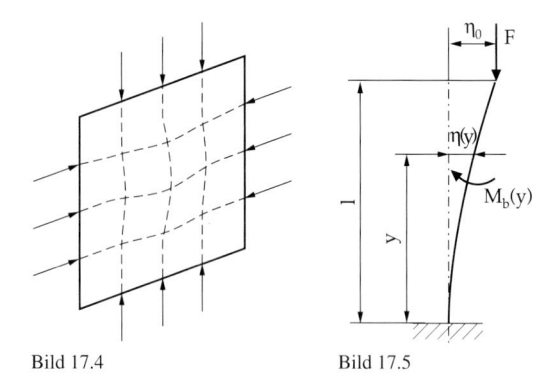

wicht an der Schnittstelle im Abstand y von der Einspannstelle (s. Bild 17.5) ergibt

$$M_b(y) + F[\eta_0 - \eta(y)] = 0$$

Mit (4.26), $\alpha^2 = \dfrac{F}{EI}$ und $EI = \text{const}$ entsteht

$$\eta''(y) + \alpha^2 \eta(y) = \alpha^2 \eta_0 \qquad (17.1)$$

unter den Randbedingungen

$$\eta(0) = 0,\ \eta'(0) = 0,\ \eta(l) = \eta_0 \qquad (17.2)$$

Die allgemeine Lösung von (17.1) ist

$$\eta(y) = A\cos(\alpha y) + B\sin(\alpha y) + \eta_0$$

und die Randbedingungen (17.2) führen auf das homogene Gleichungssystem für die Unbekannten A, B und η_0

$$\begin{aligned}
A + \eta_0 &= 0 \\
B\alpha &= 0 \\
A\cos(\alpha l) + B\sin(\alpha l) &= 0
\end{aligned}$$

mit der trivialen Lösung $\eta(y) \equiv 0$ für $F < F_K$ und den nichttrivialen Lösungen (Eigenwerten) aus der verschwindenden Koeffizientendeterminante

$$\begin{vmatrix} 1 & 0 & 1 \\ 0 & \alpha & 0 \\ \cos(\alpha l) & \sin(\alpha l) & 0 \end{vmatrix} = -\alpha\cos(\alpha l) = 0$$

mit $\alpha l = \dfrac{\pi}{2} + k\pi \quad (k = 0, 1, 2, \ldots)$.

Der kleinste Eigenwert ($k = 0$) ergibt die kritische Belastung F_K, die den Knickvorgang einleitet.

$$F_K = \dfrac{\pi^2 EI}{4l^2} \qquad (17.3a)$$

Mit
$$\eta(y) = \eta_0 \left(1 - \cos\frac{\pi y}{2l}\right)$$
nimmt der ausknickende Stab einen cosinusförmigen Verlauf an.

17.2 Elastische Knickung nach EULER

Der Knickvorgang erfolgt im elastischen Bereich, falls die **kritische Knickspannung** σ_K nicht größer als die Druckspannung σ_{dP} an der Proportionalitätsgrenze ist, d. h. notwendig ist

$$\sigma_K = \frac{F_K}{A} \leqq \sigma_{dP} \tag{17.4}$$

Die kritischen Knicklasten F_K der vier EULER-Fälle – (17.3a) ist F_K des 1. EULER-Falles – unterscheiden sich nur hinsichtlich einer Konstanten C, die sich aus den unterschiedlichen Lagerungen bzw. Randbedingungen ergibt, so daß in Verallgemeinerung von (17.3a) für die vier Fälle (s. Bild 17.6)

$$\boxed{F_K = C\frac{\pi^2 EI}{l^2} = \frac{\pi^2 EI}{s_K^2}} \tag{17.3}$$

gilt.

Euler-Fall	1	2	3	4
	$l=0{,}5 s_K$	$l=s_K$	$s_K=1/\sqrt{2}$; $l=s_K\sqrt{2}$	$s_K=l/2$; $l=2 s_K$
C	1/4	1	2	4
s_K	$2l$	l	$l/\sqrt{2}$	$l/2$

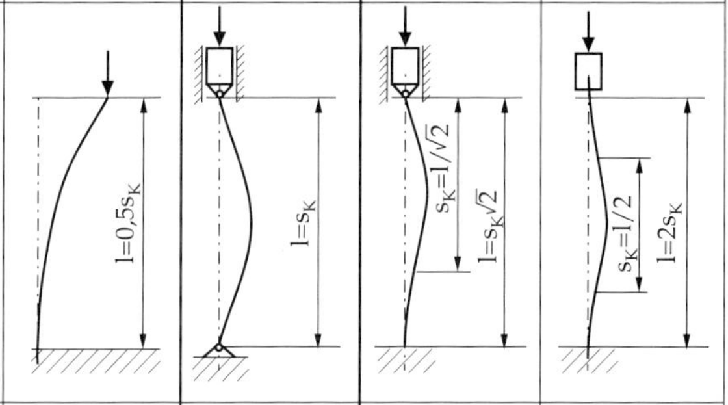

Bild 17.6

Dabei ist $s_K = l/\sqrt{C}$ die **Knicklänge** als Länge einer Verformungshalbwelle. Wegen der großen Knickanfälligkeit tritt der 1. EULER-Fall in der Praxis seltener auf. Der 2. EULER-Fall wird als **Grundfall** ($s_K = l$) häufig anstelle der Fälle 3 und 4 angesetzt, da deren Lagerungen technisch schwer realisierbar sind und die Rechnung auf der sicheren Seite stattfindet.

Im **Schlankheitsgrad** λ werden die geometrischen Stabgrößen zusammengefaßt und mit

$$\lambda = s_K \sqrt{\frac{A}{I}} = s_K/i \tag{17.5}$$

geht (17.4) unter Beachtung von (17.3) über in

$$\sigma_K = \frac{\pi^2 E}{\lambda^2} \leqq \sigma_{dP} \tag{17.6}$$

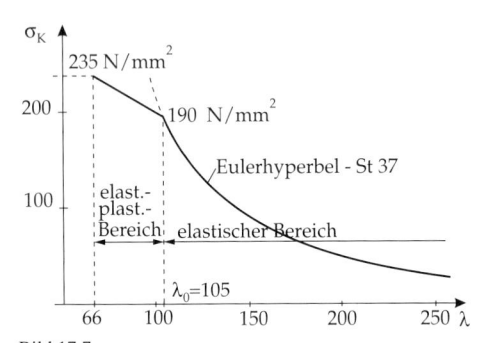

Bild 17.7

(17.6) stellt graphisch die **EULERhyperbel** mit dem Definitionsbereich $\lambda \geq \lambda_0$ dar (s. Bild 17.7). Der **Grenzschlankheitsgrad** λ_0 folgt aus (17.6) zu

$$\lambda_0 = \pi \sqrt{\frac{E}{\sigma_{dP}}}$$

mit $\sigma_{dP} \approx 0{,}8 R_e$ für Metalle (s. Tabelle 17.1)

Die **Knicksicherheit** $v_K = F_K/F$ unterliegt im Maschinenbau keiner Vorschrift. Üblich sind

$v_K = 2\ldots 8$ für Stahl

$v_K = 3\ldots 6$ für Grauguß

$v_K = 8\ldots 10$ für Holz

Für die Dimensionierung eines Druckstabes muß zuerst I_{min} (Ausknicken erfolgt senkrecht zur Achse des kleinsten Trägheitsmomentes) aus

$$I_{min} = \frac{v_K F s_K^2}{\pi^2 E} \tag{17.7}$$

berechnet werden und nach Festlegung der Querschnittsmaße mit (17.5) der Nachweis geführt werden, daß $\lambda \geq \lambda_0$

☐ **1.** Die Gewindespindel eines Wagenhebers hat die Länge $l = 600$ mm und wird mit $F = 5$ kN auf Druck beansprucht. Welcher Kerndurchmesser ist bei $v_K = 4{,}5$ erforderlich, wenn St 50 verwendet wird?

Nach 1. EULER-Fall wird $s_K = 1200$ mm. Wegen $I_{\min} = I = d^4\pi/64$ folgt aus (17.7)

$$d_{\text{erf}} = \sqrt[4]{\frac{64 v_K F s_K^2}{\pi^3 E}} = \sqrt[4]{\frac{64 \cdot 4{,}5 \cdot 5 \cdot 10^3 \cdot 12^2 \cdot 10^4}{\pi^3 \cdot 2{,}1 \cdot 10^5}} \text{ mm} = 24 \text{ mm}$$

Der Schlankheitsgrad nach (17.5) wird

$$\lambda = \frac{4 s_K}{d} = \frac{4 \cdot 1200}{24} = 200 > \lambda_0 = 94 \text{ für St 50}$$

Damit war die Knickungsrechnung nach EULER berechtigt.

2. Eine maximale Druckkraft von $F = 50$ N wirkt auf die Koppel eines Getriebes aus Flachstahl $10 \times 2{,}5 \times 300$-St 37. Ist Knicksicherheit $v_K = 5$ gewährleistet?

Wegen der Gelenke an beiden Koppelenden liegt der 2. EULER-Fall mit $s_K = l = 300$ mm vor. Der Schlankheitsgrad wird nach (17.5) mit $A = 25$ mm^2, $I_{\min} = 13$ mm^4

$$\lambda = 300\sqrt{25/13} = 416 > \lambda_0 = 105$$

Somit wird

$$v_{K\text{vorh}} = \frac{F_K}{F} = \frac{\pi^2 \cdot 2{,}1 \cdot 10^5 \cdot 13}{9 \cdot 10^4 \cdot 50} = 6 > v_K = 5$$

Damit ist ausreichende Sicherheit gegen Knicken gewährleistet.

17.3 Unelastische Knickung nach TETMAJER

Im elastisch-plastischen Bereich mit $\lambda < \lambda_0$ liegen die Beträge von σ_K unter denen der nach links verlängerten EULERhyperbel (gestrichelt in Bild 17.7), da der Anstieg im Spannungs-Dehnungs-Diagramm für $\sigma_d > \sigma_{dP}$ abnimmt. **TETMAJER** ermittelte in Versuchen linearen bzw. quadratischen Verlauf

$$\boxed{\sigma_K = (a - b\lambda + c\lambda^2) \text{ N/mm}^2, \quad \lambda < \lambda_0} \tag{17.8}$$

mit $c = 0$ für Stahl und Holz (s. Tabelle 17.1)

Tabelle 17.1

Werkstoff	λ_0	a	b	c
St 37	105	310	1,14	0
St 50 und St 60	90	335	0,62	0
St 52	85	470	2,3	0
GG	80	776	12	0,053
Nadelholz	100	29,3	0,194	0

Falls $\lambda < \lambda_0$, folgt der Knicksicherheitsnachweis mit σ_K aus (17.8) und $F_K = \sigma_K A$.

Für die Dimensionierung eines Druckstabes mit $\lambda < \lambda_0$ ist (17.8) ungeeignet. Es ist $I_{\min}$ nach (17.7) zu berechnen, nach Festlegung der Querschnittsabmessungen mit (17.5)

λ zu ermitteln und, falls $\lambda < \lambda_0$, über (17.8) der Knicksicherheitsnachweis zu führen. Im Falle $v_{K\text{vorh}} < v_K$ ist der Querschnitt größer zu wählen und erneut der Knicksicherheitsnachweis zu führen.

☐ Eine GG-Säule mit $l = s_K = 2$ m soll eine Druckkraft von $F = 150$ kN aufnehmen. Welche Querschnittsabmessungen D und $d \approx 0,8D$ sind erforderlich, wenn eine Knicksicherheit $v_K = 4,5$ gewährleistet sein soll?

Mit $I = \dfrac{D^4 \pi}{64}\left(1 - 0,8^4\right) = 0,0290 D^4$ ergibt sich aus (17.7)

$$D_{\text{erf}} = \sqrt[4]{\dfrac{4,5 \cdot 150 \cdot 10^3 \cdot 4 \cdot 10^6}{0,0290 \cdot 10^5 \cdot \pi^2}} \text{ mm} = 98,6 \text{ mm},$$

so daß $D = 100$ m und $d = 80$ mm gewählt werden. Mit $i = \sqrt{I/A} = \dfrac{1}{4}\sqrt{D^2 + d^2}$ ergibt sich aus (17.5)

$$\lambda = \dfrac{4 \cdot 2 \cdot 10^3}{\sqrt{1,64 \cdot 10^4}} = 62 < \lambda_0 = 80 \text{ für GG}.$$

Nach TETMAJER (17.8) wird $\sigma_K = (776 - 12 \cdot 62 + 0,053 \cdot 62^2)$ N/mm^2 = 236 N/mm^2 und somit $F_K = \sigma_K \cdot A = 236 \cdot 2827$ N = 667 kN. $v_{K\text{vorh}} = F_K/F = 4,4 < v_K = 4,5$. Wird der Außendurchmesser $D = 100$ mm beibehalten und die Wanddicke auf 12 mm erhöht, wird $\lambda = 64$, $\sigma_K = 225$ N/mm^2, $F_K = 746$ kN und $v_{K\text{vorh}} = 5 > v_K = 4,5$.

17.4 Omega- und Traglastverfahren

Stabilitätsnachweise für Stahltragwerke im Stahl-, Brücken- und Kranbau nach dem **Omega-Verfahren** (DIN 4114) sind weiterhin bis zum Erscheinen einer europäischen Norm zulässig. Prinzipiell wird die Druckspannung im Stab berechnet und mit der um die **Knickzahl** ω reduzierten zulässigen Normalspannung verglichen:

$$\boxed{\sigma_\omega = \dfrac{F}{A}\omega \leqq \sigma_{\text{zul}}} \tag{17.9}$$

ω ist von λ und E abhängig und für St 37 und St 52 tabellarisch erfaßt (s. auszugsweise Tabelle 17.2).

Tabelle 17.2 – Knickzahlen (Auszug aus DIN 4114)

λ	20	40	60	80	100	120	140	160	180	200	250
St 37 ω	1,04	1,14	1,30	1,55	1,90	2,43	3,31	4,32	5,47	6,75	10,55
St 52 ω	1,06	1,19	1,41	1,79	2,53	3,65	4,96	6,48	8,21	10,13	15,83

Der Schlankheitsgrad λ ist nach oben begrenzt durch

$\lambda \leqq 150$ im Brückenbau

$\lambda \leqq 200$ im Beton- und Stahlbetonbau

$\lambda \leqq 250$ im Stahlbau

17.4 Omega- und Traglastverfahren

Als zulässige Spannungen in (17.9) sind im Lastfall H verbindlich

$\sigma_{zul} = 140$ N/mm² für St 37, $\sigma_{zul} = 210$ N/mm² für St 52

Da (17.9) für eine Entwurfsrechnung ungeeignet ist, kann für $\lambda > 100$ das erforderliche Flächenträgheitsmoment überschlägig aus

$$\boxed{I_{erf} = 0,12 F s_K^2} \qquad \begin{array}{c|c|c} F & s_K & I \\ \hline kN & m & cm^4 \end{array} \tag{17.10}$$

ermittelt werden.

□ Ein Fachwerkstab aus ∟-Profil nach DIN 1028 und mit einer Knicklänge $s_K = 1,5$ m soll eine Druckkraft von 16 kN aufnehmen. Welches Profil wird erforderlich?

(17.10) ergibt $I_{erf} = 4,32$ cm⁴. Gewählt wird ∟ 50 × 5 mit $I_\eta = I_{min} = 4,59$ cm⁴ und $A = 4,80$ cm². Mit $\lambda = 153 \Rightarrow$ aus Tab. 17.2 für St 37 (interpoliert) $\omega = 3,96$. (17.9) ergibt

$$\sigma_\omega = \frac{16 \cdot 10^3 \text{ N} \cdot 3,96}{480 \text{ mm}^2} = 132 \text{ N/mm}^2 < 140 \text{ N/mm}^2 = \sigma_{zul}$$

Das **Traglastverfahren** löst im Stahlbetonbau (DIN 1045) und im Stahlbau (DIN 18800) das Omega-Verfahren ab. Die je nach Grad der Stabilitätsgefährdung unterschiedlichen Profile (hohe, offene, symmetrische u. a.) werden in vier Gruppen eingeteilt, deren **Knickspannungslinien** (Typ a bis d) unterhalb der EULERhyperbel des Bildes 17.7 verlaufen.

Wesentliche Begriffe des Verfahrens sind:

- Schlankheitsgrad $\lambda_a = \pi\sqrt{E/f_y}$, wobei $f_y \equiv \sigma_S$,
- bezogener Schlankheitsgrad $\bar{\lambda}_K = \lambda_K / \lambda_a$,
- Druckkraft in der Stabnormalen $N > 0$,
- Druckkraft im vollplastischen Zustand $N_{pl} = f_y A$,
- Abminderungsfaktor $\varkappa$ aus der Knickspannungslinie.

$\varkappa$ ist von $\bar{\lambda}_K$ und einem jeder Knickspannungslinie zugeordneten Beiwert α abhängig:

$\bar{\lambda}_K$	$\varkappa$	α	
$\leq 0,2$	$= 1$	0,21	Typ a
$0,2 \ldots 3,0$	$= \dfrac{1}{k + \sqrt{k^2 - \bar{\lambda}_K^2}}$, $k = 0,5\left[1 + \alpha(\bar{\lambda}_K - 0,2) + \bar{\lambda}_K^2\right]$	0,34	Typ b
		0,49	Typ c
$> 3,0$	$= \dfrac{1}{\bar{\lambda}_K(\bar{\lambda}_K + \alpha)}$	0,76	Typ d

Für einen mittig gedrückten Stab gilt für den Tragsicherheitsnachweis

$$\boxed{\frac{N}{\varkappa \cdot N_{pl}} \leq 1} \tag{17.11}$$

☐ Tragsicherheitsnachweis für den Fachwerkdruckstab des vorhergehenden Beispiels mit dem gewählten ∟-Profil ∟ 50 × 5. Nach DIN 18800, Teil 2 gehört das Profil zum Knickspannungslinientyp c. Mit $\lambda_a = 92,9$ für $f_y = 240$ N/mm² wird

$\overline{\lambda}_K = 153/92,9 = 1,65,$

$k = 0,5\left[1 + 0,49 \cdot 1,45 + 1,65^2\right] = 2,22$ und

$\varkappa = \dfrac{1}{2,22 + \sqrt{2,22^2 - 1,65^2}} = 0,27$

Tragsicherheitsnachweis (17.11)

$$\dfrac{16 \cdot 10^3 \text{ N}}{0,27 \cdot 240 \text{ N/mm}^2 \cdot 480 \text{ mm}^2} = 0,51 < 1,$$

also zulässig.

18 Statisch unbestimmte Systeme

18.1 Einfach statisch unbestimmt gelagerter Träger

Die Gleichgewichtsbedingungen reichen nicht zur Ermittlung der Auflagerreaktionen (Stützkraft oder Einspannmoment) aus. Eine Unbekannte wird als **statisch Unbestimmte** X_1 gewählt. X_1 wird mittels der elastischen Verformung aus gerader Biegung ermittelt, da im allgemeinen bei großer Stablänge gegenüber kleinen Querschnittsabmessungen die Verformung aus Längs- und Querkraft vernachlässigbar ist. Wird $X_1 = 0$ gesetzt, entsteht das zugehörige **statisch bestimmte Hauptsystem**. Zur Bestimmung der unbekannten Auflagerreaktionen gibt es mehrere Varianten.

18.1.1 Gleichung der elastischen Linie

Neben den Gleichgewichtsbedingungen wird die Differentialgleichung der elastischen Linie (12.26) angesetzt. Muß stückweise über mehrere Abschnitte integriert werden, wird der Aufwand infolge der wachsenden Anzahl von Integrationskonstanten bzw. Randbedingungen erheblich. Günstiger ist es, wenn sich X_1 durch Überlagerung bekannter Fälle, z. B. aus Tafel 12.2, in folgenden Schritten ermitteln läßt:

1. Bestimmung der Durchbiegung im statisch bestimmten Hauptsystem an der Angriffsstelle von X_1 infolge der eingeprägten Kräfte und Momente, aber mit $X_1 = 0$. Das Ergebnis (evtl. durch Überlagerungen) ergibt sich als η_{10} bzw. φ_{10}.

2. Bestimmung der Durchbiegung η_{11} bzw. φ_{11} an der Angriffsstelle von X_1 nur infolge X_1.

3. Da am Lager $\eta = 0$ bzw. an der Einspannstelle $\varphi = 0$ gilt, folgt X_1 aus

$$\boxed{\eta_{10} + \eta_{11}(X_1) = 0} \quad \text{bzw.} \quad \boxed{\varphi_{10} + \varphi_{11}(X_1) = 0} \tag{18.1}$$

☐ Gesucht sind die Auflagerreaktionen A, B und C des Durchlaufträgers auf drei Stützen (s. Bild 18.1a), wenn $EI = \text{const}$, F und a gegeben.

Als statisch Unbestimmte wird $C = X_1$ gewählt. Am statisch bestimmten Hauptsystem mit $X_1 = 0$ (s. Bild 18.1b) wird nach Tafel 12.2, Nr. 5 an der Stelle $z_1 = 3a$

$$\eta_{10} = \frac{2aF}{36EIa}(96a^3 - 27a^3) = \frac{23Fa^3}{6EI}$$

und an gleicher Stelle nach Nr. 5c (s. Bild 18.1c) mit Verformung nach oben

$$\eta_{11}(X_1) = -\frac{(6a)^3 X_1}{48EI} = -\frac{9a^3}{2EI}X_1$$

Somit wird (18.1)

$$\frac{23Fa^3}{6EI} - \frac{9a^3}{2EI}X_1 = 0 \Rightarrow X_1 = C = \frac{23}{27}F$$

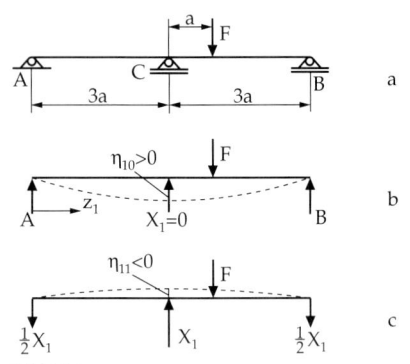

Bild 18.1

Aus den Gleichgewichtsbedingungen ergeben sich dann

$$A = -\frac{5}{54}F \quad \text{und} \quad B = \frac{13}{54}F$$

18.1.2 Satz des CASTIGLIANO

Über die Gleichgewichtsbedingungen werden die unbekannten Stützkräfte in Abhängigkeit von der statisch Unbestimmten X_1, danach der Biegemomentenverlauf und die partiellen Ableitungen $\partial M/\partial X_1$ ermittelt. Da an der Angriffsstelle von X_1 die Verformung Null sein muß, wird X_1 aus (12.31) berechnet.

☐ Wird im Beispiel aus 18.1.1 wieder $C = X_1$ gewählt, ergeben sich am freigeschnittenen Träger (s. Bild 18.2)

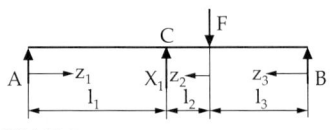

Bild 18.2

$$\circlearrowright B: \quad A \cdot 6a + X_1 \cdot 3a - F \cdot 2a = 0 \Rightarrow A = \frac{F}{3} - \frac{X_1}{2}$$

$$\uparrow: \quad A + X_1 + B - F = 0 \qquad \Rightarrow B = \frac{2F}{3} - \frac{X_1}{2}$$

Nach Einteilung in drei Abschnitte folgt aus (12.31a) bei C

$$\eta_C = \frac{1}{EJ} \sum_{i=1}^{3} \int_{0}^{l_i} M(z_i) \frac{\partial M(z_i)}{\partial X_1} \, dz_i = 0$$

Tabellarische Aufbereitung der Integranden

i	l_i	$M(z_i)$	$\dfrac{\partial M(z_i)}{\partial X_1}$	$M(z_i)\dfrac{\partial M(z_i)}{\partial X_1}$
1	$3a$	$\left(\dfrac{F}{3}-\dfrac{X_1}{2}\right)z_1$	$-\dfrac{z_1}{2}$	$\left(\dfrac{X_1}{4}-\dfrac{F}{6}\right)z_1^2$
2	a	$\left(\dfrac{2F}{3}-\dfrac{X_1}{2}\right)(2a+z_2)-Fz_2$	$-\left(a+\dfrac{z_2}{2}\right)$	$\left(X_1-\dfrac{4F}{3}\right)a^2+\left(X_1-\dfrac{F}{3}\right)az_2+\left(\dfrac{X_1}{4}+\dfrac{F}{6}\right)z_2^2$
3	$2a$	$\left(\dfrac{2F}{3}-\dfrac{X_1}{2}\right)z_3$	$-\dfrac{z_3}{2}$	$\left(\dfrac{X_1}{4}-\dfrac{F}{3}\right)z_3^2$

$$\eta_C = \frac{a^3}{EI}\left[\left(\frac{X_1}{4}-\frac{F}{6}\right)\cdot 9 + \left(\frac{X_1}{4}-\frac{F}{3}\right)\cdot\frac{8}{3} + X_1 - \frac{4F}{3} + \left(X_1 - \frac{F}{3}\right)\cdot\frac{1}{2}\right.$$
$$\left. + \left(\frac{X_1}{4}+\frac{F}{6}\right)\cdot\frac{1}{3}\right] = 0 \Rightarrow$$

$$X_1 = C = \frac{23}{27}F$$

18.1.3 Kraftgrößenverfahren

Im **Kraftgrößenverfahren** werden an der Angriffsstelle von X_1 im statisch bestimmten Hauptsystem die Verformungen infolge der eingeprägten Größen und infolge nur der virtuellen (dimensionslosen) Größe $X_1 = 1$ überlagert. Dabei tritt an die Stelle von η und φ in (12.31) die **Formänderungsgröße** oder **Einflußzahl** δ sowohl für eine Verschiebung als auch Verdrehung. Verwendete Symbole (besonders in der Baustatik) sind:

M_0: Moment infolge eingeprägter Größen ($X_1 = 0$),
M_1: Moment nur infolge der statisch Unbestimmten X_1,
$\overline{M}_1$: Moment nur infolge $X_1 = 1$, wobei $\overline{M}_1 = \dfrac{M_1}{X_1} = \dfrac{\partial M_1}{\partial X_1}$,
δ_{10}: Verformung infolge eingeprägter Größen ($X_1 = 0$),
δ_{11}: Verformung nur infolge $X_1 = 1$

Damit ergeben sich aus den Gleichungen (12.31) mit $EI = $ const über die Trägerlänge l

$$\boxed{\delta_{10} = \frac{1}{EI}\int_0^l M_0 \overline{M}_1\, dz \qquad \delta_{11} = \frac{1}{EI}\int_0^l \overline{M}_1 \overline{M}_1\, dz} \tag{18.2}$$

Die Verformung δ_1 an der Stelle von X_1 durch Überlagerung analog (18.1) wird $\delta_1 = \delta_{10} + X_1 \delta_{11} = 0 \Rightarrow$

$$\boxed{X_1 = -\frac{\delta_{10}}{\delta_{11}}} \tag{18.3}$$

Falls I nur abschnittsweise konstant, wird ein Vergleichsträgheitsmoment $I_c = \max I_i$ eingeführt, so daß bei n Abschnitten

$$EI_c\delta_{10} = \sum_{i=1}^{n} \int_0^{l_i} \frac{I_c}{I_i} M_0 \overline{M}_1 \, dz_i \qquad EI_c\delta_{11} = \sum_{i=1}^{n} \int_0^{l} \frac{I_c}{I_i} \overline{M}_1^2 \, dz_i \tag{18.4}$$

Tafel 18.1 erleichtert die Berechnung der bestimmten Integrale in (18.4) für häufig auftretende Momentenverläufe.

Tafel 18.1 – $\int \frac{I_c}{I} M \overline{M} \, dz$

$l' = l \cdot \frac{I_c}{I}$ S: Scheitel der quadratischen Parabel

M \ $\overline{M}$	$\overline{M}_1$  (Rechteck)	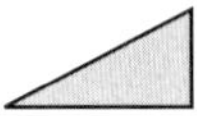 $\overline{M}_2$ (Dreieck)	$\overline{M}_1$ 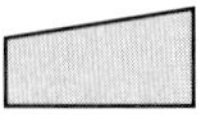 — $\overline{M}_2$ (Trapez)
M_1 (Rechteck) 	$M_1 \cdot \overline{M}_1 \cdot l'$	$\frac{1}{2} M_1 \cdot \overline{M}_2 \cdot l'$	$\frac{1}{2} M_1 (\overline{M}_1 + \overline{M}_2) l'$
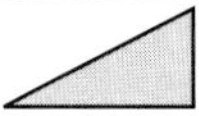 M_2 (Dreieck)	$\frac{1}{2} M_2 \cdot \overline{M}_1 \cdot l'$	$\frac{1}{3} M_2 \cdot \overline{M}_2 \cdot l'$	$\frac{1}{6} M_2 (\overline{M}_1 + 2\overline{M}_2) l'$
M_1 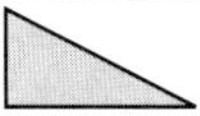 (Dreieck)	$\frac{1}{2} M_1 \cdot \overline{M}_1 \cdot l'$	$\frac{1}{6} M_1 \cdot \overline{M}_2 \cdot l'$	$\frac{1}{6} M_1 (2\overline{M}_1 + \overline{M}_2) l'$
M_1 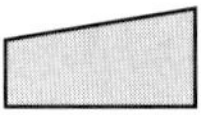 — M_2 (Trapez)	$\frac{1}{2}(M_1 + M_2)\overline{M}_1 \cdot l'$	$\frac{1}{6}(M_1 + 2M_2)\overline{M}_2 \cdot l'$	$\frac{1}{6}\left[M_1(2\overline{M}_1 + \overline{M}_2) + M_2(\overline{M}_1 + 2\overline{M}_2) \right] l'$
S, 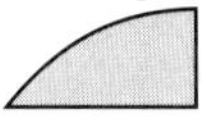 M_2 (Parabel)	$\frac{2}{3} M_2 \cdot \overline{M}_1 \cdot l'$	$\frac{5}{12} M_2 \cdot \overline{M}_2 \cdot l'$	$\frac{1}{12} M_2 (3\overline{M}_1 + 5\overline{M}_2) l'$
S, M_1 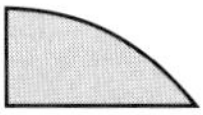 (Parabel)	$\frac{2}{3} M_1 \cdot \overline{M}_1 \cdot l'$	$\frac{1}{4} M_1 \cdot \overline{M}_2 \cdot l'$	$\frac{1}{12} M_1 (5\overline{M}_1 + 3\overline{M}_2) l'$
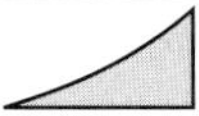 M_2, S (Parabel)	$\frac{1}{3} M_2 \cdot \overline{M}_1 \cdot l'$	$\frac{1}{4} M_2 \cdot \overline{M}_2 \cdot l'$	$\frac{1}{12} M_2 (\overline{M}_1 + 3\overline{M}_2) l'$
M_1, 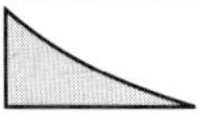 S (Parabel)	$\frac{1}{3} M_1 \cdot \overline{M}_1 \cdot l'$	$\frac{1}{12} M_1 \cdot \overline{M}_2 \cdot l'$	$\frac{1}{12} M_1 (3\overline{M}_1 + \overline{M}_2) l'$
$\int \frac{I_c}{I} \overline{M} \overline{M} \, dz$	$\overline{M}_1 \cdot \overline{M}_1 \cdot l'$	$\frac{1}{3} \overline{M}_2 \cdot \overline{M}_2 \cdot l'$	$\frac{1}{3}(\overline{M}_1^2 + \overline{M}_2^2 + \overline{M}_1 \overline{M}_2) l'$

☐ **1.** Im Beispiel aus 18.1.1 (s. Bild 18.1a) ist es zweckmäßig, das Moment am Lager C als statisch Unbestimmte $M_C = X_1$ zu wählen. Dazu muß an der Stelle C ein Gelenk vorgesehen werden (s. Bild 18.3a). Die Stützkräfte infolge F werden $A_0 = 0$, $B_0 = \frac{F}{3}$, $C_0 = \frac{2F}{3}$, da der linke Trägerteil unbelastet ist.

Momentenverläufe: $M_0(z_1) \equiv 0$, $M_0(z_2) = \frac{1}{3}Fz_2$, $M_0(z_3) = \frac{2}{3}Fz_3$, $\overline{M}_1(z_1) = \frac{z_1}{3a}$,
$\overline{M}_1(z_2) = \frac{z_2}{3a}$, $\overline{M}_1(z_3) = 1 - \frac{z_3}{3a}$ (s. Bilder 18.3b, c).

Die Integration ist nur für zwei Abschnitte erforderlich, und wegen $EI = $ const und $l_i = l'_i$ folgt aus (18.4) unter Verwendung von Tafel 18.1

$$EI\delta_{10} = \frac{1}{6} \cdot \frac{2}{3}Fa\left(1 + \frac{4}{3}\right)a + \frac{1}{3} \cdot \frac{2}{3} \cdot 2a = \frac{5}{9}Fa^2$$

$$EI\delta_{11} = \frac{1}{3} \cdot 1 \cdot 3a \cdot 2 = 2a$$

$$X_1 = M_C = -\frac{5Fa^2}{18a} = -\frac{5}{18}Fa$$

Mit $M(z_1) = Az_1$ wird für $z_1 = 3a$ am Lager C

$$A \cdot 3a = -\frac{5}{18}Fa \Rightarrow A = -\frac{5}{54}F, \; B = \frac{13}{54}F, \; C = \frac{23}{27}F$$

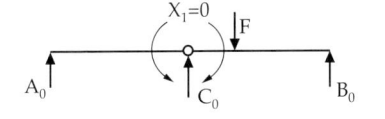

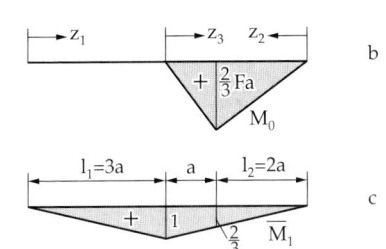

Bild 18.3

2. Gesucht sind die Auflagerreaktionen A, M_A und B und der Biegemomentenverlauf, wenn $q = $ const, $EI = $ const und l gegeben (s. Bild 18.4a).

Das statisch bestimmte Hauptsystem nach der Wahl von $M_A = X_1$ ist der Träger mit Festlager A und Loslager B (s. Bild 18.4b). Mit

$$A_0 = B_0 = \frac{1}{2}ql \Rightarrow M_0(z) = \frac{1}{2}q(lz - z^2),$$

$$M_{0\max} = \frac{1}{8}ql^2 \quad \text{(s. Bild 18.4c)},$$

$$X_1 = 1 \Rightarrow A_1 = B_1 = \frac{1}{l}, \quad \overline{M}_1(z) = \frac{z}{l} - 1 \quad \text{(s. Bild 18.4d)}$$

Die Ermittlung von δ_{10} mit Tafel 18.1 erfordert die Zerlegung des Momentenverlaufs in zwei Abschnitte. Nach 4. Zeile, 3. Spalte (Parabel und Trapez) und 2. Spalte (Parabel und Dreieck) wird

$$EI\delta_{10} = \frac{1}{12} \cdot \frac{1}{8}ql^2\left(-3 - \frac{5}{2}\right)\frac{l}{2} + \frac{5}{12} \cdot \frac{1}{8}ql^2\left(-\frac{1}{2}\right)\frac{l}{2} = -\frac{ql^3}{24}$$

$$EI\delta_{11} = \frac{1}{3}(-1)^2 l = \frac{1}{3}l$$

Damit wird

$$X_1 = M_A = -\frac{\delta_{10}}{\delta_{11}} = \frac{1}{8}ql^2$$

und aus den Gleichgewichtsbedingungen ergeben sich

$$A = \frac{5}{8}ql, \qquad B = \frac{3}{8}ql$$

Biegemomentenverlauf (s. Bild 18.4e)

$$M(z) = Az - \frac{q}{2}z^2 - M_A = -\frac{q}{8}(4z^2 - 5lz + l^2)$$

mit $M_{max} = \frac{9}{128}ql^2$ an der Stelle $z = \frac{5}{8}l$

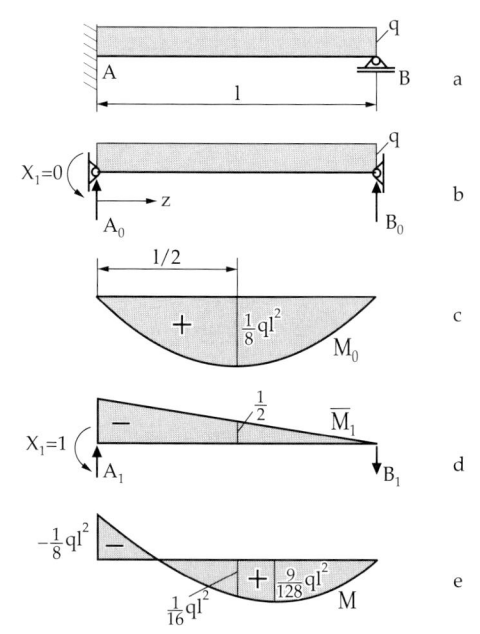

Bild 18.4

3. Gesucht sind die Stützkräfte A, B und C, wenn $F = 6$ kN, $a = 1$ m, $I_2 = 2I_1 = 2I_3$ gegeben (s. Bild 18.5a).

Aus $X_1 = A \Rightarrow A_0 = C_0 = 0$, $B_0 = 2F$ mit dem Momentenverlauf in vier Abschnitten (s. Bild 18.5b).

Aus $X_1 = 1 \Rightarrow B_1 = -\frac{9}{5}$, $C_1 = \frac{4}{5}$ mit $\overline{M}_1$ (s. Bild 18.5c).

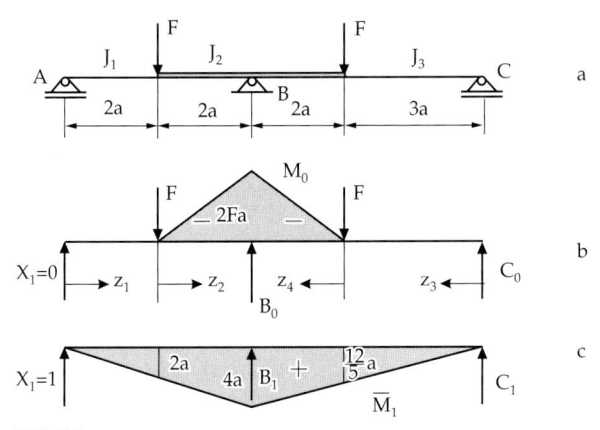

Bild 18.5

Mit dem Vergleichsträgheitsmoment $I_c = I_2$ werden die reduzierten Trägerlängen

$$l'_1 = l_1 I_2 / I_1 = 2l_1 = 4a, \quad l'_2 = l_2, \quad l'_3 = 2l_3 = 6a, \quad l'_4 = l_4$$

(18.4) $\displaystyle EI_2 \delta_{10} = -F \int_0^{2a} z_2(2a+z_2)\,dz_2 - F\int_0^{2a} z_4 \left(\frac{12}{5}a + \frac{4}{5}z_4\right) dz_4 = -\frac{68}{5}Fa^3$

$$EI_2 \delta_{11} = 2\int_0^{2a} z_1^2 \,dz_1 + \int_0^{2a} (2a+z_2)\,dz_2 + 2\int_0^{3a} \frac{16}{25}z_3^2 \,dz_3$$

$$+ \int_0^{2a} \left(\frac{12}{5}a + \frac{4}{5}z_4\right)^2 dz_4 = \frac{4232}{75}a^3$$

(18.3) $X_1 = A = \dfrac{255}{1058}F = 1{,}45$ kN

$\circlearrowleft$C: $\quad B \cdot 5a + A \cdot 9a - F \cdot 7a - F \cdot 3a = 0 \Rightarrow B = \dfrac{1657}{1058}F = 9{,}40$ kN

$\uparrow: \quad C + A + B - 2F = 0 \Rightarrow C = \dfrac{102}{529}F = 1{,}16$ kN

18.2 Zweifach statisch unbestimmt gelagerter Träger

Wegen der Stützkräfteanzahl $t = 5$ müssen zwei statisch Unbestimmte X_1 und X_2 gewählt werden. An dessen Angriffsstellen sind nach dem Kraftgrößenverfahren im statisch bestimmten Hauptsystem zu überlagern

1. Verformung infolge der eingeprägten Kräfte und Momente ($X_1 = X_2 = 0$),
2. Verformung nur infolge $X_1 = 1$, ($X_2 = 0$),
3. Verformung nur infolge $X_2 = 1$, ($X_1 = 0$).

Damit wird (18.3) auf das lineare Gleichungssystem

$$\delta_1 = \delta_{10} + \delta_{11}X_1 + \delta_{12}X_2 = 0$$
$$\delta_2 = \delta_{20} + \delta_{21}X_1 + \delta_{22}X_2 = 0 \qquad (18.5)$$

erweitert. Die Auflösung von (18.5) nach X_1 und X_2 ergibt

$$\boxed{X_1 = -\frac{\delta_{10}\delta_{22} - \delta_{20}\delta_{12}}{\delta_{11}\delta_{22} - \delta_{12}^2}} \quad \boxed{X_2 = -\frac{\delta_{20}\delta_{11} - \delta_{10}\delta_{21}}{\delta_{11}\delta_{22} - \delta_{12}^2}} \qquad (18.6)$$

Zu den Einflußzahlen in (18.4) kommen hinzu

$$\boxed{EI_c\delta_{20} = \sum_{i=1}^{m} \int_0^{l_i} \frac{I_c}{I_i} M_0 \overline{M}_2 \, dz_i}$$

$$\boxed{EI_c\delta_{12} = EI_c\delta_{21} = \sum_{i=1}^{m} \int_0^{l_i} \frac{I_c}{I_i} \overline{M}_1 \overline{M}_2 \, dz_i} \qquad (18.7)$$

$$\boxed{EI_c\delta_{22} = \sum_{i=1}^{m} \int_0^{l_i} \frac{I_c}{I_i} \overline{M}_2 \overline{M}_2 \, dz_i}$$

☐ **1.** Für den beidseitig eingespannten Stab (s. Bild 18.6a) sind die Auflagerreaktionen und der Momentenverlauf gesucht, wenn F, a und $I_2 = 2I_1$ gegeben sind.

Als statisch Unbestimmte werden die Einspannmomente $M_A = X_1$ und $M_B = X_2$ gewählt. Im statisch bestimmten Hauptsystem werden die Einspannstellen durch Auflagergelenke ersetzt (s. Bild 18.6b). Die Momentenverläufe für M_0, $\overline{M}_1$ und $\overline{M}_2$ sind in Bild 18.6c dargestellt. Mit $I_c = I_2$ wird $l_1' = 2l_1 = 4a$ und $l_2' = l_2 = a$. Aus Tafel 18.1 ergeben sich

$$EI_2\delta_{10} = -\frac{22}{27}Fa^2, \quad EI_2\delta_{20} = -\frac{23}{27}Fa^2, \quad EI_2\delta_{11} = \frac{53}{27}a,$$

$$EI_2\delta_{12} = EI_2\delta_{21} = \frac{47}{54}a, \quad EI_2\delta_{22} = \frac{35}{27}a$$

Eingesetzt in (18.6)

$$X_1 = -\frac{-44\cdot 70 + 46\cdot 47}{106\cdot 70 - 47^2}Fa = 0,176Fa,$$

$$X_2 = -\frac{-46\cdot 106 + 44\cdot 47}{106\cdot 70 - 47^2}Fa = 0,539Fa$$

$\circlearrowleft B: \ A\cdot 3a - Fa - X_1 + X_2 = 0 \Rightarrow A = \dfrac{F}{3}(1 + 0,176 - 0,539) = 0,212F$

$\uparrow: \ A + B - F = 0 \Rightarrow B = F(1 - 0,212) = 0,788F$

$M(Z_1) = Az_1 - X_1 \Rightarrow M(2a) = (0,424 - 0,176)Fa = 0,248Fa$

Momentenverlauf in Bild 18.6d

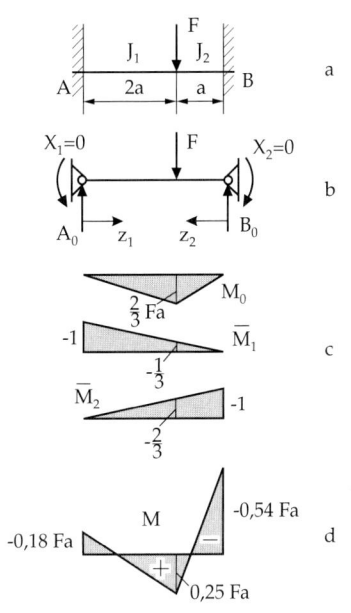

18.2 Zweifach statisch unbestimmt gelagerter Träger

Bild 18.6

2. Zu ermitteln sind die Stützkräfte A, B, C, D und der Momentenverlauf des Durchlaufträgers im Bild 18.7, wenn $F = 10$ kN, $a = 1$ m und $EI = $ const.

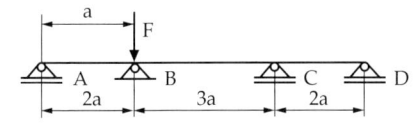

Bild 18.7

Variante 1:

Unter Ausnutzung der Trägersymmetrie werden als statisch Unbestimmte die Schnittgrößen Querkraft $Q = X_1$ und Biegemoment $M = X_2$ in der Trägermitte gewählt (die Längskraft ist Null). Das statisch bestimmte Hauptsystem besteht durch den Schnitt aus zwei Teilen mit $A_0 = B_0 = \dfrac{F}{2}$, $C_0 = D_0 = 0$ (s. Bild 18.8a). Aus der Belastung mit $X_1 = 1 \Rightarrow A_1 = -\dfrac{3}{4}$, $B_1 = \dfrac{7}{4}$, $C_1 = -\dfrac{7}{4}$, $D_1 = \dfrac{3}{4}$ und infolge des Momentes $X_2 \Rightarrow A_2 = D_2 = -B_2 = -C_2 = \dfrac{1}{2a}$ (sämtliche Stützkräfte wurden gegengerichtet F angesetzt). Die Momentenverläufe für $M_0, \overline{M}_1$ und $\overline{M}_2$ siehe Bild 18.8b. Aus den Verläufen von $\overline{M}_1$ und $\overline{M}_2$ ergibt sich $\delta_{12} = \delta_{21} = 0$, so daß sich (18.6) vereinfacht zu

$$X_1 = -\frac{\delta_{10}}{\delta_{11}}, \qquad X_2 = -\frac{\delta_{20}}{\delta_{22}}$$

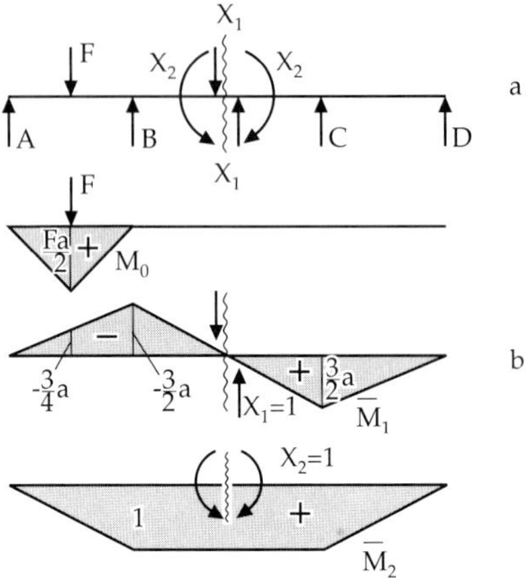

Bild 18.8

Über Tafel 18.1 ergeben sich

$$EI\delta_{10} = -\frac{3}{8}Fa^3, \quad EI\delta_{11} = \frac{21}{4}a^3, \quad EI\delta_{20} = \frac{1}{4}Fa^2, \quad EI\delta_{22} = \frac{13}{3}a$$

Damit werden

$$X_1 = Q = \frac{1}{14}F = 0,714 \text{ kN}, \quad X_2 = M = -\frac{3}{52}Fa = -0,577 \text{ kNm}$$

Im linken Trägerteil ergibt sich

$\circlearrowleft$A: $B \cdot 2a - Fa - \frac{7}{2}Qa + M = 0 \Rightarrow B = \frac{17}{26}F = 6,54$ kN

$\uparrow$: $A + B - F - Q = 0 \qquad \Rightarrow A = \frac{38}{91}F = 4,18$ kN

Im rechten Trägerteil folgt

$\circlearrowright$D: $C \cdot 2a + \frac{7}{2}Qa + M = 0 \Rightarrow C = -\frac{5}{52}F = -0,962$ kN

$\uparrow$: $D + C + Q = 0 \qquad \Rightarrow D = \frac{9}{364}F = 0,025$ kN

Variante 2:

Als statisch Unbestimmte werden die Stützmomente $M_B = X_1$ und $M_C = X_2$ gewählt. Durch die im Träger angeordneten Gelenke gliedert sich dieser in drei statisch bestimmte Teile (s. Bild 18.9a). Die Momentenverläufe M_0 (s. Variante 1), $\overline{M}_1$ infolge $X_1 = 1$ mit $A_1 = \frac{1}{2a}, B_1 = -\frac{5}{6a}, C_1 = \frac{1}{3a}, D_1 = 0$ und $\overline{M}_2$ infolge $X_2 = 1$ mit $B_2 = \frac{1}{3a}, C_2 = -\frac{5}{6a}, D_2 = \frac{1}{2a}$ sind in Bild 18.9b dargestellt. Anschaulich ist $\delta_{20} = 0$ ersichtlich. Mit $EI\delta_{11} = EI\delta_{22} = \frac{5}{3}a$ und $EI\delta_{12} = EI\delta_{21} = \frac{a}{2}$ ergeben sich

$$X_1 = M_\text{B} = -\frac{15}{91}Fa = -1{,}648 \text{ kNm}, \quad X_2 = M_\text{C} = \frac{9}{182}Fa = 0{,}495 \text{ kNm}.$$

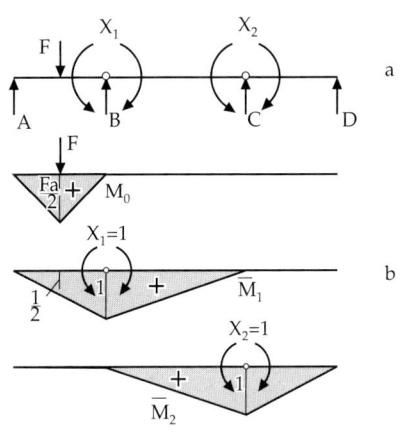

Bild 18.9

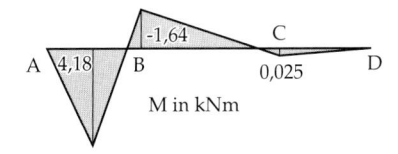

Bild 18.10

Der Biegemomentenverlauf über den Träger ist in Bild 18.10 dargestellt.

18.3 Statisch unbestimmtes Fachwerk

Da die Knoten des Fachwerkes als Gelenke angenommen werden (vgl. Statik 5.6), und äußere Kräfte nur an Knoten angreifen dürfen[1], nehmen die Stäbe nur Kräfte in der Stablängsachse auf.

Die Formänderungsenergie W_F für ein aus n Stäben (Stablängen l_i, Querschnitte A_i) bestehendes Fachwerk infolge der Stabkräfte S_i folgt aus (1.22a) und (1.32) zu

$$\boxed{W_\text{F} = \sum_{i=1}^{n} \frac{S_i^2 l_i}{2EA_i}} \tag{18.8}$$

---

[1] Greift eine Kraft nicht am Knoten an, ist diese in Komponenten durch die benachbarten Knoten zu zerlegen

18.3.1 Einfache statische Unbestimmtheit

Eine der unbekannten Stab- oder Stützkräfte ist als statisch Unbestimmte X_1 zu wählen.

Wird der Satz von CASTIGLIANO angewendet, sind die unbekannten Kräfte in Abhängigkeit von X_1 darzustellen (vgl. Beispiel 1). Da die gegenseitigen Verschiebungen infolge X_1 an der Schnittstelle verschwinden müssen, ergibt sich aus (18.8)

$$\frac{\partial W_\mathrm{F}}{\partial X_1} = \sum_{i=1}^{n} \frac{S_i l_i}{EA_i} \frac{\partial S_i}{\partial X_1} = \sum_{i=1}^{n} \frac{S_i \overline{S}_{i1} l_i}{EA_i} = 0 \tag{18.9}$$

zur Ermittlung von X_1.

Beim Kraftgrößenverfahren werden an der Schnittstelle die Verschiebungen in Richtung von X_1 durch Überlagerung von δ_{10} infolge eingeprägter Kräfte und δ_{11} nur infolge $X_1 = 1$ berechnet:

$$\boxed{\delta_{10} + X_1 \delta_{11} = \sum_{i=1}^{n} \frac{S_{i0} \overline{S}_{i1} l_i}{EA_i} + X_1 \sum_{i=1}^{n} \frac{\overline{S}_{i1}^2 l_i}{EA_i} = 0} \tag{18.10}$$

Die Stabkräfte S_{i0} und $\overline{S}_{i1}$ lassen sich nach dem Verfahren in 5.6 graphisch oder rechnerisch ermitteln. Bei unterschiedlichen Stabquerschnitten kann ein Vergleichsquerschnitt $A_\mathrm{c} = \max A_i$ eingeführt werden, so daß mit $l_i' = \frac{A_\mathrm{c}}{A_i} l_i$

$$\boxed{EA_\mathrm{c} \delta_{10} = \sum_{i=1}^{n} S_{i0} \overline{S}_{i1} l_i'} \quad \boxed{EA_\mathrm{c} \delta_{11} = \sum_{i=1}^{n} \overline{S}_{i1}^2 l_i'} \tag{18.11}$$

und die statisch Unbestimmte X_1

$$\boxed{X_1 = -\frac{\delta_{10}}{\delta_{11}} = -\frac{\sum_{i=1}^{n} S_{i0} \overline{S}_{i1} l_i'}{\sum_{i=1}^{n} \overline{S}_{i1}^2 l_i'}} \tag{18.12}$$

Die Stabkräfte S_i und eine Stützkraft C werden dann

$$S_i = S_{i0} + X_1 \overline{S}_{i1}, \qquad C = C_0 + X_1 C_1 \tag{18.13}$$

Bei axialsymmetrischer Anordnung des Fachwerkes und auch der angreifenden äußeren Kräfte sind die Stabkräfte symmetrisch liegender Stäbe gleich. Bei Stäben, die durch die Symmetrieachse halbiert werden, ist die halbe Stablänge anzusetzen (vgl. 2. Beispiel).

☐ **1.** Für das dreistäbige Fachwerk in Bild 18.11a sind die Stabkräfte gesucht, wenn F, a, $\alpha = \gamma = 45°$, $\beta = 60°$ gegeben sind und die Stäbe gleichen Querschnitt A haben.

Da $n = 3$, $t = 6$ und $g_2 = 2$ (K ist zweifaches Gelenk), wird $f = 9 - 6 - 4 = -1$, d. h. einfache statische Unbestimmtheit. Als statisch Unbestimmte wird $S_3 = X_1$ gewählt. Die S_i werden als Zugkräfte angesetzt (s. Bild 18.11b). S_1 und S_2 ergeben sich aus

$$\circlearrowleft \mathrm{A}: \ Fa + S_2 h_2 + X_1 l_1 = 0 \ \Rightarrow \ S_2 = -\frac{1}{h_2}(Fa + X_1 l_1) \tag{1}$$

18.3 Statisch unbestimmtes Fachwerk

$$\circlearrowleft B: \quad Fa - S_1 h_1 + X_1 h_3 = 0 \Rightarrow S_1 = \frac{1}{h_1}(Fa + X_1 h_3) \tag{2}$$

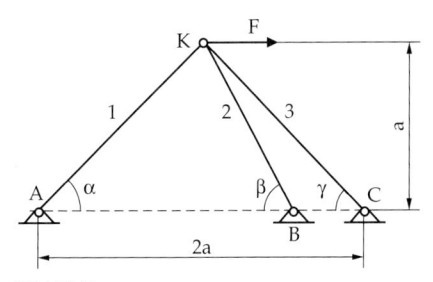

Bild 18.11a

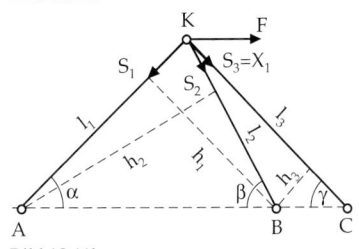

Bild 18.11b

Die Formänderungsenergie (18.8) beträgt

$$W_F = \frac{1}{2EA}(S_1^2 l_1 + S_2^2 l_2 + X_1^2 l_3)$$

und mit

$$\frac{\partial S_1}{\partial X_1} = \frac{h_3}{h_1}, \qquad \frac{\partial S_2}{\partial X_1} = -\frac{l_1}{h_2}$$

werden die gegenseitigen Verschiebungen nach CASTIGLIANO (18.9) an der Schnittstelle des Stabes 3

$$\frac{\partial W_F}{\partial X_1} = \frac{1}{EA}\left(S_1 l_1 \frac{h_3}{h_1} - S_2 l_2 \frac{l_1}{h_2} + X_1 l_3\right) = 0$$

S_2 und S_1 aus (1) und (2) eingesetzt, ergibt

$$X_1 \left(\frac{l_1 h_3^2}{h_1^2} + \frac{l_1^2 l_2}{h_2^2} + l_3\right) = -Fa\left(\frac{l_1 h_3}{h_1^2} + \frac{l_1 l_2}{h_2^2}\right) \tag{3}$$

Mit $l_1 = l_3 = a\sqrt{2}$, $l_2 = \frac{2}{3}a\sqrt{3}$, $h_1 = \frac{a}{6}\sqrt{2}\left(3+\sqrt{3}\right)$, $h_2 = \frac{a}{2}\left(\sqrt{3}+1\right)$ und $h_3 = \frac{a}{6}\sqrt{2}\left(3-\sqrt{3}\right)$ folgen aus (3), (1) und (2)

$$X_1 = S_3 = -0{,}441 F, \quad S_2 = -0{,}275 F \quad \text{und} \quad S_1 = 0{,}778 F$$

2. Zu bestimmen sind die Stütz- und Stabkräfte (s. Bild 18.12a), wenn $F = 1$ kN, $a = 1$ m und sämtliche Stäbe von gleichem Querschnitt A sind.

Da $n = 11$, $t = 4$, $g_2 = 2 \cdot 1 + 2 \cdot 2 + 3 \cdot 3 = 15$, wird $f = -1$. Die vertikale Symmetrieachse bezüglich System und Kräfte verläuft durch G und halbiert Stab 6. Mit der Wahl von $S_6 = X_1$ wird das statisch bestimmte Hauptsystem zum Dreigelenkbogen mit den symmetrischen Scheiben I und II (s. Bild 18.12b). Die Stützkräfte (vgl. 5.5) werden für $X_1 = 0$ bzw. $F = 0$ und $X_1 = 1$

$$A_{x0} = B_{x0} = \frac{2}{3}F, \; A_{y0} = B_{y0} = F \text{ bzw. } A_{x1} = B_{x1} = \frac{2}{3}, \; A_{y1} = B_{y1} = 0$$

Die rechnerisch ermittelten Längen $l_i = l_i'$ (l_6' mit halber Stablänge), Stabkräfte und Summen nach (18.11) sind tabellarisch angeordnet:

i	l_i'/m	S_{i0}/kN	$\bar{S}_{i1}$	$S_{i0}\bar{S}_{i1}l_i'/\text{kNm}$	$\bar{S}_{i1}^2 l_i'/\text{m}$	$S_i/\text{kN} = (S_{i0} + X_1 \bar{S}_{i1})/\text{kN}$
1,7	2,50	$-2,71$	$-1,04$	7,05	2,71	$-1,32$
2,8	2,60	1,63	1,88	7,92	9,14	$-0,87$
3,9	0,64	$-0,80$	0	0	0	$-0,80$
4,10	2,50	$-2,08$	$-1,04$	5,43	2,71	$-0,70$
5,11	2,56	1,60	0,80	3,28	1,64	0,54
6	1,60	0	1,00	0	1,60	$-1,33$
				23,68	17,80	
				$=\frac{1}{2}EA\delta_{10}$	$=\frac{1}{2}EA\delta_{11}$	

Bild 18.12a

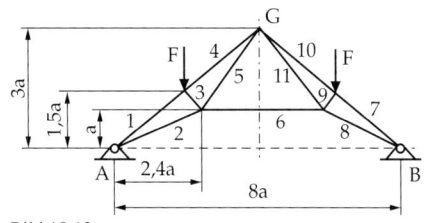

Bild 18.12b

Die statisch Unbestimmte $X_1 = S_6$ folgt aus (18.12)

$$X_1 = -\frac{\delta_{10}}{\delta_{11}} = -\frac{23{,}68 \text{ kNm}}{17{,}80 \text{ m}} = -1{,}33 \text{ kN}$$

Die Stabkräfte des statisch unbestimmten Fachwerkes können damit in der letzten Spalte der Tabelle bestimmt werden. Die Stützkraftkomponenten sind

$$A_x = \frac{2}{3}(F - X_1) = 1{,}55 \text{ kN}, \quad B_x = -1{,}55 \text{ kN}, \quad A_y = B_y = 1 \text{ kN}$$

18.3.2 Mehrfache statische Unbestimmtheit

Nach dem Kraftgrößenverfahren lassen sich bei einem m-fach statisch unbestimmten Fachwerk mit n Stäben die statisch Unbestimmten $X_1, X_2, \ldots, X_m$ durch Überlagerungen im statisch bestimmten Hauptsystem aus dem linearen Gleichungssystem

$$\boxed{\delta_{j0} + \delta_{j1}X_1 + \delta_{j2}X_2 + \cdots + \delta_{jm}X_m = 0} \tag{18.14}$$

berechnen. Die Einflußgrößen folgen aus

$$\boxed{EA_c \delta_{j0} = \sum_{i=1}^{n} S_{i0}\overline{S}_{ij}l'_i, \quad EA_c \delta_{jk} = \sum_{i=1}^{n} \overline{S}_{ij}\overline{S}_{ik}l'_i} \tag{18.15}$$

mit $j, k = 1, 2, \ldots, m$, $\delta_{jk} = \delta_{kj}$ und $l'_i = \dfrac{A_c}{A_i} l_i$

Die Stabkräfte des m-fach statisch unbestimmten Fachwerks sind dann

$$S_i = S_{i0} + X_1 \overline{S}_{i1} + X_2 \overline{S}_{i2} + \cdots + X_m \overline{S}_{im} \tag{18.16}$$

(18.16) gilt analog auch für die Stützkräfte.

Für $m = 2$ ergeben sich die Lösungen für X_1 und X_2 nach (18.6). Bei den verbreitet symmetrisch ausgebildeten Fachwerksystemen läßt sich der Rechenaufwand reduzieren, da die Stabkräfte symmetrisch liegender Stäbe gleichen Betrag aufweisen und bei

- symmetrischer Belastung gleiches Vorzeichen,
- antimetrischer Belastung entgegengesetztes Vorzeichen aufweisen und von der Symmetrieachse geschnittene Stäbe Nullstäbe sind.

Bei beliebiger Belastung ist eine Aufteilung durch Kräftezerlegung in ein symmetrisches und ein antimetrisches System möglich (vgl. Beispiel).

☐ Für das Fachwerk in Bild 18.13a sind die Stab- und Stützkräfte zu bestimmen, wenn F, a, $A_1, A_2, \ldots, A_{11} = 2A$ und $A_{12}, \ldots, A_{16} = A$ gegeben sind.

Das Fachwerk ist zweifach statisch unbestimmt, da $n = 16$, $t = 4$ und $g_2 = 2 \cdot 1 + 2 \cdot 2 + 4 \cdot 3 + 1 \cdot 5 = 23 \Rightarrow f = 48 - 4 - 46 = -2$

Das symmetrische Fachwerk wird durch Zerlegungen der horizontal angreifenden Kraft F in ein auch bezüglich der Kräfte symmetrisches Teilsystem (s. Bild 18.13b) und ein antimetrisches Teilsystem (s. Bild 18.13c) aufgeteilt. Die Stab- und Stützkräfte werden für jedes Teilsystem ermittelt und anschließend überlagert.

Symmetrisches Teilsystem:

Als statisch Unbestimmte werden $S_{11} = X_1$ und $S_{12} = X_2$ gewählt. Als Stützkräfte ergeben sich im statisch bestimmten Hauptsystem für

$X_1 = X_2 = 0$: $\quad A_x\ = B_x = A_y = B_y = F$

$X_1 = 1$, $F = X_2 = 0$: $A_{x1} = B_{x1} = \dfrac{1}{2}$, $A_{y1} = B_{y1} = 0$

$X_2 = 1$, $F = X_1 = 0$: $A_{x2} = B_{x2} = -\dfrac{1}{2}$, $A_{y2} = B_{y2} = 0$

Vom Lager A ausgehend brauchen nur die Stabkräfte auf einer Seite der Symmetrieachse ermittelt werden. Mit $A_c = 2A \Rightarrow l'_i = l_i$ für die Stäbe 1 bis 11 und $l'_i = 2l_i$

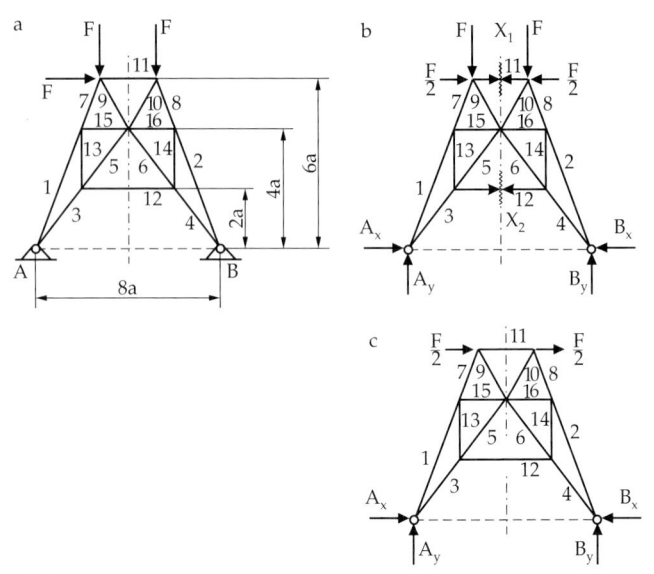

Bild 18.13

für die Stäbe 12 bis 16, wobei für die Stäbe 11 und 12 die halben Längen anzusetzen sind. Die zur Berechnung von X_1 und X_2 erforderlichen Größen sind tabellarisch zusammengefaßt.

i	S_{i0}/F	$\bar{S}_{i1}$	$\bar{S}_{i2}$	l'_i/a	$\dfrac{S_{i0}\bar{S}_{i1}l'_i}{Fa}$	$\dfrac{\bar{S}_{i1}^2 l'_i}{a}$	$\dfrac{\bar{S}_{i1}\bar{S}_{i2}l'_i}{a}$	$\dfrac{S_{i0}\bar{S}_{i2}l'_i}{Fa}$	$\dfrac{\bar{S}_{i2}^2 l'_i}{a}$
1, 2	0	$\frac{1}{2}\sqrt{5}$	$-\frac{1}{2}\sqrt{5}$	$2\sqrt{5}$	0	$\frac{5}{2}\sqrt{5}$	$-\frac{5}{2}\sqrt{5}$	0	$\frac{5}{2}\sqrt{5}$
3, 4	$-\sqrt{2}$	$-\sqrt{2}$	$\sqrt{2}$	$2\sqrt{2}$	$4\sqrt{2}$	$4\sqrt{2}$	$-4\sqrt{2}$	$-4\sqrt{2}$	$4\sqrt{2}$
5, 6	$-\sqrt{2}$	$-\sqrt{2}$	0	$2\sqrt{2}$	$4\sqrt{2}$	$4\sqrt{2}$	0	0	0
7, 8	0	$\frac{1}{2}\sqrt{5}$	0	$\sqrt{5}$	0	$\frac{5}{4}\sqrt{5}$	0	0	0
9, 10	$-\frac{1}{2}\sqrt{5}$	$-\frac{1}{2}\sqrt{5}$	0	$\sqrt{5}$	$\frac{5}{4}\sqrt{5}$	$\frac{5}{4}\sqrt{5}$	0	0	0
11	0	1	0	1	0	1	0	0	0
12	0	0	1	4	0	0	0	0	4
13, 14	0	0	1	4	0	0	0	0	4
15, 16	0	0	$-\frac{1}{2}$	4	0	0	0	0	1
$\sum$					14,109	23,494	$-11,247$	$-5,657$	20,247

Die statisch Unbestimmten ergeben sich nach (18.6) aus den Summen der Tabelle:
$$X_1 = -\frac{14,109 \cdot 20,247 - 5,657 \cdot 11,247}{23,494 \cdot 20,247 - 11,247^2} = -0,636$$
$$X_2 = -\frac{-5,657 \cdot 23,494 + 14,109 \cdot 11,247}{23,494 \cdot 20,247 - 11,247^2} = -0,074$$
Mit (18.6) werden die gesuchten Kräfte im symmetrischen Teilsystem berechnet und mit Index s in der folgenden Tabelle notiert.

Antimetrisches Teilsystem:

Da die Stäbe 11 und 12 Nullstäbe sind, liegt für dieses System statische Bestimmtheit vor. Die Stütz- und Stabkräfte sind somit elementar bestimmbar. Die Stützkräfte sind
$$A_x = -\frac{F}{2}, \quad B_x = \frac{F}{2}, \quad A_y = -\frac{3}{4}F, \quad B_y = \frac{3}{4}F$$

Die Stabkräfte (Vorzeichenwechsel für symmetrisch liegende Stäbe) sind in der zweiten Spalte mit Index a notiert. Die Superpositionen beider Spalten ergeben die gesuchten Stabkräfte im Gesamtsystem.

i	S_{is}/F	S_{ia}/F	S_i/F	i	S_{is}/F	S_{ia}/F	S_i/F
1	$-0,628$	$0,559$	$-0,069$	9	$-0,407$	$-0,559$	$-0,966$
2	$-0,628$	$-0,559$	$-1,187$	10	$-0,407$	$0,559$	$0,152$
3	$-0,619$	$0,354$	$-0,265$	11	$-0,636$	0	$-0,636$
4	$-0,619$	$-0,354$	$-0,973$	12	$-0,074$	0	$-0,074$
5	$-0,515$	$0,354$	$-0,161$	13	$-0,074$	0	$-0,074$
6	$-0,515$	$-0,354$	$-0,869$	14	$-0,074$	0	$-0,074$
7	$-0,711$	$0,559$	$-0,152$	15	$0,037$	0	$0,037$
8	$-0,711$	$-0,559$	$-1,270$	16	$0,037$	0	$0,037$

Analog ergeben sich die Stützkraftkomponenten
$$A_x = F + \frac{1}{2}X_1 - \frac{1}{2}X_2 - \frac{F}{2} = 0,219F,$$
$$B_x = F + \frac{1}{2}X_1 - \frac{1}{2}X_2 + \frac{F}{2} = 1,219F,$$
$$A_y = F - \frac{3}{4}F = 0,250F, \quad B_y = F + \frac{3}{4}F = 1,750F$$

18.4 Statisch unbestimmter Rahmen

Ein ebenes **Rahmentragwerk** besteht aus abgewinkelten oder verzweigten Stäben mit biegesteifen Knoten oder Ecken in einer ebenen Scheibe.

Die Berechnungen sind analog denen am durchlaufenden Träger und lassen sich bei den bevorzugten symmetrischen Konstruktionen vereinfachen, da im Querschnitt auf der Symmetrieachse des Systems Schnittgrößen Null werden.

Ist im symmetrischen Tragwerk die Belastung
- symmetrisch (s. Bild 18.14b), ist die Querkraft $Q = 0$ und
- antimetrisch (s. Bild 18.14c), werden Biegemoment $M = 0$ und Längskraft $L = 0$.

18.4.1 Zweigelenkrahmen

Der Rahmen (s. Bild 18.14a) ist einfach statisch unbestimmt und besteht aus den Stielen oder Pfosten 1 und 2 und dem Riegel 3. Als statisch Unbestimmte X_1 wird häufig eine horizontale Stützkraftkomponente gewählt. Das statisch bestimmte Hauptsystem wird damit zum geknickten Träger auf zwei Stützen. Wie beim Träger wird die Verformungsgleichung aus der geraden Biegung aufgestellt. Bei Anwendung des Kraftgrößenverfahrens werden die Einflußzahlen δ_{10} und δ_{11} nach (18.4) oder aus Tafel 18.1 ermittelt. Die Stützkräfte und Schnittgrößen werden analog (18.16)

$$A = A_0 + X_1 A_1, \qquad B = B_0 + X_1 B_1$$
$$M = M_0 + X_1 \overline{M}_1, \qquad Q = Q_0 + X_1 \overline{Q}_1, \qquad L = L_0 + X_1 \overline{L}_1 \tag{18.17}$$

☐ Für den Zweigelenkrahmen in Bild 18.14a sind F, $q = \dfrac{2F}{b}$, $h = b$, $I_3 = 2I_1 = 2I_2$ gegeben. Zu bestimmen sind die Stützkräfte, der Momenten-, Querkraft- und Längskraftverlauf.

Der symmetrische Rahmen, da auch $I_1 = I_2$, wird bezüglich der Kräfte in ein symmetrisches (s. Bild 18.14b) und ein antimetrisches Teilsystem (s. Bild 18.14c) zerlegt. Die Ergebnisse beider Teilsysteme werden am Schluß überlagert.

Symmetrisches Kräftesystem (Index s): $B_{ys} = X_1 \Rightarrow$ die Stützkräfte im statisch bestimmten Hauptsystem für

$X_1 = 0$: $\qquad A_{xs0} = 0$, $A_{ys0} = B_{ys0} = \dfrac{1}{2} qb = F$

$X_1 = 1, F = q = 0$: $A_{xs1} = -1$, $A_{ys1} = B_{ys1} = 0$

Die Schnittgrößen sind tabellarisch erfaßt:

	Stiel 1	Stiel 2	Riegel 3	Bemerkung
M_{s0}	0	0	$\dfrac{F}{b}(bx - x^2)$	s. Bild 14.18d
$\overline{M}_{s1}$	y_1	y_2	$h = b$	s. Bild 14.18e
Q_{s0}	0	0	$\dfrac{F}{b}(b - 2x)$	$x = \dfrac{b}{2} \Rightarrow Q_{s0} = 0$
$\overline{Q}_{s1}$	1	-1	0	
L_{s0}	$-F$	$-F$	$-\dfrac{F}{2}$	
$\overline{L}_{s1}$	0	0	1	
M_s	$X_1 y_1$	$X_1 y_2$	$\dfrac{F}{b}(bx - x^2) + X_1 b$	$x = 0, x = b \Rightarrow M_s = X_1 b$
Q_s	X_1	$-X_1$	$\dfrac{F}{b}(b - 2x)$	$x = \dfrac{b}{2} \Rightarrow Q_s = 0$
L_s	$-F$	$-F$	$-\dfrac{F}{2} + X_1$	

Mit $I_3 = I_c \Rightarrow l_1' = l_2' = 2b$, $l_3' = b$ und aus Tafel 18.1 $\delta_{10} = \dfrac{F}{6} b^3$, $\delta_{11} = \dfrac{7}{3} b^3 \Rightarrow$
$X_1 = -\dfrac{F}{14}$

18.4 Statisch unbestimmter Rahmen

Antimetrisches Kräftesystem (Index a): Wegen $L = 0$ in der Symmetrieachse ist das System statisch bestimmt, so daß $A_{xa} = B_{xa} = -\dfrac{F}{2}$, $A_{ya} = -F$, $B_{ya} = F$. Die Schnittgrößen werden

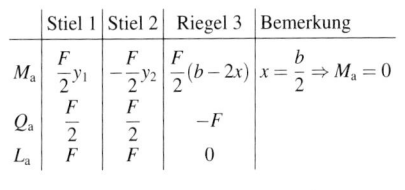

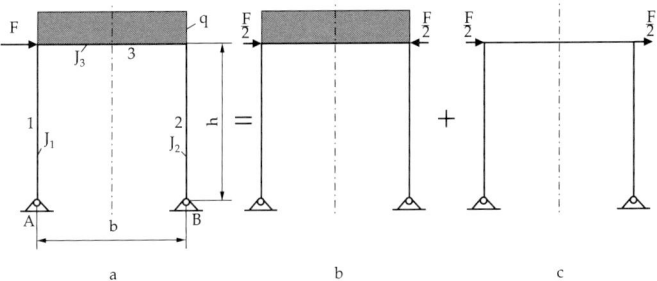

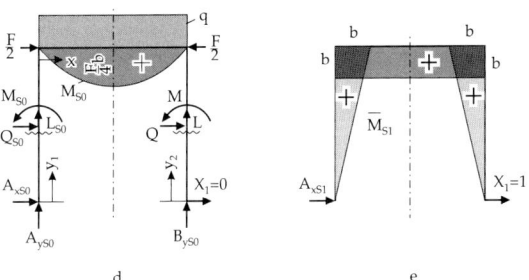

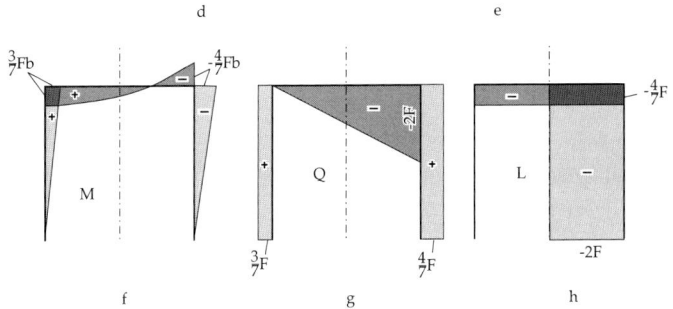

	Stiel 1	Stiel 2	Riegel 3	Bemerkung
M_a	$\dfrac{F}{2}y_1$	$-\dfrac{F}{2}y_2$	$\dfrac{F}{2}(b-2x)$	$x = \dfrac{b}{2} \Rightarrow M_a = 0$
Q_a	$\dfrac{F}{2}$	$\dfrac{F}{2}$	$-F$	
L_a	F	F	0	

Bild 18.14

Überlagerung beider Systeme (18.17) ergibt die gesuchten Größen

$$A_x = -X_1 - \frac{F}{2} = -\frac{3}{7}F, \quad A_y = F - F = 0$$

$$B_x = X_1 \frac{F}{2} = -\frac{4}{7}F, \quad B_y = F + F = 2F$$

$$M(y_1) = \frac{3}{7}Fy_1, \quad M(y_2) = -\frac{4}{7}Fy_2, \quad M(x) = -\frac{F}{7b}(7x^2 - 3b^2)$$

$$Q(y_1) = \frac{3}{7}F, \quad Q(y_2) = \frac{4}{7}F, \quad Q(x) = -\frac{2F}{b}x$$

$$L(y_1) = 0, \quad L(y_2) = -2F, \quad L(x) = -\frac{4}{7}F$$

Momenten-, Querkraft-, Längskraftverlauf sind graphisch in den Bildern 18.14f, g, h dargestellt.

18.4.2 Zweigelenkbogen

Der bogenförmig und symmetrisch ausgebildete Rahmen mit zwei Festlagern (s. Bild 18.15) oder mit Zugband und einem Loslager (s. Bild 18.16) ist einfach statisch unbestimmt. Als statisch Unbestimmte können ohne Zugband die Komponente $B_x = X_1$ und mit Zugband dessen Zugkraft $S = X_1$ gewählt werden.

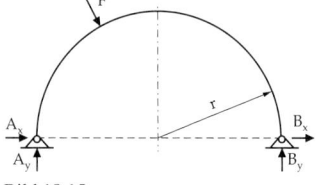

Bild 18.15

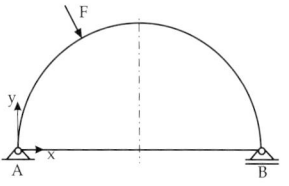

Bild 18.16

Da bei nur antimetrischer Belastung statische Bestimmtheit vorliegt, können beliebig angreifende Kräfte in die Summe einer symmetrischen und einer antimetrischen Kräftegruppe zerlegt werden, so daß bezüglich der statischen Unbestimmtheit nur die symmetrische Belastung interessiert. In diesem Falle können die Berechnungen auf eine Hälfte des Zweigelenkbogens reduziert werden.

Die Schnittgrößen im statisch bestimmten Hauptsystem bei Kräftesymmetrie (s. Bild 18.17)

Bild 18.17

$$0 \leqq \varphi_1 \leqq \alpha_1:$$

$$L(\varphi_1) = -A_x \sin\varphi_1 - A_y \cos\varphi_1$$

$$Q(\varphi_1) = -A_x \cos\varphi_1 - A_y \sin\varphi_1 \quad\quad (18.18)$$

$$M(\varphi_1) = r\left[-A_x \sin\varphi_1 + A_y(1-\cos\varphi_1)\right]$$

18.4 Statisch unbestimmter Rahmen

$0 \leqq \varphi_2 \leqq \frac{\pi}{2} - \alpha_1$:

$$L(\varphi_2) = -(A_x + F_x)\sin(\alpha_1 + \varphi_2) - (A_y - F_y)\cos(\alpha_1 + \varphi_2)$$
$$Q(\varphi_2) = -(A_x + F_x)\cos(\alpha_1 + \varphi_2) + (A_y - F_y)\sin(\alpha_1 + \varphi_2) \tag{18.19}$$
$$M(\varphi_2) = r[-(A_x + F_x)\sin(\alpha_1 + \varphi_2) - (A_y - F_y)\cos(\alpha_1 + \varphi_2)$$
$$+ A_y + F_x \sin\alpha_1 - F_y \cos\alpha_1]$$

Im statisch bestimmten Hauptsystem gilt für beide Bögen:

$X_1 = 0 \quad \Rightarrow A_{x0} = 0, A_{y0} = B_{y0} = F_y$

$X_1 = 1, F = 0 \Rightarrow A_{x1} = -1, A_{y1} = B_{y1} = 0$

Zur Ermittlung von δ_{10} und δ_{11} wird nur die Verformung infolge Biegung herangezogen, da diejenige aus Längs- und Querkraft wegen $r^2 \gg \frac{I}{A}$ vernachlässigt werden kann. Bei n Abschnitten, $EI = \text{const}$ und $ds_i = r\,d\varphi_i$ werden

$$\boxed{\frac{1}{2}EI\delta_{10} = r\sum_{i=1}^{n}\int_0^{\alpha_i} M_{i0}\overline{M}_{i1}\,d\varphi_i} \quad \boxed{\frac{1}{2}EI\delta_{11} = r\sum_{i=1}^{n}\int_0^{\alpha_i}\overline{M}_{i1}^2\,d\varphi_i} \tag{18.20}$$

X_1 folgt aus (18.3), und die endgültigen Stützkräfte und Schnittgrößen im statisch unbestimmten System ergeben sich aus (18.17).

☐ Zu bestimmen sind Stützkräfte und Biegemomentenverlauf im symmetrisch belasteten Zweigelenkbogen (s. Bild 18.18), wenn $F, r, I = \text{const}$ und $E = \text{const}$ gegeben sind.

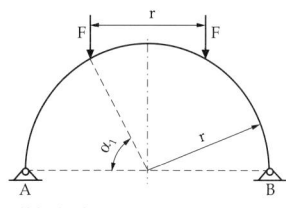

Bild 18.18 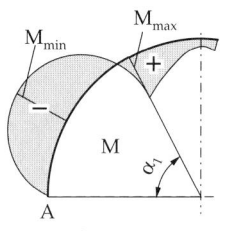   Bild 18.19

Die Symmetriehälfte enthält zwei Abschnitte, $\alpha_1 = \pi/3$, $F_y = F$ und $F_x = 0$, so daß nach (18.18) bis (18.20)

$0 \leqq \varphi_1 \leqq \pi/3$: $\quad M_0(\varphi_1) = Fr(1 - \cos\varphi_1) \Rightarrow M_0(\pi/3) = \frac{1}{2}Fr$

$\qquad\qquad\qquad \overline{M}_1(\varphi_1) = r\sin\varphi_1 \qquad \Rightarrow \overline{M}_1(\pi/3) = \frac{\sqrt{3}}{2}r$

$0 \leqq \varphi_2 \leqq \pi/6$: $\quad M_0(\varphi_2) = Fr(1 - \cos\alpha_1) = \frac{1}{2}Fr = \text{const}$

$\qquad\qquad\qquad \overline{M}_1(\varphi_2) = r\sin(\alpha_1 + \varphi_2)$

$$\frac{1}{2}EI\delta_{10} = Fr^3\int_0^{\pi/3}(1-\cos\varphi_1)\sin\varphi_1\,d\varphi_1 + \frac{1}{2}Fr^3\int_0^{\pi/6}\sin(\alpha_1+\varphi_2)\,d\varphi_2 = \frac{3}{8}Fr^3$$

$$\frac{1}{2}EI\delta_{11} = r^3 \int_0^{\pi/3} \sin^2\varphi_1\, d\varphi_1 + r^3 \int_0^{\pi/6} \sin^2(\alpha_1+\varphi_2)\, d\varphi_2 = \frac{\pi}{4}r^3$$

$$X_1 = -\frac{\delta_{10}}{\delta_{11}} = -\frac{3}{2\pi}F = -0{,}477F$$

$$A_x = A_{x0} + X_1 A_{x1} = -X_1 = 0{,}477F = -B_x,\ A_y = A_{y0} = F = B_y$$

$$M(\varphi_1) = M_0(\varphi_1) + X_1\overline{M}_1(\varphi_1) = Fr(1-\cos\varphi_1 - 0{,}477\sin\varphi_1)$$

$$M(\varphi_2) = M_0(\varphi_2) + X_1\overline{M}_1(\varphi_2) = Fr\left[\frac{1}{2} - 0{,}477\sin(\alpha_1+\varphi_2)\right]$$

Der über den gesamten Bogen symmetrische Momentenverlauf hat $M_{max} = 0{,}087Fr$ an den Kraftangriffsstellen und $M_{min} = -0{,}108Fr$ bei $\varphi_1 = 25{,}5°$ (s. Bild 18.19).

18.4.3 Eingespannter Rahmen

Der beidseitig eingespannte Rahmen (s. Bild 18.20) ist dreifach statisch unbestimmt. Eine Auswahl statisch bestimmter Hauptsysteme sind der statisch bestimmt gelagerte Träger (s. Bild 18.21), der Dreigelenkbogen (s. Bild 18.22) oder zwei eingespannte Träger mit Kragarmen (s. Bild 18.23).

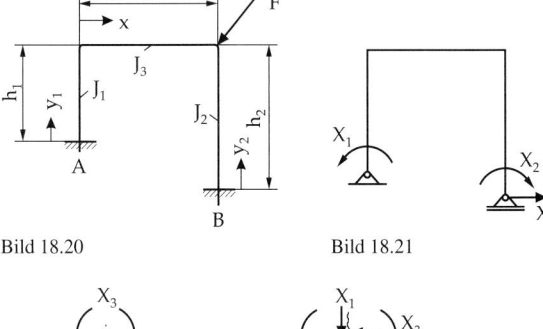

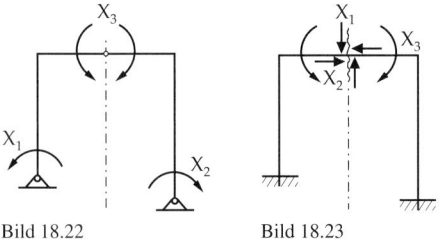

Bild 18.20

Bild 18.21

Bild 18.22

Bild 18.23

Für den mittig geschnittenen Riegel in Bild 18.23 sind die Momentenverläufe infolge $X_1 = 1, X_2 = 1$ und $X_3 = 1$ in den Bildern 18.24 dargestellt, so daß sich mit Tafel 18.1

18.4 Statisch unbestimmter Rahmen

die Einflußzahlen (18.21) bestimmen lassen.

$$EI_c\delta_{11} = \frac{b^2}{12}(3h_1' + 3h_2' + b') \qquad EI_c\delta_{22} = \frac{1}{3}(h_1^2 h_1' + h_2^2 h_2')$$

$$EI_c\delta_{12} = \frac{b}{4}(h_2 h_2' - h_1 h_1') \qquad EI_c\delta_{23} = -\frac{1}{2}(h_1 h_1' + h_2 h_2') \qquad (18.21)$$

$$EI_c\delta_{13} = \frac{b}{2}(h_1' - h_2') \qquad EI_c\delta_{33} = h_1' + h_2' + b'$$

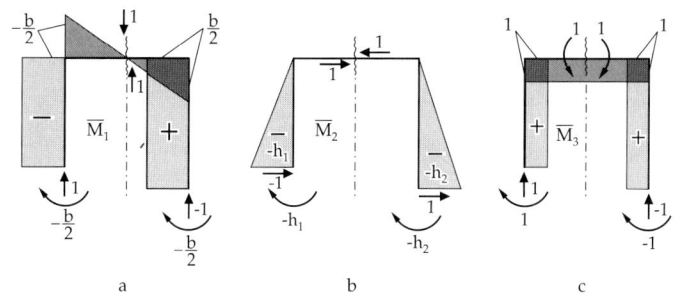

Bild 18.24

Die Einflußzahlen (18.21) vereinfachen sich bei symmetrischem Rahmen ($h_1 = h_2 = h$, $I_1 = I_2 = I_c$, $h_1' = h_2' = h$) zu

$$EI_c\delta_{11} = \frac{b^2}{12}(6h + b') \qquad EI_c\delta_{22} = \frac{2}{3}h^3$$

$$\delta_{12} = \delta_{13} = 0 \qquad EI_c\delta_{23} = -h^2 \qquad (18.21a)$$

$$EI_c\delta_{33} = 2h + b'$$

und das Gleichungssystem (18.14) zur Bestimmung der statisch Unbestimmten zu

$$\begin{aligned}
\delta_{10} + \delta_{11}X_1 &= 0 \\
\delta_{20} &+ \delta_{22}X_2 + \delta_{23}X_3 = 0 \\
\delta_{30} &+ \delta_{23}X_2 + \delta_{33}X_3 = 0
\end{aligned} \qquad (18.14a)$$

Wird der symmetrische Rahmen
- symmetrisch
- antimetrisch

belastet, ergibt sich

$$\begin{cases} \delta_{10} = 0 & \Rightarrow X_1 = 0 \qquad (18.22a) \\ \delta_{20} = \delta_{30} = 0 \Rightarrow X_2 = X_3 = 0 \qquad (18.22b) \end{cases}$$

☐ **1.** Für den symmetrischen Rahmen in Bild 18.25 sind die Auflagerreaktionen und der Biegemomentenverlauf zu ermitteln, wenn $F = 4$ kN, $h = 5$ m, $b = 6$ m, $I_1 = I_2 = I_c$ und $I_3 = \frac{3}{5}I_c$.

Bei Wahl des Hauptsystems nach Bild 18.23 und $a = 0{,}5$ m werden $h = h' = 10a$, $b = 12a$, $b' = \frac{3}{5}b = 20a$. Aus dem Momentenverlauf M_0 (s. Bild 18.26) und (18.21a) ergeben sich

$$EI_c\delta_{10} = 75Fa^3 \qquad EI_c\delta_{11} = 960a^3$$

$$EI_c\delta_{20} = \frac{625}{6}Fa^3 \qquad EI_c\delta_{22} = \frac{2000}{3}a^3$$

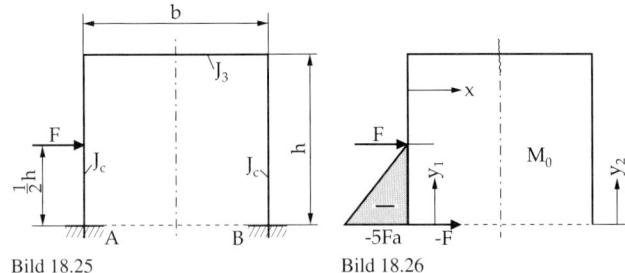

Bild 18.25

Bild 18.26

$$EI_c\delta_{30} = -\frac{25}{2}Fa^2 \quad EI_c\delta_{23} = -100a^2$$
$$\delta_{12} = \delta_{13} = 0 \quad EI_c\delta_{33} = 40a$$

Das Gleichungssystem (18.14a)

$$75Fa^3 + 960a^3X_1 = 0$$
$$\frac{625}{6}Fa^3 + \frac{2000}{3}a^3X_2 - 100a^2X_3 = 0$$
$$-\frac{25}{2}Fa^2 - 100a^2X_2 + 400aX_3 = 0$$

hat die Lösungen $X_1 = -\frac{5}{64}F$, $X_2 = -\frac{7}{40}F$, $X_3 = -\frac{1}{8}Fa$

Auflagerreaktionen:

$$A_x = A_{x0} + A_{x2}X_2 = -F + \frac{7}{40}F = -0,825F = -3,300 \text{ kN}$$

$$A_y = A_{y1}X_1 = -\frac{5}{64}F = -0,078F = -0,313 \text{ kN}$$

$$B_x = B_{x2}X_2 = -\frac{7}{40}F = -0,175F = -0,700 \text{ kN}$$

$$B_y = B_{y1}X_1 = \frac{5}{64}F = 0,078F = 0,313 \text{ kN}$$

$$M_A = M_{A0} + \overline{M}_{A1}X_1 + \overline{M}_{A2}X_2 + \overline{M}_{A3}X_3 = -\frac{93}{32}Fa = -2,906Fa$$
$$= -5,813 \text{ kNm}$$

$$M_B = \overline{M}_{B1}X_1 + \overline{M}_{B2}X_2 + \overline{M}_{B3}X_3 = -\frac{37}{32}Fa = -1,156Fa$$
$$= -2,313 \text{ kNm}$$

Momentenverlauf im statisch unbestimmten Rahmen:

$$M(y_1) = \frac{F}{160}(132y_1 - 465a), \quad M(y_2) = \frac{F}{160}(185a - 28y_2)$$
$$M(x) = \frac{F}{64}(22a - 5x) \text{ (Zahlenwerte in kNm in Bild 18.27)}$$

2. Gesucht sind dieselben Größen wie im Beispiel 1, wenn Stiele und Riegel gleiche Länge l und gleiches Flächenträgheitsmoment I haben. Die Streckenlast sei $ql = 2F$ (s. Bild 18.28a).

Wahl des statisch bestimmten Hauptsystems in Bild 18.23 und Zerlegung in symmetrische (s. Bild 18.28b) und antimetrische Belastung (s. Bild 18.28c).

18.4 Statisch unbestimmter Rahmen

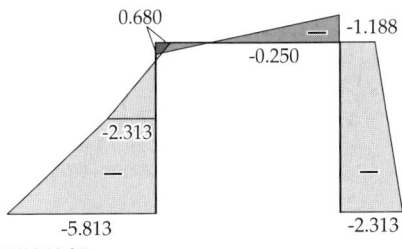

Bild 18.27

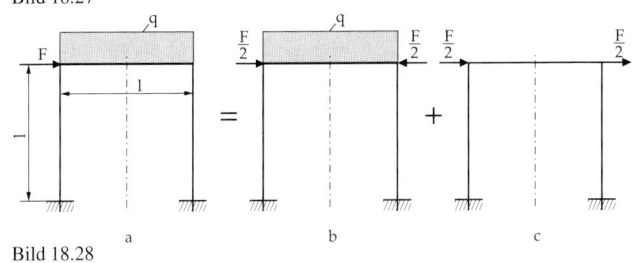

Bild 18.28

Symmetrisches Kräftesystem (Index s):

Auflagerreaktionen und Momentenverlauf im statisch bestimmten Hauptsystem infolge $\frac{F}{2}$ und ql sind symmetrisch.

$$M_{As0} = -\frac{3}{4}Fl, \quad A_{xs0} = -\frac{1}{2}F \Rightarrow M_{s0}(y) = \frac{F}{4}(2y-3l) \text{ und}$$

$$M_{s0}(x) = -\frac{F}{4l}(4x^2 - 4lx + l^2).$$

Mit den Bildern 18.29a, 18.24, Tafel 18.1 und (18.22a) ergeben sich

$$\delta_{10} = \delta_{12} = \delta_{13} = 0 \quad \Rightarrow X_1 = 0$$

$$EI\delta_{20} = EI\delta_{11} = \frac{7}{12}l^3 \quad EI\delta_{30} = -\frac{7}{6}Fl^2$$

$$EI\delta_{22} = \frac{2}{3}l^3 \quad\quad\quad\quad EI\delta_{23} = -l^2$$

$$EI\delta_{33} = 3l$$

Das Gleichungssystem (18.14a) für X_2 und X_3

$$-\frac{7}{12}Fl^3 + \frac{2}{3}l^3X_2 - l^2X_3 = 0$$

$$-\frac{7}{6}Fl^2 - l^2X_2 + 3lX_3 = 0$$

hat die Lösungen $X_2 = -\frac{7}{12}F$, $X_3 = \frac{7}{36}Fl$

Im damit zweifach statisch unbestimmten symmetrischen Kräftesystem werden somit

$$A_{xs} = A_{xs0} + A_{xs2}X_2 = -\frac{1}{2}F + \frac{7}{12}F = \frac{F}{12} = -B_{xs}$$

$$A_{ys} = A_{ys0} = F = B_{ys}$$

$$M_{As} = M_{As0} + \overline{M}_{As2}X_2 + \overline{M}_{As3}X_3 = \frac{1}{36}Fl$$

$$M_{Bs} = M_{Bs0} + \overline{M}_{Bs2}X_2 + \overline{M}_{Bs3}X_3 = -\frac{1}{36}Fl$$

$$M_s(y) = M_{s0}(y) + \overline{M}_{s2}(y)X_2 + \overline{M}_{s3}(y)X_3 = \frac{F}{36}(l - 3y)$$

$$M_s(x) = M_{s0}(x) + \overline{M}_{s3}(x)X_3 = -\frac{F}{18l}(18x^2 - 18lx + l^2)$$

Antimetrisches Kräftesystem (Index a):

$$A_{xa0} = B_{xa0} = -\frac{F}{2}, A_{ya0} = B_{ya0} = 0, M_{Aa0} = M_{Ba0} = -\frac{F}{2}l \Rightarrow M_{a0}(y_1) = \frac{F}{2}(y_1 - l),$$
$$M_{a0}(y_2) = \frac{F}{2}(l - y_2), M_{a0}(x) \equiv 0 \text{ (s. Bild 18.29b)}$$

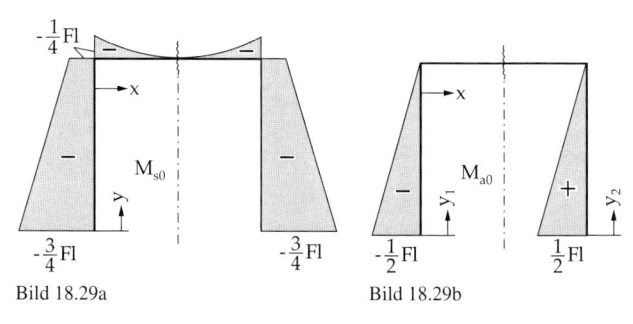

Bild 18.29a

Bild 18.29b

Wegen (18.22b) liegt einfache statische Unbestimmtheit vor.

$$EI\delta_{10} = \frac{F}{4}l^3, \quad EI\delta_{11} = \frac{7}{6}l^3 \Rightarrow X_1 = -\frac{3}{14}F$$

$$A_{xa} = A_{xa0} = B_{xa} = -\frac{F}{2}, \quad A_{ya} = A_{ya1}X_1 = -\frac{3}{14}F = -B_{ya}$$

$$M_{Aa} = M_{Aa0} + \overline{M}_{Aa1}X_1 = -\frac{11}{28}Fl = M_{Ba}$$

$$M_a(y_1) = \frac{F}{28}(14y_1 - 11l), \quad M_a(y_2) = \frac{F}{28}(11l - 14y_2),$$

$$M_a(x) = \frac{3}{28}F(l - 2x)$$

Überlagerung der Ergebnisse beider Systeme:

$$M(y_1) = M_s(y_1) + M_a(y_1) = \frac{F}{252}(105y_1 - 92l) \Rightarrow$$

$$M(0) = -0,365Fl, \; M(l) = 0,052Fl$$

$$M(y_2) = M_s(y_2) + M_a(y_2) = \frac{F}{252}(106l - 147y_2) \Rightarrow$$

$$M(0) = 0,421Fl, \; M(l) = -0,163Fl$$

$$M(x) = M_s(x) + M_a(x) = -\frac{F}{252l}(252x^2 - 198lx - 13l^2) \Rightarrow$$

$$M(l/2) = 0,194Fl$$

$$A_x = A_{xs} + A_{xa} = -\frac{5}{12}F, \quad B_x = B_{xs} + B_{xa} = -\frac{7}{12}F,$$
$$A_y = A_{ys} + A_{ya} = \frac{11}{14}F, \quad B_y = B_{ys} + B_{ya} = \frac{17}{14}F$$

Der Momentenverlauf für $\dfrac{M}{Fl}$ ist in Bild 18.30 dargestellt.

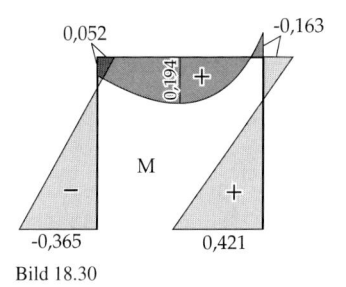

Bild 18.30

18.4.4 Geschlossener Rahmen

Der geschlossene Rahmen (s. Bild 18.31) ist innerlich dreifach statisch unbestimmt. Ein Rahmenschnitt an beliebiger Stelle ergibt ein statisch bestimmtes Hauptsystem. Bei überwiegend symmetrischer Ausführung des Rahmens ist ein Schnitt in der Symmetrieachse günstig (s. Bild 18.32a). Die Einflußzahlen (18.23) ergeben sich aus den Momentenverläufen infolge der drei statisch Unbestimmten (s. Bilder 18.32b, c, d) mit Hilfe der Tafel 18.1 zu

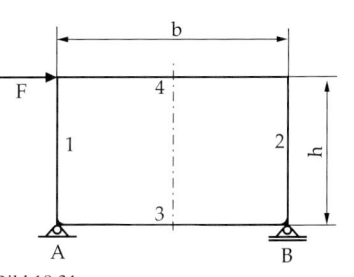

Bild 18.31

$$EI_c\delta_{11} = \frac{1}{6}b^2(b' + 3h') \qquad \delta_{12} = \delta_{13} = 0$$
$$EI_c\delta_{22} = \frac{1}{3}h^2(3b' + 2h') \qquad EI_c\delta_{23} = -h(b' + h') \tag{18.23}$$
$$EI_c\delta_{33} = 2(b' + h') \qquad b' = b\frac{I_c}{I_{3,4}}, \; h' = h\frac{I_c}{I_{1,2}}$$

Eine andere Möglichkeit besteht im Einfügen von drei Gelenken, die symmetrisch bzw. auf der Symmetrieachse liegen (s. Bild 18.33a). Die zugehörigen Einflußzahlen (18.24) folgen analog aus den Bildern 18.33b, c, d.

$$EI_c\delta_{11} = \frac{1}{3}(3b' + 2h') \qquad EI_c\delta_{12} = EI_c\delta_{13} = -\frac{1}{4}(b' + 2h')$$
$$EI_c\delta_{22} = EI_c\delta_{33} = \frac{1}{2}(b' + 2h') \qquad EI_c\delta_{23} = \frac{1}{6}b' \tag{18.24}$$

□ Vom Rahmen (s. Bild 18.31) sind F, $b = 2l$, $h = l$ und $I = $ const gegeben. Der Momentenverlauf im Rahmen ist zu ermitteln.

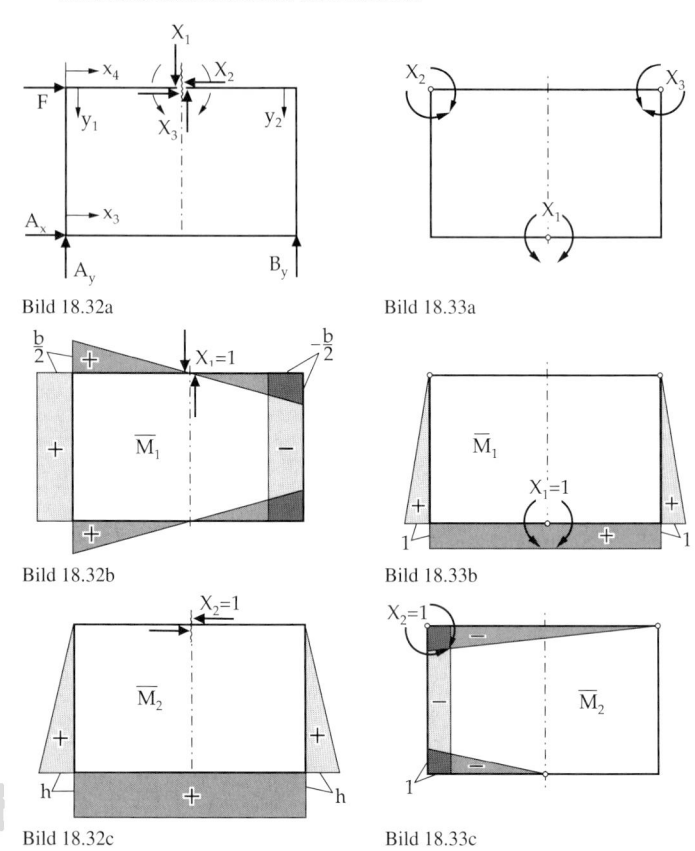

Bild 18.32a

Bild 18.33a

Bild 18.32b

Bild 18.33b

Bild 18.32c

Bild 18.33c

Bild 18.32d

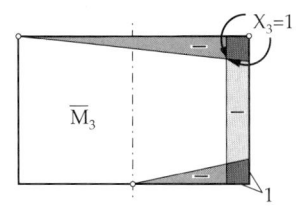

Bild 18.33d

18.4 Statisch unbestimmter Rahmen

Wahl des statisch bestimmten Hauptsystems nach Bild 18.32a. Aus dem Momentenverlauf M_0 infolge F (s. Bild 18.34a) und (18.23) ergeben sich

$$EI\delta_{10} = \frac{5}{6}Fl^3 \qquad EI\delta_{11} = \frac{10}{3}l^3 \qquad EI\delta_{22} = \frac{8}{3}l^3$$

$$EI\delta_{20} = \frac{4}{3}Fl^3 \qquad \delta_{12} = \delta_{13} = 0 \qquad EI\delta_{23} = -3l^2$$

$$EI\delta_{30} = -\frac{3}{2}Fl^2 \qquad\qquad\qquad\qquad EI\delta_{33} = 6l$$

Das Gleichungssystem (18.14a)

$$\frac{5}{6}Fl^3 + \frac{10}{3}l^3 X_1 \qquad\qquad\qquad = 0$$

$$\frac{4}{3}Fl^3 \qquad\quad + \frac{8}{3}l^3 X_2 - 3l^2 X_3 = 0$$

$$-\frac{3}{2}Fl^2 \qquad\quad - 3l^2 X_2 + 6l X_3 = 0$$

hat die Lösungen $X_1 = -\frac{1}{4}F$, $X_2 = -\frac{1}{2}F$, $X_3 = 0$

Damit ergibt sich als Momentenverlauf im statisch unbestimmten Rahmen (s. Bild 18.34b):

$$M(y_1) = M_0 + \overline{M}_1 X_1 + \overline{M}_2 X_2 = \frac{1}{4}F(2y_1 - l)$$

$$M(y_2) = \overline{M}_1 X_1 + \overline{M}_2 X_2 = \frac{1}{4}F(l - 2y_2)$$

$$M(x_3) = M_0 + \overline{M}_1 X_1 + \overline{M}_2 X_2 = \frac{1}{4}F(l - x_3)$$

$$M(x_4) = \overline{M}_1 X_1 = \frac{1}{4}F(x_4 - l)$$

Bild 18.34a

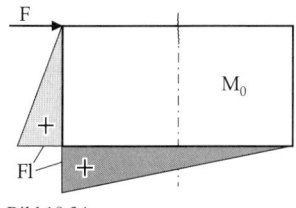

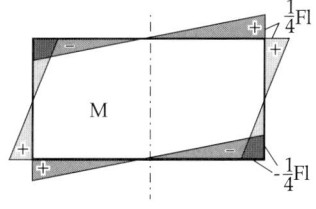

Bild 18.34b

KINEMATIK

19 Kinematik des Massenpunktes

19.1 Grundlagen

19.1.1 Bezugssystem

Die Begriffe *Ruhe* und *Bewegung* eines Massenpunktes sind relativ. Sowohl von Ruhe als auch von Bewegung eines Massenpunktes kann nur unter Bezugnahme auf einen anderen Körper gesprochen werden. Der *Bezugskörper* ist frei wählbar. In der Mechanik werden *Koordinatensysteme* (s. 19.5) als Bezugskörper verwendet. Ein Massenpunkt ruht relativ zu einem Koordinatensystem, wenn seine drei Koordinaten zeitlich konstant sind. Ist mindestens eine seiner Koordinaten eine nicht konstante Funktion der Zeit, so bewegt er sich relativ zu ihm. Ein relativ zu einem Bezugskörper bewegter Massenpunkt kann relativ zu einem anderen Bezugskörper ruhen.

19.1.2 Zeitskala

Zur Beschreibung von Bewegungen von Massenpunkten ist ferner eine *Zeitskala* erforderlich. Der Zeitnullpunkt ist frei wählbar. Er ist der Beginn der Betrachtung einer Bewegung. Frühere (spätere) Zeitpunkte werden durch negative (positive) Zeitangaben gekennzeichnet.

19.2 Geradlinige Bewegungen

Bei geradlinigen Bewegungen kann ein kartesisches Koordinatensystem stets so gelegt werden, daß die Bewegung längs der x-Achse erfolgt, so daß die anderen beiden Koordinaten konstant gleich Null sind. Die Koordinate x ist der vorzeichenbehaftete Abstand vom Koordinatenursprung O (s. Bild 19.1). Der Massenpunkt M ruht genau dann relativ zu O, wenn $x = \text{const}$ gilt. M bewegt sich genau dann relativ zu O, wenn $x = x(t) \neq \text{const}$ eine stetig differenzierbare Funktion der Zeit t (*Ort-Zeit-Funktion*) ist. Die graphische Darstellung von $x = x(t)$ heißt *Ort-Zeit-Diagramm*.

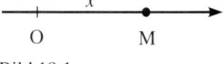

Bild 19.1

19.2 Geradlinige Bewegungen

19.2.1 Geschwindigkeit und Beschleunigung

19.2.1.1 Geschwindigkeit

Wenn $x = x(t)$ die Ort-Zeit-Funktion der Bewegung eines Massenpunktes M relativ zum Ursprung O des Koordinatensystems ist, dann wird die *Geschwindigkeit v* durch

$$v = \dot{x} = \frac{dx}{dt} \tag{19.1}$$

definiert. Sie hat die *SI-Einheit* $[v] = \text{m} \cdot \text{s}^{-1}$. Die Geschwindigkeit ist eine stetig differenzierbare Funktion $v = v(t)$ der Zeit t (*Geschwindigkeit-Zeit-Funktion*). Ihre graphische Darstellung heißt *Geschwindigkeit-Zeit-Diagramm*. Aus (19.1) folgt durch Integration

$$x = x(t) = x_0 + \int_0^t v(\tau)\,d\tau, \tag{19.2}$$

worin $x_0 = x(0)$ die Koordinate zur Zeit $t = 0$ ist. Wegen (19.2) gibt die „Fläche" zwischen der Kurve $v = v(t)$ und der t-Achse im Geschwindigkeit-Zeit-Diagramm die Abstandsänderung $x - x_0$ an. Positive (negative) Geschwindigkeit bedeutet Bewegung in Richtung der positiven (negativen) x-Achse.

19.2.1.2 Beschleunigung

Ist $v = v(t)$ die Geschwindigkeit-Zeit-Funktion der Bewegung eines Massenpunktes M, so wird die *Beschleunigung a* durch

$$a = \dot{v} = \frac{dv}{dt} = \ddot{x} = \frac{d^2 x}{dt^2} \tag{19.3}$$

definiert. Sie hat die *SI-Einheit* $[a] = \text{m} \cdot \text{s}^{-2}$ und ist eine stetig differenzierbare Funktion $a = a(t)$ der Zeit (*Beschleunigung-Zeit-Funktion*). Ihre graphische Darstellung heißt *Beschleunigung-Zeit-Diagramm*. (19.3) liefert durch Integration

$$v = v(t) = v_0 + \int_0^t a(\tau)\,d\tau, \tag{19.4}$$

worin $v_0 = v(0)$ die Geschwindigkeit zum Zeitpunkt $t = 0$ bezeichnet. Wegen (19.4) gibt die „Fläche" zwischen der Kurve $a = a(t)$ und der t-Achse im Beschleunigung-Zeit-Diagramm die Geschwindigkeitsänderung $v - v_0$ an. Positive (negative) Beschleunigung bedeutet Zunahme (Abnahme) der Geschwindigkeit unter Beachtung ihres Vorzeichens.

19.2.2 Spezielle geradlinige Bewegungen

19.2.2.1 Gleichförmige geradlinige Bewegung

heißt eine Bewegung, bei der $a \equiv 0$ ist. Wegen (19.4) ist die Geschwindigkeit konstant ungleich Null. (19.2) ergibt

$$x = x_0 + vt. \tag{19.5}$$

Das Koordinatensystem kann stets so gewählt werden, daß $x_0 = 0$ ist. Diagramme s. Bild 19.2.

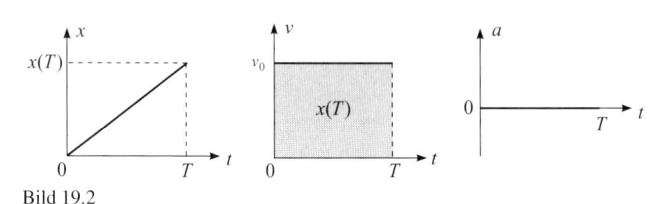

Bild 19.2

Im Bild 19.2 sind $x = x(t)$, $v = v(t)$ und $a = a(t)$ für $x_0 = 0 \land v_0 > 0$ jeweils im Intervall $[0; T]$ dargestellt. Diese Bewegung ist eine Idealisierung. Reale Bewegungen sind in der Regel ungleichförmig.

19.2.2.2 Gleichmäßig beschleunigte geradlinige Bewegung

heißt eine Bewegung, bei der $a = \text{const} \neq 0$ ist. Aus (19.4) und (19.2) folgen der Reihe nach durch Integration die Gleichungen

$$v = v_0 + at \tag{19.6}$$

$$x = x_0 + v_0 t + \frac{1}{2} a t^2 \tag{19.7}$$

und aus diesen durch Elimination von a, v_0 und t

$$x = x_0 + \frac{1}{2}(v_0 + v)t \tag{19.8}$$

$$x = x_0 + vt - \frac{1}{2} a t^2 \tag{19.9}$$

$$x = x_0 + \frac{v^2 - v_0^2}{2a}. \tag{19.10}$$

Das Koordinatensystem kann stets so gewählt werden, daß $x_0 = 0$ ist. $x_0 = 0 \land v_0 > 0 \land a > 0 \land t \in [0; T] \Rightarrow$ Diagramme im Bild 19.3a. $x_0 = 0 \land v_0 > 0 \land a > 0 \land t \in [0; T] \Rightarrow$ Diagramme im Bild 19.3b.

Die Kurven in den x,t-Diagrammen sind Teile von Parabeln. Das Extremum von $x = x(t)$ wird an der Nullstelle $t_S = -v_0/a$ von $v = v(t)$ angenommen und hat den Wert $x_S = x_0 - v_0^2/2a$. Im Bild 19.3a ist $t_S < 0 < T$ und $x_S < 0 (a > 0)$, im Bild 19.3b ist $t_S > T > 0$ und $x_S > 0 (a < 0)$. Diese Bewegung ist eine Idealisierung. Bei realen Bewegungen ist die Beschleunigung nur für kleine Zeitintervalle konstant.

19.2 Geradlinige Bewegungen

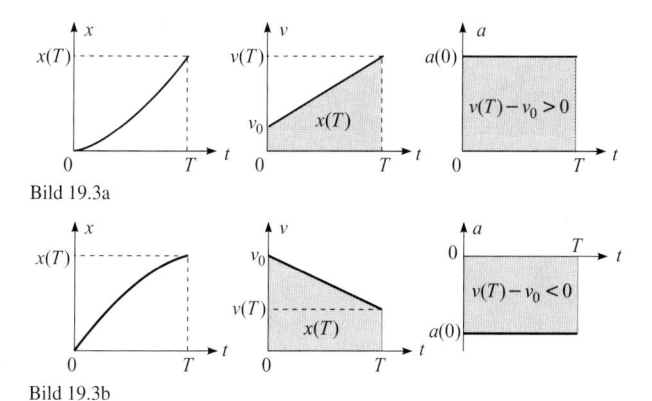

Bild 19.3a

Bild 19.3b

☐ Ein PKW startet aus dem Stillstand eine Zeit t_1 lang mit der Beschleunigung a_1, bewegt sich dann mit der erreichten Geschwindigkeit gleichförmig längs der Strecke x_2 und bremst danach eine Zeit t_3 gleichmäßig bis zum erneuten Stillstand. Gesucht sind alle fehlenden Größen für die Teilbewegungen, die Gesamtzeit und die Gesamtstrecke sowie die drei Bewegungsdiagramme.

Lösung:

Bewegungsdiagramme: s. Bild 19.4.
Bedeutung der Symbole: Index $i (i = 1, 2, 3)$ bezieht sich auf die i-te Bewegungsphase.

$$T_2 = t_1 + t_2, \quad T_3 = t_1 + t_2 + t_3,$$
$$X_2 = x(T_2) = x_1 + x_2, \quad X_3 = x(T_3) = x_1 + x_2 + x_3$$

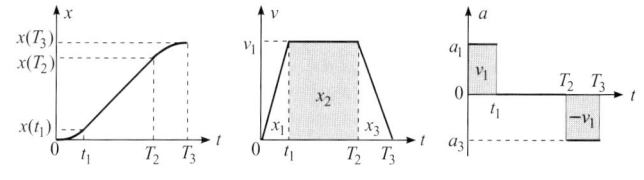

Bild 19.4

$$x_1 = \frac{1}{2}a_1 t_1^2, \quad v_1 = a_1 t_1, \quad t_2 = \frac{x_2}{v_1} = \frac{x_2}{a_1 t_1},$$
$$x_3 = \frac{1}{2}v_1 t_3 = \frac{1}{2}a_1 t_1 t_3, \quad a_3 = -\frac{v_1}{t_3} = -\frac{a_1 t_1}{t_3} \Rightarrow$$
$$x_{\text{ges}} = X_3 = x_1 + x_2 + x_3 = \frac{1}{2}a_1 t_1^2 + x_2 + \frac{1}{2}a_1 t_1 t_3,$$
$$t_{\text{ges}} = T_3 = t_1 + t_2 + t_3 = t_1 + \frac{x_2}{a_1 t_1} + t_3.$$

Die Bewegung ist eine Idealisierung, weil die Beschleunigung in den Zeitpunkten t_1 und $T_2 = t_1 + t_2$ unstetig und die Geschwindigkeit *nicht* differenzierbar ist. An diesen Stellen weist a einen Sprung und v einen Knick auf. Die Ort-Zeit-Funktion ist im Gegensatz dazu in den Zeitpunkten t_1 und $T_2 = t_1 + t_2$ differenzierbar. Die Parabelteile sind deshalb knickfrei mit dem Geradenteil verbunden. Bei realen Bewegungen sind zu allen Zeitpunkten die Beschleunigung stetig und die Geschwindigkeit differenzierbar.

☐ Ein mit der Geschwindigkeit v_0 gleichförmig fahrender Zug muß wegen einer Baustelle auf einer Strecke x_1 unmittelbar vor der Baustelle (Länge x_2) seine Geschwindigkeit gleichmäßig auf $v_1 (0 < v_1 < v_0)$ verringern, längs der Baustelle mit der Geschwindigkeit v_1 fahren und ab Baustellenende innerhalb einer Zeitspanne t_3 wieder gleichmäßig auf die Geschwindigkeit v_0 beschleunigen, mit der er dann seine Fahrt fortsetzt. Welche Verspätung t_v erhält der Zug durch dieses Manöver? Die Bewegungsdiagramme sind anzugeben.

Lösung:

Bewegungsdiagramme: s. Bild 19.5.
Bedeutung der Symbole: Index $i (i = 1, 2, 3)$ bezieht sich auf die i-te Bewegungsphase.

$$T_2 = t_1 + t_2, \quad T_3 = t_1 + t_2 + t_3,$$
$$X_2 = x_1 + x_2, \quad X_3 = x_1 + x_2 + x_3$$

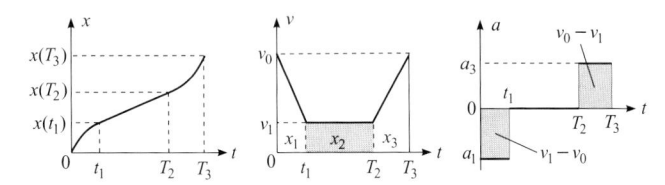

Bild 19.5

Die Verspätung t_v ist die Differenz $t_v = \tau - t_0$ aus der Zeit τ, die der Zug für das Langsamfahrmanöver benötigt, und der Zeit t_0, die er gebraucht hätte, wenn er die beim Langsamfahrmanöver zurückgelegte Strecke gleichförmig mit der Geschwindigkeit v_0 durchfahren wäre.

$$t_1 = \frac{2x_1}{v_0 + v_1}, \quad t_2 = \frac{x_2}{v_1}, \quad x_3 = \frac{1}{2}(v_0 + v_1)t_3 \Rightarrow$$
$$\tau = T_3 = t_1 + t_2 + t_3 = \frac{2x_1}{v_0 + v_1} + \frac{x_2}{v_1} + t_3,$$
$$X_3 = x_1 + x_2 + x_3 = x_1 + x_2 + \frac{1}{2}(v_0 + v_1)t_3,$$
$$t_0 = \frac{1}{v_0}\left[x_1 + x_2 + \frac{1}{2}(v_0 + v_1)t_3\right] \Rightarrow$$
$$t_v = \tau - t_0 = \frac{2x_1}{v_0 + v_1} + \frac{x_2}{v_1} + t_3 - \frac{1}{v_0}\left[x_1 + x_2 + \frac{1}{2}(v_0 + v_1)t_3\right].$$

19.2.2.3 Freier Fall und vertikaler Wurf

In der Nähe der Erdoberfläche erfolgen vertikale Bewegungen unter alleinigem Einfluß der Gravitation durch die Erde mit einer Beschleunigung vom Betrag $|a| = g = 9{,}81$ m·s^{-2} (*Fallbeschleunigung*). Beim freien Fall und vertikalen Wurf nach unten ist die Bezugsrichtung die Richtung zum Erdmittelpunkt hin und $a = g$, beim vertikalen Wurf nach oben ist die Bezugsrichtung die Richtung vom Erdmittelpunkt weg und $a = -g$. Die Anfangsgeschwindigkeit ist beim vertikalen Wurf positiv und beim freien Fall gleich Null. Aus (19.6) …(19.10) ergeben sich folgende Formeln:

Freier Fall:

$$v = gt \quad (19.11)$$
$$x = \frac{1}{2}gt^2 \quad (19.12)$$
$$x = \frac{1}{2}vt \quad (19.13)$$
$$x = vt - \frac{1}{2}gt^2 \quad (19.14)$$
$$x = \frac{v^2}{2g} \quad (19.15)$$

Wurf nach unten:

$$v = v_0 + gt \quad (19.16)$$
$$x = v_0 t + \frac{1}{2}gt^2 \quad (19.17)$$
$$x = \frac{1}{2}(v_0 + v)t \quad (19.18)$$
$$x = vt - \frac{1}{2}gt^2 \quad (19.19)$$
$$x = \frac{v^2 - v_0}{2g} \quad (19.20)$$

Wurf nach oben:

$$v = v_0 - gt \quad (19.21)$$
$$x = v_0 t - \frac{1}{2}gt^2 \quad (19.22)$$
$$x = \frac{1}{2}(v_0 + v)t \quad (19.23)$$
$$x = vt + \frac{1}{2}gt^2 \quad (19.24)$$
$$x = \frac{v_0^2 - v}{2g} \quad (19.25)$$

Diagramme s. Bild 19.6 (freier Fall), Bild 19.7 (Wurf nach unten) und Bild 19.8 (Wurf nach oben).

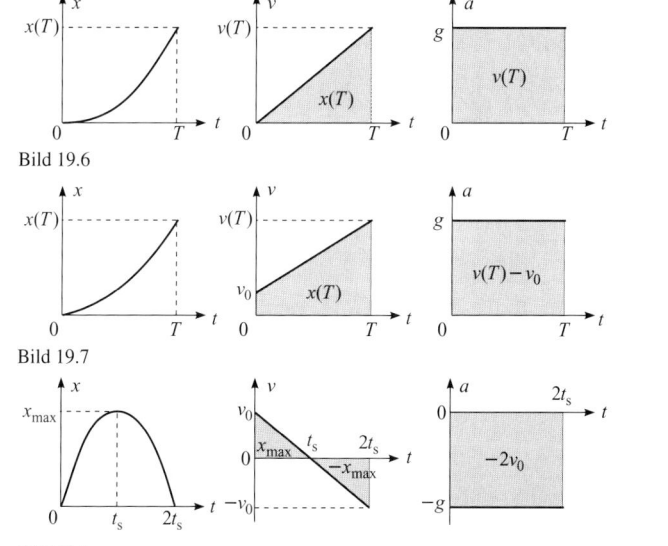

Bild 19.6

Bild 19.7

Bild 19.8

Ergänzungen zum vertikalen Wurf nach oben:

- *Gipfelpunkt* ist der höchste Punkt, den der Massenpunkt erreicht.
- *Steigzeit* t_s ist die Zeit zum Erreichen des Gipfelpunktes:
$$t_s = \frac{v_0}{g} \qquad (19.26)$$
- Geschwindigkeit im Gipfelpunkt:
$$v(t_s) = 0 \qquad (19.27)$$
- *Gipfelhöhe* $x_{\max}$ ist die Höhe des Gipfelpunktes:
$$x_{\max} = \frac{v_0^2}{2g} \qquad (19.28)$$
- Zeit zum Erreichen der Höhe $x(0 \leqq x \leqq x_{\max})$:
$$t_{1;2} = t_s \pm \sqrt{t_s^2 - \frac{2x}{g}} \qquad (19.29)$$
- *Wurfzeit* t_w ist die Zeit bis zum Wiedereintreffen am Abwurfort:
$$t_w = 2t_s = \frac{2v_0}{g} \qquad (19.30)$$
- Geschwindigkeit $v_{1;2}$ in der Höhe $x(0 \leqq x \leqq x_{\max})$:
$$v_{1;2} = \pm\sqrt{v_0^2 - 2xg} \qquad (19.31)$$
- Geschwindigkeit v_w beim Wiedereintreffen am Abwurfort:
$$v_w = -v_0 \qquad (19.32)$$

19.2.3 Kinematische Grundaufgaben

19.2.3.1 Grundfälle

Es gibt die Grundfälle kinematischer Aufgaben:

Fall	gegeben	gesucht
1	$a(t)$	$x(t), v(t)$
2	$v(t)$	$x(t), a(t)$
3	$x(t)$	$v(t), a(t)$

Fall	gegeben	gesucht
4	$a(x)$	$v(x), t(x)$
5	$v(x)$	$a(x), t(x)$
6	$a(v)$	$x(v), t(v)$

Diese werden folgendermaßen gelöst:

Fall 1: $(19.4) \Rightarrow v(t)$, $(19.2) \Rightarrow x(t)$
Fall 2: $(19.3) \Rightarrow a(t)$, $(19.2) \Rightarrow x(t)$
Fall 3: $(19.1) \Rightarrow v(t)$, $(19.3) \Rightarrow a(t)$
Fall 4: $a = a(x) = \dfrac{dv}{dt} = \dfrac{dv}{dx} \cdot \dfrac{dx}{dt} = \dfrac{dv}{dx} \cdot v \Rightarrow$

$$\int_{x_0}^{x} a(\xi)\,d\xi = \int_{v_0}^{v} \bar{v}(x)\,d\bar{v}(x) \Rightarrow \int_{x_0}^{x} a(\xi)\,d\xi = \frac{1}{2}(v^2 - v_0^2) \Rightarrow$$

$$\boxed{v = \pm \left[v_0^2 + 2\int_{x_0}^{x} a(\xi)\,d\xi \right]^{\frac{1}{2}}}. \qquad (19.33)$$

$$v = \frac{dx}{dt} \Rightarrow \int_0^t d\tau = \int_{x_0}^{x} \frac{d\xi}{v(\xi)} \Rightarrow \boxed{t = \pm \int_{x_0}^{x} \left(v_0^2 + 2\int_{x_0}^{\bar{x}} a(\xi)\,d\xi \right)^{\frac{1}{2}} d\bar{x}}. \qquad (19.34)$$

19.2 Geradlinige Bewegungen

Fall 5:
$$v = \frac{dx}{dt} \Rightarrow \int_0^t d\tau = \int_{x_0}^x \frac{d\xi}{v(\xi)} \Rightarrow \boxed{t = \int_{x_0}^x \frac{d\xi}{v(\xi)}}. \tag{19.35}$$

$$\boxed{a = \frac{dv}{dt} = \frac{dv}{dx} \cdot \frac{dx}{dt} = v(x) \cdot \frac{dv(x)}{dx}}. \tag{19.36}$$

Fall 6:
$$v = \frac{dx}{dt} = \frac{dx}{dv}\frac{dv}{dt} = a(v)\frac{dx(v)}{dv} \Rightarrow \boxed{x = x_0 + \int_{v_0}^v \frac{\bar{v}\,d\bar{v}}{a(\bar{v})}}. \tag{19.37}$$

$$a = \frac{dv}{dt} \Rightarrow \int_0^t d\tau = \int_{v_0}^v \frac{d\bar{v}}{a(\bar{v})} \Rightarrow \boxed{t = \int_{v_0}^v \frac{d\bar{v}}{a(\bar{v})}}. \tag{19.38}$$

☐ **Fall 1: Bewegung mit linear zeitabhängiger Beschleunigung**

$$\boxed{a(t) = a_0 + rt, \quad r \neq 0.} \tag{19.39}$$

a_0 und r sind konstant. r ist ungleich Null, hat die SI-Einheit $[r]$ m · s^{-3} und wird auch als *Ruck* bezeichnet. (19.4) und (19.2) ergeben mit (19.39)

$$\boxed{v = v_0 + a_0 t + \frac{1}{2} r t^2} \tag{19.40}$$

und

$$\boxed{x = x_0 + v_0 t + \frac{1}{2} a_0 t^2 + \frac{1}{6} r t^3} \tag{19.41}$$

Diagramme (für $r > 0$, $a_0 < 0$, $0 < v_0 < 3a_0^2/8r$, $x_0 = 0$) s. Bild 19.9.

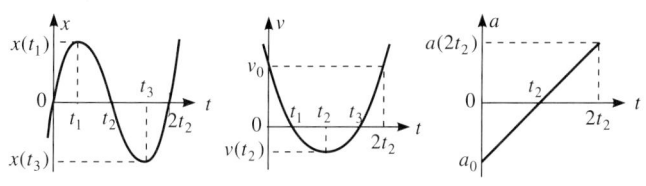

Bild 19.9

Fall 4: Bewegung mit ortsabhängiger Beschleunigung (s. auch 19.2.4.1)

$$\boxed{a(x) = -\omega_0^2 x, \quad \omega_0 > 0.} \quad (\textit{lineare harmonische Schwingung}) \tag{19.42}$$

ω_0 heißt *Eigenkreisfrequenz* und hat die SI-Einheit $[\omega_0] = \text{s}^{-1}$.

$$\int_{x_0}^x a(\xi)\,d\xi = -\frac{\omega_0^2}{2}(x^2 - x_0^2), (19.33) \Rightarrow v = \pm\sqrt{v_0^2 - \omega_0^2(x^2 - x_0^2)}. \tag{19.43}$$

$$(19.34) \Rightarrow t = \pm \int_{x_0}^{x} \frac{d\bar{x}}{\sqrt{v_0^2 - \omega_0^2(\bar{x}^2 - x_0^2)}}$$

$$= \mp \frac{1}{\omega_0} \left[\arcsin \frac{\omega_0 x}{\sqrt{v_0^2 + \omega_0^2 x_0^2}} - \arcsin \frac{\omega_0 x_0}{\sqrt{v_0^2 + \omega_0^2 x_0^2}} \right] \Rightarrow$$

$$x = x_{\mathrm{m}} \sin(\mp \omega_0 t + \varphi), \tag{19.44a}$$

$$x_{\mathrm{m}} = \sqrt{v_0^2 \omega_0^{-2} + x_0^2}, \quad \varphi = \arcsin \frac{\omega_0 x}{\sqrt{v_0^2 + \omega_0^2 x_0^2}} \tag{19.44b,c}$$

Fall 6: Bewegung mit geschwindigkeitsabhängiger Beschleunigung
(s. auch 19.2.4.4)

$$\boxed{a(v) = -k \cdot v (k > 0).} \tag{19.45}$$

k ist eine Konstante mit der SI-Einheit $[k] = \mathrm{s}^{-1}$.

$$(19.37) \Rightarrow x = x_0 - \frac{v - v_0}{k}. \tag{19.46}$$

$$(19.38) \Rightarrow t = \frac{1}{k} \ln \frac{v_0}{v}. \tag{19.47}$$

19.2.3.2 Rückführbare Fälle

Es gibt die Fälle von kinematischen Grundaufgaben, die sich auf die im vorhergehenden Abschnitt genannten Grundfälle zurückführen lassen:

Fall rückführbar auf Fall	gegeben	gesucht	Fall rückführbar auf Fall	gegeben	gesucht
7	1	$t(a)$	$x(a), v(a)$	10	4	$x(a)$	$t(a), v(a)$
8	2	$t(v)$	$a(v), x(v)$	11	5	$x(v)$	$a(v), t(v)$
9	3	$t(x)$	$a(x), v(x)$	12	6	$v(a)$	$x(a), t(a)$

Diese werden folgendermaßen gelöst: Es wird jeweils zur Umkehrfunktion übergegangen. Das führt auf einen der Fälle 1,...,6. Nach Lösung der rückgeführten Aufgabe wird die gegebene Funktion substituiert.

19.2.4 Beispiele ungleichmäßig beschleunigter Bewegungen

19.2.4.1 Harmonische Schwingung

ist eine Bewegung mit der Ort-Zeit-Funktion [vgl. (19.44)]

$$\boxed{x = x_{\mathrm{m}} \sin(\omega_0 t + \varphi).} \tag{19.48}$$

x heißt *Elongation*, $x_{\mathrm{m}} = \mathrm{const} > 0$ heißt *Amplitude*, $\omega_0 = \mathrm{const} \neq 0$ heißt *Kreisfrequenz* ($[\omega_0] = \mathrm{s}^{-1}$) und φ heißt *Anfangsphasenwinkel* ($[\varphi] = 1\,\mathrm{rad}$, Bogenmaß!). Mittels (19.1) und (19.3) ergeben sich Geschwindigkeit

19.2 Geradlinige Bewegungen

$$v = v_m \cos(\omega_0 t + \varphi), \quad v_m = x_m \omega_0 \tag{19.49}$$

($v_m = x_m \omega_0$ heißt *Amplitude der Geschwindigkeit*) und Beschleunigung

$$a = -a_m \sin(\omega_0 t + \varphi) = -\omega_0^2 x, \quad a_m = v_m \omega_0 = x_m \omega_0^2 \tag{19.50}$$

($a_m = v_m \omega_0 = x_m \omega_0^2$ heißt *Amplitude der Beschleunigung*). Die Koordinate x erfüllt die gewöhnliche Differentialgleichung [vgl. (19.42)]

$$\ddot{x} + \omega_0^2 x = 0 \tag{19.51}$$

und die *Anfangsbedingungen*

$$x(0) = x_0, \quad \dot{x}(0) = v_0. \tag{19.52}$$

(19.48) ist Lösung von (19.51). Für die Konstanten x_m und φ gilt

$$x_m = \frac{1}{\omega_0} \sqrt{v_0^2 + \omega_0^2 x_0^2}; \quad \varphi = \arctan \frac{x_0 \omega_0}{v_0}. \tag{19.53}$$

Die Lösung von (19.51), (19.52) kann auch in der Gestalt

$$x = x_0 \cos \omega_0 t + \frac{v_0}{\omega_0} \sin \omega_0 t \tag{19.54}$$

geschrieben werden. Aus x_m und φ [s. (19.53)] ergeben sich x_0 und v_0 zu

$$x_0 = x_m \sin \varphi, \quad v_0 = x_m \omega_0 \cos \varphi. \tag{19.55}$$

Mittels (19.1) und (19.3) folgen aus (19.54) die Geschwindigkeit in der Gestalt

$$v = -x_0 \omega_0 \sin \omega_0 t + v_0 \cos \omega_0 t \tag{19.56}$$

und die Beschleunigung in der Gestalt

$$a = -x_0 \omega_0^2 \cos \omega_0 t - v_0 \omega_0 \sin \omega_0 t = -\omega_0^2 x. \tag{19.57}$$

Diagramme (sog. *Liniendiagramme*) s. Bild 19.10 (dargestellt für $\dfrac{\varphi}{\omega_0} > 0$ und $t \in \left[-\dfrac{\varphi}{\omega_0}; \dfrac{2\pi - \varphi}{\omega_0}\right]$).

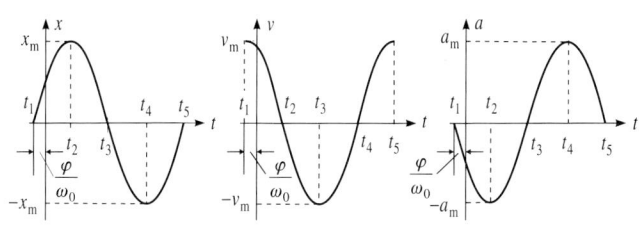

Bild 19.10

Die Funktionen (19.48), (19.49) und (19.50) bzw. (19.54), (19.56) und (19.57) sind periodisch mit der *Periodendauer*

$$T = \frac{2\pi}{\omega_0}. \tag{19.58}$$

Deshalb gilt

$$x(t) = x(t + kT), \quad v(t) = v(t + kT), \quad a(t) = a(t + kT) \tag{19.59}$$

mit einer beliebigen ganzen Zahl k für alle Zeitpunkte t. $f = 1/T$ heißt *Frequenz* ($[f] =$ s$^{-1} \equiv$ Hz). Im Bild 19.10 ist $t_1 = -\varphi/\omega_0 < 0$ angenommen und $t_i = t_1 + (i-1)T/4$ für $i = 2, 3, \ldots, 5$.

Jede harmonische Schwingung kann als Bewegung der Parallelprojektion einer gleichförmigen Kreisbewegung (s. 19.3.2.1) aufgefaßt werden: Bewegt sich ein Massenpunkt M gleichförmig mit der Winkelgeschwindigkeit ω_0 im Gegenuhrzeigersinn auf der Peripherie eines Kreises mit dem Radius x_m (s. Bild 19.11),

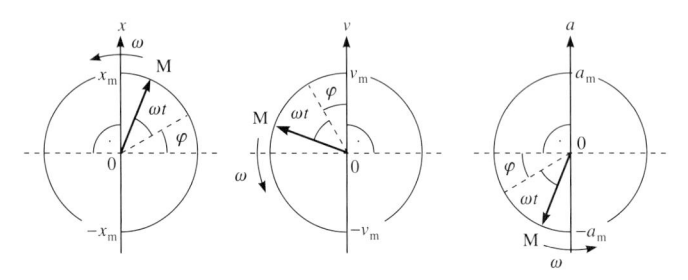

Bild 19.11

so können die Gleichungen (19.48), (19.49) und (19.50) eines mit der Kreisfrequenz ω_0, dem Anfangsphasenwinkel φ und der Amplitude x_m schwingenden Massenpunktes aus den *Zeigerdiagrammen* im Bild 19.11 als Projektion des Zeigers auf die x-, v- bzw. a-Achse abgelesen werden. Die Beschleunigung eilt der Geschwindigkeit um $T/4$ und die Geschwindigkeit der Koordinate um $T/4$ voraus.

☐ Die Kurbel der Länge r einer *Kreuzschleife* (s. Bild 19.12) rotiert im Gegenuhrzeigersinn mit der Winkelgeschwindigkeit ω um eine zur Zeichenebene senkrechte Achse durch den Punkt M. Dabei gleitet der Gleitstein G in der Schleife S, die starr mit der Schubstange St verbunden ist. Die Schubstange St gleitet im Lager L. Jeder Punkt von S und von St führt eine periodische Bewegung in x-Richtung relativ zum Punkt M aus.

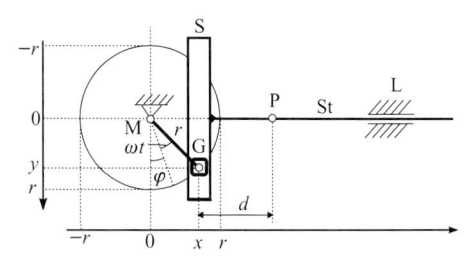

Bild 19.12

19.2 Geradlinige Bewegungen

Schließt die Kurbel zum Zeitpunkt $t=0$ mit der positiven y-Achse den Winkel $\varphi=0$ ein, so gelten für die Bewegung des Punktes G in x-Richtung die Gleichungen

$$x = r\sin \omega t \qquad \text{(I)} \qquad v_x = \dot{x} = r\omega\cos \omega t \qquad \text{(II)}$$

$$a_x = \ddot{x} = -r\omega^2 \sin \omega t \qquad \text{(III)}$$

und für die Bewegung des Punktes G in y-Richtung die Gleichungen

$$x = r\cos \omega t \qquad \text{(IV)} \qquad v_y = \dot{y} = -r\omega\sin \omega t \qquad \text{(V)}$$

$$a_y = \ddot{y} = -r\omega^2 \cos \omega t . \qquad \text{(VI)}$$

G führt also sowohl in x- als auch in y-Richtung eine harmonische Schwingung aus. Für die Bewegung eines beliebigen Punktes P der Schubstange in x-Richtung, der den Abstand d von der Mitte der Schleife hat, gelten die Gleichungen

$$x_P = d + r\sin \omega t \qquad \text{(VII)} \qquad v_x = \dot{x}_P = r\omega\cos \omega t \qquad \text{(VIII)}$$

$$a_x = \ddot{x}_P = -r\omega^2 \sin \omega t . \qquad \text{(IX)}$$

In allen Fällen sind $v_m = r\omega$ die Amplitude der Geschwindigkeit und $a_m = r\omega^2$ die Amplitude der Beschleunigung.

Die Überlagerung zweier harmonischer linearer Schwingungen mit gleicher Kreisfrequenz und gleicher Amplitude in zueinander senkrechten Richtungen ergibt also eine Kreisbewegung.

Verallgemeinerung der Definition (19.48):

Jede geradlinige Bewegung längs der x-Achse, für die $\ddot{\xi} = -\omega^2 \xi$ mit $\xi = x + d$ (d. h. mit anderer Wahl des Bezugspunktes) und $\omega = \text{const} \neq 0$ gilt, heißt geradlinige harmonische Schwingung [vgl. (19.42)]. Hiernach ist auch (IV) eine harmonische Schwingung, aber auch (VII).

19.2.4.2 Anharmonische Schwingung

heißt jede *periodische* Bewegung [$x(t) = x(t + kT)$ für alle t und beliebige ganze Zahlen k], bei der $\ddot{\xi} = -\omega^2 \xi$ (ξ ist lineare Funktion von x) mit $\omega t = 2\pi$ **nicht** gilt. Bei diesen Bewegungen sind auch Geschwindigkeit und Beschleunigung periodisch mit der Periodendauer T: $v(t) = v(s + kT)$, $a(t) = a(t + kT)$ für alle t und beliebige ganze Zahlen k. Die Ort-Zeit-Funktion derartiger Bewegungen läßt sich **nicht** in der Gestalt $x = x_m \sin(\omega t + \varphi)$ mit zeitunabhängigen Größen x_m und φ schreiben, wohl aber in Form einer Summe aus endlich oder unendlich vielen Summanden $x_{mi}\sin(i\omega t + \varphi_i)$ mit $x_{mi} = \text{const}$, $\varphi_i = \text{const}$ sowie $i = 0, 1, 2, \ldots, n$ ($i = 0, 1, 2, \ldots$) für endlich (unendlich) viele Summanden (FOURIER-Reihe).

☐ Die Kurbel der Länge r eines zentrischen Schubkurbeltriebs (s. Bild 19.13) rotiert mit der Winkelgeschwindigkeit ω im Gegenuhrzeigersinn um eine Achse senkrecht zur Zeichenebene durch den Punkt M. Die Schubstange S gleitet im Lager L. Gesucht sind die Bewegungsgleichungen des Kreuzkopfes K.

Der Anfangsphasenwinkel sei $\varphi = 0$ (d. h., das Gelenk P zwischen Kurbel und Pleuel befindet sich zur Zeit $t = 0$ auf der Vertikalen unterhalb von M). Das Pleuel

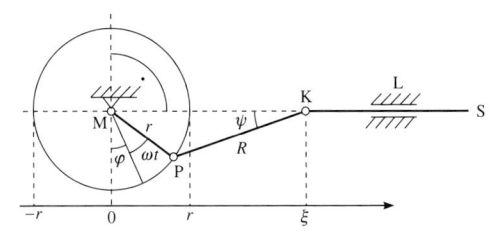

Bild 19.13

hat die Länge R ($R > r$). Der Kreuzkopf K bewegt sich in ξ-Richtung relativ zum Punkt M im Intervall $R - r \leq \xi \leq R + r$. Wird die Koordinate ξ durch die Koordinate $x = \xi - R$ ersetzt, so ergibt sich seine Ort-Zeit-Funktion aus dem Dreieck MPK zu

$$x = \xi - R = r \sin \omega t + R \cos \psi - R.$$

Der Winkel ψ kann ebenfalls aus dem Dreieck MPK berechnet werden:

$$\psi = \arcsin[(r/R) \cos \omega t].$$

Mithin gilt für die Koordinate

$$x = r \sin \omega t + R \cos [\arcsin ((r/R) \cos \omega t)] - R. \tag{I}$$

Daran ist bereits die Anharmonität der Bewegung des Kreuzkopfes ersichtlich; denn (I) läßt sich nicht als Summe aus einer Konstanten und einer reinen Sinusfunktion mit in t linearem Argument schreiben. Bezüglich der Koordinate x bewegt sich der Kreuzkopf im Intervall $-r \leq x \leq +r$. Der Punkt $x = -r$ heißt *unterer* und der Punkt $x = +r$ *oberer Totpunkt* der Bewegung.

Wegen $\cos \psi = \sqrt{1 - \sin^2 \psi}$ für $-\pi/2 < \psi < \pi/2$ und $\sin(\arcsin u) \equiv u$ mit $u = \dfrac{r}{R} \cos \omega t$ folgt aus (I):

$$\begin{aligned} x &= r \sin \omega t + R \sqrt{1 - \lambda^2 \cos^2 \omega t} - R \\ &= r \left(\sin \omega t + \frac{1}{\lambda} \sqrt{1 - \lambda^2 \cos^2 \omega t} - \frac{1}{\lambda} \right) \end{aligned} \tag{II}$$

mit $\lambda = r/R$, woraus Differentiation Geschwindigkeit und Beschleunigung ergibt:

$$v = r\omega \left[\cos \omega t + \frac{\lambda \cdot \sin 2\omega t}{2 \cdot \sqrt{1 - \lambda^2 \cos^2 \omega t}} \right], \tag{III}$$

$$a = r\omega^2 \left[-\sin \omega t + \frac{\lambda \cdot \cos 2\omega t}{\sqrt{1 - \lambda^2 \cos^2 \omega t}} - \frac{\lambda^3 \sin^2 2\omega t}{4 \cdot \sqrt{(1 - \lambda^2 \cos^2 \omega t)^3}} \right]. \tag{IV}$$

(II), (III) und (IV) sind innerhalb der ersten Periode im Bild 19.14 für $\lambda = 1/2$ und im Bild 19.15 für $\lambda = 1/8$ normiert graphisch dargestellt. Ersichtlich ist, daß die Kurven um so mehr von den Kurven der harmonischen Schwingung (vgl. Bild 19.10) abweichen, je größer λ ist (beim Schubkurbeltrieb muß stets $\lambda < 1$ sein, damit die Kurbel sich ungehindert bewegen kann und die Bewegung von K zwangläufig ist). Es ist sowohl $|v| > r\omega$ als auch $|a| > r\omega^2$ möglich. a weist in den Intervallen $(k + 1/2)T < (k+1)T$ ($k = 0, 1, 2, \ldots$) für $1/4 < \lambda < 1$ *drei* Extrema, für $\lambda \leq 1/4$ jedoch nur *ein* Maximum auf.

Bild 19.14 $\lambda = 1/2$ Bild 19.15 $\lambda = 1/8$

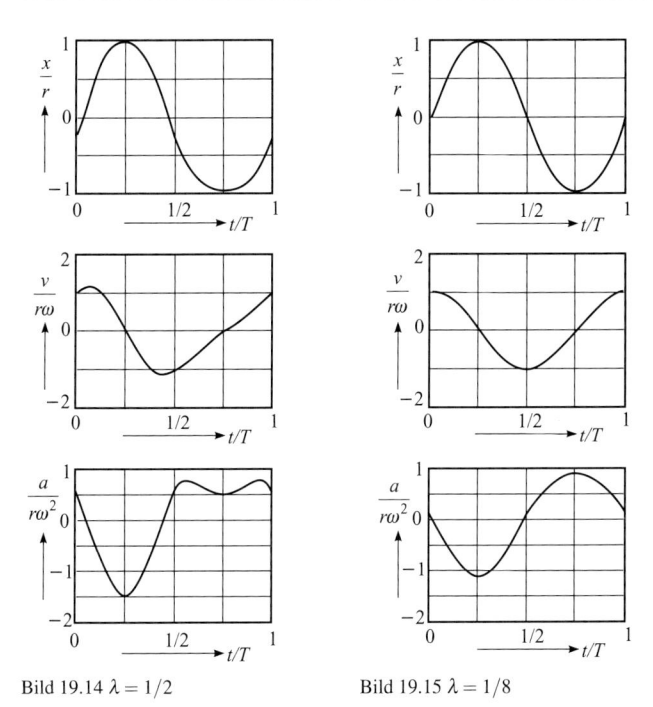

Näherungslösungen für x, v und a:

Wird die Wurzel in (II) durch die ersten beiden Glieder ihrer Reihenentwicklung

$$\sqrt{1 - \lambda^2 \cos^2 \omega t} = \sum_{k=0}^{\infty} \binom{\frac{1}{2}}{k} \left(-\lambda^2 \cos^2 \omega t\right)^k$$

$$= 1 - \frac{\lambda^2}{2} \cos^2 \omega t - \frac{\lambda^4}{8} \cos^4 \omega t - \ldots$$

ersetzt (das ist nur für $0 < \lambda = r/R \ll 1$ gerechtfertigt), so folgt aus (II):

$$x = r \left(\sin \omega t - \frac{\lambda}{2} \cos^2 \omega t \right) \tag{V}$$

und daraus durch Differentiation

$$v = r\omega \left(\cos \omega t + \frac{\lambda}{2} \sin 2\omega t \right), \tag{VI}$$

$$a = r\omega^2 \left(-\sin \omega t + \lambda \cos 2\omega t \right). \tag{VII}$$

Die Näherungslösungen sind um so besser, je kleiner λ ist. Abweichungen zwischen Näherungskurven und exakten Kurven treten besonders in den Ort-Zeit-Diagrammen auf.

19.2.4.3 Freier Fall und vertikaler Wurf mit geschwindigkeitsproportionalem Widerstand

werden beschrieben durch das Anfangswertproblem

$$\ddot{x} = g - k\dot{x}, \quad x(0) = x_0, \quad \dot{x}(0) = v_0. \tag{19.60}$$

Die x-Achse ist zum Erdmittelpunkt hin gerichtet. g bezeichnet die Fallbeschleunigung, k einen konstanten, positiven Proportionalitätsfaktor des Bewegungswiderstandes mit der Einheit $[k] = \text{s}^{-1}$. Es ist $v_0 = 0$ beim freien Fall, $v_0 > 0$ beim Wurf nach unten und $v_0 < 0$ beim Wurf nach oben.

Integration von (19.60) ergibt:

$$-\frac{1}{k} \ln \frac{g - kv}{g - kv_0} = t$$

bzw. nach v aufgelöst

$$v = \frac{g}{k} - \frac{1}{k}(g - kv_0)\mathrm{e}^{-kt}. \tag{19.61}$$

Erneute Integration liefert

$$x = x_0 + \frac{gt}{k} + \frac{1}{k^2}(g - kv_0)(\mathrm{e}^{-kt} - 1). \tag{19.62}$$

(19.60) und (19.61) gelten, solange x und x_0 nicht innerhalb der Erde liegen und g als konstant angenommen werden kann (nicht zu große Höhenunterschiede im Verlaufe der Bewegung).

Diagramme s. Bild 19.16 (darin bedeuten I freier Fall, II Wurf nach unten und III Wurf nach oben). Im Bild 19.16 ist generell $x_0 = 0$, für den Wurf nach unten $v_0 = g/2k$ und für den Wurf nach oben $v_0 = -2g/k$ als Beispiel gewählt.

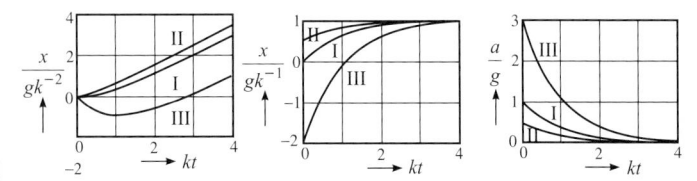

Bild 19.16

Beim vertikalen Wurf nach oben wird der Gipfelpunkt erreicht, wenn $v = 0$ ist. (19.61) ergibt die Steigzeit

$$t_s = \frac{1}{k} \ln\left(1 - \frac{kv_0}{g}\right), \tag{19.63}$$

womit (19.62) die Gipfelhöhe liefert:

$$x_{\min} = x(t_s) = x_0 + \frac{v_0}{k} + \frac{g}{k^2} \ln\left(1 - \frac{kv_0}{g}\right). \tag{19.64}$$

Die Wurfzeit t_w (Zeit bis zum Wiedereintreffen am Abwurfort $x = x_0$) ist gemäß (19.62) Lösung der transzendenten Gleichung

$$kt_\text{w} + \left(1 - \frac{kv_0}{g}\right)(e^{-kt_\text{w}} - 1) = 0, \tag{19.65}$$

mit der (19.61) die Rückkehrgeschwindigkeit liefert:

$$v_\text{R} = \frac{g}{k} - \frac{1}{k}(g - kv_0)e^{-kt_\text{w}}. \tag{19.66}$$

☐ Für $x_0 = 0$ und $v_0 = -2g/k$ sind $t_\text{s}, x_\text{min}, t_\text{w}$ und v_R in Abhängigkeit von k zu ermitteln.

Lösung:

$$(19.63) \Rightarrow t_\text{s} = \frac{1}{k}\ln\left(1 - \frac{kv_0}{g}\right) = \frac{\ln 3}{k}$$

$$(19.64) \Rightarrow x_\text{min} = x(t_\text{s}) = \frac{v_0}{k} + \frac{g}{k^2}\ln\left(1 - \frac{kv_0}{g}\right) = -\frac{g}{k^2}\ln\left(1 - \frac{kv_0}{g}\right)$$

$$= -\frac{g}{k^2}\ln 3$$

(19.65) lautet $kt_\text{w} + 3(e^{-kt_\text{w}} - 1) = 0$ und hat die Lösung $kt_\text{w} \approx 2{,}821$. Sie kann z. B. mittels NEWTONschen Näherungsverfahrens ermittelt werden (die Anfangsnäherung 2,8 für kt_w ist aus Bild 19.16 ablesbar). In der Zeit $t_\text{w} - t_\text{s} \approx (2{,}821 - \ln 3)/k = 1{,}723/k > \ln 3/k \approx 1{,}099/k$ erfolgt die Bewegung vom Gipfelpunkt zum Abwurfort. Die Aufwärtsbewegung erfolgt also schneller als die Abwärtsbewegung.

$$(19.66) \Rightarrow v_\text{R} = v(t_\text{w}) = \frac{g}{k}\left[1 - \left(1 - \frac{kv_0}{g}\right)e^{-kt_\text{w}}\right] \approx \frac{g}{k}\left(1 - 3e^{-2{,}821}\right)$$

$$= 0{,}821\frac{g}{k}.$$

Die Rückkehrgeschwindigkeit ist *kleiner* als der Betrag der Abwurfgeschwindigkeit.

19.3 Kreisförmige Bewegungen

19.3.1 Winkel, Winkelgeschwindigkeit und -beschleunigung

19.3.1.1 Winkel

werden von einem Bezugsschenkel (Schenkel durch Bezugspunkt B, s. Bild 19.17) aus in mathematisch positivem Sinn (Gegenuhrzeigersinn) positiv und in entgegengesetztem Sinn negativ gemessen und definiert als Quotient

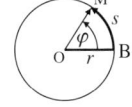

$$\boxed{\varphi = \frac{s}{r}.} \tag{19.67}$$

Bild 19.17

In (19.67) sind r der Radius eines Kreises um O und s eine Koordinate von M längs der Peripherie des Kreises. φ bezeichnet den Winkel $\angle$ (MOB).

s kann auch beliebiges Vielfaches des Kreisumfangs sein und wird in Bezugsrichtung positiv und in entgegengesetzter Richtung negativ gemessen. Die SI-Einheit des Winkels ist $[\varphi] = 1$ rad (rad $\equiv 1$, *Radiant*). Die durch (19.67) für $s = r$ definierte Winkeleinheit heißt *Bogenmaß*. Mit $s = 2\pi r$ (voller Kreisumfang) ergibt sich der Vollwinkel zu 2π rad, dessen 360-ster Teil Altgrad heißt und mit $1°$ bezeichnet wird. Deshalb gilt $1° = \pi/180$ rad $\approx 0,01745$ rad und 1 rad $= 180°/\pi \approx 57,29578°$.

Ist φ der Winkel, den die Verbindungsstrecke von Kreismittelpunktes O und Massenpunkt M mit dem Bezugsschenkel des Winkels (Schenkel durch Bezugspunkt B) einschließt (s. Bild 19.17), so ruht der Massenpunktes M genau dann relativ zum Bezugspunkt auf der Peripherie eines Kreises mit dem Radius r, wenn $\varphi = \varphi(t) =$ const ist. Er bewegt sich relativ zum Bezugspunkt, wenn $\varphi = \varphi(t)$ eine nicht konstante Funktion der Zeit t ist. $\varphi = \varphi(t)$ heißt *Winkel-Zeit-Funktion* der Bewegung. Ihre graphische Darstellung heißt *Winkel-Zeit-Diagramm*. $\varphi = \varphi(t)$ ist stetig differenzierbar.

19.3.1.2 Winkelgeschwindigkeit

heißt die erste Ableitung der *Winkel-Zeit-Funktion*

$$\boxed{\omega = \omega(t) = \dot{\varphi} = \frac{\mathrm{d}\varphi}{\mathrm{d}t}} \tag{19.68}$$

und hat die Einheit $[\omega] = \text{rad} \cdot \text{s}^{-1} \equiv \text{s}^{-1}$. Sie ist eine stetig differenzierbare Funktion $\omega = \omega(t)$ der Zeit (*Winkelgeschwindigkeit-Zeit-Funktion*). Ihre graphische Darstellung heißt *Winkelgeschwindigkeit-Zeit-Diagramm*.

Aus (19.68) folgt durch Integration

$$\boxed{\varphi = \varphi_0 + \int_0^t \omega(\tau)\,\mathrm{d}\tau, \quad \varphi_0 = \varphi(0).} \tag{19.69}$$

Die „Fläche" zwischen der Kurve im ω, t-Diagramm und der Zeitachse ist also gleich der Winkeländerung $\Delta\varphi = \varphi - \varphi_0$.

19.3.1.3 Winkelbeschleunigung

heißt die erste Ableitung der *Winkelgeschwindigkeit-Zeit-Funktion*

$$\boxed{\alpha = \alpha(t) = \dot{\omega} = \frac{\mathrm{d}\omega}{\mathrm{d}t} = \ddot{\varphi} = \frac{\mathrm{d}^2\varphi}{\mathrm{d}t^2}} \tag{19.70}$$

und hat die SI-Einheit $[\alpha] = \text{rad} \cdot \text{s}^{-2} \equiv \text{s}^{-2}$. Sie ist eine stetig differenzierbare Funktion $\alpha = \alpha(t)$ der Zeit (*Winkelbeschleunigung-Zeit-Funktion*). Ihre graphische Darstellung heißt *Winkelbeschleunigung-Zeit-Diagramm*.

Aus (19.70) folgt durch Integration

$$\boxed{\omega = \omega_0 + \int_0^t \alpha(\tau)\,\mathrm{d}\tau, \quad \omega_0 = \omega(0)} \tag{19.71}$$

Die „Fläche" zwischen der Kurve im α, t-Diagramm und der Zeitachse ist also gleich der Änderung der Winkelgeschwindigkeit $\Delta\omega = \omega - \omega_0$.

19.3.1.4 Bahn- und Winkelgrößen

s (*Koordinate*), $v = \dot{s}$ (*Bahngeschwindigkeit*) und $a = \dot{v} = \ddot{s}$ (*Bahn-* oder *Tangentialbeschleunigung*) heißen *Bahngrößen*. φ, ω und α heißen *Winkelgrößen*. Zwischen ersteren und letzteren bestehen die Gleichungen:

$$\boxed{s = r \cdot \varphi} \quad (19.72) \qquad \boxed{v = r \cdot \omega} \quad (19.73) \qquad \boxed{a = r \cdot \alpha} \quad (19.74)$$

Sie ergeben sich aus (19.67). Analog gilt $s_0 = s(0) = r \cdot \varphi_0$, $v_0 = v(0) = r \cdot \omega_0$ und $a_0 = a(0) = r \cdot \alpha_0$.

19.3.2 Zentripetalbeschleunigung

Damit ein Massenpunkt sich auf einer Kreisbahn (Radius r) mit der Bahngeschwindigkeit $\vec{v}$ bzw. mit der Winkelgeschwindigkeit $\vec{\omega}$ bewegen kann, muß auf ihn eine zum Kreismittelpunkt hin gerichtete Beschleunigung $\vec{a}_N$ mit dem Betrag a_N wirken (Definition von v, a und ω als Vektoren s. 19.4):

$$\boxed{\vec{a}_N = \vec{\omega} \times (\vec{\omega} \times \vec{r}) = -\vec{\omega} \times \vec{v} = -\omega^2 \vec{r} = -\frac{v^2}{r}\frac{\vec{r}}{r}} \quad (19.75)$$

$\vec{r}$ ist Radiusvektor des Kreises. a_N verursacht, daß die Bahnkurve keine Gerade ist, und wird *Normalbeschleunigung* oder auch *Zentripetalbeschleunigung* genannt. $\vec{a}_r = -\vec{a}_N$ heißt *Radialbeschleunigung*.

19.3.3 Bemerkungen

Mit Ausnahme von 19.3.2 wurden Geschwindigkeiten und Beschleunigungen als skalare Größen behandelt. Ihre Richtung wurde mit ihrem Vorzeichen ausgedrückt. Bei geradliniger Bewegung bedeutet $v > 0$ ($v < 0$) Bewegung in Bezugsrichtung (entgegen der Bezugsrichtung), d. h. Abstandszunahme $\Delta x > 0$ (Abstandsabnahme $\Delta x < 0$). Das gilt analog (Δs statt Δx) auch für die Bahngeschwindigkeit bei der Kreisbewegung. Entsprechend bedeutet $a > 0$ ($a < 0$) bei geradliniger bzw. Kreisbewegung Geschwindigkeits- bzw. Bahngeschwindigkeitszunahme $\Delta v > 0$ (Geschwindigkeits- bzw. Bahngeschwindigkeitsabnahme $\Delta v < 0$). Bei der Kreisbewegung ist im letzten Satz mit a die Bahnbeschleunigung gemeint.

Auch für Winkelgeschwindigkeit und Winkelbeschleunigung gelten derartige Festlegungen bezüglich der Bedeutung des Vorzeichens: $\omega > 0$ ($\omega < 0$) $\Rightarrow \Delta\varphi > 0$ ($\Delta\varphi < 0$), $a > 0$ ($a < 0$) $\Rightarrow \Delta\omega > 0$ ($\Delta\omega < 0$).

Im Abschnitt 19.4 werden Ortsvektoren statt skalarer Ortskoordinaten und Geschwindigkeit, Beschleunigung, Winkelgeschwindigkeit und Winkelbeschleunigung als Vektoren eingeführt. Auch die Radialbeschleunigung erscheint dort als Vektor.

19.3.4 Spezielle Kreisbewegungen

19.3.4.1 Gleichförmige Kreisbewegung

heißt eine Kreisbewegung, bei der die Winkelbeschleunigung $\alpha \equiv 0$ ist. Wegen (19.74) ist $a \equiv 0$, und wegen (19.71) und (19.73) sind bei dieser Bewegung Geschwindigkeit und Winkelgeschwindigkeit konstant. Aus (19.69) folgt somit

$$\varphi = \varphi_0 + \omega t \tag{19.76}$$

und aus (19.72) und (19.73)

$$s = s_0 + vt \tag{19.77}$$

Diagramme für die Winkelgrößen s. Bild 19.18 (darin sind $\varphi_0 = 0 \wedge \omega_0 > 0$ angenommen). Die Darstellungen umfassen jeweils das Intervall $t \in [0; T]$. Diagramme für die Bahngrößen s. Bild 19.2, wenn darin x durch s ersetzt wird.

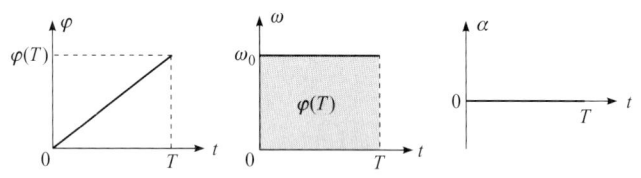

Bild 19.18

Diese Bewegung ist eine Idealisierung. Reale Bewegungen sind in der Regel nur in kleinen Zeitspannen gleichförmig.

Speziell für die gleichförmige Kreisbewegung werden weitere Größen definiert:

- *Umlaufszeit* T:
$$T = \frac{2\pi}{\omega} = \frac{2\pi r}{v} \tag{19.78}$$

- *Drehzahl* (besser: „Drehfrequenz") n:
$$n = \frac{1}{T} = \frac{\omega}{2\pi} = \frac{v}{2\pi r} \tag{19.79}$$

Damit folgen weitere Gleichungen:

- *Anzahl z der Umdrehungen* in der Zeitspanne $\Delta > 0$:
$$z = \frac{\varphi - \varphi_0}{2\pi} = \frac{\omega \Delta t}{2\pi} = n\Delta t = \frac{\Delta t}{T} \tag{19.80}$$

- Winkelgeschwindigkeit ω:
$$\omega = 2\pi n = \frac{2\pi}{T} \tag{19.81}$$

In (19.78) ... (19.81) muß 2π durch -2π ersetzt werden, wenn v, ω, Δt oder $\varphi - \varphi_0$ negativ sind (Bewegung im Uhrzeigersinn). T und n sind also stets positiv.

19.3.4.2 Gleichmäßig beschleunigte Kreisbewegung

heißt eine Kreisbewegung, bei der die Winkelbeschleunigung $\alpha = \text{const} \neq 0$ ist. Wegen (19.74) ist auch die Tangentialbeschleunigung $a = \text{const} \neq 0$. Aus (19.71) folgt

19.3 Kreisförmige Bewegungen

$$\boxed{\omega = \omega_0 + \alpha t} \tag{19.82}$$

und damit aus (19.69)

$$\boxed{\varphi = \varphi_0 + \omega_0 t + \frac{1}{2}\alpha t^2.} \tag{19.83}$$

Aus (19.82) und (19.83) folgt durch Elimination von α, ω_0 und t der Reihe nach

$$\boxed{\varphi = \varphi_0 + \frac{1}{2}(\omega_0 + \omega)t,} \tag{19.84} \qquad \boxed{\varphi = \varphi_0 + \omega t - \frac{1}{2}\alpha t^2,} \tag{19.85}$$

$$\boxed{\varphi = \varphi_0 + \frac{\omega^2 - \omega_0^2}{2\alpha}.} \tag{19.86}$$

Wahl des Bezugspunktes ist stets so möglich, daß $\varphi_0 = 0$ (Bild 19.17). Diagramme für die Winkelgrößen s. Bild 19.19a ($\varphi_0 = 0 \wedge \omega_0 > 0 \wedge \alpha > 0 \wedge t \in [0;T]$) und Bild 19.19b ($\varphi_0 = 0 \wedge \omega_0 > 0 \wedge \alpha < 0 \wedge t \in [0;T]$).

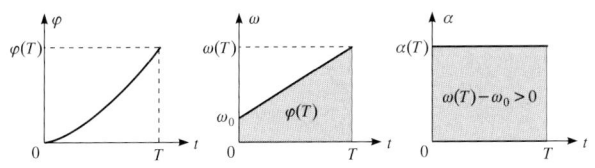

Bild 19.19a

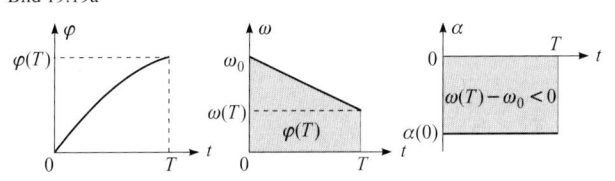

Bild 19.19b

Die Kurven in den φ,t-Diagrammen sind Teile von Parabeln. Das Extremum von $\varphi = \varphi(t)$ wird an der Nullstelle $t_E = -\omega_0/\alpha$ von $\omega = \omega(t)$ angenommen und hat den Wert $\varphi_E = \varphi_0 - \omega_0^2/2\alpha$. Im Bild 19.19a ist $t_E < 0 < T$ und $\varphi_E < 0 (\alpha > 0)$, im Bild 19.19b ist $t_E > 0 > T$ und $\varphi_E > 0$ ($\alpha < 0$).

Mit ω sind auch n und T zeitlich veränderlich. Außer (19.78), (19.79) und (19.81) gelten

$$\boxed{T_0 = \frac{2\pi}{\omega_0} = \frac{2\pi r}{v_0},} \tag{19.78'}$$

$$\boxed{n_0 = \frac{1}{T_0} = \frac{\omega}{2\pi} = \frac{v_0}{2\pi r},} \tag{19.79'}$$

$$\boxed{\omega_0 = 2\pi n_0 = \frac{2\pi}{T_0}.} \tag{19.81'}$$

An die Stelle von (19.80) tritt

$$z = \frac{\varphi - \varphi_0}{\pi} = \frac{(\omega_0 + \omega)\Delta t}{4\pi} = \frac{1}{2}(n_0 + n)\Delta t. \tag{19.80'}$$

Formeln (19.6) ... (19.10) und Bilder 19.3a und 19.3b gelten für die Bahngrößen, wenn darin x durch s und x_0 durch s_0 ersetzt werden.

19.3.5 Kinematische Grundaufgaben der Kreisbewegung

Alle in 19.2.3 behandelten Grundaufgaben gelten für die Bahngrößen, wenn darin x durch s und x_0 durch s_0 ersetzt werden. Sie gelten auch für die Winkelgrößen, wenn die Bahngrößen durch die entsprechenden Winkelgrößen ersetzt werden. Im Folgenden werden drei Beispiele behandelt.

19.3.5.1 Bewegung mit der Winkelbeschleunigung $\alpha = -k \cdot \omega$, $(k > 0)$

k ist eine positive Konstante mit der SI-Einheit $[k] = \text{s}^{-1}$. Es liegt der dem Fall 6 von 19.2.3.1 entsprechende Fall vor. Aus der (19.37) entsprechenden Gleichung

$$\varphi = \varphi_0 + \int\limits_{\omega_0}^{\omega} \frac{\overline{\omega} d\overline{\omega}}{\alpha(\overline{\omega})} = \varphi_0 - \int\limits_{\omega_0}^{\omega} \frac{\overline{\omega} d\overline{\omega}}{k\overline{\omega}}$$

folgt [vgl. (19.46)]

$$\varphi = \varphi_0 - \frac{\omega - \omega_0}{k} \tag{19.87}$$

und aus der (19.38) entsprechenden Gleichung [vgl. (19.47)]

$$t = \int\limits_{\omega_0}^{\omega} \frac{d\overline{\omega}}{\alpha(\overline{\omega})} = -\int\limits_{\omega_0}^{\omega} \frac{d\overline{\omega}}{k\overline{\omega}} = \frac{1}{k} \ln \frac{\omega_0}{\omega}. \tag{19.88}$$

19.3.5.2 Harmonische Kreisbewegung

heißt eine ungleichmäßig beschleunigte Kreisbewegung, bei der die Winkelbeschleunigung α proportional dem negativen Winkel $-\varphi$ ist:

$$\alpha = -\overline{\omega}_0^2 \varphi. \tag{19.89}$$

Die positive Konstante $\overline{\omega}_0$ heißt *Kreisfrequenz* und hat die Einheit $[\overline{\omega}_0] = \text{s}^{-1}$. Der Quotient $T = 2\pi/\overline{\omega}_0$ heißt *Periodendauer* (T gibt die Dauer einer Periode der Bewegung an). $f = 1/T$ heißt *Frequenz* ($[f] = \text{Hz} \equiv \text{s}^{-1}$). Im Folgenden wird gezeigt, daß eine derartige Bewegung periodisch ist ($\varphi(t) = \varphi(t + kT)$, $\omega(t) = \omega(t + kT)$, $\alpha(t) = \alpha(t + kT)$ mit einer beliebigen ganzen Zahl k für jeden Zeitpunkt t). Es liegt der dem Fall 4 von 19.2.3.1 entsprechende Fall vor. Das Problem kann also durch Gleichungen analog zu (19.43) und (19.44) gelöst werden. Hier soll (19.89) jedoch als Anfangswertproblem

19.3 Kreisförmige Bewegungen

$$\ddot{\varphi} + \varpi_0^2 \varphi = 0, \varphi(0) = \varphi_0, \dot{\varphi}(0) = \omega_0 \quad (19.89')$$

gelöst werden, um eine andere Lösungsmethode zu zeigen.

Wird der *Exponentialansatz* $\varphi = e^{\lambda t}$ in (19.89') eingesetzt, so ergibt sich die *charakteristische Gleichung*

$$\lambda^2 + \varpi_0^2 = 0$$

mit den Lösungen

$$\lambda_{1,2} = \pm j\varpi_0.$$

j bezeichnet die *imaginäre Einheit*. Damit sind $\varphi_1 = C_1 e^{+j\varpi_0 t}$ und $\varphi_2 = C_2 e^{-j\varpi_0 t}$ mit den Konstanten C_1 und C_2 voneinander unabhängige Lösungen von (19.89) und – nach einem Satz der Theorie der linearen gewöhnlichen Differentialgleichungen – ihre Summe

$$\varphi = C_1 e^{+j\varpi_0 t} + C_2 e^{-j\varpi_0 t} \quad (19.90)$$

allgemeine Lösung von (19.89). Wird (19.90) nach t differenziert:

$$\dot{\varphi} = j\varpi_0 C_1 e^{+j\varpi_0 t} - j\varpi_0 C_2 e^{-j\varpi_0 t}, \quad (19.91)$$

so ergibt sich aus (19.90) und (19.91) mit Hilfe der *Anfangsbedingungen* das lineare Gleichungssystem

$$C_1 + C_2 = \varphi_0, \quad C_1 - C_2 = \omega_0 / j\varpi_0$$

mit der Lösung

$$C_1 = \frac{1}{2}(\varphi_0 + \omega_0 / j\varpi_0), \quad C_2 = \frac{1}{2}(\varphi_0 - \omega_0 / j\varpi_0),$$

so daß

$$\varphi = \frac{1}{2}(\varphi_0 + \omega_0 / j\varpi_0) e^{+j\varpi_0 t} + \frac{1}{2}(\varphi_0 - \omega_0 / j\varpi_0) e^{-j\varpi_0 t} \quad (19.92)$$

Lösung des Anfangswertproblems (19.89') ist. Wegen der EULERschen Gleichungen

$$\cos \varpi_0 t = \frac{1}{2} \left(e^{+j\varpi_0 t} + e^{-j\varpi_0 t} \right),$$
$$\sin \varpi_0 t = \frac{1}{2j} \left(e^{+j\varpi_0 t} - e^{-j\varpi_0 t} \right) \quad (19.93)$$

kann (19.92) schließlich in der Gestalt

$$\varphi = \varphi_0 \cos \varpi_0 t + \frac{\omega_0}{\varpi_0} \sin \varpi_0 t \quad \text{[vgl. (19.54)]} \quad (19.94)$$

geschrieben werden. Daraus ergeben sich Winkelgeschwindigkeit und -beschleunigung durch Differentiation nach der Zeit:

$$\omega = -\varphi_0 \varpi_0 \sin \varpi_0 t + \varpi_0 \cos \varpi_0 t, \quad \text{[vgl. (19.56)]} \quad (19.95)$$

$$\alpha = -\varpi_0^2 (\varphi_0 \cos \varpi_0 t + \frac{\omega_0}{\varpi_0} \sin \varpi_0 t) = -\varpi_0^2 \varphi. \quad \text{[vgl. (19.57)]} \quad (19.96)$$

Die Funktionen (19.94), (19.95) und (19.96) sind periodisch mit der Periodendauer

$$T = \frac{2\pi}{\varpi_0} \quad \text{[vgl. (19.58)]} \quad (19.97)$$

und können auch in der Form

$$\varphi = \varphi_m \sin(\overline{\omega}_0 t + \psi)$$ [vgl. (19.48)] (19.98)

$$\omega = \varphi_m \overline{\omega}_0 \cos(\overline{\omega}_0 t + \psi)$$ [vgl. (19.49)] (19.99)

$$\alpha = -\overline{\omega}_0^2 \varphi_m \sin(\overline{\omega}_0 t + \psi) = -\overline{\omega}_0^2 \varphi$$ [vgl. (19.50)] (19.100)

mit

$$\varphi_m = \frac{1}{\overline{\omega}_0}\sqrt{\omega_0^2 + \varphi_0^2 \overline{\omega}_0^2}, \quad \psi = \arctan\frac{\varphi_0 \overline{\omega}_0}{\omega_0}$$ [vgl. (19.53)] (19.101)

dargestellt werden. Umgekehrt ergeben sich φ_0 und ω_0 aus φ_m und ψ gemäß:

$$\varphi_0 = \varphi_m \sin\psi, \quad \omega_0 = \varphi_m \overline{\omega}_0 \cos\psi$$ [vgl. (19.55)] (19.102)

Diagramme für die Winkelgrößen s. Bild 19.20 (dargestellt für $\dfrac{\psi}{\overline{\omega}_0} > 0$ und $t \in \left[-\dfrac{\psi}{\overline{\omega}_0} > 0; \dfrac{2\pi - \psi}{\overline{\omega}_0}\right]$), für die Bahngrößen s. Bild 19.10, wenn x, x_m durch s, s_s ersetzt werden. In Bild 19.20 ist $t_1 = \dfrac{\psi}{\overline{\omega}_0}$ und $t_i = t_1 + (i-1)T/4$ für i = 2, 3, ..., 5. Die Winkelgeschwindigkeit eilt dem Winkel und die Winkelbeschleunigung der Winkelgeschwindigkeit um jeweils $T/4$ voraus (d. h., die Maxima z. B. werden um $T/4$ früher angenommen).

$\varphi_m > 0$, $\omega_m = \varphi_m \overline{\omega}_0 > 0$ und $\alpha_m > 0 = \varphi_m \overline{\omega}_0^2 > 0$ heißen Amplitude des Winkels, der Winkelgeschwindigkeit und der Winkelbeschleunigung.

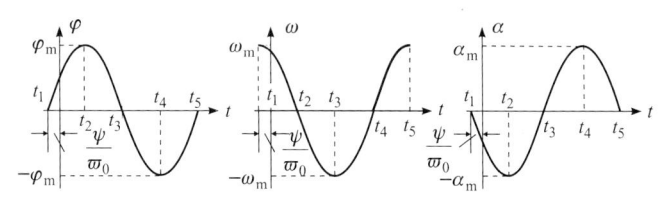

Bild 19.20

19.3.5.3 Anharmonische Kreisbewegung (kreisförmige Schwingung)

heißt jede periodische Kreisbewegung ($\varphi(t) = \varphi(t + kT)$ mit $T = 2\pi/\overline{\omega}_0$ für alle t und beliebige ganze Zahlen k), bei der $\ddot{\varphi} = -\overline{\omega}_0^2 \varphi$ **nicht** gilt. Bei diesen Bewegungen sind auch Winkelgeschwindigkeit und Winkelbeschleunigung periodisch mit der Periodendauer T ($\omega(t) = \omega(t + kT)$, $\alpha(t) = \alpha(t + kT)$ für alle t und beliebige ganze Zahlen k). Die *Winkel-Zeit-Funktion* derartiger Kreisbewegungen läßt sich **nicht** in der Gestalt $\varphi = \varphi_m \sin(\overline{\omega}_0 t + \psi)$ mit zeitunabhängigen Größen φ_m und ψ, wohl aber in Form einer Summe aus endlich oder unendlich vielen Summanden $\varphi_{mi} \sin(i\overline{\omega}_0 t + \psi_i)$ mit $\varphi_{mi} = \text{const}$, $\psi_i = \text{const}$ sowie $i = 0, 1, 2, \ldots, n$ für endlich viele und $i = 0, 1, 2, \ldots$ für unendlich viele Summanden (FOURIER-Reihe) darstellen.

19.3 Kreisförmige Bewegungen

☐ Die Kurbel einer *Kurbelschwinge* (s. Bild 19.21) mit der Kurbellänge r, der Koppellänge L, der Länge R der Schwinge und der Gestellänge l rotiert um eine Achse senkrecht zur Zeichenebene durch den Punkt A mit der Winkelgeschwindigkeit ϖ_0 im Gegenuhrzeigersinn (φ wird ab 0 im Gegenuhrzeigersinn positiv gemessen). Es mögen die Ungleichungen $R > r$, $L > l$ und $L + R > l + r$ sowie $L - R < l - r$ gelten (Zahlenbeispiel: $R = 2r$, $l = 3r$, $L = 3{,}5r$, $\varpi_0 = 2 \text{ s}^{-1}$). Gesucht: φ,t-, ω,t- und α,t-Diagramm der Bewegung des Gelenkes C. Ferner sind zu berechnen: Winkel von Kurbel und Schwinge an den Totpunkten, Zeitpunkte, in denen die Totpunkte durchlaufen werden, Winkelgeschwindigkeit und Winkelbeschleunigung des Gelenkes C beim Passieren der Totpunkte, Dauer der Bewegung a) vom unteren zum oberen und b) vom oberen zum unteren Totpunkt.

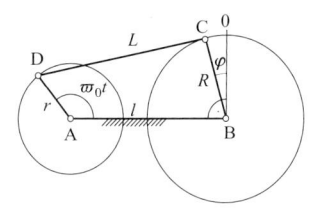

Bild 19.21

Die Ungleichung $l + R > r + L$ garantiert die Existenz des unteren (s. Bild 19.22a) und die Ungleichung $L + R > r + l$ die Existenz des oberen Totpunktes (s. Bild 19.22b).

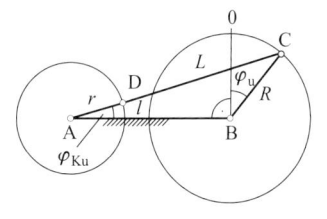

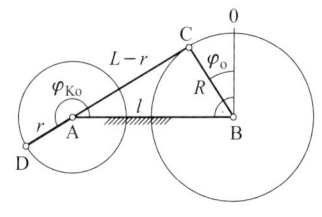

Bild 19.22a   Bild 19.22b

Winkel der Schwinge für den unteren Totpunkt:
$$\cos\left(\frac{\pi}{2} - \varphi_u\right) = \sin \varphi_u = \frac{l^2 + R^2 - (L+r)^2}{2lR} \Rightarrow$$
$$\varphi_u = \arcsin \frac{l^2 + R^2 - (L+r)^2}{2lR} = -0{,}6487 \text{ rad} = -37{,}17°.$$

Winkel der Schwinge für den oberen Totpunkt:
$$\cos\left(\frac{\pi}{2} - \varphi_o\right) = \sin \varphi_o = \frac{l^2 + R^2 - (L-r)^2}{2lR} \Rightarrow$$
$$\varphi_o = \arcsin \frac{l^2 + R^2 - (L-r)^2}{2lR} = 0{,}5974 \text{ rad} = 34{,}23°$$

Berechnungsskizzen mit $k = 0, 1, 2, \cdots$

für $2k\pi \leqq \varpi_0 t \leqq \pi + 2k\pi$: für $\pi + 2k\pi \leqq \varpi_0 t \leqq 2(k+1)\pi$:

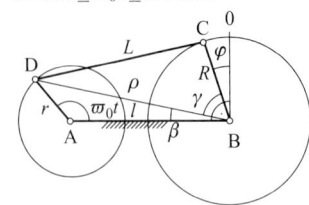

Bild 19.23a 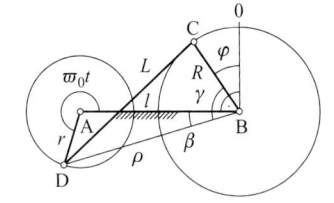 Bild 19.23b

Berechnung:

Aus den *zeitabhängigen* Größen

$$\rho = \sqrt{r^2 + l^2 - 2rl\cos\varpi_0 t}, \qquad \beta = \arccos\frac{l^2 + \rho^2 - r^2}{2l\rho},$$

$$\gamma = \arccos\frac{R^2 + \rho^2 - L^2}{2R\rho} \tag{I}$$

ergibt sich der Winkel φ der Schwinge mit $k = 0, 1, 2, \ldots$

für $2k\pi \leqq \varpi_0 t \leqq \pi + 2k\pi$ zu: für $\pi + 2k\pi \leqq \varpi_0 t \leqq 2(k+1)\pi$ zu:

$$\varphi = \frac{\pi}{2} - \beta - \gamma. \qquad\qquad \varphi = \frac{\pi}{2} + \beta - \gamma. \tag{II}$$

Winkel-Zeit-, Winkelgeschwindigkeit-Zeit- und Winkelbeschleunigung-Zeit-Diagramm für das Zahlenbeispiel s. Bild 19.24a, Bild 19.24b und Bild 19.24c (die erste Periode ist dargestellt).

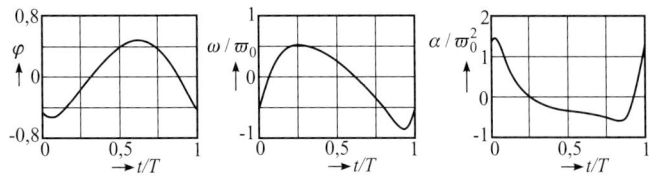

Bild 19.24a Bild 19.24b Bild 19.24c

In den Bildern 19.24 bezeichnet

$$T = \frac{2\pi}{\varpi_0} \approx 3,142 \text{ s} \tag{III}$$

die Umlaufzeit der Kurbel, die gleich der Periodendauer der Schwingung der Schwinge ist. Die Formeln für die Berechnung von $\omega = \omega(t)$ bzw. $\alpha = \alpha(t)$ (Winkelgeschwindigkeit bzw. -beschleunigung der Schwinge) ergeben sich aus (I) und (II) durch Differentiation nach der Zeit. Dabei ist zu beachten, daß arccos an den Grenzen des Definitionsbereichs *nicht* differenzierbar und $\dot\beta(\varpi_0 t)$ deshalb für $\varpi_0 t = 0$ oder $\varpi_0 t = \varpi_0 T/2$ durch Grenzübergang (Grenzwertberechnung z. B. mittels Regel von de l'HOSPITAL) zu ermitteln ist. Für $t \to 0$ ($t \to T/2$) gilt

$\dot{\beta} \to r\overline{\omega}_0/(l-r)$ $(\dot{\beta} \to r\overline{\omega}_0/(l+r))$ (eine analoge Betrachtung für $\dot{\gamma}$ entfällt, da $(R^2+\rho^2-L^2)/(2R\rho)$ im Gegensatz zu $(l^2+\rho^2-r^2)/(2l\rho)$ weder gleich $+1$ noch gleich -1 werden kann) und in beiden Fällen $\ddot{\beta} \to 0$.

Mit $k = 0, 1, 2, \ldots$, der Umlaufzeit T der Kurbel (s. o.) und den Kurbelwinkeln (s. Bilder 19.22a,b)

$$\varphi_{\text{Ku}} = \arccos \frac{l^2 + (L+r)^2 - R^2}{2l(L+r)} + k \cdot 2\pi,$$

$$\varphi_{\text{Ko}} = \arccos \frac{l^2 + (L-r)^2 - R^2}{2l(L-r)} \pi + k \cdot 2\pi$$

ergeben sich die Zeitpunkte des Passierens der Totpunkte zu

$t_{\text{u}} = \varphi_{\text{Ku}}/\overline{\omega}_0 + kT \approx 0,181\,\text{s} + k \cdot 3,142\,\text{s},$

$t_{\text{o}} = \varphi_{\text{Ko}}/\overline{\omega}_0 + kT \approx 1,932\,\text{s} + k \cdot 3,142\,\text{s},$

Daraus folgen die Zeiten für die Aufwärts- und Abwärtsbewegung während einer Periode

$t_{\text{auf}} = t_{\text{o}} - t_{\text{u}} \approx 1,751\,\text{s}, \qquad t_{\text{ab}} = T - t_{\text{auf}} \approx 1,390\,\text{s}.$

Es gilt $\omega(t_{\text{u}}) = \omega(t_{\text{o}}) = 0$, weil t_{u} und t_{o} die Extremstellen von φ sind. Nach etwas längerer, elementarer (hier nicht wiedergegebener) Rechnung ergeben sich $\alpha(t_{\text{u}}) \approx 4,840\,\text{s}^{-2}$ und $\alpha(t_{\text{o}}) \approx -1,440\,\text{s}^{-2}$.

19.4 Überlagerung von Bewegungen

19.4.1 Geschwindigkeit und Beschleunigung als Vektoren

19.4.1.1 Ortsvektor

eines Massenpunktes M, der sich im Punkt P(x, y, z) des Raumes befindet (s. Bild 19.25), ist ein gebundener Vektor $\vec{r} = (x\ y\ z)$, der durch eine gerichtete Strecke dargestellt wird, die vom Ursprung O(0,0,0) eines Koordinatensystems zum Punkt P(x,y,z) weist. x, y und z bezeichnen die kartesischen Koordinaten des Punktes P. Der Betrag $|\vec{r}| = \sqrt{x^2 + y^2 + z^2}$ des Ortsvektors $\vec{r}$ kennzeichnet den Abstand des Punktes P vom Punkt O.

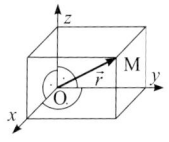

Bild 19.25

Der Massenpunkt ruht relativ zum Koordinatensystem, wenn $\vec{r} = (x\ y\ z) = \vec{\text{const}}$ ist. Er bewegt sich relativ zu ihm, wenn $\vec{r} = \vec{r}(t) = (x(t)\ y(t)\ z(t))$ eine nicht konstante Funktion der Zeit t ist. In diesem Fall handelt es sich bei Konstanz der Richtung von $\vec{r}$ ($\vec{r}/|\vec{r}| = \vec{\text{const}}$) um eine geradlinige Bewegung und bei Konstanz des Betrages von $\vec{r}$ um eine kreisförmige Bewegung, falls alle Vektoren $\vec{r}(t)$ komplanar sind.

Bei beliebigen, ebenen Bewegungen kann das Koordinatensystem stets so gelegt werden, daß die Bewegung innerhalb der x, y-Ebene erfolgt, so daß $z \equiv 0$ gilt.

19.4.1.2 Vektorielle Geschwindigkeit

des Massenpunktes M im Punkt P($x(t), y(t), z(t)$) heißt die vektorielle Größe

$$\vec{v} = \vec{v}(t) = \dot{\vec{r}}(t) = \frac{d\vec{r}(t)}{dt} = (\dot{x}(t)\ \dot{y}(t)\ \dot{z}(t)).$$
(19.103)

Der Geschwindigkeitsvektor $\vec{v}$ hat stets die Richtung der Tangente an die Raumkurve (bzw. im Sonderfall der ebenen Bewegung die Richtung der Tangente an die ebene Kurve), längs der sich der Massenpunkt bewegt, und kennzeichnet die zeitliche Änderung des Ortsvektors nach Betrag *und* Richtung. Aus (19.103) folgt durch Integration ($\vec{r}_0 = \vec{r}(0)$ bezeichnet den Radiusvektor z. Z. $t = 0$):

$$\vec{r} - \vec{r}_0 = \vec{r}(t) - \vec{r}(0) = \int_0^t \vec{v}(\tau)\, d(\tau).$$
(19.104)

19.4.1.3 Vektorielle Beschleunigung

des Massenpunktes M mit dem Geschwindigkeitsvektor $\vec{v}(t)$ im Punkt P($x(t), y(t), z(t)$) heißt die vektorielle Größe

$$\vec{a} = \vec{a}(t) = \dot{\vec{v}}(t) = \frac{d\vec{v}(t)}{dt} = \ddot{\vec{r}}(t) = \frac{d^2\vec{r}(t)}{dt^2} = (\ddot{x}(t)\ \ddot{y}(t)\ \ddot{z}(t)).$$
(19.105)

Sie kennzeichnet die zeitliche Änderung des Geschwindigkeitsvektors $\vec{v}$ nach Betrag *und* Richtung. Aus (19.105) folgt durch Integration:

$$\vec{v} - \vec{v}_0 = \vec{v}(t) - \vec{v}(0) = \int_0^t \vec{a}(\tau)\, d(\tau).$$
(19.106)

Darin ist $\vec{v}_0 = \vec{v}(0)$ der Geschwindigkeitsvektor z. Z. $t = 0$.

19.4.2 Winkelgeschwindigkeit und -beschleunigung als Vektoren

19.4.2.1 Vektorieller Winkel

ist ein Vektor $\vec{\varphi}$, der senkrecht auf der Ebene steht, in der der skalare, positive Winkel φ liegt, und der die Richtung hat, in der sich eine Rechtsschraube bewegt, wenn sie um $\varphi = |\vec{\varphi}|$ im mathematisch positiven Sinn (Gegenuhrzeigersinn) gedreht wird. (s. Bild 19.26, Kreisbewegung von M).

19.4 Überlagerung von Bewegungen

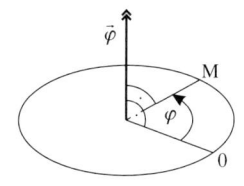

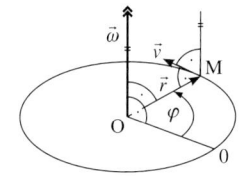

Bild 19.26

Bild 19.27

19.4.2.2 Vektorielle Winkelgeschwindigkeit

heißt ein Vektor $\vec{\omega}$ in Richtung der momentanen Drehachse des Massenpunktes M, der also senkrecht auf der Bahngeschwindigkeit $\vec{v}$ und dem Krümmungsradius $|\vec{r}|$ steht (s. Bild 19.27), und für den gilt

$$\vec{\omega} = \dot{\vec{\varphi}}, \qquad (19.107) \qquad \vec{v} = \vec{\omega} \times \vec{r}. \qquad (19.108)$$

Die Vektoren $\vec{\omega}$, $\vec{r}$ und $\vec{v}$ bilden in der angegebenen Reihenfolge ein Rechtssystem. $\vec{\omega}$ kennzeichnet die zeitliche Änderung des Betrages von $\vec{\varphi}$ einer Kreisbewegung von M. Aus (19.107) folgt ($\vec{\varphi}_0 = \vec{\varphi}(0)$ bezeichnet den Winkel $\vec{\varphi}$ zum Zeitpunkt $t = 0$):

$$\vec{\varphi} - \vec{\varphi}_0 = \vec{\varphi}(t) - \vec{\varphi}(0) = \int_0^t \vec{\omega}(\tau)\,d\tau. \qquad (19.109)$$

19.4.2.3 Vektorielle Winkelbeschleunigung

eines Massenpunktes M heißt ein Vektor $\vec{\alpha}$ für den

$$\vec{\alpha} = \dot{\vec{\omega}} = \ddot{\vec{\varphi}} \qquad (19.110)$$

gilt, wobei $\vec{\omega}$ bzw. $\vec{\varphi}$ die vektorielle Winkelgeschwindigkeit bzw. der vektorielle Winkel $\vec{\varphi}$ von M sind. $\vec{\alpha}$ beschreibt die zeitliche Änderung des Betrages der vektoriellen Winkelgeschwindigkeit $\vec{\omega}$ (diese Aussage gilt nur für Kreisbewegungen). Integration von (19.110) ergibt für Kreisbewegungen

$$\vec{\omega} - \vec{\omega}_0 = \vec{\omega}(t) - \vec{\omega}(0) = \int_0^t \vec{\alpha}(\tau)\,d\tau. \qquad (19.111)$$

Darin bezeichnet $\vec{\omega}_0 = \vec{\omega}(0)$ die vektorielle Winkelgeschwindigkeit zum Zeitpunkt $t = 0$.

Wegen (19.108) folgt aus (19.105) mit der Produktregel die Gleichung

$$\vec{a} = \frac{d}{dt}(\vec{\omega} \times \vec{r}) = \dot{\vec{\omega}} \times \vec{r} + \vec{\omega} \times \dot{\vec{r}} = \vec{\alpha} \times \vec{r} + \vec{\omega} \times \vec{v}. \qquad (19.112)$$

Der erste Summand in (19.112)

$$\vec{a}_T \equiv \vec{\alpha} \times \vec{r} \qquad (19.113)$$

heißt *Tangentialbeschleunigung*, weil $\vec{a}_T$ die Richtung der Tangente an die Bahnkurve hat (s. Bild 19.28). Der zweite Summand in (19.112) heißt *Normal-, Zentripetal-* oder *negative Radialbeschleunigung*

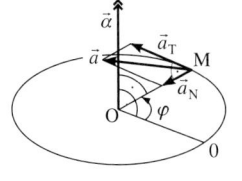

Bild 19.28

$$\vec{a}_N \equiv \vec{\omega} \times \vec{v} = \vec{\omega} \times (\vec{\omega} \times \vec{r}) = -\vec{\omega}^2 \vec{r} = -\frac{\vec{v}^2}{\vec{r}^2}\vec{r}. \qquad (19.114)$$

$\vec{a}_N$ weist zum *Krümmungsmittelpunkt* der Bahnkurve (s. Bild 19.28).

19.4.3 Überlagerung geradliniger Bewegungen

19.4.3.1 Überlagerungsgesetz

Von Überlagerung zweier geradliniger Bewegungen wird gesprochen, wenn

- ein Massenpunktes M sich relativ zu einem Bezugssystem Σ_1 geradlinig bewegt
- das System Σ_1 relativ zu einem Bezugssystem Σ_2 eine geradlinige Translation (s. 19.4.6.1) ausführt
- und die Bewegung von M relativ zu Σ_2 betrachtet wird.

Die Bewegungen von M relativ zu Σ_1 und von Σ_1 relativ zu Σ_2 werden *Teilbewegungen* der Bewegung von M relativ zu Σ_2 genannt. Die Bewegung von M relativ zu Σ_2 heißt *resultierende Bewegung*.

Werden die Teilbewegungen durch die Größen $\vec{r}_1(t)$, $\vec{v}_1(t)$, $\vec{a}_1(t)$ (Bewegung von M relativ zu Σ_1) und $\vec{r}_2(t)$, $\vec{v}_2(t)$, $\vec{a}_2(t)$ (Bewegung von Σ_1 relativ zu Σ_2) beschrieben, so gilt für die Größen $\vec{r}(t)$, $\vec{v}(t)$, $\vec{a}(t)$ (Bewegung von M relativ zu Σ_2):

$$\vec{r}(t) = \vec{r}_1(t) + \vec{r}_2(t), \qquad (19.115) \qquad \vec{v}(t) = \vec{v}_1(t) + \vec{v}_2(t), \qquad (19.116)$$

$$\vec{a}(t) = \vec{a}_1(t) + \vec{a}_2(t), \qquad (19.117)$$

(*Überlagerungsgesetz*). Der bei der resultierenden Bewegung in einer Zeit t erreichte Ort ist also unabhängig davon, ob die Teilbewegungen gleichzeitig oder in beliebiger Reihenfolge (jeweils eine Zeit t lang) nacheinander erfolgen.

Gilt z. B. $\vec{r}_1 = \vec{r}_{01} + \vec{v}_{01}t$ und $\vec{r}_2 = \vec{r}_{02} + \vec{v}_{02}t$, so folgt $\vec{r} = \vec{r}_0 + \vec{v}_0 t$ mit $\vec{r}_0 = \vec{r}_{01} + \vec{r}_{02}$ und $\vec{v}_0 = \vec{v}_{01} + \vec{v}_{02}$. Sind also alle Teilbewegungen gleichförmig ($\ddot{\vec{r}}_1(t) = \ddot{\vec{r}}_2(t) \equiv 0$), so ist auch die resultierende Bewegung gleichförmig ($\ddot{\vec{r}}(t) \equiv 0$), und geradlinig.

Sind dagegen $\vec{r}_1 = \vec{r}_{01} + \vec{v}_{01}t + \frac{1}{2}\vec{a}_1 t^2$ und $\vec{r}_2 = \vec{r}_{02} + \vec{v}_{02}t + \frac{1}{2}\vec{a}_2 t^2$ ($\vec{v}_{01} \times \vec{a}_1 = \vec{0}$, $\vec{v}_{02} \times \vec{a}_2 = 0$, $\vec{a}_1$ und $\vec{a}_2$ *nicht* gleichzeitig gleich $\vec{0}$), so folgt $\vec{r} = \vec{r}_0 + \vec{v}_0 t + \frac{1}{2}\vec{a}t^2$ mit $\vec{r}_0 = \vec{r}_{01} + \vec{r}_{02}$, $\vec{v}_0 = \vec{v}_{01} + \vec{v}_{02}$ und $\vec{a} = \vec{a}_1 + \vec{a}_2$. Diese Bewegung verläuft in der

19.4 Überlagerung von Bewegungen

von $\vec{v}_0$ und $\vec{a}$ aufgespannten Ebene durch den Punkt mit dem Ortsvektor $\vec{r}_0$. Sie ist genau dann eine geradlinige Bewegung, wenn $\vec{v}_0$ und $\vec{a}$ kollinear sind ($\vec{v}_0 \times \vec{a} = 0$) oder wenn $\vec{v}_0 = \vec{0}$ ist. Andernfalls stellt $\vec{r} = \vec{r}_0 + \vec{v}_0 t + \frac{1}{2}\vec{a}t^2$ eine Parabel dar.

☐ Ein Boot benötigt für eine Strecke s stromabwärts die Zeit t_{ab} und stromaufwärts die Zeit $t_{auf} > t_{ab}$. Eigengeschwindigkeit v_B des Bootes und Strömungsgeschwindigkeit v_W des Wassers sind zu berechnen, wenn unterstellt wird, daß die Teilbewegungen gleichförmig sind. In welcher Zeit t_B legt das Boot auf ruhendem Gewässer die Strecke s, und welche Strecke s_W legt das Wasser des Stromes in der Zeit t_B zurück?

Skalare Lösung:

Aus den beiden Gleichungen $s = (v_B + v_W)t_{ab}$ und $s = (v_B - v_W)t_{auf}$ (die Vorzeichen von v_W kennzeichnen bei beiden Überlagerungen die Richtung der Strömungsgeschwindigkeit relativ zur Eigengeschwindigkeit des Bootes) folgt

$$v_B = \frac{s}{2} \cdot \frac{t_{auf} + t_{ab}}{t_{ab}t_{auf}}, \quad v_W = \frac{s}{2} \cdot \frac{t_{auf} - t_{ab}}{t_{ab}t_{auf}} \Rightarrow t_B = \frac{s}{v_B} = \frac{2t_{ab}t_{auf}}{t_{auf} + t_{ab}} \Rightarrow$$

$$s_W = v_W t_B = \frac{s(t_{auf} - t_{ab})}{t_{auf} + t_{ab}}.$$

☐ Ein Boot überquert mit der Eigengeschwindigkeit v_B einen Fluß der Breite b, dessen Wasser mit der Geschwindigkeit v_W strömt (v_B und v_W seien als konstant angenommen, $v_B > v_W > 0$).

1) Welchen Winkel φ_1 mit der Normalen des Ufers muß v_B bilden, damit das Boot in kürzester Zeit übersetzt? Wie groß sind Übersetzzeit t_1 und resultierende Geschwindigkeit v_1, und um welche Strecke s_1 wird das Boot abgetrieben? Wie groß ist der resultierende Weg $\bar{s}_1$?
2) Welchen Winkel φ_2 muß v_B mit der Normalen des Ufers bilden, damit das Boot nicht abgetrieben wird? Wie groß sind Übersetzzeit t_2 und resultierende Geschwindigkeit v_2?

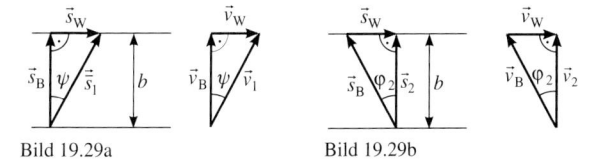

Bild 19.29a   Bild 19.29b

Lösung:

1) $\varphi = 0°$, da dann $s_B = b$ am kürzesten, somit $t_1 = s_B/v_B = b/v_B$ am kleinsten ist (s. Bild 19.29a).

$$v_1 = \sqrt{v_B^2 + v_W^2}, \quad s_1 = s_W = v_W t_1 = \frac{v_W b}{v_B},$$

$$\bar{s}_1 = v_1 t_1 = \sqrt{b^2 + s_W^2} = \frac{b}{v_B}\sqrt{v_B^2 + v_W^2}. \quad \psi = \arctan\frac{v_W}{v_B}.$$

Bezeichnungen: $v_B = |\vec{v}_B|$, $v_W = |\vec{v}_W|$, $v_1 = |\vec{v}_1|$, $s_B = |\vec{s}_B|$, $s_W = |\vec{s}_W|$, $s_1 = |\vec{s}_1|$,
$\psi = \measuredangle(\vec{v}_B, \vec{v}_1)$
2) Bild 19.29b $\Rightarrow$

$$\varphi_2 = \arcsin\frac{v_W}{v_B}, \quad v_2 = v_W \cot\varphi_2 = \sqrt{v_B^2 - v_W^2},$$

$$t_2 = \frac{s_2}{v_2} = \frac{b}{\sqrt{v_B^2 - v_W^2}} > t_1.$$

Bezeichnungen: $v_B = |\vec{v}_B|$, $v_W = |\vec{v}_W|$, $v_2 = |\vec{v}_2|$, $s_B = |\vec{s}_B|$, $s_W = |\vec{s}_W|$, $s_2 = |\vec{s}_2|$,
$\varphi_2 = \measuredangle(\vec{v}_B, \vec{v}_2)$.

☐ Wenn $\vec{v}_0 \neq \vec{0}$ und $\vec{a} = \text{const} \neq \vec{0}$ in $\vec{r} = \vec{r}_0 + \vec{v}_0 t + \frac{1}{2}\vec{a}t^2$ nicht kollinear sind, also $\vec{v}_0 \times \vec{a} \neq \vec{0}$ gilt, stellt $\vec{r} = \vec{r}_0 + \vec{v}_0 t + \frac{1}{2}\vec{a}t^2$ eine vektorielle Ort-Zeit-Funktion (durch den Punkt mit dem Ortsvektor $\vec{r}_0$ verlaufende Parabel) dar. Welchen Ortsvektor $\vec{r}_S$ hat der Scheitelpunkt dieser Parabel? Wie groß ist die Geschwindigkeit im Scheitelpunkt?

Lösung:

Im Scheitelpunkt S der Parabel stehen Geschwindigkeitsvektor $\vec{v}_S = \vec{v}_0 + \vec{a}t_S$ (t_S bezeichnet die Zeit zum Erreichen des Scheitelpunktes) und Beschleunigungsvektor $\vec{a}$ senkrecht aufeinander; da die Beschleunigung im Scheitelpunkt keine von $\vec{0}$ verschiedene Tangentialkomponente haben darf (andernfalls ist $\vec{v}_S$ nicht Tangente an die Bahnkurve, s. Bild 19.30).

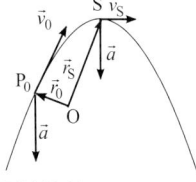

Bild 19.30

Deshalb ist $\vec{v}_S \vec{a} = \vec{v}_0 \vec{a} + \vec{a}^2 t_S = 0$. Mithin wird der Scheitelpunkt zum Zeitpunkt $t_S = -\vec{v}_0\vec{a}/\vec{a}^2$ passiert. Mit $t = t_S$ liefert die vektorielle Ort-Zeit-Funktion den gesuchten Ortsvektor $\vec{r}_S$ des Scheitelpunktes:

$$\vec{r}_S = \vec{r}_0 - \frac{\vec{v}_0 \vec{a}}{\vec{a}^2}\vec{v}_0 + \frac{(\vec{v}_0 \vec{a})^2}{2\vec{a}^4}\vec{a}. \tag{19.118}$$

Die Geschwindigkeit $\vec{v}_S$ im Scheitelpunkt ergibt sich mit $t_S = -\vec{v}_0\vec{a}/\vec{a}^2$ aus $\vec{v}_S = \vec{v}_0 + \vec{a}t_S$ zu

$$\vec{v}_S = \vec{v}_0 - \frac{\vec{v}_0 \vec{a}}{\vec{a}^2}\vec{a} = \frac{1}{\vec{a}^2}\vec{a} \times (\vec{v}_0 \times \vec{a}). \tag{19.119}$$

Die letzte Umformung wurde mit der Zerlegungsformel $\vec{a} \times (\vec{b} \times \vec{c}) = (\vec{a}\vec{c})\vec{b} - (\vec{a}\vec{b})\vec{c}$ des doppelten Vektorprodukts vorgenommen.

☐ Ein Boot überquert mit der senkrecht zum Ufer gerichteten, konstanten Eigengeschwindigkeit v_B einen Fluß der Breite $2a$, dessen Wasser mit der Geschwindigkeit $v_W = v_0[1 - (x/a)^2]$ strömt, wobei x eine quer zum Ufer gerichtete Abstandskoordinate mit dem Nullpunkt O in der Flußmitte bedeutet (s. Bild 19.31).

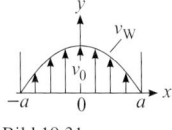

Bild 19.31

Die Strömungsrichtung ist die y-Richtung. v_0 ist die konstante Strömungsgeschwindigkeit des Wassers in der Flußmitte. Die x-Richtung ist die von v_B. Zu ermitteln sind die Gleichung der Bahnkurve des Bootes und die Strecke, um die das Boot abdriftet, wenn es an der Stelle $x = -a$, $y = 0$ startet („fliegender Start!").

Lösung:

Anstieg der Bahnkurve $y = f(x)$ an der Stelle $x \in [-a;a]$ (s. Bild 19.32): $y'(x) = \dfrac{v_W}{v_B} = \dfrac{v_0}{v_B}[1 - (x/a)^2]$. Deshalb ist $y = f(x)$ Lösung des Anfangswertproblems $y'(x) = \dfrac{v_0}{v_B}[1 - (x/a)^2]$, $y(-a) = 0$.

Durch Variablentrennung und Integration unter Berücksichtigung der Anfangsbedingung ergibt sich die Gleichung der Bahnkurve

$$y = f(x) = \frac{v_0}{3a^2 v_B}(2a^3 + 3a^2 x - x^3),$$

die im Bild 19.32 graphisch dargestellt worden ist. Daraus folgt die Abdrift $f(a) = \dfrac{4av_0}{3v_B}$.

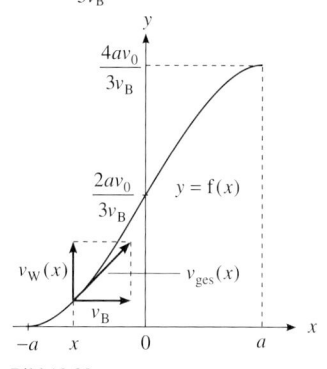

Bild 19.32

19.4.3.2 Schräger Wurf ohne Bewegungswiderstand

heißt eine Bewegung, die Überlagerung aus einer geradlinigen, gleichförmigen Bewegung mit der Geschwindigkeit $\vec{v}_0 = (v_0 \cos\alpha, v_0 \sin\alpha, 0)$ und dem freien Fall mit der Beschleunigung $\vec{a} = (0, -g, 0)$ ist. v_0 heißt Betrag der Abwurfgeschwindigkeit, α heißt Abwurfwinkel, $g = 9{,}81$ m s^{-2} ist der Betrag der Fallbeschleunigung (s. Bild 19.33 für $a > 0$, die z-Achse weist senkrecht zur Zeichenebene zum Betrachter). Beim schrägen Wurf nach oben (unten) ist $\alpha > 0$ ($\alpha < 0$). Beim vertikalen Wurf ist $\alpha = \pm 90°$.

Die Bewegung kann auch als Überlagerung aus einer gleichförmigen Bewegung mit der Geschwindigkeit $v_0 \cos\alpha$ in x-Richtung und für $\alpha > 0$ ($\alpha < 0$) einem vertikalen Wurf nach oben (unten) in y-Richtung ($-y$-Richtung) aufgefaßt werden (s. Bild 19.34 für $\alpha > 0$, die z-Achse weist senkrecht zur Zeichenebene zum Betrachter). Nach dem Überlagerungsgesetz gelten deshalb die Formeln

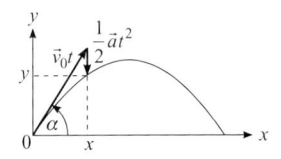

Bild 19.33

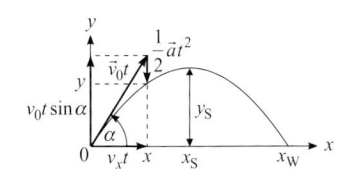

Bild 19.34

für die x-Komponente der Bewegung:

für die y-Komponente der Bewegung:

$$a_x = 0 \tag{19.120}$$

$$v_x = v_0 \cos \alpha \tag{19.121}$$

$$x = v_0 t \cos \alpha \tag{19.122}$$

$$a_y = -g \tag{19.123}$$

$$v_y = v_0 \sin \alpha - gt \tag{19.124}$$

$$y = v_0 t \sin \alpha - \frac{1}{2} g t^2 \tag{19.125}$$

Aus (19.122) und (19.125) folgt durch Elimination der Zeit t die *Gleichung der Wurfparabel*

$$y = x \tan \alpha - \frac{g x^2}{2 v_0^2 \cos^2 \alpha}. \tag{19.126}$$

Die Koordinaten des Scheitelpunktes S(x_S; y_S) der Parabel folgen aus der Bahngleichung (19.126) oder auch aus (19.118) zu

$$x_S = \frac{v_0^2}{g} \sin 2\alpha, \quad y_S = \frac{v_0^2}{2g} \sin^2 \alpha. \tag{19.127a,b}$$

Beim *schrägen Wurf nach oben* werden y_S auch *Wurf- oder Gipfelhöhe* [vgl. (19.28)] und

$$x_W = 2 x_S = \frac{2 v_0^2}{g} \sin 2\alpha \tag{19.128}$$

auch *Wurfweite* genannt. Die Zeit t_S zum Erreichen des Scheitelpunktes der Parabel

$$t_S = \frac{v_0}{g} \sin \alpha \tag{19.129}$$

heißt beim schrägen Wurf nach oben *Steigzeit* (sie ist Nullstelle von (19.124)) und die Zeit

$$t_W = 2 t_S = \frac{2 v_0}{g} \sin \alpha \tag{19.130}$$

auch *Wurfzeit*. Sie ist neben $t_1 = 0$ die zweite Nullstelle von (19.125). Für Zeiten $t > t_W$ wird $y < 0$.

Die Wurfweite gemäß (19.128) ist bei konstanter Abwurfgeschwindigkeit eine Funktion von α. Sie hat für $\alpha = \pi/4$ (s. Bild 19.35) das relative Maximum

$$x_{W\max} = \frac{2 v_0^2}{g}. \tag{19.131}$$

19.4 Überlagerung von Bewegungen

Ein schräger Wurf nach oben mit dem Abwurfwinkel $\alpha = \frac{\pi}{4} + \beta$ ($\alpha = \frac{\pi}{4} - \beta$), wobei $0 < \beta < \frac{\pi}{4}$ ist, und der Abwurfgeschwindigkeit v_0 heißt *Steilwurf* (*Flachwurf*), hat die Wurfweite (s. Bild 19.35)

$$x_W = \frac{2v_0^2}{g} \cos 2\beta < x_{W\max} \tag{19.132}$$

und die Wurfzeit

$$\left. \begin{array}{l} t_{W1} = \dfrac{2v_0}{g} \sin\left(\dfrac{\pi}{4} + \beta\right) > t_W|_{\alpha = \pi/4} \text{ (Steilwurf)}, \\[2mm] t_{W2} = \dfrac{2v_0}{g} \sin\left(\dfrac{\pi}{4} - \beta\right) < t_W|_{\alpha = \pi/4} \text{ (Flachwurf)}. \end{array} \right\} \tag{19.133a,b}$$

Es gilt

$$\Delta x_W = x_{W\max} - x_W = \frac{2v_0^2}{g} \sin^2 \beta. \tag{19.134}$$

Nach (19.133a,b) ist die Wurfzeit beim Steilwurf (t_{W1}) größer als beim Flachwurf (t_{W2}). Entsprechend ist damit nach (19.127b) die Gipfelhöhe beim Steilwurf (H) größer als beim Flachwurf (h), da

$$\frac{H}{h} = \left(\frac{\sin\left(\dfrac{\pi}{4} + \beta\right)}{\sin\left(\dfrac{\pi}{4} - \beta\right)} \right)^2 = \left(\frac{t_{W1}}{t_{W2}} \right)^2 > 1. \tag{19.135}$$

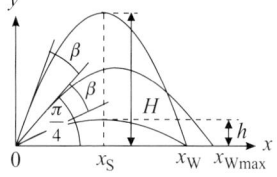

Bild 19.35 Bild 19.36

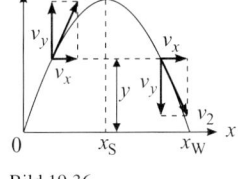

Beim schrägen Wurf nach oben ist $\alpha > 0$. Mit Ausnahme von (19.128) bis (19.134) gelten alle bisher genannten Formeln auch für den *schrägen Wurf nach unten* ($\alpha < 0$) und den horizontalen Wurf ($\alpha = 0$). Der Leser beachte, daß v_y und y beim schrägen Wurf nach unten (für $t \geq 0$) stets negativ sind. Mit $\alpha = \pi/2$ ($\alpha = -\pi/2$) ergeben sich aus den Formeln für den *schrägen Wurf* nach oben (nach unten) die Formeln für den *vertikalen Wurf* nach oben (nach unten). Der Leser vergleiche die hier angegebenen mit den Formeln in Abschnitt 19.2.2.3.

Folgende Aussagen haben ausschließlich für den *schrägen Wurf nach oben* Gültigkeit:

- Jede Höhe y ($0 < y < y_S$) wird zu zwei Zeitpunkten

$$t_{1,2} = t_S \pm \sqrt{t_S^2 - \frac{2y}{g}} \tag{19.136a,b}$$

erreicht, die symmetrisch zur Steigzeit t_S [s. (19.129)] liegen [vgl. (19.29)]. Die Abszissen der beiden Punkte der Bahnkurve haben die Werte

$$x_{1,2} = x_S \pm \sqrt{x_S^2 - \frac{2yv_0^2}{g}\cos^2\alpha}, \qquad (19.137\text{a,b})$$

die symmetrisch zur Abszisse des Scheitelpunkts der Parabel liegen.

- In gleicher Höhe y ($0 < y < y_S$) unterscheiden sich die *resultierenden Geschwindigkeiten*

$$\vec{v}_{1,2} = (v_x, v_{y1,2}, 0) = (v_0\cos\alpha, v_0\sin\alpha - gt_{1,2}, 0) \qquad (19.138)$$

mit $t_{1,2}$ gemäß (19.136a,b) *nicht* in ihrem Betrag

$$|\vec{v}_1| = |\vec{v}_2| = \sqrt{v_0^2\cos^2\alpha + g^2 t_S^2 - 2gy}, \qquad (19.138\text{a})$$

wohl aber in ihrer Richtung [s. Bild 19.36, vgl. (19.31)].

19.4.4 Überlagerung geradliniger und kreisförmiger Bewegungen

19.4.4.1 Überlagerungsgesetz

Bezugssystem Σ_1 führt eine *geradlinige Translation* (s. 19.4.6.1) relativ zum Bezugssystem Σ_2 aus, gekennzeichnet durch die Größen $\vec{r}_2(t), \vec{v}_2(t), \vec{a}_2(t)$ mit $\vec{v}_2(t)\times\vec{a}_2(t) \equiv \vec{0}$. Massenpunkt M führt relativ zum Bezugssystem Σ_1 eine Kreisbewegung (Radius r, Winkelgeschwindigkeit $\vec{\omega} = \omega(t)\vec{e}$ mit Einheitsvektor $\vec{e} = \text{const}$) um den Koordinatenursprung O_1 aus (s. Bild 19.37), so daß der Ortsvektor $\vec{r}_1(t)$ von M (bezüglich Σ_1) in der Ebene $\vec{e}\cdot\vec{r}_1(t) = 0$ liegt.

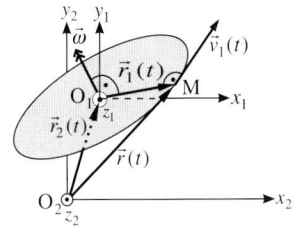

Bild 19.37

Dann gelten die Formeln (19.115), (19.116) und (19.117) mit

$$\boxed{\vec{v}_1(t) = \omega(t)\cdot\vec{e}\times\vec{r}_1(t),} \qquad (19.139\text{a})$$

$$\boxed{\vec{a}_1(t) = \dot{\omega}(t)\cdot\vec{e}\times\vec{r}_1(t) + \omega(t)\cdot\vec{e}\times\vec{v}_1(t).} \qquad (19.139\text{b})$$

19.4.4.2 Beispiele

☐ Ein Rad (Radius r) rollt – ohne zu gleiten – auf der x_2-Achse des Systems Σ_2 (s. Bild 19.38). Der Radmittelpunkt O_1 bewegt sich mit der Geschwindigkeit $\vec{v}_2(t) = (v_0 + at, 0, 0)$ relativ zu Σ_2 und hat zu Beginn den Ortsvektor $\vec{r}_2(0) = (0, r, 0)$. $v_0 > 0$ und $a > 0$ sind konstant. Gesucht sind $\vec{r}(t)$, $\vec{v}(t)$ und $\vec{a}(t)$ (Ortsvektor, Geschwindigkeitsvektor und Beschleunigungsvektor relativ zu Σ_2 für den fest mit dem Rad verbundenen Punkt M, der zu Beginn in der Entfernung R vertikal unterhalb O_1 liegt). Es sind die Fälle $R < r$, $R = r$ und $R > r$ zu unterscheiden.

19.4 Überlagerung von Bewegungen

Lösung:

Die Bewegung ist eine Überlagerung aus der geradlinigen, gleichmäßig beschleunigten Bewegung von O_1 in x_2-Richtung relativ zu Σ_2:
$$\vec{r}_2(t) = \left(v_0 t + \frac{1}{2}at^2, r, 0\right)$$
($r_2(t) \equiv |\vec{r}_2(t)| = \overline{O_2 O_1}$) und der gleichmäßig beschleunigten Kreisbewegung von M um O_1 (Radius R, Winkelgeschwindigkeit $\vec{\omega}$) relativ zu Σ_1:

Bild 19.38

$$\vec{r}_1(t) = R \cdot (-\sin\varphi, -\cos\varphi, 0) \quad \text{mit}$$
$$\varphi = \varphi(t) = \omega_0 t + \frac{1}{2}at^2 = \frac{1}{r}\left(v_0 t + \frac{1}{2}at^2\right). \tag{$*$}$$

($*$) gilt, weil Rollen ohne zu gleiten erfordert, daß der Bogen $\widehat{QP}$ gleich der Strecke $\overline{QO_2}$ ist. Der Ortsvektor $\vec{r}(t)$ von M in Abhängigkeit von der Zeit t für die Absolutbewegung lautet demnach

$$\vec{r}(t) = \vec{r}_1(t) + \vec{r}_2(t)$$
$$= \left(v_0 t + \frac{1}{2}at^2 - R\sin\frac{v_0 t + \frac{1}{2}at^2}{r},\; r - R\cos\frac{v_0 t + \frac{1}{2}at^2}{r},\; 0\right). \tag{I}$$

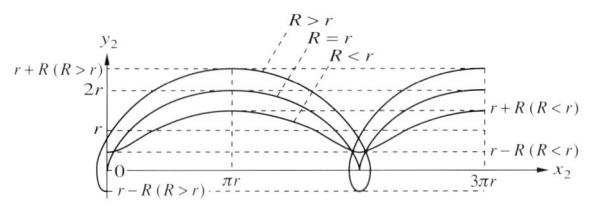

Bild 19.39

(I) ist für $R = r$ ($R < r, R > r$) eine Parameterdarstellung einer gewöhnlichen Zykloide (verkürzten Zykloide, verlängerten Zykloide). Verkürzte und verlängerte Zykloide werden auch Trochoide genannt. Im Bild 19.39 ist die Bahnkurve des Punktes M (y_2 als Funktion von $x_2 \in [0; 3\pi r]$) für die drei Fälle $R = r$, $R < r$ und $R > r$ dargestellt. Für die verlängerte (verkürzte) Zykloide ist $r + R > 2r$ und $r - R < 0$ ($r + R < 2r$ und $r - R > 0$).

Wegen $\omega(t) = \dot{\varphi}(t) = \dfrac{v_0 + at}{r} \Rightarrow \vec{\omega}(t) = -\dfrac{v_0 + at}{r} \cdot (0, 0, 1)$

gilt $\vec{v}_1(t) = \vec{\omega}(t) \times \vec{r}_1(t) = \dfrac{R}{r}(v_0 + at) \cdot (-\cos\varphi, \sin\varphi, 0)$ und damit

$$\vec{v}(t) = \vec{v}_1(t) + \vec{v}_2(t)$$
$$= (v_0 + at)\left(1 - \frac{R}{r}\cos\frac{v_0 t + \frac{1}{2}at^2}{r},\; \frac{R}{r}\sin\frac{v_0 t + \frac{1}{2}at^2}{r},\; 0\right). \tag{II}$$

Mit (19.139b) und $(*)$ folgt die Absolutbeschleunigung:
$$\vec{a}(t) = \vec{a}_1(t) + \vec{a}_2(t)$$
$$= a\left[1 - \frac{R}{r}\cos\varphi,\ \frac{R}{r}\sin\varphi,\ 0\right] + \frac{(v_0+at)^2 R}{r^2}[\sin\varphi,\cos\varphi,0]. \tag{III}$$

☐ Die Überlagerung einer geradlinigen Translation eines Bezugssystems Σ_1
$$\vec{r}_2(t) = (0,0,v_0 t)$$

(Vektorkoordinaten bezüglich Σ_2) relativ zu einem Bezugssystem Σ_2 und der kreisförmigen Bewegung
$$\vec{r}_1(t) = r\cdot(\cos\varphi,\sin\varphi,0)$$

(Vektorkoordinaten bezüglich Σ_1) eines Massenpunktes M mit
$$r = \text{const} > 0, \quad \varphi = \omega_0 t \tag{$*$}$$

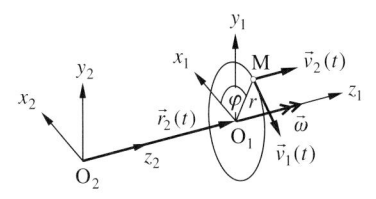

Bild 19.40a

relativ zum Bezugssystem (s. Bild 19.40a für eine *rechtsgewundene* Schraubenlinie), bei der die Größen $v_0 = \text{const} \neq 0$ und $\omega_0 = \text{const} \neq 0$ unabhängig voneinander sind, ergibt die *räumliche* Bewegung des Massenpunktes M relativ zum Bezugssystem Σ_2
$$\vec{r}(t) = [r\cos\omega_0 t,\ r\sin\omega_0 t,\ v_0 t], \tag{I}$$
$$\vec{v}(t) = [-r\omega_0\sin\omega_0 t,\ r\omega_0\cos\omega_0 t,\ v_0], \tag{II}$$
$$\vec{a}(t) = [-r\omega_0^2\cos\omega_0 t,\ -r\omega_0^2\sin\omega_0 t,\ 0]. \tag{III}$$

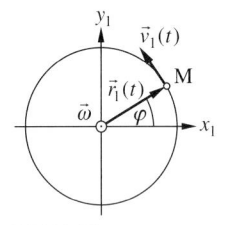

Bild 19.40b 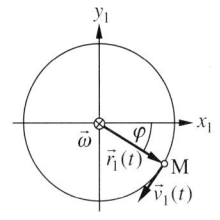   Bild 19.40c

(I) ist Gleichung einer Schraubenlinie mit dem Radius r und der Steigung $\tan\psi = \Delta z_2/s_1 = v_0/\omega_0 r$, weil eine Schraube (I) in der Zeit $T = 2\pi/\omega_0$ eine Umdrehung

(Drehweg $s_1 = 2\pi r$) ausführt und sich dabei um $\Delta z_2 = v_0 T$ in axialer Richtung bewegt. Bei $v_0 > 0$ und $\omega_0 > 0$ ($\omega_0 < 0$) bzw. $v_0 < 0$ und $\omega_0 < 0$ ($\omega_0 > 0$) ist die Schraubenlinie rechtsgewunden (linksgewunden), (s. Bild 19.40b, c und Definition (19.140) der Windung).

Unter der *Windung* einer Raumkurve $\vec{r} = \vec{r}(t)$ in einem Kurvenpunkt $t = t_0$ wird die Größe

$$\tau(t_0) = \frac{\left[\dot{\vec{r}}(t_0), \ddot{\vec{r}}(t_0), \dddot{\vec{r}}(t_0)\right]}{\left[\dot{\vec{r}}(t_0) \times \ddot{\vec{r}}(t_0)\right]^2} \tag{19.140}$$

(vgl. (19.80)) verstanden, worin $\left[\dot{\vec{r}}(t_0), \ddot{\vec{r}}(t_0), \dddot{\vec{r}}(t_0)\right]$ das Spatprodukt der Vektoren $\dot{\vec{r}}(t_0), \ddot{\vec{r}}(t_0)$, und $\dddot{\vec{r}}(t_0)$ ist. Es gilt: $\tau(t_0) > 0$ ($\tau(t_0) < 0$, $\tau(t) \equiv 0$) $\Leftrightarrow$ Rechtswindung (Linkswindung, ebene Kurve).

Für die Schraubenlinie in obigem Beispiel ist die Windung

$$\tau(t) = \frac{\omega_0 v_0}{v_0^2 + r^2 \omega_0^2} = \text{const},$$

also für alle Punkte der Bahnkurve positiv (negativ) und demnach die Schraubenlinie – wie oben behauptet – rechtsgewunden (linksgewunden) genau dann, wenn $\omega_0 v_0 > 0$ ($\omega_0 v_0 < 0$) gilt.

19.4.5 Überlagerung von Kreisbewegungen

19.4.5.1 Überlagerungsgesetz

Bezugssystem Σ_1 führt relativ zum Bezugssystem Σ_2 eine *kreisförmige Translation* (s. 20.1) mit der Winkelgeschwindigkeit $\vec{\omega}_2(t) = \omega_2(t) \cdot \vec{e}_2$ (Einheitsvektor $\vec{e}_2 = $ const) um den Ursprung O_2 von Σ_2 mit dem Radius r_2 aus (s. Bild 19.41). Massenpunkt M bewegt sich relativ zum Bezugssystem Σ_1 mit der Geschwindigkeit $\vec{v}_1(t)$ auf einem Kreis mit dem Mittelpunkt O_1 (Ursprung von Σ_1) und dem Radius r_1, dessen Ebene relativ zum Bezugssystem Σ_1 konstant ist.

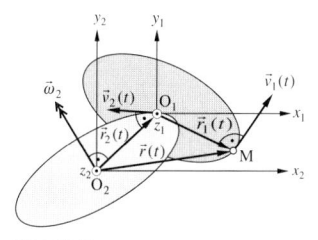

Bild 19.41

Dann gelten die Formeln (19.115), (19.116) und (19.117) mit

$$\vec{v}_1(t) = \dot{\vec{r}}_1(t),\ \vec{v}_2(t) = \omega_2(t) \cdot \vec{e}_2 \times \vec{r}_2(t), \tag{19.141a,b}$$

$$\vec{a}_1(t) = \dot{\vec{v}}(t),\ \vec{a}_2(t) = \dot{\omega}_2(t) \cdot \vec{e}_2 \times \vec{r}_2(t) + \omega_2(t) \cdot \vec{e}_2 \times \vec{v}_2(t). \tag{19.141c,d}$$

19.4.5.2 Beispiele

☐ Eine kreisförmige Scheibe I (Radius r_1 rollt – ohne zu gleiten – *außen* auf einer zweiten, feststehenden kreisförmigen Scheibe II (Mittelpunkt O_2, Radius r_2) derart, daß ihr Mittelpunkt O_1 relativ zur Scheibe II die Winkelgeschwindigkeit $\vec{\omega}_2 = \omega_2 \cdot (0,0,1)$ mit $\omega_2 = \text{const} > 0$ hat (s. Bild 19.42). Ein Punkt M, der fest mit Scheibe I verbunden ist, hat in der Scheibenebene einen Abstand ρ von O_1 und liegt zu Beginn auf der x_2-Achse zwischen O_2 und O_1. Für Punkt M sind $\vec{r}(t)$, $\vec{v}(t)$ und $\vec{a}(t)$ (Orts-, Geschwindigkeits- und Beschleunigungsvektor bezüglich des x_2, y_2, z_2-Koordinatensystems) gesucht.

Lösung:

Aus $\varphi_1 = \omega_1 t$ und $\varphi_2 = \omega_2 t$ folgt $\overset{\frown}{P_2 P} = r_2 \omega_2 t = \overset{\frown}{P_1 P} = r_1 \omega_1 t$ (Bedingung für Rollen ohne zu gleiten).

Daraus ergibt sich $\omega_1 = \dfrac{r_2}{r_1} \omega_2$ und $\vec{\omega}_2 = \dfrac{r_2}{r_1} \omega_2 \cdot (0,0,1)$.

Aus Bild 19.42 sind

$$\vec{r}_1(t) = \rho \cdot [-\cos(\varphi_1 + \varphi_2),\ -\sin(\varphi_1 + \varphi_2),\ 0]$$

und

$$\vec{r}_2(t) = (r_1 + r_2) \cdot [\cos\varphi_2,\ \sin\varphi_2,\ 0].$$

abzulesen.

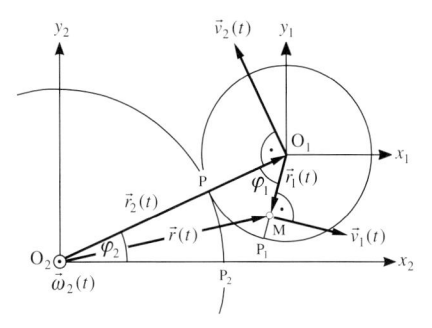

Bild 19.42

Damit ergibt sich nach (19.115) der gesuchte Ortsvektor:

$$\vec{r}(t) = \vec{r}_1(t) + \vec{r}_2(t) \tag{I}$$
$$= \rho \cdot [-\cos(\varphi_1 + \varphi_2),\ -\sin(\varphi_1 + \varphi_2),\ 0]$$
$$+ (r_1 + r_2) \cdot [\cos\varphi_2,\ \sin\varphi_2,\ 0]$$

mit $\varphi_1 = \dfrac{r_2}{r_1} \omega_2 t$ und $\varphi_2 = \omega_2 t$. (I) ist eine Parameterdarstellung einer Epizykloide und speziell für $\rho = r_1 = r_2$ eine Parameterdarstellung der Kardioide. Außer der gewöhnlichen Epizykloide ($\rho = r_1$) ergeben sich für $\rho < r_1$ die sogenannte verkürzte und für $\rho > r_1$ die sogenannte verlängerte Epizykloide.

19.4 Überlagerung von Bewegungen

Für die Gestalt all dieser ebenen Kurven ist das Verhältnis $\lambda = r_2/r_1$ von Bedeutung:

- Ist λ eine ganze positive Zahl, so besteht die Kurve aus λ kongruenten Bögen in jedem Intervall $2k\pi \leq \omega_2 t \leq (k+1)2\pi$ mit $k = 0, 1, 2, \ldots$. Die Kurven haben die Periode $2\pi q$.
- Wenn $\lambda = p/q$ ein teilerfremder Bruch ist, besteht die Kurve aus p kongruenten Bögen in jedem Intervall $2k\pi q \leq \omega_2 t \leq (k+1)2\pi q$ mit $k = 0, 1, 2, \ldots$. Diese Kurven haben die Periode 2π.
- Ist λ schließlich irrational, so besteht die Kurve aus unendlich vielen kongruenten Bögen und ist nicht periodisch.

In den Bildern 19.43 ist y_2 über x_2 für $\lambda = 4$ und die drei Fälle $\rho < r_1$ (Bild 19.43a), $\rho = r_1$ (Bild 19.43b) und $\rho > r_1$ (Bild 19.43c) dargestellt.

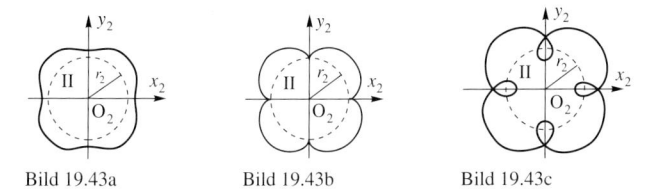

Bild 19.43a Bild 19.43b Bild 19.43c

Die Bahnkurve im Bild 19.43a liegt außerhalb der Scheibe II und weist weder Spitzen noch Schleifen auf, die Bahnkurve im Bild 19.43b berührt die Scheibe II in jeder Periode λ-mal mit ihren Spitzen, die Bahnkurve im Bild 19.43c schneidet die Peripherie der Scheibe II in jeder Periode 2λ-mal mit ihren Schleifen.

Unter Beachtung von $\dot{\omega}_2(t) = 0$ folgt aus (19.116) mit (19.141a,b) oder durch Differentiation von (I) nach der Zeit t der resultierende Geschwindigkeitsvektor

$$\vec{v}(t) = \omega_2 \rho \left(1 + \frac{r_2}{r_1}\right) \cdot \left\{\sin\left[\left(1 + \frac{r_2}{r_1}\right)\omega_2 t\right], \; -\cos\left[\left(1 + \frac{r_2}{r_1}\right)\omega_2 t\right], \; 0\right\}$$
$$+ \omega_2(r_1 + r_2) \cdot [-\sin\omega_2 t, \; \cos\omega_2 t, \; 0] \tag{II}$$

und aus (19.117) mit (19.141c,d) oder durch Differentiation von (II) nach der Zeit t der resultierende Beschleunigungsvektor

$$\vec{a}(t) = \omega_2^2 \rho \left(1 + \frac{r_2}{r_1}\right)^2 \cdot \left\{\cos\left[\left(1 + \frac{r_2}{r_1}\right)\omega_2 t\right], \; \sin\left[\left(1 + \frac{r_2}{r_1}\right)\omega_2 t\right], \; 0\right\}$$
$$+ \omega_2^2(r_1 + r_2) \cdot [\cos\omega_2 t, \; \cos\omega_2 t, \; 0] \tag{III}$$

☐ Rollt ein Kreis I (Mittelpunkt O_1, Radius r_1) *innen* an einem feststehenden Kreis II (Mittelpunkt O_2, Radius r_2 ($r_2 > r_1$)), ohne zu gleiten, im Uhrzeigersinn mit der Bahngeschwindigkeit v_2 ($v_2 = \text{const}$) seines Mittelpunktes relativ zum Kreis II ab, so beschreibt ein fest mit ihm verbundener Punkt M, der zur Zeit $t = 0$ wie O_1 auf der x_2-Achse (in einer Entfernung ρ rechts neben O_1) eines starr mit dem Kreis II verbundenen Bezugssystems liegt (s. Bild 19.44), eine Hypozykloide (verlängerte, verkürzte Hypozykloide), wenn $\rho = r_1$ ($\rho > r_1$, $\rho < r_1$) bzw. eine Astroide, wenn $\rho = r_1 = r_2/4$ ist (Beweis s. u.).

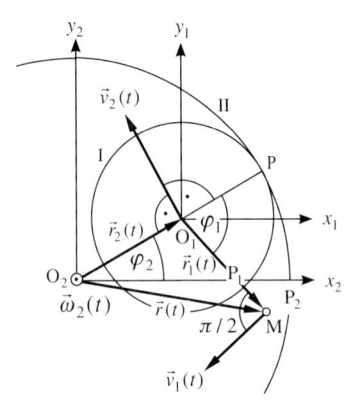

Bild 19.44

Der (aus Bild 19.44 ablesbare) resultierende Ortsvektor (vgl. (19.115))

$$\vec{r}(t) = \rho \cdot [\cos(\varphi_1 - \varphi_2),\ -\sin(\varphi_1 - \varphi_2),\ 0] + (r_2 - r_1) \cdot [\cos\varphi_2,\ \sin\varphi_2,\ 0] \quad \text{(I)}$$

mit $\varphi_2 = \omega_2 t = \dfrac{v_2 t}{r_2 - r_1}$ und $\varphi_1 = \omega_1 t = \dfrac{r_2}{r_1}\omega_2 t = \dfrac{r_2 v_2 t}{r_1(r_2 - r_1)}$ (wegen der Rollbedingung $\widehat{P_2 P} = \widehat{P_1 P}$ gilt die Gleichung $\omega_1 = \dfrac{r_2}{r_1}\omega_2$ und damit $\vec{\omega}_1 = -\dfrac{r_2}{r_1}\vec{\omega}_2$) ist eine Parameterdarstellung einer Hypozykloide, die für $\rho = r_1 = r_2/4$ eine Astroide darstellt.

Wie bei den Epizykloiden im Beispiel 1 unterscheidet man gewöhnliche Hypozykloiden ($\rho = r_1$), verkürzte ($\rho < r_1$) und verlängerte Hypozykloiden ($\rho > r_1$). Für die Gestalt der Hypozykloiden ist das Verhältnis $\lambda = r_2/r_1$ maßgebend:

- λ ganze positive Zahl $\Leftrightarrow$ die Bahnkurve besteht aus λ kongruenten Bögen in jedem Periodizitätsintervall $2k\pi \leqq v_1 t/r_2 < (k+1)2\pi$ für $k = 0, 1, \ldots$
- $\lambda = p/q$ (p/q teilerfremder Bruch) $\Leftrightarrow$ die Bahnkurve besteht aus p kongruenten Bögen in jedem Periodizitätsintervall $2k\pi q \leqq v_1 t/r_2 < (k+1)2\pi q$ für $k = 0, 1, \ldots$
- λ irrational $\Leftrightarrow$ die Bahnkurve besteht aus unendlich viel kongruenten Bögen und ist nicht periodisch.

In den Bildern 19.45 ist y_2 qualitativ über x_2 für $\lambda = 4$ und die drei Fälle $\rho < r_1$ (Bild 19.45a), $\rho = r_1$ (Bild 19.45b) und $\rho > r_1$ (Bild 19.45c) dargestellt.

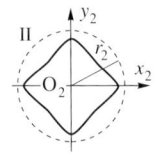

Bild 19.45a 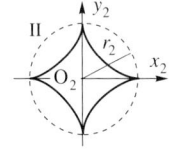   Bild 19.45b 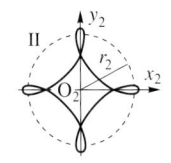   Bild 19.45c

19.4 Überlagerung von Bewegungen

Die Bahnkurve im Bild 19.45a liegt innerhalb des Kreises II und weist weder Spitzen noch Schleifen auf, die Bahnkurve im Bild 19.45b berührt den Kreis II in jeder Periode λ-mal mit ihren Spitzen, die Bahnkurve im Bild 19.45c schneidet die Peripherie des Kreises II in jeder Periode 2λ-mal mit ihren Schleifen.

Unter Beachtung von $\dot\omega_2(t) = 0$ folgt aus (19.116) mit (19.141a,b) oder durch Differentiation von (I) nach der Zeit t der resultierende Geschwindigkeitsvektor

$$\vec v(t) = \frac{v_2 \rho}{r_1} \cdot \left[-\sin\frac{v_2 t}{r_1}, -\cos\frac{v_2 t}{r_1}, 0\right] + v_2 \cdot \left[-\sin\frac{v_2 t}{r_2 - r_1}, \cos\frac{v_2 t}{r_2 - r_1}, 0\right] \quad \text{(II)}$$

und aus (19.117) mit (19.141c,d) oder durch Differentiation von (II) nach der Zeit t der resultierende Beschleunigungsvektor

$$\vec a(t) = \frac{v_2^2 \rho}{r_1} \cdot \left[-\cos\frac{v_2 t}{r_1}, \sin\frac{v_2 t}{r_1}, 0\right]$$
$$+ \frac{v_2^2}{r_2 - r_1} \cdot \left[-\cos\frac{v_2 t}{r_2 - r_1}, -\sin\frac{v_2 t}{r_2 - r_1}, 0\right]. \quad \text{(III)}$$

☐ Das x_1, y_1, z_1-Koordinatensystem führt relativ zum x_2, y_2, z_2-Koordinatensystem eine Translation aus, bei der sein Mittelpunkt O_1 sich auf

$$\vec r_2(t) = r_2 \cdot (\cos\omega_2 t, \sin\omega_2 t, 0)$$

mit der Winkelgeschwindigkeit $\vec\omega_2 = \omega \cdot (0, 0, 1)$ bewegt, wobei $\omega_2 = \text{const} > 0$ ist. Relativ zum x_1, y_1, z_1-Koordinatensystem bewegt sich ein Massenpunkt M auf dem Kreis mit der Parameterdarstellung $\vec r_1(t) = r_1 \cdot (\cos\omega_1 t, 0, \sin\omega_1 t)$ und der Winkelgeschwindigkeit $\vec\omega_1 = \omega_1 \cdot (0, 1, 0)$, wobei $\omega_1 = \text{const} > 0$ ist. Gesucht sind Orts-, Geschwindigkeits- und Beschleunigungsvektor von M relativ zum x_2, y_2, z_2-Koordinatensystem sowie Tangential- und Normalbeschleunigung in Abhängigkeit von der Zeit t.

Lösung:

$$\vec r(t) = (r_1 \cos\omega_1 t + r_2 \cos\omega_2 t, \; r_2 \sin\omega_2 t, \; r_1 \sin\omega_1 t) \quad \text{(I)}$$
$$\vec v(t) = (-r_1 \omega_1 \sin\omega_1 t - r_2 \omega_2 \sin\omega_2 t, \; r_2 \omega_2 \cos\omega_2 t, \; r_1 \omega_1 \cos\omega_1 t) \quad \text{(II)}$$
$$\vec a(t) = (-r_1 \omega_1^2 \cos\omega_1 t - r_2 \omega_2^2 \cos\omega_2 t, \; -r_2 \omega_2^2 \sin\omega_2 t, \; -r_1 \omega_1^2 \sin\omega_1 t) \quad \text{(III)}$$

Für die Zerlegung $\vec p = \vec p_\parallel + \vec p_\perp$ eines Vektors $\vec p \neq \vec 0$ in eine Komponente $\vec p_\parallel$ parallel zu einem Vektor $\vec q \neq \vec 0$ und eine Komponente $\vec p_\perp$ orthogonal zu diesem liefert die Vektoralgebra die Formeln

$$\boxed{\vec p_\parallel = \frac{\vec p \vec q}{\vec q^2} \cdot \vec q,} \quad (19.142\text{a})$$

$$\boxed{\vec p_\perp = \frac{1}{\vec q^2}\vec q \times (\vec p \times \vec q) = \frac{1}{\vec q^2}[\vec q^2 \vec p - (\vec p \vec q)\vec q] = \vec p - \frac{\vec p \vec q}{\vec q^2}\vec q.} \quad (19.142\text{b})$$

Im Beispiel 3 hat $\vec v$ Tangentenrichtung. Deshalb ist $\vec a$ nach (19.142a,b) zu zerlegen in eine Komponente in Richtung $\vec v$ und eine dazu senkrechte Komponente ($\vec a_T$ entspricht $\vec p_\parallel$, $\vec a_N$ entspricht $\vec p_\perp$). Nach (19.142a,b) gilt demnach

$$\vec a_T = \frac{\vec a \vec v}{\vec v^2}\vec v, \quad \vec a_N = \frac{1}{\vec v^2}\vec v \times (\vec a \times \vec v). \quad \text{(IV,V)}$$

Auf die Angabe der Schlußergebnisse für $\vec a_T$ und $\vec a_N$ dieser räumlichen Bewegung wird verzichtet.

19.4.6 Allgemeine Relativbewegung

Es sei (s. Bild 19.46)

Σ_1 ein Koordinatensystem mit dem Ursprung O_1 und den Koordinatenachsen x_1, y_1 und z_1,

Σ_2 ein Koordinatensystem mit dem Ursprung O_2 und den Koordinatenachsen x_2, y_2 und z_2,

M ein Massenpunkt,

$\vec{r}_1(t)$, $\vec{v}_1(t)$ und $\vec{a}_1(t)$ Orts-, Geschwindigkeits- und Beschleunigungsvektor von M relativ zu Σ_1,

$\vec{r}(t)$, $\vec{v}(t)$ und $\vec{a}(t)$ Orts-, Geschwindigkeits- und Beschleunigungsvektor von M relativ zu Σ_2,

$\vec{r}_2(t)$, $\vec{v}_2(t)$ und $\vec{a}_2(t)$ Orts-, Geschwindigkeits- und Beschleunigungsvektor von O_1 relativ zu Σ_2.

Nun soll erörtert werden, in welchem Zusammenhang $\vec{r}(t)$, $\vec{v}(t)$ und $\vec{a}(t)$ mit $\vec{r}_1(t)$, $\vec{v}_1(t)$ und $\vec{a}_1(t)$ und $\vec{r}_2(t)$, $\vec{v}_2(t)$ und $\vec{a}_2(t)$ stehen, wenn Σ_1 relativ zu Σ_2 Translation und Rotation ausführt.

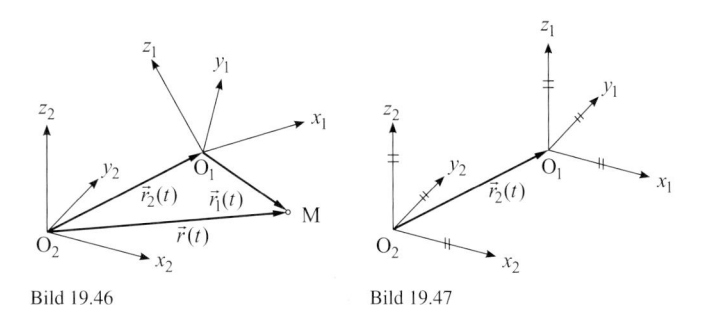

Bild 19.46

Bild 19.47

19.4.6.1 Definitionen

- **Translation**:

  System $\Sigma_1(O_1,x_1,y_1,z_1)$ führt genau dann relativ zum System $\Sigma_2(O_2,x_2,y_2,z_2)$ eine Translation aus, wenn alle einander entsprechenden Achsen von Σ_1 und Σ_2 zu jedem Zeitpunkt gleichsinnig parallel sind. O_1 kann sich dabei auf einer beliebigen Raumkurve relativ zu Σ_2 bewegen (s. Bild 19.47).

- **Rotation:**

  a) um einen festen Punkt:

  System $\Sigma_1(O_1,x_1,y_1,z_1)$ führt genau dann relativ zum System $\Sigma_2(O_2,x_2,y_2,z_2)$ eine Rotation um den festen Punkt O_1 aus, wenn der Ortsvektor $\vec{r}_{O1}$ von O_1 bezüglich Σ_2 konstant ist (s. Bild 19.48, x_1,y_1,z_1 und x'_1,y'_1,z'_1 bezeichnen die Koordinatenachsen von Σ_1 zu verschiedenen Zeitpunkten).

19.4 Überlagerung von Bewegungen

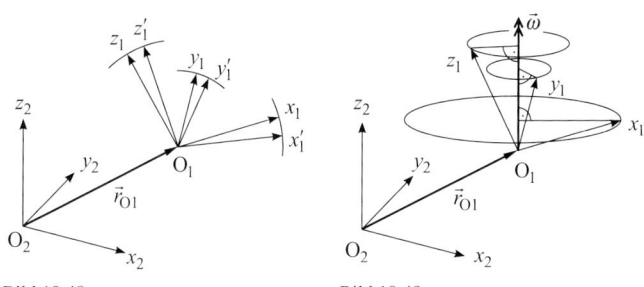

Bild 19.48

Bild 19.49

b) um eine feste Achse:

System $\Sigma_1(O_1, x_1, y_1, z_1)$ führt genau dann relativ zum System $\Sigma_2(O_2, x_2, y_2, z_2)$ eine Rotation um eine Achse $\vec{\omega}$ durch O_1 aus, wenn der Ortsvektor $\vec{r}_{O1}$ von O_1 und der Vektor $\vec{\omega}$ bezüglich Σ_2 konstant sind und jede Koordinatenachse mit $\vec{\omega}$ einen konstanten Winkel einschließt (s. Bild 19.49).

Mit Rotation eines Systems relativ zu einem anderen wird fortan stets Rotation um einen festen Punkt gemeint, falls nicht ausdrücklich von Rotation um eine feste Achse die Rede ist.

Übliche Bezeichnungen:
– $\vec{r}_1(t)$, $\vec{v}_1(t)$ und $\vec{a}_1(t)$ relativer Ortsvektor, Relativgeschwindigkeit und Relativbeschleunigung,
– $\vec{r}(t)$, $\vec{v}(t)$ und $\vec{a}(t)$ absoluter Ortsvektor, Absolutgeschwindigkeit und Absolutbeschleunigung,
– $\vec{v}_F(t)$ und $\vec{a}_F(t)$ Führungsgeschwindigkeit und Führungsbeschleunigung (s. u.).

19.4.6.2 Folgerungen

- **Absolutgeschwindigkeit, Führungsgeschwindigkeit und Relativgeschwindigkeit**

Nach Bild 19.46 ist

$$\vec{r}(t) = \vec{r}_1(t) + \vec{r}_2(t). \tag{I}$$

Daraus ergibt Differentiation nach der Zeit t die *Absolutgeschwindigkeit*

$$\vec{v}(t) = \dot{\vec{r}}_1(t) + \vec{v}_2(t), \quad \vec{v}_2(t) = \dot{\vec{r}}_2(t). \tag{IIa,b}$$

Da der Vektor $\vec{r}_1(t) = x_1(t) \cdot \vec{e}_{x1} + y_1(t) \cdot \vec{e}_{y1} + z_1(t) \cdot \vec{e}_{z1}$ auf Σ_1 bezogen ist und die Basiseinheitsvektoren $\vec{e}_{x1}$, $\vec{e}_{y1}$ und $\vec{e}_{z1}$ von Σ_1 wegen der Rotation relativ zu Σ_2 zeitabhängig sind (sie ändern i. allg. ihre Richtung relativ zu Σ_2), ergibt (II)

$$\begin{aligned}\vec{v}(t) &= \dot{x}_1(t) \cdot \vec{e}_{x1} + \dot{y}_1(t) \cdot \vec{e}_{y1} + \dot{z}_1(t) \cdot \vec{e}_{z1} \\ &+ x_1(t) \cdot \dot{\vec{e}}_{x1} + y_1(t) \cdot \dot{\vec{e}}_{y1} + z_1(t) \cdot \dot{\vec{e}}_{z1} + \vec{v}_2(t).\end{aligned} \tag{III}$$

In (III) ist die Summe aus den ersten drei Summanden die *Relativgeschwindigkeit*

$$\boxed{\vec{v}_1(t) = \dot{x}_1(t) \cdot \vec{e}_{x1} + \dot{y}_1(t) \cdot \vec{e}_{y1} + \dot{z}_1(t) \cdot \vec{e}_{z1} = \frac{d_1 \vec{r}_1(t)}{dt}.} \tag{19.143}$$

Darin kennzeichnet der Differentiationsoperator $\dfrac{d_1}{dt}$, daß die Differentiation von $\vec{r}_1(t)$ formal (d. h. **ohne** Beachtung der Richtungsänderung der Basiseinheitsvektoren $\vec{e}_{x1}$, $\vec{e}_{y1}$ und $\vec{e}_{z1}$ von Σ_1) erfolgen soll. Die Summe aus den nächsten drei Summanden in (III) rührt allein von der Rotation von Σ_1 relativ zu Σ_2 her und kann deshalb in der Form

$$x_1(t) \cdot \dot{\vec{e}}_{x1} + y_1(t) \cdot \dot{\vec{e}}_{y1} + z_1(t) \cdot \dot{\vec{e}}_{z1} = \vec{\omega}(t) \times \vec{r}_1(t) \tag{IV}$$

geschrieben werden, wobei $\vec{\omega}(t)$ die zeitabhängige Achse durch O_1 der Rotation von Σ_1 relativ zu Σ_2 kennzeichnet und $\omega(t) = |\vec{\omega}(t)|$ die momentane (skalare) Winkelgeschwindigkeit der Rotation angibt. Die Summe aus $\vec{v}_2(t)$ und (IV)

$$\boxed{\vec{v}_F(t) = \vec{v}_2(t) + \vec{\omega}(t) \times \vec{r}_1(t)} \tag{19.144}$$

wird *Führungsgeschwindigkeit* genannt, weil sie die Geschwindigkeit ist, mit der sich ein fest mit Σ_1 verbundener (also mit Σ_1 mitgeführter) Massenpunkt M relativ zu Σ_2 bewegt. Aus (III), (IV), (19.143) und (19.144) ergibt sich somit

$$\boxed{\vec{v}(t) = \dot{\vec{r}}(t) = \vec{v}_F(t) + \vec{v}_1(t).} \tag{19.145}$$

Die Absolutgeschwindigkeit (IIa) ist demnach zu jedem Zeitpunkt t Vektorsumme aus der Führungsgeschwindigkeit (19.144) und der Relativgeschwindigkeit (19.143). Nach (19.144) besteht zwischen den Ableitungen $\dfrac{d\vec{p}_1(t)}{dt}$ und $\dfrac{d_1\vec{p}_1(t)}{dt}$ eines Vektors $\vec{p}_1(t) = \vec{p}(t) - \vec{r}_2(t)$ die Relation

$$\boxed{\frac{d\vec{p}_1(t)}{dt} = \frac{d_1\vec{p}_1(t)}{dt} + \vec{\omega}(t) \times \vec{p}_1(t),} \tag{19.146}$$

wenn Σ_1 relativ zu Σ_2 eine Translation $\vec{r}_2(t)$ und eine Rotation um den Punkt O_1 mit der Winkelgeschwindigkeit $\vec{\omega}(t)$ ausführt. Speziell für $\vec{p}_1(t) = \vec{\omega}(t)$ ist $\dfrac{d\vec{\omega}(t)}{dt} = \dfrac{d_1\vec{\omega}(t)}{dt}$.

- **Absolutbeschleunigung, Führungsbeschleunigung und Relativbeschleunigung**

  Differentiation von (19.145) nach der Zeit t ergibt die *Absolutbeschleunigung*
  $$\vec{a}(t) = \dot{\vec{v}}_F(t) + \dot{\vec{v}}_1(t) = \dot{\vec{v}}_2(t) + \dot{\vec{\omega}}(t) \times \vec{r}_1(t) + \vec{\omega}(t) \times \dot{\vec{r}}_1(t) + \dot{\vec{v}}_1(t),$$
  die sich wegen
  $$\vec{a}_2(t) = \dot{\vec{v}}_2(t), \quad [\text{Definition von } \vec{a}_2(t)]$$
  $$\vec{\omega}(t) \times \dot{\vec{r}}_1(t) = \vec{\omega}(t) \times [\vec{v}_1(t) + \vec{\omega}(t) \times \vec{r}_1(t)]$$
  $$= \vec{\omega}(t) \times \vec{v}_1(t) + \vec{\omega}(t) \times [\vec{\omega}(t) \times \vec{r}_1(t)], \quad [\text{s. (19.146)}]$$
  $$\dot{\vec{v}}_1(t) = \vec{a}_1(t) + \vec{\omega}(t) \times \vec{v}_1(t) \quad [\text{s. (19.146)}]$$
  in der Form
  $$\boxed{\vec{a}(t) = \vec{a}_F(t) - \vec{a}_C(t) + \vec{a}_1(t)} \tag{19.147}$$
  schreiben läßt, worin
  $$\boxed{\vec{a}_F(t) = \vec{a}_Z(t) + \dot{\vec{\omega}}(t) \times \vec{r}_1(t) + \vec{a}_2(t)} \tag{19.148}$$
  die *Führungsbeschleunigung*, bestehend aus den Summanden *Zentripetalbeschleunigung*
  $$\boxed{\vec{a}_Z(t) = \vec{\omega}(t) \times [\vec{\omega}(t) \times \vec{r}_1(t)],} \tag{19.149}$$
  Rotationsbeschleunigung (genauer: *Tangentialbeschleunigung der Rotation*)
  $$\boxed{\dot{\vec{\omega}}(t) \times \vec{r}_1(t)]} \tag{19.150}$$
  und *Translationsbeschleunigung*
  $$\boxed{\vec{a}_2(t),} \tag{19.151}$$

19.4 Überlagerung von Bewegungen

und
$$\boxed{\vec{a}_C = -2\vec{\omega} \times \vec{v}_1} \qquad (19.152)$$
die CORIOLIS-*Beschleunigung* sowie $\vec{a}_1(t)$ die *Relativbeschleunigung* sind.

Jeder mit Σ_1 mitgeführte Massenpunkt M bewegt sich relativ zu Σ_2 mit der Führungsbeschleunigung.

Für einen mit Σ_1 mitbewegten Beobachter setzt sich die Beschleunigung $\vec{a}_1(t)$ also zusammen aus der Absolutbeschleunigung $\vec{a}(t)$ und den sogenannten *Scheinbeschleunigungen*:
$$\boxed{\vec{a}_1 = \vec{a}(t) - 2\vec{\omega} \times \vec{v}_1 - \dot{\vec{\omega}} \times \vec{r}_1 - \vec{\omega} \times (\vec{\omega} \times \vec{r}_1) - \vec{a}_2.} \qquad (19.147')$$
Die vorletzte heißt *Zentrifugalbeschleunigung*. Alle Scheinbeschleunigungen haben das entgegengesetzte Vorzeichen wie die entsprechenden Beschleunigungen in (19.147). Die Bezeichnung „Scheinbeschleunigung" ist unglücklich, jedoch allgemein üblich. Für den mitbewegten Beobachter sind sie durchaus real. Sie erfordern den durch geeignete Führungen hervorgerufenen Zwang für den Massenpunkt, die Bewegung von Σ_1 zusätzlich zur Relativbewegung von M „mitzumachen".

Bezugssysteme, in denen *keine* Scheinbeschleunigungen auftreten, heißen *Inertialsysteme*.
Relativ zu Inertialsystemen beschleunigt bewegte Bezugssysteme sind also *keine* Inertialsysteme.

Das im Bild 19.50 dargestellte Getriebe besteht aus zwei starren Stangen S_1 und S_2, von denen S_1 über Gelenk G_1 mit dem Gestell G und über Gelenk G_2 mit S_2 verbunden ist (Gelenkfreiheitsgrad je $f = 1$).
G_2 führt relativ zu G sowohl eine kreisförmige Translation (Radius R) als auch eine Rotation [jeweils Winkelgeschwindigkeit $\vec{\omega}_2$ (Richtung s. Bild 19.52a)] aus.

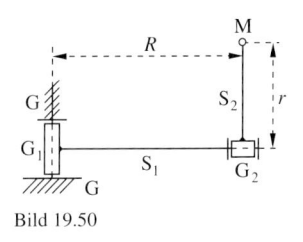

Bild 19.50

M bewegt sich relativ zu G_2 kreisförmig [Radius r, Winkelgeschwindigkeit $\vec{\omega}_1$ (Richtung s. Bilder 19.52a,b)]. Gesucht sind $\vec{r}(t)$, $\vec{v}(t)$ und $\vec{a}(t)$ (Orts-, Geschwindigkeits- und Beschleunigungsvektor von M relativ zu Σ_2).

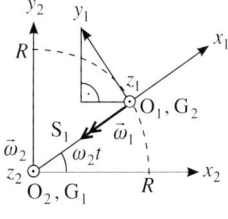

Bild 19.51a

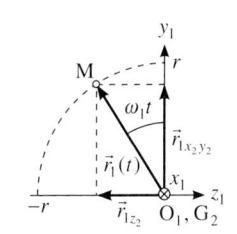

Bild 19.51b

Erste Lösungsmethode:

Gewählte Koordinatensysteme $\Sigma_2(O_2, x_2, y_2, z_2)$ und $\Sigma_1(O_1, x_1, y_1, z_1)$ s. Bilder 19.51a,b. Da die Projektionen von $\vec{r}_1(t) = r \cdot (\cos\omega_1 t \cdot \vec{e}_{y1} - \sin\omega_1 t \cdot \vec{e}_{z1})$ auf die z_2-Achse (s. Bild 19.51b)

$$\vec{r}_{1;2} = -r\sin\omega_1 t \cdot \vec{e}_{z2}$$

und auf die x_2, y_2-Ebene (s. Bilder 19.51a,b)

$$\vec{r}_{1;x2y2} = r\cos\omega_1 t \cdot (-\sin\omega_2 t \cdot \vec{e}_{x2} + \cos\omega_2 t \cdot \vec{e}_{y2})$$

sind, hat M den Ortsvektor

$$\left.\begin{array}{r} \vec{r}(t) = \quad +r\left(-\cos\omega_1 t\sin\omega_2 t \cdot \vec{e}_{x2} + \cos\omega_1 t\cos\omega_2 t \cdot \vec{e}_{y2} - \sin\omega_1 t \cdot \vec{e}_{z2}\right) \\ +R\left(\cos\omega_2 t \cdot \vec{e}_{x2} + \sin\omega_2 t \cdot \vec{e}_{y2}\right) \end{array}\right\} \quad (I)$$

woraus durch Differentiation nach der Zeit t der Geschwindigkeitsvektor von M

$$\left.\begin{array}{r} +r\omega_1\left(\sin\omega_1 t\sin\omega_2 t \cdot \vec{e}_{x2} - \sin\omega_1 t\cos\omega_2 t \cdot \vec{e}_{y2} - \cos\omega_1 t \cdot \vec{e}_{z2}\right) \\ \vec{v}(t) = \quad +r\omega_2\cos\omega_1 t\left(-\cos\omega_2 t \cdot \vec{e}_{x2} - \sin\omega_2 t \cdot \vec{e}_{y2}\right) \\ +R\omega_2\left(-\sin\omega_2 t \cdot \vec{e}_{x2} + \cos\omega_2 t \cdot \vec{e}_{y2}\right) \end{array}\right\} \quad (II)$$

und durch abermalige Differentiation nach der Zeit t der Beschleunigungsvektor von M

$$\left.\begin{array}{r} +r\omega_1^2\left(\cos\omega_1 t\sin\omega_2 t \cdot \vec{e}_{x2} - \cos\omega_1 t\cos\omega_2 t \cdot \vec{e}_{y2} + \sin\omega_1 t \cdot \vec{e}_{z2}\right) \\ \vec{a}(t) = \quad +2r\omega_1\omega_2\sin\omega_1 t\left(\cos\omega_2 t \cdot \vec{e}_{x2} + \sin\omega_2 t \cdot \vec{e}_{y2}\right) \\ +r\omega_2^2\cos\omega_1 t\left(\sin\omega_2 t \cdot \vec{e}_{x2} - \cos\omega_2 t \cdot \vec{e}_{y2}\right) \\ +R\omega_2^2\left(\cos\omega_2 t \cdot \vec{e}_{x2} + \sin\omega_2 t \cdot \vec{e}_{y2}\right) \end{array}\right\} \quad (III)$$

folgt. $\vec{e}_{x1}, \vec{e}_{y1}, \vec{e}_{z1}$ bzw. $\vec{e}_{x2}, \vec{e}_{y2}, \vec{e}_{z2}$ sind die Basiseinheitsvektoren von Σ_1 bzw. Σ_2.

Zweite Lösungsmethode:

Mit den Vektoren

$$\vec{\omega}_2 = \omega_2 \cdot \vec{e}_{z2},$$
$$\vec{r}_2 = R \cdot (\cos\omega_2 t \cdot \vec{e}_{x2} + \sin\omega_2 t \cdot \vec{e}_{y2}),$$
$$\vec{\omega}_1 = -\frac{\omega_1}{R} \cdot \vec{r}_2,$$
$$\vec{r}_1 = r\left[-\cos\omega_1 t\sin\omega_2 t \cdot \vec{e}_{x2} + \cos\omega_1 t\cos\omega_2 t \cdot \vec{e}_{y2} - \sin\omega_1 t \cdot \vec{e}_{z2}\right]$$

ergeben sich

$$\vec{\omega}_1 \times \vec{r}_1 = r\omega_1(\sin\omega_1 t\sin\omega_2 t \cdot \vec{e}_{x2} - \sin\omega_1 t\cos\omega_2 t \cdot \vec{e}_{y2} - \cos\omega_1 t \cdot \vec{e}_{z2}),$$
$$\vec{v}_1 = \frac{d_1\vec{r}_1}{dt} = r\omega_2\cos\omega_1 t\left(-\cos\omega_2 t \cdot \vec{e}_{x2} - \sin\omega_2 t \cdot \vec{e}_{y2}\right)$$

(in $\vec{r}_1$ sind die ω_1 enthaltenden Faktoren bei dieser Differentiation als *konstant* zu betrachten!),

$$\vec{v}_2 = \dot{\vec{r}}_2 = R\omega_2\left(-\sin\omega_2 t \cdot \vec{e}_{x2} + \cos\omega_2 t \cdot \vec{e}_{y2}\right)$$

und damit nach (19.145) wie bei der ersten Lösungsmethode

$$\vec{v}(t) = \left.\begin{array}{l} +r\omega_1\left(\sin\omega_1 t \sin\omega_2 t \cdot \vec{e}_{x2} - \sin\omega_1 t \sin\omega_2 t \cdot \vec{e}_{y2} - \cos\omega_1 t \cdot \vec{e}_{z2}\right) \\ +r\omega_2 \cos\omega_1 t \left(-\cos\omega_2 t \cdot \vec{e}_{x2} - \sin\omega_2 t \cdot \vec{e}_{y2}\right) \\ +R\omega_2 \left(-\sin\omega_2 t \cdot \vec{e}_{x2} + \cos\omega_2 t \cdot \vec{e}_{y2}\right) \end{array}\right\}.$$

Die analoge Berechnung von $a(t)$ nach (19.147) ergibt (III).

19.5 Geschwindigkeits- und Beschleunigungskomponenten in speziellen Koordinatensystemen

19.5.1 Ebene Koordinaten

Ebene kartesische Koordinaten x und y sowie ebene Polarkoordinaten ρ und φ des Massenpunktes M s. Bild 19.52. $\vec{e}_x$ und $\vec{e}_y$ sind Basiseinheitsvektoren der ebenen kartesischen Koordinaten. $\vec{e}_\rho$ und $\vec{e}_\varphi$ sind Basiseinheitsvektoren der ebenen Polarkoordinaten.

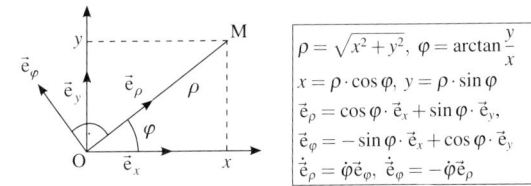

$$\rho = \sqrt{x^2 + y^2}, \; \varphi = \arctan\frac{y}{x} \quad (19.153\text{a,b})$$
$$x = \rho\cdot\cos\varphi, \; y = \rho\cdot\sin\varphi \quad (19.154\text{a,b})$$
$$\vec{e}_\rho = \cos\varphi\cdot\vec{e}_x + \sin\varphi\cdot\vec{e}_y, \quad (19.155\text{a})$$
$$\vec{e}_\varphi = -\sin\varphi\cdot\vec{e}_x + \cos\varphi\cdot\vec{e}_y \quad (19.155\text{b})$$
$$\dot{\vec{e}}_\rho = \dot{\varphi}\vec{e}_\varphi, \; \dot{\vec{e}}_\varphi = -\dot{\varphi}\vec{e}_\rho \quad (19.156\text{a,b})$$

Bild 19.52

Ortsvektor von M:
$$\vec{r}(t) = x\cdot\vec{e}_x + y\cdot\vec{e}_y = \rho\cdot\vec{e}_\rho \quad (19.157)$$

Geschwindigkeitskomponenten von M:
$$\vec{v}(t) = \dot{x}\cdot\vec{e}_x + \dot{y}\cdot\vec{e}_y = \dot{\rho}\cdot\vec{e}_\rho + \rho\dot{\varphi}\cdot\vec{e}_\varphi \quad (19.158)$$

Beschleunigungskomponenten von M:
$$\vec{a}(t) = \ddot{x}\cdot\vec{e}_x + \ddot{y}\cdot\vec{e}_y = (\ddot{\rho} - \rho\dot{\varphi}^2)\cdot\vec{e}_\rho + (2\dot{\rho}\dot{\varphi} + \rho\ddot{\varphi})\cdot\vec{e}_\varphi \quad (19.159)$$

19.5.2 Räumliche Koordinaten

19.5.2.1 Räumliche kartesische Koordinaten und Zylinderkoordinaten

Räumliche kartesische Koordinaten x, y, z und Zylinderkoordinaten ρ, φ, z des Massenpunktes M sind im Bild 19.53 dargestellt. Räumliche kartesische Koordinaten und Zylinderkoordinaten entstehen aus ebenen Polarkoordinaten durch Hinzunahme der Koordinate z. $\vec{e}_z$ ist ein weiterer Basiseinheitsvektor. Die Gleichungen (19.153a)…(19.156b) gelten auch hier.

Bild 19.53　　　　　　　　　　Bild 19.54

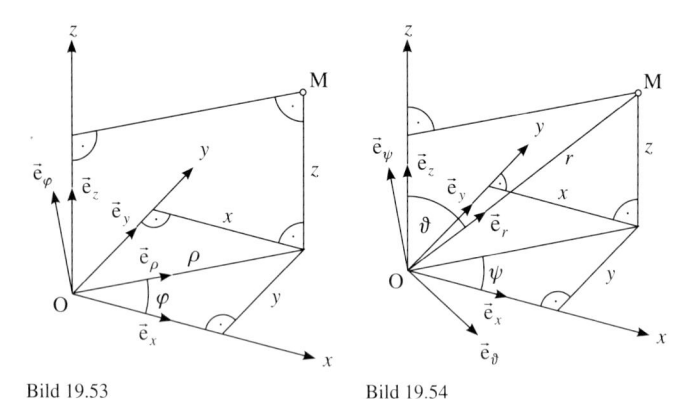

Ortsvektor, Geschwindigkeitskomponenten und Beschleunigungskomponenten von M sind:

$$\vec{r}(t) = x \cdot \vec{e}_x + y \cdot \vec{e}_y + z \cdot \vec{e}_z = \rho \cdot \vec{e}_\rho + z \cdot \vec{e}_z \tag{19.160}$$

$$\vec{v}(t) = \dot{x} \cdot \vec{e}_x + \dot{y} \cdot \vec{e}_y + \dot{z} \cdot \vec{e}_z = \dot{\rho} \cdot \vec{e}_\rho + \rho\dot{\varphi} \cdot \vec{e}_\varphi + \dot{z} \cdot \vec{e}_z \tag{19.161}$$

$$\vec{a}(t) = \ddot{x} \cdot \vec{e}_x + \ddot{y} \cdot \vec{e}_y + \ddot{z} \cdot \vec{e}_z \\ = (\ddot{\rho} - \rho\dot{\varphi}^2) \cdot \vec{e}_\rho + (2\dot{\rho}\dot{\varphi} + \rho\ddot{\varphi}) \cdot \vec{e}_\varphi + \ddot{z} \cdot \vec{e}_z \tag{19.162}$$

19.5.2.2 Kugelkoordinaten (sphärische Polarkoordinaten)

Kugelkoordinaten r, ϑ, ψ des Massenpunktes M s. Bild 19.54. $\vec{e}_r$, $\vec{e}_\psi$, $\vec{e}_\vartheta$ sind Basiseinheitsvektoren. Es gelten die Formeln:

$$r = \sqrt{x^2 + y^2 + z^2},\ \psi = \arctan\frac{y}{x},\ \vartheta = \frac{z}{\sqrt{x^2 + y^2 + z^2}}, \tag{19.163a,b,c}$$

$$x = r\sin\vartheta\cos\psi,\ y = r\sin\vartheta\sin\psi,\ z = r\cos\vartheta, \tag{19.164a,b,c}$$

$$\vec{e}_r = \sin\vartheta\cos\psi \cdot \vec{e}_x + \sin\vartheta\sin\psi \cdot \vec{e}_y + \cos\vartheta \cdot \vec{e}_z, \tag{19.165a}$$

$$\vec{e}_\psi = -\sin\psi \cdot \vec{e}_x + \cos\psi \cdot \vec{e}_y, \tag{19.165b}$$

$$\vec{e}_\vartheta = \cos\vartheta\cos\psi \cdot \vec{e}_x + \cos\vartheta\sin\psi \cdot \vec{e}_y - \sin\vartheta \cdot \vec{e}_z, \tag{19.165c}$$

$$\frac{\partial \vec{e}_r}{\partial \vartheta} = \vec{e}_\vartheta,\ \frac{\partial \vec{e}_\psi}{\partial \psi} = \vec{0},\ \frac{\partial \vec{e}_\vartheta}{\partial \vartheta} = \vec{e}_r, \tag{19.166a,b,c}$$

$$\frac{\partial \vec{e}_r}{\partial \psi} = \sin\vartheta \cdot \vec{e}_\psi,\ \frac{\partial \vec{e}_\psi}{\partial \psi} = -\sin\vartheta \cdot \vec{e}_r - \cos\vartheta \cdot \vec{e}_\vartheta, \tag{19.167a,b}$$

$$\frac{\partial \vec{e}_\vartheta}{\partial \psi} = \cos\vartheta \cdot \vec{e}_\psi. \tag{19.167c}$$

Orts-, Geschwindigkeits- und Beschleunigungsvektor von M sind:

$$\vec{r}(t) = r \cdot \vec{e}_r, \tag{19.168}$$

$$\vec{v}(t) = \dot{r} \cdot \vec{e}_r + r\dot{\vartheta} \cdot \vec{e}_\vartheta + r\dot{\psi}\sin\vartheta \cdot \vec{e}_\psi, \tag{19.169}$$

$$\vec{a}(t) = \begin{matrix} + \left(\ddot{r} - r\dot{\vartheta}^2 - r\dot{\psi}^2\sin^2\vartheta\right)\vec{e}_r \\ + \left(r\ddot{\psi}\sin\vartheta + 2\dot{r}\dot{\psi}\sin\vartheta + 2r\dot{\vartheta}\dot{\psi}\cos\vartheta\right)\vec{e}_\psi \\ + \left(r\ddot{\vartheta} + 2\dot{r}\dot{\vartheta} - r\dot{\psi}^2\sin\vartheta\cos\vartheta\right)\vec{e}_\vartheta \end{matrix} \Bigg\} \tag{19.170}$$

19.6 Elemente der Raumkurventheorie

19.6.1 Tangente, Hauptnormale und Binormale

Sind $\vec{r} = \vec{r}(t)$, $\vec{v} = \dot{\vec{r}} = \vec{v}(t)$ und $\vec{a} = \dot{\vec{v}} = \ddot{\vec{r}} = \vec{a}(t)$ Orts-, Geschwindigkeits- und Beschleunigungsvektor der räumlichen Bewegung eines Massenpunktes M, so wird für jeden Punkt der Bahnkurve $\vec{r} = \vec{r}(t)$ mit $\dot{\vec{r}} \neq \vec{0}$ der *Tangenteneinheitsvektor* durch

$$\vec{t} = \frac{\dot{\vec{r}}}{\sqrt{\dot{\vec{r}}^2}} \tag{19.171}$$

und für jeden Punkt mit $\dot{\vec{r}} \times \ddot{\vec{r}} \neq \vec{0}$ der *Hauptnormaleneinheitsvektor* durch

$$\vec{h} = \frac{\dot{\vec{r}} \times (\dot{\vec{r}} \times \ddot{\vec{r}})}{\sqrt{\dot{\vec{r}}^2}\sqrt{(\dot{\vec{r}} \times \ddot{\vec{r}})^2}} \tag{19.172}$$

sowie der *Binormaleneinheitsvektor* definiert:

$$\vec{b} = \frac{\dot{\vec{r}} \times \ddot{\vec{r}}}{\sqrt{(\dot{\vec{r}} \times \ddot{\vec{r}})^2}}. \tag{19.173}$$

Für den Geschwindigkeitsvektor gilt

$$\vec{v} = \sqrt{\dot{\vec{r}}^2} \cdot \vec{t} \tag{19.174}$$

und für den Beschleunigungsvektor

$$\vec{a} = \frac{\dddot{\vec{r}}\dot{\vec{r}}}{\sqrt{\dot{\vec{r}}^2}} \cdot \vec{t} + \frac{\dot{\vec{r}}^2}{R} \cdot \vec{h}. \tag{19.175}$$

In (19.175) ist

$$r = \frac{\left(\sqrt{\dot{\vec{r}}^2}\right)^3}{\sqrt{(\dot{\vec{r}} \times \ddot{\vec{r}})^2}} \tag{19.176}$$

der *Krümmungsradius* (Radius des *Krümmungskreises*). Er ist der Kehrwert des Betrages der *Krümmung* (s. u.). Der Mittelpunkt O_K des Krümmungskreises hat den Ortsvektor

$$\vec{r}_K = \vec{r} + R \cdot \vec{h}.\tag{19.177}$$

Die Bahnkurve $r = r(t)$ wird von der Tangente in erster und vom Krümmungskreis in zweiter Ordnung berührt.

Bezeichnungen:

- *Schmiegungsebene* SE ist die von $\vec{t}$ und $\vec{h}$ aufgespannte Ebene
- *rektifizierende Ebene* RE ist die von $\vec{t}$ und $\vec{b}$ aufgespannte Ebene
- *Normalenebene* NE ist die von $\vec{h}$ und $\vec{b}$ aufgespannte Ebene.

Die Vektoren $\vec{t}$, $\vec{h}$ und $\vec{b}$ heißen *begleitendes Dreibein* (sie begleiten den bewegten Massenpunkt) und bilden ein orthonormiertes Rechtssystem:

$$\vec{t} = \vec{h} \times \vec{b}, \quad \vec{h} = \vec{b} \times \vec{t}, \quad \vec{b} = \vec{t} \times \vec{h}.\tag{19.178a,b,c}$$

Nach (19.175) liegt die Beschleunigung also stets in der Schmiegungsebene. Der erste Summand in (19.175) heißt *Tangentialbeschleunigung*, der zweite *Normal-* oder *Zentripetalbeschleunigung*. Auch der Krümmungskreis liegt in der Schmiegungsebene (s. Bild 19.55).

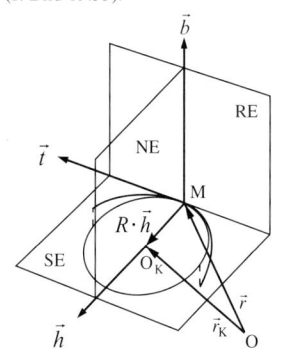

Bild 19.55

19.6.2 Krümmung, Windung, Bogenlänge und FRENETsche Formeln

- **Definitionen**:

  Krümmung

$$\varkappa = \frac{\sqrt{(\dot{\vec{r}} \times \ddot{\vec{r}})^2}}{\left(\sqrt{\dot{\vec{r}}^2}\right)^3}.\tag{19.179}$$

Windung (auch *Torsion* genannt):

$$\tau = \frac{[\dot{\vec{r}}, \ddot{\vec{r}}, \dddot{\vec{r}}]}{(\dot{\vec{r}} \times \ddot{\vec{r}})^2}.\tag{19.180}$$

- **Kurvenlänge** (Bogenlänge):

$$s = \int_0^t \sqrt{\vec{\dot{r}}(t')^2}\, dt'. \qquad (19.181)$$

- **FRENETsche Formeln**

$$\sqrt{\vec{\dot{r}}^2} \cdot \frac{d}{ds} = \frac{d}{dt} \Rightarrow \left.\begin{array}{l} \dfrac{d\vec{t}}{ds} = \varkappa \cdot \vec{h} \\[4pt] \dfrac{d\vec{h}}{ds} = -\varkappa \cdot \vec{t} \quad\quad + \tau \cdot \vec{b} \\[4pt] \dfrac{d\vec{b}}{ds} = \quad\quad -\tau \cdot \vec{h} \end{array}\right\}. \qquad (19.182)$$

- **Bemerkungen**:
  $\varkappa \neq 0 \wedge \tau \neq 0 \Leftrightarrow \vec{r} = \vec{r}(t)$ ist Raumkurve.
  $\tau \equiv 0 \Leftrightarrow \vec{r} = \vec{r}(t)$ ist ebene Kurve.
  $\varkappa \equiv 0 \wedge \tau \equiv 0 \Leftrightarrow \vec{r} = \vec{r}(t)$ ist Gerade.

19.7 Spezielle Bewegungen

19.7.1 Schräger Wurf nach oben mit Luftwiderstand

19.7.1.1 Lineares Widerstandsgesetz

Wirkt auf einen schräg geworfenen Massenpunkt M (Abwurfwinkel $\alpha > 0$ Abwurfgeschwindigkeit v_0, s. Bild 19.56) außer der vertikal nach unten gerichteten Fallbeschleunigung g noch eine Beschleunigung $-\varkappa \vec{v}$ ($\varkappa = \text{const} > 0$, $[\varkappa] = \text{s}^{-1}$), so müssen seine Koordinaten x und y die Anfangswertprobleme

$$\boxed{\ddot{x} = -\varkappa \dot{x},\ x(0) = 0,\ \dot{x}(0) = v_0 \cos\alpha} \qquad (19.183)$$

$$\boxed{\ddot{y} = -\varkappa \dot{y},\ y(0) = 0,\ \dot{y}(0) = v_0 \sin\alpha} \qquad (19.184)$$

erfüllen, die wegen der Linearität des Widerstandsgesetzes unabhängig voneinander sind.

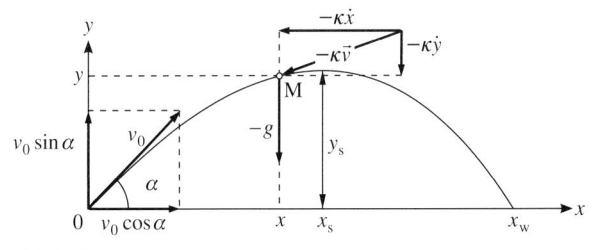

Bild 19.56

Daraus folgen nach einer ersten Variablentrennung und Integration die Geschwindigkeitskomponenten

$$\dot{x} = v_0 \cos\alpha \cdot e^{-\varkappa t},\qquad(19.185)$$

$$\dot{y} = -\frac{g}{\varkappa} + \frac{1}{\varkappa}(g + v_0\varkappa\sin\alpha)\, e^{-\varkappa t}\qquad(19.186)$$

und nach einer weiteren Variablentrennung und Integration die Koordinaten der Bahnkurve

$$x = \frac{v_0}{\varkappa}\left(1 - e^{-\varkappa t}\right)\cos\alpha,\qquad(19.187)$$

$$y = -\frac{gt}{\varkappa} + \frac{1}{\varkappa^2}(g + v_0\varkappa\sin\alpha)\left(1 - e^{-\varkappa t}\right)\qquad(19.188)$$

als Funktionen der Zeit t. Die Bahnkurve ist im Gegensatz zum schrägen Wurf ohne Luftwiderstand *keine* Parabel, sondern die Kurve mit der Gleichung

$$y = x\tan\alpha + \frac{gx}{v_0\varkappa\cos\alpha} + \frac{g}{\varkappa^2}\ln\left(1 - \frac{x\varkappa}{v_0\cos\alpha}\right),\qquad(19.189)$$

die sich durch Elimination von t aus (19.187) und (19.188) ergibt, und weicht besonders im absteigenden Ast von einer Parabel ab. Der Gipfelpunkt wird erreicht, wenn die Vertikalkomponente der Geschwindigkeit gleich Null wird. Deshalb ist die *Steigzeit*

$$t_s = \frac{1}{\varkappa}\ln\left(1 + \frac{v_0\varkappa}{g}\sin\alpha\right).\qquad(19.190)$$

Das Maximum der Bahnkurve liegt bei

$$x_s = x(t_s) = \frac{v_0^2\sin 2\alpha}{2(g + v_0\varkappa\sin\alpha)},\qquad(19.191\text{a})$$

$$y_s = y(t_s) = \frac{v_0}{\varkappa}\sin\alpha - \frac{g}{\varkappa^2}\ln\left(1 + \frac{v_0\varkappa}{g}\sin\alpha\right).\qquad(19.191\text{b})$$

x_s und y_s sind jeweils kleiner als die entsprechenden Werte beim schrägen Wurf ohne Bewegungswiderstand (gleiche Werte α und v_0 vorausgesetzt). Die von Null verschiedenen Nullstellen von (19.188) bzw. (19.189) geben die Wurfzeit t_w bzw. die Wurfweite x_w an. Sie sind *nicht* in geschlossener Form darstellbar und können nur mit Hilfe von Näherungsverfahren (z. B. dem NEWTONschen Näherungsverfahren) berechnet werden. Gleiches gilt für die Berechnung der Zeiten $t_{1;2}$ in denen sich der Massenpunkt M in der Höhe y mit $0 < y < y_s$ befindet ($t_{1;2}$ bzw. $x_{1;2} = x(t_{1;2})$ liegen *nicht* symmetrisch zu t_s bzw. x_s).

19.7.1.2 Quadratisches Widerstandsgesetz

Wirkt auf einen schräg nach oben geworfenen Massenpunkt M (Abwurfwinkel $\alpha_0 > 0$, Abwurfgeschwindigkeit v_0, s. Bild 19.57) außer der vertikal nach unten gerichteten Fallbeschleunigung g noch eine Beschleunigung $-\varkappa\vec{v}^2 \cdot \dfrac{\vec{v}}{\sqrt{\vec{v}^2}}$ ($\varkappa = \text{const} > 0$, $[\varkappa] = \text{m}^{-1}$), so müssen seine Koordinaten x und y die Anfangswertprobleme

$$\ddot{x} = -\varkappa v^2\cos\alpha,\ x(0) = 0,\ \dot{x}(0) = v_0\cos\alpha_0,\qquad(19.192\text{a,b,c})$$

$$\ddot{y} = -\varkappa v^2\sin\alpha - g,\ y(0) = 0,\ \dot{y}(0) = v_0\sin\alpha_0\qquad(19.193\text{a,b,c})$$

19.7 Spezielle Bewegungen

erfüllen, die durch die Gleichung $v = \sqrt{\dot{x}^2 + \dot{y}^2}$ gekoppelt sind. α bezeichnet den Anstiegswinkel der Bahnkurve in dem Punkt, in dem sich M zum Zeitpunkt t befindet. Im Folgenden ist v der Betrag seiner Geschwindigkeit zum Zeitpunkt t. Der Leser beachte, daß der letzte Faktor im Widerstandsgesetz der *Einheitsvektor* ($\cos \alpha$, $\sin \alpha$, 0) ist.

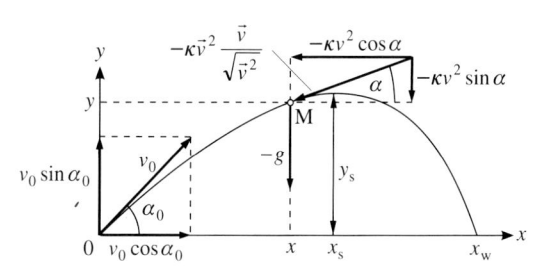

Bild 19.57

(19.192) und (19.193) können auf die sogenannte *ballistische Hauptgleichung*

$$\frac{dv}{d\alpha} = v \tan \alpha + \frac{\varkappa v^3}{g \cos \alpha} \tag{19.194}$$

mit der Anfangsbedingung $v(\alpha_0) = v_0$ zurückgeführt werden.

Die Rückführung soll kurz skizziert werden: Zu (19.193a) wird beidseitig g addiert. Das Ergebnis wird durch (19.192a) dividiert. Darin $\ddot{x} = \dot{v}_x$ und $\ddot{y} = \dot{v}_y$ gesetzt, ergibt $(\dot{v}_y + g)/\dot{v}_x = v_y/v_x$. Das läßt sich in $\dfrac{d}{dt}\left(\dfrac{v_x}{v_y}\right) = \dfrac{g v_x}{v_y^2}$ (I) umformen. Wegen $v_x = v \cos \alpha$ (II) und $v_y = v \sin \alpha$ folgt nach Differentiation der linken Seite von (I): $\dfrac{-\dot{\alpha}}{\sin^2 \alpha} = \dfrac{g v \cos \alpha}{v^2 \sin^2 \alpha}$ bzw. die Operatorgleichung $\dfrac{d}{dt} = -\dfrac{g}{v} \cos \alpha \dfrac{d}{d\alpha}$ (III). Wird (III) auf (II) angewendet, folgt $\dot{v}_x = -\dfrac{g}{v} \cos^2 \alpha \dfrac{dv}{d\alpha} + g \cos \alpha \sin \alpha$. Das muß wegen (19.192a) gleich $-\varkappa v^2 \cos \alpha$ sein. Daraus ergibt sich (19.194) durch Auflösen nach $dv/d\alpha$. $v(\alpha_0) = v_0$ ist evident.

(19.194) ist eine BERNOULLI*sche Differentialgleichung*. Die zu (19.194) gehörige homogene Differentialgleichung $v' = v \tan \alpha$ (der Strich bezeichnet die Ableitung nach α) hat die durch Variablentrennung ermittelbare allgemeine Lösung $v = C/\cos \alpha$. Deshalb kann die allgemeine Lösung von (19.194) mit dem Ansatz $v = C(\alpha)/\cos \alpha$ (Variation der Konstanten) gewonnen werden: Wird der Ansatz in (19.194) eingesetzt, folgt für C die Differentialgleichung $C'/C^3 = \varkappa g^{-1} \cos^{-3} \alpha$ (das Argument von C und C' wurde der Einfachheit halber weggelassen), die die allgemeine Lösung

$$C(\alpha) = \left[-\frac{2\varkappa}{g} \int \frac{d\alpha}{\cos^3 \alpha} \right]^{-1/2}$$

$$= \left\{ -\frac{\varkappa}{g} \left[\frac{\sin \alpha}{\cos^2 \alpha} + \ln \tan\left(\frac{\pi}{4} + \frac{\alpha}{2}\right) + \varkappa \right] \right\}^{-1/2}$$

mit der unbestimmten Konstanten K hat. Damit ist der Ansatz allgemeine Lösung von (19.194). Die spezielle Lösung von (19.194), die die Anfangsbedingung $v(\alpha_0) = v_0$

erfüllt, ist demnach

$$v(\alpha) = \frac{1}{\cos\alpha} \left\{ \frac{1}{v_0^2 \cos^2\alpha_0} + \frac{\varkappa}{g} \left[\frac{\sin\alpha_0}{\cos^2\alpha_0} - \frac{\sin\alpha}{\cos^2\alpha} + \ln\frac{\tan\left(\frac{\pi}{4}+\frac{\alpha_0}{2}\right)}{\tan\left(\frac{\pi}{4}+\frac{\alpha}{2}\right)} \right] \right\}^{-1/2}$$
(19.195)

Die Gleichungen

$$\boxed{v_x = v_x(\alpha) = v(\alpha)\cos\alpha, \quad v_y = v_y(\alpha) = v(\alpha)\sin\alpha} \qquad (19.196\text{a,b})$$

mit $v(\alpha)$ gemäß (19.195) sind also eine Parameterdarstellung der Geschwindigkeit.

Wegen $\dot{x} = v_x = v(\alpha)\cos\alpha$ und $\dot{y} = v_y = v(\alpha)\sin\alpha$ mit $v(\alpha)$ gemäß (19.195) und unter Beachtung der Operatorgleichung (III) sind schließlich

$$\boxed{x = x(\alpha) = -\frac{1}{g}\int_{\alpha_0}^{\alpha} v(\overline{\alpha})\,d\overline{\alpha}, \quad y = y(\alpha) = -\frac{1}{g}\int_{\alpha_0}^{\alpha} v(\overline{\alpha})\tan\overline{\alpha}\,d\overline{\alpha}} \qquad (19.197\text{a,b})$$

eine Parameterdarstellung der Bahnkurve des geworfenen Massenpunktes M. Die Integrale in (19.197a,b) sind nicht in geschlossener Form darstellbar. Sie können nur numerisch oder graphisch ermittelt werden.

Da der Bahnneigungswinkel α im Gipfelpunkt gleich Null ist, sind

$$v_x(0) = \left\{ \frac{1}{v_0^2\cos^2\alpha_0} + \frac{\varkappa}{g}\left[\frac{\sin\alpha_0}{\cos^2\alpha_0} + \ln\tan\left(\frac{\pi}{4}+\frac{\alpha_0}{2}\right) \right] \right\}^{-1/2}, \qquad (19.198\text{a})$$

$$v_y(0) = 0 \qquad (19.198\text{b})$$

die Geschwindigkeitskomponenten des Massenpunktes im Gipfelpunkt. Steigzeit t_s, Koordinaten x_s und y_s des Gipfelpunktes, Wurfzeit t_w und Wurfweite x_w können nur numerisch ermittelt werden.

Der vertikale Wurf nach oben ($\alpha_0 = \pi/2$) kann als Sonderfall von (19.193) durch das Anfangswertproblem

$$\boxed{\ddot{y} = -\varkappa\dot{y}^2 - g, \quad y(0) = 0, \quad \dot{y}(0) = v_0} \qquad (19.199\text{a,b,c})$$

beschrieben werden. Allerdings gilt (19.199) nur für die **Aufwärtsbewegung** (Abwärtsbewegung s. u.). Mit $v = \dot{y}$ geht (19.199a) in $\dot{v} = -\varkappa v^2 - g$ über. Diese Differentialgleichung ist durch Variablentrennung lösbar. Die Lösung, die auch die Anfangsbedingung $v(0) = v_0$ erfüllt, lautet

$$\boxed{v = \sqrt{\frac{g}{\varkappa}}\tan\left[\arctan\left(v_0\sqrt{\frac{\varkappa}{g}}\right) - t\cdot\sqrt{\varkappa g}\right].} \qquad (19.200)$$

Aus (19.200) folgt mit (19.2)

$$\boxed{\begin{aligned} y &= \frac{1}{\varkappa}\ln\frac{\cos\left[\arctan\left(v_0\sqrt{\frac{\varkappa}{g}}\right) - t\sqrt{\varkappa g}\right]}{\cos\left[\arctan\left(v_0\sqrt{\frac{\varkappa}{g}}\right)\right]} \\ &= \frac{1}{\varkappa}\ln\left[\cos(t\sqrt{\varkappa g}) + v_0\sqrt{\frac{\varkappa}{g}}\sin(t\sqrt{\varkappa g})\right] \end{aligned}} \qquad (19.201)$$

19.7 Spezielle Bewegungen

Mit $v = 0$ folgt aus (19.200) die Steigzeit

$$t_s = \frac{1}{\sqrt{\varkappa g}} \arctan\left(v_0 \sqrt{\frac{\varkappa}{g}}\right) \tag{19.202}$$

und damit aus (19.201) die Gipfelhöhe

$$y_s = -\frac{1}{\varkappa} \ln\left\{\cos\left[\arctan\left(v_0 \sqrt{\frac{\varkappa}{g}}\right)\right]\right\} = \frac{1}{\varkappa} \ln\sqrt{1 + \frac{v_0^2 \varkappa}{g}}. \tag{19.203}$$

Die **Abwärtsbewegung** wird durch das Anfangswertproblem

$$\boxed{\ddot{y} = \varkappa \dot{y}^2 - g, \quad y(t_s) = y_s, \quad \dot{y}(t_s) = 0} \tag{19.204a,b,c}$$

beschrieben (t_s bezeichnet die Steigzeit (19.202) und y_s die Gipfelhöhe (19.203)).

Die folgenden Formeln gelten nur für $t \geq t_s$. Mit $v = \dot{y}$ geht (19.204a,c) in $\dot{v} = \varkappa v^2 - g$, $v(t_s) = 0$ über. Dieses Anfangswertproblem hat die Lösung (Geschwindigkeit-Zeit-Funktion)

$$\boxed{v = -\sqrt{\frac{g}{\varkappa}} \tanh[\sqrt{\varkappa g}(t - t_s)].} \tag{19.205}$$

Daraus folgt durch Variablentrennung und Integration die Ortskoordinate

$$\boxed{y = y_s - \frac{1}{\varkappa} \ln\{\cosh[\sqrt{\varkappa g}(t - t_s)]\}.} \tag{19.206}$$

Mit $y = 0$, (19.202) und (19.203) folgt aus (19.206) für die *Rückkehrzeit* (gerechnet ab Abwurfzeitpunkt)

$$\begin{aligned} t_R &= t_s + \frac{1}{\sqrt{\varkappa g}} \operatorname{arcosh}(e^{\varkappa y_s}) \\ &= \frac{1}{\sqrt{\varkappa g}} \left[\arctan\left(v_0 \sqrt{\frac{\varkappa}{g}}\right) + \sqrt{1 + \frac{v_0^2 \varkappa}{g}}\right]. \end{aligned} \tag{19.207}$$

Offensichtlich ist die *Steigzeit* t_s verschieden von der Zeit [zweiter Summand in (19.207)], die der Massenpunkt benötigt, um vom Gipfelpunkt zurück zum Abwurfort zu gelangen. Im Bild 19.58a ist a/g über t/t_s, im Bild 19.58b v/v_0 über t/t_s und im Bild 19.58c y/y_s über t/t_s für $\varkappa = 1 \cdot g/v_0^2$ (Kurve I) und $\varkappa = 0{,}25 \cdot g/v_0^2$ (Kurve II) dargestellt.

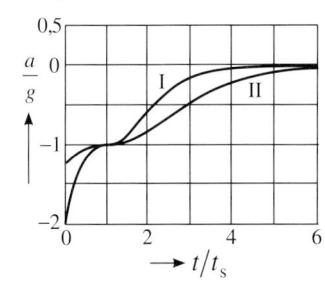

Bild 19.58a

Die Gültigkeit der Formeln

$$\lim_{t \to \infty} a = 0, \quad \lim_{t \to t_s} a = -g, \quad \lim_{t \to \infty} v = -\sqrt{\frac{g}{\varkappa}} \tag{19.208a,b,c}$$

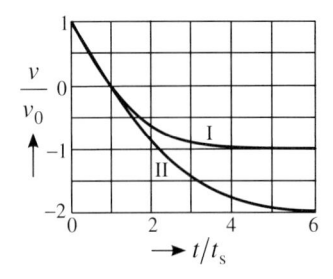

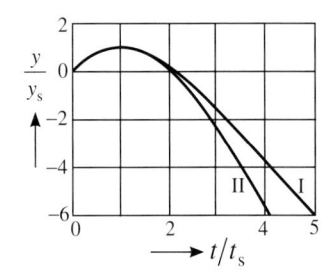

Bild 19.58b   Bild 19.58c

ist anhand der Bilder zu erahnen. Bild 19.58c zeigt, daß die Zeitspanne für die Rückkehrbewegung vom Gipfelpunkt zum Abwurfort um so mehr von der Steigzeit abweicht, je größer $\varkappa$ ist. Nach Bild 19.58b und Gleichung (19.208c) nimmt der Betrag der *Grenzgeschwindigkeit* mit zunehmendem $\varkappa$ ab.

In den Bildern 19.59 und 19.60 sind Steigzeit t_s und Gipfelhöhe y_s in Abhängigkeit von $\varkappa$ dargestellt.

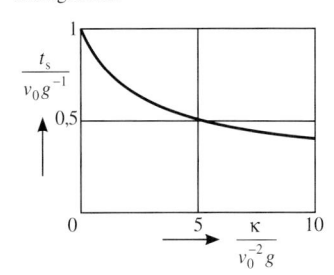

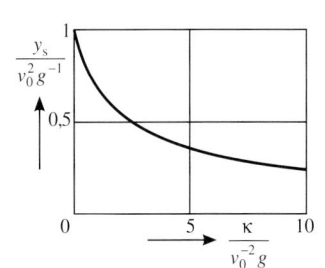

Bild 19.59   Bild 19.60

19.7.2 Freie gedämpfte Schwingungen

19.7.2.1 Geradlinige Schwingungen mit STOKESscher Dämpfung

sind Bewegungen, die dem Anfangswertproblem

$$\ddot{x} + 2\delta\dot{x} + \omega_0^2 x = 0, \quad x(0) = x_0, \quad \dot{x}(0) = v_0 \tag{19.209a,b,c}$$

genügen. ω_0 heißt *Eigenkreisfrequenz* ($[\omega_0] = \text{s}^{-1}$), δ heißt *Dämpfungskonstante* ($[\delta] = \text{s}^{-1}$). Die Systemkonstanten ω_0 und δ sind positiv.

Die Differentialgleichung (19.209a) wird mit Hilfe des *Exponentialansatzes* $x = \text{e}^{\lambda t}$ gelöst. Wird dieser in (19.209a) eingesetzt, so ergibt sich die sogenannte *charakteristische Gleichung*

$$\lambda^2 + 2\delta\lambda + \omega_0^2 = 0. \tag{19.210}$$

19.7 Spezielle Bewegungen

Für diese gibt es die drei Lösungsfälle (da definitionsgemäß sowohl $\omega_0 > 0$ als auch $\delta > 0$ ist):

> 1) $\delta > \omega_0$ $\Rightarrow$ (19.210) hat zwei verschiedene reelle Lösungen $\lambda_{1;2}$,
> 2) $\delta = \omega_0$ $\Rightarrow$ (19.210) hat eine reelle Doppellösung $\lambda_{1;2}$,
> 3) $\delta < \omega_0$ $\Rightarrow$ (19.210) hat zwei konjugiert komplexe Lösungen $\lambda_{1;2}$.

Im ersten Fall

ist $\lambda_{1;2} = -\delta \pm \sqrt{\delta^2 - \omega_0^2}$. Deshalb sind $x_1 = \mathrm{e}^{\lambda_1 t}$ und $x_2 = \mathrm{e}^{\lambda_2 t}$ voneinander unabhängige Lösungen von (19.209a) und – wegen eines Satzes aus der Theorie der gewöhnlichen Differentialgleichungen – deren Linearkombination (mit *unbestimmten Koeffizienten* C_1 und C_2)

$$x = C_1 x_1 + C_2 x_2 = \mathrm{e}^{-\delta t}(C_1 \mathrm{e}^{\omega t} + C_2 \mathrm{e}^{-\omega t}), \quad \omega = \sqrt{\delta^2 - \omega_0^2} \qquad (19.211\text{a,b})$$

allgemeine Lösung von (19.209a). Die *spezielle Lösung* von (19.209a), die auch die Anfangsbedingungen (19.209b) und (19.209c) erfüllt, ergibt sich aus (19.211), wenn die Konstanten C_1 und C_2 so bestimmt werden, daß (19.211a) den Bedingungen (19.209b) und (19.209c) genügt. Dazu wird (19.211a) nach der Zeit differenziert:

$$\dot{x} = \delta \mathrm{e}^{-\delta t}(C_1 \mathrm{e}^{\omega t} + C_2 \mathrm{e}^{-\omega t}) + \mathrm{e}^{-\delta t}(\omega C_1 \mathrm{e}^{\omega t} - \omega C_2 \mathrm{e}^{-\omega t}). \qquad (19.211\text{c})$$

Dann werden in (19.211a) und (19.211c) $t = 0$, $x = x_0$ und $\dot{x} = v_0$ gesetzt. So ergibt sich das lineare Gleichungssystem

$$x_0 = C_1 + C_2, \quad v_0 = (\omega - \delta)C_1 - (\omega + \delta)C_2 \qquad (19.211\text{d,e})$$

mit der Lösung

$$C_1 = \frac{x_0}{2} + \frac{x_0 \delta + v_0}{2\omega}, \quad C_2 = \frac{x_0}{2} - \frac{x_0 \delta + v_0}{2\omega}. \qquad (19.211\text{f,g})$$

Damit ist die Ort-Zeit-Funktion

$$\boxed{x = \left[x_0 \cosh \omega t + \frac{x_0 \delta + v_0}{\omega} \sinh \omega t\right] \mathrm{e}^{-\delta t}} \qquad (19.212)$$

Lösung des Anfangswertproblems (19.209), da $\frac{1}{2}(\mathrm{e}^{\omega t} + \mathrm{e}^{-\omega t}) = \cosh \omega t$ und $\frac{1}{2}(\mathrm{e}^{\omega t} - \mathrm{e}^{-\omega t}) = \sinh \omega t$ gilt. Aus (19.212) ergeben sich Geschwindigkeit-Zeit-Funktion und Beschleunigung-Zeit-Funktion durch Differentiation nach der Zeit t (s. (19.1) und (19.3)) zu:

$$\boxed{v = \left[v_0 \cosh \omega t - \frac{1}{\omega}(x_0 \omega_0^2 + v_0 \delta) \sinh \omega t\right] \mathrm{e}^{-\delta t},} \qquad (19.213)$$

$$\boxed{\begin{aligned} a = &\left[-(x_0 \omega_0^2 + 2v_0 \delta) \cosh \omega t \right. \\ &\left. + \frac{1}{\omega}(x_0 \delta \omega_0^2 + 2v_0 \delta^2 - v_0 \omega_0^2) \sinh \omega t\right] \mathrm{e}^{-\delta t}. \end{aligned}} \qquad (19.214)$$

Da x_0 und v_0 *nicht* gleichzeitig gleich Null sein können (andernfalls befände sich der Massenpunkt ständig in Ruhe, da dann nach (19.212), (19.213) und (19.214) $x \equiv 0$, $v \equiv 0$ und $a \equiv 0$ wäre), sind zehn verschiedene Bewegungstypen möglich, die in den Bildern 19.61a,b durch Beispiele im Interval $0 \leqq t \leqq T$ mit $T \approx 6{,}705$ s dargestellt sind (die Intervallgrenze T wurde für Vergleichszwecke gewählt, s. u.). Es werden die Typen

1) $x_0 > 0 \wedge v_0 > 0$
2) $x_0 > 0 \wedge v_0 = 0$
3) $x_0 = 0 \wedge v_0 > 0$
4) $x_0 < 0 \wedge v_0 < 0$
5) $x_0 < 0 \wedge v_0 = 0$
6) $x_0 = 0 \wedge v_0 < 0$
7) $x_0 > 0 \wedge x_0(\omega - \delta) \leqq v_0 < 0$
8) $x_0 < 0 \wedge x_0(\omega - \delta) \geqq v_0 > 0$
9) $x_0 > 0 \wedge v_0 < x_0(\omega - \delta) < 0$
10) $x_0 < 0 \wedge v_0 > x_0(\omega - \delta) > 0$

unterschieden. In den Bildern 19.61a,b ist $\omega_0 = 0,3 \cdot \pi \, \mathrm{s}^{-1}$ und $\delta = 2 \, \mathrm{s}^{-1}$ als Beispiel gewählt worden.

☐ Folgende Übersichten geben die Kurvennummer, die dazugehörige Typnummer und die für x_0 und v_0 in diesem Beispiel gewählten Werte an.

Bild 19.61a:

Kurve	Typ	x_0/m	v_0/m s^{-1}
I	1	0,4	0,5
II	2	0,4	0
III	7	0,4	$-0,5$
IV	9	0,4	-2
V	3	0	0,5

Bild 19.61b:

Kurve	Typ	x_0/m	v_0/m s^{-1}
I	4	$-0,4$	$-0,5$
II	5	$-0,4$	0
III	8	$-0,4$	0,5
IV	10	$-0,4$	-2
V	6	0	$-0,5$

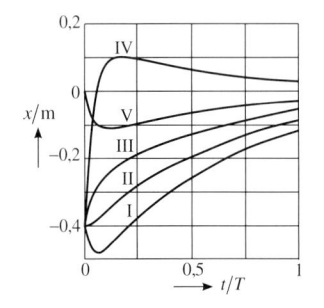

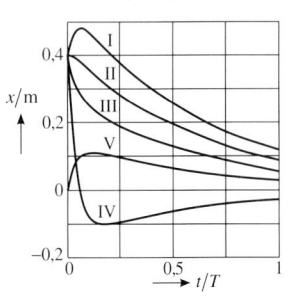

Aus Bild 19.61 ist ersichtlich, daß der Massenpunkt *keine Oszillation* um $x = 0$ ausführt, sondern in die Ruhelage $x = 0$ „zurückkriecht", d. h. höchstens ein Extremum seiner Ordinate x oder höchstens eine Nullstelle *und* ein Extremum seiner Ordinate x durchläuft, bevor seine Ordinate x *monoton* gegen Null strebt. Deshalb wird dieser Fall **Kriechfall** genannt.

Kurve V hat ein relatives Extremum mit den Koordinaten

$$t_0 = \frac{1}{\omega} \operatorname{artanh} \frac{\omega}{\delta} = \frac{1}{2\omega} \ln\left(\frac{\delta + \omega}{\delta - \omega}\right) \approx 0,117 \cdot T = 0,785 \, \mathrm{s}, \tag{19.215a}$$

$$x(t_0) = \frac{v_0}{\omega} \mathrm{e}^{-\delta t_0} \sinh \omega t_0 = \frac{v_0}{\delta - \omega} \left(\frac{\delta - \omega}{\delta + \omega}\right)^{\frac{\delta + \omega}{2\omega}} \approx \pm 0,110 \, \mathrm{m}. \tag{19.215b}$$

Das obere Vorzeichen gilt für Bild 19.61a, das untere für Bild 19.61b.

19.7 Spezielle Bewegungen

Kurve IV schneidet die Zeitachse bei
$$t_1 = -\frac{1}{\omega}\operatorname{artanh}\left(\frac{x_0\omega}{x_0\delta+v_0}\right)$$
$$= \frac{1}{2\omega}\ln\left(\frac{x_0\delta+v_0-x_0\omega}{x_0\delta+v_0+x_0\omega}\right) \approx 0,0570\cdot T = 0,382\text{ s} \quad (19.216)$$

Kurven I und IV erreichen bei
$$t_2 = \frac{1}{\omega}\operatorname{artanh}\left(\frac{v_0\omega}{v_0\delta+x_0\omega_0^2}\right)$$
$$= \frac{1}{2\omega}\ln\left(\frac{v_0\delta+x_0\omega_0^2+v_0\omega}{v_0\delta+x_0\omega_0^2-v_0\omega}\right) \approx \begin{cases} 0,0657\cdot T = 0,440\text{ s (I)} \\ 0,1714\cdot T = 1,167\text{ s (IV)} \end{cases} \quad (19.217)$$

ein relatives Extremum mit dem Funktionswert
$$x(t_2) = \left[x_0\cosh\omega t_2\frac{x_0\delta+v_0}{\omega_0}\sinh\omega t_2\right]e^{-\delta t_2}$$
$$\approx \left.\begin{cases} +0,480\text{ m (I)} \\ -0,100\text{ m (IV)} \end{cases}\right\}\text{Bild 19.61a} \\ \left.\begin{cases} -0,480\text{ m (I)} \\ +0,100\text{ m (IV)} \end{cases}\right\}\text{Bild 19.61b} \quad (19.218)$$

Die beiden oberen Ordinaten gelten für Bild 19.61a, die beiden unteren für Bild 19.61b. Bei allen Kurven, die relative Extrema aufweisen, sind die mit den positiven (negativen) Ordinaten der Extrema relative Maxima (relative Minima).

Kurve II hat ihr (*absolutes*) Extremum bei $t_3 = 0$, $x(t_3) = \pm 0,4$. Das obere Vorzeichen gilt für Bild 19.61a, das untere für Bild 19.61b.

Kurve III weist kein *relatives* Extremum auf.

Anmerkung:

(19.212) läßt sich unter bestimmten Bedingungen in anderer Form schreiben:

1) Bedingung $(x_0\delta+v_0)^2 > x_0^2\omega^2 \Rightarrow$

$$\boxed{\begin{aligned} &x = x_1 e^{-\delta t}\sinh(\omega t + \varphi_1), \quad x_1 = \sqrt{\left(\frac{x_0\delta+v_0}{\omega}\right)^2 - x_0^2}, \\ &\varphi_1 = \operatorname{artanh}\left(\frac{x_0\omega}{x_0\delta+v_0}\right) \end{aligned}} \quad (19.212\text{a,b,c})$$

2) Bedingung $x_0^2\omega^2 > (x_0\delta+v_0)^2 \wedge v_0\delta+x_0\omega_0^2 \neq 0 \Rightarrow$

$$\boxed{\begin{aligned} &x = x_2 e^{-\delta t}\cosh(\omega t + \varphi_2), \quad x_2 = \sqrt{x_0^2 - \left(\frac{x_0\delta+v_0}{\omega}\right)^2}, \\ &\varphi_2 = \operatorname{artanh}\left(\frac{x_0\delta+v_0}{x_0\omega}\right) \end{aligned}} \quad (19.212\text{d,e,f})$$

Im zweiten Fall

ist $\lambda_{1;2} = \delta = \omega_0$. Deshalb existiert zunächst nur eine *partikuläre Lösung* $x_1 = C_1 e^{-\omega_0 t}$ von (19.209a) mit der *unbestimmten Konstanten* C_1. Es kann jedoch leicht (durch Einsetzprobe) bestätigt werden, daß $x_2 = C_2 t e^{-\omega_0 t}$ mit der *unbestimmten Konstanten* C_2

eine zweite, von x_1 linear unabhängige Lösung von (19.209a) ist. Deshalb lautet die *allgemeine Lösung* von (19.209a)

$$x = x_1 + x_2 = (C_1 + C_2 t)\,\mathrm{e}^{-\omega_0 t}. \tag{19.219}$$

Zur Ermittlung der Lösung des Anfangswertproblems (19.209) werden die Konstanten in (19.219) analog wie im ersten Fall bestimmt: (19.219) wird differenziert

$$\dot{x} = (C_2 - \omega_0 C_1 - \omega_0 C_2 t)\,\mathrm{e}^{-\omega_0 t}, \tag{19.220}$$

wodurch sich nach Einsetzen von $t = 0$, $x = x_0$ und $\dot{x} = v_0$ in (19.219) und (19.220) das lineare Gleichungssystem

$$x_0 = C_1, \quad v_0 = C_2 - \omega_0 C_1 \tag{19.221}$$

mit der Lösung

$$C_1 = x_0, \quad C_2 = v_0 + \omega_0 x_0 \tag{19.222}$$

und damit die Ortskoordinate

$$\boxed{x = [x_0 + (v_0 + \omega_0 x_0)t]\,\mathrm{e}^{-\omega_0 t}} \tag{19.223}$$

ergibt. Nach (19.1) und (19.3) folgen daraus Geschwindigkeit und Beschleunigung

$$\boxed{v = [v_0 - (v_0 + \omega_0 x_0)\omega_0 t]\,\mathrm{e}^{-\omega_0 t},} \tag{19.224}$$

$$\boxed{a = [-\omega_0^2 x_0 - 2\omega_0 v_0 + (v_0 + \omega_0 x_0)\omega_0^2 t]\,\mathrm{e}^{-\omega_0 t}.} \tag{19.225}$$

Da x_0 und v_0 nicht gleichzeitig gleich Null sein können (andernfalls wäre $x \equiv 0$, $v \equiv 0$ und $a \equiv 0$, so daß also der Massenpunkt ständig ruhte), sind hier wie im ersten Fall zehn verschiedene Bewegungstypen möglich:

1) $x_0 > 0 \wedge v_0 > 0$ 2) $x_0 > 0 \wedge v_0 = 0$
3) $x_0 = 0 \wedge v_0 > 0$ 4) $x_0 < 0 \wedge v_0 < 0$
5) $x_0 < 0 \wedge v_0 = 0$ 6) $x_0 = 0 \wedge v_0 < 0$
7) $x_0 > 0 \wedge -\omega_0 x_0 \leqq v_0 < 0$ 8) $x_0 < 0 \wedge -\omega_0 x_0 \geqq v_0 > 0$
9) $x_0 > 0 \wedge v_0 < -\omega x_0 < 0$ 10) $x_0 < 0 \wedge v_0 > -\omega x_0 > 0$

Diese sind in den Bildern 19.62a,b für $\delta = \omega_0 = 0,3 \cdot \pi\,\mathrm{s}^{-1}$ im Intervall $0 \leq t \leq T$ mit $T \approx 6,705$ s dargestellt (die Intervallgrenze T wurde für Vergleichszwecke gewählt, s. u.). Dieser Fall wird als **Grenzfall** bezeichnet, weil er den noch zu behandelnden dritten Fall vom ersten Fall abgrenzt.

☐   In diesem Beispiel wurden den Kurvennummern die gleichen Typnummern und die gleichen Werte für x_0 und v_0 zugeordnet wie im vorhergehenden Beispiel. Die Typen sind unmittelbar vor diesem Beispiel genannt.

Auch diese Kurven (Bilder 19.62a,b) zeigen, daß der Massenpunkt *keine Oszillation* um $x = 0$ ausführt. Wie in den Bildern 19.61a,b strebt die Ordinate des Massenpunktes auch hier unmittelbar (Kurven II und III), erst nach dem Erreichen des Extremums der Ordinate (Kurven I und V) oder nach dem Passieren von Nullstelle und Extremum der Ordinate (Kurve IV) monoton gegen Null. Ein Vergleich der Kurven in den Bildern 19.61a,b mit den entsprechenden Kurven in den Bildern 19.62a,b offenbart (auch bei Beachtung der unterschiedlichen Maßstäbe der Ordinatenachsen), daß bei der hier vorliegenden geringeren Dämpfung gegebenenfalls (Kurven

19.7 Spezielle Bewegungen

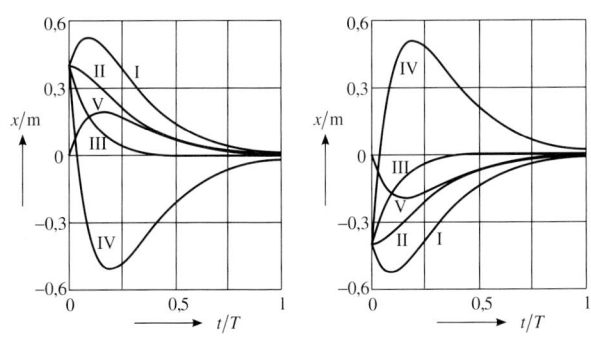

Bild 19.62a Bild 19.62b

I, IV und V) betragsgrößere Extremwerte auftreten (s. auch folgende und die Rechnung zum vorhergehenden Beispiel) und die Kurven sich schneller der Zeitachse annähern (s. Übersicht unten).

Kurve V hat ein relatives Extremum bei

$$t_0 = \frac{v_0}{\omega_0(v_0 + \omega_0 x_0)} \approx 0,158 \cdot T = 1,061 \text{ s}, \quad x(t_0) \approx \pm 0,585 \text{ m}.$$

Das obere Vorzeichen gilt für Bild 19.62a, das untere für Bild 19.62b.

Kurve IV hat eine Nullstelle bei

$$t_1 = \frac{-x_0}{v_0 + \omega_0 x_0} \approx 0,0368 \cdot T = 0,246 \text{ s}$$

und ein relatives Extremum bei

$$t_2 = \frac{v_0}{\omega_0(v_0 + \omega_0 x_0)} \approx 0,195 \cdot T = 1,307 \text{ s}, \quad x(t_2) \approx \mp 0,502 \text{ m}.$$

Das obere Vorzeichen gilt für Bild 19.62a, das untere für Bild 19.62b.

Kurve I hat ein relatives Extremum bei

$$t_2 = \frac{v_0}{\omega_0(v_0 + \omega_0 x_0)} \approx 0,0902 \cdot T = 0,605 \text{ s}, \quad x(t_2) \approx \pm 0,526 \text{ m}.$$

Das obere Vorzeichen gilt für Bild 19.62a, das untere für Bild 19.62b.

Die folgende Übersicht stellt die Beträge der Funktionswerte entsprechender Kurven der Bilder 19.61 und 19.62 an der Stelle $t = T$ gegenüber:

	I	II	III	IV	V
Bild 19.61	0,117	0,088	0,059	0,029	0,029
Bild 19.62	0,011	0,005	0,001	0,019	0,006

Im dritten Fall

ist $\lambda_{1,2} = -\delta \pm j\omega$ mit $\omega = \sqrt{\omega_0^2 - \delta^2}$ (j bezeichnet die imaginäre Einheit). Der Leser beachte, daß ω hier eine andere Bedeutung als in (19.211b) hat. Wird ω in (19.212), (19.213) und (19.214) durch $j\omega$ ersetzt (Begründung: hier ergibt sich ω formal aus

(19.211b) durch ein solches Ersetzen), so folgen für Ortskoordinate, Geschwindigkeit und Beschleunigung die Formeln

$$x = \left[x_0 \cosh j\omega t + \frac{x_0\delta + v_0}{j\omega} \sinh j\omega t\right] e^{-\delta t},$$

$$v = \left[v_0 \cosh j\omega t - \frac{1}{j\omega}(x_0\omega_0^2 + v_0\delta) \sinh j\omega t\right] e^{-\delta t},$$

$$a = \left[-(x_0\omega_0^2 + 2v_0\delta) \cosh j\omega t + \frac{1}{j\omega}(x_0\delta\omega_0^2 + 2v_0\delta - v_0\omega_0^2) \sinh j\omega t\right] e^{-\delta t}.$$

Diese können wegen

$$\sinh j\omega t \equiv j \sin \omega t, \quad \cosh j\omega t \equiv \cos \omega t \tag{19.226a,b}$$

in der Gestalt

$$\boxed{x = \left[x_0 \cos \omega t + \frac{x_0\delta + v_0}{\omega} \sin \omega t\right] e^{-\delta t},} \tag{19.227}$$

$$\boxed{v = \left[v_0 \cos \omega t - \frac{1}{\omega}(x_0\omega_0^2 + v_0\delta) \sin \omega t\right] e^{-\delta t},} \tag{19.228}$$

$$\boxed{a = \left[-(x_0\omega_0^2 + 2v_0\delta) \cos \omega t + \frac{1}{\omega}(x_0\delta\omega_0^2 + 2v_0\delta - v_0\omega_0^2) \sin \omega t\right] e^{-\delta t}} \tag{19.229}$$

geschrieben werden. Die gleichen Formeln ergeben sich selbstverständlich auch aus der allgemeinen Lösung

$$x = \left[C_1 e^{j\omega t} + C_2 e^{-j\omega t}\right] e^{-\delta t} \tag{19.230}$$

von (19.209): Dazu ist diese zu differenzieren

$$\dot{x} = \left[j\omega C_1 e^{j\omega t} - j\omega C_2 e^{-j\omega t}\right] e^{-\delta t} - \delta \left[C_1 e^{j\omega t} + C_2 e^{-j\omega t}\right] e^{-\delta t}, \tag{19.231}$$

$t = 0$, $x = x_0$ und $\dot{x} = v_0$ in (19.230) und (19.231) einzusetzen, und sind die unbestimmten Konstanten aus dem sich ergebenden linearen Gleichungssystem

$$x_0 = C_1 + C_2, \quad v_0 = (j\omega - \delta)C_1 - (j\omega + \delta)C_2 \tag{19.232a,b}$$

zu berechnen:

$$C_1 = \frac{x_0}{2} + \frac{1}{2j\omega}(x_0\delta + v_0), \quad C_2 = \frac{x_0}{2} - \frac{1}{2j\omega}(x_0\delta + v_0). \tag{19.233a,b}$$

Werden (19.233a,b) in (19.230) eingesetzt, so ergibt sich (19.227) unter Beachtung von (19.226a,b) und

$$\frac{1}{2j}\left(e^{j\omega t} - e^{-j\omega t}\right) \equiv \sin \omega t, \quad \frac{1}{2}\left(e^{j\omega t} + e^{-j\omega t}\right) \equiv \cos \omega t. \tag{19.234a,b}$$

(19.228) und (19.229) folgen dann gemäß (19.1) und (19.3) aus (19.227) durch Differentiation.

Angemerkt sei, daß (19.227) auch in die Gestalt

$$\boxed{\begin{aligned} x &= x_1 e^{-\delta t} \cos(\omega t + \varphi_1), \quad x_1 = \sqrt{x_0^2 + \left(\frac{x_0\delta + v_0}{\omega}\right)^2}, \\ \varphi_1 &= -\arctan\left(\frac{x_0\delta + v_0}{x_0\omega}\right) \end{aligned}} \tag{19.235a,b,c}$$

19.7 Spezielle Bewegungen

oder in die Gestalt

$$x = x_2 \mathrm{e}^{-\delta t} \sin(\omega t + \varphi_2), \quad x_2 = \sqrt{x_0^2 + \left(\frac{x_0 \delta + v_0}{\omega}\right)^2},$$
$$\varphi_2 = +\arctan\left(\frac{x_0 \omega}{x_0 \delta + v_0}\right)$$
(19.236a,b,c)

umgeformt werden kann. Der Beweis dafür wird hier nicht geführt.

(19.235a) und (19.236a) liefern die Darstellungen

$$v = -x_1 \mathrm{e}^{-\delta t} [\delta \cos(\omega t + \varphi_1) + \omega \sin(\omega t + \varphi_1)] \tag{19.237a}$$

$$v = -x_2 \mathrm{e}^{-\delta t} [\delta \sin(\omega t + \varphi_2) - \omega \cos(\omega t + \varphi_2)] \tag{19.237b}$$

der Geschwindigkeit und

$$a = x_1 \mathrm{e}^{-\delta t} \left[(\delta^2 - \omega^2) \cos(\omega t + \varphi_1) + 2\omega \delta \sin(\omega t + \varphi_1)\right] \tag{19.238a}$$

$$a = x_2 \mathrm{e}^{-\delta t} \left[(\delta^2 - \omega^2) \sin(\omega t + \varphi_2) - 2\omega \delta \cos(\omega t + \varphi_2)\right] \tag{19.238b}$$

der Beschleunigung.

Diese Bewegungen sind *nicht* periodisch (s. z. B. Bild 19.63), dennoch wird die Größe

$$T = \frac{2\pi}{\omega}, \tag{19.239}$$

die den kleinsten zeitlichen Abstand zweier Punkte der Ort-Zeit-Kurve mit der Phasendifferenz

$$\Delta \varphi_1 = [\omega(t+T) + \varphi_1] - (\omega t - \varphi_1) = 2\pi \tag{19.240}$$

angibt, z. B. zweier benachbarter „Nulldurchgänge" mit gleicher Bewegungsrichtung, häufig *Periodendauer der gedämpften Schwingung* genannt. Ein Vergleich mit der Periodendauer (19.58) der ungedämpften harmonischen Schwingung offenbart, daß $T > T_0$ ist. Der Unterschied wächst mit der Dämpfung bzw. dem *Dämpfungsgrad*

$$D = \frac{\delta}{\omega_0}, \quad ([D] = 1). \tag{19.241}$$

ω_0 bezeichnet die Kreisfrequenz der entsprechenden ungedämpften harmonischen Schwingung.

Nach (19.235a) oder (19.236a) ist der Quotient der Elongationen zweier Punkte der Ort-Zeit-Kurve mit der Phasendifferenz 2π:

$$\frac{x(t+T)}{x(t)} = \mathrm{e}^{-\delta T}. \tag{19.242}$$

Darin wird die Größe

$$\Lambda = \delta T = 2\pi \frac{\delta}{\omega} = 2\pi D \frac{\omega_0}{\omega}, \quad ([\Lambda] = 1) \tag{19.243}$$

als *logarithmisches Dämpfungsdekrement* bezeichnet. Benachbarte Punkte der Ort-Zeit-Kurve mit der Phasendifferenz 2π haben also Elongationen, die eine monoton fallende, geometrische Folge mit dem Quotienten $q = \exp(-\Lambda)$ bilden.

Es gibt offenbar acht verschiedene Bewegungstypen:

1) $x_0 > 0 \wedge v_0 > 0$ 2) $x_0 > 0 \wedge v_0 = 0$ 3) $x_0 > 0 \wedge v_0 < 0$
4) $x_0 = 0 \wedge v_0 > 0$ 5) $x_0 < 0 \wedge v_0 > 0$ 6) $x_0 < 0 \wedge v_0 = 0$
7) $x_0 < 0 \wedge v_0 < 0$ 8) $x_0 = 0 \wedge v_0 < 0$

Davon sind in diesem Beispiel im Bild 19.63 für $\omega_0 = 0,3 \cdot \pi\,\mathrm{s}^{-1}$, $x_0 = 0,4$ m und $v_0 = 0,5$ m s^{-1} sowie im Intervall $0 \leqq t \leqq T$ mit $T \approx 6,705$ s gemäß (19.239) graphisch dargestellt:

Typ 1 von Fall 1
($\delta = 2\,\mathrm{s}^{-1}$, Kurve 1),
Typ 1 von Fall 2
($\delta = \omega_0$, Kurve 2) und
Typ 1 von Fall 3
($\delta = 0,1\,\mathrm{s}^{-1}$, Kurve 3)
sowie die Kurve mit der Gleichung
$x = x_0\,\mathrm{e}^{-\delta t}$ ($\delta = 0,1\,\mathrm{s}^{-1}$, Kurve 0)

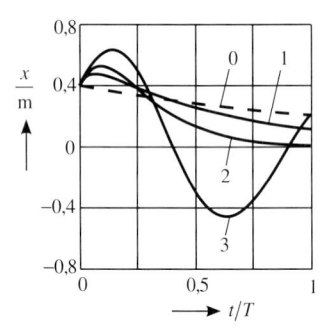

Bild 19.63

Da die Kurven 0 und 3 einander bei $t = 0$ und $t = T$ schneiden, ist $x(T) = x_0\,\mathrm{e}^{-\Lambda}$ für Kurve 3, was (19.242) bestätigt. Bild 19.63 bringt auch zum Ausdruck, daß der Massenpunkt im Kriechfall und im Grenzfall keine oszillierende Bewegung, wohl aber im dritten Fall eine derartige Bewegung ausführt. Deshalb wird der dritte Fall auch **Oszillationsfall** genannt.

Im Bild 19.64 ist (19.235a) bzw. (19.236a) als Kurve II für $\omega_0 = 0,3\pi\,\mathrm{s}^{-1}$, $x_0 = 0,4$ m, $v_0 = 0,5$ m s^{-1} im Intervall $0 \leqq t \leqq 4T$ mit $T \approx 6,705$ s gemäß (19.239) bzw. $\omega = \sqrt{\omega_0^2 - \delta^2} \approx 0,937\,\mathrm{s}^{-1}$ zusammen mit den *Grenzkurven* mit den Gleichungen

$$x = x_1\,\mathrm{e}^{-\delta t} \qquad \text{(Kurve I)}, \tag{19.244a}$$

$$x = -x_1\,\mathrm{e}^{-\delta t} \qquad \text{(Kurve III)} \tag{19.244b}$$

graphisch dargestellt.

Nach (19.235b,c) bzw. (19.236b,c) ist $x_1 = x_2 \approx 0,701$ m, $\varphi_1 \approx -0,964$ rad $= -55,2°$ und $\varphi_2 \approx 0,607$ rad $= 34,8°$.

Die Nullstellen von (19.235a) bzw. (19.236a) sind

$$t_k = (k - \varphi_2/\pi)T/2, \quad k = 1,2,3\ldots \tag{19.245}$$

Die Extrema von (19.235a) bzw. (19.236a) haben die Koordinaten

$$t_{k+1} = \left(k\pi - \varphi_2 + \arctan\frac{\omega}{\delta}\right)\frac{T}{2\pi}, \quad x(t_k), \quad k = 0,1,2,\ldots \tag{19.246a,b}$$

Die Berührungspunkte von (19.235a) bzw. (19.236a) mit den Grenzkurven haben die Koordinaten

19.7 Spezielle Bewegungen

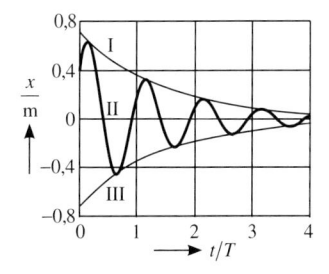

Bild 19.64

$$t_{k+1} = \left[\left(k+\frac{1}{2}\right)\pi - \varphi_2\right]\frac{T}{2\pi}, \quad x(t_k) = (-1)^k x_2 \, e^{-\tilde{\delta}_k}, \qquad (19.247\text{a,b})$$

$k = 0, 1, 2, \ldots$

Mit obigen Werten gilt:

	t_1	$x(t_1)$
Nullstellen	$0{,}403 \cdot T = 2{,}705$ s	0
Maxima	$0{,}137 \cdot T = 0{,}915$ s	$+0{,}907 \cdot x_1 = +0{,}636$ m
Minima	$0{,}637 \cdot T = 4{,}268$ s	$-0{,}649 \cdot x_1 = -0{,}455$ m
Berührungsstellen oben	$0{,}153 \cdot T = 1{,}029$ s	$+0{,}902 \cdot x_1 = +0{,}632$ m
Berührungsstellen unten	$0{,}653 \cdot T = 4{,}381$ s	$-0{,}534 \cdot x_1 = -0{,}452$ m

In den letzten vier Zeilen ist $t_k = t_1 + (k-1)T$ und $x(t_k) = e^{-(k-1)\Lambda} \cdot x(t_1)$ für $k = 2, 3, 4, \ldots$. In Zeile 1 gilt $t_k = t_1 + (k-1)T/2$ für $k = 2, 3, 4, \ldots$

19.7.2.2 Kreisförmige Schwingungen mit STOKESscher Dämpfung

heißen Bewegungen eines Massenpunktes M, die dem Anfangswertproblem

$$\boxed{\ddot{\varphi} + 2\delta\dot{\varphi} + \varpi_0^2 \varphi = 0, \quad \varphi(0) = \varphi_0, \quad \dot{\varphi}(0) = \omega_0} \qquad (19.248\text{a,b,c})$$

genügen. φ, ω und α bezeichnen Winkelkoordinate, Winkelgeschwindigkeit und Winkelbeschleunigung. ϖ_0 heißt Kreisfrequenz der ungedämpften Schwingung ($\delta = 0$), δ heißt Dämpfungskonstante. Es ist $[\varpi] = \text{s}^{-1}$ und $[\delta] = \text{s}^{-1}$. Der Leser beachte die unterschiedliche Bedeutung von ϖ_0 und ω_0.

(19.248a,b,c) unterscheidet sich von (19.209a,b,c) lediglich in den Bezeichnungen. Deshalb gelten alle Aussagen von 19.7.2.1 auch hier, wenn x durch φ, x_0 durch φ_0, $v = \dot{x}$ durch $\omega = \dot{\varphi}$, $a = \dot{v}$ durch $\alpha = \dot{\omega}$, ω durch ϖ und ω_0 durch ϖ_0 ersetzt werden:

$\Rightarrow$ *Charakteristische Gleichung*

$$\lambda^2 + 2\delta\lambda + \varpi_0^2 = 0.$$

Kriechfall $\delta > \varpi_0 \Rightarrow \varpi = \sqrt{\delta^2 - \varpi_0^2}$

$$\varphi = \left[\varphi_0 \cosh \varpi t + \frac{\varphi_0 \delta + \omega_0}{\varpi} \sinh \varpi t\right] e^{-\delta t}, \tag{19.249}$$

$$\omega = \left[\omega_0 \cosh \varpi t - \frac{1}{\varpi}\left(\varphi_0 \varpi_0^2 + \omega_0 \delta\right) \sinh \varpi t\right] e^{-\delta t}, \tag{19.250}$$

$$\alpha = \left[-\left(\varphi_0 \varpi_0^2 + 2\omega_0 \delta\right) \cosh \varpi t + \frac{1}{\varpi}\left(\varphi_0 \delta \varpi_0^2 + 2\omega_0 \delta^2\right) \sinh \varpi t\right] e^{-\delta t}. \tag{19.251}$$

Die Bewegungstypen aus 19.7.2.1, die Bilder 19.61a,b und die Anmerkung aus 19.7.2.1 gelten sinngemäß.

Grenzfall $\delta = \varpi_0 \Rightarrow$

$$\varphi = \left[\varphi_0 + (\omega_0 + \varpi_0 \varphi_0)t\right] e^{-\varpi_0 t}, \tag{19.252}$$

$$\omega = \left[\omega_0 - (\omega_0 + \varpi_0 \varphi_0)\varpi_0 t\right] e^{-\varpi_0 t}, \tag{19.253}$$

$$\alpha = \left[-\varpi_0^2 \varphi_0 - 2\varpi_0 \omega_0 + (\omega_0 + \varpi_0 \varphi_0)\varpi_0^2 t\right] e^{-\varpi_0 t}. \tag{19.254}$$

Die Bewegungstypen und die Bilder 19.62a,b aus 19.7.2.1 gelten sinngemäß.

Oszillationsfall $\delta < \varpi_0 \Rightarrow \varpi = \sqrt{\varpi_0^2 - \delta^2} \Rightarrow T = \frac{2\pi}{\varpi}$, $D = \frac{\delta}{\varpi_0}$,
$\Lambda = \delta T = 2\pi \frac{\delta}{\varpi} = 2\pi D \frac{\varpi_0}{\varpi}$.

$$\varphi = \left[\varphi_0 \cos \varpi t + \frac{\varphi_0 \delta + \omega_0}{\varpi} \sin \varpi t\right] e^{-\delta t}, \tag{19.255}$$

$$\omega = \left[\omega_0 \cos \varpi t - \frac{1}{\varpi}\left(\varphi_0 \varpi_0^2 + \omega_0 \delta\right) \sin \varpi t\right] e^{-\delta t}, \tag{19.256}$$

$$\alpha = \left[-\left(\varphi_0 \varpi_0^2 + 2\omega_0 \delta\right) \cos \varpi t + \frac{1}{\varpi}\left(\varphi_0 \delta \varpi_0^2 + 2\omega_0 \delta\right) \sin \varpi t\right] e^{-\delta t}. \tag{19.257}$$

(19.235a) bis 19.238b), die Bewegungstypen und die Bilder 19.63 und 19.64 aus 19.7.2.1 gelten mit sinnentsprechenden Bezeichnungen.

19.7.2.3 Geradlinige Schwingungen mit COULOMBscher Dämpfung

heißen Bewegungen eines Massenpunktes M, die dem Anfangswertproblem

$$\ddot{x} + \omega_0^2 x = -\bar{\mu} \cdot \text{sgn}(\dot{x}), \quad x(0) = x_0, \quad \dot{x}(0) = v_0 \tag{19.258a,b,c}$$

genügen. ω_0 heißt *Eigenkreisfrequenz* ($[\omega_0] = \text{s}^{-1}$), μ heißt *spezifische Reibungskraft* und hat die SI-Einheit $[\bar{\mu}] = \text{m s}^{-2}$, sgn bezeichnet die *Signum-Funktion* ($\text{sgn}(\dot{x}) = +1$, falls $\dot{x} > 0$. $\text{sgn}(\dot{x}) = -1$, falls $\dot{x} < 0$. $\text{sgn}(\dot{x}) = 0$, falls $\dot{x} = 0$.). Beide Systemkonstanten ω_0 und $\bar{\mu}$ sind positiv.

(19.258a) lautet für die **Aufwärtsbewegung**

$$\ddot{x} + \omega_0^2 x = -\bar{\mu} \tag{19.258d}$$

19.7 Spezielle Bewegungen

und für die **Abwärtsbewegung**

$$\ddot{x} + \omega_0^2 x = +\overline{\mu} \tag{19.258e}$$

Die zugehörige homogene Differentialgleichung $\ddot{x} + \omega_0^2 x = 0$ hat die allgemeine Lösung

$$x = A \sin(\omega_0 t + \varphi) \tag{19.259}$$

mit den unbestimmten Konstanten A und φ sowie der Periodendauer $T = 2\pi/\omega_0$. Die allgemeine Lösung der inhomogenen Differentialgleichung (19.258) ist – nach einem Satz aus der Theorie der linearen Differentialgleichungen – Summe aus (19.259) und einer speziellen Lösung von (19.258).

Der Einfachheit halber sei nun $x_0 > 0$ und $v_0 = 0$ vorausgesetzt. Dann lautet (19.258a, b,c) für $0 \leq t \leq T/2$

$$\ddot{x} + \omega_0^2 x = +\overline{\mu}, \quad x(0) = x_0, \quad \dot{x}(0) = 0 \tag{19.260a,b,c}$$

und hat die Lösung

$$x = \left(x_0 - \frac{\overline{\mu}}{\omega_0^2}\right) \cos \omega_0 t + \frac{\overline{\mu}}{\omega_0^2}. \tag{19.261}$$

Für $t = T/2 = \dfrac{\pi}{\omega_0}$ ist $x\left(\dfrac{T}{2}\right) = -x_0 + \dfrac{2\overline{\mu}}{\omega_0^2}$ und $\dot{x}\left(\dfrac{T}{2}\right) = 0$.

Deshalb lautet (19.258a,b,c) für $T/2 \leq t \leq T$

$$\ddot{x} + \omega_0^2 x = -\overline{\mu}, \quad x(T/2) = -x_0 + \frac{2\overline{\mu}}{\omega_0^2}, \quad \dot{x}(T/2) = 0 \tag{19.262a,b,c}$$

und hat die Lösung

$$x = \left(x_0 - \frac{3\overline{\mu}}{\omega_0^2}\right) \cos \omega_0 t - \frac{\overline{\mu}}{\omega_0^2}. \tag{19.263}$$

Damit ist $x(T) = x_0 - 4\overline{\mu}/\omega_0^2$ und $v(T) = 0$.

In entsprechender Weise wird die Lösung von (19.228a,b,c) für die Zeitintervalle
$kT \leq t \leq kT + T/2$, $k = 1, 2, 3, \ldots$ der Abwärtsbewegung und
$kT + T/2 \leq t \leq (k+1)T$, $k = 1, 2, 3, \ldots$ der Aufwärtsbewegung
aus den Anfangswertproblemen

$$\ddot{x} + \omega_0^2 x = +\overline{\mu}, \quad x(kT) = x_0 - \frac{4k\overline{\mu}}{\omega_0^2}, \quad \dot{x}(kT) = 0 \tag{19.264a,b,c}$$

(Abwärtsbewegung)

$$\ddot{x} + \omega_0^2 x = -\overline{\mu}, \quad x(kT + T/2) = -x_0 + \frac{2(2k+1)\overline{\mu}}{\omega_0^2}, \tag{19.265a,b}$$

$$\dot{x}(kT + T/2) = 0 \tag{19.265c}$$

(Aufwärtsbewegung)

berechnet. Die Lösungen von (19.264a,b,c) und (19.265a,b,c) sind

$$\boxed{x = \left[x_0 - \frac{\overline{\mu}}{\omega_0^2}(4k+1)\right] \cos \omega_0 t + \frac{\overline{\mu}}{\omega_0^2}} \quad \text{(Abwärtsbewegung)} \tag{19.266a}$$

$$\boxed{x = \left[x_0 - \frac{\overline{\mu}}{\omega_0^2}(4k+3)\right] \cos \omega_0 t - \frac{\overline{\mu}}{\omega_0^2}} \quad \text{(Aufwärtsbewegung)} \tag{19.266b}$$

In den Zeitabständen $T/2$ nimmt also der Betrag der Amplitude um $2\bar{\mu}/\omega_0^2$ ab, so daß die Koordinaten

der Maxima der Ort-Zeit-Kurve

$$t_k = kT, \quad x_k = x_0 - \frac{4k\bar{\mu}}{\omega_0^2}, \quad k = 0, 1, 2, \ldots,$$

der Minima der Ort-Zeit-Kurve

$$t_k = kT + T/2, \quad x_k = -x_0 + \frac{\bar{\mu}}{\omega_0^2}(4k+2), \quad k = 0, 1, 2, \ldots$$

sind (s. Bild 19.65).

Aus (19.266a,b) ergibt sich gemäß (19.1) durch Differentiation die Geschwindigkeit

$$\boxed{v = -\omega_0 \left[x_0 - \frac{\bar{\mu}}{\omega_0^2}(4k+1)\right] \sin\omega_0 t,} \quad \text{(Abwärtsbewegung)} \quad (19.267a)$$

$$\boxed{v = -\omega_0 \left[x_0 - \frac{\bar{\mu}}{\omega_0^2}(4k+3)\right] \sin\omega_0 t.} \quad \text{(Aufwärtsbewegung)} \quad (19.267b)$$

Die Beschleunigung folgt aus (19.264a), (19.266a) und (19.265.a), (19.266b) oder aus (19.267a,b) durch Differentiation zu

$$\boxed{a = \bar{\mu} - \omega_0^2 x = -\omega_0^2 \left[x_0 - \frac{\bar{\mu}}{\omega_0^2}(4k+1)\right] \cos\omega_0 t,} \quad (19.268a)$$

(Abwärtsbewegung)

$$\boxed{a = -\bar{\mu} - \omega_0^2 x = -\omega_0^2 \left[x_0 - \frac{\bar{\mu}}{\omega_0^2}(4k+3)\right] \cos\omega_0 t.} \quad (19.268b)$$

(Aufwärtsbewegung)

Der Massenpunkt M kommt zur Ruhe, *sobald* die Beschleunigung a ständig im Intervall $[-\bar{\mu}; +\bar{\mu}]$ liegt. Dann ist der Betrag $\omega_0^2|x|$ durch die elastische Bindung des Massenpunktes an die Ruhelage $x = 0$ bedingten Beschleunigung kleiner als der Betrag $\bar{\mu}$ der ihr entgegengerichteten spezifischen Reibungskraft. Deshalb gelten (19.266) bis (19.268) nur für alle die Werte von k, für die $|a| < \bar{\mu}$ **nicht ständig** gilt, und im letzten Intervall nur teilweise (s. u.).

☐ Es sei z. B. $x_0 = 0{,}500$ m, $v_0 = 0$, $\omega_0 = 2{,}500$ s^{-1} und $\bar{\mu} = 0{,}150$ m s^{-2}. Dann ist $T \approx 2{,}513$ s, und die Koordinaten der Extrema der Ort-Zeit-Funktion sind

Maxima:

t/s	0,000	2,513	5,027	7,540	10,053
x/m	0,500	0,404	0,308	0,212	0,116

Minima:

t/s	1,257	3,770	6,283	8,796	11,310
x/m	−0,452	−0,356	−0,260	−0,164	−0,068

Ferner ist $2\overline{\mu}/\omega_0^2 = 0,048$ m. In den Zeitintervallen $[kT/2;(k+1)T/2], k = 0,1,2,\ldots$ nehmen also die Beträge der Extrema von $x = x(t)$ um 0,048 m ab. Weitere Extrema existieren nicht, weil der Massenpunkt nach dem Passieren des fünften Minimums zur Ruhe kommt (s. u.). Im Bild 19.65 ist die Ort-Zeit-Funktion $x = x(t)$ dargestellt. Darin sind auch die Gerade mit der Gleichung

$$x = x_0 - t \cdot 2\overline{\mu}/\pi\omega_0$$

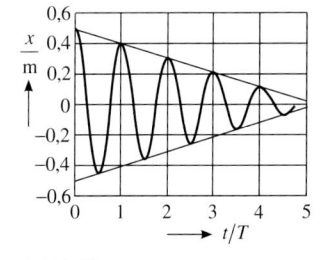

Bild 19.65

durch die Maxima von $x = x(t)$ und die Gerade mit der Gleichung

$$x = -x_0 + t \cdot 2\overline{\mu}/\pi\omega_0$$

durch die Minima von $x = x(t)$ gezeichnet. Interessant ist der Vergleich der Bilder 19.64 und 19.65.

Die Beschleunigung in den Extrema ist

Maxima:

t/s	0,000	2,513	5,027	7,540	10,053
a/m s^{-2}	$-2,975$	$-2,375$	$-1,775$	$-1,175$	$-0,575$

Minima:

t/s	1,257	3,770	6,283	8,796	11,310
a/m s^{-2}	2,975	2,325	1,775	1,175	0,575

Ab $t = 11,708$ s (berechnet aus (19.268b) mit $k = 4$, Hinweis: Zählung von k beginnt bei 0) gilt ständig $|a| < \overline{\mu}$. Deshalb ruht der Massenpunkt von diesem Zeitpunkt an. Für die Ordinate gilt $x(11,708 \text{ s}) = -0,048$ m.

19.7.3 Erzwungene gedämpfte Schwingungen

19.7.3.1 Geradlinige Schwingungen mit harmonischer äußerer Erregung und STOKESscher Dämpfung

sind Bewegungen von Massenpunkten, die das Anfangswertproblem

$$\boxed{\ddot{x} + 2\delta\dot{x} + \omega_0^2 x = \hat{a}\cos\Omega t + \hat{b}\sin\Omega t, \quad x(0) = x_0, \quad \dot{x}(0) = v_0} \quad (19.269,\text{a,b,c})$$

erfüllen. ω_0 heißt *Eigenkreisfrequenz* oder *Kreisfrequenz der zugehörigen freien ungedämpften Schwingung*, ist positiv und hat die SI-Einheit $[\omega_0] = \text{s}^{-1}$. δ heißt *Dämpfungskonstante*, ist ebenfalls positiv und hat die SI-Einheit $[\delta] = \text{s}^{-1}$. $\hat{a}$ und $\hat{b}$ sind beliebige reelle Konstanten mit der SI-Einheit $[\hat{a}] = \text{m s}^{-2}$ und $[\hat{b}] = \text{m s}^{-2}$. Ω heißt *Erregerkreisfrequenz*, ist positiv und hat die SI-Einheit $[\Omega] = \text{s}^{-1}$.

Die allgemeine Lösung x von (19.269a) ist – nach einem Satz aus der Theorie der linearen, gewöhnlichen Differentialgleichungen – Summe aus der allgemeinen Lösung x_1 der zugehörigen homogenen Differentialgleichung (19.209a) und einer speziellen Lösung x_2 von (19.269a).

Für den *ersten Summanden* x_1 gibt es die drei Fälle (s. 19.7.2.1) mit den allgemeinen Lösungen:

$$
\begin{aligned}
&1)\ \delta > \omega_0 \Rightarrow \quad x_1 = (C_1 \cosh \omega t + C_2 \sinh \omega t)\,e^{-\delta t},\ \omega = \sqrt{\delta^2 - \omega_0^2} &(19.270\text{a})\\
&2)\ \delta = \omega_0 \Rightarrow \quad x_1 = (C_1 + C_2 t)\,e^{-\delta t}, &(19.270\text{b})\\
&3)\ \delta < \omega_0 \Rightarrow \quad x_1 = (C_1 \cos \omega t + C_2 \sin \omega t)\,e^{-\delta t},\ \omega = \sqrt{\omega_0^2 - \delta^2} &(19.270\text{c})\\
&\quad\text{oder}\ x_1 = A\cos(\omega t + \varphi)\,e^{-\delta t},\ \omega = \sqrt{\omega_0^2 - \delta^2} &(19.270\text{d})
\end{aligned}
$$

In allen Fällen sind C_1 und C_2 bzw. A und φ die sogenannten *unbestimmten Koeffizienten*.

Der *zweite Summand* x_2 kann mit Hilfe des *Störgliedansatzes* (rechte Seite von (19.269a) heißt *Störglied*)

$$x_2 = \bar{a}\cos\Omega t + \bar{b}\sin\Omega t \tag{19.271}$$

mit den zunächst unbekannten Koeffizienten $\bar{a}$ und $\bar{b}$ ermittelt werden: Dazu wird (19.271) in (19.269a) eingesetzt. Das ergibt

$$(-\bar{a}\Omega^2 + 2\delta\bar{b}\Omega + \omega_0^2 \bar{a})\cos\Omega t + (-\bar{b}\Omega^2 - 2\delta\bar{a}\Omega + \omega_0^2 \bar{b})\sin\Omega = \hat{a}\cos\Omega t + \hat{b}\sin\Omega t,$$

woraus durch *Koeffizientenvergleich* von $\cos\Omega t$ und $\sin\Omega t$ das lineare Gleichungssystem

$$\bar{a}(\omega_0^2 - \Omega^2) + \bar{b}(2\delta\Omega) = \hat{a}, \quad \bar{a}(-2\delta\Omega) + \bar{b}(\omega_0^2 - \Omega^2) = \hat{b}$$

mit der Lösung

$$\bar{a} = \frac{\hat{a}(\omega_0^2 - \Omega^2) - 2\hat{b}\delta\Omega}{(\omega_0^2 - \Omega^2)^2 + 4\delta^2\Omega^2}, \quad \bar{b} = \frac{2\hat{a}\delta\Omega + \hat{b}(\omega_0^2 - \Omega^2)}{(\omega_0^2 - \Omega^2)^2 + 4\delta^2\Omega^2} \tag{19.272a,b}$$

folgt. Damit ist

$$\boxed{x_2 = \frac{\hat{a}(\omega_0^2 - \Omega^2) - 2\hat{b}\delta\Omega}{(\omega_0^2 - \Omega^2)^2 + 4\delta^2\Omega^2}\cos\Omega t + \frac{2\hat{a}\delta\Omega + \hat{b}(\omega_0^2 - \Omega^2)}{(\omega_0^2 - \Omega^2)^2 + 4\delta^2\Omega^2}\sin\Omega t.} \tag{19.273}$$

Die gesuchte allgemeine Lösung von (19.269a) lautet also

$$\boxed{x = x_1 + x_2} \tag{19.274}$$

mit x_1 gemäß (19.270) und x_2 gemäß (19.273). Die Anfangsbedingungen (19.269b,c) legen die unbestimmten Konstanten C_1 und C_2 in x_1 fest (C_1 und C_2 folgen aus (19.274) und werden später ermittelt). Schon (19.274) zeigt, daß die Lösung des Anfangswertproblems (19.269a,b,c) aus zwei Summanden besteht, von denen der erste exponentiell mit der Zeit abklingt (der Leser beachte den Faktor $e^{-\delta t}$ in (19.270)), nach gewisser Zeit also gegenüber dem zweiten Summanden x_2 vernachlässigbar ist. Während des Abklingens des ersten Summanden wird die Bewegung (19.274) als *Einschwingvorgang* bezeichnet. Der zweite Summand x_2 ist von besonderem Interesse und wird auch *stationärer Anteil der Lösung* von (19.269a,b,c) genannt. Der Einschwingvorgang ist im Bild 19.66 für die im nachfolgenden Beispiel angegebenen Werte graphisch dargestellt. Die stationäre Lösung wird daran anschließend weiterbetrachtet.

☐ Liegt z. B. der Fall (19.270c) vor (ω_0, δ gegeben) und sind die Anfangswerte und und im Störglied $\hat{a}$, $\hat{b}$ und Ω bekannt, so ergibt sich aus (19.274) und (19.269b,c) das lineare Gleichungssystem

19.7 Spezielle Bewegungen

$$x_0 = C_1 + \bar{a}, \quad v_0 = C_2\omega - C_1\delta + \bar{b}\Omega$$

mit $\omega = \sqrt{\omega_0^2 - \delta^2}$ und der Lösung

$$C_1 = x_0 - \bar{a}, \quad C_2 = \frac{1}{\omega}(x_0\delta + v_0 + \bar{a}\delta + \bar{b}\Omega).$$

Darin sind $\bar{a}$ und $\bar{b}$ durch (19.272a,b) bekannt. Die Lösung des Anfangswertproblems (19.269a,b,c) ist demnach in diesem Fall

$$\boxed{\begin{aligned}x &= (x_0 - \bar{a})\mathrm{e}^{-\delta t}\cos\omega t + \frac{1}{\omega}(x_0\delta + v_0 - \bar{a}\delta - \bar{b}\Omega)\mathrm{e}^{-\delta t}\sin\omega t \\ &\quad + \bar{a}\cos\Omega t + \bar{b}\sin\Omega t.\end{aligned}}\tag{19.275c}$$

Für die Fälle $\delta > \omega_0$ bzw. $\delta = \omega_0$ verläuft die Rechnung analog und führt mit $\bar{a}, \bar{b}$ gemäß (19.272a,b) zu

$$\boxed{\begin{aligned}x &= (x_0 - \bar{a})\mathrm{e}^{-\delta t}\cosh\omega t + \frac{1}{\omega}(x_0\delta + v_0 - \bar{a}\delta - \bar{b}\Omega)\mathrm{e}^{-\delta t}\sinh\omega t \\ &\quad + \bar{a}\cos\Omega t + \bar{b}\sin\Omega t.\end{aligned}}\tag{19.275a}$$

mit $\omega = \sqrt{\delta^2 - \omega_0^2}$ bzw.

$$\boxed{\begin{aligned}x &= (x_0 - \bar{a})\mathrm{e}^{-\delta t} + \frac{1}{\delta}(x_0\delta + v_0 - \bar{a}\delta - \bar{b}\Omega)\mathrm{e}^{-\delta t} \\ &\quad + \bar{a}\cos\Omega t + \bar{b}\sin\Omega t.\end{aligned}}\tag{19.275b}$$

Für die Werte $\omega_0 = 0{,}3\cdot\pi\,\mathrm{s}^{-1}$, $\delta = 0{,}1\,\mathrm{s}^{-1}$, $x_0 = 0{,}4\,\mathrm{m}$, $v_0 = 0{,}5\,\mathrm{m\,s^{-1}}$, $\Omega = 0{,}04\cdot\pi\,\mathrm{s}^{-1}$, $\hat{a} = 0{,}3\,\mathrm{m\,s^{-2}}$, $\hat{b} = -0{,}4\,\mathrm{m\,s^{-2}}$ ist (19.275c) innerhalb des Intervalls $0 \leq t/T \leq 2$ im Bild 19.66 graphisch dargestellt.

Bild 19.66 zeigt, daß in diesem Beispiel der *Einschwingvorgang* nach etwa der 1,5-fachen *Periodendauer* $T = 2\pi/\Omega = 50$ s der stationären Lösung (19.273) „weitgehend" abgeklungen ist. Das macht auch die folgende Gegenüberstellung der Funktionswerte von (19.273) und (19.275c) für einige Zeitpunkte $t \geq 3T/2$ und die o. g. Werte deutlich (nach (19.272a,b) ist $\bar{a} \approx 0{,}35676$ m und $\bar{b} \approx -0{,}44819$ m):

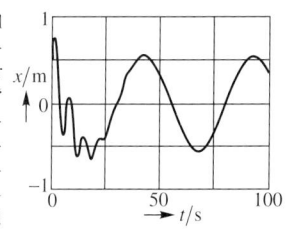

Bild 19.66

t/s	75	80	85	90	95	100
x_2/m	$-0{,}35676$	$-0{,}02519$	$+0{,}31601$	$+0{,}53650$	$+0{,}55207$	$+0{,}35676$
x/m	$-0{,}35645$	$-0{,}02526$	$+0{,}31590$	$+0{,}53653$	$+0{,}55211$	$+0{,}35675$

Die Amplitude der stationären Lösung ist $x_\mathrm{m} \approx 0{,}57285$ m und $\varphi_1 \approx -2{,}2431$ rad $= -128{,}5°$ (s. u.).

Die stationäre Lösung (19.273) kann auch in der Gestalt

$$\boxed{x_2 = x_\mathrm{m}\cos(\Omega t + \varphi_1)}\tag{19.276a}$$

mit

$$x_\mathrm{m} = \sqrt{\bar{a}^2 + \bar{b}^2}, \quad \tan\varphi_1 = -\frac{\bar{b}}{\bar{a}}. \qquad (19.276\mathrm{b,c})$$

geschrieben werden. x_m heißt *Amplitude* und φ_1 *Anfangsphasenwinkel*.

Die stationäre Lösung von (19.269a,b,c) schwingt mit der Erregerkreisfrequenz Ω. Für ihre Amplitude gilt $\bar{a}, \bar{b}$ mit gemäß (19.272a,b):

$$x_\mathrm{m} = \frac{\sqrt{\hat{a}^2 + \hat{b}^2}}{\sqrt{(\omega_0^2 - \Omega^2)^2 + 4\delta^2\Omega^2}} \qquad (19.277)$$

und für ihren Anfangsphasenwinkel:

$$\tan\varphi_1 = \frac{2\hat{a}\delta\Omega + \hat{b}\left(\omega_0^2 - \Omega^2\right)}{2\hat{b}\delta\Omega - \hat{a}\left(\omega_0^2 - \Omega^2\right)}. \qquad (19.278)$$

☐ Im Bild 19.67 ist $x_\mathrm{m} \cdot \omega_0^2 / \sqrt{\hat{a}^2 + \hat{b}^2}$ über Ω/ω_0, im Bild 19.68 ist φ_1 über Ω/ω_0 (mit δ als Parameter, für Kurve I, II, ..., VI ist $\delta/\omega_0 = \dfrac{1}{8}, \dfrac{1}{6}, \dfrac{1}{4}, \dfrac{1}{2}, \dfrac{1}{\sqrt{2}}, 0{,}99$) für $\hat{a} \neq 0 \wedge \hat{b} = 0$ aufgetragen.

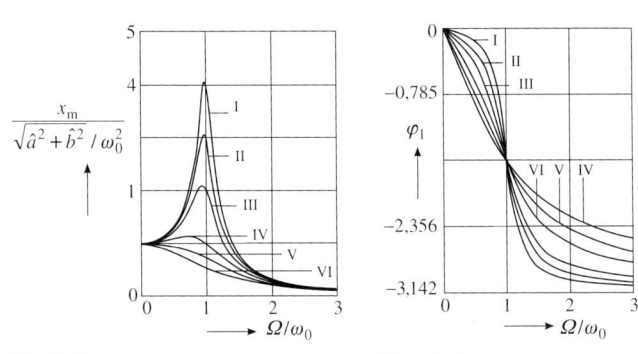

Bild 19.67

Bild 19.68

Die Erscheinung, daß die Amplitude x_m der stationären Lösung x_2 von (19.269a,b,c) für $\delta < \omega_0/\sqrt{2}$ bei

$$\Omega_\mathrm{R} = \sqrt{\omega_0^2 - 2\delta^2} \qquad (19.279\mathrm{a})$$

(Ω_R heißt *Resonanzkreisfrequenz*) ein relatives Maximum

$$x_\mathrm{m}(\Omega_\mathrm{R}) = \frac{\sqrt{\hat{a}^2 + \hat{b}^2}}{2\omega_0\delta} \qquad (19.279\mathrm{b})$$

annimmt, wird als *Resonanz* bezeichnet. Die Kurven in den Bildern 19.67 und 19.68 werden deshalb *Resonanzkurven* genannt. Kurve V mit $\delta = \omega_0/\sqrt{2}$ ist unter den Kurven, bei denen x_m *kein* relatives Maximum hat $\left(\omega_0/\sqrt{2} \leqq \delta < \omega_0\right)$, diejenige mit der kleinsten Dämpfung. Weiterhin gelten die Grenzwerte

$$\lim_{\Omega \to 0} x_m(\Omega) = \frac{\sqrt{\hat{a}^2 + \hat{b}^2}}{\omega_0^2}, \quad \lim_{\Omega \to \infty} x_m(\Omega) = 0 \tag{19.290a,b}$$

und für $\delta < \omega_0/\sqrt{2}$

$$\lim_{\delta \to 0} \Omega_R = \omega_0, \quad \lim_{\delta \to 0} x_m(\Omega_R) = \infty. \tag{19.290c,d}$$

Aus Bild 19.68 ist ablesbar:

$$\lim_{\Omega \to \omega_0} \varphi_1(\Omega) = -\frac{\pi}{2}, \quad \lim_{\Omega \to \infty} \varphi_1(\Omega) = -\pi. \tag{19.290e,f}$$

☐ Die Kurven I, II,…, IV im Bild 19.67 haben relative Maxima mit den Koordinaten Ω_R und $x_m(\Omega_R)$, die zugehörigen Kurven I, II,…, IV im Bild 19.68 haben für $\hat{a} = 0,04$ m s^{-2} und $\hat{b} = 0$ die Anfangsphasenwinkel φ_1:

Kurve	I	II	III	IV
Ω_R/ω_0	0,984	0,972	0,835	0,707
Ω_R/s^{-1}	0,927	0,919	0,787	0,666
$x_m(\Omega_R) \cdot \omega_0^2/|\hat{a}|$	4,032	3,043	2,066	1,155
$x_m(\Omega_R)/\text{m}$	0,182	0,137	0,093	0,052
φ_1/rad	$-1,698$	$-1,741$	$-1,832$	$-2,187$

19.7.3.2 Geradlinige Schwingungen mit harmonischer innerer Erregung und STOKESscher Dämpfung

sind Bewegungen von Massenpunkten, die das Anfangswertproblem

$$\begin{aligned}&\ddot{x} + 2\delta \dot{x} + \omega_0^2 x = \Omega^2 \left(\hat{a} \cos \Omega t + \hat{b} \sin \Omega t\right), \\ &x(0) = x_0, \quad \dot{x}(0) = v_0\end{aligned} \tag{19.291,a,b,c}$$

erfüllen. ω_0 heißt *Eigenkreisfrequenz* oder *Kreisfrequenz der zugehörigen freien ungedämpften Schwingung*, ist positiv und hat die SI-Einheit $[\omega_0] = \text{s}^{-1}$. δ heißt *Dämpfungskonstante*, ist ebenfalls positiv und hat die SI-Einheit $[\delta] = \text{s}^{-1}$. $\hat{a}$ und $\hat{b}$ sind beliebige reelle Konstanten mit der SI-Einheit $[\hat{a}] = \text{m}$ und $[\hat{b}] = \text{m}$. Ω heißt *Erregerkreisfrequenz*, ist positiv und hat die SI-Einheit $[\Omega] = \text{s}^{-1}$.

Da sich das Störglied in (19.291a) von dem in (19.269a) lediglich formal durch den Faktor Ω^2 unterscheidet, ist

$$x_2 = \overline{a} \cos \Omega t + \overline{b} \sin \Omega t \tag{19.292a}$$

mit

$$\overline{a} = \Omega^2 \frac{\hat{a}(\omega_0^2 - \Omega^2) - 2\hat{b}\delta\Omega}{(\omega_0^2 - \Omega^2)^2 + 4\delta^2\Omega^2}, \quad \overline{b} = \Omega^2 \frac{2\hat{a}\delta\Omega + \hat{b}(\omega_0^2 - \Omega^2)}{(\omega_0^2 - \Omega^2)^2 + 4\delta^2\Omega^2} \quad (19.292\text{b,c})$$

bzw.

$$x_2 = x_\text{m} \cos(\Omega t + \varphi_1) \quad (19.292\text{d})$$

mit

$$x_\text{m} = \frac{\Omega^2 \sqrt{\hat{a}^2 + \hat{b}^2}}{\sqrt{(\omega_0^2 - \Omega^2)^2 + 4\delta^2\Omega^2}} \quad (19.292\text{e})$$

und φ_1 gemäß (19.277) spezielle Lösung von (19.291a) und

$$x = x_1 + x_2 \quad (19.293)$$

allgemeine Lösung mit x_1 gemäß (19.270) und x_2 gemäß (19.292b). Die Gleichungen (19.275a,b,c) gelten auch hier. Allerdings sind $\overline{a}$ und $\overline{b}$ durch (19.292b,c) und *nicht* durch (19.272a,b) gegeben.

Analog zu 19.7.3.1 werden auch hier *Einschwingvorgang* und *stationäre Lösung* von (19.291a,b,c) unterschieden.

Die Resonanzkurve (19.292e) hat für $\delta < \omega_0/\sqrt{2}$ bei

$$\Omega_\text{R} = \omega_0^2 / \sqrt{\omega_0^2 - 2\delta^2} \quad (19.294\text{a})$$

(Ω_R heißt *Resonanzkreisfrequenz*) das relative Maximum

$$x_\text{m}(\Omega) = \frac{\omega_0^2}{2\delta} \sqrt{\frac{\hat{a}^2 + \hat{b}^2}{\omega_0^2 - \delta^2}}. \quad (19.294\text{b})$$

☐ Der Einschwingvorgang (19.275c) ist im Bild 19.69 für die Werte $\omega_0 = 0,3 \cdot \pi\,\text{s}^{-1}$, $\delta = 0,1\,\text{s}^{-1}$, $x_0 = 0,02$ m, $v_0 = 0,025\,\text{m s}^{-1}$, $\Omega = 0,04 \cdot \pi\,\text{s}^{-1}$, $\hat{a} = 0,3$ m, $\hat{b} = -0,4$ m im Intervall $0 \leq t/T \leq 2$ graphisch dargestellt.

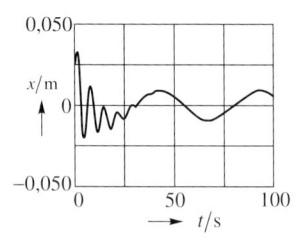

Bild 19.69

Die Resonanzkurven für die Werte $\omega_0 = 0,3 \cdot \pi\,\text{s}^{-1}$, $\delta = 0,1\,\text{s}^{-1}$, $x_0 = 0,02$ m, $v_0 = 0,025\,\text{m s}^{-1}$, $\Omega = 0,04 \cdot \pi\,\text{s}^{-1}$, $\hat{a} = 0,3$ m, $\hat{b} = 0$ sind in den Bildern 19.70 und

19.7 Spezielle Bewegungen

19.71 mit δ als Parameter (die Kurven I, II,..., VI entsprechen $\delta/\omega_0 = \frac{1}{5}, \frac{1}{4}, \frac{1}{3}, \frac{1}{2}, \frac{1}{\sqrt{2}}, 0, 99$) im Intervall $0 \leq \Omega/\omega_0 \leq 3$ graphisch dargestellt.

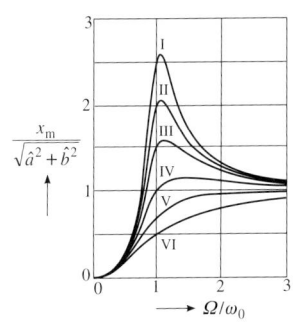

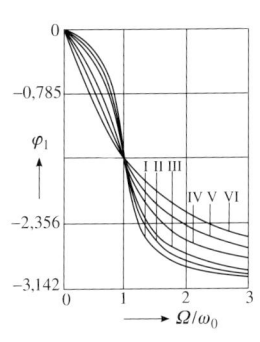

Bild 19.70

Bild 19.71

Die Kurven I, II,..., IV im Bild 19.70 haben relative Maxima mit den Koordinaten Ω_R und $x_m(\Omega_R)$, die zugehörigen Kurven I, II,..., IV im Bild 19.71 haben die Anfangsphasenwinkel φ_1:

Kurve	I	II	III	IV
Ω_R/ω_0	1,043	1,069	1,134	1,414
Ω_R/s^{-1}	0,983	1,008	1,1069	1,333
$x_m(\Omega_R)/|\hat{a}|$	2,552	2,066	1,591	1,155
$x_m(\Omega_R)/\mathrm{m}$	0,766	0,620	0,477	0,347
φ_1/rad	$-1,776$	$-1,832$	$-1,932$	$-2,186$

In Analogie zu (19.290) gelten die Grenzwerte

$$\lim_{\Omega \to 0} x_m(\Omega) = 0, \quad \lim_{\Omega \to \infty} x_m(\Omega) = \sqrt{\hat{a}^2 + \hat{b}^2}, \quad \lim_{\delta \to 0} \Omega_R = \omega_0, \qquad (19.295\mathrm{a,b,c})$$

$$\lim_{\delta \to 0} x_m(\Omega_R) = \infty, \quad \lim_{\Omega \to \omega_0} \varphi_1(\Omega) = -\frac{\pi}{2}, \quad \lim_{\Omega \to \infty} \varphi_1(\Omega) = -\pi. \qquad (19.295\mathrm{d,e,f})$$

20 Kinematik des starren Körpers

20.1 Grundlagen und Klassifikation

20.1.1 Grundlagen

20.1.1.1 Lagebeschreibung

Ein starrer Körper bewegt sich relativ zu einem Bezugskörper genau dann, wenn sich seine Lage im Raum bezüglich dieses Körpers zeitlich ändert. Der Bezugskörper kann frei gewählt werden.

Zur Lagebeschreibung eines starren Körpers K relativ zu einem Bezugskörper können zwei Koordinatensysteme Σ (O, x, y, z) und Σ' (O', x', y', z') verwendet werden. Σ' ist fest mit K verbunden (*körperfestes Koordinatensystem*). Σ ist das Bezugssystem (*raumfestes Koordinatensystem*). Die Lageangabe von K relativ zu Σ kann dann durch den Ortsvektor $\vec{r}_{O'}$ des Ursprungs O' von Σ' und die Lage der Koordinatenachsen von Σ' relativ zu Σ eindeutig charakterisiert werden. Die Lage der Koordinatenachsen x', y', z' ist durch drei der neun Winkel α_{ik}:

$$\begin{array}{c|ccc} & x' & y' & z' \\ \hline x & \alpha_{11} & \alpha_{12} & \alpha_{13} \\ y & \alpha_{21} & \alpha_{22} & \alpha_{23} \\ z & \alpha_{31} & \alpha_{32} & \alpha_{33} \end{array} \quad \text{mit} \quad \left.\begin{array}{l} \displaystyle\sum_{i=1}^{3} \cos^2 \alpha_{ik} = 1; \quad k = 1,2,3. \\ \displaystyle\sum_{j=1}^{3} \cos \alpha_{ji} \cos \alpha_{jk} = 0 \quad \text{für alle } i \neq k. \end{array}\right\} \quad (20.1\text{a,b,c})$$

bestimmt (z. B. $\alpha_{11}, \alpha_{22}, \alpha_{33}$), die die Achsen von Σ' und Σ miteinander einschließen (wegen der sechs Gleichungen (20.1b,c) sind nur drei der neun Winkel unabhängig voneinander). Insgesamt sind also sechs voneinander unabhängige Angaben erforderlich (drei Vektorkoordinaten von $\vec{r}_{O'}$ und drei Winkel), um die Lage eines frei im Raum beweglichen starren Körpers eindeutig zu kennzeichnen. (20.1b,c) drücken aus, daß die Basisvektoren von Σ' paarweise orthogonale Einheitsvektoren sind.

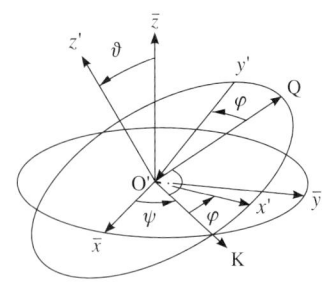

Bild 20.1

20.1 Grundlagen und Klassifikation

Neben der o. g. Lagekennzeichnung des starren Körpers sind viele andere möglich, z. B. die mittels $\vec{r}_{O'}$ und der EULERschen Winkel ϑ, ψ und φ (s. Bild 20.1):

ϑ Winkel zwischen $\bar{z}$- und z'-Achse
    (bzw. Winkel zwischen $\bar{x}, \bar{y}$-Ebene und x', y'-Ebene)
ψ Winkel zwischen $\bar{x}$-Achse und Knotenlinie O'K
    (die Knotenlinie ist Schnittgerade von $\bar{x}, \bar{y}$-Ebene und x', y'-Ebene)
φ Winkel zwischen Knotenlinie O'K und x'-Achse
    (bzw. Winkel zwischen Querachse O'Q und y'-Achse).

Im Bild 20.1 sind $\bar{x}, \bar{y}, \bar{z}$ die Koordinatenachsen eines Systems $\bar{\Sigma}$, das durch Parallelverschiebung des Systems Σ hervorgeht, wenn durch die Verschiebung O mit O' zusammenfällt. Die Winkel ϑ, ψ und φ sind nur dann eindeutig bestimmt, wenn $\bar{x}, \bar{y}$-Ebene und x', y'-Ebene einander schneiden.

20.1.1.2 Freiheitsgrad

Die Anzahl der für die Lagebeschreibung des starren Körpers erforderlichen Koordinaten wird als *Freiheitsgrad* f des starren Körpers bezeichnet. Offenbar ist für den frei beweglichen starren Körper $f = 6$. Die Vektorkoordinaten von $\vec{r}_{O'}$ kennzeichnen die Translation von K relativ zu Σ, die EULERschen Winkel (oder andere die Rotation beschreibende Koordinaten) kennzeichnen die Rotation von K relativ zu Σ (Definition von Translation und Rotation s. 19.4.6.1). Die Anzahl der frei verfügbaren Vektorkoordinaten von $\vec{r}_{O'}$ heißt *Translationsfreiheitsgrad* f_T. Die Anzahl der frei verfügbaren EULERschen Winkel (oder anderer, die Rotation kennzeichnender Koordinaten) heißt *Rotationsfreiheitsgrad* f_R. Damit ist $f = f_T + f_R$.

Hinweis:
Ein geradliniger starrer Stab (mit vernachlässigbarem Querschnitt) als einfachster (linearer) starrer Körper hat den Freiheitsgrad $f = 5$, da $f_T = 3$ und $f_R = 2$ ist.

Zwangsbedingungen sind (im einfachsten Fall) Gleichungen zwischen den Translations-Koordinaten, die die Zeit nicht explizit beinhalten. Jede derartige Gleichung vermindert den Translationsfreiheitsgrad f_T um eins. Bei einer solchen Gleichung ist der Punkt O' an eine Fläche (mit der durch die Zwangsbedingung definierten Gleichung) gebunden. Zwei Zwangsbedingungen definieren eine Kurve als Schnitt zweier Flächen. Dadurch wird f_T um zwei erniedrigt. Drei Zwangsbedingungen führen zu $f_T = 0$, d. h. machen die Translation unmöglich.

Es gibt aber auch Zwangsbedingungen für die Rotation. Das sind (im einfachsten Fall) Gleichungen zwischen den Rotations-Koordinaten, die die Zeit nicht explizit beinhalten. Jede derartige Bedingung vermindert den Rotationsfreiheitsgrad f_R um eins. Ist z. B. der EULERsche Winkel $\vartheta = \text{const} \neq 0$ (Gleichung *einer* Zwangsbedingung), so rotiert die z'-Achse unter konstantem Winkel ϑ um die $\bar{z}$-Achse und K rotiert zusätzlich um die z'-Achse. Sind zwei der EULERschen Winkel konstant, z. B. $\vartheta = \text{const} \neq 0$ und $\psi = \text{const}$ (Gleichungen *zweier* Zwangsbedingungen), so rotiert K um die z'-Achse. Drei Zwangsbedingungen dieser Art machen die Rotation unmöglich und führen zu $f_R = 0$.

20.1.2 Klassifikation

der Bewegungen starrer Körper (f_T und f_R bezeichnen Translations- und Rotationsfreiheitsgrad):

- Translation ($f_T \neq 0 \wedge f_R = 0$).
- Rotation ($f_T = 0 \wedge f_R \neq 0$).
  - Rotation um einen festen Punkt ($f_R = 3$).
  - Rotation um eine rotierende Achse ($f_R = 2$).
  - Rotation um eine feste Achse ($f_R = 1$).
- Überlagerung von Translation und Rotation ($f_T \neq 0 \wedge f_R \neq 0$).
  - ebene Bewegungen
    ($1 \leq f_T \leq 2 \wedge f_R = 1 \wedge$ Rotationsachse $\perp$ Translationsebene/-gerade).
  - räumliche Bewegungen $f_T = 3 \vee f_R \geq 2$
    ($1 \leq f_T \leq 2 \wedge f_R = 1 \wedge$ Rotationsachse nicht $\perp$ Translationsebene/-gerade).

Speziell können

- Translationen und
- Rotationen um eine feste Achse

mit den Methoden der Kinematik des Massenpunktes (s. 19) behandelt werden.

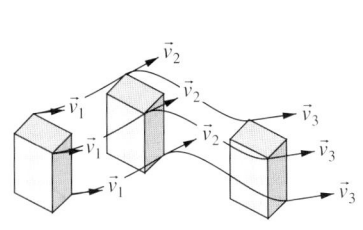

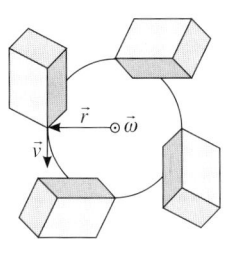

Bild 20.2   Bild 20.3

Bei den *Translationen* (s. Bild 20.2) genügt es, die Bewegung *eines* beliebigen Körperpunktes zu beschreiben; denn alle anderen Körperpunkte bewegen sich auf kongruenten Bahnen und haben zu jedem Zeitpunkt sowohl gleiche Geschwindigkeiten als auch gleiche Beschleunigungen.

Insbesondere kann die Bewegung des Koordinatenursprungs O' des körperfesten Koordinatensystems Σ' relativ zu Σ stellvertretend für jeden Körperpunkt beschrieben werden. Die Orientierung des starren Körpers im Raum ändert sich bei den Translationen *nicht* (jede ebene Seitenfläche des starren Körpers ist zu einem beliebigen Zeitpunkt parallel zur gleichen Seitenfläche zu einem anderen Zeitpunkt, s. Bild 20.2).

Bei den *Rotationen um eine feste Achse* (s. Bild 20.3) genügt es, die Bewegung *eines außerhalb der Rotationsachse gelegenen Körperpunktes* zu beschreiben; denn alle anderen Körperpunkte außerhalb der Rotationsachse bewegen sich auf koaxialen Kreisperipherien und haben zu jedem Zeitpunkt sowohl gleiche Winkelgeschwindigkeiten als auch gleiche Winkelbeschleunigungen. Die Bahngeschwindigkeit $\vec{v}$ jedes Punktes mit dem Ortsvektor $\vec{r}$ (bezogen auf einen Punkt O auf der Rotationsachse, s. Bild 20.4) ist

$$\boxed{\vec{v} = \vec{\omega} \times \vec{r}, \quad v = |\vec{v}| = |\vec{\omega}| \cdot |\vec{r}| \cdot \sin\vartheta,} \quad (20.2a,b)$$

wobei $\vec{\omega}$ die vektorielle Winkelgeschwindigkeit bezeichnet. *Die Orientierung* des starren Körpers im Raum *ändert sich* bei den Rotationen um eine feste Achse. Eine ebene Außenfläche z. B. ist i. allg. zu einem Zeitpunkt *nicht* parallel zur gleichen Außenfläche zu einem anderen Zeitpunkt (wenn Parallelität der Fläche zu beiden Zeitpunkten vorliegt, kann dennoch ihre *Orientierung* unterschiedlich sein!).

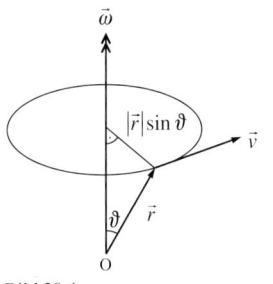

Bild 20.4

20.2 Ebene Bewegungen starrer Körper

20.2.1 Allgemeines

Eine Bewegung des starren Körpers K heißt *ebene Bewegung* genau dann, wenn sich jeder beliebige Punkt von K in einer Ebene bewegt. Die Bewegungsebenen zweier verschiedener Körperpunkte sind entweder identisch oder parallel. Für diese Bewegungen ist $f_T \leq 2$ (Translationsfreiheitsgrad) und $f_R \leq 1$ (Rotationsfreiheitsgrad). Auf der Normalen einer beliebigen Bewegungsebene gelegene Punkte haben in jedem Zeitpunkt gleiche Geschwindigkeiten und gleiche Beschleunigungen. Solche Bewegungen sind zu jedem Zeitpunkt eindeutig bestimmt, wenn Ort, Geschwindigkeit und Beschleunigung zweier verschiedener Körperpunkte bekannt sind, die in der gleichen Bewegungsebene liegen.

Ist $f = f_T + f_R = 2$, so kann es sich bei der Bewegung um eine reine zweidimensionale Translation ($f_T = 2 \wedge f_R = 0$) oder um eine Überlagerung aus einer geradlinigen Translation ($f_T = 1$) und einer Rotation um eine Achse handeln, bei der die *Richtung der Rotationsachse stets senkrecht zur Translationsrichtung* verläuft ($f_R = 1$). Im Gegensatz zur letztgenannten ist eine Bewegung mit $f_T = 1$ und $f_R = 1$, bei der die *Richtung der Rotationsachse mit der Translationsrichtung übereinstimmt*, die einfachste Überlagerung von Translation und Rotation, die eine räumliche Bewegung darstellt (Schraubbewegung).

| Bei ebenen Bewegungen verläuft die Rotationsachse grundsätzlich senkrecht zur Bewegungsebene, vorausgesetzt, daß keine reine Translation vorliegt.

20.2.2 Analytische Beschreibung

ebener Bewegungen erfordert i. allg. zwei voneinander unabhängige Translations-Koordinaten (in Sonderfällen nur eine) und höchstens eine Rotationskoordinate (in Sonderfällen keine). Als Translations-Koordinaten eignen sich ebene kartesische oder ebene

Polarkoordinaten (s. 19.5.1), Rotations-Koordinate ist ein Winkel. Ort, Geschwindigkeit und Beschleunigung eines Punktes M von K ($\overline{O'M} = r' = \text{const} \neq 0$) in der Bewegungsebene, die zugleich Koordinatenebene ist (die Koordinatenebene kann stets in eine Bewegungsebene gelegt werden), sind dann

- in ebenen kartesischen Koordinaten (s. Bild 20.5):

$$\vec{r} = \vec{r}_{O'} + |\vec{r}'|(\cos\varphi \vec{e}_x + \sin\varphi \vec{e}_y), \tag{20.3a}$$

$$\vec{v} = \vec{v}_{O'} + |\vec{r}'|\omega(-\sin\varphi \vec{e}_x + \cos\varphi \vec{e}_y), \tag{20.3b}$$

$$\vec{a} = \vec{a}_{O'} + |\vec{r}'|\omega^2(-\cos\varphi \vec{e}_x - \sin\varphi \vec{e}_y). \tag{20.3c}$$

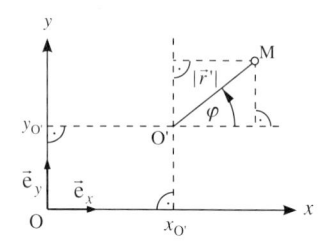

Bild 20.5

- in ebenen Polarkoordinaten (s. Bild 20.6):

$$\vec{r} = \vec{r}_{O'} + |\vec{r}'|\vec{e}_r, \tag{20.4a}$$

$$\vec{v} = \vec{v}_{O'} + |\vec{r}'|\omega \vec{e}_\varphi, \tag{20.4b}$$

$$\vec{a} = \vec{a}_{O'} + |\vec{r}'|(-\omega^2 \vec{e}_r + \alpha \vec{e}_\varphi). \tag{20.4c}$$

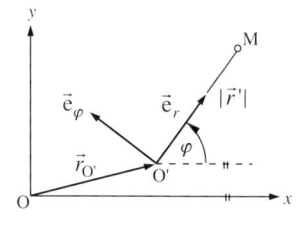

Bild 20.6 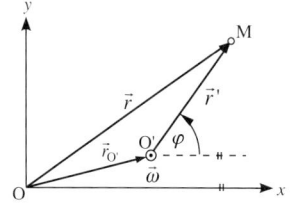   Bild 20.7

- vektoriell (s. Bild 20.7):

$$\vec{r} = \vec{r}_{O'} + \vec{r}', \quad \vec{v} = \vec{v}_{O'} + \vec{\omega} \times \vec{r}', \tag{20.5a,b}$$

$$\vec{a} = \vec{a}_{O'} + \vec{\alpha} \times \vec{r}' + \vec{\omega} \times (\vec{\omega} \times \vec{r}'). \tag{20.5c}$$

$\overline{O'M} = |\vec{r}'| = \text{const} \neq 0$, $\vec{\varphi} = \vec{e}_z \varphi$, $\vec{\omega} = \dot{\vec{\varphi}}$, $\vec{\alpha} = \ddot{\vec{\varphi}}$. ($\vec{\omega} \uparrow\uparrow \vec{e}_z \Leftrightarrow \varphi > 0 \Leftrightarrow$ Rotation im Gegenuhrzeigersinn, $\vec{\omega} \uparrow\downarrow \vec{e}_z \Leftrightarrow \varphi < 0 \Leftrightarrow$ Rotation im Uhrzeigersinn, $\vec{r}_{O'}$ beschreibt Translation und $\vec{\varphi}$ beschreibt Rotation).

Das rollende Rad im ersten Beispiel von 19.4.4.2 führt die geradlinige Translation

$$\vec{r}_{O'} = \left(v_0 t + \frac{1}{2}at^2\right)\vec{e}_x + r\vec{e}_y \tag{I}$$

und die Rotation mit der Winkelgeschwindigkeit $\vec{\omega} = (\omega_0 + \alpha t)\vec{e}_z$ aus (Σ' ist nun fest mit dem Rad verbunden! Es ist $f_T = 1 \wedge f_R = 1$.), wobei für die Konstanten wegen der Bedingung des reinen Rollens $v_0 = \omega_0 r$ und $a = \alpha r$ gilt. Der fest mit Σ' verbundene Punkt M hat bezüglich Σ' den Ortsvektor $\vec{r}' = -R\vec{e}_{y'}$, so daß

$$\vec{r} = -R\vec{e}_{y'} + \left(v_0 t + \frac{1}{2}at^2\right)\vec{e}_x + r\vec{e}_y \tag{II}$$

ist. Nach Bild 19.38 gilt

$$\vec{r}' = -R\sin\frac{v_0 t + \frac{1}{2}at^2}{r}\vec{e}_x - R\cos\frac{v_0 t + \frac{1}{2}at^2}{r}\vec{e}_y. \tag{III}$$

Damit folgt aus den hier mit (II) und (III) bezeichneten Gleichungen die Gleichung (I) aus dem ersten Beispiel in 19.4.4.2 mit den jetzigen Bezeichnungen.

Die Gleichungen (II) und (III) aus dem ersten Beispiel in 19.4.4.2 ergeben sich hier aus (20.5b,c) mit $\vec{v}_{O'} = \dot{\vec{r}}_{O'}$, $\vec{a}_{O'} = \dot{\vec{v}}_{O'} = \ddot{\vec{r}}_{O'}$ und $\vec{\omega} = -(\omega_0 + \alpha t)\vec{e}_z$.

20.2.3 Geschwindigkeitspol

20.2.3.1 Definition

Geschwindigkeitspol eines bewegten starren Körpers zum Zeitpunkt t ist der Punkt P_v mit dem Ortsvektor

$$\vec{r}_v = \vec{r}_{O'} + \vec{\omega} \times \vec{v}_{O'}/\vec{\omega}^2 \tag{20.6}$$

($\vec{\omega}$ ($\vec{\omega} \neq \vec{0}$) Winkelgeschwindigkeit der Rotation, $\vec{r}_{O'}$ Ortsvektor des Koordinatenursprungs des körperfesten Koordinatensystems, $\vec{v}_{O'}$ Translationsgeschwindigkeit, s. Bild 20.8).

In der Definition (20.6) ist $\vec{\omega} \neq \vec{0}$ vorausgesetzt. Deshalb hat es keinen Sinn, bei reiner Translation eines starren Körpers vom Geschwindigkeitspol zu sprechen.

20.2.3.2 Folgerungen

- Aus (20.6) ergibt sich durch vektorielle Multiplikation mit $\vec{\omega}$ von links bei Anwendung der Zerlegungsformel $\vec{a} \times (\vec{b} \times \vec{c}) = (\vec{a}\vec{c})\vec{b} - (\vec{a}\vec{b})\vec{c}$ für das doppelte Vektorprodukt

$$\vec{v}_{O'} = \vec{\omega} \times (\vec{r}_{O'} - \vec{r}_v) = \vec{\omega} \times \vec{r}_{vO'}, \tag{20.7}$$

womit die Geschwindigkeit des Punktes O' als Geschwindigkeit einer momentanen Rotation mit der Winkelgeschwindigkeit $\vec{\omega}$ um eine Achse senkrecht zur Bewegungsebene durch den Geschwindigkeitspol P_v dargestellt wird (Bedeutung von $\vec{r}_{vO'}$ s. Bild 20.8).

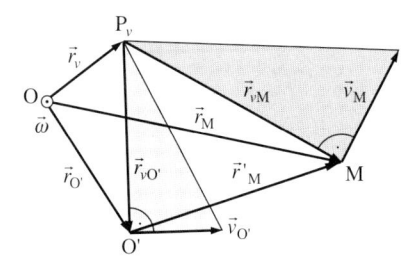

Bild 20.8

- Da jeder Körperpunkt als Ursprung eines körperfesten Koordinatensystems gewählt werden kann, gilt zum gleichen Zeitpunkt analog zu (20.6) auch *für einen beliebigen Körperpunkt* M (s. Bild 20.8)

$$\vec{r}_v = \vec{v}_M + \vec{\omega} \times \vec{v}_M / \omega^2 \qquad (20.8)$$

und damit auch

$$\vec{v}_M = \vec{\omega} \times (\vec{r}_M - \vec{r}_v) = \vec{\omega} \times \vec{r}_{vM}. \qquad (20.9)$$

Ist der Punkt M speziell der Geschwindigkeitspol ($\vec{r}_M - \vec{r}_v$) so folgt:

| Der Geschwindigkeitspol des starren Körpers zu einem beliebigen Zeitpunkt ist der Punkt des starren Körpers, dessen Geschwindigkeit momentan den Betrag Null hat und um den der Körper momentan eine reine Rotation ausführt.

- Ist also der Betrag der Geschwindigkeit eines Körperpunktes gleich Null, so muß dieser Punkt Geschwindigkeitspol sein. Wenn die Beträge der Geschwindigkeiten zweier verschiedener Körperpunkte zu einem Zeitpunkt gleich Null sind, ruht der gesamte starre Körper zu diesem Zeitpunkt.

- Wegen (20.7) und (20.9) sind die im Bild 20.8 markierten Dreiecke ähnlich. Darauf, und weil die Winkelgeschwindigkeit unabhängig vom gewählten körperfesten Koordinatensystem ist, basieren folgende **Methoden zur Ermittlung des Geschwindigkeitspols** für einen beliebigen Zeitpunkt aus gegebenen Ortsvektoren $\vec{r}_1$ und $\vec{r}_2$ ($\vec{r}_1 \neq \vec{r}_2$) und bekannten Richtungen $\vec{e}_1 = \vec{v}_1/|\vec{v}_1|$ ($\vec{v}_1 \neq \vec{0}$) und $\vec{e}_2 = \vec{v}_2/|\vec{v}_2|$ ($\vec{v}_2 \neq \vec{0}$) der Geschwindigkeiten zweier Körperpunkte P_1 und P_2 und der Richtung $\vec{e}_\omega = \vec{\omega}/|\vec{\omega}|$ ($\vec{\omega} \neq \vec{0}$) der Winkelgeschwindigkeit:
  - **analytisch**:
    Sind $|\vec{v}_1| = v_1$, $|\vec{v}_2| = v_2$ und $|\vec{\omega}| = \omega$, so ergeben sich aus (20.8) die Gleichungen
    $$\vec{r}_v = \vec{r}_1 + \lambda_1 \vec{e}_\omega \times \vec{e}_1, \quad \vec{r}_v = \vec{r}_2 + \lambda_2 \vec{e}_\omega \times \vec{e}_2 \qquad (20.10\text{a,b})$$
    mit $\lambda_1 = v_1/\omega$ und $\lambda_2 = v_2/\omega$. Das sind Parameterdarstellungen zweier Geraden in der Bewegungsebene mit den Richtungsvektoren $\vec{e}_\omega \times \vec{e}_1$ und $\vec{e}_\omega \times \vec{e}_2$, die, solange $\vec{e}_1 \times \vec{e}_2 \neq \vec{0}$ ist, den eindeutigen Schnittpunkt

    $$\vec{r}_v = \vec{r}_1 + \frac{(\vec{r}_1 - \vec{r}_2)\vec{e}_2}{(\vec{e}_1, \vec{e}_\omega, \vec{e}_2)}(\vec{e}_\omega \times \vec{e}_1) = \vec{r}_2 + \frac{(\vec{r}_1 - \vec{r}_2)\vec{e}_1}{(\vec{e}_1, \vec{e}_\omega, \vec{e}_2)}(\vec{e}_\omega \times \vec{e}_2) \qquad (20.11\text{a,b})$$

    haben. $(\vec{e}_1, \vec{e}_\omega, \vec{e}_2)$ ist das Spatprodukt der drei Einheitsvektoren ($\vec{e}_1, \vec{e}_\omega$ und $\vec{e}_2$). Im Fall $\vec{e}_1 \times \vec{e}_2 = \vec{0}$ ist (20.10a,b) unterbestimmt. Es gibt unendlich viele Schnittpunkte der Geraden, weil die Geraden identisch sind. Deshalb müssen auch die Beträge v_1 und v_2 der Geschwindigkeiten bekannt sein.

20.2 Ebene Bewegungen starrer Körper

Es existieren die Unterfälle $\vec{e}_1 \uparrow\uparrow \vec{e}_2$ ($v_1 \neq v_2$, s. Bilder 20.9a,b) und $\vec{e}_1 \uparrow\downarrow \vec{e}_2$ (s. Bilder 20.10a,b).

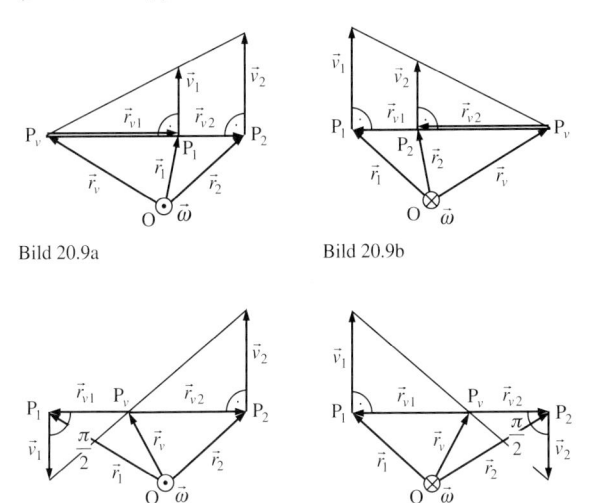

Bild 20.9a

Bild 20.9b

Bild 20.10a

Bild 20.10b

Gilt $v_1 = 0 \wedge v_2 \neq 0$ bzw. $v_2 = 0 \wedge v_1 \neq 0$, so ist P_1 bzw. P_2 Geschwindigkeitspol. In allen anderen Fällen teilt P_v die Strecke $\overline{P_1 P_2}$ äußerlich (wenn $v_1 \neq v_2 \wedge \vec{e}_1 \uparrow\uparrow \vec{e}_2$, s. Bilder 20.9a,b) oder innerlich (wenn $\vec{e}_1 \uparrow\downarrow \vec{e}_2$, s. Bilder 20.10a,b) im Verhältnis der Beträge der Geschwindigkeiten. Daher ist

$$\boxed{\vec{r}_v = \frac{v_1 \vec{r}_2 \mp v_2 \vec{r}_1}{v_1 \mp v_2} = \frac{v_2 \vec{r}_1 \mp v_1 \vec{r}_2}{v_2 \mp v_1}.} \qquad (20.12a,b)$$

Das obere Vorzeichen gilt für die Bilder 20.9a,b, das untere für die Bilder 20.10a,b. Der Geschwindigkeitspol liegt stets näher an dem Körperpunkt, der die Geschwindigkeit mit dem kleineren Betrag hat (ist dessen Geschwindigkeitsbetrag gleich Null, so fällt er sogar mit ihm zusammen).

- **graphisch**:
Für $\vec{v}_1 \times \vec{v}_2 = \vec{0}$ s. obige Bemerkungen und Bilder 20.9a,b und 20.10a,b. Im Fall $\vec{e}_1 \times \vec{e}_2 \neq \vec{0}$ ergibt sich P_v entsprechend der analytischen Lösung als Schnittpunkt der Orthogonalen von $\vec{e}_1$ und $\vec{e}_2$. Nach Wahl eines Längenmaßstabes werden zunächst die Ortsvektoren $\vec{r}_1$ und $\vec{r}_2$ gezeichnet, danach die Einheitsvektoren $\vec{e}_1$ und $\vec{e}_2$ und schließlich deren Orthogonalen.

- **Graphische Ermittlung von Geschwindigkeiten bei bekanntem Geschwindigkeitspol**:
gegeben: $P_v, \vec{r}_1, \vec{v}_1, \vec{r}_2, \vec{\omega}, \vec{r}_0$ \qquad gesucht: $\vec{v}_0$

– **Methode der gedrehten Geschwindigkeiten**
  (Anwendung des Strahlensatzes, s. Bild 20.11):

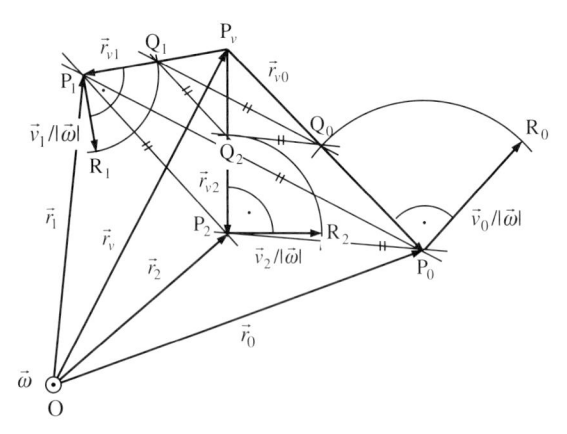

Bild 20.11

– **Methode der ähnlichen Dreiecke**
  (Anwendung der Ähnlichkeitssätze, s. Bild 20.12):

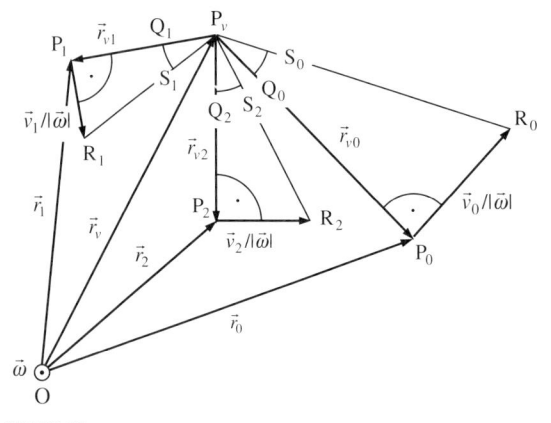

Bild 20.12

20.2 Ebene Bewegungen starrer Körper

– **Konstruktionsbeschreibungen:**

Methode der gedrehten Geschwindigkeiten:
- Zeichnen von $\vec{r}_1, \vec{r}_2, \vec{r}_0, \vec{r}_v, \vec{v}_1/\omega,$ $\vec{v}_2/\omega \Rightarrow$ P_1, P_2, P_v, R_1, R_2
- P_v mit P_0 verbinden
- P_1 mit P_0 verbinden
- Kreisbogen K_1 mit Radius $\vec{v}_1/|\vec{\omega}|$ um P_1 schlagen $\Rightarrow$ Schnittpunkt Q_1 von K_1 mit $\overline{P_vP_1}$
- durch Q_1 Parallele zu $\overline{P_1P_0}$ ziehen $\Rightarrow$ Schnittpunkt Q_0 von $\overline{P_1P_0}$ und $\overline{P_vP_0}$
- Kreisbogen K_0 mit Radius $\overline{P_0Q_0}$ um P_0 zeichnen
- Orthogonale zu $\overline{P_vP_0}$ durch P_0 zeichnen $\Rightarrow$ Schnittpunkt R_0 der Orthogonale mit K_0
- $\overline{P_0R_0}$ messen, Längenmaßstab liefert Betrag von $\vec{v}_0/|\vec{\omega}|$, woraus $|\vec{v}_0|$ berechnet wird. Die Richtung von $\vec{v}_0$ ist aus der Zeichnung ablesbar.

Methode der ähnlichen Dreiecke:
- Zeichnen von $\vec{r}_1, \vec{r}_2, \vec{r}_0, \vec{r}_v, \vec{v}_1/\omega,$ $\vec{v}_2/\omega \Rightarrow$ P_1, P_2, P_v, R_1, R_2
- P_v mit R_1 verbinden
- P_v mit P_0 verbinden
- Kreisbogen K mit beliebigem Radius um P_v schlagen $\Rightarrow$ Schnittpunkt Q_1 von K mit $\overline{P_vP_1}$, S_1 von K mit $\overline{P_vR_1}$ und Q_0 von K mit $\overline{P_vP_0}$.
- Um Q_0 Kreisbogen K_0 mit dem Radius $\overline{Q_1S_1}$ schlagen $\Rightarrow$ Schnittpunkt S_0 von K und K_0
- Gerade G_0 durch P_v und S_0 ziehen
- Orthogonale O_0 zu $\overline{P_vP_0}$ durch P_0 zeichnen $\Rightarrow$ Schnittpunkt R_0 von O_0 und G_0. Weiter wie im letzten Punkt links.

Anmerkungen:
- Bei der Ermittlung von $\vec{v}_0$ kann in allen obigen Bezeichnungen der Index 1 durch Index 2 ersetzt werden. $\vec{v}_0$ ist also in beiden Methoden auf zweierlei Art bestimmbar.
- Bei der ersten Methode ist sinnvoll, von den beiden Arten die zu wählen, bei der $\overline{P_iP_0}$ ($i = 1, 2$) mit $\overline{P_vP_0}$ einen Winkel bildet, der möglichst nahe bei 90° liegt, da dann $\vec{v}_0$ mit größerer Genauigkeit ermittelt werden kann (das ist in obiger Skizze für $i = 2$ der Fall). Bei der zweiten Methode ist aus Genauigkeitsgründen von dem größten der ähnlichen Dreiecke $P_vP_iR_i$ ($i = 1, 2$) auszugehen und der Radius des Kreisbogens K so groß wie möglich zu wählen.
- Beide Methoden finden ihre theoretische Begründung darin, daß für alle Punkte P_i der Bewegungsebene die Beziehung
$$|\vec{v}_i| = |\vec{\omega}| \cdot |\vec{r}_{vi}| = |\vec{\omega}| \cdot |\vec{r}_i - \vec{r}_v| \tag{20.13}$$
gelten muß [vgl. (20.9)], wobei $i = 0, 1, 2$ ist und $\vec{r}_{vi}$ den auf den Geschwindigkeitspol P_v bezogenen Ortsvektor der Punkte P_i bedeutet. $\vec{v}_i$, $\vec{\omega}$ und $\vec{r}_{vi}$ sind paarweise orthogonal.
- Mit Geschwindigkeitsmaßstab können auch $\vec{v}_i$ statt $\vec{v}_i/|\vec{\omega}|$ ($i = 0, 1, 2, \ldots$) dargestellt werden.

Rastpol- und Gangpolbahn

Im Verlauf der Bewegung ändert der Geschwindigkeitspol i. allg. seine Lage sowohl in der ruhenden Bezugsebene als auch in der bewegten Körperebene. Die Menge aller Geschwindigkeitspole einer ebenen Bewegung des starren Körpers in der Bezugsebene heißt *Rastpolbahn*, in der Körperebene heißt *Gangpolbahn*. Bei der Bewegung rollt die Gangpolbahn an der Rastpolbahn ab. Die momentane Drehachse (der Geschwindigkeitspol) liegt zu jeder Zeit im Berührungspunkt von Gangpol- und Rastpolbahn.

Sind Ortsvektoren $\vec{r}_1$ und $\vec{r}_2$ und Einheitsvektoren $\vec{e}_1 = \vec{v}_1/|\vec{v}_1|$ und $\vec{e}_2 = \vec{v}_2/|\vec{v}_2|$ der Geschwindigkeiten zweier verschiedener Körperpunkte in der Bewegungsebene des starren Körpers relativ zum raumfesten Bezugssystem sowie $\vec{e}_\omega = \vec{\omega}/|\vec{\omega}|$ als Funktionen der Zeit bekannt, so sind (20.11a,b) Gleichungen der Rastpolbahn, falls $(\vec{e}_1, \vec{e}_\omega, \vec{e}_2) \neq 0$ ist. Im Falle von $(\vec{e}_1, \vec{e}_\omega, \vec{e}_2) = 0$ sind (20.12a,b) Gleichungen der Rastpolbahn, wenn auch v_1 und v_2 als Funktionen der Zeit bekannt sind. Die Rastpolbahn verläuft im Endlichen, solange keine reine Translation vorliegt.

☐ Für die im Bild 20.13 skizzierte Stellung eines Schubkurbeltriebs [r Kurbellänge, R Pleuellänge ($R > r$), φ Kurbelwinkel ($\varphi = \omega t$, $\omega = \text{const} \neq 0$)] sind Winkelgeschwindigkeit $\vec{\omega}_\text{P}$ der Rotation der Pleuelstange um B bzw. um C, Geschwindigkeitspol P_v und Geschwindigkeit $\vec{v}_\text{D}$ des Punktes D ($\overline{BD} = \rho = \text{const}$, $0 \leq \rho \leq R$) des Pleuels bezüglich des Gestells G graphisch und analytisch zu ermitteln (Kurbel rotiert im Gegenuhrzeigersinn mit der Winkelgeschwindigkeit $\vec{\omega} = \omega \vec{e}_z$ um den Punkt A).

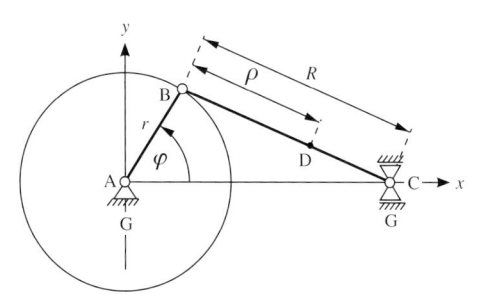

Bild 20.13

Graphische Lösung:

Ermittlung von $\vec{\omega}_\text{P}$ s. Bild 20.14a, Ermittlung von P_v und $\vec{v}_\text{D}$ s. Bild 20.14b.

Da $|\vec{v}_\text{B} - \vec{v}_\text{C}| = \omega_\text{P} R$ wegen (20.9) sein muß, ergibt sich $\omega_\text{P} = |\vec{v}_\text{B} - \vec{v}_\text{C}|/R$ mittels Geschwindigkeitsmaßstab aus $|\vec{v}_\text{B} - \vec{v}_\text{C}|$ (Richtung s. Bild 20.14a, Pleuel rotiert im Uhrzeigersinn!).

Analytische Lösung:

Für $-\pi/2 + 2k\pi < \omega t < \pi/2 + 2k\pi$ ($k = 0, 1, 2, \ldots$) gilt: Das Pleuel rotiert im Uhrzeigersinn um den Körperpunkt B, der eine kreisförmige Translation mit ω um A ausführt, oder um den Punkt C, der geradlinig anharmonisch relativ zu A schwingt (s. 19.2.4.2).

D hat den Ortsvektor

$$\vec{r}_\text{D} = \left[r \cos \omega t + \frac{\rho}{R} \sqrt{R^2 - r^2 \sin^2 \omega t} \right] \vec{e}_x + r \frac{R - \rho}{R} \sin \omega t \, \vec{e}_y. \tag{I}$$

20.2 Ebene Bewegungen starrer Körper

Zerlegung von $\vec{v}_C$:

Zerlegung von $\vec{v}_B$:

Bild 20.14a

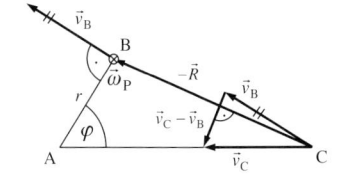

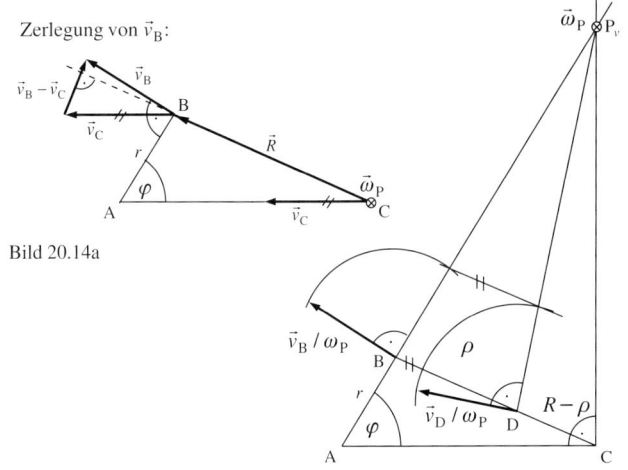

Bild 20.14b

Aus (I) ergeben sich für $\rho = 0$ ($\rho = R$) die Ortsvektoren $\vec{r}_B$ ($\vec{r}_C$) von B (C) und daraus der Vektor $\vec{R} = \vec{r}_B - \vec{r}_C$ (s. Bild 20.14a unten)

$$\vec{r}_B = r(\cos\omega t\,\vec{e}_x + \sin\omega t\,\vec{e}_y), \tag{II}$$

$$\vec{r}_C = \left[r\cos\omega t + \sqrt{R^2 - r^2\sin^2\omega t}\right]\vec{e}_x, \tag{III}$$

$$\vec{R} = -\sqrt{R^2 - r^2\sin^2\omega t}\,\vec{e}_x + r\sin\omega t\,\vec{e}_y. \tag{IV}$$

Ermittlung von $\vec{\omega}_P$

Werden

$$\vec{v}_B = \dot{\vec{r}}_B = r\omega(-\sin\omega t\,\vec{e}_x + \cos\omega t\,\vec{e}_y), \tag{V}$$

$$\vec{v}_C = \dot{\vec{r}}_C = -r\omega\sin\omega t\left[1 + \frac{r\cos\omega t}{\sqrt{R^2 - r^2\sin^2\omega t}}\right]\vec{e}_x \tag{VI}$$

in

$$\vec{v}_B = \vec{v}_C = \vec{\omega}_P \times \vec{R} \tag{VII}$$

eingesetzt, so folgt durch vektorielle Multiplikation von (VII) mit $\vec{R}$ gemäß (IV) von links, Anwendung der Zerlegungsformel $\vec{a} \times (\vec{b} \times \vec{c}) = (\vec{a}\vec{c})\vec{b} - (\vec{a}\vec{b})\vec{c}$ für das doppelte Vektorprodukt $\vec{a} \times (\vec{b} \times \vec{c})$ unter Beachtung von $\vec{R}\vec{\omega}_P = 0$ und Auflösung nach $\vec{\omega}_P$:

$$\vec{\omega}_P = \frac{-r\cos\omega t}{\sqrt{R^2 - r^2 \sin^2 \omega t}} \vec{\omega}. \tag{VIII}$$

Berechnung von $\vec{v}_D$

$$\vec{v}_D = \dot{\vec{r}}_D$$
$$= -r\omega \sin \omega t \left[1 + \frac{\rho r \cos \omega t}{R\sqrt{R^2 - r^2 \sin^2 \omega t}} \right] \vec{e}_x + r\omega \frac{R-\rho}{R} \cos \omega t \, \vec{e}_y. \tag{IX}$$

Das stimmt selbstverständlich mit $\vec{v}_D = \vec{v}_B - \vec{\omega}_P \times \frac{\rho}{R}\vec{R}$ und $\vec{v}_D = \vec{v}_C + \vec{\omega}_P \times \frac{R-\rho}{R}\vec{R}$ überein.

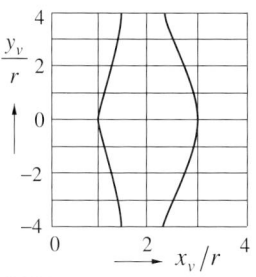

Ermittlung der Rastpolbahn:

Die Normale von $\vec{v}_B$ durch B hat die Gleichung

$$y = x \tan \omega t, \tag{X}$$

die Normale von $\vec{v}_C$ durch C die Gleichung

$$x = r\cos \omega t + \sqrt{R^2 - r^2 \sin^2 \omega t}. \tag{XI}$$

Die Schnittpunktskoordinaten dieser Normalen sind die Koordinaten des Geschwindigkeitspols:

$$x_v = r\cos \omega t + \sqrt{R^2 - r^2 \sin^2 \omega t}, \tag{XII}$$
$$y_v = r\sin \omega t + \sqrt{R^2 - r^2 \sin^2 \omega t} \tan \omega t. \tag{XIII}$$

Für $\varphi_k = k\pi$ ($k = 0, 1, 2, \ldots$) ist $\vec{v}_C = \vec{0}$. Deshalb liegt der Geschwindigkeitspol auf der x-Achse bei $x_v = R \pm r$, $y_v = 0$ (das obere Vorzeichen gilt für den oberen Totpunkt, das untere für den unteren). Im oberen (unteren) Totpunkt rotiert das Pleuel im Uhrzeigersinn (Gegenuhrzeigersinn) um den Körperpunkt C.

Für $\varphi_k = \frac{\pi}{2} + 2k\pi$ bzw. $\varphi_k = \frac{3\pi}{2} + 2k\pi$ ($k = 0, 1, 2, \ldots$) sind die Geschwindigkeiten $\vec{v}_B = \vec{v}_C = -r\omega\vec{e}_x$ bzw. $\vec{v}_B = \vec{v}_C = +r\omega\vec{e}_x$. (X) geht in $x = 0$ über, ist also zur Geraden (XI) parallel. Deshalb liegt der Geschwindigkeitspol im Unendlichen. Die Pleuelstange führt momentan eine Translation aus.

Für $\pi/2 + 2k\pi < \omega t < 3\pi/2 + 2k\pi$ ($k = 0, 1, 2, \ldots$) gelten (XII) und (XIII) ebenfalls. Allerdings rotiert das Pleuel nun im Gegenuhrzeigersinn um den Körperpunkt B, der eine kreisförmige Bewegung um A ausführt oder um den Punkt C, der linear anharmonisch relativ zu A schwingt (s. 19.2.4.2).

Die Gleichungen (XII) und (XIII) sind eine Parameterdarstellung der Rastpolbahn. Die Rastpolbahn ist im Bild 20.15 für $R/r = 2$ dargestellt.

Bild 20.15

Ermittlung der Gangpolbahn:

Relativ zu einem körperfesten Koordinatensystem $\Sigma'(C, x', y', z')$ mit dem Ursprung C und den Basisvektoren $\vec{e}_{x'} = \vec{R} \times \vec{\omega}/|\vec{R} \times \vec{\omega}|$, $\vec{e}_{y'} = \vec{R}/R$ und $\vec{e}_{z'} = \vec{e}_{x'} \times \vec{e}_{y'}$ (s. Bild 20.16) hat P_v die Koordinaten

$$x'_v = \frac{1}{R} \sqrt{R^2 - r^2 \sin^2 \omega t} \left[r \sin \omega t + \sqrt{R^2 - r^2 \sin^2 \omega t} \tan \omega t \right], \tag{XIV}$$

$$y'_v = \frac{r}{R} \sin \omega t \left[r \sin \omega t + \sqrt{R^2 - r^2 \sin^2 \omega t} \tan \omega t \right]. \tag{XV}$$

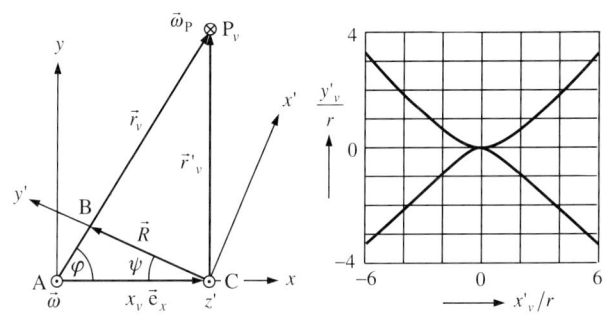

Bild 20.16

Bild 20.17

Begründung:

Aus Bild 20.16 ist

$$\vec{r}_v{}' = y_v (\cos \psi \vec{e}_{x'} + \sin \psi \vec{e}_{y'}) \tag{XVI}$$

ablesbar. Mit (XIII) und

$$\psi = \arcsin \left(\frac{r}{R} \sin \omega t \right) \tag{XVII}$$

ergeben sich daraus (XIV) und (XV). Die Gangpolbahn ist im Bild 20.17 für $R/r = 2$ dargestellt.

20.2.4 Beschleunigungspol

20.2.4.1 Allgemeines

Nach (20.5c) setzt sich die Beschleunigung $\vec{a} = \vec{a}_M$ eines Punktes M des starren Körpers K zusammen aus *Translationsbeschleunigung* $\vec{a}_T = \vec{a}_{O'}$ und *Rotationsbeschleunigung* $\vec{a}_R$ (Rotation um O' bestehend aus *Tangentialbeschleunigung* $\vec{a}_{TM}^{(O')} = \vec{\alpha} \times \vec{r}_M{}'$ und *Normalbeschleunigung* $\vec{a}_{NM}^{(O')} = \vec{\omega} \times (\vec{\omega} \times \vec{r}_M{}') = -\vec{\omega}^2 \vec{r}_M{}'$, so daß gilt

$$\vec{a}_M = \vec{a}_T + \vec{a}_R = \vec{a}_{O'} + \vec{a}_{TM}^{(O')} + \vec{a}_{NM}^{(O')}. \tag{20.14}$$

Bei den ebenen Bewegungen liegt jede dieser Beschleunigungen in der Bewegungsebene. Alle Körperpunkte der Bewegungsebene haben zum gleichen Zeitpunkt die gleiche Translationsbeschleunigung $\vec{a}_{O'}$, jedoch unterschiedliche Normalbeschleunigungen, wenn sie körperfeste Ortsvektoren $\vec{r}'$ mit unterschiedlichen Beträgen haben und $\vec{\omega} \neq \vec{0}$ ist, und, wenn $\vec{\alpha} \neq \vec{0}$ ist, auch unterschiedliche Tangentialbeschleunigungen. Alle Körperpunkte der Bewegungsebene haben in einem beliebigen Zeitpunkt gleiche Winkelgeschwindigkeiten $\vec{\omega}$ und gleiche Winkelbeschleunigungen $\vec{\alpha} = \dot{\vec{\omega}}$. Wenn $\vec{\omega} \neq \vec{0} \wedge \vec{\alpha} \neq \vec{0}$ ist, gilt $\vec{\omega} \uparrow\uparrow \vec{\alpha}$ oder $\vec{\omega} \uparrow\downarrow \vec{\alpha}$. Im Falle $\vec{\alpha} = \text{const} = \vec{0}$ sind Winkelgeschwindigkeit und Tangentialbeschleunigung zeitlich konstant. Für $\vec{\omega} \neq \vec{0}$ ist zu jedem Zeitpunkt $|\vec{a}_{NM}^{(O')}| \neq 0$ für alle außerhalb der Rotationsachse gelegenen Körperpunkte M. Richtung und Betrag von $\vec{a}_{NM}^{(O')}$ sind i. allg. von Körperpunkt zu Körperpunkt verschieden ($\vec{a}_{NM}^{(O')}$ weist zum Krümmungsmittelpunkt der Bahn, längs der sich M bewegt). $\vec{a}_T$ und $\vec{a}_R$ sind vom gewählten körperfesten Bezugspunkt abhängig, nicht aber $\vec{\omega}$ und $\vec{\alpha}$.

20.2.4.2 Definition

Beschleunigungspol eines mit $\vec{\omega} \neq \vec{0} \wedge \vec{\alpha} \neq \vec{0}$ ($\vec{\omega} \| \vec{\alpha}$) zum Zeitpunkt t bewegten starren Körpers ist der in der Bewegungsebene gelegene Punkt P_a, dessen Beschleunigung momentan ein Nullvektor ist, während der Körper momentan um eine Achse senkrecht durch P_a rotiert.

Da in der Definition des Beschleunigungspols $\vec{\omega} \neq \vec{0} \wedge \vec{\alpha} \neq \vec{0}$ vorausgesetzt wurde, hat es keinen Sinn, bei einer ebenen Bewegung mit $\vec{\omega} = \vec{0} \vee \vec{\alpha} = \vec{0}$ vom Beschleunigungspol zu sprechen.

20.2.4.3 Folgerungen

- *Ortsvektor $\vec{r}_a$ des Beschleunigungspols* P_a ist

$$\vec{r}_a = \vec{r}_{O'} + \vec{\alpha} \times \vec{a}_{TO'}^{(P_a)} / \vec{\alpha}^2 = \vec{r}_{O'} + \vec{a}_{NO'}^{(P_a)} / \vec{\omega}^2 \qquad (20.15\text{a,b})$$

(s. Bild 20.18 für $\vec{\omega} \uparrow\uparrow \vec{\alpha}$). Dabei bezeichnen $\vec{a}_{TO'}^{(P_a)}$ Tangentialbeschleunigung und $\vec{a}_{NO'}^{(P_a)}$ Normalbeschleunigung von O' bei einer Rotation des Körpers um eine Achse senkrecht durch P_a.

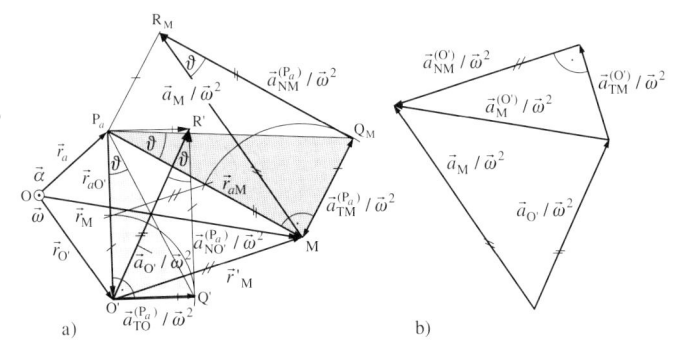

Bild 20.18

20.2 Ebene Bewegungen starrer Körper

Im Bild 20.18a ist offenbar $\vec{r}_{aO'} = -\vec{r}_a{}' = \vec{r}_{O'} - \vec{r}_a$. Im Bild 20.18b bedeuten $\vec{a}_{TM}^{(O')}$ Tangentialbeschleunigung und $\vec{a}_{NM}^{(O')}$ Normalbeschleunigung von M bei einer momentanen Rotation um eine senkrecht durch O' verlaufende Achse. $\vec{a}_{O'}$ ist die Translationsbeschleunigung des starren Körpers. Multiplikation aller Vektoren im Bild 20.18b mit $\vec{\omega}^2$ liefert einen Beschleunigungsplan, der (20.5c) für den Punkt M veranschaulicht.

(20.15a) ergibt sich aus $\vec{a}_{TO'}^{(P_a)} = \vec{\alpha} \times \vec{r}_{aO'} = -\vec{\alpha} \times \vec{r}_a{}' = \vec{\alpha} \times (\vec{r}_{O'} - \vec{r}_a)$ nach vektorieller Multiplikation mit $\vec{\alpha}$ von links, Anwendung von $\vec{a} \times (\vec{b} \times \vec{c}) = (\vec{a}\vec{c})\vec{b} - (\vec{a}\vec{b})\vec{c}$ und Auflösung nach $\vec{r}_a$. (20.15b) folgt aus $\vec{a}_{NO'}^{(P_a)} = -\vec{\omega}^2 \vec{r}_{aO'} = \vec{\omega}^2 \times \vec{r}_a{}' = \vec{\omega}^2 (\vec{r}_a - \vec{r}_{O'})$ durch Auflösung nach $\vec{r}_a$.

- Die im Bild 20.18a markierten Dreiecke sind ähnlich, weil die Kathetenverhältnisse $\overline{O'Q'}/\overline{O'P_a}$ und $\overline{MQ_M}/\overline{MP_a}$ jeweils gleich α/ω^2 sind ($\vec{\omega} = \omega\vec{e}_z$, $\vec{\alpha} = \alpha\vec{e}_z$) Auch die „Beschleunigungsdreiecke" im Bild 20.18a sind ähnlich; denn deren Kathetenverhältnisse $\overline{O'Q'}/\overline{Q'R'}$ und $\overline{MQ_M}/\overline{M_MR_M}$ sind ebenfalls jeweils gleich α/ω^2. Deshalb gilt für den Winkel

$$\vartheta = \angle(O'P_aQ') = \angle(O'R'Q') = \angle(MP_aQ_M) = \angle(MR_MQ_M), \quad (20.16)$$
$$= \arctan(\alpha/\omega^2)$$

den Normal- und Gesamtbeschleunigung einschließen, und der vom körperfesten Bezugspunkt unabhängig ist. Es gilt $\alpha < 0 \Rightarrow \vartheta < 0$ (Dreiecke an $\vec{r}_{aO'}$ bzw. $\vec{r}_{aM}$ gespiegelt!) und $\alpha > 0 \Rightarrow \vartheta > 0$. Es existieren analoge Methoden für die Ermittlung von P_a wie in 20.2.3.2 für P_v (graphisch und analytisch).

- Der Beschleunigungspol P_a kann auch aus $\vec{r}_M$, $\vec{\alpha}$, $\vec{\omega}$ und $\vec{a}_M$ gewonnen werden, da $\vec{a}_{TM}^{(P_a)}$ und $\vec{a}_{NM}^{(P_a)}$ mittels des Polarwinkels $\overline{\varphi}$ von $\vec{a}_M$ (positiv gerechnet ab der positiven x-Achse im Gegenuhrzeigersinn) und des Drehwinkels $\psi = \overline{\varphi} + \vartheta - 90°$ (s. Bild 20.20 im folgenden Beispiel mit D statt M) aus

$$\vec{a}_{TM}^{(P_a)} = [(\vec{a}_M \vec{e}_x) \cos \psi + (\vec{a}_M \vec{e}_y) \sin \psi] \vec{e}_{x'}, \quad (20.17a)$$

$$\vec{a}_{NM}^{(P_a)} = [-(\vec{a}_M \vec{e}_x) \sin \psi + (\vec{a}_M \vec{e}_y) \cos \psi] \vec{e}_{y'} \quad (20.17b)$$

berechenbar sind oder graphisch ermittelt werden können (s. Bild 20.18a) und

$$\vec{r}_{aM} = \vec{r}_M - \vec{r}_a = \vec{a}_{TM}^{(P_a)} \times \vec{\alpha}/\vec{\alpha}^2 = -\vec{a}_{NM}^{(P_a)}/\vec{\omega}^2 \quad (20.18a,b,c)$$

folgt bzw. ebenfalls graphisch bestimmbar ist (s. Bild 20.18a).

(20.17a,b) ergeben sich durch Drehung des (O,x,y,z)-Koordinatensystems um den Winkel ψ im mathematisch positivem Sinn (Gegenuhrzeigersinn) um die z-Achse. Das neue Koordinatensystem sei mit (O,x',y',z') und seine Basisvektoren mit $\vec{e}_{x'}$, $\vec{e}_{y'}$ und $\vec{e}_{z'}$ bezeichnet (s. Bild 20.19). Dann gelten bekanntlich die Transformationsgleichungen (die auch für $\psi < 0$ Gültigkeit haben)

$$x' = x\cos\psi + y\sin\psi, \quad y' = -x\sin\psi + y\cos\psi, \quad z' = z.$$
$$x = x'\cos\psi - y'\sin\psi, \quad y = x'\sin\psi + y'\cos\psi, \quad z = z'.$$

In (20.17) wurde der Drehwinkel
$$\psi = \overline{\varphi} + \vartheta - 90°$$
gewählt, damit nach erfolgter Drehung $\vec{a}_{TM}^{(P_a)}$ die Richtung von $\vec{e}_{x'}$ und $\vec{a}_{NM}^{(P_a)}$ die Richtung von $\vec{e}_{y'}$ hat (s. Bild 20.20).

- Bei bekanntem Beschleunigungspol P_a und bekannter Tangentialbeschleunigung eines Punktes kann die Tangentialbeschleunigung jedes anderen Punktes analog der Geschwindigkeitsbestimmung in 20.2.3.2 erhalten werden.

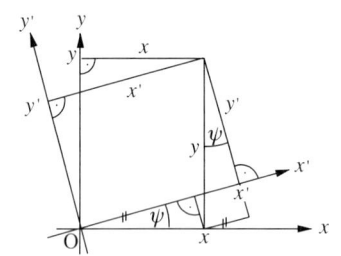

Bild 20.19

- Es gelten (20.11a,b) mit $\vec{r}_a$ statt $\vec{r}_v$ und $\vec{e}_1 = \vec{a}_{\text{TM1}}^{(P_a)}/|\vec{a}_{\text{TM1}}^{(P_a)}|$, $\vec{e}_2 = \vec{a}_{\text{TM2}}^{(P_a)}/|\vec{a}_{\text{TM2}}^{(P_a)}|$, $\vec{e}_\alpha = \vec{\alpha}/|\vec{\alpha}|$ statt $\vec{e}_\omega$, falls $\vec{e}_1 \times \vec{e}_2 \neq \vec{0}$, und (20.12.a,b) mit entsprechenden Ersetzungen, falls $\vec{e}_1 \times \vec{e}_2 = \vec{0} \wedge \vec{a}_{\text{TM1}}^{(P_a)} \neq \vec{a}_{\text{TM2}}^{(P_a)}$.
- Mit $r'_a = |\vec{r}_a{}'| = r_{aO'} = |\vec{r}_{aO'}|$, $r_{aM} = |\vec{r}_{aM}|$, $a_{O'} = |\vec{a}_{O'}|$ und $a_M = |\vec{a}_M|$ folgen wegen $|\vec{\alpha} \times \vec{r}_{aO'}| = \alpha \cdot r_{aO'}$ und $|\vec{\alpha} \times \vec{r}_{aM}| = \alpha \cdot r_{aM}$ aus $\vec{a}_{O'} = \vec{\alpha} \times \vec{r}_{aO'} - \omega^2 \vec{r}_{aO'}$ und $\vec{a}_M = \vec{\alpha} \times \vec{r}_{aM} - \omega^2 \vec{r}_{aM}$, da Tangential- und Normalkomponente der Beschleunigung orthogonal sind, die Gleichungen

$$\boxed{a_{O'} = r_{aO'}\sqrt{\omega^4 + \alpha^2}, \quad a_M = r_{aM}\sqrt{\omega^4 + \alpha^2}.} \qquad (20.19\text{a,b})$$

> Die Beträge der Beschleunigungen zweier Körperpunkte verhalten sich zueinander wie die Abstände der Punkte vom Beschleunigungspol.
> Die Beträge der Beschleunigungen der Körperpunkte, die auf einem vom Beschleunigungspol ausgehenden Strahl liegen, nehmen linear mit ihrem Abstand vom Beschleunigungspol zu.
> Die Beschleunigungsvektoren aller dieser Punkte bilden den gleichen Winkel $\pi - \vartheta$ mit dem Strahl.

- Für die Beträge von Tangential- und Normalkomponente der Beschleunigung bezüglich des Beschleunigungspols gelten die Gleichungen

$$\boxed{a_{\text{TM}}^{(P_a)} = |\vec{a}_{\text{TM}}^{(P_a)}| = r_{aM}|\alpha| = a_M|\alpha|/\sqrt{\omega^4 + \alpha^2} = a_M|\sin\vartheta|} \qquad (20.20\text{a})$$

$$\boxed{a_{\text{NM}}^{(P_a)} = |\vec{a}_{\text{NM}}^{(P_a)}| = r_{aM}\omega^2 = a_M\omega^2/\sqrt{\omega^4 + \alpha^2} = a_M\cos\vartheta} \qquad (20.20\text{b})$$

Dabei ist M ein beliebiger Punkt des starren Körpers. Damit folgt

$$\boxed{r_{aM} = a_{\text{TM}}^{(P_a)}/|\alpha| = a_M/\sqrt{\omega^4 + \alpha^2} = \frac{a_M}{|\alpha|}|\sin\vartheta|} \qquad (20.21\text{a})$$

$$\boxed{r_{aM} = a_{\text{NM}}^{(P_a)}/\omega^2 = a_M/\sqrt{\omega^4 + \alpha^2} = \frac{a_M}{\omega^2}\cos\vartheta} \qquad (20.21\text{b})$$

für den Abstand des Körperpunktes M vom Beschleunigungspol.

Bemerkung:

Zu einem beliebigen Zeitpunkt sind allgemein Geschwindigkeitspol und Beschleunigungspol voneinander verschiedene Punkte. Die Bedeutung beider Punkte besteht darin, daß bei Wahl

- des Geschwindigkeitspols als Bezugspunkt die Geschwindigkeit jedes Körperpunktes
- des Beschleunigungspols als Bezugspunkt die Beschleunigung jedes Körperpunktes

20.2 Ebene Bewegungen starrer Körper

einfach berechnet werden kann, weil zum betrachteten Zeitpunkt im ersten Fall die ebene Bewegung auf eine reine Rotation um eine Achse senkrecht zur Bewegungsebene durch P_v und im zweiten Fall auf eine reine Rotation um eine Achse senkrecht zur Bewegungsebene durch P_a zurückgeführt wird.

☐ Die Kurbel des im Bild 20.13 dargestellten Schubkurbeltriebs rotiert gleichmäßig beschleunigt mit der Winkelbeschleunigung $\vec{\alpha} = \alpha \vec{e}_z$ ($\alpha = $ const > 0) und der Anfangswinkelgeschwindigkeit $\vec{\omega}_0 = \omega_0 \vec{e}_z$ ($\omega_0 > 0$) im Gegenuhrzeigersinn um eine Achse senkrecht zur Bewegungsebene durch A. Für die skizzierte Stellung sind die Winkelbeschleunigung $\vec{\alpha}_P$ der reinen Rotation des Pleuels, der Beschleunigungspol P_a und $\vec{a}_{TD}^{(P_a)}, \vec{a}_{ND}^{(P_a)}, \vec{a}_{TD}^{(B)}, \vec{a}_{ND}^{(B)}$ sowie $\vec{a}_D$ zu bestimmen.

Gegebene Werte:

$$\varphi = 60°,\ r = 100\ \text{mm},\ R = 4r,\ \rho = 3r,\ \omega_0 = 300\ \text{min}^{-1}, \alpha = 40\ \text{s}^{-2}.$$

Lösung:

1) $\omega = \dot{\varphi} = \sqrt{\omega_0^2 + 2\varphi\alpha} = 10{,}43\ \text{s}^{-1}$.

$$\omega_P = \frac{-r\omega\cos\varphi}{\sqrt{R^2 - r^2\sin^2\varphi}} = -1{,}335\ \text{s}^{-1}\ [\text{vgl. (VIII) in 20.2.3.2}]. \Rightarrow$$

$$\alpha_P = \dot{\omega}_P = -\frac{r\alpha\cos\varphi}{\sqrt{R^2 - r^2\sin^2\varphi}} + \frac{r\omega^2\sin\varphi}{\sqrt{R^2 - r^2\sin^2\varphi}} - \frac{r^3\omega^2\sin\varphi\cos^2\varphi}{(R^2 - r^2\sin^2\varphi)^{3/2}}$$

$$= \underline{18{,}61\ \text{s}^{-2}}. \tag{I}$$

2) $\vec{r}_D = \left[r\cos\varphi + \frac{\rho}{R}\sqrt{R^2 - r^2\sin^2\varphi}\right]\vec{e}_x + r\frac{R-\rho}{R}\sin\varphi\vec{e}_y$

[vgl. (I) in 20.2.3.2]. $\Rightarrow$

$\vec{r}_D = \underline{(0{,}343\vec{e}_x + 0{,}022\vec{e}_y)\ \text{m}}$

$\vec{a}_D = \dot{\vec{v}}_D = \ddot{\vec{r}}_D. \Rightarrow$

$$\vec{a}_D = \left[-r\alpha\sin\varphi - r\omega^2\cos\varphi - \frac{\rho}{R}r^2\alpha\frac{\sin 2\varphi}{2(R^2 - r^2\sin^2\varphi)^{1/2}}\right.$$
$$\left. - \frac{\rho}{R}r^2\omega^2\frac{\cos 2\varphi}{(R^2 - r^2\sin^2\varphi)^{1/2}} - \frac{\rho}{R}r^4\omega^2\frac{\sin^2 2\varphi}{4(R^2 - r^2\sin^2\varphi)^{3/2}}\right]\vec{e}_x \tag{IIa}$$
$$+ \left[r\alpha\frac{R-\rho}{R}\cos\varphi - r\omega^2\frac{R-\rho}{R}\sin\varphi\right]\vec{e}_y. \Rightarrow$$

$$\vec{a}_D = \underline{(-8{,}217\vec{e}_x - 1{,}855\vec{e}_y)\ \text{m s}^{-2}}. \tag{IIb}$$

3) $\vartheta = \arctan\frac{\alpha_P}{\omega_P^2} = \underline{84{,}525°}.\quad \overline{\varphi} = \pi + \arctan\frac{a_{Dy}}{a_{Dx}} = \underline{192{,}722°}. \Rightarrow$

$\psi = \overline{\varphi} + \vartheta - 90° = \underline{187{,}248°}.$

Aus (20.17a,b) mit Index D statt Index M und wegen

$$\boxed{\vec{e}_x = \cos\psi\vec{e}_{x'} + \sin\psi\vec{e}_{y'},\quad \vec{e}_y = \sin\psi\vec{e}_{x'} + \cos\psi\vec{e}_{y'}} \tag{20.22a}$$

$$\boxed{\vec{e}_{x'} = \cos\psi\vec{e}_x + \sin\psi\vec{e}_y,\quad \vec{e}_{y'} = \sin\psi\vec{e}_x + \cos\psi\vec{e}_y} \tag{20.22b}$$

($\vec{e}_{x'}$ und $\vec{e}_{y'}$ sind Basisvektoren des gedrehten Systems (D,x',y',z'), s. Bild 20.20) folgt

$$\begin{aligned}\vec{a}_{\text{TD}}^{(P_a)} &= (-8,217\cdot\cos\psi - 1,855\cdot\sin\psi)\vec{e}_{x'} \text{ m s}^{-2} = 8,385\vec{e}_{x'}\text{ m s}^{-2}\\&= 8,385\text{ m s}^{-2}(\cos\psi\vec{e}_x + \sin\psi\vec{e}_y)\\&= \underline{(-8,318\vec{e}_x - 1,058\vec{e}_y)\text{ m s}^{-2}},\end{aligned} \tag{IIIa}$$

$$\begin{aligned}\vec{a}_{\text{ND}}^{(P_a)} &= (+8,217\cdot\sin\psi - 1,855\cdot\cos\psi)\vec{e}_{y'} \text{ m s}^{-2} = 0,804\vec{e}_{y'}\text{ m s}^{-2}\\&= 0,804\text{ m s}^{-2}(\sin\psi\vec{e}_x + \cos\psi\vec{e}_y)\\&= \underline{(-0,101\vec{e}_x - 0,798\vec{e}_y)\text{ m s}^{-2}},\end{aligned} \tag{IIIb}$$

oder

$$\begin{aligned}\vec{a}_{\text{ND}}^{(P_a)} &= \vec{a}_D - \vec{a}_{\text{TD}}^{(P_a)}\\&= (-8,217\vec{e}_x - 1,855\vec{e}_y)\text{ m s}^{-2} - (-8,318\vec{e}_x - 1,058\vec{e}_y)\text{ m s}^{-2}\\&= (0,101\vec{e}_x - 0,798\vec{e}_y)\text{ m s}^{-2}.\end{aligned}$$

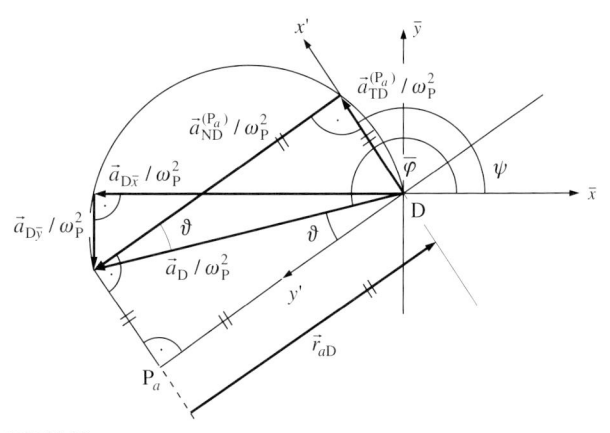

Bild 20.20

Bild 20.20 ist eine *Prinzipskizze* für die Zerlegung von $\vec{a}_D$ in $\vec{a}_{\text{TD}}^{(P_a)}$ und $\vec{a}_{\text{ND}}^{(P_a)}$ und für die Ermittlung von $\vec{r}_{aD}$. System (D,$\bar{x},\bar{y},\bar{z}$) geht aus System (A,x,y,z) durch die Parallelverschiebung $\vec{r} = \vec{r}_D$ hervor. x' und y' bezeichnen Koordinatenachsen des gedrehten Systems (D,x',y',z').

4) $\begin{aligned}\vec{r}_a &= \vec{r}_D - \vec{r}_{aD} = \vec{r}_D - \vec{a}_{\text{TD}}^{(P_a)} \times \vec{\alpha}_P/\alpha_P^2\\&= (0,343\vec{e}_x + 0,022\vec{e}_y)\text{ m}\\&\quad - (-8,318\vec{e}_x - 1,058\vec{e}_y)\text{ m s}^{-2} \times \vec{e}_z/(18,61\text{ s}^{-2})\\&= (0,400\vec{e}_x - 0,425\vec{e}_y)\text{ m}\end{aligned}$

oder einfacher

$$\begin{aligned}\vec{r}_a &= \vec{r}_D - \vec{r}_{aD} = \vec{r}_D + \vec{a}_{\text{ND}}^{(P_a)}/\omega_P^2\\&= (0,343\vec{e}_x + 0,022\vec{e}_y)\text{ m} + (0,101\vec{e}_x - 0,798\vec{e}_y)\text{ m s}^{-2}/(1,335^2\text{ s}^{-2})\\&= \underline{(0,400\vec{e}_x - 0,425\vec{e}_y)\text{ m}}.\end{aligned} \tag{IV}$$

5) In (IIa) $\rho = 0 \Rightarrow$
$\vec{a}_B = (-r\alpha\sin\varphi - r\omega^2\cos\varphi)\vec{e}_x + (r\alpha\cos\varphi - r\omega^2\sin\varphi)\vec{e}_y$
   $= (-8{,}903\vec{e}_x - 7{,}420\vec{e}_y)\ \text{m s}^{-2}.$
$\vec{a}_{\text{ND}}^{(B)} = \rho_P^2 \vec{R}/R$ mit
$\vec{R} = -\sqrt{R^2 - r^2\sin^2\varphi}\,\vec{e}_x + r\sin\varphi\,\vec{e}_y$ [vgl. (IV) in 20.2.3.2]. $\Rightarrow$
$\vec{R} = (-0{,}391\vec{e}_x + 0{,}087\vec{e}_y)\ \text{m}.\ \Rightarrow$
$\underline{\vec{a}_{\text{ND}}^{(B)} = (-0{,}523\vec{e}_x + 0{,}116\vec{e}_y)\ \text{m s}^{-2}}.$ (Va)
(20.5c) $\Rightarrow$
$\vec{a}_{\text{TD}}^{(B)} = \vec{a}_D - \vec{a}_B - \vec{a}_{\text{ND}}^{(B)}$
  $= (-8{,}217\vec{e}_x - 1{,}855\vec{e}_y)\ \text{m s}^{-2} - (-8{,}903\vec{e}_x - 7{,}420\vec{e}_y)\ \text{m s}^{-2}$
  $\quad - (-0{,}523\vec{e}_x + 0{,}116\vec{e}_y)\ \text{m s}^{-2}$
  $= \underline{(1{,}209\vec{e}_x + 5{,}499\vec{e}_y)\ \text{m s}^{-2}}.$ (Vb)

20.3 Räumliche Bewegungen starrer Körper

20.3.1 Grundsätzliches

20.3.1.1 Definition und Überblick

Ein starrer Körper führt eine räumliche Bewegung aus, wenn sich mindestens ein Körperpunkt auf einer Raumkurve bewegt.

Das ist der Fall bei

- räumlicher Translation ($f_T = 3$, $f_R = 0$) oder
- Überlagerung aus ebener Translation und Rotation um eine Achse konstanter Richtung, die nicht orthogonal zur Translationsebene ist ($f_T = 2$, $f_R = 1$), oder
- Überlagerung aus geradliniger Translation und Rotation um eine Achse konstanter Richtung, die nicht orthogonal zur Translationsgeraden ist ($f_T = 1$, $f_R = 1$), oder
- Rotation um einen Punkt (Rotation um eine Achse *nicht* konstanter Richtung, $f_T = 0$, $f_R \geq 2$) oder
- Überlagerung aus beliebiger Translation und Rotation um einen körperfesten Punkt ($f_T \geq 1$, $f_R \geq 2$)

20.3.1.2 Schiebung, Drehung und Verrückung

Die Lage des starren Körpers im Raum ist eindeutig durch Angabe der Koordinaten dreier Körperpunkte bestimmt, die nicht auf einer Geraden liegen.

- *Schiebung* bedeutet eine Parallelverschiebung des Körpers im Raum.
- *Drehung* ist eine Lageänderung, bei der sich alle Körperpunkte auf koaxialen Kreisperipherien bewegen.

Die Begriffe sind rein geometrischer Natur. Sie kennzeichnen *nicht* den zeitlichen Ablauf der Bewegung des starren Körpers. Die Überlagerung von Schiebung und Drehung heißt *Verrückung*. Es gilt:

> Zwei Lagen des starren Körpers im Raum zu beliebigen, verschiedenen Zeitpunkten (z. B. Anfangs- und Endlage) gehen eindeutig durch *eine* Schiebung und/oder *eine* Drehung auseinander hervor. Es gibt stets eine Bewegung, die Überlagerung aus *geradliniger Translation* und *Rotation um eine feste Achse* ist und den starren Körper in einer Zeitspanne t aus der einen Lage in die andere Lage überführt.

Beweis:
In Lage 1 mögen drei Körperpunkte A, B, C, die nicht auf einer Geraden liegen, die Ortsvektoren $\vec{r}_{A1}$, $\vec{r}_{B1}$, $\vec{r}_{C1}$ haben und in Lage 2 die Ortsvektoren $\vec{r}_{A2}$, $\vec{r}_{B2}$, $\vec{r}_{C2}$. Wegen der Starrheit müssen die Dreiecke mit den Ortsvektoren $\vec{r}_{A1}$, $\vec{r}_{B1}$, $\vec{r}_{C1}$ bzw. $\vec{r}_{A2}$, $\vec{r}_{B2}$, $\vec{r}_{C2}$ der Eckpunkte kongruent sein. Wird der Körper zunächst aus Lage 1 so in Lage 3 parallelverschoben (Verschiebungsvektor $\vec{r}_{A2} - \vec{r}_{A1}$), daß die Punkte A_1 und A_2 zusammenfallen, so ist $\vec{r}_{B3} = \vec{r}_{B1} + \vec{r}_{A2} - \vec{r}_{A1}$ und entsprechend $\vec{r}_{C3} = \vec{r}_{C1} + \vec{r}_{A2} - \vec{r}_{A1}$. In der Lage 2 spannen die Vektoren $\vec{b}_2 = \vec{r}_{B2} - \vec{r}_{A2}$ und $\vec{c}_2 = \vec{r}_{C2} - \vec{r}_{A2}$ das Körperdreieck $A_2B_2C_2$ auf, in der Lage 3 spannen die Vektoren $\vec{b}_3 = \vec{r}_{B3} - \vec{r}_{A2} = \vec{r}_{B1} - \vec{r}_{A1}$ und $\vec{c}_3 = \vec{r}_{C3} - \vec{r}_{A2} = \vec{r}_{C1} - \vec{r}_{A1}$ das Körperdreieck $A_2B_3C_3$ auf. Im Fall $\vec{b}_3 = \vec{b}_2 \wedge \vec{c}_3 = \vec{c}_2$ sind $A_2B_2C_2$ und $A_2B_3C_3$ identisch. Lage 1 wird dann allein durch eine Schiebung in Lage 2 überführt. Im Fall $(\vec{b}_3 = \vec{b}_2 \wedge \vec{c}_3 \neq \vec{c}_2) \vee (\vec{b}_3 \neq \vec{b}_2 \wedge \vec{c}_3 = \vec{c}_2)$ muß offensichtlich die Drehung um diejenige Achse durch A_2 erfolgen, die die Richtung von $\vec{b}_3 = \vec{b}_2$ (falls $\vec{c}_3 \neq \vec{c}_2$ ist) bzw. die Richtung von $\vec{c}_3 = \vec{c}_2$ (falls $\vec{b}_3 \neq \vec{b}_2$ ist) hat. Drehwinkel ist jeweils der Schnittwinkel φ der beiden Ebenen, in denen die Dreiecke $A_2B_2C_2$ und $A_2B_3C_3$ liegen. Er ergibt sich aus

$$\varphi = \arccos \frac{(\vec{b}_2 \times \vec{c}_2)(\vec{b}_3 \times \vec{c}_3)}{|\vec{b}_2 \times \vec{c}_2||\vec{b}_3 \times \vec{c}_3|}. \qquad (*)$$

Ist $\vec{b}_3 \neq \vec{b}_2 \wedge \vec{c}_3 \neq \vec{c}_2$, so muß die Drehung um die Schnittgerade mit der Parameterdarstellung

$$\vec{r} = \vec{r}_{A2} + \tau (\vec{b}_2 \times \vec{c}_2) \times (\vec{b}_3 \times \vec{c}_3). \qquad (**)$$

(τ ist Parameter) der beiden Ebenen erfolgen, in denen die Dreiecke $A_2B_2C_2$ und $A_2B_3C_3$ liegen. Die Schnittgerade dieser Ebenen verläuft durch $\vec{r}_{A2}$ und hat den Richtungsvektor $(\vec{b}_2 \times \vec{c}_2) \times (\vec{b}_3 \times \vec{c}_3)$. Der Drehwinkel ergibt sich auch diesmal aus $(*)$.

> Mehr als zwei unterschiedliche Lagen eines räumlich bewegten, starren Körpers gehen i. allg. *nicht* durch *die gleiche* Schiebung und/oder Drehung bzw. *die gleiche* geradlinige Translation und/oder Rotation um eine feste Achse auseinander hervor.

20.3.1.3 Analytische Beschreibung räumlicher Bewegungen

Die Beschreibung reiner *räumlicher Translationen* erfolgt durch Angabe der Koordinaten *eines* Körperpunktes (z. B. des Ursprungs des körperfesten Bezugssystems) als Funktionen der Zeit (s. 19).

Wie schon in 20.1.1.1 erwähnt, sind allgemein *drei Translationskoordinaten* und *drei Rotationskoordinaten* erforderlich, um die Lage des starren Körpers im Raum zu kennzeichnen. Tritt neben der Translation nur eine Rotation um eine Achse mit konstanter Richtung auf, so ist außer den Translationskoordinaten *nur ein Winkel* als Rotationskoordinate erforderlich ($1 \leq f_T \leq 3$, $f_R = 1$).

Bei der allgemeinsten Bewegung des starren Körpers (Überlagerung von räumlicher Translation ($f_T = 3$) und Rotation um einen Punkt ($f_T = 3$)) wird die Translation mit dem Ortsvektor $\vec{r}_{O'}$ des Ursprungs des körperfesten Bezugssystems und die Rotation mit den EULERschen Winkeln erfaßt. Die Bewegung gilt als vollständig beschrieben, wenn sowohl der Vektor $\vec{r}_{O'}$ als auch die EULERschen Winkel als Funktionen der Zeit bekannt sind.

> Die Gleichungen (20.5) gelten auch hier, allerdings sind i. allg. die Richtungen der Vektoren $\vec{\omega}$ und $\vec{\alpha}$ *im Gegensatz zu den ebenen Bewegungen* nicht mehr konstant.

Die Komponenten der Winkelgeschwindigkeit $\vec{\omega}$ der Rotation des starren Körpers hängen gemäß

$$\omega_{x'}\vec{e}_{x'} = (\dot{\vartheta}\cos\varphi + \dot{\psi}\sin\vartheta\sin\varphi)\vec{e}_{x'}, \qquad (20.23a)$$

$$\omega_{y'}\vec{e}_{y'} = (-\dot{\vartheta}\sin\varphi + \dot{\psi}\sin\vartheta\cos\varphi)\vec{e}_{y'}, \qquad (20.23b)$$

$$\omega_{z'}\vec{e}_{z'} = (\dot{\varphi} + \dot{\psi}\cos\vartheta)\vec{e}_{z'} \qquad (20.23c)$$

$$\omega_x\vec{e}_x = (\dot{\vartheta}\cos\varphi + \dot{\varphi}\sin\vartheta\sin\psi)\vec{e}_x, \qquad (20.24a)$$

$$\omega_y\vec{e}_y = (\dot{\vartheta}\sin\varphi - \dot{\varphi}\sin\vartheta\cos\psi)\vec{e}_y, \qquad (20.24b)$$

$$\omega_z\vec{e}_z = (\dot{\psi} + \dot{\varphi}\cos\vartheta)\vec{e}_z \qquad (20.24c)$$

von den EULERschen Winkeln, deren Zeitableitungen und den Basisvektoren des körperfesten bzw. raumfesten Bezugssystems ab. Die Gleichungen (20.23a,b,c) ergeben sich aus folgenden Überlegungen:

Entsprechend Bild 20.1 gilt:

$\dot{\vartheta}\vec{e}_K$ kennzeichnet die Winkelgeschwindigkeit einer Rotation um die Knotenachse,
$\dot{\psi}\vec{e}_{\bar{z}}$ kennzeichnet die Winkelgeschwindigkeit einer Rotation um die $\bar{z}$-Achse,
$\dot{\varphi}\vec{e}_{z'}$ kennzeichnet die Winkelgeschwindigkeit einer Rotation um die z'-Achse

($\vec{e}_K$ ist ein Einheitsvektor in der Richtung von O' nach K, s. Bild 20.1). Die Zerlegungen dieser Vektoren in Komponenten in Richtung der positiven x'-, y'- und z'-Achse lauten

$$\dot{\vartheta}\vec{e}_K = \dot{\vartheta}\cos\varphi\vec{e}_{x'} - \dot{\vartheta}\sin\varphi\vec{e}_{y'},$$
$$\dot{\psi}\vec{e}_{\bar{z}} = \dot{\psi}\sin\vartheta\sin\varphi\vec{e}_{x'} + \dot{\psi}\sin\vartheta\cos\varphi\vec{e}_{y'} + \dot{\psi}\cos\vartheta\vec{e}_{z'},$$
$$\dot{\varphi}\vec{e}_{z'} = \dot{\varphi}\vec{e}_{z'}.$$

Damit folgen aus $\vec{\omega} = \omega_{x'}\vec{e}_{x'} + \omega_{y'}\vec{e}_{y'} + \omega_{z'}\vec{e}_{z'} = \dot{\vartheta}\vec{e}_K + \dot{\psi}\vec{e}_{\bar{z}} + \dot{\varphi}\vec{e}_{z'}$ durch Koeffizientenvergleich die Gleichungen (20.23a,b,c). Die Gleichungen (20.24a,b,c) werden analog hergeleitet.

20.3.2 Spezielle räumliche Bewegungen

20.3.2.1 Geradlinige Translation und Rotation um eine Achse konstanter Richtung

Ein starrer Körper führt eine Translation mit der konstanten Beschleunigung $\vec{a}$ und eine Rotation mit der konstanten Winkelgeschwindigkeit $\vec{\omega}$ aus ($\vec{a}$ und $\vec{\omega}$ mögen ständig den Winkel $90° - \vartheta$ ($\vartheta = $ const, $0 < \vartheta < 90°$) einschließen). Zur Zeit $t = 0$ seien $\vec{r}_{O'}(0) = \vec{0}$ und $\vec{v}_{O'}(0) = \vec{0}$.

Das raumfeste Koordinatensystem sei so gewählt, daß sich der Ursprung O' des körperfesten Koordinatensystems mit der Beschleunigung $a\vec{e}_x$ ($a = $ const > 0) bewegt, das körperfeste so, daß der starre Körper mit der konstanten Winkelgeschwindigkeit $\vec{\omega} = \omega\vec{e}_{z'}$ [$\omega = $ const > 0, $\vec{e}_{z'} = \sin\vartheta\vec{e}_x + \cos\vartheta\vec{e}_z$, s. (20.23c)] rotiert (s. Bild 20.21 für $t=0$).

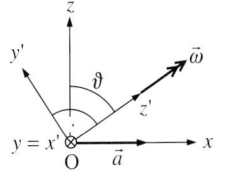

Bild 20.21

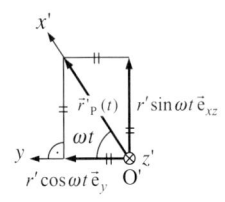

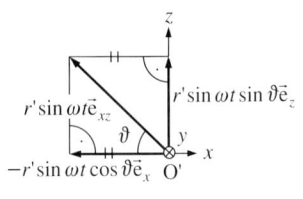

Bild 20.22

Bild 20.23

Die Bewegung ist wegen $\vartheta \neq 0$ *keine* ebene Bewegung (s. 20.2) und wegen $\vartheta \neq 90°$ *keine* Schraubbewegung (s. 20.3.2.2)! Sie wird beschrieben mit der Translationskoordinate x und dem EULERschen Winkel $\varphi = \omega t$ als Rotationskoordinate. Die Richtung der Knotenachse ist ständig parallel zur y-Achse, die Winkel ϑ und $\psi \equiv 90°$ sind konstant (s. Bild 20.1), und es ist $\vec{\alpha} \equiv \vec{0}$.

Die Beschleunigung $\vec{a}_P$ eines Körperpunktes P mit dem Ortsvektor $\vec{r}_P{}'(t) = r'\vec{e}_{x'}(t)$ folgt aus (20.5c):

$$\vec{a}_P = \vec{a} + \vec{\omega} \times [\vec{\omega} \times \vec{r}_P{}'(t)] = \vec{a} + \omega^2 \vec{e}_{z'} \times [\vec{e}_{z'} \times \vec{r}_P{}'(t)]$$
$$= \vec{a} + \omega^2 (\sin\vartheta\vec{e}_x + \cos\vartheta\vec{e}_z) \times [(\sin\vartheta\vec{e}_x + \cos\vartheta\vec{e}_z) \times \vec{r}_P{}'(t)]. \qquad (20.25)$$

Mit $\vec{v}_{O'} = at\vec{e}_x$ ergibt sich aus (20.5b) die Geschwindigkeit

$$\vec{v}_P = at\vec{e}_x + \vec{\omega} \times \vec{r}_P{}'(t) = at\vec{e}_x + \omega(\sin\vartheta\vec{e}_x + \cos\vartheta\vec{e}_z) \times \vec{r}_P{}'(t) \qquad (20.26)$$

und mit $\vec{r}_{O'} = \frac{1}{2}at^2\vec{e}_x$ aus (20.5a) der Ortsvektor

$$\vec{r}_P = \frac{1}{2}at^2\vec{e}_x + \vec{r}_P{}'(t). \qquad (20.27)$$

In (20.25), (20.26) und (20.27) ist

$$\vec{r}_P{}'(t) = -r'\sin\omega t\cos\vartheta\vec{e}_x + r'\cos\omega t\vec{e}_y + r'\sin\omega t\sin\vartheta\vec{e}_z \qquad (20.28)$$

(s. Bild 20.22 und Bild 20.23 für $t > 0$ mit $r' = |\vec{r}_P{}'(t)|$). Das ergibt $\vec{a}_P$, $\vec{v}_P$ und $\vec{r}_P$ als Funktionen der Zeit. Die Überlagerung aus ebener Translation und Rotation um eine Achse konstanter Richtung, die nicht orthogonal zur Translationsebene ist, wird analog berechnet.

20.3.2.2 Schraubbewegung

Ein starrer Körper K (s. Bild 20.24 für $t = 0$) rotiert um die z'-Achse des körperfesten Koordinatensystems, die mit der x-Achse des raumfesten Koordinatensystems zusammenfällt, mit der Winkelgeschwindigkeit $\vec{\omega} = \omega\vec{e}_{z'} = \omega\vec{e}_x$ ($\omega > 0$ und konstant). Der

20.3 Räumliche Bewegungen starrer Körper

Ursprung O' des körperfesten Koordinatensystems bewegt sich mit der Beschleunigung $\vec{a} = a\vec{e}_x$ ($a > 0$ und konstant) relativ zum körperfesten Koordinatensystem. Zu Beginn sind einerseits y- und x'-Achse und andererseits z- und y'-Achse identisch und $\vec{v}_{O'} = \vec{0}$. Ein Körperpunkt P hat zu Beginn den Ortsvektor $\vec{r}'(0) = x'(0)\vec{e}_{x'} + y'(0)\vec{e}_{y'} + z'(0)\vec{e}_{z'}$ ($x'(0) > 0$, $y'(0) > 0$, $z'(0) > 0$, a und ω sind gegeben). Gesucht sind Beschleunigung $\vec{a}_P(t)$, Geschwindigkeit $\vec{v}_P(t)$ und Ortsvektor $\vec{r}_P(t)$ des Punktes P des starren Körpers als Funktionen der Zeit.

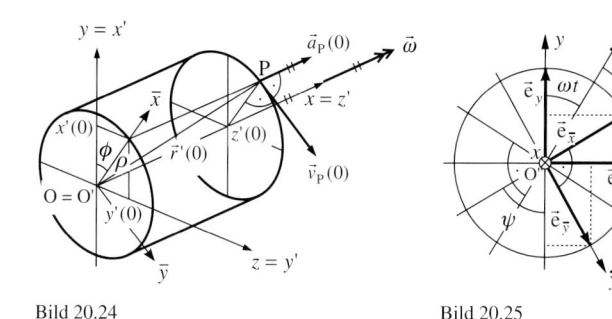

Bild 20.24   Bild 20.25

Lösung:

Die Knotenachse ist identisch mit der y-Achse ($\vec{e}_K = \vec{e}_y$), weil die x,y-Ebene und die x',y'-Ebene zu jedem Zeitpunkt orthogonal sind. Die EULERschen Winkel sind $\vartheta = \psi = 90°$ und $\varphi(t) = \omega t$. Mit

$$\phi = \arctan[x'(0)/y'(0)],$$
$$\Psi = \Phi(t) = \varphi(t) + \phi = \omega t + \arctan[x'(0)/y'(0)],$$
$$\rho = \sqrt{x'(0)^2 + y'(0)^2}$$

(s. Bild 20.24) und

$$\vec{e}_{\bar{x}}(t) = \vec{e}_y \cos\Psi + \vec{e}_z \sin\Psi,$$
$$\vec{e}_{\bar{y}}(t) = -\vec{e}_y \sin\Psi + \vec{e}_z \cos\Psi,$$
$$\vec{e}_{\bar{z}}(t) = -\vec{e}_{z'}(t) = \vec{e}_x$$

($\overline{\Sigma}$ (O',$\bar{x},\bar{y},\bar{z}$) eilt Σ' (O',x',y',z') in Drehrichtung um ϕ voraus, s. Bild 20.25) ergibt sich

$$\vec{r}_P(t) = \vec{\bar{r}}(t) + \vec{r}_{O'}(t) = \rho \vec{e}_{\bar{x}}(t) + z'(0)\vec{e}_{\bar{z}}(t) + \frac{1}{2}at^2 \vec{e}_x$$
$$= \rho[\vec{e}_y \cos\Psi + \vec{e}_z \sin\Psi] + \left[z'(0) + \frac{1}{2}at^2\right]\vec{e}_x, \qquad (20.29)$$

woraus durch Differentiation nach der Zeit oder Anwendung von (20.5b) die Geschwindigkeit

$$\vec{v}_P(t) = \omega\rho[-\vec{e}_y \sin\Psi + \vec{e}_z \cos\Psi] + at^2\vec{e}_x, \qquad (20.30)$$

und durch abermalige Differentiation nach der Zeit oder Anwendung von (20.5c) die Beschleunigung

$$\vec{a}_P(t) = \omega^2\rho[-\vec{e}_y \cos\Psi - \vec{e}_z \sin\Psi] + a\vec{e}_x, \qquad (20.31)$$

des Punktes P folgen.

Bemerkung:
$$\rho = \sqrt{x'(0)^2 + y'(0)^2},$$
$$\Phi(t) = \omega t + \arctan[x'(0)/y'(0)], \qquad (20.32)$$
$$x(t) = \frac{1}{2}at^2 + z'(0).$$

sind Zylinderkoordinaten von P (s. Bild 20.24 für $t = 0$). Deshalb ist

$$\vec{r}_P(t) = \rho \vec{e}_P(t) + \left[\frac{1}{2}at^2 + z'(0)\right]\vec{e}_x. \qquad (20.33)$$

Punkt P bewegt sich also auf einer Schraubenlinie. Die Einheitsvektoren dieser Zylinderkoordinaten sind

$$\begin{aligned}\vec{e}_\rho(t) &= \cos\Psi\vec{e}_y + \sin\Psi\vec{e}_z, \\ \vec{e}_\psi(t) &= -\sin\Psi\vec{e}_y + \cos\Psi\vec{e}_z, \\ \vec{e}_x. & \end{aligned} \qquad (20.34)$$

$\vec{v}_P(t)$ und $\vec{a}_P(t)$ ergeben sich aus (20.33) durch Differentiation nach der Zeit unter Beachtung der Formeln (19.161) und (19.162) mit den hier geltenden Bezeichnungen.

20.3.2.3 Rotation um eine rotierende Achse (Kreiselbewegung)

Ein starrer Körper K von der Gestalt eines Kegelstumpfs (mittlerer Radius ρ, s. Bild 20.26 für $t = 0$) rotiert um die z'-Achse des körperfesten Koordinatensystems mit der Winkelgeschwindigkeit $\vec{\omega} = -\omega\vec{e}_{z'}$. Die z'-Achse rotiert mit der Winkelgeschwindigkeit $\Omega\vec{e}_z$ ($\Omega = \text{const} > 0$) um die z-Achse des raumfesten Koordinatensystems. Dabei rollt der Körper K an der x,y-Ebene mit $\vartheta = \text{const}$ ab, ohne zu gleiten [es wird $0 < \text{const} < 90°$ vorausgesetzt (*Kollergang*)]. Gesucht ist der Ortsvektor des Punktes P (s. Bild 20.26) des starren Körpers als Funktion der Zeit t und der Parameter Ω, ρ, ϑ.

Bild 20.26

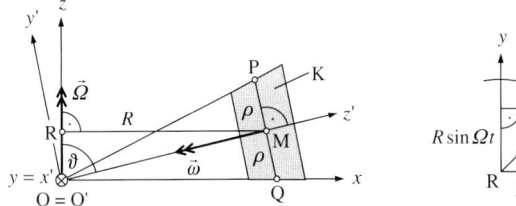

Bild 20.27

Lösung:

Es ist $\overline{OM} = \rho\tan\vartheta$, $R = \overline{RM} = \overline{OM}\sin\vartheta = \rho\sin^2\vartheta/\cos\vartheta$, $\overline{OQ} = \overline{OP} = \rho/\cos\vartheta$ und $\overline{OR} = \rho\sin\vartheta$. Der Punkt P des starren Körpers hat deshalb im körperfesten Koordinatensystem (s. Bild 20.26) die Koordinaten

$$x'(t) = 0, \quad y'(t) = \rho, \quad z'(t) = \rho\tan\vartheta.$$

Die Knotenachse rotiert mit der Winkelgeschwindigkeit $\Omega\vec{e}_z$. Zu Beginn hat sie die Richtung der positiven y-Achse. Für den EULERschen Winkel ψ gilt deshalb $\psi(t) = \Omega t + 90°$ (er heißt Präzessionswinkel). Wegen des „reinen" Rollens muß $\Omega t\rho/\cos\vartheta = \omega t\rho$ sein.

20.3 Räumliche Bewegungen starrer Körper

Damit ist $\varphi(t) = -\omega t = -\Omega t/\cos\vartheta$ ($\varphi(t)$ ist per Definition (s. Bild 20.1) negativ für $t > 0$, da $\vec{\omega}$ der positiven z'-Achse entgegengerichtet ist).

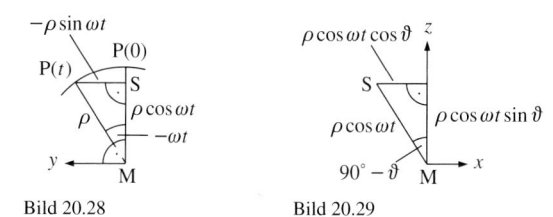

Bild 20.28

Bild 20.29

Zur Angabe von $\vec{r}_P(t, \Omega, \rho, \vartheta) = x_P(t, \Omega, \rho, \vartheta)\vec{e}_x + y_P(t, \Omega, \rho, \vartheta)\vec{e}_y + z_P(t, \Omega, \rho, \vartheta)\vec{e}_z$ sind
$x_P(t, \Omega, \rho, \vartheta)$, $y_P(t, \Omega, \rho, \vartheta)$ und $z_P(t, \Omega, \rho, \vartheta)$ zu ermitteln:
M bewegt sich auf der Peripherie des Kreises mit den Gleichungen $x^2 + y^2 = R^2 = \rho^2 \sin^4\vartheta/\cos^2\vartheta$, $z = \rho\sin\vartheta$ und hat zum Zeitpunkt $t > 0$ die Koordinaten (s. Bild 20.27):

$$x_M = \rho\sin^2\vartheta\cos\Omega t/\cos\vartheta, \quad y_M = \rho\sin^2\vartheta\sin\Omega t/\cos\vartheta, \quad z_M = \rho\sin\vartheta$$

x, y-Ebene und x', y'-Ebene schneiden einander ständig unter dem Winkel $90° - \vartheta$. Der Winkel zwischen y-Achse und y'-Achse ist $90° - \omega t = 90° - \Omega t/\cos\vartheta$. Deshalb gilt (s. Bild 20.28 und Bild 20.29, P(0) bzw. P(t) bezeichnen die Lage von P zum Zeitpunkt $t = 0$ bzw. zum Zeitpunkt $t > 0$):

$$\begin{aligned} x_P &= x_M - \rho\cos(\Omega t/\cos\vartheta)\cos\vartheta \\ &= \rho\sin^2\vartheta\cos\Omega t/\cos\vartheta - \rho\cos(\Omega t/\cos\vartheta)\cos\vartheta, \end{aligned} \tag{20.35a}$$

$$\begin{aligned} y_P &= y_M - \rho\sin(\Omega t/\cos\vartheta) \\ &= \rho\sin^2\vartheta\sin\Omega t/\cos\vartheta - \rho\sin(\Omega t/\cos\vartheta), \end{aligned} \tag{20.35b}$$

$$\begin{aligned} z_P &= z_M + \rho\cos(\Omega t/\cos\vartheta)\sin\vartheta \\ &= \rho\sin\vartheta + \rho\cos(\Omega t/\cos\vartheta)\sin\vartheta. \end{aligned} \tag{20.35c}$$

(20.35a,b,c) sind Parameterdarstellung sphärischer Zykloiden
(Kugelradius $\overline{OP} = \rho/\cos\vartheta$).

Dynamik

21 Dynamik des Massenpunktes

21.1 Geradlinige Bewegungen

21.1.1 Grundlagen

21.1.1.1 Masse und Kraft

- **Masse** m
  heißt eine Größe, die ein Maß für *Trägheit* und *Schwere* von Körpern (Massenpunkten) ist.
  SI-Einheit: $[m] = $ kg. SI-fremde Einheit: $[m] = $ t $= 10^3$ kg.
  Dichte eines Körpers: $\rho = \dfrac{m}{V}$ (ρ Dichte, m Masse, V Volumen).
  SI-Einheit: $[\rho] = $ kg m^{-3}. SI-fremde Einheiten: g cm^{-3}, t m^{-3}
- **Kraft** F
  – heißt eine Größe, die
      Ursache von Verformungen (s. Festigkeitslehre) oder/und
      Ursache von Änderungen des Bewegungszustandes (Gegenstand der Dynamik) von Körpern ist. SI-Einheit: $[F] = $ N $= $ kg m s^{-2} [vgl. (21.2)].
  – Kräfte treten in Inertialsystemen nur als *Wechselwirkungskräfte* zwischen Körpern auf (s. u.).
    In relativ zu Inertialsystemen beschleunigt bewegten Bezugssystemen kommen auch *Scheinkräfte* vor, die durch die beschleunigte Bewegung des Bezugssystems bedingt sind.
  – Kräfte sind *vektorielle Größen*, also Größen, die durch *Betrag* und *Richtung* bestimmt sind.
    Bei geradlinigen Bewegungen und skalarer Rechnung wird die Richtung von Kräften auch durch das Vorzeichen erfaßt (Pluszeichen bei Wirkung in Bezugsrichtung, Minuszeichen bei Wirkung entgegen der Bezugsrichtung).

21.1.1.2 NEWTONsche Axiome

sind folgende Postulate als Abstraktionen von Erfahrungstatsachen:

- **Trägheitsgesetz**
  Jeder Körper (Massenpunkt) verharrt im Zustand der Ruhe oder geradlinig gleichförmigen Bewegung, solange keine Kraft auf ihn wirkt oder die Vektorsumme aller auf ihn wirkenden Kräfte (*resultierende Kraft*) gleich dem Nullvektor ist (*Kräftegleichgewicht*).

21.1 Geradlinige Bewegungen

$$\boxed{\sum_{i=1}^{n} \vec{F}_i = \vec{0} \Leftrightarrow \vec{a} = \vec{0}.} \tag{21.1}$$

Die auf einen Massenpunkt wirkenden Kräfte stellen immer ein *zentrales Kräftesystem* dar.

- **Dynamisches Grundgesetz** (auch *Kraftsatz* genannt)

  Die resultierende Kraft $\vec{F}$ auf einen Massenpunkt mit der Masse m ist gleich dem Produkt aus seiner Masse und der Beschleunigung $\vec{a}$, mit der er sich bewegt. Es ist $\vec{F} \uparrow\uparrow \vec{a}$.

  $$\boxed{\vec{F} = m \cdot \vec{a}.} \tag{21.2}$$

- **Wechselwirkungsgesetz**

  Die Kraft $\vec{F}_{12}$, mit der ein Körper 2 auf einen Körper 1 einwirkt, ist der Kraft $\vec{F}_{21}$ betragsgleich, mit der der Körper 1 auf den Körper 2 wirkt, und hat die entgegengesetzte Richtung wie diese.

  $$\boxed{\vec{F}_{12} = -\vec{F}_{21}.} \tag{21.3}$$

Bemerkungen:

- Bei skalarer Rechnung ($F = m \cdot a$, F skalare Resultierende, a skalare Beschleunigung)
  - wird für a bei gleichmäßig beschleunigten Bewegungen häufig eingesetzt:
    $a = (v - v_0)/t$, $a = 2(x - v_0 t)/t^2$, $a = 2(vt - x)/t^2$, $a = (v^2 - v_0^2)/2x$
    [vgl. (19.6) bis (19.10)].
  - sind die beschleunigenden Komponenten von F positiv und die bewegungshemmenden Komponenten von F negativ.
- dabei sind folgende *Beschreibungsweisen* gebräuchlich:
  - Vorzeichen stehen vor den Maßzahlen
  - Vorzeichen stehen vor den Formelzeichen
- Bezugssysteme, in denen die NEWTONschen Axiome gelten, heißen *Inertialsysteme*. In derartigen Bezugssystemen treten *nur* Wechselwirkungskräfte auf.

☐ Auf einen Körper der Masse m mit positiver Anfangsgeschwindigkeit v_0 wirkt längs einer Strecke $\vec{x}$ eine konstante Kraft $\vec{F}$, so daß der Körper die Endgeschwindigkeit $\vec{v} > \vec{v}_0 > \vec{0}$ erreicht (s. Bild 21.1). Dauer des Vorgangs und Anfangsgeschwindigkeit sind gesucht.

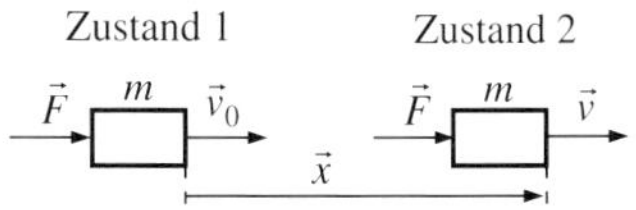

Zustand 1   Zustand 2

$\xrightarrow{\vec{F}}\ \boxed{m}\ \vec{v}_0 \qquad \xrightarrow{\vec{F}}\ \boxed{m}\ \vec{v}$

$\xrightarrow{\hspace{3cm}\vec{x}\hspace{3cm}}$

Bild 21.1

Lösung:

1) $F = ma, \quad a = \dfrac{2}{t^2}(vt - x) \Rightarrow F = m\dfrac{2}{t^2}(vt - x) \Rightarrow$

   $t^2 - \dfrac{2mv}{F}t + \dfrac{2mx}{F} = 0 \Rightarrow$

$$t_{1;2} = \frac{1}{F}\left(mv \pm \sqrt{m^2v^2 - 2mxF}\right). \tag{I}$$

2) $\quad f = ma, \quad a = \dfrac{v^2 - v_0^2}{2x} \Rightarrow F = m\dfrac{v^2 - v_0^2}{2x} \Rightarrow v_0 = \sqrt{v^2 - \dfrac{2xF}{m}}. \tag{II}$

Diese Problemstellung ist nur für $mv^2 \geqq 2xF$ sinnvoll, da sonst die Radikanden negativ sind. Wegen

$$t = (v - v_0)/a = m\left(v - \sqrt{v^2 - 2xF/m}\right) \Big/ F = \left(mv - \sqrt{m^2v^2 - 2mxF}\right) \Big/ F$$

gilt in (I) nur das Minuszeichen vor der Wurzel.

21.1.1.3 D'ALEMBERT-Kraft

heißt die in Richtung $-\vec{a}$ wirkende Kraft $-m\vec{a}$. Durch Einführung dieser *Trägheitskraft* (s. 21.3) werden bei geradlinigen Bewegungen dynamische Probleme auf statische zurückgeführt; denn gemäß (21.2) gilt:

> Bei jeder geradlinigen Bewegung ist die Vektorsumme aller in Bewegungsrichtung oder in entgegengesetzter Richtung auf den Massenpunkt wirkenden Kräfte *einschließlich* der D'ALEMBERT-Kraft stets gleich dem Nullvektor.

Die D'ALEMBERT-Kraft $-m\vec{a}$ ist *keine* Wechselwirkungskraft!

☐ Auf einen Körper der Masse m mit der Anfangsgeschwindigkeit $\vec{v}_0 > \vec{0}$ wirkt längs einer Strecke $\vec{x}$ eine Bremskraft $\vec{F}$, so daß der Körper die Endgeschwindigkeit $\vec{v}$ erreicht ($\vec{v}_0 > \vec{v} > \vec{0}$, s. Bild 21.2). Dauer des Vorgangs und Endgeschwindigkeit sind unter Verwendung der D'ALEMBERT-Kraft gesucht.

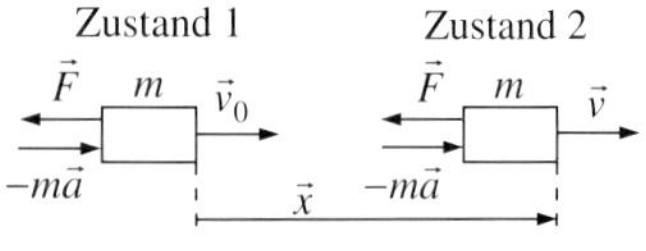

Bild 21.2

Lösung:

1) $\quad -F - ma = 0, \quad a = \dfrac{2}{t^2}(x - v_0 t) \Rightarrow -F - m\dfrac{2}{t^2}(x - v_0 t) = 0 \Rightarrow$

$$t_{1;2} = \frac{1}{F}\left(mv_0 \pm \sqrt{m^2v_0^2 - 2mxF}\right). \tag{I}$$

2) $\quad -F - ma = 0, \quad a = \dfrac{v^2 - v_0^2}{2x} \Rightarrow -F - m\dfrac{v^2 - v_0^2}{2x} = 0 \Rightarrow$

$$v = \sqrt{v_0^2 - \frac{2xF}{m}}. \tag{II}$$

Es muß $mv_0^2 \geqq 2xF$ sein, damit die Radikanden nicht negativ sind. Wegen $t = -m(v - v_0)/F \Rightarrow t = -m\left(\sqrt{v_0^2 - \dfrac{2xF}{m}} - v_0\right) \Big/ F$ gilt in (I) *nur* das Minuszeichen vor der Wurzel.

21.1 Geradlinige Bewegungen

21.1.1.4 Impuls, Kraftstoß und Impulssatz

Der *Impuls* $\vec{p}$ eines Massenpunktes mit der Masse m und der Geschwindigkeit $\vec{v}$ relativ zu einem Bezugssystem Σ ist definiert als das Produkt aus Masse m und Geschwindigkeit $\vec{v}$.

$$\vec{p} = m \cdot \vec{v}. \tag{21.4}$$

Der Impuls hat die SI-Einheit $[\vec{p}] = \text{kg m s}^{-1}$. Da $\dot{\vec{p}} = m\vec{a}$ ist, wenn $m = \text{const}$, gilt

$$\vec{F} = \dot{\vec{p}}. \tag{21.5}$$

(21.5) wird *Impulssatz in differentieller Form* genannt.

Die Größe

$$\hat{\vec{F}} = \int_0^t \vec{F}(\tau)\,d\tau \tag{21.6}$$

heißt *Kraftstoß* und hat die gleiche SI-Einheit $[\hat{\vec{F}}] = \text{kg m s}^{-1}$ wie der Impuls.

Wird (21.5) integriert, so ergibt sich der *Impulssatz in integraler Form*

$$\hat{\vec{F}} = m\vec{v} - m\vec{v}_0. \tag{21.7}$$

Der Kraftstoß ist also gleich der Änderung des Impulses. Während der Impuls einen Zustand kennzeichnet, beschreibt der Kraftstoß einen Vorgang (Übergang von einem (Bewegungs-) Zustand in einen anderen).

☐ Im Beispiel aus 21.1.1.3 gilt $\hat{\vec{F}} = -\vec{F}t$ [s. (21.6)]. Damit ist $-Ft = mv - mv_0$ [s. (21.7)]. Daraus folgt mit $v = \sqrt{v_0^2 + 2xa}$ [s. (19.10)] und $a = -F/m$ die vorzeichenrichtige Formel (I) in 21.1.1.3.

21.1.2 Kraftarten

21.1.2.1 Gravitationskraft, Gewicht und Potential

Zwei Massenpunkte mit den Massen m und M im Abstand r ziehen einander mit der Kraft

$$\vec{F}_m = -\gamma \frac{mM}{r^2} \cdot \frac{\vec{r}}{r} = -\vec{F}_M \tag{21.8}$$

an (s. Bild 21.3). Diese Erscheinung heißt *Gravitation*, und Gleichung (21.8) heißt *Gravitationsgesetz*. $\gamma = 6{,}672 \cdot 10^{-11}\ \text{kg}^{-1}\ \text{m}^3\ \text{s}^{-2}$ ist die *Gravitationskonstante*.

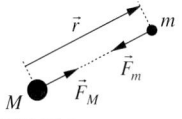

Bild 21.3

$\vec{F}_m$ bezeichnet die von M auf m und $\vec{F}_M$ die von m auf M ausgeübte Kraft. $\vec{r}$ ist der Vektor, der von M nach m weist, und $r = |\vec{r}|$. $\vec{F}_m$ und $\vec{F}_M$ sind also Wechselwirkungskräfte.

Der den Massenpunkt (Masse M) umgebende Raum befindet sich in einem besonderen Zustand und heißt (inhomogenes) *Gravitationsfeld*. In jedem Punkt mit dem (von M ausgehenden) Ortsvektor $\vec{r}$ wird auf einen Massenpunkt (Masse m) eine Kraft $\vec{F}_m$ gemäß (21.8) ausgeübt. Das Feld wird deshalb auch *Kraftfeld* genannt. Da die Kraft stets zu dem Punkt (Zentrum) gerichtet ist, in dem sich der das Feld verursachende Massenpunkt M befindet, wird auch von einem *Zentralkraftfeld* gesprochen. Das Feld ist *inhomogen*, weil Betrag und Richtung der Kraft in verschiedenen Raumpunkten i. allg. unterschiedlich sind. In einem *homogenen Kraftfeld* sind dagegen Betrag und Richtung der Kraft ortsunabhängig.

Die Größe

$$\vec{g} = -\gamma \frac{M}{r^2} \cdot \frac{\vec{r}}{r}, \quad [g] = \text{ms}^{-2} \tag{21.9}$$

heißt *Feldstärke* des Gravitationsfeldes. Sind $M = 5{,}98 \cdot 10^{24}$ kg (*Erdmasse*) und $r = 6{,}378 \cdot 10^6$ m (*mittlerer Erdradius*), so wird $g = |\vec{g}| = \gamma M/r^2 \approx 9{,}81$ m s^{-2} *Fallbeschleunigung* genannt. Offenbar gilt

$$\vec{F}_m = m \cdot \vec{g}.$$

Für „*kleine* Raumbereiche in der Nähe der Erdoberfläche" ist das Gravitationsfeld homogen. Die Kraft $\vec{F}_m$ auf einen Massenpunkt der Masse m in einem solchen Raumbereich wird mit $\vec{G}$ bezeichnet

$$\vec{G} = m \cdot \vec{g}, \quad [\vec{G}] = \text{N} \equiv \text{kg m s}^{-2} \tag{21.10}$$

und *Gewicht* (oder auch *Gewichtskraft*) des Massenpunktes genannt.

Potentialkraftfelder sind ortsabhängige Kraftfelder $\vec{F}(\vec{r})$, bei denen das *Kurvenintegral*

$$\int_{\vec{r}_1}^{\vec{r}_2} \vec{F}(\vec{r}) \, d\vec{r} \tag{21.11a}$$

wegunabhängig ist

$$\oint \vec{F}(\vec{r}) \, d\vec{r} \tag{21.11b}$$

gleich Null ist *für jede beliebige geschlossene Kurve*

(die Integranden sind *Skalarprodukte*). Damit gleichwertig ist, daß der *Rotor* des Kraftfeldes $\vec{F}(\vec{r})$

$$\vec{\text{rot}} \vec{F}(\vec{r}) = \nabla \times \vec{F}(\vec{r}) = \begin{vmatrix} \vec{e}_x & \vec{e}_y & \vec{e}_z \\ \dfrac{\partial}{\partial x} & \dfrac{\partial}{\partial y} & \dfrac{\partial}{\partial z} \\ F_x(\vec{r}) & F_y(\vec{r}) & F_z(\vec{r}) \end{vmatrix} \tag{21.12}$$

unabhängig von $\vec{r}$ gleich dem Nullvektor $\vec{0}$ ist (*wirbelfreies Feld*). Das ist der Fall, wenn der Integrand in obigen Integralen (21.11a,b) das *totale Differential* dV einer skalaren Ortsfunktion $V(\vec{r})$ ist. $V(\vec{r})$ heißt *Potential des Kraftfeldes* und hat die SI-Einheit $[V] = \text{J} \equiv \text{kg m}^2 \text{ s}^{-2}$.

Es gilt

$$\vec{F}(\vec{r}) = -\vec{\text{grad}} V(\vec{r}) = -\nabla \cdot V(\vec{r})$$
$$= -\left[\frac{\partial V(\vec{r})}{\partial x}\vec{e}_x + \frac{\partial V(\vec{r})}{\partial y}\vec{e}_y + \frac{\partial V(\vec{r})}{\partial z}\vec{e}_z\right], \tag{21.13}$$

wobei

$$\nabla = \frac{\partial}{\partial x}\vec{e}_x + \frac{\partial}{\partial y}\vec{e}_y + \frac{\partial}{\partial z}\vec{e}_z \tag{21.14}$$

den *Nabla-Operator* und $\vec{\text{grad}}V(\vec{r})$ den *Gradienten des Potentials* bezeichnen, und

$$V(\vec{r}) = -\int \vec{F}(\vec{r})\,\mathrm{d}\vec{r}. \tag{21.15}$$

Das Potential stellt also eine *skalare Funktion* des Ortsvektors dar, die bis auf eine additive Konstante bestimmt ist. Kräfte, für die ein Potential existiert, werden *konservative Kräfte* genannt. Kräfte, die die o. g. Bedingungen nicht erfüllen, für die es also kein Potential gibt, heißen *nichtkonservative Kräfte*. Reibungskräfte (s. 21.1.2.2) sind ein Beispiel nichtkonservativer Kräfte.

Das Gravitationsfeld eines Massenpunktes M ist wirbelfrei. Es existiert also ein Potential. Das *Potential des Gravitationsfeldes* ist

$$V(\vec{r}) = \int \gamma \frac{mM}{r^2}\,\mathrm{d}r = -\gamma \frac{mM}{r} + C. \tag{21.16a}$$

In kleinen Raumbereichen ist das Gravitationsfeld näherungsweise homogen, und für das Potential gilt

$$V(h) = mgh + C, \tag{21.16b}$$

wobei h die Höhe über einem beliebig gewählten Niveau bedeutet.

21.1.2.2 Reibungskräfte

- **Gleitreibungskraft**
  heißt die Kraft $\vec{F}_R$, die an der Berührungsfläche zweier Körper auftritt, die sich relativ zueinander bewegen. Sind F_N der Betrag der *Normalkraft* und $\vec{v}$ die Geschwindigkeit des bewegten Körpers relativ zum ruhenden Körper (s. Bild 21.4), so ist die Gleitreibungskraft $\vec{F}_R$ der Geschwindigkeit $\vec{v}$ entgegengerichtet, und das COULOMBsche *Reibungsgesetz* (8.3) lautet in vektorieller Darstellung

$$\vec{F}_{\mathrm{GR}} = -F_N \mu \frac{\vec{v}}{|\vec{v}|} = -F_N \tan\rho \frac{\vec{v}}{|\vec{v}|}. \tag{21.17}$$

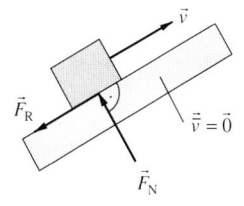

Bild 21.4 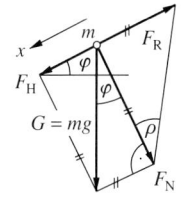   Bild 21.5

☐ Ein Körper (Masse m) gleitet bei einem Gleitreibungskoeffizienten μ unter dem Einfluß der Gewichtskraft mit der anfänglichen Geschwindigkeit $v_0 > 0$ eine geneigte Ebene (Neigungswinkel φ) hangabwärts bis zum Stillstand. Welche Strecke x legt er zurück, und wie lange dauert der Vorgang?

Lösung:

Auf den Körper (Massenpunkt) wirken die hangabwärts gerichtete Komponente $F_H = mg\sin\varphi$ (*Hangabtriebskraft*) der Gewichtskraft und die hangaufwärts gerichtete Gleitreibungskraft $F_{GR} = \mu mg\cos\varphi$. Die Normalkomponente $F_N = mg\cos\varphi$ (s. Bild 21.5) ist Wechselwirkungskraft zwischen Körper und geneigter Ebene. Nach (21.2) gilt $F_H - F_{GR} = ma$. Wegen $v = 0$ ist $a = -v_0^2/2x$. Damit folgt

$$mg\sin\varphi - \mu mg\cos\varphi = -mv_0^2/2x. \Rightarrow x = \frac{v_0^2}{2g(\mu\cos\varphi - \sin\varphi)}.$$

Die Zeit t ergibt sich aus $F_H - F_{GR} = ma$ mit $a = -v_0/t$ oder einfacher aus $x = v_0 t/2$ zu

$$t = \frac{v_0}{g(\mu\cos\varphi - \sin\varphi)}.$$

x und t sind unabhängig von der Masse m! Bild 21.5 zeigt, daß der Körper mit positiver Beschleunigung gleitet, solange $\rho < \varphi$ ist, weil dann $F_H - F_{GR} > 0$ gilt. Wenn $F_H - F_{GR} = 0$ oder $\rho = \varphi$ ist, erfolgt gleichförmiges Gleiten. Wegen $v = 0$ ist in diesem Beispiel $F_H - F_{GR} < 0$ bzw. $a < 0$ und $\rho > \varphi$.

- **Haftreibungskraft**
Wirkt auf einen Körper, der mit einer horizontalen Grundfläche auf einem anderen Körper mit horizontal verlaufender Deckfläche steht (s. Bild 21.6), eine „kleine", horizontal gerichtete Kraft F, so wird er so lange *nicht* relativ zum unteren Körper *beschleunigt*, wie die Kraft F einen Maximalwert nicht überschreitet.

Diese dem dynamischen Grundgesetz zu widersprechen scheinende Tatsache findet ihre Erklärung darin, daß in der Berührungsfläche der beiden Körper eine *Wechselwirkungskraft* F_{HR} zwischen den beiden Körpern als Reaktion des Wirkens der Kraft F auf den oberen Körper entsteht. Die von dem unteren auf den oberen Körper ausgeübte *Reaktionskraft* F_{HR} steht mit der Kraft F im Gleichgewicht, wenn F den Maximalwert nicht überschreitet. Sie heißt *Haftreibungskraft* und ist u. a. durch *Adhäsion* bedingt.

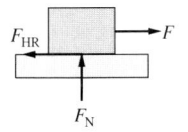

Bild 21.6

Der Betrag der Haftreibungskraft $\vec{F}_{HR}$ kann zwischen Null und einem Maximalwert variieren. Es gilt stets $\vec{F}_{HR} \uparrow\downarrow \vec{F}$. Der Maximalbetrag der Haftreibungskraft ist proportional zum Betrag der Normalkraft (Proportionalitätsfaktor ist der *Haftreibungskoeffizient* μ_0 mit der SI-Einheit $[\mu_0] = 1$):

$$\boxed{\vec{F}_{HR} = -\mu_0 F_N \frac{\vec{F}}{|\vec{F}|}, \quad \rho_0 = \arctan\mu_0.} \qquad (21.18\text{a,b})$$

μ_0 hängt wie μ von den Materialien der Körper ab. ρ_0 heißt *Haftreibungswinkel*. Es ist $\mu_0 > \mu$, $\rho_0 > \rho$. Selbstverständlich kann die Berührungsfläche der Körper auch gegen die Horizontalebene geneigt sein.

21.1 Geradlinige Bewegungen

☐ Auf einem geringfügig gegen die Horizontalebene geneigten Brett steht ein zylinderförmiger Körper (Durchmesser d, Höhe h, s. Bild 21.7) mit homogener Massenverteilung. Um welchen Winkel φ muß das Brett geneigt werden, damit der Körper zu gleiten beginnt (Haftreibungskoeffizient μ_0)? Bei welchem Verhältnis $h:d$ kippt der Zylinder vor Beginn des Gleitens?

Lösung:

Damit der Körper zu gleiten beginnt, muß $F_H > F_{HR}$, also $mg\sin\varphi > \mu_0 mg\cos\varphi$ sein (s. Bild 21.7). Daraus folgt $\varphi > \arctan\mu_0 = \rho_0$. Der Körper kippt, wenn $\varphi < \arctan\mu \wedge \varphi + \arctan(h/d) > 90°$ ist, da dann der Schwerpunkt nicht mehr vertikal oberhalb der Standfläche liegt. $\Rightarrow h:d = \cot\varphi > 1:\mu_0$.

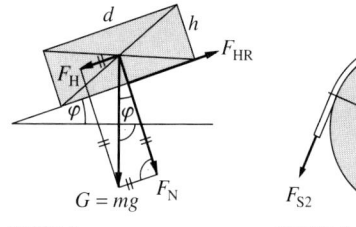

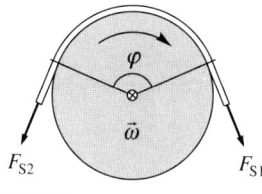

Bild 21.7   Bild 21.8

- **Seilreibung**

a) Gleitreibung

Ein nicht dehnbares Seil mit vernachlässigbarer Biegesteifigkeit ist um einen Zylinder geschlungen (Umschlingungswinkel φ, s. Bild 21.8). Das Seil bewegt sich relativ zum Zylinder. Es wird an den Seilenden durch Kräfte F_{S1} und F_{S2} ($F_{S2} < F_{S1}$) gespannt (F_{S1} wirkt in Bewegungsrichtung, F_{S2} entgegen der Bewegungsrichtung des Seils). Der gekrümmte Pfeil gibt die Bewegungsrichtung des Seils relativ zum Zylinder an. Zwischen Seil und Zylinder erfolgt Gleitreibung (Gleitreibungskoeffizient μ). $F_{S1} - F_{S2}$ und Seilreibungskraft F_{SR} haben gleichen Betrag

$$\boxed{F_{SR} = F_{S1} - F_{S2}.} \tag{21.19}$$

Wird ein differentielles Seilelement betrachtet (Umschlingungswinkel $d\varphi$, Spannkräfte $F_S + dF_S$ und F_S, Normalkraft dF_N), so muß einerseits $dF_{SR} = dF_S$ und andererseits $dF_N = F_S\,d\varphi$ sein. Mit $dF_{SR} = \mu\,dF_N$ ergibt das $dF_S = \mu F_S\,d\varphi$. Integration dieser Differentialgleichung liefert (8.9) in der Form

$$\boxed{F_{S1} = F_{S2}\,e^{\mu\varphi} \Rightarrow F_{S2} = F_{S1}\,e^{-\mu\varphi}.} \tag{21.20a,b}$$

Damit ergibt (21.19) für die Seilreibungskraft

$$\boxed{F_{SR} = F_{S1}\left(1 - e^{-\mu\varphi}\right) = F_{S2}\left(e^{\mu\varphi} - 1\right).} \tag{21.21a,b}$$

b) Haftreibung

Es gelten (21.20) und (21.21), wenn darin μ durch μ_0 ersetzt wird.

☐ Zwei Körper mit den Massen m_1 und m_2 ($m_1 > m_2$) sind entsprechend Bild 20.9 mit einem nicht dehnbaren Seil verbunden, das über einen feststehenden Zylinder mit dem Reibungskoeffizienten μ gleitet. Mit welcher Beschleunigung a bewegen sich die Körper, wenn ihre Anfangsgeschwindigkeit $v_0 > 0$ und die Seilmasse gegenüber m_2 vernachlässigbar ist. Wie groß sind Seilkräfte, Seilreibungskraft, Kraft auf die Lagerung des Zylinders und Geschwindigkeit der Körper zur Zeit t?

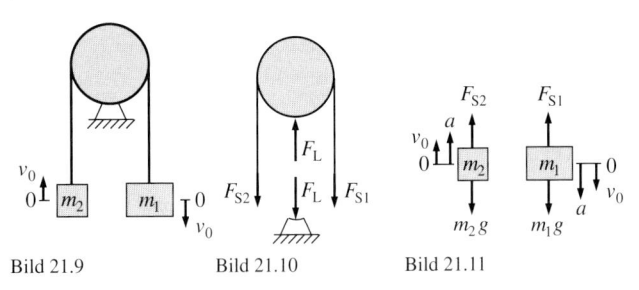

Bild 21.9   Bild 21.10   Bild 21.11

Lösung:

Bild 21.11 werden die Gleichungen $F_{S2} - m_2 g = m_2 a$ und $m_1 g - F_{S1} = m_1 a$ entnommen, Bild 21.10 die Gleichung $F_{S1} = F_{S2} e^{\mu\pi}$. Aus den drei Gleichungen ergeben sich die Unbekannten

$$F_{S1} = \frac{2 m_1 m_2 g e^{\mu\pi}}{m_1 + m_2 e^{\mu\pi}}, \quad F_{S2} = \frac{2 m_1 m_2 g}{m_1 + m_2 e^{\mu\pi}}, \quad a = \frac{m_1 - m_2 e^{\mu\pi}}{m_1 + m_2 e^{\mu\pi}} g.$$

(19.6) $\Rightarrow v = v_0 + \dfrac{m_1 - m_2 e^{\mu\pi}}{m_1 + m_2 e^{\mu\pi}} g t.$

$$F_{SR} = F_{S1} - F_{S2} = \frac{2 m_1 m_2 g (e^{\mu\pi} - 1)}{m_1 + m_2 e^{\mu\pi}},$$

$$F_L = F_{S1} + F_{S2} = \frac{2 m_1 m_2 g (e^{\mu\pi} + 1)}{m_1 + m_2 e^{\mu\pi}}.$$

(Kraft auf die Lagerung des Zylinders)

- **STOKESsche Reibung**
heißt die Erscheinung, daß ein mit der Geschwindigkeit $\vec{v}$ bewegter Körper in einem ruhenden Medium (Gas oder Flüssigkeit) eine Reibungskraft $\vec{F}_{St}$ erfährt, die der Geschwindigkeit entgegengerichtet und deren Betrag der ersten Potenz des Betrages der Geschwindigkeit proportional ist:

$$\boxed{\vec{F}_{St} = c_1 \cdot \vec{v}.} \tag{21.22}$$

Der positive Proportionalitätsfaktor c_1 hat die SI-Einheit $[c_1] = \text{N m}^{-1}\,\text{s} = \text{kg s}^{-1}$ und hängt von der Viskosität des Mediums und der Gestalt des bewegten Körpers ab. Gleichung (21.22) gilt nur für Geschwindigkeiten mit kleinen Beträgen.

☐ Für den freien Fall und vertikalen Wurf eines Körpers (Masse m) lautet das dynamische Grundgesetz bei Annahme STOKESscher Reibung

$$mg - c_1 \dot{x} = m\ddot{x},$$

wenn als Bezugsrichtung die Richtung zum Erdmittelpunkt gewählt wird. Division durch m ergibt die Differentialgleichung (19.60) mit $k = c_1/m$, die in 19.2.4.3 gelöst wurde.

Analog folgen die Gleichungen (19.183) und (19.184) des schrägen Wurfes nach oben mit geschwindigkeitsproportionalem Luftwiderstand als x- und y-Komponente aus dem dynamischen Grundgesetz $m\ddot{\vec{r}} = -c_1 \dot{\vec{r}} - g\vec{e}_y$ mit $\varkappa = c_1/m$ und $\vec{r} = x\vec{e}_x + y\vec{e}_y + z\vec{e}_z$.

- **NEWTONsche Reibung**
  heißt die Erscheinung, daß ein mit der Geschwindigkeit $\vec{v}$ bewegter Körper in einem ruhenden Medium (Gas oder Flüssigkeit) eine Reibungskraft $\vec{F}_{NR}$ erfährt, die der Geschwindigkeit entgegengerichtet und deren Betrag dem Quadrat des Betrages der Geschwindigkeit proportional ist:

$$\vec{F}_{NR} = -c_2 |\vec{v}| \vec{v}. \tag{21.23}$$

Der positive Proportionalitätsfaktor c_2 hat die SI-Einheit $[c_2] = \text{N m}^{-2} \text{s}^2 = \text{kg m}^{-1}$ und hängt von der Dichte des Mediums und der Form des Körpers ab.

☐ Wirkt auf einen mit der Anfangsgeschwindigkeit $\vec{v}_0 = v_0 \cos\alpha_0 \vec{e}_x + v_0 \sin\alpha_0 \vec{e}_y$ (v_0 Betrag der Abwurfgeschwindigkeit, α_0 Abwurfwinkel) schräg nach oben geworfenen Körper der Masse m außer der Gewichtskraft $-mg\vec{e}_y$ die NEWTONsche Reibungskraft $-c_2|\vec{v}|\vec{v}$, so lautet das dynamische Grundgesetz

$$m\ddot{\vec{r}} = -mg\vec{e}_y - c_2|\vec{v}|\vec{v}$$

mit $\vec{r} = x\vec{e}_x + y\vec{e}_y + z\vec{e}_z$. Das läßt sich mit $\varkappa = c_2/m$ wegen $|\vec{v}|\vec{v} = \sqrt{\vec{v}^2}\vec{v} = \vec{v}^2 \dfrac{\vec{v}}{\sqrt{\vec{v}^2}}$ durch Komponentenzerlegung in Gestalt der Gleichungen (19.192a) und (19.193a) schreiben. (19.197a,b) ist eine Parameterdarstellung der Lösung dieses Differentialgleichungssystems und (19.201) und (19.206) explizite Lösung für den Sonderfall des vertikalen Wurfes nach oben.

21.1.2.3 Elastische Kräfte

heißen Kräfte $\vec{F}$, die proportional zu einer Abstandskoordinate x sind:

$$\vec{F} = -k \cdot x \vec{e}_x. \tag{21.24}$$

Der positive Proportionalitätsfaktor k hat die SI-Einheit $[k] = \text{N m}^{-1} \equiv \text{kg s}^{-2}$ und wird *Richtgröße* genannt. Die Koordinate x kann sowohl positiv als auch negativ sein.

Das Potential dieser Kräfte ist nach (21.15)

$$V(x) = \int kx \, dx = \frac{kx^2}{2} + C. \tag{21.25}$$

Wird z. B. ein Stahlstab (Querschnitt A, Anfangslänge l_0, Elastizitätsmodul E) durch eine Kraft F auf Zug ($F > 0$) bzw. auf Druck ($F < 0$) beansprucht, so entsteht in ihm eine Zugspannung $\sigma > 0$ bzw. eine Druckspannung $\sigma < 0$, die nach dem HOOKEschen Gesetz $\sigma = E\varepsilon$ proportional der Dehnung $\varepsilon > 0$ (bei Zugbeanspruchung) bzw. proportional der Stauchung $\varepsilon < 0$ (bei Druckbeanspruchung) ist. Wegen $\sigma = F/A$ und $\varepsilon = \Delta l/l_0$ gilt $F = k \cdot \Delta l$ mit $k = EA/l_0$. Die Längenänderung $\Delta l > 0$ (bei Zugbeanspruchung) bzw. $\Delta l < 0$ (bei Druckbeanspruchung) ist also der Kraft F proportional. Die Reaktionskraft $F_r = -F$ des Stabes ist demnach eine elastische Kraft (im Gültigkeitsbereich des HOOKEschen Gesetzes); denn es gilt

$$F_r = -(EA/l_0) \cdot \Delta l. \tag{21.26}$$

Die Richtgröße k hängt von den elastischen Eigenschaften des Stabes (E) und seinen geometrischen Kenngrößen (A, l_0) ab.

Ein analoger Sachverhalt liegt bei einer gespannten Schraubenfeder vor: Die Federkraft F_F wirkt der Längenänderung entgegen und ist proportional zur Längenänderung Δl (s. Bild 21.12).

$$F_F = -k \cdot \Delta l. \tag{21.27}$$

k wird in diesem Fall auch *Federkonstante* genannt. Ohne Herleitung sei mitgeteilt, daß k gemäß

$$k \approx \frac{Gd^4}{8nD^3} \tag{21.28}$$

von den elastischen Eigenschaften (Schubmodul G) und den geometrischen Kenngrößen (Federdrahtdurchmesser d, Anzahl der Windungen n, mittlerer Windungsdurchmesser D) abhängt. Im Bild 21.13 sind die Federkennlinien zweier Federn dargestellt ($k_1 > k_2$, F ist die die Feder belastende Kraft). Zum Dehnen um die gleiche Strecke ist bei der ersten die größere Kraft erforderlich bzw. die erste wird bei gleicher Kraft um die kleinere Strecke gedehnt. Die erste wird deshalb als die „härtere" der beiden Federn bezeichnet.

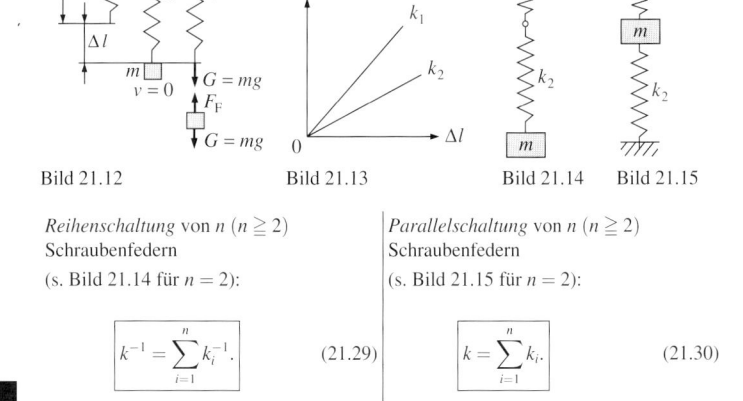

Bild 21.12   Bild 21.13   Bild 21.14   Bild 21.15

Reihenschaltung von n ($n \geq 2$) Schraubenfedern (s. Bild 21.14 für $n = 2$):

$$k^{-1} = \sum_{i=1}^{n} k_i^{-1}. \tag{21.29}$$

Parallelschaltung von n ($n \geq 2$) Schraubenfedern (s. Bild 21.15 für $n = 2$):

$$k = \sum_{i=1}^{n} k_i. \tag{21.30}$$

k ist die Federkonstante *einer* „Ersatzfeder", die die Reihen- bzw. Parallelschaltung von n Schraubenfedern mit den Federkonstanten k_i, $i \in (2, 3 \cdots, n)$ ersetzt, so daß deren Wirkung durch diese Ersatzfeder realisiert wird, d. h. bei gleicher Krafteinwirkung die gleiche Längenänderung hervorgerufen wird.

In Tabelle 21.1 sind Federkonstanten für einige spezielle Federn angegeben.

In den letzten drei Zeilen der Tabelle 21.1 bezeichnen E und I den Elastizitätsmodul und das Flächenträgheitsmoment des Trägers.

21.1 Geradlinige Bewegungen

Tabelle 21.1

Federart	Skizze	Federkonstante
Rechteckfeder		$k = \dfrac{Ebh^3}{4l^3}$
Dreieckfeder		$k = \dfrac{Ebh^3}{6l^3}$
Trapezfeder		$\beta = b'/b$ $q = \dfrac{6(3\beta^2 - 4\beta + 1 - 2\beta^2 \ln \beta)}{(1-\beta)^3}$ $k = \dfrac{Ebh^3}{ql^3}$
Parabelfeder		$k = \dfrac{Ebh^3}{8l^3}$
Träger		$k = \dfrac{3EI(a+b)}{a^2 b^2}$
Träger		$k = \dfrac{12EI(a+b)^3}{a^3 b^2 (3a+4b)}$
Träger		$k = \dfrac{3EI(a+b)^3}{a^3 b^3}$

Auf einen Massenpunkt der Masse m möge allein die elastische Kraft $F = -kx$ wirken. Dann gilt nach (21.2) die Gleichung $m\ddot{x} = -kx$. Wird diese durch m dividiert und $k/m = \omega_0^2$ gesetzt, so folgt die Differentialgleichung (19.51) der freien ungedämpften linearen harmonischen Schwingung, deren Lösung für die Anfangsbedingungen $x(0) = x_0$, $\dot{x}(0) = v_0$ in 19.2.4.1 berechnet wurde. Das alleinige Wirken einer elastischen Kraft auf einen Massenpunkt ist demnach das dynamische Kennzeichen dafür, daß der Massenpunkt eine harmonische Bewegung ausführt. Wird ω_0 in (19.58) durch k und m ausgedrückt, so kann die *Periodendauer* T_0 der Eigenschwingung in der Form

$$\boxed{T_0 = 2\pi\sqrt{\frac{m}{k}}} \tag{21.31}$$

angegeben werden. Entsprechend folgt für die *Eigenfrequenz* f_0 (SI-Einheit: $[f_0] =$ Hz $=$ s^{-1}) die als Kehrwert der Periodendauer definiert ist,

$$\boxed{f_0 = \frac{1}{T_0} = \frac{\omega_0}{2\pi} = \frac{1}{2\pi}\sqrt{\frac{k}{m}}.} \tag{21.32}$$

☐ Wirkt auf einen Massenpunkt der Masse m außer einer elastischen Kraft $-kx$ noch eine STOKESsche Reibungskraft $-c\dot{x}$, so ergibt sich mit der D'ALEMBERT-Kraft $-m\ddot{x}$ aus der *dynamischen Gleichgewichtsbedingung* $-m\ddot{x} - c\dot{x} - kx = 0$ nach Division durch m mit den Abkürzungen $k/m = \omega_0^2$ und $c/m = 2\delta^2$ die Differentialgleichung (19.210) der freien gedämpften linearen Schwingung, die in 19.7.2.1 für die drei Fälle $\delta > \omega_0$ (große Dämpfung), $\delta = \omega_0$ (Grenzfall) und $\delta < \omega_0$ (kleine Dämpfung) und die Anfangsbedingungen $x(0) = x_0$, $\dot{x}(0) = v_0$ gelöst wurde.

Wie im vorhergehenden Beispiel kann hier im dritten Fall wegen $\omega = \sqrt{\omega_0^2 - \delta^2}$ (s. 19.7.2.1) für die „*Periodendauer*" T der STOKES-gedämpften Schwingung gemäß (19.239) auch

$$\boxed{T = 2\pi\sqrt{\frac{2m}{2k-c}} > T_0} \tag{21.33}$$

und für die durch $f = 1/T$ (SI-Einheit: $[f] =$ Hz $=$ s^{-1} definierte *Frequenz*

$$\boxed{f = \frac{1}{T} = \frac{\omega}{2\pi} = \frac{1}{2\pi}\sqrt{\frac{2k-c}{2m}} < f_0} \tag{21.34}$$

geschrieben werden.

21.1.3 Arbeit, Energie und Leistung

21.1.3.1 Arbeit und Arbeitssatz

Verschiebt eine Kraft $\vec{F} = \vec{F}(\vec{r})$ einen Massenpunkt mit der Masse m längs einer Kurve $\vec{r} = \vec{r}(t)$ von einem Punkt $\vec{r}_1 = \vec{r}(t_1)$ zu einem Punkt $\vec{r}_2 = \vec{r}(t_2)$, so ist die *Arbeit* W, die dabei von der Kraft $\vec{F} = \vec{F}(\vec{r})$ verrichtet wird, definiert durch das *skalare Kurvenintegral*

21.1 Geradlinige Bewegungen

$$W = \int_{\vec{r}_1}^{\vec{r}_2} \vec{F}(\vec{r})\,d\vec{r} = \int_{t_1}^{t_2} \vec{F}(\vec{r}(t)) \cdot \dot{\vec{r}}(t)\,dt \tag{21.35}$$

(Integrand ist Skalarprodukt).
Die Arbeit hat also die SI-Einheit $[W] = \text{N m} = \text{kg m}^2\,\text{s}^{-2} = \text{J}$.

Ist die Kraft $\vec{F} = \vec{F}(\vec{r})$ konstant (homogenes Kraftfeld) und schließt sie mit der Geraden $\vec{r} = \vec{r}_1 + \vec{v} \cdot t$ mit $\vec{v} \uparrow\uparrow \vec{r}_2 - \vec{r}_1$, längs der sie den Massenpunkt verschiebt, den konstanten Winkel φ ein, dann folgt

$$W = \vec{F} \cdot \Delta\vec{r} = |\vec{F}||\Delta\vec{r}|\cos\varphi, \ \Delta\vec{r} = \vec{r}_2 - \vec{r}_1. \tag{21.36a}$$

Ferner gilt:
$$\vec{F} = \overrightarrow{\text{const}} \wedge \vec{F} \uparrow\uparrow \Delta\vec{r}\,(\varphi = 0°) \ \Rightarrow W = |\vec{F}||\Delta\vec{r}|. \tag{21.36b}$$
$$\vec{F} = \overrightarrow{\text{const}} \wedge \vec{F} \uparrow\downarrow \Delta\vec{r}\,(\varphi = 180°) \Rightarrow W = -|\vec{F}||\Delta\vec{r}|. \tag{21.36c}$$
$$\vec{F} = \overrightarrow{\text{const}} \wedge \vec{F} \perp \Delta\vec{r}\,(\varphi = 90°) \ \Rightarrow W = 0. \tag{21.36d}$$

Bei konservativen Kräften ist die Arbeit W, die bei der Verschiebung eines Massenpunktes von einem Ort $\vec{r}_1$ zu einem Ort $\vec{r}_2 \neq \vec{r}_1$ verrichtet wird, unabhängig von der Kurve, längs der die Verschiebung erfolgt (s. Definition der konservativen Kräfte in 21.1.2.1), bei nichtkonservativen Kräften hingegen nicht.

Aus (21.35) und (21.2) folgt der *Arbeitssatz*, der wegen

$$\int_{\vec{r}_1}^{\vec{r}_2} \vec{F}\,d\vec{r} = m\int_{\vec{r}_1}^{\vec{r}_2} \ddot{\vec{r}}\,d\vec{r} = m\int_{\vec{r}_1}^{\vec{r}_2} d\left(\frac{1}{2}\dot{\vec{r}}^2\right) = \frac{1}{2}m\vec{v}_2^2 - \frac{1}{2}m\vec{v}_1^2$$

in der Form

$$W = \frac{1}{2}m\vec{v}_2^2 - \frac{1}{2}m\vec{v}_1^2 \tag{21.37}$$

oder mit Hilfe der *kinetischen Energie*

$$W_{\text{kin}}(\vec{v}) = \frac{1}{2}m\vec{v}^2 \tag{21.38}$$

($[W_{\text{kin}}] = \text{J} = \text{kg m}^2\,\text{s}^{-2}$) des Massenpunktes (Masse m) in der Gestalt

$$W = W_{\text{kin}}(\vec{v}_2) - W_{\text{kin}}(\vec{v}_1) \tag{21.39}$$

geschrieben werden kann. $\vec{v}_1$ und $\vec{v}_2$ bzw. $W_{\text{kin}}(\vec{v}_1)$ und $W_{\text{kin}}(\vec{v}_2)$ bezeichnen die Geschwindigkeiten bzw. die kinetischen Energien des Massenpunktes in den Punkten $\vec{r}_1$ und $\vec{r}_2$.

> Die von einer Kraft $\vec{F}$ bei der Verschiebung eines Massenpunktes von einem Punkt $\vec{r}_1$ in einen Punkt $\vec{r}_2$ verrichtete Arbeit W ist gleich der Änderung $W_{\text{kin}}(\vec{v}_2) - W_{\text{kin}}(\vec{v}_1)$ der kinetischen Energie.

Die kinetische Energie kennzeichnet einen Bewegungszustand. Im Gegensatz dazu charakterisiert die Arbeit einen Vorgang, bei dem ein Bewegungszustand in einer gewissen Zeitspanne t in einen anderen Bewegungszustand übergeht. Die negative Arbeit (21.36c) wird auch als *vom Massenpunkt abgegebene Arbeit* und die positive Arbeit (21.36b) auch als *dem Massenpunkt zugeführte Arbeit* bezeichnet. In diesem Sinne bedingt zugeführte Arbeit eine Zunahme der kinetischen Energie und entsprechend negative Arbeit eine Abnahme der kinetischen Energie.

☐ Wird ein Körper (Masse m) durch eine *konstante Kraft F* in Bewegungsrichtung von einer anfänglichen Geschwindigkeit $v_0 > 0$ auf eine Geschwindigkeit $v > v_0$ beschleunigt, so ergibt sich aus dem Arbeitssatz $Fx = \frac{1}{2}mv^2 - \frac{1}{2}mv_0^2$ die Beschleunigungsstrecke $x = m(v^2 - v_0^2)/(2F)$.

Ist F eine konstante Bremskraft entgegen der Bewegungsrichtung und deshalb $0 < v < v_0$, so folgt analog aus $-Fx = \frac{1}{2}mv^2 - \frac{1}{2}mv_0^2$ die Bremsstrecke $x = m(v^2 - v_0^2)/(-2F)$.

Beschleunigung a bzw. Zeit t können in beiden Fällen *nach* Ermittlung von x aus (19.10) bzw. (19.8) berechnet oder auch *ohne* Ermittlung von x direkt aus dem Arbeitssatz durch Substitution von $x = (v^2 - v_0^2)/(2a)$ bzw. $x = \frac{1}{2}(v_0 + v)t$ bestimmt werden.

☐ Wirkt der Kraft F im vorhergehenden Beispiel eine COULOMBsche Gleitreibungskraft F_R (s. 21.1.2.2) entgegen, so ist in obigen Formeln F durch $F - F_R$ zu ersetzen. Dabei wird $F > F_R$ vorausgesetzt.

21.1.3.2 Potentielle Energie und Energiesatz

Als *potentielle Energie* eines Massenpunktes der Masse m an der Stelle $\vec{r}$ in einem Potentialfeld $\vec{F} = \vec{F}(\vec{r})$ bzw. unter der Wirkung einer konservativen Kraft $\vec{F}$ wird in Analogie zum Potential das Kurvenintegral

$$W_{\text{pot}}(\vec{r}) = \int_{\vec{r}_0}^{\vec{r}} \vec{F}(\vec{r}) \, d\vec{r} \tag{21.40}$$

verstanden. Es gilt also $W_{\text{pot}}(\vec{r}) = V(\vec{r}) - V(\vec{r}_0)$ als Zusammenhang zwischen Potential (s. 21.1.2.1) und potentieller Energie. $\vec{r}_0$ bezeichnet den Ortsvektor eines willkürlichen Bezugspunktes der potentiellen Energie. $\vec{r}$ ist Ortsvektor des Punktes, in dem sich der Massenpunkt befindet, dessen potentielle Energie angegeben wird. Die potentielle ist wie die kinetische Energie eine Zustandsgröße und hat die SI-Einheit $[W_{\text{pot}}] = \text{J} = \text{kg m}^2 \text{ s}^{-2}$.

Wirken auf einen Massenpunkt ausschließlich konservative Kräfte und ist $\vec{F}$ deren Resultierende, so folgt aus dem Arbeitssatz (21.39) wegen

$$\int_{\vec{r}_1}^{\vec{r}_2} \vec{F} \, d\vec{r} = \int_{\vec{r}_0}^{\vec{r}_2} \vec{F} \, d\vec{r} - \int_{\vec{r}_0}^{\vec{r}_1} \vec{F} \, d\vec{r} = W_{\text{pot}}(\vec{r}_2) + W_{\text{kin}}(\vec{r}_2)$$

der *Erhaltungssatz der mechanischen Energie*

$$W_{\text{pot}}(\vec{r}_1) + W_{\text{kin}}(\vec{v}_1) = W_{\text{pot}}(\vec{r}_2) + W_{\text{kin}}(\vec{v}_2) \tag{21.41}$$

21.1 Geradlinige Bewegungen

(Bezeichnungen wie in 21.1.3.1) oder in Worten:

> Für einen Massenpunkt unter alleinigem Einfluß von konservativen Kräften ist die Summe aus potentieller Energie und kinetischer Energie konstant.

Die Summe aus potentieller und kinetischer Energie wird *mechanische Gesamtenergie* genannt und mit W_{ges} bezeichnet. Für Massenpunkte unter alleinigem Einfluß von konservativen Kräften ist nach (21.41) die mechanische Gesamtenergie konstant. *Nichtmechanische Energie* ist z. B. Wärmeenergie.

Wirken auf einen Massenpunkt außer konservativen auch nichtkonservative Kräfte, so gilt für einen Vorgang, der einen Bewegungszustand 1 in einen Bewegungszustand 2 überführt, die *Energie-Bilanz*:

$$W_{pot}(\vec{r}_1) + W_{kin}(\vec{v}_1) + W_{zu} + W_{ab} = W_{pot}(\vec{r}_2) + W_{kin}(\vec{v}_2), \tag{21.42}$$

worin folgende Bezeichnungen gewählt wurden:

- $W_{pot}(\vec{r}_1)$ potentielle Energie im resultierenden Potential-Kraftfeld im Zustand 1
- $W_{kin}(\vec{v}_1)$ kinetische Energie im Zustand 1
- $W_{pot}(\vec{r}_2)$ potentielle Energie im resultierenden Potential-Kraftfeld im Zustand 2
- $W_{kin}(\vec{v}_2)$ kinetische Energie im Zustand 2
- W_{zu} Arbeit beim Übergang vom Zustand 1 in Zustand 2 von der Resultierenden derjenigen nichtkonservativen Kräfte, die positive Arbeit verrichteten
- W_{ab} Arbeit beim Übergang vom Zustand 1 in Zustand 2 von der Resultierenden derjenigen nichtkonservativen Kräfte, die negative Arbeit verrichteten.

Zustand 1 wird durch Ortsvektor $\vec{r}_1$ und Geschwindigkeit $\vec{v}_1$ gekennzeichnet, Zustand 2 durch Ortsvektor $\vec{r}_2$ und Geschwindigkeit $\vec{v}_2$. Treten *nur* nichtkonservative Kräfte auf, so entfallen in (21.42) die Terme $W_{pot}(\vec{r}_1)$ und $W_{pot} = (\vec{r}_2)$.

☐ Ein Körper der Masse m wird durch eine vertikal nach oben gerichtete Kraft F im homogenen Schwerkraftfeld gleichförmig um die Höhe h gehoben. Welche *Hubarbeit* verrichtet dabei die Kraft F?

Lösung:

Damit die Bewegung gleichförmig ist, muß die Kraft den Betrag $F = mg$ haben, da sie dann mit der Gewichtskraft im Gleichgewicht ist. Wird das Bezugsniveau für die potentielle Energie in den Anfangspunkt gelegt, dann sind $W_{pot}(r_1) = 0$, $W_{pot}(r_2) = mgh$ und $W_{kin}(v) = $ const. Deshalb folgt die Gleichung $W_{zu} = mgh$ aus dem Energie-Erhaltungssatz (21.41), da $W_{ab} = 0$ ist.

☐ Ein Körper gleitet bei einem Gleitreibungskoeffizienten μ mit einer anfänglichen Geschwindigkeit v_0 eine geneigte Ebene (Neigungswinkel φ) im homogenen Schwerkraftfeld der Erde hangaufwärts. Nach welcher Strecke x kommt er zur Ruhe?

Lösung:

In den Startpunkt der Bewegung (Zustand 1) wird das Bezugsniveau für die potentielle Energie gelegt. Dann ist $W_{pot}(r_1) = 0$ und $W_{kin}(v_1) = mv_0^2/2$. Im Bewegungsendpunkt (Zustand 2) ist $W_{kin}(v_2) = 0$ und $W_{pot}(r_2) = mgh = mgx\sin\varphi$. Die Gleitreibungskraft $F_R = \mu mg\cos\varphi$ verrichtet die Reibungsarbeit $W_{ab} = -\mu mgx\cos\varphi$. Nach (21.42) gilt $mv_0^2/2 - \mu mgx\cos\varphi$; denn es ist $W_{zu} = 0$. Daraus folgt $x = v_0^2/[2g(\sin\varphi + \mu\cos\varphi)]$.

☐ Vor einer um $\Delta x > 0$ zusammengedrückt gehaltenen Schraubenfeder mit der Federkonstante k ruht ein Körper der Masse m (s. Bild 21.16). Beim Lösen der Federhalterung entspannt sich die Feder, und der Körper gleitet auf einer geneigten Ebene (Neigungswinkel φ) mit dem Gleitreibungskoeffizienten μ im homogenen Schwerkraftfeld der Erde hangaufwärts.

1) Unter welcher Bedingung entspannt sich die Feder völlig, und um welche Strecke x gleitet dann der Körper?
2) Unter welcher Bedingung löst sich der Körper von der Feder, wie weit gleitet er, und mit welcher Geschwindigkeit v löst er sich von der Feder?
3) Welche Geschwindigkeit v hat der Körper in der Mitte der Gleitstrecke $4\Delta x$?
4) Unter welcher Bedingung entspannt sich die Feder nur um $\Delta x/2$?

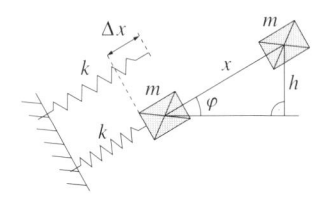

Bild 21.16

Lösung:

Damit eine Bewegung zustandekommt, muß die Federkraft größer sein als die Summe von Hangabtriebs- und Haftreibungskraft: $k\Delta x > mg\sin\varphi + \mu_0 mg\cos\varphi$. Ist diese Bedingung erfüllt, so gilt auch $k\Delta x > mg\sin\varphi + \mu mg\cos\varphi$, da $\mu_0 > \mu$ ist. Es sei vorausgesetzt, daß diese Bedingungen erfüllt sind. Andernfalls ist die Aufgabe unlösbar! Werden der Bezugspunkt $\Delta x = 0$ für die potentielle Energie der gespannten Schraubenfeder und das Bezugsniveau $h = 0$ für die potentielle Energie des Massenpunktes im Schwerkraftfeld gewählt, so ist zu Anfang $k\Delta x^2/2$ die mechanische Gesamtenergie.

1) $x = \Delta x \Rightarrow k\Delta x^2/2 - \mu mg\Delta x\cos\varphi = mg\Delta x\sin\varphi \Rightarrow$
$x = \Delta x = 2mg(\sin\varphi + \mu\cos\varphi)/k$.

2) $x > \Delta x \Rightarrow k\Delta x^2/2 - \mu mgx\cos\varphi = mgx\sin\varphi \Rightarrow$
$x = k\Delta x^2/[2mg(\sin\varphi + \mu\cos\varphi)]$
$k\Delta x^2/2 - \mu mg\Delta x\cos\varphi = mg\Delta x\sin\varphi + mv^2/2 \Rightarrow$
$v = \sqrt{(k\Delta x^2/m) - 2\Delta xg(\sin\varphi + \mu\cos\varphi)}$.

3) $x = 2\Delta x \Rightarrow k\Delta x^2/2 - 2\mu mg\Delta x\cos\varphi = 2mg\Delta x\sin\varphi + mv^2/2 \Rightarrow$
$v = \sqrt{(k\Delta x^2/m) - 4\Delta xg(\sin\varphi + \mu\cos\varphi)}$.

4) $k\Delta x^2/8 - \mu mg\Delta x\cos\varphi/2 = mg\Delta x\sin\varphi/2 \Rightarrow$
$k\Delta x = 4mg(\sin\varphi + \mu\cos\varphi)$.

☐ Wegen des Energie-Erhaltungssatzes haben Körper beim schrägen Wurf nach oben *ohne Bewegungswiderstand* (s. 19.4.3.2) und beim vertikalen Wurf nach oben *ohne Bewegungswiderstand* (s. 19.2.2.3) in gleicher Höhe über der Abwurfstelle im

21.1 Geradlinige Bewegungen

aufsteigenden und im absteigenden Teil der Bahnkurve Geschwindigkeiten vom gleichen Betrag. Die mechanische Gesamtenergie ist wegen des Fehlens von Reibungskräften konstant. Die potentielle Energie hängt nur von der Höhe über dem Bezugsniveau ab. Deshalb muß bei gleicher Höhe auch die kinetische Energie gleich groß sein.

Im Gegensatz dazu ist bei beiden Würfen *mit Luftwiderstand* (s. 19.2.4.3 und 19.7.1, lineares oder quadratisches Widerstandsgesetz) die Geschwindigkeit im absteigenden Ast der Bahnkurve kleiner als die Geschwindigkeit in gleicher Höhe im aufsteigenden Ast, da ein Teil der mechanischen Energie durch Reibung in Wärmeenergie umgewandelt wird. Der Verlust an mechanischer Energie geht auf Kosten der kinetischen Energie, da die potentielle Energie nur von der Höhe über dem Bezugsniveau abhängt.

☐ Potentielle und kinetische Energie eines geradlinig, harmonisch schwingenden Punktes (Masse m, Frequenz $f = \omega_0/2\pi = \frac{1}{2\pi}\sqrt{k/m}$, Amplitude x_m, Geschwindigkeitsamplitude $v_m = \omega_0 x_m = x_m\sqrt{k/m}$, Anfangsphasenwinkel φ, s. 19.2.4.1) sind wegen $x = x_m \sin(\omega_0 t + \varphi)$, $v = v_m \cos(\omega_0 t + \varphi)$

$$W_{\text{pot}} = \frac{k}{2}x^2 = \frac{k}{2}x_m^2 \sin^2(\omega_0 t + \varphi), \tag{21.43}$$

$$W_{\text{kin}} = \frac{m}{2}v^2 = \frac{m}{2}v_m^2 \cos^2(\omega_0 t + \varphi). \tag{21.44}$$

Potentielle und kinetische Energie sind je periodisch mit der halben Periodendauer der Schwingung, da $\sin^2(\omega_0 t + \varphi)$ und $\cos^2(\omega_0 t + \varphi)$ die Periodendauer $T/2 = \pi/\omega_0 = \pi\sqrt{m/k}$ haben (s. Bild 21.17 für $\varphi = \pi/6$ und $0 \leqq t/T \leqq 1$). W_{kin} eilt W_{pot} um $T/4$ nach.

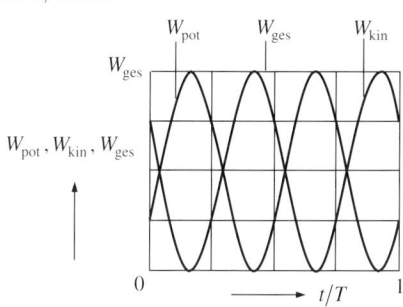

Bild 21.17

Die *mechanische Gesamtenergie*

$$\begin{aligned}W_{\text{ges}} &= W_{\text{pot}} + W_{\text{kin}} = \frac{k}{2}x_m^2 \sin^2(\omega_0 t + \varphi) + \frac{m}{2}v_m^2 \cos^2(\omega_0 t + \varphi) \\ &= \frac{k}{2}x_m^2 = \frac{m}{2}v_m^2\end{aligned} \tag{21.45}$$

ist jedoch konstant, wie nach dem *Erhaltungssatz für die mechanische Energie* zu erwarten, da in der Schwingungsdifferentialgleichung $m\ddot{x} = -kx$ nur die elastische Kraft $-kx$ (Potentialkraft, also **keine** *nichtkonservative Kraft*) auftritt. Die elastische Kraft wird hier auch *rücktreibende Kraft* genannt, weil sie den schwingenden Massenpunkt in die Ruhelage $x = 0$ (stabiles Gleichgewicht) zurücktreibt (s. auch das erste Beispiel in 21.1.2.3).

Im Gegensatz dazu tritt in der Differentialgleichung einer STOKES-gedämpften Schwingung eines Massenpunktes der Masse m

$$m\ddot{x} = -kx - c_1\dot{x} \tag{21.46}$$

bzw. in der Differentialgleichung einer COULOMB-gedämpften Schwingung eines Massenpunktes der Masse m

$$m\ddot{x} = -kx - \mu mg\,\mathrm{sgn}(\dot{x}) \tag{21.47}$$

eine *nichtkonservative Kraft* (auch *dissipative Kraft* genannt) $-c_1\dot{x}$ bzw. $-\mu mg\,\mathrm{sgn}(\dot{x})$ [sgn bezeichnet die *Signumfunktion*] auf. Nach Division durch m führt (21.46) mit den Abkürzungen $\omega_0^2 = k/m$ und $2\delta = c_1/m$ auf die Differentialgleichung (19.209a), die in 19.7.2.1 für die drei Fälle $\delta > \omega_0$, $\delta = \omega_0$ und $\delta < \omega_0$ und die Anfangsbedingungen $x(0) = x_0$, $v(0) = v_0$ gelöst wurde, und (21.47) mit den Abkürzungen $\omega_0^2 = k/m$, $\bar{\mu} = \mu/m$ auf die Differentialgleichungen (19.258d,e), die in 19.7.2.3 für die Anfangsbedingungen $x(0) = x_0$, $v(0) = v_0$ gelöst wurden. Im Oszillationsfall ist wegen

$$W_{\mathrm{ges}} = W_{\mathrm{pot}} + W_{\mathrm{kin}} = \frac{k}{2}x^2 + \frac{m}{2}v^2$$

bei STOKESscher Dämpfung mit x gemäß (19.235) und v gemäß (19.237) die Abnahme der mechanischen Gesamtenergie in der Zeitspanne T proportional zu $\mathrm{e}^{-2\delta T}$ und bei COULOMBscher Dämpfung gleich $4k\bar{\mu}(x_0 - 2\bar{\mu}/\omega_0^2)/\omega_0^2$. In beiden Fällen ist die Abnahme der Amplitude der Schwingung eine Folge der Abnahme der mechanischen Gesamtenergie infolge des Auftretens einer dissipativen Kraft. Sie ist gleich der von der dissipativen Kraft verrichteten Arbeit.

21.1.3.3 Leistung

der Kraft $\vec{F}$ heißt die skalare Größe P, die durch

$$\boxed{P = \dot{W} = \frac{\mathrm{d}W}{\mathrm{d}t}, \quad [P] = \mathrm{J\,s^{-1}} = \mathrm{W} \equiv \mathrm{kg\,m^2\,s^{-3}}} \tag{21.48}$$

definiert ist. $\mathrm{d}W$ bezeichnet die von der Kraft $\vec{F}$ in der Zeitspanne $\mathrm{d}t$ verrichtete Arbeit. Die integrale Form von (21.48) lautet

$$\boxed{W = \int_0^t P(\tau)\,\mathrm{d}\tau.} \tag{21.49}$$

Bei konstanter Leistung ist die Arbeit also proportional der Zeit:

$$\boxed{W = Pt.} \tag{21.50}$$

Aus (21.35) folgt durch Differentiation nach der Zeit die Gleichung

$$\boxed{P = \vec{F}\vec{v}} \tag{21.51}$$

mit $\vec{v}$ als momentaner Geschwindigkeit.

21.1 Geradlinige Bewegungen

Die einem Aggregat zugeführte Leistung P_{zu} (auch als *induzierte Leistung* P_{ind} bezeichnet) kann von diesem nicht vollständig wieder abgegeben werden, weil stets Reibungskräfte wirken, die einen Teil der zugeführten mechanischen Arbeit in Wärmeenergie umwandeln. Deshalb ist die vom Aggregat abgegebene Leistung P_{ab} (auch als *Nutzleistung* P_N oder *effektive Leistung* P_{eff} bezeichnet) immer kleiner als die zugeführte P_{zu} (s. Bild 21.18).

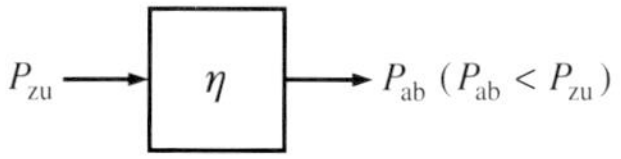

$P_{zu} \longrightarrow \boxed{\eta} \longrightarrow P_{ab}$ ($P_{ab} < P_{zu}$)

Bild 21.18

Der Quotient

$$\eta = \frac{P_{ab}}{P_{zu}} = \frac{P_{eff}}{P_{ind}} < 1 \tag{21.52}$$

heißt *Wirkungsgrad* des Aggregats und hat die SI-Einheit $[\eta] = 1$. Mithin ist $P_{ab} = \eta \cdot P_{zu}$. Werden N Aggregate mit den Wirkungsgraden η_i in Reihe geschaltet ($N \geq 2$) so daß die vom i-ten abgegebene Leistung jeweils gleich der dem $(i+1)$-ten zugeführten Leistung ($i = 1, 2, \ldots, N-1$) ist, so gilt

$$\eta = \eta_1 \cdot \eta_2 \cdot \ldots \cdot \eta_N. \tag{21.53}$$

☐ Ein Förderband soll Schüttgut (Masse m) über eine Länge s auf eine Höhe h in einer Zeitspanne t transportieren. Welche Leistung P_{ind} muß der Antriebsmotor bei einem Gesamtwirkungsgrad η haben?

Lösung:

$$P_{ind} = \frac{P_{eff}}{\eta} = \frac{W_{ab}}{\eta t} = \frac{mgh}{\eta t}.$$

☐ Ein Körper der Masse m soll bei einem Gleitreibungskoeffizienten μ eine geneigte Ebene mit dem Neigungswinkel φ gleichförmig mit der Geschwindigkeit v bis auf eine Höhe h gezogen werden. Welche hangaufwärts gerichtete Kraft F und welche Antriebsleistung P_{ind} sind erforderlich? Wie groß ist der Wirkungsgrad der hangaufwärts gerichteten Kraft F?

Lösung:

Damit Kräftegleichgewicht vorliegt und somit die Bewegung gleichförmig ist, muß die hangaufwärts gerichtete Kraft F gleich der Summe aus Hangabtriebskraft F_H und Gleitreibungskraft F_{GH} sein:

$$F = F_H + F_{GR} = mg\sin\varphi + \mu mg\cos\varphi \Rightarrow$$
$$P_{ind} = Fv = mgv(\sin\varphi + \mu\cos\varphi).$$

Wegen $t = \dfrac{s}{v} = \dfrac{h}{v\sin\varphi} \Rightarrow$

$$\eta = \frac{P_{eff}}{P_{ind}} = \frac{mgh/t}{Fv} = \frac{\sin\varphi}{\sin\varphi + \mu\cos\varphi}.$$

21.2 Ebene Bewegungen

21.2.1 Eingeprägte Kräfte und Zwangskräfte

21.2.1.1 Eingeprägte Kräfte

Alle gegebenen, auf einen Massenpunkt wirkenden Kräfte werden *eingeprägte Kräfte* genannt.

Kann sich z. B. ein Massenpunkt nur in der Ebene mit der Gleichung $z = x \tan \varphi$ reibungsfrei bewegen, wobei der Winkel φ ein konstanter spitzer Winkel $0 < \varphi < \pi/4$ ist und x, y und z orthogonale kartesische Koordinaten bedeuten (s. Bild 21.19), und wirken auf ihn die Gewichtskraft $\vec{F}_G = -mg\vec{e}_z$ und eine konstante Kraft $\vec{F}_1 = F(\vec{e}_z - \vec{e}_x)$ mit $F > 0$, so sind $\vec{F}_G$ und $\vec{F}_1$ eingeprägte Kräfte.

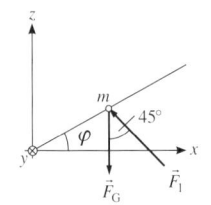

Bild 21.19

21.2.1.2 Zwangskräfte

Ist ein Massenpunkt (Masse m) an eine Fläche mit der Gleichung $f(x,y,z) = 0$ (f differenzierbar nach allen Argumenten x, y und z, die kartesische Koordinaten bezeichnen. $f = 0$ heißt *Bindungsgleichung*.) gebunden, so kann er sich *nicht frei* bewegen. Das bedeutet, daß die Gleichung $\vec{F} = m\vec{a}$ mit $\vec{F}$ als der Resultierenden aller eingeprägten Kräfte und $\vec{a}$ als der Beschleunigung des Massenpunktes *nicht* gilt. Das dynamische Grundgesetz (21.2) lautet vielmehr

$$\vec{F} + \vec{Z} = m\vec{a}, \tag{21.54}$$

wobei $\vec{Z}$ eine Kraft bedeutet, die den Massenpunkt zwingt, die Fläche mit der Gleichung $f(x,y,z) = 0$ nicht zu verlassen. Diese Kraft wird von geeigneten Führungen auf den Massenpunkt ausgeübt und hat stets die Richtung der Normalen der Fläche mit der Gleichung $f(x,y,z) = 0$. $\vec{Z}$ heißt *Zwangskraft*. $-\vec{Z}$ ist also gemäß (21.3) die vom Massenpunkt auf die Führung ausgeübte Kraft.

Ist ein Massenpunkt an eine Raumkurve (Schnittkurve von *zwei* Flächen mit den Gleichungen $f_1(x,y,z) = 0$ und $f_2(x,y,z) = 0$) gebunden, so treten gar zwei Zwangskräfte $\vec{Z}_1$ und $\vec{Z}_2$ auf, von denen $\vec{Z}_1$ stets senkrecht auf $f_1 = 0$ und $\vec{Z}_2$ stets senkrecht auf $f_2 = 0$ steht (beide Zwangskräfte werden von geeigneten Führungen auf den Massenpunkt ausgeübt). In diesem Fall ist der Freiheitsgrad $f = 1$, falls – wie hier vorausgesetzt wird – die Bindungsgleichungen $f_1 = 0$ und $f_2 = 0$ einander weder widersprechen noch implizieren, da jede Bindung den Freiheitsgrad um eins erniedrigt. Das dynamische Grundgesetz (21.2) hat nun die Gestalt (21.54), wobei $\vec{Z}$ Resultierende von $\vec{Z}_1$ und $\vec{Z}_2$ ist. Auf Massenpunkte mit eingeschränkter Bewegungsfreiheit (Freiheitsgrad $f < 3$) wirkt also neben eingeprägten Kräften stets mindestens eine Zwangskraft.

21.2 Ebene Bewegungen

Da Zwangskräfte immer senkrecht auf der Fläche bzw. Kurve stehen, längs der sich der Massenpunkt bewegt, *verrichten sie während der Bewegung des Massenpunktes entsprechend* (21.36d) *keine Arbeit*. Sie fungieren jedoch als Normalkräfte bei Haft- oder Gleitreibung (s. z. B. die ersten beiden Beispiele im Abschnitt 21.1.2.2). Es gibt indes auch Bewegungen, bei denen der bewegte Körper und der die Zwangskraft hervorrufende Körper einander nicht berühren, so daß keine Reibung zwischen beiden vorliegt. Als Beispiel sei die kreisförmige Bewegung eines Planeten um das Zentralgestirn genannt. Bei dieser Bewegung ist die Zwangskraft die Gravitationskraft.

□ In dem im Abschnitt 21.2.1.1 angegebenen Beispiel ist die Zwangskraft $\vec{Z}$ diejenige Kraft, die mit der Normalkomponente der Resultierenden $\vec{F}_G + \vec{F}_1$ im Gleichgewicht steht. Die Zwangskraft $\vec{Z}$ ergibt sich durch Multiplikation des Normaleinheitsvektors $\vec{e}_N = \vec{e}_z \cos\varphi - \vec{e}_x \sin\varphi$ der geneigten Ebene mit dem Skalarprodukt $-(\vec{F}_G + \vec{F}_1)\vec{e}_N$ zu

$$\vec{Z} = -[(\vec{F}_G + \vec{F}_1)\vec{e}_N] \cdot \vec{e}_N$$
$$= [mg\cos\varphi - F(\sin\varphi + \cos\varphi)] \cdot (\vec{e}_z \cos\varphi - \vec{e}_x \sin\varphi). \qquad (I)$$

Die Hangabtriebskraft $\vec{F}_H$ ergibt sich durch Multiplikation des hangaufwärts gerichteten Einheitsvektors $\vec{e}_H = \vec{e}_x \cos\varphi + \vec{e}_z \sin\varphi$ mit dem Skalarprodukt $(\vec{F}_G + \vec{F}_1)\vec{e}_H$ zu

$$\vec{F}_H = [(\vec{F}_G + \vec{F}_1)\vec{e}_H] \cdot \vec{e}_H$$
$$= [-mg\sin\varphi + F(\sin\varphi - \cos\varphi)] \cdot (\vec{e}_x \cos\varphi + \vec{e}_z \sin\varphi) = m\vec{a}. \qquad (II)$$

Daraus folgt die Beschleunigung

$$\vec{a} = \left[-g\sin\varphi + \frac{F}{m}(\sin\varphi - \cos\varphi)\right] \cdot (\vec{e}_x \cos\varphi + \vec{e}_z \sin\varphi). \qquad (III)$$

Im Sonderfall $F = 0$ ist

$$\vec{Z}^* = -\left[\vec{F}_G \vec{e}_N\right] \cdot \vec{e}_N = mg\cos\varphi(\vec{e}_z \cos\varphi - \vec{e}_x \sin\varphi) \leqq \vec{Z},$$
$$\vec{F}^* = -\left[\vec{F}_G \vec{e}_H\right] \cdot \vec{e}_H = -mg\sin\varphi(\vec{e}_x \cos\varphi + \vec{e}_z \sin\varphi) = m\vec{a}^* \geqq \vec{F}_H,$$
$$\vec{a}^* = -g\sin\varphi(\vec{e}_x \cos\varphi + \vec{e}_z \sin\varphi) \geqq \vec{a}$$

(Vorzeichen und $\varphi < 45° \Rightarrow \cos\varphi - \sin\varphi > 0$ beachten!).

21.2.1.3 LAGRANGEsche Gleichungen erster Art

Die Bewegungsgleichung (21.54) eines an eine Fläche $f(x,y,z) = 0$ gebundenen Massenpunktes kann auch in der Form

$$\boxed{\vec{F} + \lambda\,\mathrm{grad}\,f(\vec{r}) = m\ddot{\vec{r}}} \qquad (21.55)$$

geschrieben werden, weil der Gradient von $f(\vec{r})$ orthogonal zur Fläche

$$f(\vec{r}) = 0 \qquad (21.56)$$

ist. In (21.55) bedeutet λ einen zunächst unbekannten skalaren Faktor und ist

$$\mathrm{grad}\,f(\vec{r}) = \frac{\partial f}{\partial x}\vec{e}_x + \frac{\partial f}{\partial y}\vec{e}_y + \frac{\partial f}{\partial z}\vec{e}_z. \qquad (21.57)$$

Bei bekannter eingeprägter Kraft $\vec{F}$ und gegebener Flächengleichung (21.56) können die drei Koordinaten x, y und z des Ortsvektors $\vec{r}$ des Massenpunktes und der LAGRANGEsche Multiplikator λ der Zwangskraft

$$\boxed{\vec{Z} = \lambda \vec{\text{grad}} f(\vec{r})} \tag{21.58}$$

aus dem Gleichungssystem (21.55), (21.56) berechnet werden (vier skalare Gleichungen für vier skalare Unbekannten). Die Gleichungen (21.55) heißen LAGRANGEsche Gleichungen erster Art.

Analog lauten die LAGRANGEschen Gleichungen

$$\boxed{\vec{F} + \lambda_1 \vec{\text{grad}} f_1(\vec{r}) + \lambda_2 \vec{\text{grad}} f_2(\vec{r}) = m\ddot{\vec{r}}} \tag{21.59}$$

für einen Massenpunkt der Masse m, der durch die Bindungsgleichungen

$$f_1(\vec{r}) = 0, \quad f_2(\vec{r}) = 0 \tag{21.60a,b}$$

an eine Kurve (Schnittkurve von $f_1(\vec{r}) = 0$ und $f_2(\vec{r}) = 0$) gebunden ist. Aus (21.59), (21.60a,b) können die fünf Unbekannten x, y, z (Koordinaten des Ortsvektors des Massenpunktes) und λ_1, λ_2 (LAGRANGEsche Multiplikatoren) und damit die Zwangskräfte

$$\boxed{\vec{Z}_1 = \lambda_1 \vec{\text{grad}} f_1(\vec{r}), \quad \vec{Z}_2 = \lambda_2 \vec{\text{grad}} f_2(\vec{r})} \tag{21.61}$$

als Funktionen der Zeit berechnet werden. Die Gradienten sind

$$\vec{\text{grad}} f_1(\vec{r}) = \frac{\partial f_1}{\partial x} \vec{e}_x + \frac{\partial f_1}{\partial y} \vec{e}_y + \frac{\partial f_1}{\partial z} \vec{e}_z \quad \text{und}$$

$$\vec{\text{grad}} f_2(\vec{r}) = \frac{\partial f_2}{\partial x} \vec{e}_x + \frac{\partial f_2}{\partial y} \vec{e}_y + \frac{\partial f_2}{\partial z} \vec{e}_z.$$

□ Für das Beispiel im Abschnitt 21.2.1.1 lauten die Bindungsgleichung und die LAGRANGEsche Gleichung in Koordinatenschreibweise

$$z - x \tan \varphi = 0,$$
$$-F - \lambda \tan \varphi = m\ddot{x}, \quad 0 = m\ddot{y}, \quad F - mg + \lambda = m\ddot{z}.$$

Daraus ergeben sich mit den Anfangsbedingungen

$$x(0) = x_0, \quad \dot{x}(0) = \dot{x}_0, \quad y(0) = y_0, \quad \dot{y}(0) = \dot{y}_0,$$
$$z(0) = x_0 \tan \varphi, \quad \dot{z}(0) = \dot{x}_0 \tan \varphi$$

die Koordinaten des Ortsvektors des Massenpunktes

$$x = x_0 + \dot{x}_0 t + \cos \varphi \left[-g \sin \varphi + \frac{F}{m}(\sin \varphi - \cos \varphi) \right] \frac{t^2}{2}, \tag{I}$$

$$y = y_0 + \dot{y}_0 t, \tag{II}$$

$$z = (x_0 + \dot{x}_0 t) \tan \varphi + \sin \varphi \left[-g \sin \varphi + \frac{F}{m}(\sin \varphi - \cos \varphi) \right] \frac{t^2}{2} \tag{III}$$

als Funktionen der Zeit, der LAGRANGEsche Multiplikator

$$\lambda = [mg \cos \varphi - F(\sin \varphi + \cos \varphi)] \cos \varphi$$

und die Koordinaten der Zwangskraft [vgl. (I) im 21.2.1.2]

$$Z_x = [F(\sin \varphi + \cos \varphi) - mg \cos \varphi] \sin \varphi,$$
$$Z_y = 0,$$
$$Z_z = [mg \cos \varphi - F(\cos \varphi + \sin \varphi)] \cos \varphi.$$

21.2 Ebene Bewegungen

Die Bahnkurve ist im Falle $\dot{y}_0 \neq 0$ eine Parabel und im Falle $\dot{y}_0 = 0$ die Gerade $z = x \tan \varphi$, $y = y_0$. Das ist leicht zu erkennen, wenn in (I), (II), (III) die orthogonale Koordinatentransformation

$$\begin{pmatrix} x \\ y \\ z \end{pmatrix} = \begin{pmatrix} \cos\varphi & 0 & -\sin\varphi \\ 0 & 1 & 0 \\ \sin\varphi & 0 & \cos\varphi \end{pmatrix} \begin{pmatrix} \xi \\ \eta \\ \zeta \end{pmatrix} \quad \text{bzw.} \quad \begin{pmatrix} \xi \\ \eta \\ \zeta \end{pmatrix} = \begin{pmatrix} \cos\varphi & 0 & \sin\varphi \\ 0 & 1 & 0 \\ -\sin\varphi & 0 & \cos\varphi \end{pmatrix} \begin{pmatrix} x \\ y \\ z \end{pmatrix}$$

vorgenommen wird. Danach sind η für $\dot{y}_0 \neq 0$ linear in t und für $\dot{y}_0 = 0$ konstant, $\zeta \equiv 0$ und ξ quadratisch in t. ξ und η sind Koordinaten in der geneigten Ebene, ζ ist eine Koordinate senkrecht zur geneigten Ebene. Auf weitere Einzelheiten soll hier nicht eingegangen werden.

21.2.1.4 Bemerkungen

Bewegungen von Massenpunkten können auch ebene Bewegungen sein, ohne daß eine Zwangskraft $\vec{Z}$ den Massenpunkt zwingt, eine Ebene nicht zu verlassen. Das ist der Fall, wenn die von Geschwindigkeit und Beschleunigung aufgespannte Ebene unabhängig von der Zeit ist. Die Resultierende aller auf den Massenpunkt wirkenden Kräfte muß ständig in dieser Ebene liegen. Ein derartiger Fall liegt insbesondere dann vor, wenn der Massenpunkt sich in einem *Zentralkraftfeld* (s. u.) bewegt.

21.2.2 Kreisförmige Bewegungen

21.2.2.1 Zentripetalkraft

Ein Massenpunkt M (Masse m) möge zum Zeitpunkt t eine kreisförmige Bewegung mit der Winkelgeschwindigkeit $\vec{\omega}$ und der Bahngeschwindigkeit $\vec{v} = \vec{\omega} \times \vec{r}$ ($v = r\omega$ mit $v = |\vec{v}|$, $r = |\vec{r}|$ und $\omega = |\vec{\omega}|$, da $\vec{r} \perp \vec{\omega}$) ausführen. Dabei sei $\vec{r}$ der vom Kreismittelpunkt ausgehende Ortsvektor, r also der Radius des Kreises (s. Bild 21.20). Dann muß wegen (21.2) auf den Massenpunkt eine Kraft

$$\boxed{\vec{F}_N = m\vec{a}_N = m\vec{\omega} \times (\vec{\omega} \times \vec{r}) = -m\vec{\omega} \times \vec{v} = -m\omega^2 \vec{r} = -m\frac{v^2}{r} \frac{\vec{r}}{r}} \tag{21.62}$$

wirken, da er nach (19.75) bzw. (19.114) die Normalbeschleunigung $\vec{a}_N = \vec{\omega} \times (\vec{\omega} \times \vec{r})$ hat. $\vec{F}_N$ heißt *Normalkraft* oder *Zentripetalkraft*. Der Einheitsvektor $-\vec{r}/r$ weist zum Kreismittelpunkt. Deshalb ist auch die Zetripetalkraft zum Kreismittelpunkt gerichtet.

Handelt es sich um eine freie kreisförmige Bewegung, so ist $\vec{F}_N$ die einzige auf den Massenpunkt wirkende Kraft, falls die Kreisbewegung gleichförmig ist. Bei ungleichförmiger, freier kreisförmiger Bewegung wirkt außer $\vec{F}_N$ auch noch eine Tangentialkraft $\vec{F}_T$, die den Betrag der Geschwindigkeit verändert. Die Tangentialkraft liegt in der Bewegungsebene und kann auch entgegengesetzt wie im Bild 21.21 gerichtet sein.

Bei erzwungener kreisförmiger Bewegung ist die Zentripetalkraft eine Zwangskraft, falls die Resultierende der eingeprägten Kräfte keine zum Kreismittelpunkt gerichtete Komponente hat. Es können eingeprägte Kräfte wirken, die nicht in der Bewegungsebene liegen. Dann tritt ferner eine Zwangskraft orthogonal zur Bewegungsebene auf.

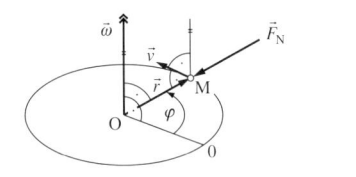

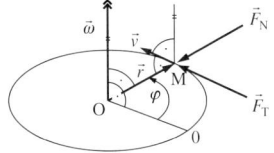

Bild 21.20

Bild 21.21

21.2.2.2 Dynamische Analogien zu geradlinigen Bewegungen

- *Drehmoment $\vec{M}$*
  bezüglich des Koordinatenursprungs einer Kraft $\vec{F}$ mit dem Ortsvektor $\vec{r}$ (s. Bild 21.22) des Angriffspunktes heißt die Größe

  $$\vec{M} = \vec{r} \times \vec{F}.$$ (21.63)

  Das Drehmoment hat die SI-Einheit $[\vec{M}] = \text{Nm}$, steht sowohl senkrecht auf dem Ortsvektor $\vec{r}$ des Angriffspunktes der Kraft als auch auf der Kraft $\vec{F}$ und spielt bei den kreisförmigen Bewegungen eine entsprechende Rolle wie die Kraft bei den geradlinigen Bewegungen. $\vec{r}$, $\vec{F}$ und $\vec{M}$ bilden in der genannten Reihenfolge ein Rechtssystem. Für Drehmomente mit gleichem Bezugspunkt gelten die Rechenregeln der Vektorrechnung. Speziell stehen zwei Drehmomente $\vec{M}_1$ und $\vec{M}_2$ mit gleichem Bezugspunkt und gleicher Wirkungslinie im Gleichgewicht genau dann, wenn $\vec{M}_1 + \vec{M}_2 = \vec{0}$ ist. Analog zum Trägheitsgesetz gilt:

  > Ein kreisförmig bewegter Massenpunkt ändert seinen Bewegungszustand so lange nicht, wie auf ihn kein Drehmoment bezüglich des Kreismittelpunktes mit der Wirkungslinie senkrecht zur Kreisebene wirkt oder alle auf ihn wirkenden Drehmomente bezüglich des Kreismittelpunktes mit der Wirkungslinie senkrecht zur Kreisebene im Gleichgewicht sind.

- *Massenträgheitsmoment J*
  eines Massenpunktes der Masse m im Abstand r von einer durch den Koordinatenursprung O verlaufenden Achse A bezüglich dieser Achse heißt die skalare Größe

  $$J = mr^2$$ (21.64)

  mit der SI-Einheit $[J] = \text{kg m}^2$ und spielt bei den kreisförmigen Bewegungen um die Achse A (s. Bild 21.22) eine entsprechende Rolle wie die Masse m bei den geradlinigen Bewegungen.

  In Analogie zum dynamischen Grundgesetz (21.2) der geradlinigen Bewegungen gilt:

  $$\vec{M} = J\vec{\alpha}$$ (21.65)

  mit $\vec{M}$ gemäß (21.63), J gemäß (21.64) und $r = |\vec{r}|$ sowie der Winkelbeschleunigung $\vec{\alpha}$ des in einer Ebene durch O senkrecht zu $\vec{M}$ bewegten Massenpunktes (s. Bild 21.22).

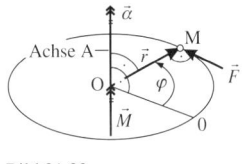

  Bild 21.22

  > Das resultierende Drehmoment $\vec{M}$ auf einen kreisförmig bewegten Massenpunkt mit dem Massenträgheitsmoment J ist gleich dem Produkt aus Massenträgheitsmoment J und Winkelbeschleunigung $\vec{\alpha}$, wobei die Bezugsachse von J gleich der Wirkungslinie von $\vec{M}$ ist, die durch den Koordinatenursprung O senkrecht zur Kreisebene verläuft. Es gilt $\vec{M} \uparrow\uparrow \vec{\alpha}$.

Bei skalarer Rechnung werden Drehmomente positiv oder negativ angegeben, wenn sie in Drehrichtung oder in entgegengesetzter Richtung beschleunigen. Die Vorzeichen stehen dabei je nach Beschreibungsart üblicherweise vor den Maßzahlen oder vor den Formelzeichen. Im skalaren Grundgesetz $M = Ja$ (M skalare Resultierende aller Drehmomente, α skalare Winkelbeschleunigung) wird in (21.65) für α bei gleichmäßig beschleunigten Kreisbewegungen häufig eingesetzt:

$$\alpha = (\omega - \omega_0)/t, \quad \alpha = 2(\varphi - \omega_0 t)/t^2, \quad \alpha = 2(\omega t - \varphi)/t^2 \quad \text{oder}$$
$$\alpha = (\omega^2 - \omega_0^2)/2\varphi.$$

Oft wird auch in Analogie zur D'ALEMBERT-Kraft statt des Grundgesetzes $M = J\alpha$ die Gleichgewichtsbedingung $M - J\alpha = 0$ mit dem D'ALEMBERT-Moment $-J\alpha$ verwendet.

Anmerkungen:

– Drehmoment $\vec{M}'$ einer Kraft $\vec{F}$ mit dem Ortsvektor $\vec{r}$ des Angriffspunktes bezüglich eines Punktes mit dem Ortsvektor $\vec{r}'$ (s. Bild 21.23):

$$\vec{M}' = (\vec{r} - \vec{r}') \times \vec{F}. \tag{21.66}$$

– Massenträgheitsmoment J' eines Massenpunktes der Masse m am Ort mit dem Ortsvektor $\vec{r}'$ bezüglich einer Geraden $\vec{r} = \vec{r}' + \sigma \vec{e}$ (s. Bild 21.24):

$$J' = m\vec{l}^2 \tag{21.67}$$

mit dem Lotvektor

$$\vec{l} = \vec{e} \times [\vec{e} \times (\vec{r} - \vec{r}')]. \tag{21.68}$$

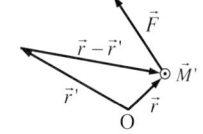

Bild 21.23

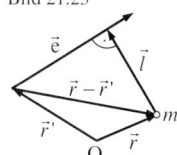

Bild 21.24

- **Kinetische Energie W_{kin}**

eines Massenpunktes der Masse m, der sich auf einer Kreisperipherie mit dem Radius r mit der Winkelgeschwindigkeit $\vec{\omega}$ bewegt (s. Bild 21.20), ist die Größe

$$\boxed{W_{\text{kin}} = \frac{J}{2}\vec{\omega}^2,} \tag{21.69}$$

worin $J = mr^2$ das Massenträgheitsmoment des Massenpunktes bezüglich der Geraden $\vec{r} = rt\vec{\omega}$ bedeutet.

- **Arbeit W**

des Drehmomentes $\vec{M}$ bei der Verschiebung eines Massenpunktes auf einer Kreisperipherie mit dem Radius r um einen Winkel $\Delta\vec{\varphi} = \vec{\varphi}_2 - \vec{\varphi}_1$ ist die Größe

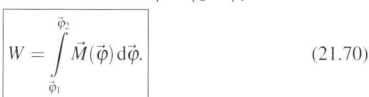

$$\boxed{W = \int_{\vec{\varphi}_1}^{\vec{\varphi}_2} \vec{M}(\vec{\varphi}) \, \mathrm{d}\vec{\varphi}.} \tag{21.70}$$

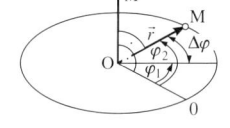

Ist $\vec{M}(\vec{\varphi}) = \overrightarrow{\text{const}} = \vec{M}$, so gilt (s. Bild 21.25)

Bild 21.25

$$\boxed{W = \vec{M} \Delta \vec{\varphi}.} \tag{21.71}$$

Der Arbeitssatz lautet hier analog zu (21.39)

$$\boxed{W = W_{\text{kin}}(\vec{\omega}_2) - W_{\text{kin}}(\vec{\omega}_1).} \tag{21.72}$$

- **Potentielle Energie** W_{pot}
  eines unter dem Einfluß eines elastischen Drehmoments $\vec{M} = -c\vec{\varphi}$ (s. 21.2.2.3) kreisförmig bewegten Massenpunktes ist die Größe

$$W_{pot} = \frac{c}{2}\vec{\varphi}^2. \tag{21.73}$$

Die konstante, positive Größe c mit der Einheit $[c] =$ N m/rad heißt *Winkelrichtgröße* (s. 21.2.2.3). Der *Erhaltungssatz der mechanischen Energie* lautet hier

$$W_{pot}(\vec{\varphi}_1) + W_{kin}(\vec{\omega}_1) = W_{pot}(\vec{\varphi}_2) + W_{kin}(\vec{\omega}_2), \tag{21.74}$$

solange *keine dissipativen Drehmomente* auf den kreisförmig bewegten Massenpunkt wirken. In (21.74) kennzeichnet der Index 1 (Index 2) einen Bewegungszustand 1 (Bewegungszustand 2). Dissipative Drehmomente sind Drehmomente, die mechanische Energie in Wärmeenergie umwandeln, deren Arbeit also negativ ist. Reibmomente (Drehmomente von Reibungskräften) z. B. sind dissipative Drehmomente.
Wirken auf einen kreisförmig bewegten Massenpunkt außer Antriebsmomenten (Drehmomente, die positive Arbeit verrichten) auch Reibmomente, so lautet die *Energie-Bilanz-Gleichung* für zwei beliebige Bewegungszustände 1 und 2

$$W_{pot}(\vec{\varphi}_1) + W_{kin}(\vec{\omega}_1) + W_{zu} + W_{ab} = W_{pot}(\vec{\varphi}_2) + W_{kin}(\vec{\omega}_2) \tag{21.75}$$

mit entsprechenden Bezeichnungen wie in (21.42). Insbesondere bedeuten
W_{zu} positive (zugeführte) mechanische Arbeit (Arbeit von Antriebsmomenten) und
W_{ab} negative mechanische Arbeit dissipativer Drehmomente (in Wärmeenergie umgewandelte mechanische Arbeit).

- **Leistung** P
  eines Drehmomentes $\vec{M}$, das an einem kreisförmig mit der Winkelgeschwindigkeit $\vec{\omega}$ bewegten Massenpunkt eine Arbeit W verrichtet, ist die analog zu (21.48) und (21.51) definierte Größe

$$P = \dot{W} = \vec{M}\vec{\omega}. \tag{21.76}$$

- **Drehimpuls (Drall) und Drehimpulssatz**
  – Als *Drehimpuls* (auch *Drall* genannt) $\vec{L}$ eines Massenpunktes M der Masse m, der sich zum Zeitpunkt t frei längs der Peripherie eines Kreises mit der Geschwindigkeit $\vec{v}$ bewegt (s. Bild 21.26), wird analog zu (21.4) die Größe

$$\vec{L} = \vec{r} \times \vec{p} = m\vec{r} \times \vec{v} = m\vec{r}^2\vec{\omega} = J\vec{\omega} \tag{21.77}$$

($J = mr^2$) mit der SI-Einheit $[\vec{L}] =$ kg m² s^{-1} bezeichnet.

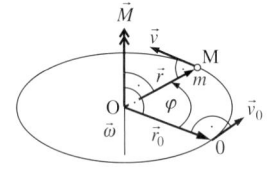

Bild 21.26

21.2 Ebene Bewegungen

– Die analog zu (21.6) definierte Größe

$$\hat{\vec{M}} = \int_0^t \vec{M}(\tau)\,d\tau \tag{21.78}$$

mit der gleichen SI-Einheit $[\hat{\vec{M}}] = \text{kg m}^2\,\text{s}^{-1}$ wie der Drehimpuls heißt *Stoß* des Drehmomentes $\vec{M}$.

Die Funktion $\vec{M} = \vec{M}(t)$ kennzeichnet die Zeitabhängigkeit des auf den Massenpunkt wirkenden, resultierenden Drehmomentes bezüglich des Kreismittelpunktes.

– Wird (21.65) über der Zeit integriert, so ergibt sich

$$\hat{\vec{M}} = \vec{L} - \vec{L}_0 = m\,[\vec{r} \times \vec{v} - \vec{r}_0 \times \vec{v}_0] = m\vec{r}^2(\vec{\omega} - \vec{\omega}_0) = J(\vec{\omega} - \vec{\omega}_0). \tag{21.79}$$

Darin sind $\vec{v}_0$ und $\vec{L}_0$ ($\vec{v}$ und $\vec{L}$) Geschwindigkeit und Drehimpuls des Massenpunktes zum Zeitpunkt $t = 0$ (zum Zeitpunkt $t > 0$). Der Stoß des Drehmomentes ist also gleich der Änderung des Drehimpulses. Während der Drehimpuls einen Zustand kennzeichnet, beschreibt der Stoß des Drehmomentes einen Vorgang (Übergang von einem Bewegungszustand in einen anderen).

Mit dem Drehimpuls läßt sich (21.65) in der Gestalt (*Drehimpulssatz*)

$$\vec{M} = \dot{\vec{L}} \tag{21.80}$$

schreiben [Analogie zu (21.5)]. Für $\vec{M} = \vec{0}$ folgt aus (21.80) der *Drehimpulserhaltungssatz*

$$\vec{L} = \vec{L}_0 = \text{const.} \tag{21.80'}$$

- **Flächensatz**

Bei konstantem Drehimpuls $\vec{L}$ eines Massenpunktes führt dieser eine ebene Bewegung aus. Die Ebene der Bewegung ist orthogonal zu $\vec{L}$. Sie wird von $\vec{r}$ und $\vec{v}$ aufgespannt. Wegen $\vec{L} = \text{const}$ ist auch die Flächengeschwindigkeit

$$\vec{c} = \frac{1}{2}\vec{r} \times \vec{v} = \frac{1}{2}\vec{r}^2\vec{\omega} \tag{21.81}$$

(SI-Einheit $[\vec{c}] = \text{m}^2\,\text{s}^{-1}$) konstant ($\vec{c} = \vec{L}/2m$). Die Flächengeschwindigkeit kennzeichnet die zeitliche Änderung des Flächeninhalts der vom Ortsvektor überstrichenen Fläche. Bei konstanter Flächengeschwindigkeit ist die Bewegung eben, und der Ortsvektor überstreicht in gleichen Zeitspannen Flächen mit gleichem Flächeninhalt. Für freie Bewegungen von Massenpunkten (Masse m) in Zentralkraftfeldern $\vec{F}(\vec{r}) = -f(|\vec{r}|)\vec{r}/r$ mit einer skalaren Ortsfunktion f lautet die Bewegungsgleichung $-f(|\vec{r}|)\vec{r}/r = m\ddot{\vec{r}}$. Vektorielle Multiplikation dieser Gleichung von links mit $\vec{r}$ ergibt $m\vec{r} \times \ddot{\vec{r}} = \vec{0}$, d. h., das Drehmoment von Zentralkräften ist gleich dem Nullvektor. Mithin muß wegen (21.80) der Drehimpuls $\vec{L}$ und damit auch die Flächengeschwindigkeit $\vec{c}$ konstant, die Bewegung also eben sein.

Flächensatz:

| Bei Bewegungen von Massenpunkten in Zentralkraftfeldern ist die Flächengeschwindigkeit konstant.

Da die Zentripetalkraft $\vec{F}_N$ mit $f(r) = mv^2/r$ eine spezielle Zentralkraft ist, gilt der Flächensatz auch für gleichförmige Kreisbewegungen von Massenpunkten.

21.2.2.3 Elastische Drehmomente

heißen Drehmomente $\vec{M}$, die proportional zu einer Winkelkoordinate φ sind:

$$\vec{M} = -c\varphi\vec{e}_z. \tag{21.82}$$

Die Drehmomente sind auf die z-Achse von Zylinderkoordinaten (s. 19.5.2.1) bezogen. $\vec{e}_z$ ist ein Basiseinheitsvektor der Zylinderkoordinaten (s. Bild 19.53). Der Winkel φ liegt in der x,y-Ebene und kann positiv (im Gegenuhrzeigersinn) oder negativ (im Uhrzeigersinn) sein. Die positive Konstante c hat die SI-Einheit $[c] = \text{Nm/rad}$ und heißt allgemein *Winkelrichtgröße* und *Drehfederkonstante*, wenn das Drehmoment $\vec{M}$ von einer Drehfeder auf den Massenpunkt ausgeübt wird, der auf einer Kreisbahn geführt ist.

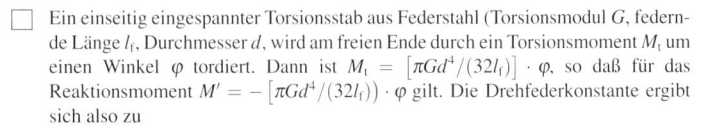

☐ Ein einseitig eingespannter Torsionsstab aus Federstahl (Torsionsmodul G, federnde Länge l_f, Durchmesser d, wird am freien Ende durch ein Torsionsmoment M_t um einen Winkel φ tordiert. Dann ist $M_t = \left[\pi G d^4/(32l_f)\right] \cdot \varphi$, so daß für das Reaktionsmoment $M' = -\left[\pi G d^4/(32l_f)\right] \cdot \varphi$ gilt. Die Drehfederkonstante ergibt sich also zu

$$c = \pi G d^4/(32l_f) \tag{21.83}$$

☐ Eine Spiralfeder aus kaltgewalztem Stahlband (Elastizitätsmodul E, Breite b, Höhe h) hat die Gestalt einer archimedischen Spirale mit n Windungen und dem Windungsabstand s. Das innere Federende ist im Abstand r_i, das äußere im Abstand r_a vom Zentrum der Spirale eingespannt. Die gestreckte Länge ist $l \approx \pi n (r_i + r_a)$. Wird die äußere Einspannung durch eine Kraft F um den Winkel φ auf dem Kreisbogen mit dem Radius r_a verschoben, so gilt $F r_a \approx E b h^3 \varphi/(12l)$. Deshalb folgt

$$c \approx E b h^3/(12l) \tag{21.84}$$

für die Drehfederkonstante.

☐ Ein Schenkel einer Schraubenfeder (auch Drehschenkelfeder genannt, s. Bild 21.27) aus Federstahldraht (Drahtdurchmesser d, innerer Windungsdurchmesser D_i, äußerer Windungsdurchmesser D_a mit $D_a > D_i$ (mittlerer Windungsdurchmesser $D = \frac{1}{2}(D_i + D_a)$) gestreckte Länge l ohne Schenkel, Windungsabstand a, Anzahl der Windungen n, Elastizitätsmodul E) ist eingespannt. Auf den anderen Schenkel wirkt ein Drehmoment M bezüglich der Federachse, das diesen Schenkel um den Winkel φ dreht. Dann gilt $M \approx \pi E d^4 \varphi/64l$ mit $l \approx n\pi D$ für $a + d \leqq D/4$ und $l \approx n\sqrt{(\pi D =^2 + (a+d)^2}$ für $a + d > D/4$, woraus

$$c \approx \pi E d^4/64l \tag{21.85}$$

für die Drehfederkonstante folgt.

21.2 Ebene Bewegungen

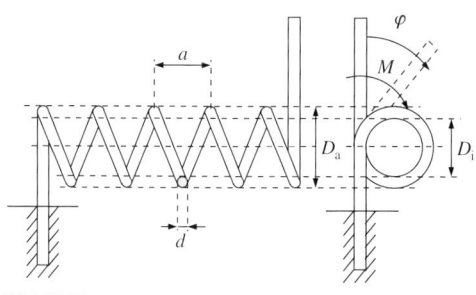

Bild 21.27

Anwendungen:

☐ Wirkt auf einen kreisförmig beweglichen Massenpunkt (Masse m) nur ein elastisches Drehmoment $-c\varphi$, so lautet seine Bewegungsgleichung $mr^2\ddot{\varphi} + c\varphi = 0$. Diese Differentialgleichung der harmonischen, kreisförmigen Schwingung wurde in 19.3.5.2 mit der Abkürzung $\overline{\omega}_0^2 = c/mr^2$ für die Anfangsbedingungen $\varphi(0) = \varphi_0$ und $\dot{\varphi}(0) = \omega_0$ gelöst.

☐ Wenn außer dem elastischen Drehmoment $-c\varphi$ noch ein dissipatives Drehmoment $-c'\dot{\varphi}$ auftritt (c' hat die SI-Einheit $[c'] = $ kg m^2 s^{-1}), folgt aus (21.65) $mr^2\ddot{\varphi} + c'\dot{\varphi} + c\varphi = 0$. Für diese Differentialgleichung der gedämpften, kreisförmigen Schwingung mit dem dissipativen Dämpfungsmoment $-c'\dot{\varphi}$ sind mit den Abkürzungen $\overline{\omega}_0^2 = c/mr^2$ und $2\delta = c'/m$ in 19.7.2.2 für die Anfangsbedingungen $\varphi(0) = \varphi_0$ und $\dot{\varphi}(0) = \omega_0$ in den drei Fällen $\delta > \overline{\omega}_0$, $\delta = \overline{\omega}_0$ und $\delta < \overline{\omega}_0$ Lösungen angegeben.

☐ Wirken auf einen Massenpunkt der Masse m

– die rücktreibende Kraft $-kx$,	– das rücktreibende Drehmoment $-c\varphi$,
– die Reibungskraft $-c\dot{x}$ ($[c] = $ kg s^{-1}) und	– das dissipative Drehmoment $-c'\dot{\varphi}$ und
– die Erregerkraft $F_1\cos\Omega t + F_2\sin\Omega t$,	– das Erregerdrehmoment $M_1\cos\Omega t + M_2\sin\Omega t$,

so folgt aus (21.2) die Differentialgleichung $m\ddot{x} + c\dot{x} + kx = F_1\cos\Omega t + F_2\sin\Omega t$ der erzwungenen geradlinigen Schwingung, die mit $2\delta = c/m$, $\omega_0^2 = k/m$, $\hat{a} = F_1/m$ und $\hat{b} = F_2/m$ in (19.269a) übergeht.

so folgt aus (21.65) die Differentialgleichung $mr^2\ddot{\varphi} + c'\dot{\varphi} + c\varphi = M_1\cos\Omega t + M_2\sin\Omega t$ der erzwungenen kreisförmigen Schwingung, die mit $2\delta = c'/mr^2$, $\omega_0^2 = c/mr^2$, $\hat{a} = M_1/mr^2$ und $\hat{b} = M_2/mr^2$ in (19.269a) mit φ statt x übergeht.

Im Abschnitt 19.7.3.1 ist für die Fälle $\delta > \omega$, $\delta = \omega$ und $\delta < \omega$ und die Anfangsbedingungen (19.269b,c) die Lösung (19.275) von (19.269a) angegeben. Neben diesem sogenannten *Einschwingvorgang* ist dort auch die *stationäre Lösung* von (19.269a) im Schwingfall diskutiert.

Bei der erzwungenen, kreisförmigen Schwingung sind die Anfangsbedingungen (19.269b,c) zu ersetzen durch $\varphi(0) = \varphi_0$ und $\dot\varphi(0) = \omega_0$ sowie ω_0^2 durch $\omega_0^2 = c/mr^2$.

☐ Analog folgt für eine geradlinige erzwungene gedämpfte Schwingung wie im vorherigen Beispiel, jedoch mit einer periodischen erregenden Kraft $\Omega^2(F_1\cos\Omega t + F_2\sin\Omega t)$ bzw. für eine kreisförmige erzwungene gedämpfte Schwingung wie im vorherigen Beispiel, jedoch mit einem erregenden Drehmoment $\Omega^2(M_1\cos\Omega t + M_2\sin\Omega t)$ die Differentialgleichung (19.291a) im Abschnitt 19.7.3.2, wenn $\hat a$ und $\hat b$ durch entsprechende Abkürzungen definiert und – im Falle der kreisförmigen Schwingung – die Anfangsbedingungen entsprechend modifiziert werden.

21.2.3 Planetenbewegung

Weil die Bewegung von Planeten der Masse m unter alleinigem Einfluß der Gravitationskraft (21.8) erfolgt und die Gravitationskraft eine Zentralkraft ist [in (21.8) bedeutet M die Masse der Sonne], muß die Planetenbewegung wegen des Flächensatzes (zweites KEPLERsches Gesetz, s. 21.2.2.2) eine ebene Bewegung sein. Werden in der Ebene der Bewegung ebene Polarkoordinaten ρ und φ (s. 19.5.1) mit dem Koordinatenursprung im Schwerpunkt der Sonne eingeführt, so gelten der Energieerhaltungssatz

$$\frac{m}{2}(\dot\rho^2 + \rho^2\dot\varphi^2) - \gamma mM\frac{1}{\rho} = W \tag{21.86}$$

[s. (19.158) und (21.16)] und wegen $\rho\vec e_\rho \times (\dot\rho\vec e_\rho + \rho\dot\varphi\vec e_\varphi) = \rho^2\dot\varphi\vec e_z$ der Flächensatz in der Form

$$\rho^2\dot\varphi = 2c. \tag{21.87}$$

Darin sind W die konstante mechanische Gesamtenergie des Planeten und c seine konstante Flächengeschwindigkeit (natürlich kann statt c auch der Drehimpuls $L = 2mc$ in dieser Rechnung verwendet werden). Die potentielle Energie ist so normiert, daß sie im Unendlichen gleich Null wird. Durch Elimination von $\dot\varphi$ aus (21.86) und (21.87) folgt zunächst

$$\dot\rho = \sqrt{\frac{2}{m}\left(W + \gamma mM\frac{1}{\rho}\right) - \frac{4c^2}{\rho^2}}. \tag{21.88}$$

Wegen $\dot\rho = \dfrac{d\rho}{dt} = \dfrac{d\rho}{d\varphi}\dfrac{d\varphi}{dt} = \dot\varphi\dfrac{d\rho}{d\varphi} = \dfrac{2c}{\rho^2}\dfrac{d\rho}{d\varphi}$ ergibt sich daraus die Differentialgleichung

$$\frac{d\rho}{d\varphi} = \rho\sqrt{\frac{1}{2mc^2}(W_\rho^2 + \gamma mM\rho) - 1} \tag{21.89}$$

der Bahngleichung in ebenen Polarkoordinaten. Variablentrennung in (21.89) und Integration liefern

21.2 Ebene Bewegungen

$$\boxed{\rho = \frac{p}{1+\varepsilon\cos\varphi}, \quad p = \frac{4c^2}{\gamma M}, \quad \varepsilon = \sqrt{1+\frac{8Wc^2}{\gamma^2 mM^2}},}$$ (21.90a,b,c)

wenn die Integrationskonstante $C = 0$ gesetzt wird (Wahl der Bezugsrichtung für den Winkel φ). Die Gleichung (21.90a) stellt für $W' = -\gamma^2 mM^2/(8c^2)$ und

$$\boxed{\begin{array}{l} W > 0 \text{ einen Hyperbelast,} \quad W = 0 \text{ eine Parabel,} \\ W' < W < 0 \text{ eine Elipse,} \quad W = W' \text{ einen Kreis} \end{array}}\Bigg\}$$ (21.91)

dar (s. Bilder 21.28). p und $\varepsilon = e/a$ (e lineare Exzentrizität) sind *Halbparameter* und *numerische Exzentrizität* dieser Kegelschnitte. Parabel- und Hyperbelbahnen treten nur bei Kometen auf. Planeten bewegen sich auf elliptischen Bahnen (erstes KEPLERsches Gesetz). Für die Ellipse ist $a = p/(1-\varepsilon^2)$ große und $b = p/\sqrt{1-\varepsilon^2}$ kleine Halbachse. Die Bezugsrichtung für den Winkel φ verläuft vom Brennpunkt ausgehend durch den Scheitel bzw. – bei der Ellipse – durch den nächstgelegenen Hauptscheitel. Im Falle des Kreises (Kreismittelpunkt = Brennpunkt) ist sie unbestimmt (d. h. willkürlich wählbar). Der zeitliche Bewegungsablauf folgt durch numerische (!) Integration von (21.88) und (21.87).

Die Umlaufzeit T des Planeten auf einer elliptischen Bahn ergibt sich aus folgenden Überlegungen: Mit (21.90b) ergibt sich für das *Periphel* ($\varphi = 0$, $\rho = a - e$) aus (21.90a) $1/(a-e) = \gamma M(1+\varepsilon)/(4c^2)$, für das *Aphel* ($\varphi = \pi$, $\rho = a+e$) folgt $1/(a+e) = \gamma M(1-\varepsilon)/4c^2$. Addition beider Gleichungen führt zu $2/[a(1-\varepsilon^2)] = \gamma M/2c^2$. Wird darin die Flächengeschwindigkeit durch $c = \pi a^2\sqrt{1-\varepsilon^2}/T$ (Quotient aus Ellipsenflächeninhalt und Umlaufzeit) ersetzt, so folgt das dritte KEPLERsche Gesetz

$$\boxed{\frac{T^2}{a^3} = \frac{4\pi^2}{\gamma M}.}$$ (21.92)

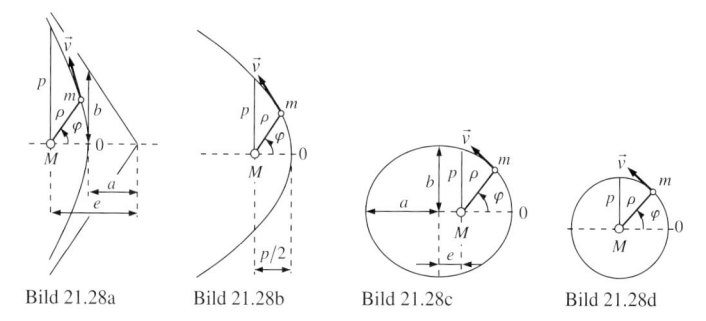

Bild 21.28a   Bild 21.28b   Bild 21.28c   Bild 21.28d

Die Bahnen von globalen ballistischen Raketen sind (in den Teilen, in denen der Luftwiderstand vernachlässigt werden kann) ebenfalls Ellipsen (21.90), worin nun M die Erdmasse und m die Raketenmasse nach Erlöschen des Triebwerks sind. Diese schneiden die Erdoberfläche in zwei Punkten, die dem Abschuß- und dem Aufschlagort bei fehlendem Luftwiderstand entsprechen. Die KEPLERschen Gesetze haben auch Gültigkeit für die Bewegung des Mondes und der Erdsatelliten. In all diesen Fällen wird der

der Erde am nächsten gelegene Bahnpunkt *Perigäum* und der entfernteste Bahnpunkt *Apogäum* genannt.

☐ Die sogenannte *erste kosmische Geschwindigkeit* ist die, mit der sich ein Erdsatellit auf einer Kreisbahn mit dem Erdradius R ($R \approx 6370$ km) bewegen würde (praktisch ist das unmöglich!). Aus $mv^2/R = mg$ (Zentripetalkraft gleich Gewichtskraft) folgt $v = \sqrt{gR} \approx 7{,}91$ km s^{-1} („Kleinstkreisgeschwindigkeit").

☐ Damit ein Erdsatellit die Erde verlassen kann, muß er an einem Ort ρ mit $\rho \geq R$ ($R \approx 6370$ km Erdradius, $M \approx 5{,}98 \cdot 10^{24}$ kg), an dem der Luftwiderstand vernachlässigbar ist, mindestens die mechanische Gesamtenergie $W = 0$ haben. Nach (21.86) ist wegen $\dot{\rho}^2 + \rho^2\dot{\varphi}^2 = v^2$ dann $v = \sqrt{2\gamma M/\rho}$. Für $\rho = R$ ergibt sich die sogenannte *zweite kosmische Geschwindigkeit* $v = \sqrt{2\gamma M/R} = \sqrt{2gR}$ zu $11{,}2$ km s^{-1} („Parabelgeschwindigkeit"), jedoch ist dafür der Luftwiderstand nicht vernachlässigbar.

☐ Ein *stationärer Erdsatellit* ist ein Satellit, der sich in der Äquatorebene der Erde ($M \approx 5{,}98 \cdot 10^{24}$ kg) auf einer Kreisbahn mit gleicher Winkelgeschwindigkeit wie die Erde um ihre Achse in West-Ost-Richtung bewegt. Welchen Abstand ρ vom Erdmittelpunkt und welche Geschwindigkeit v hat er?

Lösung:

Mit $a = \rho$ ergibt (21.92) $\rho = \sqrt[3]{\gamma M T^2/(4\pi^2)} \approx 42{,}3 \cdot 10^3$ km $\Rightarrow$
$v = \omega\rho = 2\pi\rho/T = \sqrt[3]{2\pi\gamma M/T} \approx 3{,}08$ km s^{-1}.

☐ Ein Erdsatellit (Masse $m = 100$ kg) bewegt sich längs einer Ellipse mit dem Perigäum $a - e = 6600$ km und der Umlaufzeit $T = 96{,}17$ min.
Gesucht: $a, b, e, p, \varepsilon, W$ und c sowie v für $\varphi = \pi/2$ (φ ab Perigäum gemessen, Erdmasse $M \approx 5{,}98 \cdot 10^{24}$ kg).

Lösung:

(21.92) $\Rightarrow a = \sqrt[3]{\dfrac{\gamma M T^2}{4\pi^2}} \approx 6950$ km $\Rightarrow e = a - 6600$ km ≈ 350 km $\Rightarrow$

$\varepsilon = \dfrac{e}{a} \approx 0{,}0050 \Rightarrow b = \sqrt{a^2 - e^2} \approx 6941$ km $\Rightarrow$

$p = a(1 - \varepsilon^2) \approx 6933$ km $\Rightarrow c = \dfrac{1}{2}\sqrt{\gamma p M} \approx 2{,}63 \cdot 10^{10}$ m^2 s^{-1}.

(21.90c) $\Rightarrow W = (\varepsilon^2 - 1)\dfrac{\gamma^2 m M^2}{8c^2} \approx -2{,}87 \cdot 10^9$ J, (21.86) $\Rightarrow$

$v = \sqrt{\dfrac{2\gamma M}{p} + \dfrac{2W}{m}} \approx 9{,}29$ km s^{-1}.

Ein Körper (Meteor) mit der Masse m kann sich auch aus „großer" Entfernung $\rho(0) = \rho_0$ mit der Anfangsgeschwindigkeit $\dot{\rho}(0) = v_0 \leq 0$ *geradlinig* hin zur Erde bewegen (ρ bezeichnet die Entfernung vom Erdmittelpunkt, positiv in der Richtung weg vom Erdmittelpunkt). Dann genügt seine Bewegung bei Vernachlässigung des

21.2 Ebene Bewegungen

Luftwiderstandes dem Anfangswertproblem

$$m\ddot{\rho} = -\frac{\gamma mM}{\rho^2}, \quad \rho(0), \quad \dot{\rho}(0) = v_0, \tag{21.93a,b,c}$$

wobei M die Erdmasse bezeichnet. Die Bewegung ist weder ein freier Fall noch ein vertikaler Wurf nach unten, da die Gravitationskraft *nicht* konstant ist. Ein physikalisch gleichwertiger Fall liegt vor, wenn ein Körper mit der Masse m mit einer solchen Anfangsgeschwindigkeit $\dot{\rho}(0) = v_0 > 0$ von einer Stelle $\rho(0) = \rho_0 = R$ aus (R Erdradius) bei Vernachlässigung des Luftwiderstandes vertikal nach oben „geschossen" wird, daß er einen „großen" Abstand vom Erdmittelpunkt erreicht (diese Bewegung ist kein vertikaler Wurf nach oben, da die Gravitationskraft *nicht* konstant ist). Angemerkt sei, daß (21.93a) wegen $g = \gamma M/R^2$ (s. (21.9), g Fallbeschleunigung, R Erdradius) auch als $m\ddot{\rho} = -mgR^2/\rho^2$ schreibbar ist. Mittels Energieerhaltungssatz ergibt sich nach Division durch die Masse m

$$\frac{1}{2}v^2 - \frac{\gamma M}{\rho} = \frac{1}{2}v_0^2 - \frac{\gamma M}{\rho_0} \equiv \frac{W}{m}.$$

Die potentielle Energie ist dabei so normiert, daß sie im Unendlichen gleich Null wird. Mit $\gamma M = gR^2$ folgt die Geschwindigkeit

$$v = \pm\sqrt{2g\frac{R^2}{\rho} + 2\frac{W}{m}} \tag{21.94}$$

als Funktion des Ortes ρ. Das Pluszeichen unmittelbar nach dem Gleichheitszeichen in (21.94) gilt für die Bewegung weg von der Erde ($\rho > \rho_0$), das Minuszeichen für die Bewegung hin zur Erde ($\rho < \rho_0$). Die Bewegung erfolgt mit der Beschleunigung $\ddot{\rho} = -\gamma M/\rho^2$ (Fall 4 in 19.2.3.1). Die Zeit kann entsprechend (19.34) als Funktion vom Ort ρ berechnet werden:

$$t = \pm\frac{2\rho}{3R}\left\{\sqrt{\frac{\rho}{2g}} - \sqrt{\frac{\rho_0}{2g}}\right\} \text{ für } W = 0, \tag{21.95a}$$

$$t = \pm\frac{1}{2W}\left\{\sqrt{2rm(mgR^2 + rW)} + \frac{4m^2gR^2}{\sqrt{-2mW}}\arctan\sqrt{\frac{-mgR^2}{rW} - 1}\right\}\Bigg|_{r=\rho_0}^{r=\rho} \text{ für } W < 0, \tag{21.95b}$$

$$t = \pm\frac{1}{2W}\left\{\sqrt{2rm(mgR^2 + rW)} - \frac{4m^2gR^2}{\sqrt{2mW}}\operatorname{artanh}\sqrt{\frac{mgR^2}{rW} - 1}\right\}\Bigg|_{r=\rho_0}^{r=\rho} \text{ für } W > 0. \tag{21.95c}$$

Das Pluszeichen unmittelbar nach dem Gleichheitszeichen in (21.95) gilt für die Bewegung weg von der Erde, das Minuszeichen für die Bewegung hin zur Erde.

21.3 Trägheitskräfte

21.3.1 Definition

Trägheitskräfte sind Kräfte, die nur in relativ zu Inertialsystemen beschleunigt bewegten Bezugssystemen auftreten. Ihr Betrag ist Produkt aus dem Betrag der Systembeschleunigung $\vec{a}$ und der Masse m des Körpers, auf den sie wirken. Sie sind stets der Beschleunigung $\vec{a}$ des Bezugssystems entgegengerichtet:

$$\vec{F}_{Tr} = -m\vec{a}. \tag{21.96}$$

Diese Kräfte werden auch *Scheinkräfte* genannt. Damit soll zum Ausdruck gebracht werden, daß sie *keine Wechselwirkungskräfte* sind. Trägheitskräfte sind Indiz für die Beschleunigung von Bezugssystemen.

21.3.2 Arten von Trägheitskräften

Im Abschnitt 19.4.6 seien Σ_2 ein Inertialsystem und Σ_1 ein relativ zu Σ_2 bewegtes Bezugssystem (diese Bewegung sei durch Translationsbeschleunigung $\vec{a}_2$, Tangentialbeschleunigung der Rotation $\dot{\vec{\omega}} \times \vec{r}_1$, Zentripetalbeschleunigung $\vec{\omega} \times (\vec{\omega} \times \vec{r}_1)$ gekennzeichnet, wobei $\vec{r}$ Ortsvektor eines Punktes relativ zu Σ_1 bezeichnet). Relativ zu Σ_1 möge sich ein Massenpunkt M der Masse m mit der Beschleunigung $\vec{a}_1$ bewegen. Dann ist gemäß (19.147)

$$\vec{a} = \vec{a}_1 + \dot{\vec{\omega}} \times \vec{r}_1 + \vec{\omega} \times (\vec{\omega} \times \vec{r}_1) + 2\vec{\omega} \times \vec{v}_1 + \vec{a}_2$$

die Beschleunigung von M relativ zu Σ_2 ($\vec{v}_1$ ist die Relativgeschwindigkeit des Punktes mit dem Ortsvektor $\vec{r}_1$). Wird diese Gleichung mit der Masse m multipliziert, und ist $\vec{F} = m\vec{a}$ Resultierende aller auf den Massenpunkt wirkenden Kräfte, so gilt

$$m\vec{a}_1 = \vec{F} + \vec{F}_{Tr}, \tag{21.97a}$$

$$\vec{F}_{Tr} = -m[\dot{\vec{\omega}} \times \vec{r}_1 + \vec{\omega} \times (\vec{\omega} \times \vec{r}_1) + 2\vec{\omega} \times \vec{v}_1 + \vec{a}_2]. \tag{21.97b}$$

In der auf Σ_1 bezogenen Bewegungsgleichung treten also neben der Resultierenden $\vec{F}$ aller Kräfte noch vier Trägheitskräfte auf. Der zweite und der dritte Summand in (21.97b) haben Namen:

$\vec{F}_Z = -m\vec{\omega} \times (\vec{\omega} \times \vec{r}_1)$ heißt *Zentrifugalkraft*,

$\vec{F}_C = -2m\vec{\omega} \times \vec{v}_1$ heißt *Corioliskraft*.

Die Kraft $-m\dot{\vec{\omega}} \times \vec{r}_1 = -m\vec{\alpha} \times \vec{r}_1$ ist eine Trägheitskraft, die der Tangentialbeschleunigung des Systems Σ_1 am Ort $\vec{r}_1$ relativ zu Σ_2 entgegengerichtet ist. Die Kraft $-m\vec{a}_2$ ist der Translationsbeschleunigung von Σ_1 relativ zu Σ_2 entgegengerichtet.

Die Trägheitskräfte dürfen nur gebraucht werden, wenn ein Bewegungsvorgang dynamisch vom Standpunkt des mitbewegten Beobachters aus (d. h. bezüglich Σ_1) beschrieben wird. Gemeint ist ein Beobachter, der die Bewegung des beschleunigten Systems relativ zu einem Inertialsystem – gedanklich – „mitmacht".

21.3 Trägheitskräfte

Anmerkung:

Die D'ALEMBERT-Kraft $-m\vec{a}$ ist die einfachste Trägheitskraft, wenn auf ein System Bezug genommen wird, das sich mit einem geradlinig beschleunigten Massenpunkt (translierend) mit dessen Beschleunigung $\vec{a}$ relativ zu einem Inertialsystem mitbewegt. Wenn die Beschleunigung $\vec{a}$ durch eine Kraft $\vec{F}$ hervorgerufen wird, gilt im mitbewegten System $\vec{F} - m\vec{a} = \vec{0}$.

Analog dazu ist das D'ALEMBERT-Moment $-J\vec{\alpha} = -mr^2\vec{\alpha}$ ein „Trägheitsdrehmoment", wenn auf ein System Bezug genommen wird, das sich mit einem mit der Winkelbeschleunigung $\vec{\alpha}$ auf einer Kreisperipherie mit dem Radius r bewegten Massenpunkt (rotierend) mitbewegt. Wenn die Winkelbeschleunigung durch ein Drehmoment $\vec{M}$ hervorgerufen wird, gilt im mitbewegten System $\vec{M} - mr^2\vec{\alpha} = \vec{0}$.

☐ Auf der Ladefläche eines Wagens (s. Bild 21.29) steht ein homogener, quaderförmiger Körper der Masse m. Mit welcher Beschleunigung a darf der Wagen höchstens beschleunigt werden, damit der Körper bei horizontaler Ladefläche auf dieser nicht rutscht, wenn μ_0 der Haftreibungskoeffizient ist?

Lösung (nicht mitbewegter Beobachter):
Die von der Ladefläche auf den Körper ausgeübte Haftreibungskraft $\mu_0 mg$ muß den Körper mit a beschleunigen.

$\Rightarrow \mu_0 mg = ma \Rightarrow a = \mu_0 g$.

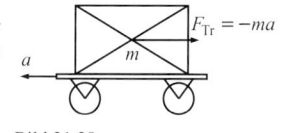

Bild 21.29

Lösung (mitbewegter Beobachter):
Haftreibungskraft $\mu_0 mg$ und Trägheitskraft $-ma$ müssen im Gleichgewicht sein.

$\Rightarrow \mu_0 mg - ma = 0 \Rightarrow a = \mu_0 g$.

☐ Ein Radfahrer (Masse m) durchfährt eine nicht überhöhte Kurve vom Krümmungsradius r mit einer Geschwindigkeit v. Um welchen Winkel φ muß er sich neigen, damit er weder nach links noch nach rechts kippt? Wie groß muß der Haftreibungskoeffizient μ_0 sein, um seitliches Gleiten zu verhindern?

Lösung (nicht mitbewegter Beobachter):	Lösung (mitbewegter Beobachter):
Der Radfahrer muß sich „in die Kurve neigen", um eine Zentripetalkraft F_{Zp} als Komponente des Gewichts zu „erzeugen" (s. Bild 21.30).	Der Radfahrer muß sich „in die Kurve neigen", um eine Gegenkraft zur Zentrifugalkraft F_{Zf} als Komponente des Gewichts zu „erzeugen" (s. Bild 21.31).
Bild 21.30a	Bild 21.31a

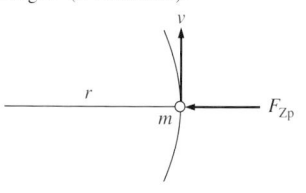

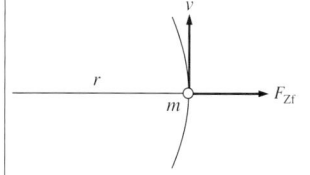

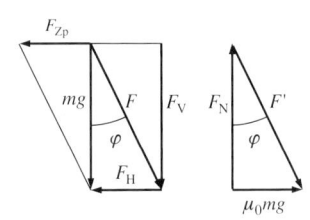

Bild 21.30b

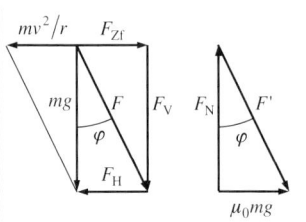

Bild 21.31b

Gegeben ist mg.
F steht im Gleichgewicht mit F' bzw.
F_H mit $\mu_0 mg$ und F_V mit $F_N = mg$.

Gegeben sind mg und $F_{Zf} = mv^2/r$.
F steht im Gleichgewicht mit F' bzw.
f_H mit $\mu_0 mg$ und F_V mit $F_N = mg$.

Für beide Beobachter folgt aus Bild 21.30b bzw. Bild 21.31b $\varphi = \arctan \mu_0$ und $\mu_0 = v^2/rg$.

☐ Ein Massenpunkt der Masse m soll sich zu einem Zeitpunkt t mit der Winkelgeschwindigkeit $\vec{\omega}$ und der Winkelbeschleunigung $\vec{\alpha}$ ($\vec{\alpha} \uparrow\uparrow \vec{\omega}$) längs der Peripherie eines Kreises mit dem Radius r bewegen. Welche Kraft $\vec{F}$ muß auf ihn wirken?

Lösung
(nicht mitbewegter Beobachter):
Es muß die Zentripetalkraft
$\vec{F}_{Zp} = -m\vec{\omega}^2 \vec{r}$ und die Tangentialkraft
$\vec{F}_T = m\vec{\alpha} \times \vec{r}$ wirken. Dann gilt $\vec{F}_{Zp} = m\vec{a}_N$ und $\vec{F}_T = m\vec{a}_T$, also $\vec{a}_N = -\vec{\omega}^2 \vec{r}$ und $\vec{a}_T = \vec{\alpha} \times \vec{r}$.

Lösung
(mitbewegter Beobachter):
Es müssen zwei Trägheitskräfte
$\vec{T}_{Tr1} = -m\vec{a}_N$ und $\vec{T}_{Tr2} = -m\vec{a}_T$
wirken. Wegen $\vec{a}_1 = \vec{\omega}^2 \vec{r} - \vec{\alpha} \times \vec{r}$
gilt dann $\vec{a}_N = -\vec{\omega}^2 \vec{r}$ und $\vec{a}_T = \vec{\alpha} \times \vec{r}$.

☐ Ein Massenpunkt (Masse m) „fällt" von einem Punkt mit dem Ortsvektor $\vec{r}(0) = \vec{r}_0 = \rho_0 \vec{e}_\rho$ in der Äquatorebene aus unter dem Einfluß seiner Gewichtskraft $\vec{F}_G = -mg\vec{e}_\rho$ (mit konstantem Betrag) ohne Luftwiderstand mit der Anfangsgeschwindigkeit $\vec{v}(0) = \vec{\omega} \times \vec{r}_0$ ($\rho_0 = R + h$, $R \approx$ 6378 km Erdradius, $h \ll R$). Die Erde rotiert mit der Winkelgeschwindigkeit $\vec{\omega} = \omega \vec{e}_z$. $\vec{e}_\rho$, $\vec{e}_\varphi$ und $\vec{e}_z$ sind Basisvektoren von Zylinderkoordinaten ρ, φ und z (s. Bild 21.32) für $t = 0$).

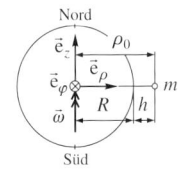

Bild 21.32

Auf den Massenpunkt wirken (vom Standpunkt des mit der Erde mitbewegten Beobachters) Gewichtskraft $\vec{F}_G = -mg\vec{e}_\rho$, Zentrifugalkraft $\vec{F}_{Zf} = -m\vec{\omega}^2 \rho \vec{e}_\rho$ und CORIOLIS-Kraft $\vec{F}_C = -2m\vec{\omega} \times (\mathrm{d}\rho \vec{e}_\rho/\mathrm{d}t)$. Damit lautet das dynamische Grundgesetz unter Berücksichtigung von (19.162):

$$-mg\vec{e}_\rho + m\vec{\omega}^2 \rho \vec{e}_\rho - 2m\vec{\omega} \times (\mathrm{d}\rho \vec{e}_\rho / \mathrm{d}t)$$
$$= m[(\ddot{\rho} - \rho \dot{\varphi}^2) \cdot \vec{e}_\rho + (2\dot{\rho}\dot{\varphi} + \rho \ddot{\varphi}) \cdot \vec{e}_\varphi + \ddot{z} \cdot \vec{e}_z]. \tag{I}$$

21.3 Trägheitskräfte

(I) ergibt mit (19.156a) das nichtlineare Differentialgleichungssystem

$$-g + \omega^2 \rho + 2\rho\omega\dot{\varphi} = \ddot{\rho} - \rho\dot{\varphi}^2, \tag{II}$$

$$-2\omega\dot{\rho} = 2\dot{\rho}\dot{\varphi} + \rho\ddot{\varphi}, \tag{III}$$

$$0 = \ddot{z} \tag{IV}$$

mit den Anfangsbedingungen $\rho(0) = R + h$, $\dot{\rho}(0) = 0$, $\varphi(0) = \omega$, $z(0) = 0$, $\dot{z}(0) = 0$.
(IV) hat die Lösung $z \equiv 0$; die Bewegung findet also in der Äquatorebene statt. (III) kann in der Gestalt

$$\frac{d}{dt}\left[\rho^2(\omega + \dot{\varphi})\right] = 0 \tag{V}$$

geschrieben werden (prüfen!), weshalb – da der Inhalt der eckigen Klammer konstant sein muß –

$$\rho^2(\omega + \dot{\varphi}) = 2\omega\rho_0^2 \tag{VI}$$

ist. Die komplizierte Differentialgleichung (II) kann nur numerisch gelöst werden, deshalb wird hier lediglich eine analytische *Näherungslösung* angegeben: Elimination von $\dot{\varphi}$ aus (II) und (VI) ergibt

$$\ddot{\rho} - \frac{4\omega^2\rho_0^4}{\rho^3} = -g. \tag{VII}$$

Wenn wegen $h \ll R$ in (VII) $\rho^3 \approx \rho_0^3$ für $R \leq \rho \leq \rho_0$ gesetzt wird, so folgt

$$\ddot{\rho} - 4\omega^2\rho_0 = -g \tag{VIII}$$

mit der Lösung

$$\rho = \rho - \frac{g't^2}{2}, \tag{IX}$$

wobei $g' = g - 4\omega^2\rho_0$ ist. Damit liefert (VI) durch Integration

$$\varphi = 2\omega\rho_0\left[\frac{t}{2\left(\rho_0 - \frac{1}{2}g't^2\right)} + \frac{1}{\sqrt{2g'\rho_0}}\operatorname{artanh}\left(t\sqrt{\frac{g'}{2\rho_0}}\right)\right] - \omega t. \tag{X}$$

(IX), (X) und $z = 0$ sind diejenige Näherungslösung von (II), (III) und (IV), die auch die oben angegebenen Anfangsbedingungen erfüllt.

Aus (IX) ergibt sich für $\rho = R$ die Fallzeit

$$t_f = \sqrt{\frac{2h}{g'}} \tag{XI}$$

und mit ihr aus (X) die Koordinate des Auftreffpunktes

$$\varphi_f = \omega t_f\left(\frac{h}{R} + \sqrt{\frac{\rho_0}{h}}\operatorname{artanh}\sqrt{\frac{h}{\rho_0}}\right). \tag{XII}$$

Der Massenpunkt erhält also eine *Ostabweichung*, da $\varphi_f > \omega t_f$ gilt, weil der zweite Summand in (XII) größer als Eins ist. Die Ostabweichung wird von der azimutalen Komponente $-2m\omega\dot\rho\vec{e}_\varphi$ der CORIOLIS-Kraft $\vec{F}_C$ hervorgerufen, die für $t > 0$ wegen $\dot\rho = -g't < 0$ nach Osten gerichtet ist (s. Bild 21.33 für $t > 0$). Die radiale Komponente $2m\omega\rho\dot\varphi\vec{e}_\rho$ von $\vec{F}_C$ und die Zentrifugalkraft $m\omega^2\rho\vec{e}_\rho$ bewirken, daß die Fallzeit t_f größer als die Fallzeit beim freien Fall und horizontalen Wurf im homogenen Gravitationsfeld bei Vernachlässigung des Luftwiderstandes ist [vgl. (19.12) in 19.2.2.3 und (19.125) mit $\alpha = 0$ in 19.4.3.2].

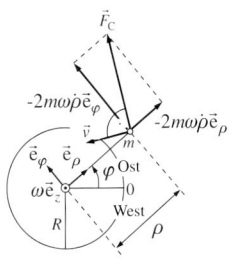

Bild 21.33

22 Dynamik der Systeme von Massenpunkten

22.1 Äußere und innere Kräfte

N Massenpunkte ($N \geq 2$) mit den Massen m_i und den Ortsvektoren $\vec{r}_i (i = 1, 2, \ldots, N)$ heißen System von Massenpunkten. Die Resultierende aller Kräfte auf den i-ten Massenpunkt sei $\vec{F}_i$. Sie setzt sich im allgemeinen zusammen aus

- der Resultierenden $\vec{F}_i^{(\text{ä})}$ *äußerer Kräfte* auf den i-ten Massenpunkt und
- der Resultierenden $\vec{F}_i^{(\text{i})}$ *innerer Kräfte* auf den i-ten Massenpunkt:

$$\vec{F}_i = \vec{F}_i^{(\text{ä})} + \vec{F}_i^{(\text{i})}. \tag{22.1}$$

Die äußeren Kräfte sind Kräfte, die von Massenpunkten, die nicht zum betrachteten System gehören, auf den i-ten Massenpunkt ausgeübt werden. Die inneren Kräfte sind Kräfte, die von den Massenpunkten des betrachteten Systems

$$\vec{F}_i^{(\text{i})} = \sum_{k \neq i} \vec{F}_{ik}. \tag{22.2}$$

auf den i-ten Massenpunkt ausgeübt werden. In (22.2) wird die vom k-ten Massenpunkt ($k \neq i$) des Systems auf den i-ten Massenpunkt ausgeübte Kraft mit $\vec{F}_{ik}$ bezeichnet. Die Summation verläuft über alle k mit Ausnahme von $k = i$. Der erste Index kennzeichnet den Massenpunkt, *auf den* die Kraft ausgeübt wird. Der zweite Index bezeichnet den Massenpunkt, *von dem* die Kraft ausgeübt wird.

Die inneren Kräfte $\vec{F}_{ik}$ sind in der Regel unbekannt; sie werden jedoch als Zentralkräfte angenommen, weil punktförmige Körper nur in Richtung ihrer Verbindungsgeraden aufeinander einwirken können.

22.2 Grundannahmen

für die nicht eingeschränkte Bewegung der einzelnen Massenpunkte des Systems, also für ein System von Massenpunkten, für das es *keine* Bindungsgleichungen gibt, sind

$$\boxed{\vec{F}_i = \vec{0} \Leftrightarrow \ddot{\vec{r}}_i = \vec{0}, \quad i = 1, 2, \ldots, N} \tag{22.3}$$

(*Trägheitsgesetz*)

$$\boxed{\vec{F}_i = m_i \ddot{\vec{r}}_i, \quad i = 1, 2, \ldots, N} \tag{22.4}$$

(*dynamisches Grundgesetz*)

$$\boxed{\vec{F}_{ik} = -\vec{F}_{ki}, \quad i \neq k, \, i, k = 1, 2, \ldots, N} \tag{22.5}$$

(*Wechselwirkungsgesetz*)

Ein solches System hat den Freiheitsgrad $f = 3N$, d. h., es sind $3N$ Koordinaten erforderlich, um die Lage des Systems zu beschreiben. Bei gegebenen Kräften $\vec{F}_i$ ($i = 1, 2, \ldots, N$) und $2N$ vektoriellen Anfangsbedingungen $\vec{r}_i(0) = \vec{r}_{i0}$, $\dot{\vec{r}}_i(0) = \vec{v}_{i0}$ können die N Ortsvektoren $\vec{r}_i$ aus den Differentialgleichungen (22.4) berechnet werden, jedoch schon für $N = 3$ („Dreikörperproblem") im allgemeinen nur numerisch.

22.3 Freie und gebundene Systeme

Ein System von N Massenpunkten heißt *freies System* (auch als *nicht gebundenes* System bezeichnet) genau dann, wenn es keinen Bindungen unterliegt, wenn die Koordinaten aller Massenpunkte also keine Bindungsgleichungen erfüllen müssen. Berechnung erfolgt nach (22.4).

Im Gegensatz dazu heißt ein System von N Massenpunkten gebundenes System, wenn die Koordinaten aller Massenpunkte genau r Bindungsgleichungen erfüllen müssen ($1 \leq r < 3N$). Der Freiheitsgrad ist $f = 3N - r$.

Geometrische Bindungsgleichungen haben die Gestalt
$$f_j(\vec{r}_1, \vec{r}_2, \ldots, \vec{r}_N) = 0, \quad j = 1, 2, \ldots, r \tag{22.6}$$
(holonom-skleronome Bindung)
$$f_j(\vec{r}_1, \vec{r}_2, \ldots, \vec{r}_N, t) = 0, \quad j = 1, 2, \ldots, r \tag{22.7}$$
(holonom-rheonome Bindung)

Kinematische Bindungsgleichungen haben die Gestalt
$$f_j(\vec{r}_1, \vec{r}_2, \ldots, \vec{r}_N, \dot{\vec{r}}_1, \dot{\vec{r}}_2, \ldots, \dot{\vec{r}}_N) = 0, \quad j = 1, 2, \ldots, r \tag{22.8}$$
(holonom-skleronome Bindung)
$$f_j(\vec{r}_1, \vec{r}_2, \ldots, \vec{r}_N, \dot{\vec{r}}_1, \dot{\vec{r}}_2, \ldots, \dot{\vec{r}}_N, t) = 0, \quad j = 1, 2, \ldots, r \tag{22.9}$$
(holonom-rheonome Bindung)

Nichtholonome Bindungen sind Bindungen, deren Gleichung durch nichtintegrable Differentialgleichungen dargestellt wird. Hier wird nur auf holonom-skleronome Bindungen eingegangen.

Werden die $3N$ Koordinaten x_i, y_i, z_i ($i = 1, 2, \ldots, N$) der N Massenpunkte des Systems fortlaufend mit ξ_k und die $3N$ Komponenten X_i, Y_i, Z_i der Kräfte $\vec{F}_i = X_i \vec{e}_x + Y_i \vec{e}_y + Z_i \vec{e}_z$ ($i = 1, 2, \ldots, N$) mit F_k ($k = 1, 2, \ldots, 3N$) bezeichnet, und sind in m_k ($k = 1, 2, \ldots, 3N$) jeweils drei aufeinanderfolgende Massen der Reihe nach gleich $m_1, m_2, \ldots, m_N$, so lautet das dynamische Grundgesetz für ein System aus N Massenpunkten mit r holonom-skleronomen Bindungen (22.6):

$$\boxed{m_k \ddot{\xi}_k = F_k + \sum_{j=1}^{r} \lambda_j \frac{\partial f_j}{\partial \xi_k}, \quad k = 1, 2, \ldots, 3N.} \tag{22.10}$$

Die Gleichungen (22.10) heißen LAGRANGE*sche Gleichungen erster Art* für das System von N Massenpunkten mit r Bindungen (22.6). Die $3N$ unbekannten Koordinaten ξ_k ($k = 1, 2, \ldots, 3N$) und die r unbekannten LAGRANGEschen Multiplikatoren λ_j ($j = 1, 2, \ldots, r$) werden aus (22.6) und (22.10) als Funktionen der Zeit berechnet. Die Summe in (22.10) gibt die Zwangskraftkomponenten an.

22.3 Freie und gebundene Systeme

Ein ebenes Doppelpendel besteht aus zwei Massenpunkten M_1 und M_2 mit den Massen m_1 und m_2 die durch eine starre Stange S_2 (Länge r_2) und ein Gelenk G_1 in M_1 (je mit vernachlässigbarer Masse) miteinander verbunden sind. M_1 ist durch eine weitere starre Stange S_1 (Länge r_1) mit vernachlässigbarer Masse mit einem festen Gelenk G verbunden. Beide Massenpunkte werden im homogenen Schwerkraftfeld aus ihrer stabilen Gleichgewichtslage ausgelenkt (M_1 um φ_0 und M_2 um ψ_0) und dann losgelassen (s. Bild 22.34 für $t > 0$). Es sei $m_2 \ll m_1$, $r_2 \approx r_1$, $\varphi_0 \ll 1$ rad und $\psi_0 \ll 1$ rad.

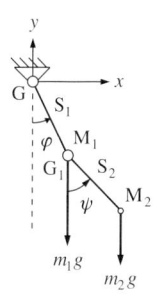

Bild 22.1

Dann gelten die vier Bindungsgleichungen

$$\left.\begin{array}{ll} f_1 = x_1^2 + y_1^2 - r_1^2 = 0, & f_2 = z_1 = 0, \\ f_3 = (x_1 - x_2)^2 + (y_1 - y_2)^2 - r_2^2 = 0, & f_4 = z_2 = 0, \end{array}\right\} \quad (I)$$

und es wirken die eingeprägten Kräfte

$$\vec{F}_1 = -m_1 g \vec{e}_y, \quad \vec{F}_2 - m_2 g \vec{e}_y.$$

Mit

$$\xi_1 = x_1, \quad \xi_2 = y_1, \quad \xi_3 = z_1, \quad \xi_4 = x_2, \quad \xi_5 = y_2, \quad \xi_6 = z_2$$

und

$$F_1 = F_3 = 0, \quad F_2 = -m_1 g, \quad F_4 = F_6 = 0, \quad F_5 = -m_2 g$$

sowie

$$\partial f_1/\partial \xi_1 = 2\xi, \quad \partial f_1/\partial \xi_2 = 2\xi_2,$$
$$\partial f_2/\partial \xi_3 = 1,$$
$$\partial f_3/\partial \xi_1 = -\partial f_3/\partial \xi_4 = 2(\xi_1 - \xi_4),$$
$$\partial f_3/\partial \xi_2 = -\partial f_3/\partial \xi_5 = 2(\xi_2 - \xi_5),$$
$$\partial f_4/\partial \xi_6 = 1$$

(alle anderen partiellen Ableitungen von (I) sind gleich Null) lauten die LAGRANGEschen Gleichungen erster Art (wenn die Hilfsgrößen ξ_k, F_k und m_k ($k = 1, 2, \ldots, 6$) wieder durch die ursprünglichen Größen ersetzt werden):

$$\left.\begin{array}{l} m_1 \ddot{x}_1 = +2\lambda_1 x_1 +2\lambda_3(x_1 - x_2) \\ m_1 \ddot{y}_1 = -m_1 g +2\lambda_1 y_1 +2\lambda_3(y_1 - y_2) \\ m_1 \ddot{z}_1 = +\lambda_2 \\ m_2 \ddot{x}_2 = -2\lambda_3(x_1 - x_2) \\ m_2 \ddot{y}_2 = -m_2 g -2\lambda_3(y_1 - y_2) \\ m_2 \ddot{z}_2 = +\lambda_4 \end{array}\right\}. \quad (II)$$

Anfangsbedingungen: $x_1(0) = r_1 \sin \varphi_0$, $y_1(0) = -r_1 \cos \varphi_0$, $z_1(0) = 0$, $\dot{x}_1(0) = \dot{y}_1(0) = \dot{z}_1(0)$, $x_2(0) = r_1 \sin \varphi_0 + r_2 \sin \psi_0$, $y_2(0) = -r_1 \cos \varphi_0 - r_2 \cos \psi_0$, $z_2(0) = 0$ und $\dot{x}_2(0) = \dot{y}_2(0) = \dot{z}_2(0)$. Die Lösung von (I), (II) kann nur *numerisch* vollständig exakt berechnet werden.

22.4 Impuls- und Schwerpunktsatz

Werden (22.1) und (22.2) in (22.3) eingesetzt und die so erhaltenen Gleichungen

$$\vec{F}_i^{(\ddot{a})} + \sum_{k \neq i} \vec{F}_{ik} = m_i \ddot{\vec{r}}_i \tag{22.11}$$

über alle Massenpunkte summiert, so folgt

$$\sum_{i=1}^{N} \vec{F}_i^{(\ddot{a})} + \sum_{i=1}^{N} \left(\sum_{k \neq i} \vec{F}_{ik} \right) = \sum_{i=1}^{N} m_i \ddot{\vec{r}}_i = \frac{\mathrm{d}}{\mathrm{d}t} \left(\sum_{i=1}^{N} m_i \dot{\vec{r}}_i \right)$$

$$= \sum_{i=1}^{N} \frac{\mathrm{d}}{\mathrm{d}t} (m_i \dot{\vec{r}}_i). \tag{22.12}$$

Mit der resultierenden äußeren Kraft

$$\vec{F} = \sum_{i=1}^{N} \vec{F}_i^{(\ddot{a})}, \tag{22.13}$$

den Einzelimpulsen

$$\vec{p}_i = m_i \dot{\vec{r}}_i, \quad i = 1, 2, \ldots, N \tag{22.14}$$

und dem Gesamtimpuls des Systems von Massenpunkten

$$\vec{p}_i = \sum_{i=1}^{N} \vec{p}_i = \sum_{i=1}^{N} m_i \dot{\vec{r}}_i \tag{22.15}$$

kann (22.12) in der Gestalt

$$\boxed{\vec{F} = \dot{\vec{p}}} \tag{22.16}$$

geschrieben werden, weil die Doppelsumme in (22.12) wegen (22.5) verschwindet. (22.16) heißt Impulssatz für das System von Massenpunkten. Andererseits folgt aus (22.16) durch Integration

$$\boxed{\int_0^t \vec{F}(\tau) \, \mathrm{d}\tau = \vec{p} - \vec{p}_0.} \tag{22.17}$$

Der Kraftstoß der resultierenden äußeren Kraft im Zeitintervall $[0;t]$ ist also gleich der Änderung des Gesamtimpulses. Ist die resultierende äußere Kraft ein Nullvektor, so ist der Gesamtimpuls konstant:

$$\boxed{\sum_{i=1}^{N} m_i \dot{\vec{r}}_i = \sum_{i=1}^{N} m_i \dot{\vec{r}}_{i0}.} \tag{22.18}$$

In (22.18) bezeichnen $\dot{\vec{r}}_{i0}$ ($i = 1, 2, \ldots, N$) die Geschwindigkeiten der Massenpunkte zum Zeitpunkt $t = 0$. (22.18) wird *Impulserhaltungssatz* genannt.

Als *Massenmittelpunkt* (auch *Schwerpunkt* genannt) eines Systems von N Massenpunkten mit den Massen m_i und den Ortsvektoren $\vec{r}_i$ ($i = 1, 2, \ldots, N$) wird der Punkt mit dem Ortsvektor

22.4 Impuls- und Schwerpunktsatz

$$\vec{r}_S = \frac{1}{m}\sum_{i=1}^{N} m_i \vec{r}_i, \quad m = \sum_{i=1}^{N} m_i \tag{22.19a,b}$$

bezeichnet. Wegen

$$\dot{\vec{r}}_S = \frac{1}{m}\sum_{i=1}^{N} m_i \dot{\vec{r}}_i, \quad \ddot{\vec{r}}_S = \frac{1}{m}\sum_{i=1}^{N} m_i \ddot{\vec{r}}_i, \tag{22.20a,b}$$

(22.15) und (22.19b) kann der Impulssatz (22.16) auch in der Form

$$\vec{F} = m\ddot{\vec{r}}_S \tag{22.21}$$

angegeben werden. (22.21) wird *Schwerpunktssatz* genannt.

> Der Schwerpunkt S eines Systems von Massenpunkten unter dem Einfluß einer resultierenden äußeren Kraft bewegt sich so, als ob in ihm die Gesamtmasse des Systems vereinigt wäre und die resultierende äußere Kraft in ihm angriffe. Innere Kräfte haben *keinen* Einfluß auf die Bewegung des Schwerpunktes.

Existiert keine äußere Kraft (*abgeschlossenes System*) oder ist die Vektorsumme aller äußeren Kräfte gleich dem Nullvektor, so befindet sich der Massenmittelpunkt in Ruhe und bleibt es – unabhängig von der Zeit – oder bewegt sich gleichförmig geradlinig [vgl. (22.3)].

Der Schwerpunktsatz ist die Rechtfertigung dafür, daß ein räumlich ausgedehnter Körper oft als Massenpunkt mit der Masse des Körpers im Schwerpunkt des Körpers idealisiert wird, wenn die angreifenden äußeren Kräfte ein zentrales Kräftesystem sind; denn der räumlich ausgedehnte Körper kann als System von Massenpunkten angesehen werden, für das der Schwerpunktsatz gilt.

Der Schwerpunkt S zweier Massenpunkte M_1 mit der Masse m_1 und M_2 mit der Masse m_2 teilt die Verbindungsstrecke $\overline{M_1 M_2}$ im Verhältnis $r_1/r_2 = m_2/m_1$, wobei $r_1 = \overline{M_1 S}$ und $r_2 = \overline{M_2 S}$ ist (s. Bild 22.2).

Für das Massenträgheitsmoment von Massenpunktensystemen *auf einer Geraden* gilt der STEINERsche Satz

$$J_A = J_S + ms^2. \tag{22.22}$$

Dabei sind J_A das Massenträgheitsmoment des Systems bezüglich einer Achse durch den Punkt A, J_S das Massenträgheitsmoment des Systems bezüglich einer dazu parallelen Achse durch den Schwerpunkt S, m die Gesamtmasse des Systems und s der Abstand der beiden parallelen Achsen durch A und S (s. Bild 22.3).

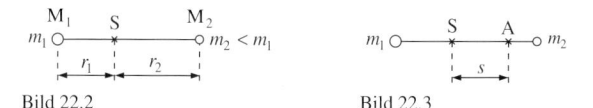

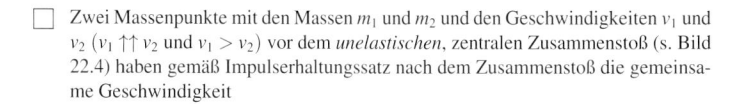

Bild 22.2

Bild 22.3

☐ Zwei Massenpunkte mit den Massen m_1 und m_2 und den Geschwindigkeiten v_1 und v_2 ($v_1 \uparrow\uparrow v_2$ und $v_1 > v_2$) vor dem *unelastischen*, zentralen Zusammenstoß (s. Bild 22.4) haben gemäß Impulserhaltungssatz nach dem Zusammenstoß die gemeinsame Geschwindigkeit

$$\bar{v} = \frac{m_1 v_1 + m_2 v_2}{m_1 + m_2}. \tag{I}$$

Ein Vergleich der mechanischen Gesamtenergien vor und nach dem Stoß zeigt, daß der Anteil

$$\Delta W = \frac{1}{2} m_1 v_1^2 + \frac{1}{2} m_2 v_2^2 - \frac{1}{2}(m_1 + m_2) \bar{v}^2 = \frac{1}{2} \frac{m_1 m_2}{m_1 + m_2} (v_1 - v_2)^2 \tag{II}$$

der mechanischen Gesamtenergie sich beim Stoß in andere Energieformen umwandelt.

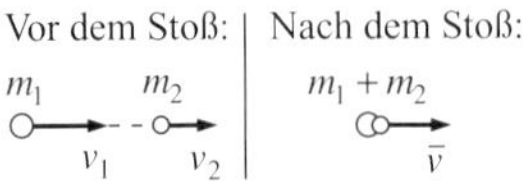

Vor dem Stoß: | Nach dem Stoß: | Vor dem Stoß: | Nach dem Stoß:

Bild 22.4 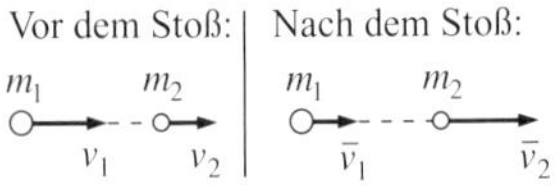   Bild 22.5

☐ Für zwei Massenpunkte mit den Massen m_1 und m_2 und den Geschwindigkeiten v_1 und v_2 ($v_1 \uparrow\uparrow v_2$ und $v_1 > v_2$) vor dem *elastischen*, zentralen Zusammenstoß und den Geschwindigkeiten $\bar{v}_1$ und $\bar{v}_2$ nach dem Zusammenstoß (s. Bild 22.5) gilt nach dem Impulserhaltungssatz

$$m_1 v_1 + m_2 v_2 = m_1 \bar{v}_1 + m_2 \bar{v}_2. \tag{I}$$

Zur Berechnung von $\bar{v}_1$ und $\bar{v}_2$ aus m_1, m_2, v_1 und v_2 ist eine weitere Gleichung erforderlich. Diese liefert der Energieerhaltungssatz

$$\frac{1}{2} m_1 v_1^2 + \frac{1}{2} m_2 v_2^2 = \frac{1}{2} m_1 \bar{v}_1^2 + \frac{1}{2} m_2 \bar{v}_2^2, \tag{II}$$

wobei unterstellt wird, daß die Bewegungen horizontal in einem homogenen Schwerkraftfeld erfolgen. Aus (I) und (II) ergeben sich

$$\bar{v}_1 = \frac{m_1 - m_2}{m_1 + m_2} v_1 + \frac{2 m_2}{m_1 + m_2} v_2, \tag{III}$$

$$\bar{v}_2 = \frac{2 m_1}{m_1 + m_2} v_1 + \frac{m_2 - m_1}{m_1 + m_2} v_2. \tag{IV}$$

In beiden vorstehenden Beispielen ist die positive Richtung der Geschwindigkeiten die im jeweils zugehörigen Bild durch die Pfeile angegebene. Bei einem „Frontalzusammenstoß" ist $v_1 > 0$ und $v_2 < 0$.

☐ *Teilelastischer zentraler Stoß* heißt ein zentraler Stoß zweier Massenpunkte mit den Massen m_1 und m_2 und den Geschwindigkeiten v_1 und v_2 vor und $\bar{v}_1$ und $\bar{v}_2$ nach dem Stoß entsprechend Bild 22.4, bei dem mechanische Energie ΔW mit $0 < \Delta W < \mu (v_1 - v_2)^2 / 2$, wobei $\mu = m_1 m_2 / (m_1 + m_2)$ ist, in andere Energieformen umgewandelt wird. Für diesen Stoß gelten statt (III) und (IV) des vorhergehenden Beispiels gemäß Impulserhaltungssatz und Energiebilanz die Gleichungen

$$\bar{v}_1 = \frac{m_1 v_1 + m_2 v_2}{m_1 + m_2} - \frac{m_2 (v_1 - v_2)}{m_1 + m_2} \sqrt{1 - \frac{2 \Delta W}{\mu (v_1 - v_2)^2}}, \tag{I}$$

$$\bar{v}_2 = \frac{m_1 v_1 + m_2 v_2}{m_1 + m_2} - \frac{m_2(v_2 - v_1)}{m_1 + m_2}\sqrt{1 - \frac{2\Delta W}{\mu(v_1 - v_2)^2}}. \tag{II}$$

Die in den beiden vorhergehenden Beispielen angegebenen Gleichungen für die Geschwindigkeiten nach dem Stoß sind Grenzfälle hiervon (im ersten ist der Radikand gleich Null, im zweiten gleich Eins).

22.5 Drehimpulssatz

Wird (22.11) von links vektoriell mit mit $\vec{r}_i$ multipliziert und über i summiert, so folgt

$$\sum_{i=1}^{N} \vec{r}_i \times \vec{F}_i^{(\text{ä})} + \sum_{i=1}^{N} \left[\vec{r}_i \times \sum_{k \neq i} \vec{F}_{ik}\right] = \sum_{i=1}^{N} \vec{r}_i \times m_i \ddot{\vec{r}}_i. \tag{22.23}$$

Die Doppelsumme in (22.23) ist gleich dem Nullvektor, weil darin zu jedem $\vec{r}_i \times \vec{F}_{ik}$ genau ein $\vec{r}_k \times \vec{F}_{ki}$ mit $k \neq i$ auftritt, so daß wegen (22.5) die Summe $\vec{r}_i \times \vec{F}_{ik} + \vec{r}_k \times \vec{F}_{ki} = \vec{r}_i \times \vec{F}_{ik} - = \vec{r}_k \times \vec{F}_{ik} = (\vec{r}_i - \vec{r}_k) \times \vec{F}_{ik} = \vec{0}$ ($\vec{r}_i - \vec{r}_k$ und $\vec{F}_{ik}$ sind kollinear, d. h. haben gleiche Wirkungslinie) ist. Deshalb geht (22.23) in

$$\sum_{i=1}^{N} \vec{r}_i \times \vec{F}_i^{(\text{ä})} = \sum_{i=1}^{N} \vec{r}_i \times m_i \ddot{\vec{r}}_i. \tag{22.24}$$

über. Mit den Umformungen

$$\sum_{i=1}^{N} \vec{r}_i \times \vec{F}_i^{(\text{ä})} = \sum_{i=1}^{N} \vec{M}_i \tag{22.25}$$

der linken und den Umformungen

$$\sum_{i=1}^{N} \vec{r}_i \times m_i \ddot{\vec{r}} = \frac{\mathrm{d}}{\mathrm{d}t} \sum_{i=1}^{N} \vec{r}_i \times m_i \dot{\vec{r}} = \frac{\mathrm{d}}{\mathrm{d}t} \sum_{i=1}^{N} \vec{L}_i \tag{22.26}$$

der rechten Seite von (22.24) ergibt sich aus (22.24) mit den Definitionen

$$\vec{M} = \sum_{i=1}^{N} \vec{M}_i, \tag{22.27} \qquad \vec{L} = \sum_{i=1}^{N} \vec{L}_i \tag{22.28}$$

des resultierenden Drehmomentes $\vec{M}$ der äußeren Kräfte und des Gesamtdrehimpulses $\vec{L}$ der *Drehimpulssatz in differentieller Form*

$$\vec{M} = \dot{\vec{L}}. \tag{22.29}$$

Sind in einem System von Massenpunkten die inneren Kräfte Zentralkräfte, so ist das resultierende Drehmoment der *äußeren* Kräfte gleich der ersten Ableitung des Drehimpulses nach der Zeit.

Integration von (22.29) liefert den *Drehimpulssatz integraler Form*:

$$\int_0^t \vec{M}(\tau)\,\mathrm{d}\tau = \vec{L} - \vec{L}_0. \tag{22.30}$$

Das Integral in (22.30) wird analog zu (21.78) *Stoß des resultierenden Drehmoments* genannt und mit $\hat{\vec{M}}$ bezeichnet. Der Stoß des resultierenden Drehmoments ist gleich der Änderung des Gesamtdrehimpulses.

Wenn speziell $\vec{M} = \vec{0}$ gilt, also entweder *keine äußeren Kräfte* vorhanden sind (*abgeschlossenes System*) oder die Summe ihrer Momente verschwindet, so ist nach (22.29) der Gesamtdrehimpuls konstant. *Innere Kräfte vermögen demnach den Gesamtdrehimpuls nicht zu ändern*. Das ist der *Drehimpulserhaltungssatz*:

$$\vec{M} = \vec{0} \Leftrightarrow \vec{L} = \vec{L}_0 = \text{const.} \tag{22.31}$$

Angemerkt sei, daß das resultierende Drehmoment $\vec{M}$ der äußeren Kräfte und der Gesamtdrehimpuls $\vec{L}$ definitionsgemäß abhängig vom Bezugssystem sind, und, daß der Drehimpulssatz (22.29) seine Gültigkeit behält, wenn statt des ursprünglichen *Inertialsystems* Σ [Voraussetzung für (22.29)]

- ein anderes, relativ zu Σ ruhendes Bezugssystem Σ' oder
- ein anderes, relativ zu Σ gleichförmig (geradlinig) translierendes Bezugssystem Σ'

verwendet wird.

> Bewegt sich also der Schwerpunkt eines Systems von Massenpunkten gleichförmig (geradlinig) relativ zu einem Inertialsystem, und wird statt des Inertialsystems ein Bezugssystem verwendet, dessen Ursprung sich im Schwerpunkt des Systems von Massenpunkten befindet, und das sich mit dem Schwerpunkt translierend mitbewegt, so gilt der Drehimpulssatz auch in diesem Bezugssystem.

22.6 Massenträgheitsmoment, Deviationsmoment und Trägheitstensor

Massenträgheitsmoment eines Systems von N Massenpunkten mit den Massen m_i und den Ortsvektoren $\vec{r}_i = x_i\vec{e}_x + y_i\vec{e}_y + z_i\vec{e}_z$ ($i = 1, 2, \ldots, N$) bezüglich der x-Achse, y-Achse bzw. z-Achse eines kartesischen Koordinatensystems (Ursprung im Schwerpunkt) heißen die skalaren Größen

$$\begin{aligned} J_{xx} &= \sum_{i=1}^{N} m_i\left(y_i^2 + z_i^2\right), \quad J_{yy} = \sum_{i=1}^{N} m_i\left(x_i^2 + z_i^2\right), \\ J_{zz} &= \sum_{i=1}^{N} m_i\left(x_i^2 + y_i^2\right) \end{aligned} \tag{22.32}$$

die die SI-Einheit $[J_{xx}] = [J_{yy}] = [J_{zz}] = \text{kg m}^2$ haben.

22.6 Massenträgheitsmoment, Deviationsmoment und Trägheitstensor

Werden neben diesen die sogenannten **Deviationsmomente** (auch *Zentrifugalmomente* oder *Trägheitsprodukte* genannt)

$$J_{xy} = J_{yx} = -\sum_{i=1}^{N} m_i x_i y_i, \quad J_{xz} = J_{zy} = -\sum_{i=1}^{N} m_i x_i z_i,$$
$$J_{yz} = J_{zy} = -\sum_{i=1}^{N} m_i y_i z_i \tag{22.33}$$

mit der gleichen SI-Einheit wie die Massenträgheitsmomente (22.32) definiert, so heißt die symmetrische Matrix

$$\boldsymbol{J} = \begin{pmatrix} J_{xx} & J_{xy} & J_{xz} \\ J_{yx} & J_{yy} & J_{yz} \\ J_{zx} & J_{zy} & J_{zz} \end{pmatrix} \tag{22.34}$$

Trägheitstensor des Systems von Massenpunkten.

Das Massenträgheitsmoment J des Massenpunktsystems bezüglich einer Achse durch den Schwerpunkt und mit dem *Richtungseinheitsvektor* $\vec{r} = \vec{e}_x \cos\alpha_x + \vec{e}_y \cos\alpha_y + \vec{e}_z \cos\alpha_z$ ist

$$J = \vec{r}^T \boldsymbol{J} \vec{r} = \begin{pmatrix} \cos\alpha_x & \cos\alpha_y & \cos\alpha_z \end{pmatrix} \begin{pmatrix} J_{xx} & J_{xy} & J_{xz} \\ J_{yx} & J_{yy} & J_{yz} \\ J_{zx} & J_{zy} & J_{zz} \end{pmatrix} \begin{pmatrix} \cos\alpha_x \\ \cos\alpha_y \\ \cos\alpha_z \end{pmatrix}. \tag{22.35}$$

Das Produkt in (22.35) ist nach den Regeln der *Matrizenmultiplikation* zu bilden. α_x, α_y und α_z sind die Winkel, die der Richtungseinheitsvektor mit den positiven Koordinatenachsen einschließt.

STEINERscher Satz:

Gemäß Bild 22.6 ist $\vec{r}_{iII} = \vec{r}_{iI} + \vec{a}$, $\vec{a} \perp \vec{r}_{iI}$ und $\vec{a} \perp \vec{r}_{iII}$, mithin $\vec{a}\vec{r}_{iI} = 0$ für alle $i = 1, 2, \ldots, N$. Deshalb gilt

$$J_{II} = J_S + m\vec{a}^2, \tag{22.36}$$

weil die Summe über $m_i \vec{r}_{iI}^2$ gleich J_S ist.

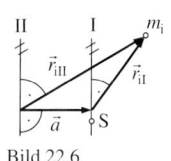

Bild 22.6

Das Massenträgheitsmoment J_{II} eines Systems von Massenpunkten mit der Gesamtmasse m bezüglich einer beliebigen Achse II ist um das Produkt $m\vec{a}^2$ größer als das Massenträgheitsmoment J_S des Systems bezüglich einer zur Achse II parallelen Achse I durch den Schwerpunkt S. Dabei ist $\vec{a}$ der *Abstandsvektor* der beiden Achsen (s. Bild 22.6).

Bewegen sich alle Massenpunkte mit der gleichen Winkelgeschwindigkeit $\vec{\omega} = \vec{e}_x \omega_x + \vec{e}_y \omega_y + \vec{e}_z \omega_z$, so besteht zwischen Winkelgeschwindigkeit und Drehimpuls die Gleichung

$$\vec{L} = \boldsymbol{J}\vec{\omega} = \begin{pmatrix} J_{xx} & J_{xy} & J_{xz} \\ J_{yx} & J_{yy} & J_{yz} \\ J_{zx} & J_{zy} & J_{zz} \end{pmatrix} \begin{pmatrix} \omega_x \\ \omega_y \\ \omega_z \end{pmatrix}. \tag{22.37}$$

22.7 Trägheitsellipsoid

Die Matrizengleichung

$$\vec{r}^{\mathrm{T}} \boldsymbol{J} \vec{r} = \begin{pmatrix} x & y & z \end{pmatrix} \begin{pmatrix} J_{xx} & J_{xy} & J_{xz} \\ J_{yx} & J_{yy} & J_{yz} \\ J_{zx} & J_{zy} & J_{zz} \end{pmatrix} \begin{pmatrix} x \\ y \\ z \end{pmatrix} = J_0 \rho_0^2 \qquad (22.38)$$

bzw. nach Ausführung der Multiplikationen auf der linken Seite die skalare Gleichung

$$J_{xx}x^2 + 2J_{xy}xy + 2J_{xz}xz + J_{yy}y^2 + 2J_{yz}yz + J_{zz}z^2 = J_0 \rho_0^2 \qquad (22.39)$$

mit $J_0 = 1$ kg m^2 und $\rho_0 = 1$ m ist Gleichung eines Ellipsoids, das *Trägheitsellipsoid* oder auch POINSOT-*Ellipsoid* genannt wird.

Am Auftreten der gemischtquadratischen Glieder in (22.39) ist zu erkennen, daß die Achsen des Trägheitsellipsoids *nicht* parallel zu den Koordinatenachsen sind. Damit die gemischtquadratischen Glieder in der Gleichung des Trägheitsellipsoids verschwinden, muß vom ursprünglichen x,y,z-Koordinatensystem zu einem $\bar{x},\bar{y},\bar{z}$-Koordinatensystem übergegangen werden, dessen Koordinatenachsen parallel zu den Achsen des Trägheitsellipsoids sind.

Dieser Übergang heißt **Hauptachsentransformation**. Der Transformation entspricht eine Drehung des Koordinatensystems. Die Transformation erfolgt in folgenden Schritten:

- Ermittlung der *Eigenwerte des Trägheitstensors* $\boldsymbol{J}$:
  Die drei Lösungen $\lambda_1, \lambda_2, \lambda_3$ der kubischen Gleichung

$$\det(\boldsymbol{J} - \lambda \boldsymbol{E}) = \begin{vmatrix} J_{xx} - \lambda & J_{xy} & J_{xz} \\ J_{yx} & J_{yy} - \lambda & J_{yz} \\ J_{zx} & J_{zy} & J_{zz} - \lambda \end{vmatrix} = 0 \qquad (22.40)$$

  [$\boldsymbol{E}$ bezeichnet eine 3×3 Einheitsmatrix und $\det(\boldsymbol{J} - \lambda \boldsymbol{E})$ die Determinante der Matrix $\boldsymbol{J} - \lambda \boldsymbol{E}$] heißen *Eigenwerte des Trägheitstensors*. Nach einem Satz der linearen Algebra sind die Eigenwerte symmetrischer Matrizen reell. Da $\boldsymbol{J}$ symmetrisch ist, müssen also $\lambda_1, \lambda_2, \lambda_3$ reell sein. Per Definition der Trägheitsmomente sind $\lambda_1, \lambda_2, \lambda_3$ sogar positiv; denn sie sind Trägheitsmomente (s. u.).

- Ermittlung der *Eigenvektoren* $\boldsymbol{e}_1, \boldsymbol{e}_2, \boldsymbol{e}_3$ *des Trägheitstensors* $\boldsymbol{J}$:
  Der zum Eigenwert λ_i gehörige Eigenvektor $\boldsymbol{e}_i$ ($i = 1, 2, 3$) ist eine *nichttriviale* Lösung des homogenen linearen Gleichungssystems

$$(\boldsymbol{J} - \lambda_i \boldsymbol{E}) \boldsymbol{e}_i = \boldsymbol{0} \qquad (22.41)$$

  (**0** bezeichnet einen dreidimensionalen Null-Spaltenvektor). Die Eigenvektoren sind so zu normieren, daß sie in der Reihenfolge $\boldsymbol{e}_1, \boldsymbol{e}_2, \boldsymbol{e}_3$ ein *orthonormiertes Rechtssystem* bilden, d. h. Einheitsvektoren sind und das Spatprodukt $(\boldsymbol{e}_1, \boldsymbol{e}_2, \boldsymbol{e}_3) = +1$ haben. Die zu voneinander verschiedenen Eigenwerten gehörigen Eigenvektoren sind orthogonal. Zu einander gleichen Eigenwerten können stets orthogonale Eigenvektoren konstruiert werden (bezüglich des Orthogonalisierungsverfahrens wird auf die mathematische Spezialliteratur verwiesen).

22.7 Trägheitsellipsoid

- Mit der orthogonalen Transformation

$$\vec{r} = \boldsymbol{R}\vec{\bar{r}}, \quad \vec{r} = \begin{pmatrix} x \\ y \\ z \end{pmatrix}, \quad \boldsymbol{R} = \begin{pmatrix} e_{1x} \; e_{2x} \; e_{3x} \\ e_{1y} \; e_{2y} \; e_{3y} \\ e_{1z} \; e_{2z} \; e_{3z} \end{pmatrix}, \quad \vec{\bar{r}} = \begin{pmatrix} \bar{x} \\ \bar{y} \\ \bar{z} \end{pmatrix} \tag{22.42}$$

(die Spaltenvektoren der *Transformationsmatrix* $\boldsymbol{R}$ sind die orthonormierten Eigenvektoren e_1, e_2, e_3 des Trägheitstensors $\boldsymbol{J}$) geht (22.38) über in die sogenannte *Hauptachsengestalt*

$$\vec{\bar{r}}^{\mathrm{T}} \bar{\boldsymbol{J}} \vec{\bar{r}} = J_0 \rho_0^2, \quad \bar{\boldsymbol{J}} = \boldsymbol{R}^{\mathrm{T}} \boldsymbol{J} \boldsymbol{R} = \begin{pmatrix} \lambda_1 & 0 & 0 \\ 0 & \lambda_2 & 0 \\ 0 & 0 & \lambda_3 \end{pmatrix}. \tag{22.43}$$

Entsprechend geht (22.39) mit der skalar angegebenen Transformation (22.44)

$$\left. \begin{array}{l} x = \bar{x} e_{1x} + \bar{y} e_{2x} + \bar{z} e_{3x} \\ y = \bar{x} e_{1y} + \bar{y} e_{2y} + \bar{z} e_{3y} \\ z = \bar{x} e_{1z} + \bar{y} e_{2z} + \bar{z} e_{3z} \end{array} \right\} \tag{22.44}$$

über in die Hauptachsengestalt

$$\lambda_1 \bar{x}^2 + \lambda_2 \bar{y}^2 + \lambda_3 \bar{z}^2 = J_0 \rho_0^2. \tag{22.45}$$

Der Gleichung (22.45) ist zu entnehmen, daß

$$a_1 = \rho_0 \sqrt{\frac{J_0}{\lambda_1}}, \quad a_2 = \rho_0 \sqrt{\frac{J_0}{\lambda_2}}, \quad a_3 = \rho_0 \sqrt{\frac{J_0}{\lambda_3}} \tag{22.46}$$

die *Halbachsen des Trägheitsellipsoids* sind, dessen Gleichung sich nunmehr

$$\frac{\bar{x}^2}{a_1^2} + \frac{\bar{y}^2}{a_2^2} + \frac{\bar{z}^2}{a_3^2} = 1 \tag{22.47}$$

schreibt. λ_1, λ_2 und λ_3 heißen *Hauptträgheitsmomente* und werden häufig auch mit

$$\lambda_1 = J_{\mathrm{I}}, \quad \lambda_2 = J_{\mathrm{II}}, \quad \lambda_3 = J_{\mathrm{III}} \tag{22.48}$$

bezeichnet. Der Leser beachte, daß die Achsen des Trägheitsellipsoids den Quadratwurzeln aus den Hauptträgheitsmomenten umgekehrt proportional sind. Gleichung (22.47) ist Gleichung

- eines allgemeinen Ellipsoids genau dann, wenn alle Hauptträgheitsmomente verschieden voneinander
- eines Rotationsellipsoids genau dann, wenn genau zwei Hauptträgheitsmomente einander gleich
- einer Kugel genau dann, wenn alle Hauptträgheitsmomente einander gleich sind.

Durch die Hauptachsentransformation (22.42) geht (22.37) in (22.49) über:

$$\begin{pmatrix} L_{\bar{x}} \\ L_{\bar{y}} \\ L_{\bar{z}} \end{pmatrix} = \begin{pmatrix} \lambda_1 \omega_{\bar{x}} \\ \lambda_2 \omega_{\bar{y}} \\ \lambda_3 \omega_{\bar{z}} \end{pmatrix}. \tag{22.49}$$

Der Trägheitstensor
$$\boldsymbol{J}/J_0 = \begin{pmatrix} 5 & -2 & 0 \\ -2 & 6 & 2 \\ 0 & 2 & 7 \end{pmatrix}$$

eines Systems von Massenpunkten mit der Gesamtmasse m hat mit $\Lambda = \lambda/J_0$ nach (22.40) wegen

$$\begin{vmatrix} 5-\Lambda & -2 & 0 \\ -2 & 6-\Lambda & 2 \\ 0 & 2 & 7-\Lambda \end{vmatrix} = \Lambda^3 + 18\Lambda^2 - 99\Lambda + 162 = 0 \Rightarrow$$

$$\Lambda_1 = 3, \quad \Lambda_2 = 6, \quad \Lambda_3 = 9$$

die Eigenwerte
$$\lambda_1 = J_\mathrm{I} = 3J_0, \quad \lambda_2 = J_\mathrm{II} = 6J_0, \quad \lambda_3 = J_\mathrm{III} = 9J_0.$$

Für $\lambda_1 = 3J_0$ liefert (22.41) das lineare Gleichungssystem

$$\begin{aligned} 2e_{1x} - 2e_{1y} &= 0 \\ -2e_{1x} + 3e_{1y} + 2e_{1z} &= 0 \\ 2e_{1y} + 4e_{1z} &= 0 \end{aligned}$$

mit der Lösung

$$\boldsymbol{e}_1 = \begin{pmatrix} e_{1x} & e_{1y} & e_{1z} \end{pmatrix}^\mathrm{T} = \frac{1}{3}\begin{pmatrix} -2 & -2 & 1 \end{pmatrix}^\mathrm{T}.$$

Analog ergeben sich für λ_2 und λ_3

$$\boldsymbol{e}_2 = \begin{pmatrix} e_{2x} & e_{2y} & e_{2z} \end{pmatrix}^\mathrm{T} = \frac{1}{3}\begin{pmatrix} -2 & 1 & -2 \end{pmatrix}^\mathrm{T},$$

$$\boldsymbol{e}_3 = \begin{pmatrix} e_{3x} & e_{3y} & e_{3z} \end{pmatrix}^\mathrm{T} = \frac{1}{3}\begin{pmatrix} 1 & -2 & -2 \end{pmatrix}^\mathrm{T},$$

wobei die Einheits-Eigenvektoren so normiert wurden, daß sie ein *Rechtssystem* bilden. Damit ist

$$\boldsymbol{R} = \boldsymbol{R}^\mathrm{T} = \frac{1}{3}\begin{pmatrix} -2 & -2 & 1 \\ -2 & 1 & -2 \\ 1 & -2 & -2 \end{pmatrix}$$

die (zufällig symmetrische) Transformationsmatrix. Das zum gegebenen Trägheitstensor gehörige Trägheitsellipsoid hat die Gleichung

$$\vec{r}^\mathrm{T} \boldsymbol{J} \vec{r}/J_0 = 5x^2 - 4xy + 6y^2 + 4yz + 7z^2 = \rho_0^2,$$

die durch die Transformation

$$\vec{r} = \boldsymbol{R}\vec{\bar{r}} \quad \text{bzw.} \quad \begin{aligned} x &= \frac{1}{3}(-2\bar{x} - 2\bar{y} + \bar{z}) \\ y &= \frac{1}{3}(-2\bar{x} + \bar{y} - 2\bar{z}) \\ z &= \frac{1}{3}(\bar{x} - 2\bar{y} - 2\bar{z}) \end{aligned}$$

übergeht in die Hauptachsengestalt (s. Bild 22.7)

22.7 Trägheitsellipsoid

$$\vec{\bar{r}}^{\mathrm{T}}\overline{\boldsymbol{J}}\vec{\bar{r}}/J_0 = \begin{pmatrix} \bar{x} & \bar{y} & \bar{z} \end{pmatrix} \begin{pmatrix} 3 & 0 & 0 \\ 0 & 6 & 0 \\ 0 & 0 & 9 \end{pmatrix} \begin{pmatrix} \bar{x} \\ \bar{y} \\ \bar{z} \end{pmatrix} = \rho_0^2,$$

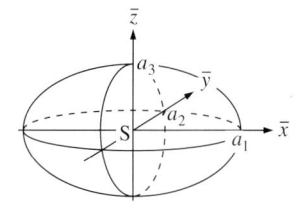

Bild 22.7

woraus die Halbachsen des Trägheitsellipsoids folgen:

$$a_1 = \frac{\rho_0}{\sqrt{3}}, \quad a_2 = \frac{\rho_0}{\sqrt{6}}, \quad a_3 = \frac{\rho_0}{3}.$$

Mit der Winkelgeschwindigkeit $\vec{\bar{\omega}} = (\omega_{\bar{x}} \ \omega_{\bar{y}} \ \omega_{\bar{z}})^{\mathrm{T}}$ aller Massenpunkte im Hauptachsensystem ergibt (22.49) den Gesamtdrehimpuls

$$\begin{pmatrix} L_{\bar{x}} \\ L_{\bar{y}} \\ L_{\bar{z}} \end{pmatrix} = \begin{pmatrix} \lambda_1 \omega_{\bar{x}} \\ \lambda_2 \omega_{\bar{y}} \\ \lambda_3 \omega_{\bar{z}} \end{pmatrix} = 3J_0 \begin{pmatrix} \omega_{\bar{x}} \\ 2\omega_{\bar{y}} \\ 3\omega_{\bar{z}} \end{pmatrix}.$$

An obiger Gleichung für den Drehimpuls ist zu erkennen, daß dieser *nicht* die gleiche Richtung wie die Winkelgeschwindigkeit hat. Die Richtung des Drehimpulses kann bei bekannter Winkelgeschwindigkeit auch graphisch ermittelt werden (POINSOT-Konstruktion): Vom Schwerpunkt S aus wird der Strahl mit der Richtung $\vec{\omega}$ gezeichnet und in seinem Schnittpunkt P mit dem Trägheitsellipsoid die Tangentialebene T an das Trägheitsellipsoid gelegt.

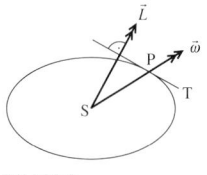

Bild 22.8

Dann hat $\vec{L}$ die Richtung des Lotes von S auf die Tangentialebene (s. Bild 22.8).

Das Massenträgheitsmoment J_{I} bezüglich einer durch den Schwerpunkt S verlaufenden Achse I mit dem Richtungseinheitsvektor $\vec{e} = (-4\vec{e}_{\bar{x}} + 3\vec{e}_{\bar{z}})/5$ im Hauptachsensystem (s. Bild 22.9) ist

$$J_{\mathrm{I}} = \vec{e}^{\mathrm{T}} \boldsymbol{J} \vec{e} = \frac{J_0}{25} \begin{pmatrix} -4 & 0 & 3 \end{pmatrix} \begin{pmatrix} 5 & -2 & 0 \\ -2 & 6 & 2 \\ 0 & 2 & 7 \end{pmatrix} \begin{pmatrix} -4 \\ 0 \\ 3 \end{pmatrix}$$

$$= \frac{J_0}{25} \begin{pmatrix} -4 & 0 & 3 \end{pmatrix} \begin{pmatrix} -20 \\ 14 \\ 21 \end{pmatrix} = \frac{143}{25} J_0.$$

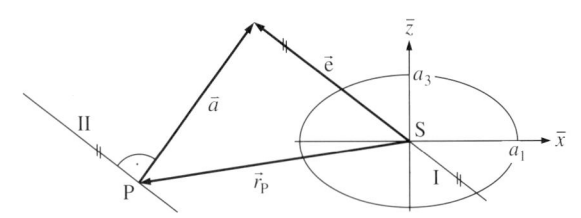

Bild 22.9

Bezüglich einer zu I parallelen Achse II durch den Punkt P mit dem Ortsvektor
$\vec{r}_P = -\rho_0(7\vec{e}_{\bar{x}} + \vec{e}_{\bar{z}})/5$ (s. Bild 22.9) ist das Massenträgheitsmoment J_{II} wegen des Abstandsvektors

$$\vec{a} = \vec{e} \times (\vec{e} \times \vec{r}_P) = \vec{e}(\vec{e}\vec{r}_P) - \vec{r}_P = \rho_0(-4\vec{e}_{\bar{x}} + 3\vec{e}_{\bar{z}})/5 + \rho_0(7\vec{e}_{\bar{x}} + \vec{e}_{\bar{z}})/5$$
$$= \rho_0(3\vec{e}_{\bar{x}} + 4\vec{e}_{\bar{z}})/5$$

nach dem STEINERschen Satz (22.36) gleich

$$J_{II} = J_I + m\vec{a}^2 = \frac{143}{25}J_0 + m\rho_0^2.$$

Ergänzungen

- Wenn der Trägheitstensor auf ein x', y', z'-Koordinatensystem bezogen wird, dessen Ursprung nicht im Schwerpunkt liegt, lautet die Gleichung des Trägheitsellipsoids
  $$(\vec{r}' - \vec{r}'_S)^T \boldsymbol{J} (\vec{r}' - \vec{r}'_S) = J_0\rho_0^2.$$
  mit $\vec{r}' = \vec{e}_{x'}x' + \vec{e}_{y'}y' + \vec{e}_{z'}z'$ und $\vec{r}'_S = \vec{e}_{x'}x'_S + \vec{e}_{y'}y'_S + \vec{e}_{z'}z'_S$. Durch die Transformation $\vec{r} = \vec{r}' - \vec{r}'_S$ (Parallelverschiebung des Koordinatensystems) geht dies in (22.38) über. Anschließend kann die Hauptachsentransformation (22.42) vorgenommen werden.
- Sind J das Massenträgheitsmoment eines Massenpunktsystems bezüglich einer Achse und m die Gesamtmasse des Systems, so heißt $r = \sqrt{J/m}$ *Trägheitsradius* bezüglich dieser Achse. Der Trägheitsradius r ist der Abstand von der Achse, in dem ein Massenpunkt der Masse m das gleiche Massenträgheitsmoment wie das Gesamtsystem hat. Der Kehrwert $\rho = 1/r$ des Trägheitsradius' heißt *Trägheitsmodul* ($[\rho] = \text{m}^{-1}$) bezüglich der Achse.
- POINSOT-Darstellung des Trägheitsellipsoids:
  Mit den Trägheitsmoduln
  $$\rho_\xi = \frac{1}{a_1} = \frac{1}{\rho_0}\sqrt{\frac{J_I}{J_0}}, \quad \rho_\eta = \frac{1}{a_2} = \frac{1}{\rho_0}\sqrt{\frac{J_{II}}{J_0}}, \quad \rho_\zeta = \frac{1}{a_3} = \frac{1}{\rho_0}\sqrt{\frac{J_{III}}{J_0}} \quad (22.50)$$
  [vgl. (22.47)] bezüglich der Koordinatenachsen des ξ, η, ζ-Koordinatensystems
  $$\xi = \rho\cos\alpha_\xi, \quad \eta = \rho\cos\alpha_\eta, \quad \zeta = \rho\cos\alpha_\zeta \quad (22.51)$$
  und dem Trägheitsmodul ρ bezüglich der Achse in Richtung des Ortsvektors $\vec{r} = \vec{e}_\xi\xi + \vec{e}_\eta\eta + \vec{e}_\zeta\zeta$ lautet die Gleichung des Trägheitsellipsoids
  $$\frac{\xi^2}{\rho_\xi^2} + \frac{\eta^2}{\rho_\eta^2} + \frac{\zeta^2}{\rho_\zeta^2} = 1. \quad (22.52)$$
  Ferner gilt $\rho^2 = \xi^2 + \eta^2 + \zeta^2$ (s. Bild 22.10). Hierin stellt die „Strecke" $\overline{OP}$ den Trägheitsmodul ρ dar.

Bild 22.10

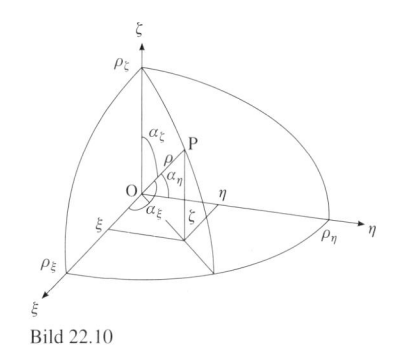

22.8 Arbeitssatz und Energiesatz

Wird die Bewegungsgleichung (22.11) des i-ten Massenpunktes eines Systems von N Massenpunkten mit dessen Geschwindigkeitsvektor $\dot{\vec{r}}_i$ skalar multipliziert und die so erhaltene Gleichung über alle i summiert, so ergibt sich

$$\sum_{i=1}^{N}\left(\vec{F}_i^{(\ddot{a})} + \sum_{k \neq i} \vec{F}_{ik}\right)\dot{\vec{r}}_i = \sum_{i=1}^{N} m_i \ddot{\vec{r}}_i \dot{\vec{r}}_i. \tag{22.53}$$

Jeder Summand auf der rechten Seite von (22.53) kann als $\frac{1}{2} m_i \, \mathrm{d}\dot{\vec{r}}_i^2 / \mathrm{d}t$ geschrieben werden. Wenn nun (22.53) über der Zeit von 0 bis t integriert wird, folgt deshalb

$$\sum_{i=1}^{N} \int_0^t \left(\vec{F}_i^{(\ddot{a})} + \sum_{k \neq i} \vec{F}_{ik}\right) \frac{\mathrm{d}\vec{r}_i}{\mathrm{d}\tau} = \sum_{i=1}^{N} \frac{m_i}{2}(v_i^2 - v_{i0}^2). \tag{22.54}$$

Rechts steht die Änderung der kinetischen Gesamtenergie

$$\boxed{\begin{aligned}
\Delta W_{\mathrm{kin}} &= W_{kin}(t) - W_{kin}(0), \\
W_{\mathrm{kin}}(t) &= \frac{1}{2} \sum_{i=1}^{N} m_i v_i^2, \\
W_{\mathrm{kin}}(0) &= \frac{1}{2} \sum_{i=1}^{N} m_i v_{i0}^2,
\end{aligned}} \tag{22.55}$$

links die Summe der Arbeiten der äußeren und inneren Kräfte

$$\boxed{\begin{aligned}
W &= W^{(\ddot{a})} + W^{(\mathrm{i})}, \\
W^{(\ddot{a})} &= \sum_{i=1}^{N} \int_{\vec{r}_i(0)}^{\vec{r}_i(t)} \vec{F}_i(\vec{r}_i) \, \mathrm{d}\vec{r}_i, \\
W^{(\mathrm{i})} &= \sum_{i=1}^{N} \sum_{k \neq i} \int_{\vec{r}_i(0)}^{\vec{r}_i(t)} \vec{F}_{ik}(\vec{r}_i) \, \mathrm{d}\vec{r}_i.
\end{aligned}} \tag{22.56}$$

Damit gilt der ***Arbeitssatz*** [vgl. (21.39)]:

$$\boxed{W = W_{\text{kin}}(t) - W_{\text{kin}}(0).} \tag{22.57}$$

Die von den äußeren und inneren Kräften im Zeitintervall $[0;t]$ verrichtete Arbeit ist gleich der Änderung der kinetischen Gesamtenergie.

Bemerkenswert ist, daß die Arbeit der inneren Kräfte *nicht* verschwindet, wie eventuell in Analogie zum Verschwinden der Doppelsummen in (22.12) und (22.23) vermutet werden könnte. Die Summanden in (22.56) sind Kurvenintegrale, die sich für ein geordnetes Indexpaar (i,k) durchaus nicht nur im Vorzeichen von dem für ein geordnetes Indexpaar (k,i) zu unterscheiden brauchen.

Die kinetische Gesamtenergie $W_{\text{kin}}(t)$ des Massenpunktsystems kann durch Einführung eines zweiten Koordinatensystems (Koordinatenachsen $\bar{x}, \bar{y}, \bar{z}$) mit dem Ursprung im Schwerpunkt S wegen

$$\vec{r}_i = \vec{r}_S + \vec{\bar{r}}_i \Rightarrow \vec{v}_i = \vec{v}_S + \vec{\bar{v}}_i, \quad (i = 1, 2, \ldots, N)$$

zerlegt werden (m bezeichnet die Gesamtmasse des Systems; die nichtüberstrichenen Größen beziehen sich auf ein Inertialsystem, die überstrichenen auf das Schwerpunktsystem, $\vec{r}_S$ und $\vec{v}_S$ sind Ortsvektor und Geschwindigkeit des Schwerpunktes S im Inertialsystem):

$$\begin{aligned}W_{\text{kin}}(t) &= \frac{1}{2} \sum_{i=1}^{N} m_i \vec{v}_i^{\,2} = \frac{1}{2} \sum_{i=1}^{N} m_i \left(\vec{v}_S + \vec{\bar{v}}_i \right)^2 \\ &= \frac{1}{2} m \vec{v}_S^{\,2} + \vec{v}_S \sum_{i=1}^{N} m_i \vec{\bar{v}}_i + \frac{1}{2} \sum_{i=1}^{N} m_i \vec{\bar{v}}_i^{\,2}.\end{aligned} \tag{22.58}$$

Der Summand in (22.58) mit dem Faktor $\vec{v}_S$ vor der Summe verschwindet, weil der Gesamtimpuls relativ zum Schwerpunkt gleich dem Nullvektor ist. Deshalb gilt

$$\boxed{W_{\text{kin}}(t) = \frac{1}{2} m \vec{v}_S^{\,2} + \frac{1}{2} \sum_{i=1}^{N} m_i \vec{\bar{v}}_i^{\,2}.} \tag{22.59}$$

Die kinetische Gesamtenergie eines Massenpunktsystems ist Summe aus der kinetischen Energie eines Massenpunktes mit der Gesamtmasse im Schwerpunkt und der kinetischen Energie aller Massenpunkte des Systems relativ zum Schwerpunkt.

Sind sowohl alle äußeren als auch alle inneren Kräfte konservativ, d. h., haben sie ein Potential V_i bzw. V_{ik}, ist also

$$\vec{F}_i^{(\text{ä})} = -\vec{\text{grad}} V_i^{(\text{ä})} = -\left(\vec{e}_x \frac{\partial V_i^{(\text{ä})}}{\partial x} + \vec{e}_x \frac{\partial V_i^{(\text{ä})}}{\partial y} + \vec{e}_x \frac{\partial V_i^{(\text{ä})}}{\partial z} \right)$$

für alle äußeren Kräfte und

$$\vec{F}_{ik}^{(\text{i})} = -\vec{\text{grad}}_i V_{ik}^{(\text{i})} = -\left(\vec{e}_x \frac{\partial V_{ik}^{(\text{i})}}{\partial x_i} + \vec{e}_x \frac{\partial V_{ik}^{(\text{i})}}{\partial y_i} + \vec{e}_x \frac{\partial V_{ik}^{(\text{i})}}{\partial z_i} \right)$$

für alle inneren Kräfte, so kann für sie durch

$$\boxed{W_{i\text{pot}} = V_i^{(\text{ä})}(\vec{r}_i) - V_i^{(\text{ä})}(\vec{r}_{i0}); \quad i = 1, 2, \ldots, N} \tag{22.60}$$

bzw.

$$W_{ik\text{pot}} = V_{ik}^{(i)}(\vec{r}_{ik}) - V_{ik}^{(i)}(\vec{r}_{ik0}); \quad i = 1, 2, \ldots, N; \; k \neq i \tag{22.61}$$

eine *potentielle Energie* definiert werden ($\vec{r}_{i0}$ und $\vec{r}_{ik0}$ sind Ortsvektoren willkürlich wählbarer Bezugspunkte für die potentielle Energie). Damit folgt aus (22.57) der **Energiesatz**

$$W_{\text{kin}}(t) + W_{\text{pot}}(t) = W_{\text{kin}}(0) + W_{\text{pot}}(0) \tag{22.62}$$

mit

$$W_{\text{pot}}(t) = \sum_{i=1}^{N} W_{i\text{pot}}(t) + \sum_{i=1}^{N} \sum_{k \neq i} W_{ik\text{pot}}(t)$$

$$= \sum_{i=1}^{N} \int_{\vec{r}_{i0}}^{\vec{r}_i(t)} \vec{F}_i(\vec{r}_i) \, \mathrm{d}\vec{r}_i + \sum_{i=1}^{N} \sum_{k \neq i} \int_{\vec{r}_{ik0}}^{\vec{r}_{ik}(t)} \vec{F}_{ik}(\vec{r}_i) \, \mathrm{d}\vec{r}_i$$

und

$$W_{\text{pot}}(0) = \sum_{i=1}^{N} W_{i\text{pot}}(0) + \sum_{i=1}^{N} \sum_{k \neq i} W_{ik\text{pot}}(0)$$

$$= \sum_{i=1}^{N} \int_{\vec{r}_{i0}}^{\vec{r}_i(0)} \vec{F}_i(\vec{r}_i) \, \mathrm{d}\vec{r}_i + \sum_{i=1}^{N} \sum_{k \neq i} \int_{\vec{r}_{ik0}}^{\vec{r}_{ik}(0)} \vec{F}_{ik}(\vec{r}_i) \, \mathrm{d}\vec{r}_i.$$

> Sind alle äußeren und inneren Kräfte eines Systems von Massenpunkten *konservative Kräfte*, so ist die *mechanische Gesamtenergie konstant*.

22.9 LAGRANGEsche Gleichungen zweiter Art

für ein System von N Massenpunkten mit den Massen m_i ($i = 1, 2, \ldots, N$), das r holonomskleronomen Bindungen ($0 \leq r < 3N$) unterliegt (s. 22.3), heißen die f Gleichungen

$$\frac{\mathrm{d}}{\mathrm{d}t} \left(\frac{\partial L}{\partial \dot{q}_i} \right) - \frac{\partial L}{\partial q_i} = 0; \quad i = 1, 2, \ldots, f \tag{22.63}$$

(Freiheitsgrad $f = 3N - r$), die die Bewegung des Massenpunktsystems unter dem Einfluß äußerer und innerer *konservativer* Kräfte (22.1) beschreiben. Auf die Herleitung dieser Gleichungen wird hier verzichtet. Die Gleichungen (22.63) berücksichtigen implizit die r Bindungen.

Die Größen q_i ($i = 1, 2, \ldots, f$) heißen *generalisierte Koordinaten*, sind eindeutige Funktionen

$$q_i = q_i(x_1, y_1, z_1, \ldots, x_N, y_N, z_N) = q_i(\xi_1, \xi_2, \ldots, \xi_{3N}); \quad i = 1, 2, \ldots, f$$

der kartesischen Koordinaten $x_1, y_1, z_1, \ldots, x_N, y_N, z_N$ bzw. $\xi_1, \xi_2, \ldots, \xi_{3N}$ der N Massenpunkte und kennzeichnen die Lage aller Massenpunkte als Funktionen der Zeit t (Bedeutung der ξ_k s. 22.3). Es wird auch von *angepaßten Koordinaten* gesprochen. Sie sind Abstands- oder/und Winkelkoordinaten und sind frei wählbar, müssen jedoch unabhängig voneinander sein. Ihre Ableitungen $\dot{q}_i$ ($i = 1, 2, \ldots, f$) nach der Zeit t heißen *generalisierte Geschwindigkeiten* und stellen Geschwindigkeiten oder/und Winkelgeschwindigkeiten dar. Die generalisierten Geschwindigkeiten sind eindeutige Funktionen der kartesischen Koordinaten aller Massenpunkte und ihrer kartesischen Geschwindigkeitskomponenten.

Die Größe

$$L = T - U \qquad (22.64)$$

heißt **LAGRANGE-Funktion** und ist Differenz aus der kinetischen Gesamtenergie (hier üblicherweise mit T bezeichnet) und der potentiellen Gesamtenergie aller Kräfte (hier üblicherweise mit U bezeichnet) des Massenpunktsystems. Beide Energien sind in (22.63) als Funktionen von q_i und $\dot{q}_i$ einzusetzen. Bei den Differentiationen in (22.63) ist erforderlichenfalls die *verallgemeinerte Kettenregel* anzuwenden!

Treten unter den auf das Massenpunktsystem wirkenden Kräften *auch nichtkonservative Kräfte* $\vec{\overline{F}}_i$ auf, so lauten die LAGRANGEschen Gleichungen

$$\frac{d}{dt}\left(\frac{\partial L}{\partial \dot{q}_i}\right) - \frac{\partial L}{\partial q_i} = Q_i; \quad i = 1, 2, \ldots, f. \qquad (22.65)$$

Dabei gehen in die LAGRANGE-Funktion (22.64) über die potentielle Energie U nur die Kräfte ein, die ein Potential haben. Die Größen Q_i heißen *generalisierte Kräfte* und stellen Kräfte oder/und Drehmomente dar. Sie hängen gemäß

$$Q_i = \sum_{k=1}^{3N} \overline{F}_k \frac{\partial \xi_k}{\partial q_i}; \quad i = 1, 2, \ldots, f \qquad (22.66)$$

von den nichtkonservativen Kräften $\vec{\overline{F}}_i$ ab (Bedeutung der $\overline{F}_k$ analog zu F_k in 22.3).

Auf *holonom-rheonome* und *nichtholonome Bindungen* wird hier *nicht* eingegangen.

☐ Für einen einzelnen Massenpunkt der Masse m, der sich im homogenen Schwerkraftfeld der Erde frei (*keine* Bindungen $\Rightarrow$ Freiheitsgrad $f = 3$) mit den Anfangsbedingungen

$$\vec{r}(0) = \vec{r}_0 = \vec{e}_x x_0 + \vec{e}_y y_0 + \vec{e}_z z_0, \quad \dot{\vec{r}}(0) = \vec{v}_0 = \vec{e}_x \dot{x}_0 + \vec{e}_y \dot{y}_0 + \vec{e}_z \dot{z}_0$$

bewegt [z-Achse vom Erdmittelpunkt weggerichtet, $z = 0$ am erdnächsten Punkt (Erdoberfläche), den der Massenpunkt erreicht], sind die kartesischen x, y, z-Koordinaten angepaßte Koordinaten. Kinetische und potentielle Energie (Bezugspunkt im erdnächsten Punkt)

$$T = \frac{m}{2}\left(\dot{x}^2 + \dot{y}^2 + \dot{z}^2\right), \quad U = mgz$$

liefern die LAGRANGE-Funktion

$$L = \frac{m}{2}\left(\dot{x}^2 + \dot{y}^2 + \dot{z}^2\right) - mgz.$$

Wegen

$$\frac{\partial L}{\partial \dot{x}} = m\dot{x}, \quad \frac{\partial L}{\partial \dot{y}} = m\dot{y}, \quad \frac{\partial L}{\partial \dot{z}} = m\dot{z} \Rightarrow$$

$$\frac{d}{dt}\left(\frac{\partial L}{\partial \dot{x}}\right) = m\ddot{x}, \quad \frac{d}{dt}\left(\frac{\partial L}{\partial \dot{y}}\right) = m\ddot{y}, \quad \frac{d}{dt}\left(\frac{\partial L}{\partial \dot{z}}\right) = m\ddot{z}$$

22.9 Lagrangesche Gleichungen zweiter Art

und

$$\frac{\partial L}{\partial x} = \frac{\partial L}{\partial y} = 0, \quad \frac{\partial L}{\partial z} = -mg$$

lauten die LAGRANGEschen Gleichungen zweiter Art

$$m\ddot{x} = 0, \quad m\ddot{y} = 0, \quad m\ddot{z} = -mg.$$

Diese sind also identisch mit dem dynamischen Grundgesetz. Ihre Lösung, die auch die Anfangsbedingungen erfüllt und durch zweimalige Integration über der Zeit t gewonnen wird, lautet

$$x = x_0 + \dot{x}_0 t, \quad y = y_0 + \dot{y}_0 t, \quad z = z_0 + \dot{z}_0 t - \frac{1}{2}gt^2.$$

Die Gleichungen der Bahnkurve stellen im Falle $\dot{x}_0^2 + \dot{y}_0^2 \neq 0$ eine Parabel und im Falle $\dot{x}_0^2 + \dot{y}_0^2 = 0$ eine Gerade dar.

☐ Ist ein Massenpunkt mit der Masse m im homogenen Schwerkraftfeld der Erde an die Kurve mit den Gleichungen $x^2 + z^2 = r^2$ und $y = 0$ gebunden (*mathematisches Pendel* $\Rightarrow$ Freiheitsgrad $f = 1$, s. Bild 22.11), so ist der Auslenkwinkel φ (positive Richtung im Bild 22.11 durch Pfeil gekennzeichnet) des Massenpunktes aus der *Ruhelage* $\varphi = 0$ (*stationäre Stelle der potentiellen Energie*) eine geeignete generalisierte Koordinate. Anfangsbedingungen: $r = $ const, $\varphi(0) = \varphi_0 \neq 0$, $y = 0$, $\dot{r}(0) = 0$, $\dot{\varphi}(0) = 0$, $\dot{y}(0) = 0$. Wegen

$$T = \frac{m}{2}r^2\dot{\varphi}^2, \quad U = mgr(1 - \cos\varphi)$$

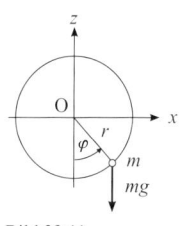

Bild 22.11

($\varphi = 0$ ist Bezugspunkt für die potentielle Energie) lautet die LAGRANGE-Funktion

$$L = \frac{m}{2}r^2\dot{\varphi}^2 - mgr(1 - \cos\varphi)$$

und damit die LAGRANGE-Gleichung zweiter Art

$$\frac{d}{dt}\left(\frac{\partial L}{\partial \dot{\varphi}}\right) - \frac{\partial L}{\partial \varphi} = \frac{d}{dt}\left(mr^2\dot{\varphi}\right) + mgr\sin\varphi = mr^2\ddot{\varphi} + mgr\sin\varphi = 0.$$

Daraus folgt

$$\ddot{\varphi} = -\frac{g}{r}\sin\varphi, \tag{I}$$

so daß die Bewegung unabhängig von der Masse m ist [(I) kann auch unmittelbar aus (21.65) gewonnen werden: $M = -mgr\sin\varphi$, $\alpha = \ddot{\varphi}$, $J = mr^2$]. Im Punkt $\varphi = \pi$ befindet sich der Massenpunkt im labilen Gleichgewicht. Für $\varphi \ll 1$ rad geht (I) in $\ddot{\varphi} = -\varpi_0^2\varphi$ mit $\varpi_0^2 = g/r$ über. Die Lösung dieser *linearisierten* Differentialgleichung wurde in 19.3.5.2 berechnet.

Wird die Einschränkung $\varphi \ll 1$ rad fallengelassen, so ist das Anfangswertproblem

$$\ddot{\varphi} + \varpi_0^2\sin\varphi = 0, \quad \varphi(0) = \varphi_0, \quad \dot{\varphi}(0) = 0 \tag{IIa,b,c}$$

zu lösen.

Es werden einige mathematische Definitionen und Gesetze vorangestellt: Die Funktion

$$u = F(k, \psi) = \int_0^\psi \frac{d\overline{\psi}}{\sqrt{1 - k^2 \sin^2 \overline{\psi}}} \tag{III}$$

heißt LEGENDREsche Normalform des **unvollständigen** elliptischen Integrals erster Gattung[1] und die Funktion

$$K(k) = F\left(k, \frac{\pi}{2}\right) = \int_0^{\pi/2} \frac{d\overline{\psi}}{\sqrt{1 - k^2 \sin^2 \overline{\psi}}} \tag{IV}$$

LEGENDREsche Normalform des **vollständigen** elliptischen Integrals erster Gattung[1]. Beide Funktionen sind nicht in geschlossener Form mittels elementarer Funktionen darstellbar.

Die Größe

$$k = \sin(\varphi_0/2) \tag{V}$$

heißt *Modul* obiger Integrale.

Die Umkehrfunktion von (III) wird mit

$$\psi = \mathrm{am}(u) \tag{VIa}$$

bezeichnet und heißt JACOBIsche *Amplitudenfunktion*[1]. Es gilt

$$\mathrm{am}(u + 2nK) = n\pi + \mathrm{am}(u) \quad \text{für} \quad n = 1, 2, \cdots; \tag{VIb}$$

$$\mathrm{am}(-u) = -\mathrm{am}(u). \tag{VIc}$$

Die Funktion

$$y = \sin[\mathrm{am}(u)] \equiv \mathrm{sn}(u) \tag{VII}$$

heißt JACOBIsche *elliptische Funktion* sinus amplitudinus[1]. Auch die letzten beiden Funktionen sind nicht in geschlossener Form mittels elementarer Funktionen darstellbar.

Nach Multiplikation mit $\dot{\varphi}$ kann (IIa) in der Gestalt

$$\frac{1}{2} \frac{d}{dt}\left(\dot{\varphi}^2\right) = \frac{g}{r} \frac{d}{dt}(\cos \varphi) \tag{VIII}$$

geschrieben werden. Daraus folgt nach einer ersten Integration und Umformung

$$\dot{\varphi}^2 = \frac{2g}{r}(\cos \varphi - \cos \varphi_0) = \frac{4g}{r}\left(\sin^2 \frac{\varphi_0}{2} - \sin^2 \frac{\varphi}{2}\right) \tag{IX}$$

und aus (IX) durch Variablentrennung und erneute Integration

$$t = \pm \frac{1}{2} \sqrt{\frac{r}{g}} \cdot \int_{\varphi_0}^{\varphi} \frac{d\phi}{\sqrt{k^2 - \sin^2(\phi/2)}}. \tag{X}$$

---

[1] s. BRONSTEIN, I. N.; SEMENDJAJEW, K. A.; MUSIOL, G.; MÜHLIG, H.: Taschenbuch der Mathematik. – Harri Deutsch, Thun, Frankfurt am Main 1995, Tabellen für F, K, am s. JAHNKE, E.; EMDE, F.: Tafeln höherer Funktionen. – B. G. Teubner 1960.

22.9 LAGRANGEsche Gleichungen zweiter Art

Das Pluszeichen (Minuszeichen) gilt für alle geraden (ungeraden) Halbperioden, wenn deren Zählung bei Eins begonnen wird. Mit der Substitution

$$\varphi = 2\arcsin(k\sin\overline{\psi}), \quad \overline{\psi} = \arcsin(\sin(\varphi/2)/k) \tag{XI}$$

ergibt sich aus (X)

$$t = \pm\sqrt{\frac{r}{g}} \cdot \int_{\pi/2}^{\psi} \frac{\mathrm{d}\overline{\psi}}{\sqrt{1 - k^2\sin^2\overline{\psi}}} = \pm\sqrt{\frac{r}{g}} \cdot [F(k,\psi) - \mathrm{K}(k)] \tag{XII}$$

mit

$$\psi = \arcsin[\sin(\varphi/2)/k]. \tag{XIII}$$

Aus (X) folgt mit $\varphi = 0$ und der Substitution (XI) die Periodendauer

$$\boxed{T' = 4 \cdot \sqrt{\frac{r}{g}} \cdot \int_{0}^{\pi/2} \frac{\mathrm{d}\overline{\psi}}{\sqrt{1 - k^2\sin^2\overline{\psi}}} = 4 \cdot \sqrt{\frac{r}{g}} \cdot \mathrm{K}(k)} \tag{XIV}$$

der Schwingung. Die Periodendauer wird hier mit T' bezeichnet, um Verwechslung mit der kinetischen Energie T auszuschließen. Wird der Integrand von (XIV) in eine *binomische Reihe* entwickelt und dann die Integration ausgeführt, so geht (XIV) in

$$\begin{aligned}T' &= \sum_{i=0}^{\infty} \binom{-1/2}{i} \cdot \left(-k^2\right)^i \cdot \int_{0}^{\pi/2} \sin^{2i}\overline{\psi}\,\mathrm{d}\overline{\psi} \\ &= 2\pi \cdot \sqrt{\frac{r}{g}} \cdot \left[1 + 2\left(\frac{k^2}{8}\right) + 9\left(\frac{k^2}{8}\right)^2 + 50\left(\frac{k^2}{8}\right)^3 + \cdots\right]\end{aligned} \tag{XV}$$

über. Daran ist zu erkennen, daß die Periodendauer wegen $k = \sin(\varphi_0/2)$ auch von der Amplitude φ_0 abhängt, mit wachsender Amplitude φ_0 zunimmt und prinzipiell größer ist als die Periodendauer der harmonischen kreisförmigen Schwingung [vgl. (19.97)]. Die Periodendauer der letztgenannten Schwingung ergibt sich aus (XV), wenn die eckige Klammer gleich Eins gesetzt wird.

Um die Abhängigkeit der *Elongation* φ von der Zeit t zu erhalten, muß zur Umkehrfunktion von (X) übergegangen werden. Es folgt mit obiger Vorzeichenvereinbarung

$$\boxed{\begin{aligned}\varphi &= 2\arcsin\left\{k \cdot \sin\left[\mathrm{am}\left(\mathrm{K}(k) \mp t \cdot \sqrt{\frac{g}{r}}\right)\right]\right\} \\ &= 2\arcsin\left[k \cdot \mathrm{sn}\left(\mathrm{K}(k) \mp t \cdot \sqrt{\frac{g}{r}}\right)\right].\end{aligned}} \tag{XVI}$$

Die *Winkelgeschwindigkeit* $\dot{\varphi}$ folgt aus (IX) mit φ gemäß (XVI) als Funktion der Zeit t mit obiger Vorzeichenvereinbarung zu

$$\boxed{\dot{\varphi} = \pm\sqrt{\frac{2g}{r}(\cos\varphi - \cos\varphi_0)}.} \tag{XVII}$$

Zahlenbeispiele:

$r = 1,0000$ m, $g = 9,80665$ m s^{-2}, $\varphi_0 = 60,0000° \Rightarrow$
$k = 0,5000 \Rightarrow \mathrm{K}(k) = 1,6858 \Rightarrow$
$T' = 4 \cdot \sqrt{r/g} \cdot \mathrm{K}(k) = 2,1533$ s [(19.97) $\Rightarrow T = 2,0064$ s $< T'$].
$\dot{\varphi}_{\max} = -\dot{\varphi}_{\min} = \sqrt{2g(1-\cos\varphi_0)/r} = 3,1316$ rad s^{-1}.

$t_1 = 0,5000$ s $\Rightarrow \psi(t_1) = \mathrm{am}\left[\mathrm{K}(k) - t_1\sqrt{g/r}\right] = \mathrm{am}(0,1198)$
$\qquad\qquad\qquad\qquad = 6,8571° \Rightarrow$
$\qquad\varphi(t_1) = 2\arcsin(k \cdot \sin\psi(t_1)) = 6,8448° \Rightarrow$
$\qquad\dot{\varphi}(t_1) = -\sqrt{2g[\cos\varphi(t_1) - \cos\varphi_0]/r}$
$\qquad\qquad\; = -3,1097$ rad s$^{-1} > \dot{\varphi}_{\min}$.

$t_2 = 1,5000$ s $\Rightarrow \psi(t_2) = \mathrm{am}\left[\mathrm{K}(k) + t_2\sqrt{g/r}\right] = \mathrm{am}(6,3831) \Rightarrow$
$\qquad\psi(t_2) = 4\pi + \mathrm{am}(-0,3601) = 720,0000° - 20,5225°$
$\qquad\qquad\; = 699,4775°$
$\qquad\varphi(t_1) = 2\arcsin(k \cdot \sin\psi(t_2)) = -20,1908°$
$\qquad\dot{\varphi}(t_2) = +\sqrt{2g[\cos\varphi(t_2) - \cos\varphi_0]/r}$
$\qquad\qquad\; = +2,9328$ rad s$^{-1} > \dot{\varphi}_{\max}$.

$\varphi = \pi/6$ wird erstmals erreicht zum Zeitpunkt (XII) mit $\psi = \arcsin[2 \cdot \sin(\pi/2)]$ und dem Minuszeichen in (XII). Damit ist

$t = \sqrt{r/g}\,[\mathrm{K}(k) - F\{k; \arcsin[2 \cdot \sin(\pi/12)]\}] \Rightarrow$
$t = 0,3193$ s $[1,6858 - F(0,5000; 0,5441)] = 0,3193$ s $(1,6858 - 0,0171)$
$\quad = 0,5329$ s.

Analog können Anfangswertprobleme gleicher Struktur wie (IIa,b,c) **exakt** gelöst werden.

23 Dynamik des starren Körpers

23.1 Translation

23.1.1 Massenmittelpunkt oder Schwerpunkt

eines starren Körpers der Masse m, der einen Volumenbereich (V) ausfüllt, heißt der Punkt S mit den kartesischen Koordinaten

$$x_S = \frac{1}{m} \int\limits_{(V)} \rho(x,y,z) x \, dV, \quad y_S = \frac{1}{m} \int\limits_{(V)} \rho(x,y,z) y \, dV,$$
$$z_S = \frac{1}{m} \int\limits_{(V)} \rho(x,y,z) z \, dV \tag{23.1}$$

bzw. mit dem Ortsvektor

$$\vec{r}_S = x_S \vec{e}_x + y_S \vec{e}_y + z_S \vec{e}_z = \frac{1}{m} \int\limits_{(V)} \rho(\vec{r}) \vec{r} \, dV. \tag{23.2}$$

$\rho(\vec{r}) = \rho(x,y,z)$ bezeichnet die Dichte an der Stelle mit dem Ortsvektor $\vec{r} = x\vec{e}_x + y\vec{e}_y + z\vec{e}_z$. Ist der Körper homogen, so geht (23.2) über in

$$\vec{r}_S = x_S \vec{e}_x + y_S \vec{e}_y + z_S \vec{e}_z = \frac{1}{V} \int\limits_{(V)} \vec{r} \, dV, \tag{23.3}$$

worin V das Volumen des starren Körpers bedeutet. Vielfach ist es sinnvoll, obige Bereichsintegrale auf Zylinder- oder Kugelkoordinaten zu transformieren.

☐ Für einen homogenen, starren Körper der Gestalt einer Halbkugel vom Radius R (s. Bild 23.1, P ist ein Punkt der Halbkugel) ergibt sich mit $V = \frac{2}{3}\pi R^3$ in Kugelkoordinaten (s. 19.5.2.2) wegen $z = r\cos\vartheta$ und
$(V) = \{(r,\vartheta,\varphi):\ 0 \leq r \leq R \wedge 0 \leq \vartheta \leq \pi/2 \wedge 0 \leq \varphi \leq 2\pi\}$:

$$z_S = \frac{3}{2\pi R} \int\limits_{\vartheta=0}^{\pi/2} \left\{ \int\limits_{\varphi=0}^{2\pi} \left[\int\limits_{r=0}^{R} r\cos\vartheta \cdot (r^2 \sin\vartheta)\, dr \right] d\varphi \right\} d\vartheta.$$

Der Faktor in der runden Klammer ist die *Funktionaldeterminante* der Kugelkoordinaten. Da die Integrationsgrenzen konstant sind, ist die Reihenfolge der Integrationen beliebig. Es ergibt sich

$$z_S = \frac{3}{2\pi R^3} \frac{1}{2} 2\pi \frac{R^4}{4} = \frac{3R}{8}. \tag{I}$$

Aus Symmetriegründen ist $x_S = y_S = 0$.

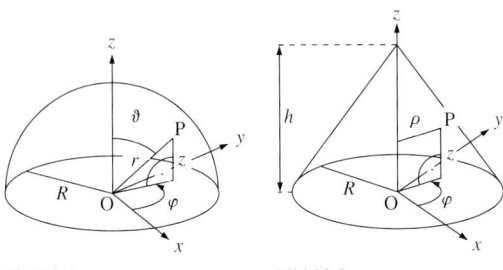

Bild 23.1   Bild 23.2

☐ Ein gerader, homogener Kreiskegel (Höhe h, Radius R, s. Bild 23.2, P ist ein Punkt des Kegels) hat aus Symmetriegründen die Schwerpunktskoordinaten $x_S = y_S = 0$. Mit $V = \dfrac{\pi}{3}R^2h$ gilt in Zylinderkoordinaten (s. 19.5.2.1) wegen $(V) = \{(\rho, \varphi, z): 0 \leq \rho \leq R(1 - z/h) \wedge 0 \leq \varphi \leq 2\pi \wedge 0 \leq z \leq h\}$ für die dritte:

$$z_S = \frac{3}{\pi R^2 h} \int\limits_{z=0}^{h} \left\{ \int\limits_{\varphi=0}^{2\pi} \left[\int\limits_{\rho=0}^{R(1-z/h)} z\rho\, d\rho \right] d\varphi \right\} dz.$$

Der zweite Faktor im Integranden ist die *Funktionaldeterminante* der Zylinderkoordinaten.

Integration über ρ muß vor Integration über z erfolgen, da die obere Grenze des inneren Integrals von z abhängt.

Ergebnis: $z_S = \dfrac{h}{4}$. \hfill (II)

Wenn der Körper eine ebene Scheibe mit konstanter Dichte bzw. ein gerader Stab mit konstanter Dichte ist, wird (23.3) ein zweifaches bzw. ein einfaches Integral.

☐ Eine homogene Scheibe der Dicke d, deren Querschnittsfläche ein Kreissektor mit dem Radius r und dem Zentriwinkel ψ ist (s. Bild 22.3), hat, da $(A) = \{(\rho, \varphi): 0 \leq \rho \leq r \wedge -\psi/2 \leq \varphi \leq \psi/2\}$ und $V = \dfrac{1}{2}dr^2\psi$ ist, in ebenen Polarkoordinaten (s. 19.5.1) wegen $x = \rho \cos\varphi$ die Schwerpunktskoordinate

$$x_S = \frac{2}{r^2\psi} \int\limits_{\varphi=-\psi/2}^{\psi/2} \left[\int\limits_{\rho=0}^{r} \rho^2 \cos\varphi\, d\rho \right] d\varphi = \frac{4r}{3\psi} \sin\frac{\psi}{2}. \hfill \text{(III)}$$

Aus Symmetriegründen ist $y_S = 0$ und $z_S = d/2$. Für $\psi = \pi$ (Sonderfall Halbkreisscheibe) ist $x_S = 4r/3\pi$, $y_S = 0$, $z_S = d/2$.

☐ Ein gerader, quadratischer, homogener Pyramidenstumpf (a, b Seiten der Grund- und Deckfläche, h Höhe, s. Bild 23.4) hat wegen $V = \dfrac{1}{3}(a^2 + ab + b^2)h$ und der

23.1 Translation

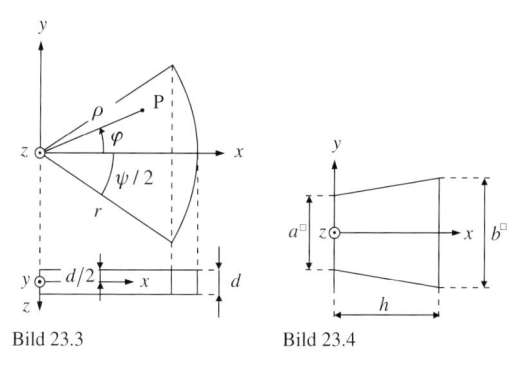

Bild 23.3 Bild 23.4

Querschnittsfläche $(2y)^2$ an der Stelle x mit $y = \frac{1}{2}[a + x(b-a)/h]$ die Schwerpunktskoordinate

$$x_S = \frac{1}{V} \int\limits_{x=0}^{h} x(2y)^2 \, dx = \frac{3}{(a^2+ab+b^2)h} \int\limits_{x=0}^{h} x[a + x(b-a)/h]^2 \, dx$$

$$= \frac{a^2 + 2ab + 3b^2}{a^2 + ab + b^2} \frac{h}{4} \tag{IV}$$

Wegen der Symmetrie ist $y_S = z_S = 0$. Sonderfälle: quadratischer Quader ($a = b > 0$) und gerade, quadratische Pyramide (entweder $a = 0 \wedge b > 0$ oder $b = 0 \wedge a > 0$).

23.1.2 Impuls- und Schwerpunktsatz

Ein starrer Körper der Gesamtmasse m möge unter dem Einfluß einer resultierenden äußeren Kraft $\vec{F}$ eine Translation relativ zu einem Inertialsystem ausführen und sich dabei zu einem beliebigen Zeitpunkt mit der Geschwindigkeit $\vec{v}_S$ und der Beschleunigung $\vec{a}_S = \dot{\vec{v}}_S$ bewegen. Dann haben alle Massenelemente dm gleiche Geschwindigkeit $\vec{v}_S$ und gleiche Beschleunigung $\vec{a}_S = \dot{\vec{v}}_S$, und für sie gilt $d\vec{F} = d\dot{\vec{p}}$, wobei $d\vec{F}$ Summe aller inneren und äußeren Kräfte auf das Massenelement und $d\dot{\vec{p}} = \dot{\vec{v}}_S \, dm = \vec{a}_S \, dm$ die Zeitableitung des Impulses des Massenelementes bedeuten. Durch Integration über den gesamten Massenbereich des starren Körpers geht $d\vec{F} = d\dot{\vec{p}}$ in

$$\boxed{\vec{F} = \dot{\vec{p}}} \tag{23.4}$$

über. Dabei heben sich auf der linken Seite alle inneren Kräfte heraus, da sie Zentralkräfte sind. Rechts steht in (23.5) die Zeitableitung des Gesamtimpulses

$$\boxed{\vec{p} = m\vec{v}_S.} \tag{23.5}$$

Aus (23.5) folgt durch Integration

$$\boxed{\int\limits_{0}^{t} \vec{F}(\tau) \, d\tau = \vec{p} - \vec{p}_0 = m\vec{v}_S(t) - m\vec{v}_S(0).} \tag{23.6}$$

(23.5) heißt *Impulssatz in differentieller Form*, (23.7) heißt *Impulssatz in integraler Form*.

Wird (23.6) in (23.5) eingesetzt, so ergibt sich der *Schwerpunktsatz*

$$\boxed{\vec{F} = m\vec{a}_S = m\dot{\vec{v}}_S = m\ddot{\vec{r}}_S} \tag{23.7}$$

mit $\vec{r}_S$ gemäß (23.2) bzw. (23.3) und $\vec{v}_S = \dot{\vec{r}}_S$, $\vec{a}_S = \dot{\vec{v}}_S = \ddot{\vec{r}}_S$ (Translationsgeschwindigkeit, -beschleunigung).

> Der starre Körper bewegt sich bei der Translation wie ein Massenpunkt der Masse m im Schwerpunkt.

23.1.3 Translationsenergie, Arbeitssatz und Energiesatz

Ein starrer Körper der Masse m führt unter alleinigem Einfluß einer äußeren resultierenden Kraft $\vec{F}$ eine Translation mit der Geschwindigkeit $\vec{v}_S$ und der Beschleunigung $\vec{a}_S = \dot{\vec{v}}_S$ aus. Dann bewegen sich alle Massenelemente dm mit gleicher Geschwindigkeit $\vec{v}_S$ und gleicher Beschleunigung $\vec{a}_S = \dot{\vec{v}}_S$. Wegen (23.7) hat der *Arbeitssatz*

$$\boxed{W = W_{\text{Trans}}(t) - W_{\text{Trans}}(0)} \tag{23.8}$$

die gleiche Struktur wie der Arbeitssatz (22.57) für einen einzelnen Massenpunkt. W ist die von der äußeren resultierenden Kraft $\vec{F}$ in der Zeitspanne $[0;t]$ verrichtete Arbeit. Die inneren Kräfte verrichten hier keine Arbeit, da die Massenelemente sich nicht relativ zueinander bewegen. Der kinetischen Energie in (22.57) entspricht hier die *Translationsenergie*

$$\boxed{W_{\text{Trans}} = \frac{m}{2}\vec{v}_S^2.} \tag{23.9}$$

Die *Arbeit der äußeren resultierenden Kraft* $\vec{F}$ ist durch

$$\boxed{W = \int_{\vec{r}_S(0)}^{\vec{r}_S(t)} \vec{F}(\vec{r})\,d\vec{r}} \tag{23.10}$$

definiert.

Hat die äußere resultierende Kraft ein Potential $V(\vec{r})$, so kann für sie eine *potentielle Energie* durch

$$\boxed{W_{\text{pot}} = V(\vec{r}) - V(\vec{r}_0) = \int_{\vec{r}_0}^{\vec{r}} \vec{F}(\tilde{\vec{r}})\,d\tilde{\vec{r}}} \tag{23.11}$$

definiert werden ($\vec{r}_0$ ist Ortsvektor eines willkürlich wählbaren Bezugspunktes für die potentiellen Energie).

Der *Energiesatz* lautet dann

$$\boxed{W_{\text{Trans}}(t) + W_{\text{pot}}(\vec{r}_S(t)) = W_{\text{Trans}}(0) + W_{\text{pot}}(\vec{r}_S(0)).} \tag{23.12}$$

Die dynamische Beschreibung der Translation eines starren Körpers unterscheidet sich also nicht prinzipiell von der dynamischen Beschreibung eines einzelnen Massenpunktes.

23.2 Rotation um eine raumfeste Achse

23.2.1 Massenträgheitsmoment

eines starren Körpers bezüglich der z-Achse, die zugleich die raumfeste Achse ist, um die der starre Körper rotiert, heißt die durch das folgende skalare Bereichsintegral definierte Größe

$$J_z = \int\limits_{(V)} \rho \left(x^2 + y^2\right) dV. \qquad (23.13)$$

ρ bezeichnet die Dichte des starren Körpers, dV ist ein Volumenelement des starren Körpers, $\sqrt{x^2+y^2}$ ist der Abstand des Volumenelementes dV von der Bezugsachse (z-Achse, s. Bild 23.5).

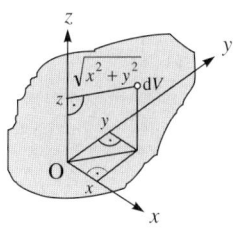

Bild 23.5

(V) bedeutet den Volumenbereich, über den sich der starre Körper erstreckt. Das Massenträgheitsmoment hat offenbar die SI-Einheit $[J_z] = \text{kg m}^2$.

Bei konstanter Dichte (homogener starrer Körper) geht (23.13) in

$$J_z = \rho \cdot \int\limits_{(V)} \left(x^2 + y^2\right) dV \qquad (23.14)$$

über. In vielen Fällen vereinfacht sich die Rechnung sehr, wenn die Integrale (23.13) und (23.14) auf Zylinderkoordinaten oder Kugelkoordinaten transformiert werden.

□ Ein homogener starrer Körper der Dichte $\bar{\rho}$ hat die Gestalt eines geraden Kreiskegelstumpfes mit den Radien r und R ($R > r$) von Deckfläche und Grundfläche und der Höhe h (s. Bild 23.6).

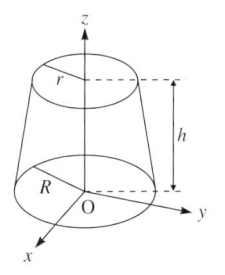

Bild 23.6

In Zylinderkoordinaten ρ, φ, z ergibt sich das Massenträgheitsmoment bezüglich der z-Achse wegen $\rho = R - z(R-r)/h$ und
$(V) = \{(\rho, \varphi, z)\colon\ 0 \leq \rho \leq R - z(R-r)/h \wedge 0 \leq \varphi \leq 2\pi \wedge 0 \leq z \leq h\}$

[Masse des Kegelstumpfes $m = \frac{1}{3}\pi\overline{\rho}h\left(R^2 + Rr + r^2\right)$] zu

$$J_z = \overline{\rho} \int\limits_{\varphi=0}^{2\pi} \left\{ \int\limits_{z=0}^{h} \left[\int\limits_{\rho=0}^{R-z(R-r)/h} \rho \cdot \rho^2 \, d\rho \right] dz \right\} d\varphi$$

$$= \frac{\pi\overline{\rho}h}{10} \frac{R^5 - r^5}{R-r} = \frac{\pi\overline{\rho}h}{10}\left(R^4 + R^3r + R^2r^2 + Rr^3 + r^4\right)$$

$$= \frac{3m}{10} \frac{R^4 + R^3r + R^2r^2 + Rr^3 + r^4}{R^2 + Rr + r^2}. \tag{I}$$

Der erste Faktor im Integranden ist die *Funktionaldeterminante* der Zylinderkoordinaten, der zweite ist das Quadrat des Abstandes des Punktes P$(\rho,\varphi,z) \in (V)$ von der z-Achse.

Sonderfälle:

Kegel $(r=0) \Rightarrow \quad J_z = \frac{\pi\overline{\rho}hR^4}{10} = \frac{3}{10}mR^2.$

Zylinder $(R=r) \Rightarrow J_z = \frac{\pi\overline{\rho}hR^4}{2} = \frac{1}{2}mR^2.$

Für eine homogene Halbkugel mit der Dichte ρ und dem Radius R (s. Bild 23.1) ergibt sich in Kugelkoordinaten r, ϑ, φ wegen
$(V) = \{(r,\vartheta,\varphi): \ 0 \leq r \leq R \wedge 0 \leq \vartheta \leq \pi/2 \wedge 0 \leq \varphi \leq 2\pi\}$
das Massenträgheitsmoment bezüglich der z-Achse zu

$$J_z = \rho \int\limits_{\varphi=0}^{2\pi} \left\{ \int\limits_{\vartheta=0}^{\pi/2} \left[\int\limits_{r=0}^{R} \left(r^2 \sin^2 \vartheta\right)\left(r^2 \sin^2 \vartheta\right) dr \right] d\vartheta \right\} d\varphi.$$

Der erste Klammerausdruck im Integranden ist die *Funktionaldeterminante* der Kugelkoordinaten, der zweite ist das Quadrat des Abstandes des Punktes P$(r,\vartheta,\varphi) \in (V)$ von der z-Achse. Die Integrationen ergeben (Masse der Halbkugel $m = \frac{2}{3}\pi\rho R^3$)

$$J_z = \frac{4}{15}\pi\rho R^5 = \frac{2}{5}mR^2. \tag{II}$$

Für die anderen beiden Koordinatenachsen lauten die Definitionen des Massenträgheitsmoments analog:

$$\boxed{J_x = \int\limits_{(V)} \rho\left(y^2 + z^2\right) dV, \quad J_y = \int\limits_{(V)} \rho\left(x^2 + z^2\right) dV.} \tag{23.15}$$

Der STEINERsche Satz hat hier die gleiche Gestalt wie in (22.22) (auf den Beweis wird verzichtet).

Das Massenträgheitsmoment J_A bezüglich einer Achse A, die von einer dazu parallelen Achse durch den Schwerpunkt S den Abstand s hat, ist gleich der Summe aus dem Massenträgheitsmoment J_S bezüglich der Achse durch den Schwerpunkt und dem Produkt aus der Masse m des starren Körpers und dem Quadrat des Achsenabstandes s.

$$\boxed{J_A = J_S + ms^2.} \tag{23.16}$$

23.2 Rotation um eine raumfeste Achse

Tabelle 23.1 Massenträgheitsmomente

Körper	Skizze	Massenträgheitsmoment, Masse
Kugel		Bezugsachse beliebig durch S. $J = \frac{2}{5}mR^2, \quad m = \frac{4}{3}\pi\rho R^3$
Halbkugel		$J_x = J_y = J_z = \frac{2}{5}mR^2$ $m = \frac{2}{3}\pi\rho R^3$
Kugelabschnitt		$J_z = \frac{m(6R^5 - 30R^4 h + 60R^3 h^2)}{10h^2(3R-h)}$ $\quad + \frac{m(-40R^2 h^3 + 15Rh^4 - 3h^5)}{10h^2(3R-h)}$ $m = \frac{1}{3}\pi\rho h^2(3R-h)$
Kugelausschnitt		$J_z = \frac{1}{5}mh(3R-h)$ $m = \frac{2}{3}\pi\rho R^2 h$
Gerader Kreiskegelstumpf		$J_z = \frac{3m}{10} \cdot \frac{R^4 + R^3 r + R^2 r^2 + Rr^3 + r^4}{R^2 + Rr + r^2}$ $m = \frac{1}{3}\pi\rho h(R^2 + Rr + r^2)$
Gerader Kreiskegel		$J_x = J_y = \frac{m}{20}(3R^2 + 2h^2)$ $J_z = \frac{3}{10}mR^2$ $m = \frac{\pi}{3}\rho R^2 h$
Gerader Kreiszylinder		$J_x = J_y = \frac{m}{12}(3R^2 + 4h^2)$ $J_z = \frac{1}{2}mR^2$ $m = \pi\rho R^2 h$

Tabelle 23.1 Massenträgheitsmomente (Fortsetzung)

Körper	Skizze	Massenträgheitsmoment, Masse
Hohlkugel		Bezugsachse beliebig durch S. $J = \frac{2}{5} m \frac{r_a^5 - r_i^5}{r_a^3 - r_i^3}$ $m = \frac{4}{3} \pi \rho (r_a^3 - r_i^3)$
Dünnwandige Hohlkugel	wie zuvor, jedoch $r_a \approx r_i \approx r_m$ mit $r_m = \frac{1}{2}(r_i + r_a)$	Bezugsachse beliebig durch S. $J \approx \frac{2}{5} m r_m^2$ $m = \frac{4}{3} \pi \rho (r_a^3 - r_i^3)$
Kreisförmiger Hohlzylinder		$J_x = J_y = \frac{1}{12} m \left[3 \left(r_a^2 - r_i^2 \right) + 4h^2 \right]$ $J_z = \frac{1}{2} m \left(r_a^2 - r_i^2 \right)$ $m = \pi \rho h \left(r_a^2 - r_i^2 \right)$
Dünnwandiger kreisförmiger Hohlzylinder	wie zuvor, jedoch $r_a \approx r_i \approx r_m$ mit $r_m = \frac{1}{2}(r_i + r_a)$	$J_x = J_y = \frac{1}{6} m \left(3 r_m^2 + 2h^2 \right)$ $J_z \approx m r_m^2$ $m = \pi \rho h \left(r_a^2 - r_i^2 \right)$
Torus	$R > r$	$J_z = \frac{1}{4} m \left(4R^2 + 3r^2 \right)$ $m = 2\pi^2 \rho R r^2$
Quader		$J_x = \frac{1}{12} m \left(b^2 + c^2 \right)$ $J_y = \frac{1}{12} m \left(a^2 + c^2 \right)$ $J_z = \frac{1}{12} m \left(a^2 + b^2 \right)$ $m = \rho a b c$

23.2.2 Drehimpulssatz

23.2.2.1 Allgemeines

Der starre Körper ist fest mit der z-Achse verbunden und wie im Bild 23.7 gelagert (das Koordinatensystem kann stets entsprechend gewählt werden!). Der Lagerabstand sei l. Das Festlager L_1 bindet drei Bewegungsfreiheiten, das Loslager L_2 bindet zwei. Der starre Körper hat also den Freiheitsgrad $f = 1$. Seine Lage kann eindeutig durch den *Drehwinkel* φ der Rotation um die z-Achse beschrieben werden [etwa durch den Winkel φ von Zylinderkoordinaten (s. 19.5.2.1)].

Jedes Massenelement dm bewegt sich auf der Peripherie eines Kreises, dessen Ebene senkrecht zur z-Achse liegt (s. Bild 23.7). Zu jedem beliebigen Zeitpunkt haben alle Massenelemente sowohl gleiche Winkelgeschwindigkeit als auch gleiche Winkelbeschleunigung.

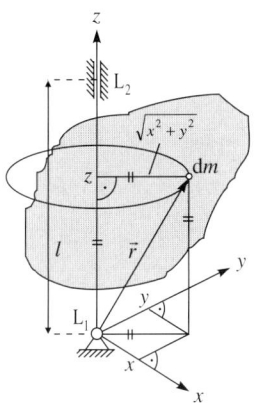

Bild 23.7

Der starre Körper wird durch eine *resultierende, äußere Kraft* $\vec{F}$ oder/und ein *resultierendes, äußeres Drehmoment* $\vec{M}$ belastet oder ist *unbelastet*.

23.2.2.2 Lagerreaktionen

Außer der resultierenden, äußeren Kraft $\vec{F}$ und dem resultierenden, äußeren Drehmoment $\vec{M}$ wirken *Zwangskräfte* $\vec{F}_1$ und $\vec{F}_2$ in den Lagern L_1 und L_2 auf die Rotationsachse. $\vec{F}_2$ greift in L_2 an und hat stets eine Richtung senkrecht zur z-Achse, $\vec{F}_1$ greift in L_1 an und kann eine beliebige Richtung haben. Die Zwangskräfte verhindern, daß sich die Lage der Rotationsachse im Raum ändert. Sie sind *Reaktionskräfte* (Wechselwirkungskräfte von *äußeren, eingeprägten Kräften* oder/und – vom Standpunkt des mitrotierenden Beobachters beurteilt – von *Scheinkräften*).

☐ Wenn der Schwerpunkt S des starren Körpers der Masse m zu einem Zeitpunkt t die Zylinderkoordinaten $\rho_S > 0$, $\varphi_S =$ bel., $0 < z_S < l$ hat (l ist Lagerabstand, z-Achse ist vertikal verlaufende Rotationsachse) und sich mit *konstanter* Winkelgeschwindigkeit $\vec{\omega} = \omega \vec{e}_z$ im homogenen Schwerkraftfeld der Erde (Feldstärke $\vec{g} = -g\vec{e}_z$ mit $g = 9{,}81$ m s^{-2}) bewegt, liegt für den mitrotierenden Beobachter entsprechend Bild 23.8 folgendes *Auflager-Reaktionsproblem* vor:

geg.: m, ρ_S, φ_S, z_S, ω, q, $\alpha = \dot{\omega} = 0$
ges.: $\vec{F}_1$ ($\vec{F}_{h1}, \vec{F}_v$), $\vec{F}_{h2}$

Lösung: Bild 23.8b ⇒
$$\vec{F}_h = m\rho_S \omega^2 \vec{e}_\rho$$
$$\vec{F}_v = -mg\vec{e}_z$$
Zerlegung von $\vec{F}_h$ ergibt:
$$\vec{F}_{h1} = \frac{l - z_S}{l} m\rho_S \omega^2 \vec{e}_\rho$$
$$\vec{F}_{h2} = \frac{z_S}{l} m\rho_S \omega^2 \vec{e}_\rho \Rightarrow$$
$$\vec{F}_1 = \frac{l - z_S}{l} m\rho_S \omega^2 \vec{e}_\rho - mg\vec{e}_z.$$

Bild 23.8a

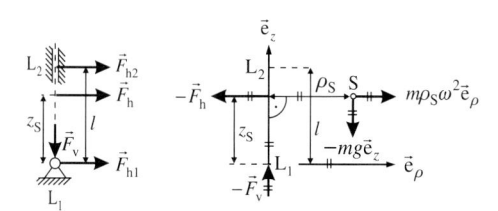

Bild 23.8b

Anmerkung:

Da die *Zentrifugalkraft* mit dem Quadrat der Winkelgeschwindigkeit wächst, ist sie bei großen Winkelgeschwindigkeiten bedeutend größer als die Gewichtskraft, so daß die Gewichtskraft häufig vernachlässigt werden kann (insbesondere bei horizontal verlaufender Rotationsachse).

Zu einer Lagerbelastung und damit zu Zwangskräften auf die Rotationsachse kann es auch kommen, wenn das resultierende, äußere Drehmoment eine Komponente senkrecht zur Rotationsachse hat.

23.2.2.3 Drehimpulssatz

Rotiert der starre Körper derart, daß sich alle Massenelemente dm entsprechend Bild 23.9 mit der Winkelgeschwindigkeit $\vec{\omega} = \omega \vec{e}_z$ um die z-Achse bewegen, so haben sie die Geschwindigkeit $\vec{v} = \vec{\omega} \times \vec{\rho}$ und demzufolge den Drehimpuls

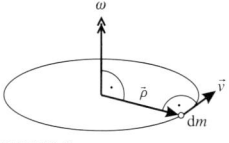

Bild 23.9

$$d\vec{L} = dm\vec{\rho} \times \vec{v} = dm\vec{\rho} \times (\vec{\omega} \times \vec{\rho}) = \rho dV \vec{\rho} \times (\vec{\omega} \times \vec{\rho})$$

bezüglich der z-Achse. $\vec{\rho}$ bedeutet den *Abstandsvektor* des Massenelementes dm von der z-Achse. Der *Drehimpuls des starren Körpers* wird dann durch das vektorielle Bereichsintegral

23.2 Rotation um eine raumfeste Achse

$$\vec{L} = \rho \int\limits_{(V)} \vec{\rho} \times (\vec{\omega} \times \vec{\rho})\,\mathrm{d}V = \rho \int\limits_{(V)} \vec{\rho}^{\,2}\,\mathrm{d}V \cdot \vec{\omega} \qquad (23.17)$$

definiert. (V) ist der Volumenbereich, über den sich der starre Körper erstreckt. ρ bezeichnet die Dichte des als homogen angenommenen starren Körpers. Das zweite Integral in (23.17) ergibt sich aus dem ersten mit der Beziehung $\vec{\rho} \times (\vec{\omega} \times \vec{\rho}) = \vec{\omega}\vec{\rho}^{\,2} - \vec{\rho}(\vec{\omega}\vec{\rho})$ wegen $\vec{\omega}\vec{\rho} = 0$, da $\vec{\omega} \perp \vec{\rho}$ ist. Es stellt offensichtlich das Massenträgheitsmoment J_z des starren Körpers dar. Damit gilt

$$\vec{L} = J_z\vec{\omega} = J_z\omega\vec{e}_z. \qquad (23.18)$$

Der Drehimpuls des starren Körpers, der auch *Drall* genannt wird, hat also die gleiche Richtung wie die Winkelgeschwindigkeit der Rotation.

Wird das resultierende Drehmoment der äußeren Kräfte bezüglich der z-Achse durch

$$\vec{M} = J_z\dot{\vec{\omega}} \qquad (23.19)$$

definiert [(23.19) wird auch *dynamisches Grundgesetz der Rotation um die raumfeste z-Achse* genannt], so ergibt sich aus (23.18) mit (23.19) der *Drehimpulssatz*

$$\vec{M} = \dot{\vec{L}} \qquad (23.20)$$

in differentieller Form und durch Integration über der Zeit

$$\vec{L} - \vec{L}_0 = \vec{L}(t) - \vec{L}(0) = \int\limits_0^t \vec{M}(\tau)\,\mathrm{d}\tau \qquad (23.21)$$

in integraler Form. Das dynamische Grundgesetz der Rotation um eine raumfeste Achse A kann mit der Winkelbeschleunigung $\vec{\alpha}_A$, dem Massenträgheitsmoment J_A des starren Körpers bezüglich der Achse A und dem resultierenden Drehmoment um die Achse A auch in der Form

$$\vec{M}_A = J_A\vec{\alpha}_A \qquad (23.22)$$

geschrieben werden.

Hinweise (vgl. Bemerkungen in 21.1.1.2):

Bei skalarer Rechnung mit dem dynamischen Grundgesetz $M_A = J_A\alpha_A$ der Rotation um eine raumfeste Achse A wird

- die Winkelbeschleunigung bei Rotation in Bezugsrichtung (positiver Drehsinn) positiv und bei Rotation entgegen der Bezugsrichtung (negativer Drehsinn) negativ
- das Drehmoment bei beschleunigendem, resultierenden Drehmoment positiv und bei verzögerndem, resultierenden Drehmoment negativ (analog für etwaige Summanden) angegeben,
- bei gleichmäßig beschleunigten Rotationen α_A häufig durch
  $$\alpha_A = (\omega_A - \omega_{A0})/t, \quad \alpha_A = 2(\varphi - \omega_{A0}t)t^2, \quad \text{oder}$$
  $$\alpha_A = 2(\omega_A t - \varphi)/t^2, \quad \alpha_A = (\omega_A^2 - \omega_{A0}^2)/(2\varphi)$$
  [vgl. (19.82) bis (19.86)] ersetzt.

Dabei sind folgende Bezeichnungsweisen gebräuchlich:

- Vorzeichen stehen vor den Maßzahlen
- Vorzeichen stehen vor den Formelzeichen.

Der Leser beachte, daß es sich bei den Definitionen (23.17) des Drehimpulses und (23.19) des Drehmomentes um den Drehimpuls und das Drehmoment *bezüglich einer Achse*, bei den entsprechenden Definitionen (22.27) und (22.28) dagegen um den Drehimpuls und das Drehmoment *bezüglich eines Punktes* handelt!

☐ Auf einen starren Körper, der um eine raumfeste Achse drehbar gelagert ist, wirken ein konstantes, antreibendes Drehmoment M_1 und ein konstantes Bremsmoment $M_2(|M_2| > M_1)$. Die anfängliche Drehzahl ist $n_0 > 0$. Welche Drehzahl n erreicht er nach der Zeit t ($t > 0$), wenn er das Massenträgheitsmoment J bezüglich der Rotationsachse hat? Wieviele Umdrehungen z führt er in der Zeit t aus?

Lösung:
$$M_1 - M_2 = J\alpha, \quad \alpha = \frac{\omega - \omega_0}{t}, \quad \omega = 2\pi n,$$
$$\omega_0 = 2\pi n_0 \Rightarrow n = n_0 + \frac{(M_1 - M_2)t}{2\pi J}.$$
$$z = \frac{\varphi}{2\pi}, \quad \varphi = \frac{1}{2}(\omega_0 + \omega)t = \frac{1}{2}(n_0 + n)t \Rightarrow z = n_0 t + \frac{(M_1 - M_2)t^2}{4\pi J}.$$

Die Aufgabenstellung ist nur dann sinnvoll, wenn $n > 0$ und z nach der letzten Gleichung positiv sind, da die Drehmomente M_1 und M_2 als konstant vorausgesetzt wurden.

☐ Ein homogener Stab der Masse m und der Länge l (Querabmessungen sehr klein gegenüber l) ist um eine horizontal durch ein Stabende verlaufende Achse A drehbar gelagert und wird zum Zeitpunkt $t = 0$ um den Winkel φ_0 ($\varphi_0 \ll 1$ rad) zur Vertikalen ausgelenkt und dann im homogenen Schwerkraftfeld der Erde mit der Winkelgeschwindigkeit $\omega_0 = 0$ losgelassen (*physikalisches Pendel*, s. Bild 23.10 für $t = 0$).

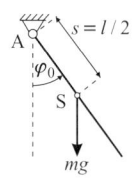

Bild 23.10

Das Massenträgheitsmoment des Stabes bezüglich einer Schwerpunktachse quer zum Stab ergibt sich bei Vernachlässigung der Querabmessungen nach Tabelle 23.1 zu $J_S = \frac{1}{12}ml^2$, woraus mit dem STEINERschen Satz $J_A = \frac{1}{3}ml^2$ folgt.

(23.22) liefert somit $-mg(l/2)\sin\varphi = (1/3)ml^2\ddot{\varphi}$. Die Anfangsbedingungen lauten $\varphi(0) = \varphi_0$, $\dot{\varphi}(0) = 0$. Wegen $\sin\varphi \approx \varphi$ für $|\varphi| \ll 1$ rad folgt daraus das Anfangswertproblem

$$\ddot{\varphi} + \varpi_0^2 \varphi = 0, \quad \varphi(0) = \varphi_0, \quad \dot{\varphi}(0) = 0 \tag{I}$$

mit

$$\varpi_0^2 = \frac{3g}{2l}, \tag{II}$$

dessen Lösung in 19.3.5.2 berechnet wurde. Die Schwingung hat die Periodendauer

23.2 Rotation um eine raumfeste Achse

$$T_0 = \frac{2\pi}{\varpi_0} = 2\pi\sqrt{\frac{2l}{3g}}. \tag{III}$$

Für größere Amplituden gilt, was im zweiten Beispiel des Abschnitts 22.9 zur Lösung des Anfangswertproblems (IIa,b,c) ausgeführt wurde. In allen diesen Gleichungen ist $r = 2l/3$.

☐ Wird statt der Stange im vorangehenden Beispiel ein beliebig geformter starrer Körper (s. Bild 23.11) mit dem Massenträgheitsmoment J_A bezüglich der Schwingachse A, dem Schwerpunktsabstand s von der Schwingachse und der Masse m betrachtet, so folgt für $|\varphi| \ll 1$ wieder das Anfangswertproblem (I), jedoch gilt statt (II) nun

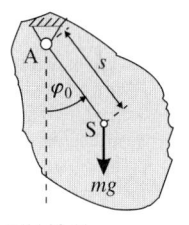

$$\varpi_0 = mgs/J_A \tag{IV}$$

und statt (III)

Bild 23.11

$$T_0 = \frac{2\pi}{\varpi_0} = 2\pi\sqrt{\frac{J_A}{mgs}}. \tag{V}$$

Diese Gleichungen sind etwas allgemeiner als (II) und (III), da sich (II) aus (IV) und (III) aus (V) ergeben, wenn $J_A = \frac{1}{3}ml^2$ und $s = l/2$ gesetzt wird. Für größere Amplituden gilt das im zweiten Beispiel des Abschnitts 22.9 zur Lösung von (IIa,b,c) Gesagte (mit $r = J_A/(ms)$).

23.2.2.4 D'ALEMBERTsches Drehmoment

bezüglich der Rotationsachse A eines starren Körpers mit dem Massenträgheitsmoment J_A – bezogen auf die Achse A –, der mit der Winkelbeschleunigung $\vec{\alpha}_A$ um A rotiert, heißt die formale Größe $-J_A \vec{\alpha}_A$. Sie wird bei der Rotation von starren Körpern um raumfeste Achsen A in Analogie zur D'ALEMBERTkraft (s. Abschnitt 21.1.1.3) eingeführt, um dynamische Probleme auf statische zurückzuführen. Hier schreibt sich das dynamische Grundgesetz (23.22) der Rotation eines starren Körpers um eine raumfeste Achse A mittels D'ALEMBERT-Drehmoment in der Gestalt

$$\boxed{\vec{M}_A - J_A \vec{\alpha}_A = \vec{0},} \tag{23.23}$$

wenn $\vec{M}_A$ das resultierende Drehmoment bezüglich der Achse A bezeichnet, das auf den starren Körper wirkt.

☐ Ein starrer Körper hängt an einem *torsionselastischen* Draht (s. Bild 23.12). Der Draht hat den Durchmesser d und die Länge l ($l \gg d$), sein Torsionsmodul ist G. Er ist im Punkt A fest eingespannt und im Punkt B fest mit dem starren Körper verbunden. Zum Zeitpunkt $t = 0$ wird der starre Körper um den Winkel φ_0 um die Drahtachse $\overline{AB}$ gedreht und der Draht dadurch tordiert. Der Schwerpunkt S des starren Körpers liegt jeweils in der Verlängerung der Strecke $\overline{AB}$ *unterhalb* des Punktes B. Dann wird der starre Körper mit der Winkelgeschwindigkeit $\omega_0 = 0$

losgelassen. Wegen der Tordierung des Drahtes übt dieser zu jedem Zeitpunkt auf den starren Körper ein *elastisches Drehmoment* um die Rotationsachse $\overline{AB}$ aus, das entsprechend (21.83) im ersten Beispiel des Abschnitts 21.2.2.3 durch $M = -\left(\pi G d^4/(32l)\right)\cdot \varphi$ gegeben ist, wobei φ die Elongation im Zeitpunkt t bedeutet. Deshalb gilt nach (23.23)

$$-\left(\pi G d^4/(32l)\right)\cdot \varphi - J\ddot{\varphi} = 0, \qquad (I)$$

wobei J das Massenträgheitsmoment des starren Körpers bezüglich der Rotationsachse $\overline{AB}$ bezeichnet. Zur Differentialgleichung (I) gehören die Anfangsbedingungen $\varphi(0) = \varphi_0$, $\dot{\varphi}(0) = 0$. Mit dem Quadrat $\overline{\omega}_0^2 = \pi G d^4/(32lJ)$ der *Eigenkreisfrequenz* wird diese Schwingung durch das Anfangswertproblem

$$\ddot{\varphi} + \overline{\omega}_0^2 \varphi = 0, \quad \varphi(0) = \varphi_0, \quad \dot{\varphi}(0) = 0 \qquad (II)$$

beschrieben. Lösung von (II) siehe Abschnitt 19.3.5.2 für $|\varphi_0| \ll 1$ rad und zweites Beispiel im Abschnitt 22.9 mit $r = 32lJg/(\pi G d^4)$ andernfalls. Im ersten Fall ist die Periodendauer

$$T_0 = \frac{8}{d^2}\sqrt{\frac{2\pi l J}{G}}. \qquad (III)$$

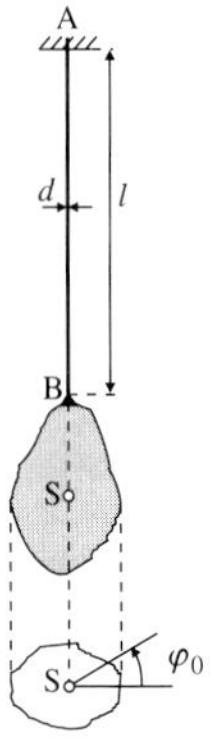

Bild 23.12

(III) findet in der Praxis häufig zur experimentellen Bestimmung des Massenträgheitsmomentes J Anwendung: Es wird die Zeit t für z Perioden gemessen und J berechnet aus

$$J = \frac{t^2 d^4 G}{128\pi z^2 l}. \qquad (IV)$$

23.2.3 Rotationsenergie, Arbeit und Leistung

23.2.3.1 Rotationsenergie

eines starren Körpers mit dem Massenträgheitsmoment J_A bezüglich der Rotationsachse A, der mit der Winkelgeschwindigkeit $\vec{\omega}_A$ rotiert, heißt die skalare Größe

$$\boxed{W_{\text{Rot}} = \frac{1}{2} J_A \vec{\omega}_A^2} \qquad (23.24)$$

mit der SI-Einheit $[W_{\text{Rot}}] = \text{J} = \text{kg m}^2\,\text{s}^{-2}$. Sie ergibt sich aus der kinetischen Energie der Massenelemente $dW_{\text{kin}} = \frac{1}{2}dmv^2 = \frac{1}{2}dm(\vec{\omega}_A \times \vec{\rho})^2 = \frac{1}{2}\left[\vec{\omega}_A^2 \vec{\rho}^{\,2} - (\vec{\omega}_A \vec{\rho})^2\right]$ mit $\vec{\omega}_A \vec{\rho} = 0$ durch Integration über (V). $\vec{\rho}$ ist Abstandsvektor von der Rotationsachse (s. Bild 23.9), (V) ist der Volumenbereich des Körpers.

23.2.3.2 Arbeit und Leistung

- **Arbeit** W

23.2 Rotation um eine raumfeste Achse

eines auf die Drehachse A bezogenen, winkelabhängigen Drehmomentes $\vec{M}_A$, das einen starren Körper um den Winkel $\vec{\varphi}_A$ dreht, heißt die skalare Größe

$$W = \int_{\vec{0}}^{\vec{\varphi}_A} \vec{M}_A(\vec{\phi}) \, d\vec{\phi} \qquad (23.25)$$

mit der SI-Einheit $[W] = \text{J} = \text{kg m}^2 \text{ s}^{-2}$. Dabei ist $\vec{M}_A \| \vec{\varphi}_A$ vorausgesetzt. Im Falle von $W > 0$ ($W < 0$) wird von *zugeführter* (*abgeführter*) Arbeit gesprochen. Ist das Drehmoment $\vec{M}_A$ konstant, so vereinfacht sich (23.25) zu

$$W = \vec{M}_A \vec{\varphi}_A \qquad (23.25')$$

Wird in (23.25) $\vec{M}_A$ nach dem dynamischen Grundgesetz durch $J_A \dot{\vec{\omega}}_A$ ersetzt, so folgt durch Berechnung des Integrals

$$W = \frac{1}{2} J_A \vec{\omega}_A^2(t) - \frac{1}{2} J_A \vec{\omega}_A^2(0) = W_{\text{Rot}}(t) - W_{\text{Rot}}(0). \qquad (23.26)$$

Das ist der *Arbeitssatz*:

Die Arbeit ist gleich der Änderung der Rotationsenergie. Die Rotationsenergie nimmt bei zugeführter Arbeit zu und bei abgeführter Arbeit ab.

- **Potentielle Energie** W_{pot}
  Speziell für Drehmomente $\vec{M}_A = -c \vec{\varphi}_A$ ($c > 0$ ist Winkelrichtgröße, s. 21.2.2.3) ist eine potentielle Energie

$$W_{\text{pot}} = -\int_{\vec{\varphi}_{A0}}^{\vec{\varphi}_A} \vec{M}_A(\vec{\phi}) \, d\vec{\phi} = \int_{\vec{\varphi}_{A0}}^{\vec{\varphi}_A} c \vec{\phi} \, d\vec{\phi} = \frac{1}{2} c \vec{\varphi}_A^2 - \frac{1}{2} c \vec{\varphi}_{A0}^2 \qquad (23.27)$$

definierbar. $\vec{\varphi}_{A0}$ ist ein willkürlich wählbarer Bezugswinkel für die potentielle Energie. Die Arbeit (23.25) ist gleich der negativen Änderung der potentiellen Energie

$$W = W_{\text{pot}}(0) - W_{\text{pot}}(t). \qquad (23.28)$$

Damit geht (23.26) in den *Erhaltungssatz der mechanischen Gesamtenergie* über:

$$W_{\text{pot}}(t) + W_{\text{Rot}}(t) = W_{\text{pot}}(0) + W_{\text{Rot}}(0) \qquad (23.29)$$

☐ Beispielsweise wird bei einem torsionselastischen Draht (s. Bild 23.12) $\vec{\varphi}_{A0} = \vec{0}$ gewählt, wobei dieser Winkel derjenige ist, bei dem der Draht nicht tordiert ist. Wenn zum Zeitpunkt $t = 0$ der Winkel $\vec{\varphi}_{A0} = \vec{0}$ ist, gilt $W_{\text{pot}}(0) = 0$. Das System, bestehend aus einem starren Körper und dem Draht (vgl. das Beispiel in 23.2.2.4), hat dann bei einem Torsionswinkel $\vec{\varphi}_A(t)$ des Drahtes die mechanische Gesamtenergie $\frac{1}{2} c \vec{\varphi}_A^2(t)$, wenn der starre Körper zu diesem Zeitpunkt ruht, und zum Zeitpunkt $t = 0$ die mechanische Gesamtenergie $\frac{1}{2} J \vec{\omega}_A^2(0)$, wenn der starre Körper die Winkelgeschwindigkeit $\vec{\omega}_A(0)$ hat.

Rotiert der starre Körper im homogenen Schwerkraftfeld der Erde um eine horizontal verlaufende Achse A und liegt der Schwerpunkt S nicht auf der Rotationsachse, sondern hat er einen Abstand $\rho_S > 0$ von ihr, so ist die mechanische Gesamtenergie

$$W_{\text{ges}} = W_{\text{Rot}} + W_{\text{pot}} \qquad (23.30)$$

mit W_{pot} gemäß (23.27), falls das o. g. elastische, rücktreibende Drehmoment wirkt, und dem zusätzlichen Summanden mgh. Die so definierte mechanische Gesamtenergie ist konstant, falls keine dissipativen Drehmomente (z. B. Reibmomente) wirken. h bedeutet die Höhe des Schwerpunktes ($-\rho_S \leq h \leq \rho_S$). W_{pot} kann bei dieser Wahl des Bezugsniveaus für die potentielle Energie also positiv, negativ oder gleich Null sein. Meist ist jedoch $W_{Rot} \gg W_{pot}$, so daß W_{pot} gegenüber W_{Rot} vernachlässigbar wird. Außerdem ist es in der Regel unerwünscht, daß der Schwerpunkt außerhalb der Rotationsachse liegt, weil das zu großen Lagerbelastungen führen kann.

- **Leistung** P
eines Drehmomentes $\vec{M}_A$ bezüglich der Drehachse A, das auf einen starren Körper wirkt, der mit der Winkelgeschwindigkeit $\vec{\omega}_A$ um die Achse A rotiert, heißt die skalare Größe

$$\boxed{P = \frac{dW}{dt} = \vec{M}_A \vec{\omega}_A} \tag{23.31}$$

mit der SI-Einheit $[P] = W = \text{kg m}^2 \text{ s}^{-3}$. In (23.31) bezeichnet dW die vom Drehmoment $\vec{M}_A$ in der Zeitspanne dt verrichtete Arbeit (vgl. (21.48) und (21.51) sowie (21.76)).

23.2.4 Drehschwingungen

Wird die (gegebenenfalls *linearisierte*) Differentialgleichung im zweiten und dritten Beispiel aus 23.2.2.3 und im Beispiel aus 23.2.2.4 jeweils in der Gestalt

$$\boxed{J\ddot{\varphi} + c\varphi = 0} \tag{23.32}$$

geschrieben (*harmonische Drehschwingung*), so ist offenbar $\overline{\omega}_0^2 = c/J$. Wegen $\overline{\omega}_0 = 2\pi/T_0$ folgt deshalb für die Periodendauer T_0 die allgemeine Formel

$$\boxed{T_0 = 2\pi \sqrt{\frac{J}{c}},} \tag{23.33}$$

die auch für andere Winkelrichtgrößen c und Massenträgheitsmomente J als die zitierten Gültigkeit und die gleiche Struktur wie die Formel (21.31) für die Periodendauer der linearen harmonischen Schwingung hat.

Das schwingungsfähige System, das die Differentialgleichung (23.32) und die Anfangsbedingungen $\varphi(0) = \varphi_0$, $\dot{\varphi}(0) = \omega_0$ erfüllt (Lösung s. 19.3.5.2 mit $\overline{\omega}_0 = \sqrt{c/J}$), hat in den Zeitpunkten t_2 und t_4, in denen in (19.98) $\varphi = \pm\varphi_m$ ist, die potentielle Energie $W_{pot}(t_2) = W_{pot}(t_4) = \frac{c}{2}\varphi_m^2$ und die kinetische Energie $W_{kin}(t_2) = W_{kin}(t_4) = 0$. Für die Zeitpunkte t_1, t_3 und t_5, in denen in (19.99) $\omega = \pm\omega_m$ mit $\omega_m = \varphi_m\overline{\omega}_0$ ist, gilt analog $W_{pot}(t_1) = W_{pot}(t_5) = 0$ und $W_{kin}(t_1) = W_{kin}(t_3) = W_{kin}(t_5) = \frac{J}{2}\omega_m^2$. Die mechanische Gesamtenergie ist also $W_{ges} = \frac{c}{2}\varphi_m^2 = \frac{J}{2}\omega_m^2 = \text{const}$. Das Bild 21.17 ist auch Darstellung dieser Energien als Funktionen der Zeit t für $\psi = \pi/6$. Die Konstanz der mechanischen Gesamtenergie, also die Gültigkeit des Erhaltungssatzes der mechanischen Gesamtenergie, ist eine Folge des Fehlens eines dissipativen Drehmomentes in der Differentialgleichung (23.32).

Kommt neben dem *rücktreibenden Drehmoment* $-c\varphi$ noch ein *dissipatives Drehmoment* $-d\dot{\varphi}$, das der Winkelgeschwindigkeit proportional ist (STOKESsche Dämpfung), im dynamischen Grundgesetz

23.2 Rotation um eine raumfeste Achse

$$\boxed{-c\varphi - d\dot{\varphi} = J\ddot{\varphi}}\qquad(23.34)$$

vor (d heißt *Dämpfungsfaktor* und hat die SI-Einheit $[d] = \text{kg m}^2\text{rad s}^{-1}$; *gedämpfte, harmonische Drehschwingung*) und lauten die zu erfüllenden Anfangsbedingungen $\varphi(0) = \varphi_0$ und $\dot{\varphi}(0) = \omega_0$, so ergibt sich mit den Abkürzungen $\varpi_0^2 = c/J$, $2\delta^2 = d/J$ das Anfangswertproblem

$$\boxed{\ddot{\varphi} + 2\delta^2\dot{\varphi} + \varpi_0^2 = 0, \quad \varphi(0) = \varphi_0, \quad \dot{\varphi}(0) = \omega_0,}\qquad(23.35\text{a,b,c})$$

dessen Lösung in 19.7.2.2 für die Fälle $\delta > \varpi$, $\delta = \varpi_0$, und $\delta < \varpi_0$ angegeben wurde. Von besonderem Interesse ist hier der dritte Fall, für den Bild 19.64 die Abhängigkeit der Elongation von der Zeit qualitativ veranschaulicht, wenn darin $x/$ m durch $\varphi/$ rad ersetzt wird. Die Abnahme der Amplitude mit der Zeit ist Folge des Auftretens des dissipativen Drehmomentes $-d\dot{\varphi}$ in (23.34), wie ein Vergleich mit Bild 19.20 für die harmonische Schwingung zeigt. Bemerkung: $(23.32) \Rightarrow T_0$ gemäß (23.33). (23.35a) mit $\delta < \varpi \Rightarrow T = 2\pi/\sqrt{\varpi_0^2 - \delta^2} > T_0 = 2\pi/\varpi$ (T = Zeitabstand zweier benachbarter „Nulldurchgänge" gleicher Phase).

23.2.5 Analogien

Zwischen den geradlinigen Bewegungen von Massenpunkten einerseits und den kreisförmigen Bewegungen von Massenpunkten und den Rotationen starrer Körper um raumfeste Achsen andererseits bestehen folgende bemerkenswerte Analogien, die im bisherigen Text teilweise schon angedeutet wurden:

Tabelle 23.2: Analoge Größen

Geradlinige Bewegung eines Massenpunktes	Kreisförmige Bewegung eines Massenpunktes	Rotation eines starren Körpers um eine raumfeste Achse A
Abstandskoordinate x	Winkelkoordinate φ_z	Winkelkoordinate φ_A
Geschwindigkeit v_x	Winkelgeschwindigkeit ω_z	Winkelgeschwindigkeit ω_A
Beschleunigung a_x	Winkelbeschleunigung α_z	Winkelbeschleunigung α_A
Kreisfrequenz ω_0, ω	Kreisfrequenz ϖ_0, ϖ	Kreisfrequenz ϖ_0, ϖ
Masse m	Massenträgheitsmoment mr^2	Massenträgheitsmoment J_A
Kraft F_x	Drehmoment M_z	Drehmoment M_A
Impuls p	Drehimpuls L	Drehimpuls L
Arbeit W	Arbeit W	Arbeit W
Energie W_{pot}, W_{kin}	Energie W_{pot}, W_{kin}	Enrgie W_{pot}, W_{Rot}
Leistung P	Leistung P	Leistung P

Tabelle 23.3: Analoge Gleichungen

Geradlinige Bewegung eines Massenpunktes	Kreisförmige Bewegung eines Massenpunktes	Rotation eines starren Körpers um eine raumfeste Achse A
$v_x = \dot{x}$, $a_x = \dot{v}_x = \ddot{x}$	$\omega_z = \dot{\varphi}_z$, $\alpha_z = \dot{\omega}_z = \ddot{\varphi}_z$	$\omega_A = \dot{\varphi}_A$, $\alpha_A = \dot{\omega}_A = \ddot{\varphi}_A$
$x - x_0 = \int_0^t v_x(\tau)\,d\tau$	$\varphi_z - \varphi_{z0} = \int_0^t \omega_z(\tau)\,d\tau$	$\varphi_A - \varphi_{A0} = \int_0^t \omega_A(\tau)\,d\tau$
$v - v_0 = \int_0^t a_x(\tau)\,d\tau$	$\varphi_z - \varphi_{z0} = \int_0^t \omega_z(\tau)\,d\tau$	$\omega_A - \omega_{A0} = \int_0^t \alpha_A(\tau)\,d\tau$
$\sum F_{xi} = 0 \Leftrightarrow a_x = 0$	$\sum M_{zi} = 0 \Leftrightarrow \alpha_z = 0$	$\sum M_{Ai} = 0 \Leftrightarrow \alpha_A = 0$
$\sum F_{xi} = m a_x$	$\sum M_{zi} = m r^2 \alpha_z$	$\sum M_{Ai} = J_A \alpha_A$
$p = m\dot{x} \Rightarrow \sum F_{xi} = \dot{p}$	$L = m r^2 \dot{\varphi}_z \Rightarrow \sum M_{zi} = \dot{L}$	$L = J_A \dot{\varphi}_A \Rightarrow \sum M_{Ai} = \dot{L}$
$W = \int_{x_1}^{x_2} F_x(\xi)\,d\xi$	$W = \int_{\varphi_{z1}}^{\varphi_{z2}} M_z(\Phi)\,d\Phi$	$W = \int_{\varphi_{z1}}^{\varphi_{z2}} M_A(\Phi)\,d\Phi$
$F_x = -kx \Rightarrow$ $W_{\text{pot}} = \dfrac{1}{2}kx^2$	$M_z = -c\varphi_z \Rightarrow$ $W_{\text{pot}} = \dfrac{1}{2}c\varphi_z^2$	$M_A = -c\varphi_A \Rightarrow$ $W_{\text{pot}} = \dfrac{1}{2}c\varphi_A^2$
$W_{\text{kin}} = \dfrac{1}{2}m\dot{x}^2$	$W_{\text{kin}} = \dfrac{1}{2}mr^2\dot{\varphi}_z^2$	$W_{\text{Rot}} = \dfrac{1}{2}J_A\dot{\varphi}_A^2$
$P = F_x \dot{x}$	$P = M_z \dot{\varphi}_z$	$P = M_A \dot{\varphi}_A$

Tabelle 23.4: Analoge harmonische Schwingungen

Geradlinige Schwingung eines Massenpunktes	Kreisförmige Schwingung eines Massenpunktes	Drehschwingung eines starren Körpers
$m\ddot{x} + kx = 0$, $x(0) = x_0$, $\dot{x}_0 = v_{x0}$	$mr^2\ddot{\varphi} + c\varphi_z = 0$, $\varphi_z(0) = \varphi_{z0}$, $\dot{\varphi}_z(0) = \omega_{z0}$	$J_A \ddot{\varphi}_A + c\varphi_A = 0$, $\varphi_A(0) = \varphi_{A0}$, $\dot{\varphi}_A(0) = \omega_{A0}$
$\omega_0^2 = k/m \Rightarrow$ $T_0 = 2\pi\sqrt{m/k}$	$\varpi_0^2 = c/(mr^2) \Rightarrow$ $T_0 = 2\pi r\sqrt{m/c}$	$\varpi_0^2 = c/J_A \Rightarrow$ $T_0 = 2\pi\sqrt{J_A/c}$
$x = x_m \sin(\omega_0 t + \varphi)$, $x_m = \sqrt{(v_{x0}/\omega_0)^2 + x_0^2}$, $\varphi = \arctan(x_0 \omega_0 / v_{x0})$	$\varphi_z = \varphi_{zm} \sin(\varpi_0 t + \psi)$, $\varphi_{zm} = \sqrt{(\omega_{z0}/\varpi_0)^2 + \varphi_{z0}^2}$, $\psi = \arctan(\varphi_{z0}\varpi_0/\omega_{z0})$	$\varphi_A = \varphi_{Am} \sin(\varpi_0 t + \psi)$, $\varphi_{Am} = \sqrt{(\omega_{A0}/\varpi_0)^2 + \varphi_{A0}^2}$, $\psi = \arctan(\varphi_{A0}\varpi_0/\omega_{A0})$

23.2 Rotation um eine raumfeste Achse

Tabelle 23.5: Analoge STOKES-gedämpfte, harmonische Schwingungen

Geradlinige Schwingung eines Massenpunktes	Kreisförmige Schwingung eines Massenpunktes	Drehschwingung eines starren Körpers
$m\ddot{x}+c\dot{x}+kx=0$	$mr^2\ddot{\varphi}_z+c'\dot{\varphi}_z+c\varphi_z=0$	$J_A\ddot{\varphi}_A+c'\dot{\varphi}_A+c\varphi_A=0$
$x(0)=x_0,\ \dot{x}(0)=v_{x0}$	$\varphi_z(0)=\varphi_{z0},\ \dot{\varphi}_z(0)=\omega_{z0}$	$\varphi_A(0)=\varphi_{A0},\ \dot{\varphi}_A(0)=\omega_{A0}$
$2\delta=c/m,\ \omega_0^2=k/m$	$2\delta=c'/(mr^2),\ \varpi_0^2=c/(mr^2)$	$2\delta=c'/J_A,\ \varpi_0^2=c/J_A$
$\Rightarrow \ddot{x}+2\delta\dot{x}+\omega_0^2 x=0$	$\Rightarrow \ddot{\varphi}_z+2\delta\dot{\varphi}_z+\varpi_0^2\varphi_z=0$	$\Rightarrow \ddot{\varphi}_A+2\delta\dot{\varphi}_A+\varpi_0^2\varphi_A=0$
Kriechfall $\delta>\omega_0$:	Kriechfall $\delta>\varpi_0$:	Kriechfall $\delta>\varpi_0$:
$x=[x_0\cosh\varpi t$ $\quad+\bar{x}_0\sinh\varpi t]\,e^{-\delta t}$	$\varphi_z=[\varphi_{z0}\cosh\varpi t$ $\quad+\bar{\varphi}_{z0}\sinh\varpi t]\,e^{-\delta t}$	$\varphi_A=[\varphi_{A0}\cosh\varpi t$ $\quad+\bar{\varphi}_{A0}\sinh\varpi t]\,e^{-\delta t}$
$\bar{x}_0=\dfrac{x_0\delta+v_{x0}}{\varpi}$	$\bar{\varphi}_{z0}=\dfrac{\varphi_{z0}\delta+\omega_{z0}}{\varpi}$	$\bar{\varphi}_{A0}=\dfrac{\varphi_{A0}\delta+\omega_{A0}}{\varpi}$
$\varpi=\sqrt{\delta^2-\omega_0^2}$	$\varpi=\sqrt{\delta^2-\varpi_0^2}$	$\varpi=\sqrt{\delta^2-\varpi_0^2}$
Grenzfall $\delta=\omega_0$	Grenzfall $\delta=\varpi_0$:	Grenzfall $\delta=\varpi_0$:
$x=[x_0+(v_{x0}+\omega_0 x_0)t]\,e^{-\delta t}$	$\varphi_z=[\varphi_{z0}$ $\quad+(\omega_{z0}+\varpi_0\varphi_{z0})t]\,e^{-\delta t}$	$\varphi_A=[\varphi_{A0}$ $\quad+(\omega_{A0}+\varpi_0\varphi_{A0})t]\,e^{-\delta t}$
Oszillationsfall $\delta<\omega_0$:	Oszillationsfall $\delta<\varpi_0$:	Oszillationsfall $\delta<\varpi_0$:
$x=[x_0\cos\omega t$ $\quad+\bar{x}_0\sin\omega t]\,e^{-\delta t}$	$\varphi_z=[\varphi_{z0}\cos\varpi t$ $\quad+\bar{\varphi}_{z0}\sin\varpi t]\,e^{-\delta t}$	$\varphi_A=[\varphi_{A0}\cos\varpi t$ $\quad+\bar{\varphi}_{A0}\sin\varpi t]\,e^{-\delta t}$
$\bar{x}_0=\dfrac{x_0\delta+v_{x0}}{\omega}$	$\bar{\varphi}_{z0}=\dfrac{\varphi_{z0}\delta+\omega_{z0}}{\varpi}$	$\bar{\varphi}_{A0}=\dfrac{\varphi_{A0}\delta+\omega_{A0}}{\varpi}$
$\omega=\sqrt{\omega_0^2-\delta^2}$	$\varpi=\sqrt{\varpi_0^2-\delta^2}$	$\varpi=\sqrt{\varpi_0^2-\delta^2}$
$T=\dfrac{2\pi}{\omega}>T_0=\dfrac{2\pi}{\omega_0}$	$T=\dfrac{2\pi}{\varpi}>T_0=\dfrac{2\pi}{\varpi_0}$	$T=\dfrac{2\pi}{\varpi}>T_0=\dfrac{2\pi}{\varpi_0}$

Tabelle 23.6: Analoge erzwungene, harmonische Schwingungen im Oszillationsfall mit STOKESscher Dämpfung und äußerer, harmonischer Erregung

Geradlinige Schwingung eines Massenpunktes	Kreisförmige Schwingung eines Massenpunktes	Drehschwingung eines starren Körpers
Anfangswertproblem:	Anfangswertproblem:	Anfangswertproblem:
$m\ddot{x}+c\dot{x}+kx=F_x(\Omega)$	$mr^2\ddot{\varphi}_z+c'\dot{\varphi}_z+c\varphi_z=M_z(\Omega)$	$J_A\ddot{\varphi}_A+c'\dot{\varphi}_A+c\varphi_A=M_A(\Omega)$
$F_x(\Omega)=F_1\cos\Omega t$ $\quad+F_2\sin\Omega t$	$M_z(\Omega)=M_{z1}\cos\Omega t$ $\quad+M_{z2}\sin\Omega t$	$M_A(\Omega)=M_{A1}\cos\Omega t$ $\quad+M_{A2}\sin\Omega t$
$x(0)=x_0,\ \dot{x}(0)=v_{x0}$	$\varphi_z(0)=\varphi_{z0},\ \dot{\varphi}_z(0)=\omega_{z0}$	$\varphi_A(0)=\varphi_{A0},\ \dot{\varphi}_A(0)=\omega_{A0}$
$2\delta=c/m,\ \omega_0^2=k/m$	$2\delta=c'/(mr^2),\ \varpi_0^2=c/(mr^2)$	$2\delta=c'/J_A,\ \varpi_0^2=c/J_A$
$\widehat{a}=F_1/m$	$\widehat{a}=M_{z1}/(mr^2)$	$\widehat{a}=M_{A1}/J_A$
$\widehat{b}=F_2/m$	$\widehat{b}=M_{z2}/(mr^2)$	$\widehat{b}=M_{A2}/J_A$
$\ddot{x}+2\delta\dot{x}+\omega_0^2 x=f(\Omega)$	$\ddot{\varphi}_z+2\delta\dot{\varphi}_z+\varpi_0^2\varphi_z=f(\Omega)$	$\ddot{\varphi}_A+2\delta\dot{\varphi}_A+\varpi_0^2\varphi_A=f(\Omega)$
$f(\Omega)=\widehat{a}\cos\Omega t+\widehat{b}\sin\Omega t$	$f(\Omega)=\widehat{a}\cos\Omega t+\widehat{b}\sin\Omega t$	$f(\Omega)=\widehat{a}\cos\Omega t+\widehat{b}\sin\Omega t$

Tabelle 23.6: Analoge erzwungene, harmonische Schwingungen im Oszillationsfall mit STOKESscher Dämpfung und äußerer, harmonischer Erregung (Fortsetzung)

Geradlinige Schwingung eines Massenpunktes	Kreisförmige Schwingung eines Massenpunktes	Drehschwingung eines starren Körpers
Stationäre Lösung:	Stationäre Lösung:	Stationäre Lösung:
$\delta < \omega_0 \Rightarrow$ $x_2 = x_m \cos(\Omega t + \varphi_1)$ $x_m = \sqrt{\overline{a}^2 + \overline{b}^2}$ $\tan \varphi_1 = -\overline{b}/\overline{a}$ $\overline{a} = \dfrac{\widehat{a}(\omega_0^2 - \Omega^2) - 2\widehat{b}\delta\Omega}{(\omega_0^2 - \Omega^2)^2 + 4\delta^2\Omega^2}$ $\overline{b} = \dfrac{2\widehat{a}\delta\Omega + \widehat{b}(\omega_0^2 - \Omega^2)}{(\omega_0^2 - \Omega^2)^2 + 4\delta^2\Omega^2}$	$\delta < \varpi_0 \Rightarrow$ $\varphi_{z2} = \varphi_{zm} \cos(\Omega t + \varphi_1)$ $\varphi_{zm} = \sqrt{\overline{a}^2 + \overline{b}^2}$ $\tan \varphi_1 = -\overline{b}/\overline{a}$ $\overline{a} = \dfrac{\widehat{a}(\varpi_0^2 - \Omega^2) - 2\widehat{b}\delta\Omega}{(\varpi_0^2 - \Omega^2)^2 + 4\delta^2\Omega^2}$ $\overline{b} = \dfrac{2\widehat{a}\delta\Omega + \widehat{b}(\varpi_0^2 - \Omega^2)}{(\varpi_0^2 - \Omega^2)^2 + 4\delta^2\Omega^2}$	$\delta < \varpi_0 \Rightarrow$ $\varphi_{A2} = \varphi_{Am} \cos(\Omega t + \varphi_1)$ $\varphi_{Am} = \sqrt{\overline{a}^2 + \overline{b}^2}$ $\tan \varphi_1 = -\overline{b}/\overline{a}$ $\overline{a} = \dfrac{\widehat{a}(\varpi_0^2 - \Omega^2) - 2\widehat{b}\delta\Omega}{(\varpi_0^2 - \Omega^2)^2 + 4\delta^2\Omega^2}$ $\overline{b} = \dfrac{2\widehat{a}\delta\Omega + \widehat{b}(\varpi_0^2 - \Omega^2)}{(\varpi_0^2 - \Omega^2)^2 + 4\delta^2\Omega^2}$
$\delta < \omega_0/\sqrt{2} \Rightarrow$ $\Omega_R = \sqrt{\omega_0^2 - 2\delta^2}$ $x_m(\Omega_R) = \dfrac{\sqrt{\widehat{a}^2 + \widehat{b}^2}}{2\omega_0 \delta}$	$\delta < \varpi_0/\sqrt{2} \Rightarrow$ $\Omega_R = \sqrt{\varpi_0^2 - 2\delta^2}$ $\varphi_{zm}(\Omega_R) = \dfrac{\sqrt{\widehat{a}^2 + \widehat{b}^2}}{2\varpi_0 \delta}$	$\delta < \varpi_0/\sqrt{2} \Rightarrow$ $\Omega_R = \sqrt{\varpi_0^2 - 2\delta^2}$ $\varphi_{Am}(\Omega_R) = \dfrac{\sqrt{\widehat{a}^2 + \widehat{b}^2}}{2\varpi_0 \delta}$

Tabelle 23.7: Analoge erzwungene, harmonische Schwingungen im Oszillationsfall mit STOKESscher Dämpfung und innerer, harmonischer Erregung

Geradlinige Schwingung eines Massenpunktes	Kreisförmige Schwingung eines Massenpunktes	Drehschwingung eines starren Körpers
Anfangswertproblem:	Anfangswertproblem:	Anfangswertproblem:
$m\ddot{x} + c\dot{x} + kx = F(\Omega)$ $F(\Omega) = \Omega^2(F_1 \cos \Omega t + F_2 \sin \Omega t)$ $x(0) = x_0,\ \dot{x}(0) = v_{x0}$	$mr^2 \ddot{\varphi}_z + c' \dot{\varphi}_z + c\varphi_z = M_z(\Omega)$ $M_z(\Omega) = \Omega^2(M_{z1} \cos \Omega t + M_{z2} \sin \Omega t)$ $\varphi_z(0) = \varphi_{z0},\ \dot{\varphi}_z(0) = \omega_{z0}$	$J_A \ddot{\varphi}_A + c' \dot{\varphi}_A + c\varphi_A = M_A(\Omega)$ $M_A(\Omega) = \Omega^2(M_{A1} \cos \Omega t + M_{A2} \sin \Omega t)$ $\varphi_A(0) = \varphi_{A0},\ \dot{\varphi}_A(0) = \omega_{A0}$
$2\delta = c/m,\ \omega_0^2 = k/m$ $\widehat{a} = F_1/m$ $\widehat{b} = F_2/m$ $\Rightarrow \ddot{x} + 2\delta\dot{x} + \omega_0^2 x = f(\Omega)$ $f(\Omega) = \Omega^2(\widehat{a} \cos \Omega t + \widehat{b} \sin \Omega t)$	$2\delta = c'/(mr^2),\ \varpi_0^2 = c/(mr^2)$ $\widehat{a} = M_{z1}/(mr^2)$ $\widehat{b} = M_{z2}/(mr^2)$ $\Rightarrow \ddot{\varphi}_z + 2\delta\dot{\varphi}_z + \varpi_0^2 \varphi_z = f(\Omega)$ $f(\Omega) = \Omega^2(\widehat{a} \cos \Omega t + \widehat{b} \sin \Omega t)$	$2\delta = c'/J_A,\ \varpi_0^2 = c/J_A$ $\widehat{a} = M_{A1}/J_A$ $\widehat{b} = M_{A2}/J_A$ $\Rightarrow \ddot{\varphi}_A + 2\delta\dot{\varphi}_A + \varpi_0^2 \varphi_A = f(\Omega)$ $f(\Omega) = \Omega^2(\widehat{a} \cos \Omega t + \widehat{b} \sin \Omega t)$

Tabelle 23.7: Analoge erzwungene, harmonische Schwingungen im Oszillationsfall mit STOKESscher Dämpfung und innerer, harmonischer Erregung (Fortsetzung)

Geradlinige Schwingung eines Massenpunktes	Kreisförmige Schwingung eines Massenpunktes	Drehschwingung eines starren Körpers
Stationäre Lösung:	Stationäre Lösung:	Stationäre Lösung:
$\delta < \omega_0 \Rightarrow$	$\delta < \overline{\omega}_0 \Rightarrow$	$\delta < \overline{\omega}_0 \Rightarrow$
$x_2 = x_m \cos(\Omega t + \varphi_1)$	$\varphi_{z2} = \varphi_{zm} \cos(\Omega t + \varphi_1)$	$\varphi_{A2} = \varphi_{Am} \cos(\Omega t + \varphi_1)$
$x_m = \sqrt{\overline{a}^2 + \overline{b}^2}$	$\varphi_{zm} = \sqrt{\overline{a}^2 + \overline{b}^2}$	$\varphi_{Am} = \sqrt{\overline{a}^2 + \overline{b}^2}$
$\tan \varphi_1 = -\overline{b}/\overline{a}$	$\tan \varphi_1 = -\overline{b}/\overline{a}$	$\tan \varphi_1 = -\overline{b}/\overline{a}$
$\overline{a} = \Omega^2 \dfrac{\widehat{a}(\omega_0^2 - \Omega^2) - 2\widehat{b}\delta\Omega}{(\omega_0^2 - \Omega^2)^2 + 4\delta^2\Omega^2}$	$\overline{a} = \Omega^2 \dfrac{\widehat{a}(\omega_0^2 - \Omega^2) - 2\widehat{b}\delta\Omega}{(\omega_0^2 - \Omega^2)^2 + 4\delta^2\Omega^2}$	$\overline{a} = \Omega^2 \dfrac{\widehat{a}(\omega_0^2 - \Omega^2) - 2\widehat{b}\delta\Omega}{(\omega_0^2 - \Omega^2)^2 + 4\delta^2\Omega^2}$
$\overline{b} = \Omega^2 \dfrac{2\widehat{a}\delta\Omega + \widehat{b}(\omega_0^2 - \Omega^2)}{(\omega_0^2 - \Omega^2)^2 + 4\delta^2\Omega^2}$	$\overline{b} = \Omega^2 \dfrac{2\widehat{a}\delta\Omega + \widehat{b}(\omega_0^2 - \Omega^2)}{(\omega_0^2 - \Omega^2)^2 + 4\delta^2\Omega^2}$	$\overline{b} = \Omega^2 \dfrac{2\widehat{a}\delta\Omega + \widehat{b}(\omega_0^2 - \Omega^2)}{(\omega_0^2 - \Omega^2)^2 + 4\delta^2\Omega^2}$
$\delta < \omega_0/\sqrt{2} \Rightarrow$	$\delta < \overline{\omega}_0/\sqrt{2} \Rightarrow$	$\delta < \overline{\omega}_0/\sqrt{2} \Rightarrow$
$\Omega_R = \omega_0^2/\sqrt{\omega_0^2 - 2\delta^2}$	$\Omega_R = \overline{\omega}_0^2/\sqrt{\overline{\omega}_0^2 - 2\delta^2}$	$\Omega_R = \overline{\omega}_0^2/\sqrt{\overline{\omega}_0^2 - 2\delta^2}$
$x_m(\Omega_R) = \dfrac{\omega_0^2}{2\delta}\sqrt{\dfrac{\widehat{a}^2 + \widehat{b}^2}{\omega_0^2 - \delta^2}}$	$\varphi_{zm}(\Omega_R) = \dfrac{\overline{\omega}_0^2}{2\delta}\sqrt{\dfrac{\widehat{a}^2 + \widehat{b}^2}{\overline{\omega}_0^2 - \delta^2}}$	$\varphi_{Am}(\Omega_R) = \dfrac{\overline{\omega}_0^2}{2\delta}\sqrt{\dfrac{\widehat{a}^2 + \widehat{b}^2}{\overline{\omega}_0^2 - \delta^2}}$

23.3 Allgemeine Bewegung des starren Körpers

23.3.1 Impulssatz und Schwerpunktsatz

Mit der EULERschen Gleichung

$$\vec{v} = \vec{v}_{O'} + \vec{\omega} \times \vec{r}\,' \tag{23.36}$$

für die Geschwindigkeiten $\vec{v}$ der Massenelemente (Ortsvektor des Massenelementes $\vec{r}\,'$ im körperfesten System, Winkelgeschwindigkeit $\vec{\omega}$, Geschwindigkeit des körperfesten Bezugspunktes $\vec{v}_{O'}$) geht der Impuls

$$d\vec{p} = dm\vec{v}$$

der Massenelemente des starren Körpers über in

$$d\vec{p} = dm\vec{v}_{O'} + dm\vec{\omega} \times \vec{r}\,'.$$

Integration über den Massenbereich (m) des starren Körpers liefert den Gesamtimpuls

$$\boxed{\vec{p} = m\vec{v}_{O'} + m\vec{\omega} \times \vec{r}\,'_S.} \tag{23.37}$$

Wird der Schwerpunkt S als körperfester Bezugspunkt gewählt (O'=S), so wird wegen $\vec{r}\,'_S = \vec{0}$ aus (23.37)

$$\boxed{\vec{p} = m\vec{v}_S.} \tag{23.38}$$

Damit lautet der *Impulssatz* wie in 23.1.2

$$\boxed{\vec{F} = \dot{\vec{p}},} \tag{23.39}$$

worin $\vec{F}$ die resultierende Kraft bezeichnet. Auch der Schwerpunktsatz (23.7) behält hier seine Gültigkeit.

23.3.2 Drehimpuls und Trägheitstensor

Der Drehimpuls

$$d\vec{L} = d\vec{r}' \times \vec{v} \tag{23.40}$$

eines Massenelementes mit der Masse dm ist auf den Ursprung O' des körperfesten Bezugssystems bezogen. $\vec{r}'$ ist Ortsvektor des Massenelementes im körperfesten System, $\vec{v}$ ist die Geschwindigkeit des Massenelementes relativ zum raumfesten Bezugssystems. Mit (23.36) geht (23.40) über in

$$d\vec{L} = dm\vec{r}' \times \vec{v}_{O'} + dm\vec{r}' \times (\vec{\omega} \times \vec{r}'). \tag{23.41}$$

Integration über den Massenbereich (m) des starren Körpers ergibt

$$\vec{L} = \int_{(m)} \vec{r}' \times \vec{v}_{O'}\, dm + \int_{(m)} \vec{r}' \times (\vec{\omega} \times \vec{r}')\, dm. \tag{23.42}$$

Wird der Schwerpunkt als Ursprung des körperfesten Bezugssystems gewählt (O'=S), so ist der erste Summand in (23.42) wegen

$$\int_{(m)} \vec{r}' \times \vec{v}_S\, dm = \int_{(m)} \vec{r}'\, dm \times \vec{v}_S = m\vec{r}'_S \times \vec{v}_S$$

und $\vec{r}'_S = \vec{0}$ gleich dem Nullvektor. Dann vereinfacht sich (23.42) zu

$$\vec{L} = \int_{(m)} \vec{r}' \times (\vec{\omega} \times \vec{r}')\, dm. \tag{23.43}$$

Durch Anwendung der Formel $\vec{r}' \times (\vec{\omega} \times \vec{r}') = \vec{\omega}\vec{r}'^2 - \vec{r}'(\vec{\omega}\vec{r}')$ geht (23.43) über in

$$\vec{L} = \vec{\omega} \int_{(m)} \vec{r}'^2\, dm - \int_{(m)} \vec{r}'(\vec{\omega}\vec{r}')\, dm \tag{23.44}$$

bzw. in Komponenten

$$\boxed{\begin{aligned} L_{x'} &= +\omega_{x'} \int_{(m)} (y'^2 + z'^2)\, dm - \omega_{y'} \int_{(m)} x'y'\, dm - \omega_{z'} \int_{(m)} x'z'\, dm \\ &= J_{x'x'}\omega_{x'} + J_{x'y'}\omega_{y'} + J_{x'z'}\omega_{z'}, \end{aligned}} \tag{23.44a}$$

$$\boxed{\begin{aligned} L_{y'} &= -\omega_{x'} \int_{(m)} y'x'\, dm + \omega_{y'} \int_{(m)} (x'^2 + z'^2)\, dm - \omega_{z'} \int_{(m)} y'z'\, dm \\ &= J_{y'x'}\omega_{x'} + J_{y'y'}\omega_{y'} + J_{y'z'}\omega_{z'}, \end{aligned}} \tag{23.44b}$$

23.3 Allgemeine Bewegung des starren Körpers

$$L_{z'} = -\omega_{x'} \int\limits_{(m)} z'x'\,dm + \omega_{y'} \int\limits_{(m)} z'y'\,dm - \omega_{z'} \int\limits_{(m)} (x'^2 + y'^2)\,dm$$
$$= J_{z'x'}\omega_{x'} + J_{z'y'}\omega_{y'} + J_{z'z'}\omega_{z'}. \tag{23.44c}$$

In den Gleichungen (23.44a,b,c) sind $L_{x'}$, $L_{y'}$, $L_{z'}$ die kartesischen Komponenten des Drehimpulses

$$\vec{L} = L_{x'}\vec{e}_{x'} + L_{y'}\vec{e}_{y'} + L_{z'}\vec{e}_{z'}, \tag{23.45}$$

$\omega_{x'}$, $\omega_{y'}$, $\omega_{z'}$ die kartesischen Komponenten der Winkelgeschwindigkeit

$$\vec{\omega} = \omega_{x'}\vec{e}_{x'} + \omega_{y'}\vec{e}_{y'} + \omega_{z'}\vec{e}_{z'}, \tag{23.46}$$

$J_{x'x'}$, $J_{y'y'}$, $J_{z'z'}$ die *Massenträgheitsmomente*

$$J_{x'x'} = \int\limits_{(m)} (y'^2 + z'^2)\,dm, \tag{23.47a}$$

$$J_{y'y'} = \int\limits_{(m)} (x'^2 + z'^2)\,dm, \tag{23.47b}$$

$$J_{z'z'} = \int\limits_{(m)} (x'^2 + y'^2)\,dm \tag{23.47c}$$

und $J_{x'y'}, J_{x'z'}, J_{y'x'}, J_{y'z'}, J_{z'x'}, J_{z'y'}$ die *Deviationsmomente* (auch *Trägheitsprodukte* oder *Zentrifugalmomente* genannt)

$$J_{x'y'} = J_{y'x'} = -\int\limits_{(m)} x'y'\,dm, \tag{23.48a}$$

$$J_{x'z'} = J_{z'x'} = -\int\limits_{(m)} x'z'\,dm, \tag{23.48b}$$

$$J_{y'z'} = J_{z'y'} = -\int\limits_{(m)} y'z'\,dm \tag{23.48c}$$

des starren Körpers.

Die symmetrische Matrix

$$\boldsymbol{J} = \begin{pmatrix} J_{x'x'} & J_{x'y'} & J_{x'z'} \\ J_{y'x'} & J_{y'y'} & J_{y'z'} \\ J_{z'x'} & J_{z'y'} & J_{z'z'} \end{pmatrix} \tag{23.49}$$

heißt *Trägheitstensor* des starren Körpers. Die Ausführungen im Abschnitt 22.7 über das *Trägheitsellipsoid* von Massenpunktsystemen gelten mit entsprechenden Bezeichnungen auch für das Trägheitsellipsoid eines starren Körpers. Das Trägheitsellipsoid ist fest mit dem starren Körper verbunden.

Zwischen Drehimpuls $\vec{L}$, Trägheitstensor $\boldsymbol{J}$ und Winkelgeschwindigkeit $\vec{\omega}$ (Rotationsachse) besteht nach (23.44a,b,c) der Zusammenhang

$$\boxed{\vec{L} = \begin{pmatrix} L_{x'} \\ L_{y'} \\ L_{z'} \end{pmatrix} = \boldsymbol{J}\vec{\omega} = \begin{pmatrix} J_{x'x'} & J_{x'y'} & J_{x'z'} \\ J_{y'x'} & J_{y'y'} & J_{y'z'} \\ J_{z'x'} & J_{z'y'} & J_{z'z'} \end{pmatrix} \begin{pmatrix} \omega_{x'} \\ \omega_{y'} \\ \omega_{z'} \end{pmatrix}.} \tag{23.50}$$

Das Produkt in (23.50) ist nach den Regeln der Matrizenmultiplikation zu bilden. Im allgemeinen haben die Vektoren $\vec{L}$ und $\vec{\omega}$ unterschiedliche Richtung. Hat der Trägheitstensor *Hauptachsengestalt* ($\boldsymbol{J}$ ist Diagonalmatrix; J_I, J_II und J_III sind Diagonalelemente), so gilt

$$\boxed{\vec{L} = J_\mathrm{I}\vec{\omega}_\mathrm{I} + J_\mathrm{II}\vec{\omega}_\mathrm{II} + J_\mathrm{III}\vec{\omega}_\mathrm{III},} \tag{23.51}$$

wobei J_I, J_II und J_III die *Hauptträgheitsmomente* (s. 22.7) und $\vec{\omega}_\mathrm{I}$, $\vec{\omega}_\mathrm{II}$ und $\vec{\omega}_\mathrm{III}$ die Komponenten der Winkelgeschwindigkeit in Richtung der *Hauptachsen* des Trägheitstensors sind (s. 22.7). *Hauptachsentransformation* s. 22.7. Wenn die Rotationsachse eine Hauptachse ist, vereinfacht sich (23.51) zu

$$\boxed{\vec{L} = J_i\vec{\omega}_i; \quad i \in \{\mathrm{I, II, III}\}.} \tag{23.52}$$

23.3.3 Kinetische Energie

Integration der kinetischen Energie

$$\mathrm{d}W_\mathrm{kin} = \frac{1}{2}\mathrm{d}m\vec{v}^2 \tag{23.53}$$

eines Massenelementes der Masse $\mathrm{d}m$ über den Massenbereich (m) des starren Körpers ergibt die kinetische Gesamtenergie

$$W_\mathrm{kin} = \frac{1}{2}\int_{(m)} \vec{v}^2\,\mathrm{d}m. \tag{23.54}$$

Mit dem Ortsvektor $\vec{r}'$ im körperfesten Bezugssystem (Ursprung O') und der EULERschen Gleichung $\vec{v} = \vec{v}_{\mathrm{O}'} + \vec{\omega} \times \vec{r}'$ wird $\vec{v}^2 = \vec{v}_{\mathrm{O}'}^2 + (\vec{\omega} \times \vec{r}') + (\vec{\omega} \times \vec{r}')^2$. Damit geht (23.54) über in

$$W_\mathrm{kin} = \frac{1}{2}\vec{v}_{\mathrm{O}'}\int_{(m)}\mathrm{d}m + \vec{v}_{\mathrm{O}'}\left(\vec{\omega} \times \int_{(m)} \vec{r}'\,\mathrm{d}m\right) + \frac{1}{2}\int_{(m)}(\vec{\omega} \times \vec{r}')^2\,\mathrm{d}m. \tag{23.55}$$

Der erste Summand in (23.55) ist die *Translationsenergie*

$$W_\mathrm{Trans} = \frac{1}{2}m\vec{v}_{\mathrm{O}'}^2, \tag{23.56}$$

der zweite die sogenannte *wechselseitige Energie*

$$W_\mathrm{W} = \vec{v}_{\mathrm{O}'}\left(\vec{\omega} \times \int_{(m)} \vec{r}'\,\mathrm{d}m\right) = m\vec{v}_{\mathrm{O}'}(\vec{\omega} \times \vec{r}'_\mathrm{S}), \tag{23.57a}$$

23.3 Allgemeine Bewegung des starren Körpers

$$\vec{r}_S{}' = \frac{1}{m}\int\limits_{(m)} \vec{r}\,' \, dm \tag{23.57b}$$

und der letzte ist die *Rotationsenergie*

$$W_{\text{Rot}} = \frac{1}{2}\int\limits_{(m)} (\vec{\omega}\times\vec{r}\,')^2 \, dm. \tag{23.58}$$

Letztere kann wegen

$$\begin{aligned}(\vec{\omega}\times\vec{r}\,')^2 &= (\omega_{y'}z' - \omega_{z'}y')^2 + (\omega_{z'}x' - \omega_{x'}z')^2 + (\omega_{x'}y' - \omega_{y'}x')^2\\ &= \omega_{x'}^2(y'^2 + z'^2) - 2\omega_{x'}\omega_{y'}x'y' - 2\omega_{x'}\omega_{z'}x'z'\\ &\quad + \omega_{y'}^2(x'^2 + z'^2) - 2\omega_{y'}\omega_{z'}y'z' + \omega_{z'}^2(x'^2 + y'^2)\end{aligned} \tag{23.59}$$

in der Form

$$\boxed{\begin{aligned}W_{\text{Rot}} = \ &\frac{1}{2}\omega_{x'}^2 J_{x'x'} + \omega_{x'}\omega_{y'}J_{x'y'} + \omega_{x'}\omega_{z'}J_{x'z'}\\ &+ \frac{1}{2}\omega_{y'}^2 J_{y'y'} + \omega_{y'}\omega_{z'}J_{y'z'} + \frac{1}{2}\omega_{z'}^2 J_{z'z'}\end{aligned}} \tag{23.60}$$

oder auch als Matrizenprodukt

$$\boxed{W_{\text{Rot}} = \frac{1}{2}\boldsymbol{\omega}^{\text{T}}\boldsymbol{J}\boldsymbol{\omega}} \tag{23.61}$$

mit $\boldsymbol{\omega}^{\text{T}} = \begin{pmatrix}\omega_{x'} & \omega_{y'} & \omega_{z'}\end{pmatrix}$, $\boldsymbol{J}$ gemäß (23.49) und $\boldsymbol{\omega}$ als *transponierter Matrix* von $\boldsymbol{\omega}^{\text{T}}$ (Spaltenvektor) geschrieben werden. (23.61) lautet ausführlich

$$W_{\text{Rot}} = \frac{1}{2}\begin{pmatrix}\omega_{x'} & \omega_{y'} & \omega_{z'}\end{pmatrix}\begin{pmatrix}J_{x'x'} & J_{x'y'} & J_{x'z'}\\ J_{y'x'} & J_{y'y'} & J_{y'z'}\\ J_{z'x'} & J_{z'y'} & J_{z'z'}\end{pmatrix}\begin{pmatrix}\omega_{x'}\\ \omega_{y'}\\ \omega_{z'}\end{pmatrix}. \tag{23.62}$$

Für $O' = S$ ist in (23.57a) das Spatprodukt $\vec{r}_S(\vec{\omega}\times m\vec{r}_S) = 0$. Ist der Schwerpunkt der Ursprung des körperfesten Bezugssystems, verschwindet also die wechselseitige Energie, und die kinetische Energie ist

$$\boxed{W_{\text{kin}} = W_{\text{Trans}} + W_{\text{Rot}} = \frac{1}{2}m\vec{v}_S^2 + \frac{1}{2}\boldsymbol{\omega}^{\text{T}}\boldsymbol{J}\boldsymbol{\omega}.} \tag{23.63}$$

Ist das körperfeste Bezugssystem ein Hauptachsensystem, so hat der Trägheitstensor Diagonalgestalt, und (23.63) vereinfacht sich zu

$$\boxed{W_{\text{kin}} = \frac{1}{2}m\vec{v}_S^2 + \frac{1}{2}(J_{\text{I}}\omega_{\text{I}}^2 + J_{\text{II}}\omega_{\text{II}}^2 + J_{\text{III}}\omega_{\text{III}}^2).} \tag{23.64}$$

Dies vereinfacht sich noch weiter, wenn die Rotationsachse Hauptachse ist:

$$\boxed{W_{\text{kin}} = \frac{1}{2}m\vec{v}_S^2 + \frac{1}{2}J_i\omega_i^2, \quad i \in \{\text{I, II, III}\}.} \tag{23.65}$$

☐ Um einen Zylinder Z (Durchmesser d, Länge l, Dichte ρ), der mit vernachlässigbarer Reibung um seine horizontal verlaufende Figurenachse drehbar gelagert ist (Lager L), ist ein nicht dehnbares Seil S mit vernachlässigbarer Biegesteifigkeit,

Masse und Dicke geschlungen, dessen eines Ende E_1 mit dem Zylinder verbunden wurde (Seiltrommel) und dessen anderes Ende vertikal herabhängt und einen Körper K der Masse m im homogenen Schwerkraftfeld der Erde trägt (s. Bild 23.13a). Zu Beginn ruhen Z und K. Gesucht sind: F_L, F_S (s. Bild 23.13b), die Beschleunigung a von K, die Winkelbeschleunigung α von Z sowie Geschwindigkeit v von K und Winkelgeschwindigkeit ω von Z, nachdem sich K um die Strecke h gesenkt hat.

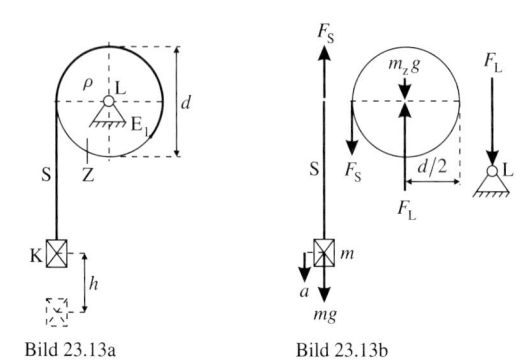

Bild 23.13a Bild 23.13b

Lösung:

$$\text{Energiesatz} \Rightarrow mgh = \frac{1}{2}mv^2 + \frac{1}{2}J\omega^2$$
$$v = \frac{1}{2}d\omega,\ J = \frac{1}{8}m_z d^2,\ m_z = \frac{1}{4}\pi\rho d^2 l \quad \Rightarrow$$
$$\omega = \frac{8}{d}\sqrt{\frac{mgh}{8m + \pi\rho d^2 l}} \Rightarrow v = 4\sqrt{\frac{mgh}{8m + \pi\rho d^2 l}}$$
$$a = \frac{v^2 - v_0^2}{2h} = \frac{v^2}{2h} = \frac{8mg}{8m + \pi\rho d^2 l} < g \quad (kein\ \text{freier Fall!}) \Rightarrow$$
$$\alpha = \frac{2a}{d} = \frac{16mg}{d(8m + \pi\rho d^2 l)}.$$

Bild 23.13b $\Rightarrow F_S + m_z g = F_L,\ -F_S + mg = ma,\ M = \frac{1}{2}F_S d \Rightarrow$

$$F_S = m(g - a) = \frac{\pi\rho d^2 lmg}{8m + \pi\rho d^2 l} \Rightarrow$$
$$F_L = F_S + m_z g = \frac{\pi\rho d^2 lmg}{8m + \pi\rho d^2 l} + \frac{1}{4}\pi g\rho d^2 l$$

Probe: $J = \frac{1}{32}\pi\rho d^4 l$, F_S s. o. $\Rightarrow$

$$\alpha = \frac{M}{J} = \frac{F_S d}{2J} = \frac{16mg}{d(8m + \pi\rho d^2 l)} \Rightarrow \text{OK}.$$

23.3 Allgemeine Bewegung des starren Körpers

☐ Eine homogene Kugel und ein homogener Zylinder (je mit Radius r und Masse m) rollen aus einer Höhe h, in der sie sich zum Zeitpunkt $t = 0$ in Ruhe befinden, eine geneigte Ebene (Neigungswinkel φ) im homogenen Schwerkraftfeld der Erde ohne zu gleiten hangabwärts (s. Bild 23.14a). Mit welchen Geschwindigkeiten v_K bzw. v_Z und in welchen Zeiten t_K bzw. t_Z erreichen sie den Fußpunkt des Hanges? Mit welcher Beschleunigung a_K bzw. a_Z erfolgt die Bewegung? Welche Bedingung muß der Neigungswinkel φ erfüllen, damit *kein* Gleiten stattfindet, wenn μ_0 der Haftreibungskoeffizient ist?

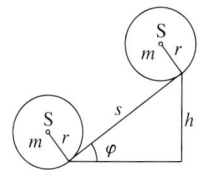

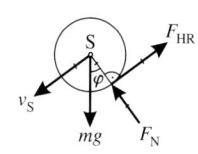

Bild 23.14a   Bild 23.14b

Lösung:

Energiesatz $\Rightarrow mgh = \frac{1}{2}mv_S^2 + \frac{1}{2}J_S\omega^2$. (I)

Tabelle 23.1 $\Rightarrow J_S = \beta m r^2$ (Kugel $\Rightarrow \beta = \frac{2}{5}$, Zylinder $\Rightarrow \beta = \frac{1}{2}$)

Rollbedingung: $\omega = v_S/r$ (s. u.). (II)

(I), (II) $\Rightarrow v_S = \sqrt{\dfrac{2mgh}{m+m_r}}$ *(reduzierte Masse $m_r = J_S/r^2 = \beta m$)* $\Rightarrow$

$$v_S(\beta) = \sqrt{\frac{2gh}{1+\beta}}.$$ (III)

$\Rightarrow v_K = v_S\left(\dfrac{2}{5}\right) = \sqrt{\dfrac{10}{7}gh}, \quad v_Z = v_S\left(\dfrac{1}{2}\right) = \sqrt{\dfrac{4}{3}gh} < v_K$

(III) und $h = s\sin\varphi \Rightarrow a_S(\beta) = \dfrac{g\sin\varphi}{1+\beta}$ (IV)

$\Rightarrow a_K = a_S\left(\dfrac{2}{5}\right) = \dfrac{5}{7}g\sin\varphi, \quad a_Z a_S\left(\dfrac{1}{2}\right) = \dfrac{2}{3}g\sin\varphi < a_K$

(III), (IV), $\varphi > 0 \Rightarrow t(\beta) = \dfrac{v_S(\beta)}{a_S(\beta)} = \dfrac{1}{\sin\varphi}\sqrt{\dfrac{2h}{g}(1+\beta)}$ (V)

$\Rightarrow t_K = t\left(\dfrac{2}{5}\right) = \dfrac{1}{\sin\varphi}\sqrt{\dfrac{14h}{5g}}, \quad t_Z = t\left(\dfrac{1}{2}\right) = \dfrac{1}{\sin\varphi}\sqrt{\dfrac{3h}{g}} > t_K$

Der Schwerpunktsatz liefert für die orthogonal zur geneigten Ebene gerichteten Kraftkomponenten

$F_N = mg\cos\varphi$ (VI)

und für die in der geneigten Ebene wirkenden Kraftkomponenten

$mg\sin\varphi - F_{HR} = ma_S = mr\dot\omega$ (VII)

(s. Bild 23.14b). Der Drehimpulssatz fordert

$$F_{HR}r = J_S \dot{\omega} \qquad \text{(VIII)}$$

(s. ebenfalls Bild 23.14b), wobei

$$0 \leq F_{HR} \leq \mu_0 F_N \qquad \text{(IX)}$$

[s. (21.19)] gilt. Aus (VI) bis (IX) folgt die Bedingung

$$\varphi = \varphi(\beta) \leq \arctan\left[\mu_0(1+\beta^{-1})\right] \qquad \text{(X)}$$

für das Rollen ohne Gleiten. Aus (X) ergibt sich für die Kugel

$$\varphi_K = \varphi\left(\frac{2}{5}\right) \leq \arctan\left(\frac{7}{2}\mu_0\right)$$

und für den Zylinder

$$\varphi_Z = \varphi\left(\frac{1}{2}\right) \leq \arctan(3\mu_0) < \varphi_K.$$

☐ Wenn (X) im vorangegangenen Beispiel nicht erfüllt ist, gleitet die Kugel bzw. der Zylinder (deshalb ist statt F_{HR} im Bild 23.14b nun im jetzt zuständigen Bild 23.15 die Gleitreibungskraft $F_{GR} = \mu F_N$ eingetragen, $\mu < \mu_0$). Aus den drei Gleichungen (VI), (VII) und (VIII) des vorangegangenen Beispiels mit μF_N statt F_{HR} folgen jetzt – entsprechend dem Freiheitsgrad $f = 2$, den Kugel bzw. Zylinder nun haben (Translation in Hangrichtung und Rotation um eine Achse mit konstanter Richtung, jedoch *nicht* konstanter Lage im Raum, also „geradlinige ebene Bewegung".
Es besteht keine Gleichung zwischen v_S und $\omega = \dot{\psi}$!
s ist Translationskoordinate, ψ ist Rotationskoordinate) – die beiden voneinander unabhängigen Differentialgleichungen

$$\left. \begin{array}{l} g\sin\varphi - \mu g\cos\varphi = \ddot{s} \\ \mu g\cos\varphi = r\beta\ddot{\psi} \end{array} \right\} \qquad \text{(XI)}$$

(Bedeutung von β s. vorangegangenes Beispiel)

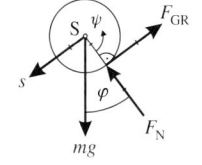

Bild 23.15

mit der Lösung

$$\left. \begin{array}{l} s = \dfrac{1}{2}(g\sin\varphi - \mu g\cos\varphi)t^2 + v_{s0}t + s_0 \\ \psi = \dfrac{1}{2}\mu g t^2 \cos\varphi/(r\beta) + \omega_0 t + \psi_0 \end{array} \right\}, \qquad \text{(XII)}$$

wenn

$$s(0) = s_0, \quad \dot{s}(0) = v_{s0}, \quad \psi(0) = \psi_0, \quad \dot{\psi}(0) = \omega_0 \qquad \text{(XIII)}$$

die Anfangsbedingungen sind. Aus (XII) ergibt sich

für die Kugel:

$$s_K = \frac{1}{2}(g\sin\varphi - \mu g\cos\varphi)t^2 + v_{s0}t + s_0,$$
$$\psi_K = \frac{5}{4}\mu g t^2 \cos\varphi/r + \omega_0 t + \psi_0$$

23.3 Allgemeine Bewegung des starren Körpers

und für den Zylinder:
$$s_Z = \frac{1}{2}(g\sin\varphi - \mu g\cos\varphi)t^2 + v_{s0}t + s_0 = s_K,$$
$$\psi_Z = \mu g t^2 \cos\varphi / r + \omega_0 t + \psi_0 < \psi_K.$$

☐ Im Schwerpunkt S_1 eines nur in x-Richtung reibungsfrei beweglichen Körpers K_1 mit der Masse m_1 ist mittels einer gelenkig und reibungsfrei gelagerten Stange S ein starr mit der Stange verbundener Körper K_2 befestigt (s. Bild 23.16a für $t > 0$). S und K_2 haben die Gesamtmasse m_2 und das Massenträgheitsmoment J_{S2} bezüglich einer Achse senkrecht zur Zeichenebene durch den Schwerpunkt S_2 von S und K_2. Abstand der Schwerpunkte ist $\overline{S_1 S_2} = l$. Zum Zeitpunkt $t = 0$ sind S und K_2 um den Winkel $\varphi(0) = \varphi_0$ aus der stabilen Gleichgewichtslage $\varphi = 0$ ausgelenkt, und K_1 und K_2 ruhen. Dann wird das System (*ohne* „Anstoß") im homogenen Schwerkraftfeld der Erde sich selbst überlassen. Gesucht ist die Periodendauer T des Pendels, wenn für den Winkel φ die Relation $|\varphi| \ll 1$ rad gilt.

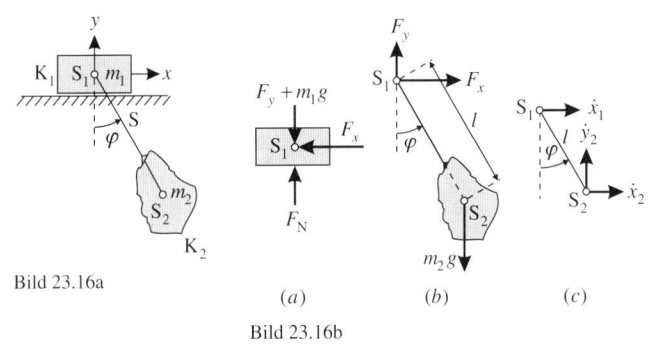

Bild 23.16a

(a) (b) (c)

Bild 23.16b

Lösung:

Der Impulssatz liefert für K_1 [(a) im Bild 23.16b]:
$$-F_x = m\ddot{x}_1, \tag{I}$$
$$F_N = F_y + m_1 g \tag{II}$$
und für K_2 [(b) im Bild 23.16b]:
$$F_x = m_2 \ddot{x}_2, \tag{III}$$
$$F_y - m_2 g = m_2 \ddot{y}_2 \tag{IV}$$
und der Drehimpulssatz
$$-F_x l \cos\varphi - F_y l \sin\varphi = J_{S2} \ddot{\varphi}. \tag{V}$$

Da das System den Freiheitsgrad $f = 2$ hat, sind die Koordinaten x_1, x_2, y_2, φ in (I), (III), (IV), (V) *nicht* unabhängig voneinander. Es müssen also zwei Bindungsgleichungen existieren. Aus der Skizze (c) im Bild 23.16b folgen die zwei *holonomskleronomen, kinematischen Bindungsgleichungen* (s. 22.3)
$$\dot{x}_2 = \dot{x}_1 + l\dot{\varphi}\cos\varphi, \tag{VI}$$
$$\dot{y}_2 = l\dot{\varphi}\sin\varphi. \tag{VII}$$

(VI) und (VII) sind die Komponentenschreibweise der Vektorgleichung $\vec{v}_2 = \vec{v}_1 + \vec{\omega} \times \vec{l}$. Die z-Komponente wurde generell weggelassen, da es sich im eine Bewegung in der x,y-Ebene handelt. Elimination der Schnittgrößen F_x und F_y sowie der Koordinaten x_1, x_2 und y_2 aus (I) und (III) bis (VII) ergibt nach etwas umfangreicher Rechnung für φ die nichtlineare Differentialgleichung

$$\left[J_{S2} + m_2 l^2 \left(1 - \frac{m_2 \cos^2 \varphi}{m_1 + m_2}\right)\right] \ddot{\varphi} + \frac{m_2^2 l^2 \dot{\varphi}^2}{m_1 + m_2} \sin \varphi \cos \varphi = -m_2 g l \sin \varphi. \quad \text{(VIII)}$$

Wird darin $\cos \varphi \approx 1$, $\sin \varphi \approx \varphi$ (wegen der Voraussetzung $|\varphi| \ll 1$ rad) und $\dot{\varphi}^2 \approx 0$ (Vernachlässigung von in zweiter Ordnung kleinen Größen) gesetzt, so vereinfacht sich (VIII) zu

$$\left[J_{S2} + \frac{m_1 m_2 l^2}{m_1 + m_2}\right] \ddot{\varphi} = -m_2 g l \varphi, \quad \text{(IX)}$$

woraus die Periodendauer

$$T = 2\pi \sqrt{\frac{J_{S2}}{m_2 g l} + \frac{m_1 l}{g(m_1 + m_2)}} \quad \text{(X)}$$

der *harmonischen Drehschwingung* von K_2 abgelesen werden kann (Umformung von (IX) in die Gestalt $\ddot{\varphi} + (4\pi^2/T^2)\varphi = 0$). Bemerkenswert ist, daß (X) für $m_1 \to \infty$ (*ruhende Drehachse* des Pendels) in $T_0 = 2\pi\sqrt{J_{S1}/(m_2 g l)}$ mit $J_{S1} = J_{S2} + m_2 l^2$ (STEINERscher Satz) übergeht (vgl. (V) im dritten Beispiel des Abschnitts 23.2.2.3). Offensichtlich ist $T < T_0$.

Anmerkungen: Mit den Anfangsbedingungen $\varphi(0) = \varphi_0$, $\dot{\varphi}(0) = 0$ und der Abkürzung $\overline{\omega}_0 = 2\pi/T$ mit T gemäß (X) hat (IX) die Lösung

$$\varphi = \varphi_0 \cos \overline{\omega}_0 t. \quad \text{(XI)}$$

Mittels (XI) und (I) bis (VII) lassen sich nun auch die Größen x_1, x_2, y_2, F_x, F_y und F_N als Funktionen der Zeit t ausdrücken. Zu den Differentialgleichungen für die Koordinaten x_1, x_2 und y_2 können jedoch *nur noch für eine Koordinate* beide Anfangswerte willkürlich festgelegt werden (Wahl des Koordinatenursprungs), da der Freiheitsgrad $f = 2$ ist und $\varphi(0) = \varphi_0$ und $\dot{\varphi}(0) = 0$ bereits gewählt wurden.

Durch partielle Differentiation der Gleichungen (23.56) bzw. (23.60) und Vergleich mit (23.5), wobei $O' = S$ ist, bzw. (23.50) sind die Formeln

$$\boxed{\frac{\partial}{\partial v_{Si}} W_{\text{Trans}} = p_i, \quad i \in \{x,y,z\}} \quad (23.66)$$

und

$$\boxed{\frac{\partial}{\partial \omega_i} W_{\text{Rot}} = L_i, \quad i \in \{y,y,z\}} \quad (23.67)$$

leicht zu bestätigen, die einen Zusammenhang zwischen einerseits der Translationsenergie und den Impulskomponenten und andererseits der Rotationsenergie und den Drehimpulskomponenten herstellen.

23.3.4 Drehimpulssatz

Im zweiten und vierten Beispiel des vorangehenden Abschnitts wurde der Drehimpulssatz (23.20) bzw. das dynamische Grundgesetz (23.22) angewendet, obwohl (23.20) bzw. (23.22) zunächst nur für Rotation um eine *raumfeste Achse* gelten, die Rotationsachse in den genannten Beispielen jedoch *nicht raumfest* ist, sondern *nur konstante Richtung im Raum* hat.

Hier soll nun der Drehimpulssatz (23.20) auf den Fall verallgemeinert werden, in dem resultierendes Drehmoment und Drehimpuls nicht mehr auf eine raumfeste Achse, sondern auf den Schwerpunkt bezogen sind (also nicht auf eine raumfeste Achse); und es soll gezeigt werden, daß die Vorgehensweise in den zitierten Beispielen zulässig ist.

Ein frei beweglicher starrer Körper, der unter alleinigem Einfluß einer resultierenden äußeren Kraft $\vec{F}$ steht, bewegt sich nach 23.1.2 so, daß der Impulssatz (23.4) gilt. Er führt eine Translation aus.

Wirkt auf ihn ferner ein resultierendes Drehmoment $\vec{M}$, das auf seinen Schwerpunkt S bezogen und als Vektorsumme aller auf den starren Körper wirkenden, ebenfalls auf den Schwerpunkt S bezogenen Drehmomente definiert ist, so überlagert sich der Translation eine Rotation um den Schwerpunkt; denn das resultierende Drehmoment kann die Translation nicht beeinflussen. Es genügt daher auch, nur die Rotation um S allein zu betrachten, um den Drehimpulssatz herzuleiten.

d$\vec{M}$ sei der Anteil von $\vec{M}$, der auf das Massenelement dm mit dem Ortsvektor $\vec{r}\,'$ (bezogen auf das körperfeste Bezugssystem S, x', y', z' mit dem Ursprung in S) und der Winkelgeschwindigkeit $\vec{\omega}$ wirkt. Dann hat dm offenbar die Geschwindigkeit $\vec{v}\,' = \vec{\omega} \times \vec{r}\,'$ und demzufolge den Drehimpuls d$\vec{L}$ = d$m \cdot \vec{r}\,' \times (\omega \times \vec{r}\,')$. Nach (21.80) ist

$$\mathrm{d}\vec{M} = \mathrm{d}\dot{\vec{L}} = \frac{\mathrm{d}}{\mathrm{d}t}\,\mathrm{d}m \cdot \vec{r}\,' \times (\vec{\omega} \times \vec{r}\,'). \tag{23.68}$$

(23.68) liefert durch Integration über den Massenbereich (m) des starren Körpers (vgl. die Rechnung in 23.3.2) den *Drehimpulssatz* bzw. *das dynamische Grundgesetz der Rotation um einen Punkt*

$$\boxed{\vec{M} = \dot{\vec{L}} = \frac{\mathrm{d}}{\mathrm{d}t}(\boldsymbol{J}\vec{\omega})} \tag{23.69}$$

mit dem Trägheitstensor (23.49). Ist das körperfeste Bezugssystem ein Hauptachsensystem, so vereinfacht sich (23.69), weil $\boldsymbol{J}$ Diagonalgestalt hat, zu

$$\boxed{\vec{M} = \dot{\vec{L}} = \frac{\mathrm{d}}{\mathrm{d}t}(J_\mathrm{I}\vec{\omega}_\mathrm{I} + J_\mathrm{II}\vec{\omega}_\mathrm{II} + J_\mathrm{III}\vec{\omega}_\mathrm{III}),} \tag{23.70}$$

und hat die Winkelgeschwindigkeit die Richtung einer Hauptachse, wird (23.70) zu

$$\boxed{\vec{M} = \dot{\vec{L}} = \frac{\mathrm{d}}{\mathrm{d}t}(J_i\vec{\omega}_i), \quad i \in \{\mathrm{I}, \mathrm{II}, \mathrm{III}\}.} \tag{23.71}$$

Hervorgehoben sei, daß es sich bei den Differentiationen nach der Zeit in (23.68) bis (23.71) um Differentiationen von auf das körperfeste System bezogenen Größen handelt, für die die Differentiationsregel (19.146) angewendet werden muß (s. u.). Ist in (23.71) die Richtung der Rotationsachse *im raumfesten Bezugssystem* gar zeitlich konstant, so geht (23.71), weil J_i konstant ist, über in

$$\boxed{\vec{M} = \dot{\vec{L}} = J_i \dot{\vec{\omega}}_i, \quad i \in \{\text{I}, \text{II}, \text{III}\}.} \tag{23.72}$$

Das ist die Rechtfertigung für die Vorgehensweise in den Beispielen des Abschnitts 23.3.3, da für die Kugel jede beliebige Schwerpunktachse und für den Zylinder die Figurenachse (beide Körper als homogen vorausgesetzt) eine Hauptachse ist, wie hier ohne Beweis mitgeteilt wird, und, da in (23.71) $J_i = \text{const}$ und $\mathrm{d}\vec{\omega}/\mathrm{d}t \equiv \mathrm{d}'\vec{\omega}/\mathrm{d}t$ gilt (vgl. die im Anschluß von (19.146) im Text angegebene Gleichung mit der Schreibweise $\mathrm{d}_1/\mathrm{d}t$ statt $\mathrm{d}'/\mathrm{d}t$).

23.3.5 EULERsche Gleichungen

heißen die Komponentengleichungen, die aus der Vektorgleichung (23.70) folgen, wenn die Differentiationen der auf das körperfeste *Hauptachsensystem* bezogenen Größen $\vec{L}_i$ und $\vec{\omega}_i$ ($i = \text{I}, \text{II}, \text{III}$) nach der Zeit ausgeführt und durch auf das körperfeste System bezogene Größen ausgedrückt werden. Unter Beachtung der Differentiationsregel

$$\frac{\mathrm{d}\vec{a}}{\mathrm{d}t} = \frac{\mathrm{d}'\vec{a}}{\mathrm{d}t} + \vec{\omega} \times \vec{a} \tag{23.73}$$

eines beliebigen Vektors $\vec{a}$ (vgl. (19.146) mit der Schreibweise $\mathrm{d}_1/\mathrm{d}t$ statt $\mathrm{d}'/\mathrm{d}t$) ergeben sich so als Komponenten von (23.70) die EULER*chen Gleichungen*

$$\boxed{\begin{aligned} M_\text{I} &= J_\text{I} \frac{\mathrm{d}'\omega_\text{I}}{\mathrm{d}t} + (J_\text{III} - J_\text{II})\omega_\text{II}\omega_\text{III} \\ M_\text{II} &= J_\text{II} \frac{\mathrm{d}'\omega_\text{II}}{\mathrm{d}t} + (J_\text{I} - J_\text{III})\omega_\text{III}\omega_\text{I} \\ M_\text{III} &= J_\text{III} \frac{\mathrm{d}'\omega_\text{III}}{\mathrm{d}t} + (J_\text{II} - J_\text{I})\omega_\text{I}\omega_\text{II} \end{aligned}} \tag{23.74}$$

Mit

$$\vec{L} = J_\text{I}\vec{\omega}_\text{I} + J_\text{II}\vec{\omega}_\text{II} + J_\text{III}\vec{\omega}_\text{III} = J_\text{I}\omega_\text{I}\vec{e}_\text{I} + J_\text{II}\omega_\text{II}\vec{e}_\text{II} + J_\text{III}\omega_\text{III}\vec{e}_\text{III}, \tag{23.75}$$

$$\vec{\omega} = \vec{\omega}_\text{I} + \vec{\omega}_\text{II} + \vec{\omega}_\text{III} = \omega_\text{I}\vec{e}_\text{I} + \omega_\text{II}\vec{e}_\text{II} + \omega_\text{III}\vec{e}_\text{III} \tag{23.76}$$

und

$$\vec{M} = \vec{M}_\text{I} + \vec{M}_\text{II} + \vec{M}_\text{III} = M_\text{I}\vec{e}_\text{I} + M_\text{II}\vec{e}_\text{II} + M_\text{III}\vec{e}_\text{III} \tag{23.77}$$

sowie

$$\vec{M} = \frac{\mathrm{d}\vec{L}}{\mathrm{d}t} = \frac{\mathrm{d}\vec{L}_\text{I}}{\mathrm{d}t} + \frac{\mathrm{d}\vec{L}_\text{II}}{\mathrm{d}t} + \frac{\mathrm{d}\vec{L}_\text{III}}{\mathrm{d}t}, \tag{23.78}$$

worin

$$\begin{aligned} \frac{\mathrm{d}\vec{L}_\text{I}}{\mathrm{d}t} &= J_\text{I} \frac{\mathrm{d}\vec{\omega}_\text{I}}{\mathrm{d}t} \\ &= J_\text{I} \frac{\mathrm{d}'\omega_\text{I}}{\mathrm{d}t} \vec{e}_\text{I} + (\omega_\text{I}\vec{e}_\text{I} + \omega_\text{II}\vec{e}_\text{II} + \omega_\text{III}\vec{e}_\text{III}) \times J_\text{I}\omega_\text{I}\vec{e}_\text{I} \\ &= J_\text{I} \frac{\mathrm{d}'\omega_\text{I}}{\mathrm{d}t} \vec{e}_\text{I} + J_\text{I}\omega_\text{I}(\omega_\text{III}\vec{e}_\text{II} - \omega_\text{II}\vec{e}_\text{III}) \end{aligned} \tag{23.79a}$$

23.3 Allgemeine Bewegung des starren Körpers

$$\begin{aligned}\frac{\mathrm{d}\vec{L}_{\mathrm{II}}}{\mathrm{d}t} &= J_{\mathrm{II}}\frac{\mathrm{d}\vec{\omega}_{\mathrm{II}}}{\mathrm{d}t} \\ &= J_{\mathrm{II}}\frac{\mathrm{d}'\omega_{\mathrm{II}}}{\mathrm{d}t}\vec{e}_{\mathrm{II}} + (\omega_{\mathrm{I}}\vec{e}_{\mathrm{I}} + \omega_{\mathrm{II}}\vec{e}_{\mathrm{II}} + \omega_{\mathrm{III}}\vec{e}_{\mathrm{III}}) \times J_{\mathrm{II}}\omega_{\mathrm{II}}\vec{e}_{\mathrm{II}} \\ &= J_{\mathrm{II}}\frac{\mathrm{d}'\omega_{\mathrm{II}}}{\mathrm{d}t}\vec{e}_{\mathrm{II}} + J_{\mathrm{II}}\omega_{\mathrm{II}}(\omega_{\mathrm{I}}\vec{e}_{\mathrm{III}} - \omega_{\mathrm{III}}\vec{e}_{\mathrm{I}})\end{aligned} \quad (23.79\mathrm{b})$$

$$\begin{aligned}\frac{\mathrm{d}\vec{L}_{\mathrm{III}}}{\mathrm{d}t} &= J_{\mathrm{III}}\frac{\mathrm{d}\vec{\omega}_{\mathrm{III}}}{\mathrm{d}t} \\ &= J_{\mathrm{III}}\frac{\mathrm{d}'\omega_{\mathrm{III}}}{\mathrm{d}t}\vec{e}_{\mathrm{III}} + (\omega_{\mathrm{I}}\vec{e}_{\mathrm{I}} + \omega_{\mathrm{II}}\vec{e}_{\mathrm{II}} + \omega_{\mathrm{III}}\vec{e}_{\mathrm{III}}) \times J_{\mathrm{III}}\omega_{\mathrm{III}}\vec{e}_{\mathrm{III}} \\ &= J_{\mathrm{III}}\frac{\mathrm{d}'\omega_{\mathrm{III}}}{\mathrm{d}t}\vec{e}_{\mathrm{III}} + J_{\mathrm{III}}\omega_{\mathrm{III}}(\omega_{\mathrm{II}}\vec{e}_{\mathrm{I}} - \omega_{\mathrm{I}}\vec{e}_{\mathrm{II}})\end{aligned} \quad (23.79\mathrm{c})$$

ist, folgen nämlich durch Addition der Gleichungen (23.79) und Koeffizientenvergleich mit (23.77) die Gleichungen (23.74), womit die EULERschen Gleichungen bewiesen sind. Der Leser beachte, daß in (23.79) die Gleichungen $\vec{e}_i \times \vec{e}_i = \vec{0}$ für $i \in \{\mathrm{I}, \mathrm{II}, \mathrm{III}\}$ und $\vec{e}_{\mathrm{I}} \times \vec{e}_{\mathrm{II}} = -\vec{e}_{\mathrm{II}} \times \vec{e}_{\mathrm{III}}$, $\vec{e}_{\mathrm{II}} \times \vec{e}_{\mathrm{III}} = -\vec{e}_{\mathrm{III}} \times \vec{e}_{\mathrm{I}}$ sowie $\vec{e}_{\mathrm{III}} \times \vec{e}_{\mathrm{I}} = -\vec{e}_{\mathrm{I}} \times \vec{e}_{\mathrm{III}} = \vec{e}_{\mathrm{II}}$ angewendet wurden.

Wenn bei gegebenem resultierenden Drehmoment (23.77) und bekannten Hauptträgheitsmomenten J_{I}, J_{II} und J_{III} aus den EULERschen Gleichungen (23.74), die ein gekoppeltes nichtlineares System von Differentialgleichungen darstellen, die Winkelgeschwindigkeit (23.76) als Funktion der Zeit berechnet worden ist, lassen sich damit aus den bereits im Abschnitt 20.3.1.3 hergeleiteten Gleichungen (20.23a,b,c), die hier die Gestalt

$$\boxed{\omega_{\mathrm{I}} = \dot{\vartheta}\cos\varphi + \dot{\psi}\sin\vartheta\sin\varphi,} \quad (23.80)$$

$$\boxed{\omega_{\mathrm{II}} = -\dot{\vartheta}\sin\varphi + \dot{\psi}\sin\vartheta\cos\varphi,} \quad (23.81)$$

$$\boxed{\omega_{\mathrm{III}} = \dot{\varphi} + \dot{\psi}\cos\vartheta} \quad (23.82)$$

annehmen, die EULERschen Winkel φ, ψ und ϑ als Funktion der Zeit berechnen. Somit ist die Lage des starren Körpers im Raum in Abhängigkeit von der Zeit bestimmt, wenn er eine Rotation um seinen raumfesten Schwerpunkt ausführt. Findet außerdem noch eine Translation des starren Körpers unter dem Einfluß einer auf ihn wirkenden resultierenden Kraft $\vec{F}$ statt, so kann der Ortsvektor $\vec{r}_S$ seines Schwerpunktes S mit dem Impulssatz (23.4) bzw. dem Schwerpunktsatz (23.7) als Funktion der Zeit ermittelt werden. Mithin genügen also Schwerpunktsatz und Drehimpulssatz, um die Zeitabhängigkeit aller sechs Koordinaten eines frei beweglichen starren Körpers zu bestimmen. Sowohl die EULERschen Gleichungen als auch die Differentialgleichungen (23.80) bis (23.82) sind nichtlinear. Deshalb ist die Berechnung der EULERschen Winkel in der Regel nur numerisch möglich.

Wenn der starre Körper *nicht frei beweglich* ist, müssen im Impuls- bzw. im Drehimpulssatz auch die äußeren Zwangskräfte bzw. deren Drehmomente berücksichtigt werden. Impuls- und im Drehimpulssatz liefern dann zusammen mit den Bindungsgleichungen ein System von sechs i. allg. gekoppelten Differentialgleichungen. Aus diesen Sätzen und den Bindungsgleichungen folgen die „freien Koordinaten" und die äußeren Zwangskräfte als Funktionen der Zeit.

Sachwortverzeichnis

A-Linie 92, 96
Abdrift 287
Abscheren 112
Abscherfestigkeit 134
Abscherspannung 134
Absolutbeschleunigung 292, 299 f.
Absolutgeschwindigkeit 299 f.
Abstandskoordinate 435
Abwurfgeschwindigkeit 287, 307
Abwurfort 312
Abwurfwinkel 287
Achse, neutrale 145, 153, 190
Amplitude 264, 328
    der Beschleunigung 265
    der Geschwindigkeit 265
Analogien 435
Anfangsphasenwinkel 264, 328, 331
Anisotropie 206
Anisotropiefaktor 212
Anpassungsfaktor 199
Anstrengungsverhältnis 199
Aphel 389
Apogäum 390
Arbeit 370, 383, 432, 435
    abgegebene 371
    der äußeren resultierenden Kraft 422
    zugeführte 372
Arbeitssatz 370–372, 383, 411 f., 422, 433
Astroide 295
Auflagerkraft 30

B-Linie 93, 96
Bahnbeschleunigung 273
Bahngeschwindigkeit 273, 334
Bahngleichung 388
Bahngröße 273, 276
Bahnkurve 308 f.
Balken 34
ballistische Hauptgleichung 309
Bandbremse 108
Basiseinheit 1
Basisgröße 1
Beanspruchung, elementare 111
Behälter, dünnwandiger 131
Belastbarkeit 128

Belastung, antimetrische 241, 249
    kritische 219
    symmetrische 241, 249
Belastungscharakteristik 214
Belastungsstufe 214
Beschleunigung 257, 273, 324, 335, 435
    geschwindigkeitsabhängige 264
    ortsabhängige 263
    vektorielle 282
    zeitabhängige 263
Beschleunigung-Zeit-Diagramm 257
Beschleunigung-Zeit-Funktion 257
Beschleunigungskomponente 303 f.
Beschleunigungspol 345–349
Beschleunigungsvektor 290, 298, 301 f., 304 f.
Beulen 219
Bewegung, ebene 335, 345, 378
    ebene, starrer Körper 335
    geradlinige 256
    geradlinige, eines Massenpunktes 435, 436
    gleichförmige geradlinige 258
    gleichmäßig beschleunigte geradlinige 258
    harmonische 370
    kreisförmige 271
    kreisförmige, eines Massenpunktes 435, 436
    periodische 267
    resultierende 284
    räumliche, des Massenpunktes 292
    räumliche, starrer Körper 351
    spezielle 307
    Überlagerung 281
    Überlagerung geradliniger 284, 290
    Überlagerung kreisförmiger 290
    ungleichmäßig beschleunigte 264
Bewegungsfreiheit 378
Bewegungswiderstand 270
Bezugskörper 256, 332
Bezugsrichtung 273
Bezugssystem 256
Biegemoment 40, **87** ff., 94, 235
Biegespannung 146, **147**, 172, 199

Biegesteifigkeit 154
Biegewinkel 154
Biegung 112
  gerade 146
  reine 145
  schiefe 148
Bindung, holonom-rheonome 398
  holonom-skleronome 398, 413
  nichtholonome 398
Bindungsgleichung 378, 397
  geometrische 398
  kinematische 398
Binormale 305
Binormaleneinheitsvektor 305
Bockgerüst 79
Bogenlänge 306, 307
BREDTsche Formel 186
Bremskraft 360
Bruch 125
Bruchdehnung 125
Bruchspannung 125

charakteristische Gleichung 312, 321
CORIOLIS-Beschleunigung 301
CORIOLIS-Kraft 392 ff.
COULOMBsches Reibungsgesetz 102, 363
Cremonaplan 58
CULMANNsche Gerade 13–17, 77, 105

D'ALEMBERT-Kraft 360, 370, 393
D'ALEMBERT-Moment 383, 393
D'ALEMBERTsches Drehmoment 431
Dämpfungsfaktor 435
Dämpfungsgrad 319
Dämpfungskonstante 312, 321, 325, 329
Dämpfungsmoment, dissipatives 387
Dauerbruch 202
Dauerfestigkeit 203
Dauerfestigkeitsschaubild 204
Dauerschwingfestigkeit 126, 203
Dauerschwingversuch 202
Dehnung 119, **121**, 129 f., 367
Dehnungshypothese 198
Deviationsmoment 136, 405, 441
Dichte 358
Differentiationsoperator 299
Differentiationsregel 450
Dimensionierung 128, 222
Doppelpendel 399

Drall 384, 429
Drehachse 283
Drehfederkonstante 386
Drehfrequenz 274
Drehgelenk, festes 33
Drehimpuls 384, 388, 435, 440 f.
  des starren Körpers 428
Drehimpulserhaltungssatz 385, 404
Drehimpulskomponente 448
Drehimpulssatz 384 f., 403, 427 ff.,
  447 ff., 451
  in differentieller Form 403
  in integraler Form 404
Drehmoment 382, 435
  dissipatives 384, 434
  elastisches 386, 432
  resultierendes 403, 429, 449
  resultierendes, äußeres 427
  rücktreibendes 434
Drehschenkelfeder 386
Drehschwingung, eines starren Körpers
  436 f., 439
  gedämpfte, harmonische 435
  harmonische 434
Drehung 351
Drehzahl 274
Dreibein, begleitendes 306
Dreieckfeder 369
Dreigelenkbogen 51
Drillknicken 219
Druck 112, 128
  exzentrischer 189
Druckbeanspruchung 193
Druckspannung 367
Durchbiegung **154**
Dyname 81
Dynamik **358**
  der Systeme von Massenpunkten
    397
  des Massenpunktes 358
  des starren Körpers 419
dynamisches Grundgesetz 397, 429
  der Rotation um einen Punkt 449

Ebene, geneigte 374
  rektifizierende 306
  schiefe 104
Eigenfrequenz 370
Eigengeschwindigkeit 285

Eigengewicht 31, 129
Eigenkreisfrequenz 263, 312, 322, 325, 329
Eigenwert 220, 408
Einflußfaktor, formzahlabhängiger 207
    geometrischer 207
    technologischer 206
Einflußfunktion 92
Einflußlinie 92, 98
Einflußzahl 229, 234, 249, 253
Einheitenanalyse 3
Einheits-Eigenvektor 408
Einheitsvektor 75
Einschwingvorgang 326 f., 330, 388
Einspannmoment 40
Einspannung **33**, 85
Einzelkraft 30, 41
Elastizitätsgesetz 121
Elastizitätsgrenze 125
Elastizitätsmodul 121, 368, 386
Elongation 264, 417
Energie 370, 435
    kinetische 371, 383, 442 f.
    nichtmechanische 373
    potentielle 27, 372, 384, 388, 413, 422, 433
    wechselseitige 442
Energiebilanz 373, 402
Energieerhaltungssatz 388, 402
Energiesatz 411 ff., 422
Entwurfsberechnung 214
Epizykloide 294
    gewöhnliche 294
    verkürzte 294
    verlängerte 294
Erdsatellit, stationärer 390
Erhaltungssatz, der mechanischen Gesamtenergie 433
    der mechanischen Energie 372, 375, 384
Erhöhungsfaktor 213
Erregerdrehmoment 387
Erregerkraft 387
Erregerkreisfrequenz 325, 328 f.
Ersatzbalken 162
Ersatzfeder 368
Ersatzstab 62
EULER-Fall 221
EULERhyperbel 222 f.

EULERsche Gleichung 439, 450
Exponentialansatz 277, 312
EYTELWEIN 108

Fachwerk 36, **55**, 98, 237
Fahrwiderstand 110
Fall, freier 366
Fallbeschleunigung 261, 270, 287, 307, 362
Faser, neutrale 171
Federkonstante 368, 374
Feld, wirbelfreies 362
Feldstärke, des Gravitationsfeldes 362
Festigkeitshypothesen 197
Festigkeitskennwert 125
Festigkeitslehre, elementare 111, 214
Festigkeitswert 127
Festlager 33
Flächengeschwindigkeit 385, 388
Flächenpressung 112, 132
Flächensatz 385, 388
Flächenschwerpunkt 23, 136
Flächenträgheitsmoment **136**, 144, 368
    äquatoriales 136
    axiales 136
    polares 136
Flachwurf 289
Fließgrenze 125, 213
Formänderungsarbeit **124** f., 159, 176, 183, 186
Formänderungsenergie 237
Formänderungsgröße 229
Formzahl 210
freier Fall 261
Freiheitsgrad 27, 32, **85**, 333, 378, 397, 447
Freischneiden **30**, 38 ff.
FRENETsche Formeln 306 f.
Frequenz 276, 370
Führungsbeschleunigung 299 f.
Führungsgeschwindigkeit 299 f.
Führungssäule 103

Gangpolbahn 341, 345
Gelenk 36
    festes 33, 85
Gelenkfreiheitsgrad 301
Gerberträger 48
Gesamtdrehimpuls 403, 409

Sachwortverzeichnis

Gesamtimpuls 400, 439
Gesamtträgheitsmoment 142
Geschwindigkeit 273, 324, 335, 435, 439
   erste kosmische 390
   generalisierte 414
   resultierende 290
   vektorielle 282
   zweite kosmische 390
Geschwindigkeit-Zeit-Diagramm 257
Geschwindigkeit-Zeit-Funktion 257, 311
Geschwindigkeitskomponente 303 f., 308
Geschwindigkeitspol 337 f., 344, 348
   Methoden zur Ermittlung 338
Geschwindigkeitsvektor 290, 298, 301–305
   resultierender 297
Gestaltänderungsarbeit 198
Gestaltänderungsenergie 198
Gestaltänderungshypothese 198 f., 215
Gestalteinflußfaktor 206 ff.
Gestaltfestigkeit 206
Gewaltbruch 202
Gewicht 361 f.
Gewichtskraft 362, 394
Gewindegang 106
Gipfelhöhe 262, 270, 288 f., 311 f.
Gipfelpunkt 262, 270, 308, 311 f.
Gleichgewicht **4**, 7, 16 f., 46, 64, 79, 84, 107
Gleichgewichtsbedingung, dynamische 370
Gleichgewichtslage 27
Gleichung, charakteristische 277
   der Wurfparabel 288
Gleitmodul 121
Gleitreibung 102, 365
Gleitreibungskoeffizient 103, 365, 374
Gleitreibungskraft 363 f.
Gleitung 119
Gradient 379 f.
   des Potentials 363
Gravitation 361
Gravitationsfeld 362
Gravitationsgesetz 361
Gravitationskonstante 361
Gravitationskraft 361, 388
Grenzfall 316, 322, 437
Grenzschlankheitsgrad 222
Größeneinflußfaktor 213

Größengleichung 2
   zugeschnittene 2
Grundbeanspruchungsart 112
Grundeck 56, 62
Grundgesetz, dynamisches 359
Grundträger 48
GULDINsche Regel 26
Gurtblech 175

Haftreibung 102, 365
Haftreibungskoeffizient 103, 364 f., 393
Haftreibungskraft 364, 393
Haftreibungswinkel 364
Halsniet 173
Hangabtriebskraft 104, 364, 379
Hängewerk 72
Hauptachse 442
Hauptachsengestalt 408, 442
Hauptachsentransformation 406, 442
Hauptnormale 305
Hauptnormaleneinheitsvektor 305
Hauptschubspannung 115, 119
Hauptspannung 115–118
Hauptspannungsfläche 116 ff.
Hauptspannungshypothese 197
Hauptträgheitsachse 140
Hauptträgheitsmoment 140, 407, 442
HERTZsche Pressung 133
Höhlungsverhältnis 179
Hohlwelle 179
HOOKEsches Gesetz 121, 367
Hubarbeit 373
Hypozykloide 295
   gewöhnliche 296
   verkürzte 295 f.
   verlängerte 295 f.

Impuls 361, 421, 435, 439
Impulserhaltungssatz 400 ff.
Impulskomponente 448
Impulssatz 361, 400, 440, 447, 451
   in differentieller Form 361, 422
   in integraler Form 361, 422
Inertialsystem 301, 358 f., 392
Integral, unvollständiges elliptisches 416
   vollständiges elliptisches 416

JACOBIsche, Amplitudenfunktion 416
  elliptische Funktion 416
K-Fachwerk 60
Kardioide 294
Kastenprofil 171
Keil 107
KEPLERsche Gesetze 389
  erstes 389
  zweites 388
  drittes 389
Kerbwirkungszahl 208
Kernpunkt 193
Kette 34, 68
Kettenlinie 68 f.
Kinematik **256**
  des Massenpunktes 256
  des starren Körpers 332
kinetische Gesamtenergie 412
Kippen 219
Knicken 219
Knicklänge 221
Knicksicherheit 222 ff.
Knickspannung, kritische 221
Knickspannungslinie 225
Knickzahl 224
Knoten 55
Knotenlinie 333
Knotenrundschnitt 56
Kollergang 356
Komponente 11
  skalare 5 f., 75
  vektorielle 5, 75
Konstruktion, symmetrische 243
Koordinate, angepaßte 413
  der Bahnkurve 308
  des Gipfelpunktes 310
  ebene 303
  ebene kartesische 303, 336
  generalisierte 413
  räumliche 303
  räumliche kartesische 303
  rechtwinklige 11
Koordinatensystem 256
  körperfestes 332
  raumfestes 332
Koordinatentransformation 139, 381
Kopfniet 173
Koppelträger 48

Körper, elastischer **2**
  starrer **2** ff.
Körperschwerpunkt 20
Kraft **4**, 358, 435
  äußere 397
  äußere, eingeprägte 30, 378, 427
  dissipative 376
  elastische 367, 370
  generalisierte 414
  innere 397
  konservative 363, 372, 413
  nichtkonservative 363, 414
  resultierende 358
  resultierende, äußere 427
  rücktreibende 376
Krafteck **9**, 13, 16, 51
Kräftebüschel 5
  räumliches 75
Kräftegleichgewicht 358
Kräftegruppe, antimetrische 246
  symmetrische 246
  zentrale 7
Kräftepaar 8, **81**
Kräfteplan **6**, 10 ff., 52
Kräftesystem, allgemeines 8, 80
  antimetrisches 245, 252
  symmetrisches 244, 251
  zentrales 5, 75, 359
Kraftfeld 362
  homogenes 362, 371
  Potential des 362
  Rotor des 362
Kraftgrößenverfahren 229, 233, 238, 244
Kraftmaßstab 4
Kraftsatz 359
Kraftschraube 81 f.
Kraftstoß 361, 400
Kragarm 38, 96
Kreisbewegung 273
  anharmonische 278
  gleichförmige 274
  gleichmäßig beschleunigte 274
  harmonische 276
  periodische 278
  Überlagerung von 293
  ungleichmäßig beschleunigte 276
Kreiselbewegung 356
Kreisfrequenz 264, 276, 319 ff., 325, 329, 435

Kreuzschleife 266
Kriechfall 314, 322, 437
Krümmung 154, 305 f.
Krümmungskreis 305
Krümmungsmittelpunkt 284
Krümmungsradius 305
Kugelkoordinaten 304, 419, 424
Kurbelschwinge 279
Kurvenlänge 307

Lageplan **6**, 10, 52
Lager 32
Lagerreaktion 427
LAGRANGE-Funktion 414
LAGRANGEsche Gleichung, erster Art 379 f., 398
zweiter Art 413 ff.
LAGRANGEscher Multiplikator 380, 398
Längskraft 40, **87**, 89
Längsnormalspannung 131
Längsschubspannung 165
Last 30
Lastebene 30
Lastfall **126**
Lastscheide 93
Laufkatze 95
Leistung 370, 376, 384, 434 f.
abgegebene 377
effektive 377
induzierte 377
zugeführte 377
Linie, elastische 154 f., 227
Liniendiagramm 265
Lochleibungsspannung 132
logarithmisches Dämpfungsdekrement 319
Loslager **32**, 85
Lösung, stationäre 438

Masse 358, 435
reduzierte 445
Massenmittelpunkt 400, 419
Massenpunkt **2**, 28, 256, 281
Massenträgheitsmoment 382, 401–404, 423, **425 f.**, 429, 431, 435, 441
mechanische Gesamtenergie 373 f., 413
Mechanismus 37, 64
Methode der ähnlichen Dreiecke 340
der gedrehten Geschwindigkeiten 340

Mittelspannung 203
Modell **2**, 30, 55
Modul 416
MOHRscher Spannungskreis 113, 116, 119
MOHRscher Trägheitskreis 145, 153
Moment 41
resultierendes 81
statisches 8, 22, **80**
Momentensatz 8

0,2-Dehngrenze 125
Nennspannungsausschlag 215
NEWTONsche Axiome 358
NEWTONsche Reibung 367
NEWTONsches Gravitationsgesetz 28
Nietabstand 174
Normalbeschleunigung 273, 297, 345 ff., 381
Normalenebene 306
Normalkraft 40, **87**, 363, 381
Normalspannung 112, 122
tangentiale 132
Nutzleistung 377

Oberflächenrauheit 206, 211
Oberflächenverfestigung 206, 212
Oberspannung 202
Oberspannungslinie 213
Omega-Verfahren 224
Ort-Zeit-Diagramm 256
Ort-Zeit-Funktion 256
vektorielle 286
Ortsvektor 298, 301–304
absoluter 299
relativer 299
Ostabweichung 396
Oszillationsfall 320 ff., 376, 437

Parabelfeder 369
Parallelschaltung von Schraubenfedern 368
Parameterdarstellung der Bahnkurve 310
der Geschwindigkeit 310
Pendel, mathematisches 415
physikalisches 430
Pendelstütze 33, 38
Perigäum 390

Periodendauer 265, 276 f., 323, 327, 370, 430–434
  der Eigenschwingung 370
  der gedämpften Schwingung 319
Periphel 389
Planetenbewegung 388
Platte 34
POINSOT-Ellipsoid 406
POINSOT-Konstruktion 409
Polarkoordinaten, ebene 303, 336
  sphärische 304
Potential 361, 372
  des Gravitationsfeldes 363
  des Kraftfeldes 362
Potentialkraftfeld 362
Präzessionswinkel 356
Profil, dünnwandiges 168
  offenes 187
Proportionalitätsgrenze **125**
Punktlast 30

Querachse 333
Querkontraktion 121
Querkraft 40, **87** f., 93, 96, 235
Querschnittskern 193
Querschnittsschubspannung 165

Radialbeschleunigung 273, 284
Rahmen 34, 45, 246
  eingespannter 248
  geschlossener 253
  symmetrischer 249
Rahmentragwerk 37, 243
Randfaser 147
Randschubspannung 167
Rastpolbahn 341, 344
Raumkurve, Windung einer 293
Reaktionskräfte 427
Rechteckfeder 369
Reibungskegel 102
Reibungskoeffizient 103
Reibungskraft 363
  spezifische 322
Reihenschaltung von Schraubenfedern 368
Reißlänge 129
Relativbeschleunigung 299 ff.
Relativbewegung 298
Relativgeschwindigkeit 299 f.
Resonanz 329

Resonanzkreisfrequenz 328 ff.
Resonanzkurve 329 f.
Resultierende **5**, 75, 79 ff.
  totale 83
Richtgröße 367
Riemen 34
Riementrieb 108
RITTERscher Schnitt 56
Rohrquerschnitt 171
Rollenlager 32
Rollreibung 110
Rollwiderstand 109
Rotation 298, 333, 336, 353
  eines starren Körpers um eine raumfeste Achse 435 f.
  um eine feste Achse 299, 334, 352
  um einen festen Punkt 298
  um eine raumfeste Achse 423
Rotationsachse 335
Rotationsbeschleunigung 300, 345
Rotationsenergie 432, 443, 448
Rotationsfreiheitsgrad 333 ff.
Rotationskoordinate 335, 352 ff.
Rotor des Kraftfeldes 362
Rückkehrbewegung 312
Rückkehrgeschwindigkeit 271
Rückkehrzeit 311
Rundschnitt 65

Satz von CASTIGLIANO 160, 176, 194, 228, 238
Satz von STEINER 137, 405, 410, 424
Schale 34
Scheibe 34
Scheinbeschleunigung 301
Scheinkraft 358, 392, 427
Scherkraft 134
Schiebung 351
Schlankheitsgrad 222 ff.
Schleifendiagramm 203
Schleppträger 48
Schmiegungsebene 306
Schnittgröße 30, 44, 53, **87**, 244
Schnittkraft 56
Schnittreaktion 40
Schnittspannung 117
Schnittstelle 40, 238
Schnittufer 41, 87
Schraubbewegung 354

Schraubenlinie 292 f.
Schub 112
  reiner 125
Schubfluß 168
Schubkurbeltrieb 267, 342, 349
Schubmittelpunkt 170
Schubmodul 121, 368
Schubspannung 113, **165**, 172, 175
  mittlere 165
  zugeordnete 114, 118
Schubspannungshypothese 198
Schubspannungsverteilung 166
Schubverteilungszahl 176
Schwellfestigkeit 126
Schwere 358
Schwereachse 137
Schwerkraftfeld 373
  der Erde 374
Schwerpunkt **19**, 400, 419
  Linien- 24
Schwerpunktsatz 401, 421 f., 440, 451
Schwingung, anharmonische 267
  COULOMB-gedämpfte 376
  erzwungene gedämpfte 325
  freie gedämpfte 312
  geradlinige, eines Massenpunktes 436 f., 439
  geradlinige, mit COULOMBscher Dämpfung 322
  geradlinige, mit STOKESscher Dämpfung 312
  geradlinige, mit harmonischer innerer Erregung und STOKESscher Dämpfung 329
  geradlinige, mit harmonischer äußerer Erregung und STOKESscher Dämpfung 325
  harmonische 264
  kreisförmige 278
  kreisförmige, eines Massenpunktes 436 f., 439
  lineare harmonische 263
  STOKES-gedämpfte 321, 376
Seil 34
Seileck **9** ff., 16, 39, 49, 64
Seileck-Krafteck-Konstruktion 161
Seillänge 71
Seilreibung 108, 365
Seilreibungskraft 365

Selbsthemmung 104
Sicherheit 216
Sicherheitsfaktor 126
SI-Einheit 1
Spannung 111, 130
  zulässige 126
Spannungsausschlag 203
Spannungsfunktion 181, 187
Spannungsgefälle, bezogenes 211
Spannungskreis von MOHR 113, 116, 119
Spannungsnachweis 128
Spannungsverhältnis 203
Spannungsverteilung 146, 149, 179, 190
Spannungszustand, dreiachsiger 118
  einachsiger 112
  zweiachsiger 113
Spiralfeder 386
Sprengwerk 72
Stabilitätsproblem 219
Stabkraft 56, 238, 241
Stabvertauschung 62
Ständerfachwerk 55, 59, 98
Statik **4**
stationäre Lösung 327 f., 330, 388
stationärer Anteil der Lösung 326
statisch bestimmtes Hauptsystem 227, 246
statisch Unbestimmte 227, 238
statische Bestimmtheit 35, 48, 55
  Unbestimmtheit 35
Stauchung 126, 367
Steigzeit 262, 270, 288 f., 308, 310–312
Steilwurf 289
STEINERscher Satz 137, 405, 410, 424
STOKESsche Reibung 366
STOKESsche Reibungskraft 370
Störgliedansatz 326
Stoß, des Drehmomentes 385
  des resultierenden Drehmoments 404
  teilelastischer, zentraler 402
Strebenfachwerk 55, 59
Streckenlast 30, 41
Streckgrenze 125
Strömungsgeschwindigkeit 285, 286
Stützkraft 30, 86, 92, 233
Stützmoment 236
Stützzahl 211

System, abgeschlossenes 401, 404
  freies 398
  gebundenes 398

Tangente 305
Tangenteneinheitsvektor 305
Tangentialbeschleunigung 273 f., 284, 297, 300, 345 ff., 392
Tangentialkraft 381
Tangentialspannung 113
  zusammengesetzte 196
Teilbewegung 284
Temperaturänderung 130
TETMAJER 223
Torsion 112, 306
  reine 178, 184
Torsionsmodul 386, 431
Torsionsmoment **87** ff., 184, 386
Torsionsspannung **179**, 199
Torsionsstab 386
Torsionssteifigkeit 180, 188
Torsionsträgheitsmoment 180, 183, 186
Torsionswiderstandsmoment 183
Torsionswinkel 178–181, 186
Totpunkt, oberer 268, 279
  unterer 268, 279
Träger 34, **38**
  geschweißter 175
  überspannter 72
  unterspannter 72
Trägersymmetrie 235
Trägheit 358
Trägheitsellipsoid 406 ff., 441
  Halbachsen des 407 ff.
Trägheitsgesetz 358, 397
Trägheitskraft 392 f.
Trägheitskreis von MOHR-LAND 142
Trägheitsmodul 410
Trägheitsprodukt 405, 441
Trägheitsradius 136, 410
Trägheitstensor 405, 408, 440 f., 449
  Eigenvektoren des 406
  Eigenwerte des 406
Traglastverfahren 225
Tragwerk 30
Transformationsmatrix 407
Translation 298, 333–336, 353, 419
  ebene 354
  geradlinige 290 ff., 352
  kreisförmige 293
  räumliche 352
Translationsbeschleunigung 300, 345 ff., 392
Translationsenergie 422, 442, 448
Translationsfreiheitsgrad 333 ff.
Translationsgeschwindigkeit 337
Translationskoordinate 335, 352 ff.
Translationsrichtung 335
Trapezfeder 369
Treibscheibe 108
Trochoide 291

Überlagerungsgesetz 284, 290, 293
Überlastungsfall 215
Umlaufszeit 274, 280, 389
Unterspannung 203

Vektoraddition 5
Verbindungselement 173
Verformung, unzulässige 127, 216
Verformungsgröße 119
Verformungskennwert 124
Vergleichsmittelspannung 215
Vergleichsmoment 199
Vergleichsquerschnitt 238
Vergleichsspannung 173, **197**, 216
Vergleichsträgheitsmoment 230
Verlängerung 121
Verrückung 352
Versetzungsmoment 9, 43, 82, 194
Volumenänderunsenergie 198
Volumendehnung 121

Wärmeausdehnungskoeffizient 122
Wechselfestigkeit 126, 206
Wechselwirkungsgesetz 41, 359, 397
Wechselwirkungskraft 358, 359 ff., 364, 427
Wellendurchmesser 200
Widerstandsmoment 147
  polares 179
Windung 306
Winkel 271, 278
  EULERscher 333, 353 f., 356, 451
  vektorieller 282
Winkel-Zeit-Diagramm 272
Winkel-Zeit-Funktion 272

Sachwortverzeichnis **461**

Winkelbeschleunigung 271–274, 277–279, 321, 334, 349, 394, 427, 431, 435
    vektorielle 283
Winkelbeschleunigung-Zeit-Diagramm 272
Winkelbeschleunigung-Zeit-Funktion 272
Winkelgeschwindigkeit 271–273, 277–279, 321, 334, 394, 417, 427, 435, 439, 441
    der Rotation 337
    Komponenten der 353
    vektorielle 283
Winkelgeschwindigkeit-Zeit-Diagramm 272
Winkelgeschwindigkeit-Zeit-Funktion 272
Winkelgröße 273, 276
Winkelkoordinate 321, 435
Winkelrichtgröße 384 ff., 433
Wirkungsgrad 377
Wöhlerkurve 203
Wöhlerversuch 203
Wurf, schräger, nach oben 289
    schräger, nach oben mit Luftwiderstand 307
    schräger, nach oben ohne Bewegungswiderstand 374
    schräger, nach unten 289
    schräger, ohne Bewegungswiderstand 287
    vertikaler 261, 289, 366
    vertikaler, nach oben 310
    vertikaler, nach oben ohne Bewegungswiderstand 374
Wurfweite 288 f., 308 ff.
Wurfzeit 262, 270, 288, 308 ff.

Zahlenwertgleichung 2
Zapfenreibungskoeffizient 110
Zeigerdiagramm 266
Zeitfestigkeit 203
Zeitskala 256
Zentralachse 81
Zentralkraft 81, 397
Zentralkraftfeld 362, 381
Zentralmoment 81
Zentrifugalkraft 392–394, 428
Zentrifugalmoment 136, 405, 441
Zentripetalbeschleunigung 273, 300

Zentripetalkraft 381, 393
Zug 112, 128
    exzentrischer 189
Zugfestigkeit **125**
Zugspannung 128, 367
Zusammenstoß, elastischer zentraler 402
    unelastischer zentraler 401
Zwangsbedingung 333
Zwangskraft 378 ff., 427
Zwangskraftkomponenten 398
Zweigelenkbogen 246
Zweigelenkrahmen 244
Zykloide, gewöhnliche 291
    sphärische 357
    verkürzte 291
    verlängerte 291
Zylinderkoordinaten 303, 419 f., 423

- Aus unserem Verlagsprogramm -

H.D. Motz
Technische Mechanik im Nebenfach
Einführung in Statik, Festigkeitslehre und Dynamik
für ingenieurnahe Studiengänge und Ingenieurpartner
1994, 235 Seiten, zahlreiche Abbildungen, geb.,
DM 29,80   öS 218,-   sFr 27,50   ·   ISBN 3-8171-1371-4

Diese gehaltvolle Zusammenstellung zum Lernen und Nachschlagen schließt eine empfindliche Lücke. Für viele Studenten ist die Technische Mechanik kein Hauptfach, aber trotzdem wichtig (z.B. Studiengänge Industrie-Design, Elektrotechnik, Betriebswirtschaftsingenieurwesen, Sicherheitstechnik). Dem Autor ist es gelungen, den Stoff (Statik, Elastizitäts- und Festigkeitslehre, Kinematik und Kinetik) präzise und anschaulich darzustellen, seine Zielgruppe aber mathematisch und physikalisch nicht zu überfordern. Im Anhang befinden sich eine Formel- und Tabellensammlung sowie weiterführende Literaturhinweise.

H.D. Motz / A. Cronrath
TM - Übungsbuch
200 Grundaufgaben zur Ingenieur-Mechanik
1996, 530 Seiten, zahlreiche Abbildungen, kart.,
DM 48,-   öS 350,-   sFr 44,50   ·   ISBN 3-8171-1509-1

Die Autoren greifen mit dem vorliegenden Übungsbuch ein wichtiges Bedürfnis der Studierenden aller Fachbereiche nach einer klar strukturierten und anschaulich gestalteten Lernhilfe auf. Auf der Grundlage langjähriger Erfahrungen, sich verändernder Studienbedingungen und -anforderungen wurde das Buch als Studienmaterial zum Selbststudium und für studentische Arbeitsgruppen konzipiert. Die Auswahl der behandelten Aufgabengebiete entspricht den Erfordernissen der verschiedenen Technikstudiengänge. Eine umfassende Formelsammlung und ein Tabellenanhang ergänzen die Aufgabensammlung mit vollständigen Lösungen und ausführlichen Lösungshinweisen in diesem zeitgemässen und didaktisch ausgezeichneten Übungsbuch.

Irrtümer und Preisänderungen vorbehalten

- Aus unserem Verlagsprogramm -

P. Hagedorn
Technische Mechanik
Band 1: Statik
2. Auflage 1993, 210 Seiten, zahlreiche Abbildungen, kart.,
DM 24,- öS 175,- sFr 22,-
ISBN 3-8171-1339-0

P. Hagedorn
Technische Mechanik
Band 2: Festigkeitslehre
2., überarbeitete Auflage 1995, 272 Seiten,
zahlreiche Abbildungen, kart.,
DM 24,- öS 175,- sFr 22,-
ISBN 3-8171-1434-6

P. Hagedorn
Technische Mechanik
Band 3: Dynamik
2., überarbeitete und erweiterte Auflage 1996, 380 Seiten,
zahlreiche Abbildungen und Aufgaben mit Lösungen, kart.,
DM 38,- öS 277,- sFr 35,-
ISBN 3-8171-1519-9

Dieses dreibändige Vorlesungsskript zur Technischen Mechanik zeichnet sich durch gut verständliche Begriffsbestimmungen und klare Erläuterungen bei ausführlicher Berücksichtigung mathematischer Zusammenhänge aus. Die wichtigsten und immer wieder verwendeten Formeln werden im Text wiederholt. Dies dient nicht nur der Lesbarkeit, weil zusätzliche Verweise entfallen, sondern darüber hinaus hilft es dem Studenten, sich Zusammenhänge leichter einzuprägen. Viele Zeichnungen veranschaulichen die Texte. Ingenieurstudenten aller Fachrichtungen bietet es eine solide Kenntnisvermittlung der Grundgesetze und Verfahren. Der die Dynamik behandelnde Band 3 wurde in der nun vorliegenden zweiten Auflage erheblich erweitert. So wurde das Kapitel „Elemente der Hydrodynamik" neu aufgenommen und das Werk durch die Hinzunahme von über 50 Aufgaben mit ausführlichen Lösungen aufgewertet.

Irrtümer und Preisänderungen vorbehalten

- Aus unserem Verlagsprogramm -

S. Bohrmann, R. Pitka, H. Stöcker, G. Terlecki
Physik für Ingenieure
1993, 844 Seiten, 817 Abb., zahlr. Aufgaben mit Lösungen, geb.,
DM 48,- öS 350,- sFr 44,50
ISBN 3-8171-1242-4

Dieses moderne Lehr- und Übungsbuch der Physik für Studienanfänger der Ingenieur- und Naturwissenschaften an Fachhochschulen und Universitäten enthält alle Standardgebiete der Physik - von der elementaren Basis bis zu fortgeschrittenen Anwendungen. Der sehr ausführlich und bildhaft dargestellte Stoff ist dem Verständnis der Studenten der Anfangssemester angepaßt und orientiert sich an den Anwendungen der Ingenieurpraxis.

H. Stöcker u.a.
Taschenbuch mathematischer Formeln und moderner Verfahren
3.,völlig überarbeitete Auflage 1995, 953 Seiten, Plastikeinband,
DM 38,- öS 277,- sFr 35,-
ISBN 3-8171-1461-3

Das Taschenbuch ist ein Informationspool für Klausuren und Prüfungen, ein Hilfsmittel bei der Lösung von Problemen und Übungsaufgaben sowie ein Nachschlagewerk für den Berufspraktiker. Jedes Kapitel enthält wichtige Begriffe, Formeln, Regeln und Sätze, zahlreiche Beispiele und praktische Anwendungen, Hinweise auf wichtige Fehlerquellen, Tips und Querverweise. Der Anwender gewinnt die benötigten Informationen gezielt und rasch durch die benutzerfreundliche Gestaltung des Taschenbuchs. Ein strukturiertes Inhaltsverzeichnis, Griffleisten sowie ein umfassendes Stichwortverzeichnis erleichtern die Handhabung und ermöglichen einen schnellen Zugriff auf den gewünschten Sachbegriff. In allen Kapiteln sind die wichtigsten Computeranwendungen (Numerik, Grafik, Daten- und Programmstrukturen) entsprechend integriert. Zum Abschluß führt das Nachschlagewerk kurz in die Programmiersprache Pascal ein.

H. Stöcker u.a.
Taschenbuch der Physik
2., völlig überarbeitete Auflage 1994, 874 Seiten, Plastikeinband,
DM 36,- öS 263,- sFr 33,-
ISBN 3-8171-1358-7

Ein Nachschlagewerk für Ingenieure und Naturwissenschaftler, die im physikalisch-technischen Sektor tätig sind. Eine Formelsammlung für Studierende dieser Fachrichtungen, die den relevanten Stoff leicht auffinden möchten.

Irrtümer und Preisänderungen vorbehalten

- Aus unserem Verlagsprogramm -

H. Stöcker (Hrsg.)
DeskTop Mathematik
Die umfassende Multimedia-Mathematik-Enzyklopädie in der "hades"-Reihe

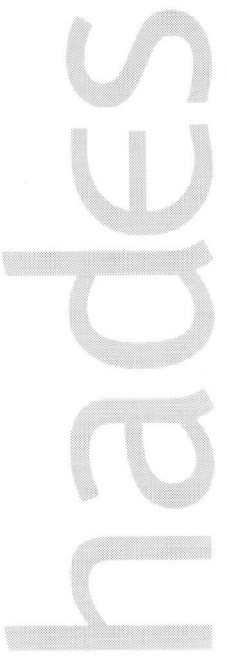

- 3.000 mathematische Begriffe, Formeln, Regeln und Sätze
- Schneller Zugriff auf Basis- und Aufbauwissen für Studenten der Natur- und Ingenieurwissenschaften sowie Berufspraktiker
- Algebra, Geometrie, Vektorrechnung, Matrizen, Funktionen, Reihen, Differentialrechnung, Integrale, Differentialgleichungen, Integraltransformationen, Statistik, Wahrscheinlichkeit
- Aus der Informatik: Schaltalgebra, Graphen, Algorithmen, Wavelets, Fuzzy-Logik, Neuronale Netze, Programmiersprachen (C, C++, Pascal, Fortran), Betriebssysteme, Computeralgebra (Mathematica, Maple)
- Interaktiv Mathematik begreifen am PC/Workstation/Mac
- Durch Hyperlinks stark vernetzte HTML-Struktur
- Farbgraphiken und QuickTime-Video-Animationen
- Exportierbare Kodierungen in Mathematica, Maple und Pascal
- Vertiefende Beispiele aus Naturwissenschaft, Technik und Wirtschaft

als Bundle mit dem entsprechenden "Taschenbuch mathematischer Formeln..."
DM 98,- öS 715,- sFr 89,-
ISBN 3-8171-1502-4

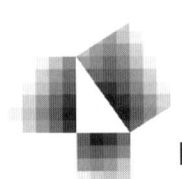

CD-ROM
DM 78,- öS 569,- sFr 71,-
ISBN 3-8171-1489-3

harri deutsch electronic science

Irrtümer und Preisänderungen vorbehalten

Massenträgheitsmomente

Körper	Skizze	Massenträgheitsmoment, Masse
Kugel		Bezugsachse beliebig durch S. $J = \frac{2}{5}mR^2, \quad m = \frac{4}{3}\pi\rho R^3$
Halbkugel		$J_x = J_y = J_z = \frac{2}{5}mR^2$ $m = \frac{2}{3}\pi\rho R^3$
Kugelabschnitt		$J_z = \frac{m(6R^5 - 30R^4h + 60R^3h^2)}{10h^2(3R-h)}$ $+ \frac{m(-40R^2h^3 + 15Rh^4 - 3h^5)}{10h^2(3R-h)}$ $m = \frac{1}{3}\pi\rho h^2(3R-h)$
Kugelausschnitt		$J_z = \frac{1}{5}mh(3R-h)$ $m = \frac{2}{3}\pi\rho R^2 h$
Gerader Kreiskegelstumpf		$J_z = \frac{3m}{10} \frac{R^4 + R^3r + R^2r^2 + Rr^3 + r^4}{R^2 + Rr + r^2}$ $m = \frac{1}{3}\pi\rho h(R^2 + Rr + r^2)$
Gerader Kreiskegel		$J_x = J_y = \frac{m}{20}(3R^2 + 2h^2)$ $J_z = \frac{3}{10}mR^2$ $m = \frac{\pi}{3}\rho R^2 h$
Gerader Kreiszylinder		$J_x = J_y = \frac{m}{12}(3R^2 + 4h^2)$ $J_z = \frac{1}{2}mR^2$ $m = \pi\rho R^2 h$